普通高等教育"十三五"规划教材

特种铸造

主　编　陈维平　李元元

副主编　罗守靖　黄卫东　樊自田

参　编（按姓氏笔画）

王　猛　叶久新　邢敏儒　杨湘杰

吴春苗　何　韶　黄　丹　蒋文明

赖锡鸿　谭建波

主　审　郭景杰

机械工业出版社

本书是高等学校材料成形及控制工程专业铸造方向的专业教材。本书按照“成熟、先进、实用”的原则选择介绍技术，较全面系统地介绍了各种特种铸造技术的基本原理、技术方法和工程应用，三者并重，并且突出了工程应用特色。其中重点介绍了金属型铸造、压力铸造、反重力铸造、熔模铸造、挤压铸造、消失模铸造、离心铸造、半固态铸造，简要介绍了陶瓷型铸造、石膏型铸造、连续铸造、铸渗技术、复合材料的金属浸渗技术、电磁铸造技术等特种铸造技术，同时还有艺术铸造欣赏的内容。本书在编排上采用模块式，各部分内容相对独立，使用者可以根据具体培养目标选择授课内容。

本书适用于材料成形及控制工程专业方向本科教学，也可供铸造、冶金及金属材料领域从事技术和研发的专业人员以及相关专业的研究生参考。

图书在版编目（CIP）数据

特种铸造/陈维平，李元元主编. —北京：机械工业出版社，2018.5（2024.7重印）

普通高等教育“十三五”规划教材

ISBN 978-7-111-58960-0

Ⅰ.①特…　Ⅱ.①陈…②李…　Ⅲ.①特种铸造-高等学校-教材　Ⅳ.①TG249

中国版本图书馆CIP数据核字（2018）第009865号

机械工业出版社（北京市百万庄大街22号　邮政编码100037）
策划编辑：冯春生　责任编辑：冯春生　章承林　丁昕祯
责任校对：杜雨霏　封面设计：张　静
责任印制：常天培
固安县铭成印刷有限公司印刷
2024年7月第1版第5次印刷
184mm×260mm · 26.5印张 · 652千字
标准书号：ISBN 978-7-111-58960-0
定价：63.00元

电话服务　　网络服务
客服电话：010-88361066　　机 工 官 网：www.cmpbook.com
010-88379833　　机 工 官 博：weibo.com/cmp1952
010-68326294　　金 书 网：www.golden-book.com

机工教育服务网：www.cmpedu.com

前言

本书是根据中国机械工业教育协会材料成形及控制学科教学委员会在兰州召开的会议精神，组织全国具有代表性的高校和企业编写的铸造方向系列规划教材之一，主要用于高等学校材料成形及控制工程专业铸造方向专业课程的教学。

我国高等院校自1952年开始创办铸造专业，较早期的特种铸造教材有南京工学院（现东南大学）铸工教研组编写的《特种铸造》（1961）、官克强主编的《特种铸造》（高等学校试用教材，1982）、王乐仪主编的《特种铸造工艺》[航空院校铸造专业教材（非指定），1984]、曾昭昭主编的《特种铸造》（1990）等。我国高校人才培养模式在1998年发生了重大转变，即由原来的按照专业（产业）培养模式，转变为重基础、宽口径的学科培养模式，国家高等教育专业目录也进行了调整，铸造专业并入材料成形及控制工程专业，专业课程大幅削减，很多高校取消了实践性很强的“特种铸造”专业课。然而，经过十多年的宽口径学科人才培养模式实践，人们又发现，原来学生的知识面过窄的状况虽然有所改善，但是又出现了所学专业知识浅而泛、不深入，不能很好地适应企业的专业生产实践需要等新问题。材料成形及控制工程专业的大学毕业生对企业已大量应用的特种铸造新技术缺乏了解，铸造专业技术人才奇缺的现象严重。尤其是我国铸造行业经过近三十年的快速发展，大量的特种铸造新技术已经在生产实际中获得广泛应用，而过去编写的《特种铸造》专业教材长期没有更新，需要进行大幅度的修订或重新编写，以汲取最新成果、适应工业发展的需要。

本次教材的编写，是铸造专业教材经历二十几年以后，又一次由全国性学术团体组织的规模较大的规划教材的集中编写。根据教材编委会对本次教材编写提出的指导性意见和要求，在全国铸造方向的代表性高校、研究院和企业中广泛征询意见、遴选专家，组成了《特种铸造》教材编写组。教材编写第一次工作会议于2010年10月16日（第69届世界铸造会议暨2010中国铸造活动周同期举行）在杭州市召开，讨论确定教材编写大纲（包括教材的定位、内容、特色）、编写风格、各章的编写人员和负责人等。第二次工作会议于2010年11月21日在华南理工大学召开，讨论确定特种铸造工艺案例的选取原则、案例编写规范、负责提供案例的单位等。第三次工作会议于2011年7月16日（第13届全国特种铸造及有色合金学术年会同期举行）在武汉市召开，编写组对全书进行第一次集中审稿、修改。第四次工作会议于2011年11月14日（第11届亚洲铸造会议暨2011中国铸造活动周同期举行）在广州市召开，编写组对全书进行第二次集中审稿、修改。

关于本书的编写定位和特色的几点说明。第一，关于编写定位。特种铸造是一门工程技术，既要掌握基本原理，又要了解工程应用。因此，本书较系统地介绍各种特种铸造技术的基本原理、技术方法和工程应用，三者并重。第二，关于内容的选取。本书以目前成熟、先进、实用的主流特种铸造技术作为主要内容，同时介绍前沿的特种铸造技术，以利于学生适应特种铸造技术开发工作。第三，突出工程应用特点。各章针对不同特种铸造工艺选取适合的典型零件，完整地介绍了特种铸造工艺过程、工艺特点。同时，安排了“工艺适应性分析”一节，主要从成形性和经济性方面进行比较，以供学生走上工作岗位，有一个大致的工艺选择方向。第四，专门安排了一章介绍艺术铸造，这在以往的《特种铸造》教材中是很少见的，可以让工科专业的学生在比较枯燥的专业课学习中欣赏艺术，思考工程技术如何与艺术完美结合，提高学习兴趣。第五，在编排上采用模块式，各部分内容相对独立，使用者可以根据具体培养目标选择授课内容，适合不同类型高校的学生选用。

本书由华南理工大学陈维平、李元元任主编，哈尔滨工业大学罗守靖、西北工业大学黄卫东和华中科技大学樊自田任副主编。在陈维平、李元元的主持下，通过充分的调研与论证，由主编和副主编共同提出了本书的编写大纲（草案），并经过第一次编写工作会议讨论确定。编写分工：第1章由陈维平、李元元、河南理工大学黄丹编写，第2章由河北科技大学谭建波、广东肇庆动力技研有限公司何韶编写，第3章由华南理工大学吴春苗、李元元、中国第一汽车集团公司邢敏儒编写，第4章由黄卫东、西北工业大学王猛编写，第5章由湖南大学叶久新编写，第6章由罗守靖编写，第7章由樊自田、华中科技大学蒋文明编写，第8章由黄丹、陈维平编写，第9章由南昌大学杨湘杰编写，第10章由黄丹、陈维平编写，第11章由广州美术学院赖锡鸿编写。全书由陈维平负责统稿，哈尔滨工业大学郭景杰担任主审。

由于编者水平所限，教材中不妥和错误之处在所难免，恳请读者和相关专家不吝批评指正。

编　者

目录

第1章 绪 论

铸造通常是指用熔融的合金材料制作产品的方法，将液态合金注入预先制备好的铸型中使之冷却、凝固而获得毛坯或零件，这种制造过程称为铸造，其本质就是利用液态金属的流动性完成成形。铸造是人类掌握比较早的一种金属热加工工艺，已有约6000年的历史；铸造是比较经济的成形方法，对于形状复杂的零件更能显示出它的经济性；铸造也是现代机械制造工业的基础工艺之一。铸造的零件尺寸和质量的适应范围很宽，金属种类几乎不受限制；零件在具有一般力学性能的同时，还具有耐磨、耐蚀、吸振等综合性能，是其他金属成形方法（如锻、轧、焊、冲等）所做不到的。因此，在机器制造业中用铸造方法生产的毛坯零件，在数量和吨位上迄今仍是最多的。

铸造技术是制造业的重要组成部分，也是先进制造技术的重要内容。它对国民经济的发展及国防力量的增强均有重要作用，轻量化、精确化、高效化将成为成形制造技术的重要发展方向。铸造技术将向更轻、更薄、更精、更强、更韧及质量高、成本低、流程短的方向发展。

1.1 特种铸造方法

在各种铸造方法中，用得最普遍的是砂型铸造，这是因为砂型铸造时不仅铸件生产批量的大小，而且铸件的形状、尺寸、质量及合金种类等几乎不受限制。然而，随着科学技术的发展，对铸造提出了更高的要求，要求生产出更加精确、性能更好、成本更低的铸件。归纳起来，具体要求主要有如下三个方面：

1）要求大量生产同类型、高质量而且稳定的铸件，进一步减小铸件的表面粗糙度值、提高尺寸精度以及内在质量和力学性能。

2）进一步简化生产工艺过程，缩短生产周期，便于实现生产工艺过程机械化、自动化，提高劳动生产率，改善劳动条件。

3）减少生产原材料的消耗，降低生产成本。

为了适应上述的要求，近几十年来，铸造工作者在继承、发展古代铸造技术和应用近代科学技术成就的基础上，发明了许多新的铸造方法，这些方法统称为特种铸造（Special Casting Process）方法。

特种铸造不是一个严格的定义，它是指与砂型铸造不同的其他铸造方法，如熔模铸造、陶瓷型铸造、金属型铸造、低压铸造、差压铸造、压力铸造、挤压铸造、离心铸造、连续铸造、真空铸造、消失模铸造、半固态铸造等。它们之中还可再分为若干种铸造方法。特种铸造方法已得到日益广泛的应用，其中一些方法属于近净成形的先进工艺，近年来发展的速度极快。

同时，随着科学技术的发展，新的特种铸造方法还在不断产生。如20世纪末出现的快速铸造，它是快速成形技术和铸造技术结合的产物。而快速成形技术则是计算机技术、CAD、CAE、高能束技术、微滴技术和材料科学等多领域高新技术的集成。快速铸造使铸件能够被快速生产出来，满足科研生产的需要。今后，新的特种铸造方法仍将随着技术的发展而不断涌现出来。

1.2 特种铸造的技术特点

特种铸造一般能至少实现以下一种性能：①提高铸件的尺寸精度和表面质量；②提高铸件的物理及力学性能；③提高金属的利用率（工艺出品率）；④减少原砂消耗量；⑤适宜高熔点、低流动性、易氧化合金铸造；⑥改善劳动条件，便于实现机械化和自动化。

砂型铸造与金属型铸造、低压铸造、熔模铸造等特种铸造方法的公差等级见表1-1。

表1-1 砂型铸造与金属型铸造、低压铸造、熔模铸造等特种铸造方法的公差等级（GB/T 6414—1999）

铸造方法	公差等级
手工砂型铸造	CT11～CT13
机器砂型铸造	CT8～CT10
金属型铸造	CT6～CT9
低压铸造	CT6～CT9
熔模铸造	CT5～CT7

这些特种铸造方法与砂型铸造间的本质差别可归纳如下：

（1）铸型的材料和造型工艺与砂型铸造有本质的不同　如金属型铸造、压力铸造、连续铸造用的结晶器的材料都是不同于砂型的材料。而熔模铸造的型壳中虽然有颗粒状的耐火材料，但不是砂型所用的一般天然硅砂，而是经特殊处理和加工后的颗粒耐火材料，并且其制型方法和制型原理与砂型也截然不同。

铸型条件的不同，使铸件的成形条件也发生了质的变化，因而便派生出许多特种铸造方法所制铸件的多种特点。如熔模铸件、金属型铸件、压铸件，表现出比砂型铸件更高的尺寸精度和更小的表面粗糙度值。

（2）金属液充型和凝固冷却条件与砂型铸造有本质的不同　如熔模壳型的高温型壳浇注、压力铸造时金属液在铸型合型过程中的挤压充型等，这些特殊的金属液充型情况都对金属液的随后成形过程和铸件形状的特征产生显著影响。如离心铸造特别适于筒、套、管类铸件的成形；压力铸造和挤压铸造特别适于薄壁铸件的生产；连续铸造的铸件一般都是断面不变、长度很大，等等。

金属制铸型中金属液凝固速度比砂型中更快的特点，离心铸件在离心力场作用下的凝固特点，压力铸造、低压铸造、差压铸造时金属在压力作用下的凝固特点等，都可使铸件内部组织的致密度和相应的力学性能得到很大的提高。

以上两个方面的基本特点是从特种铸造整体来看的，至于某一具体方法，有的则只具有某一方面的特点，例如金属型铸造及陶瓷型铸造，它们只是制型材料或制型工艺的改变，而液体金属的充填及冷凝过程仍然是在重力作用下完成的。但是，有的方法则两个方面的特点

都具备，如压力铸造及采用金属型或熔模型壳的低压铸造或离心铸造。

综上所述，给了人们这样一个重要的启示，即从铸造工艺角度来看，铸件的尺寸精度及表面粗糙度主要取决于铸型的质量。因此，为了提高铸件的外部质量，应从改进铸型材料或制型工艺入手；而为了提高铸件的内部质量，则主要依靠改善液体金属充填及随后冷凝的条件。当然，改善液体金属的充填条件，提高液体金属的充型能力，也利于改善铸件的表面粗糙度及尺寸精度。事实证明，许多新的铸造方法的出现，都是由此而产生的。

各种特种铸造方法的工艺过程特点和适用范围见表 1-2。

表 1-2 各种特种铸造方法的工艺过程特点和适用范围

比较项目＼铸造方法	砂型铸造	熔模铸造	金属型铸造	低压铸造	压力铸造	离心铸造
适用合金的范围	不限制	以碳钢和合金钢为主	以有色合金为主	以有色合金为主	用于有色合金	多用于钢、铁、铜合金
适用铸件的大小及质量范围	不限制	一般<25kg	中小件，铸钢可达数吨	中小件最大可达数百千克	一般中小型铸件	中小件
适用铸件的最小壁厚范围/mm	灰铸件 3，铸钢件 5，有色合金 3	通常 0.7，孔 $\phi1.5\sim\phi2.0$	铝合金 2~3，铸铁>4，铸钢>5	通常壁厚 2~5，最小壁厚 0.7	铜合金<2，其他 0.5~1，孔 $\phi0.7$	最小内孔为 $\phi7$
表面粗糙度 $Ra/\mu m$	粗糙	6.3~1.6	12.5~1.6	3.2~0.8	—	—
尺寸公差等级	CT11~CT13	CT4	CT6	CT6	CT4	—
金属利用率(%)	70	90	70	80	95	70~90
铸件内部质量	结晶粗	结晶粗	结晶细	结晶细	结晶细	结晶细
生产率（适当机械化、自动化）	可达 240 箱/h	中等	中等	中等	高	高
应用举例	各类铸件	刀具、机械叶片、测量仪表、电器设备等	发动机、汽车、飞机、拖拉机、电器零件等	发动机、电器零件，叶轮，壳体，箱体等	汽车、电器仪表、照相器材、国防工业零件	各种套、环、筒、辊、叶轮等

1.3 特种铸造技术的应用与发展

在特种铸造方法中，历史最悠久的是金属型铸造和熔模铸造。早在 2000 多年前，我国劳动人民就已经掌握了这些技术，远比欧洲各国要早。1953 年在河北省兴隆县寿王坟出土了 87 件铁范（金属型），据研究推测是战国时代燕国的产物。其中有锄范、双镰范、镢范、斧范等。这些铁范构造比较复杂，制作很精巧，工艺也较合理。可见我国金属型铸造技术早已有了很好的成就。1968 年在河北满城发掘了西汉时期中山靖王刘胜（死于公元前 113 年）的墓葬，其中有些青铜器如错金铜博山炉，经有关部门鉴定为失蜡铸造法制成，上面铸有山水、人物及各种野兽动物的形象，极为精致；在明代宋应星著的《天工开物》中还介绍了用失蜡铸造法制作当时宫廷中使用的“北极朝钟”的生产过程，足见当时我国失蜡铸造的技术水平已相当成熟。

现代特种铸造技术在世界各国工业生产中得到实际的应用，是在近百年左右甚至是近三四十年才实现的。如熔模铸造是在第二次世界大战期间，当时由于航空喷气发动机的发展，要求制造像涡轮叶片、叶轮、喷嘴等形状复杂、尺寸精确以及表面光洁的耐热合金零件，加上耐热合金难以加工，难以用其他方法制造，于是，借鉴牙科医生中流传下来的失蜡铸造法制造，并经过对其他材料和工艺的改进，才使现代熔模铸造方法在科学的基础上获得重要的发展。如今出现的定向凝固熔模铸造新技术，可以直接生产高温合金单晶体燃气轮机叶片，是精确铸造成形技术在航空航天工业中应用的杰出范例。

自从 J. J. Sturgiss 于 1849 年制成第一台简易手动活塞式热压室压铸机问世至今，压力铸造已有 130 多年的历史，开始只是用于生产低熔点的铅锡合金（铅字），真正用于工业生产是在 21 世纪初。近 30 年来，随着科学技术和工业生产的进步，压铸生产才获得极其迅速的发展。截至 2006 年，据不完全统计：全世界有 27 条铝缸体压铸生产线，用合型力为 25000kN 的压铸机生产 V4～V6 铝缸体（排量 1. 3～2. 0L），约 3min 就可生产一个。

金属型铸造虽较早用于生产，但广泛用于浇注铝、镁合金铸件，是在第一次世界大战以后。目前公认的铸造有色合金包括铝、镁、钛、锌和铜等的合金，占各类铸件总量的 20% 左右。由于减重降耗的要求，其应用具有明显的增长趋势，例如在汽车产业中，需要将铝合金铸件从现有的 10%（占铸件总质量）提高到 30% 左右，而在航空工业中，铝铸件更是占到铸件总量的 80% 以上。

消失模铸造技术具有高精度、短流程、洁净化等一系列的优点，因此许多国家预测消失模铸造将成为“明天的铸造新技术”，其工艺原理是先用成形机获得零件形状的泡沫塑料模型，接着涂抹耐火涂料及干燥，然后放在砂箱中填砂并直接浇注液体金属。消失模铸造技术是一种近无余量、精确成形的新工艺，无需取模、无分型面、无砂芯，因而铸件尺寸精度高、设计灵活。我国的消失模铸造技术自 2005 年后获得了较大进步和快速发展，目前已是世界产量第一的消失模铸件生产国。

半固态铸造是一种生产结构复杂、净终成形、高品质铸件的半固态加工技术。其固液混合熔体在压力下充型、凝固，从而使零件具有良好的表面和内部质量，以及细小的球状晶粒组织，大大改善了产品的力学性能。半固态铸造技术最早在 20 世纪 70 年代由美国麻省理工学院开发，并在 20 世纪 90 年代中期因汽车的轻量化得到了快速发展。

离心铸造的第一个专利，是在 1809 年由英国人 Erchardt 申请的，但直到 20 世纪初才在生产中逐步被采用，首先用于离心铸管。对其他特种铸造方法，如低压铸造、陶瓷型铸造、石膏型铸造、真空吸铸、挤压铸造等方法，虽然提出专利时间有早有晚，但真正发展起来并在生产中得到实际的应用，是从 20 世纪 50 年代到 60 年代这一段时期。

随着全球化及市场的激烈竞争，加快产品开发速度已成为竞争的重要手段之一。制造业要满足日益变化的用户需求，制造技术必须有较强的灵活性，能够以小批量甚至单件生产迎合市场。快速原型制造技术就是在这样的社会背景下产生的。近年来，快速原型制造已发展为快速模具制造及快速制造。利用快速原型制造原理，可以直接制造出砂型或砂芯，并立即生产出铸件。它能大大缩短产品的设计开发周期，解决单件或小批铸件的制造问题，受到了日益广泛的关注。

特种铸造技术之所以发展如此迅速，主要是自第二次世界大战以后，世界各国，特别是发达国家的工业生产发展很快，尤其是航空、航天、汽车及其他机械工业的发展，都对铸造生产提出了更高的要求，加之其他学科技术出现了一些新成就，也促进了铸造方法的发展。还应指出，现代熔模铸造的发展与化学工业提供质量优良的黏结剂和新模料是分不开的。

同时也应看到，每一种特种铸造方法都有其本身的特点，也存在着一些缺点，其应用场合有一定的局限性。例如：从铸件的结构特点（轮廓尺寸、壁厚及形状复杂程度等）来看，大多数特种铸造方法适宜生产质量不大的中、小型铸件。金属型铸造不宜用于生产形状复杂的薄壁铸件，而压力铸造则适宜；离心铸造原则上只适宜生产空心旋转体铸件（如管子、套筒等）。从铸件的合金种类来看，金属型铸造、压力铸造等，最适宜有色合金铸件；熔模铸造及陶瓷型铸造最适宜于生产各种钢铸件。从铸件的生产批量来看，除陶瓷型铸造外，由于特种铸造方法生产准备周期长，工艺装备成本高，或者是需要采用专用的机械设备，所以通常用于大批量生产。

到目前为止，铸造技术一直是机械工业金属加工行业中的关键基础技术，发挥着重要作用。为了适应当前对铸造质量、铸造精度、铸造成本、铸造自动化以及铸造环境等日益严格的要求，继续发挥铸造技术优于其他加工工艺方法的特长，未来的先进铸造技术仍将面临挑战与机遇并存的局面，其发展趋势可作如下预测：

1. 更好的铸件尺寸精度和表面粗糙度控制

现代制造的许多领域，对铸件尺寸精度和外观质量的要求越来越高，铸件的近净成形化（Near Net Shape Process）技术改变着铸造只能提供毛坯的传统观念，其目的在于降低物耗、能耗、工耗，并且改善产品的内外质量，争取市场的高效益。

铸件是液态成形的，实现近净成形具有独特的优越性，在结构方面铸件的内腔和外形用铸造方法一次成形，使其接近零件的最终形状，使加工和组装工序减至最少；在尺寸精度和表面质量方面，使铸件能接近产品的最终要求，做到无余量或小余量；另外，被保留的铸造原始表面利于保持铸件的耐蚀和耐疲劳等优越性能，从而提高产品寿命。努力提高铸件的尺寸精度和减小表面粗糙度值，推进近净成形技术的发展是铸造技术未来的方向。

2. 更强的铸造缺陷防止与控制

铸造缺陷是造成废品的主要原因，是对铸件质量的严重威胁，如液态金属的凝固收缩会形成缩孔、缩松；凝固期间元素在固相和液相中的再分配会造成偏析；冷却过程中热应力的集中会造成铸件裂纹和变形。应根据缺陷产生的原因和出现的程度不同，采取相应措施加以控制，使之消除或降至最低程度。此外，如夹杂物、气孔、冷隔等缺陷的产生，不仅与合金种类有关，而且还与具体成形工艺有关。总之，防止、消除和控制各类缺陷是一个不容忽视的关键问题。

3. 以“节能减排”为途径的环境友好型铸造技术

铸造是典型的高能耗行业之一，同时固体废弃物的排放量巨大。提高铸造生产环节的能源利用率和降低各种废弃物的排放，涉及铸件设计、熔炼及热处理设备效率、质量控制等多个环节，不仅能够起到保护环境的作用，同时对于铸造生产效率和成本控制也将起到重要的作用。

4. 信息技术的广泛应用

由计算机、网络技术、传感技术、人工智能等所构成的信息技术近年来在铸造生产中得到了更为广泛的应用，这正在改变着铸造生产的面貌。可以说，现代铸造技术的主要特征就是将传统的铸造工艺与信息技术融于一体。

1.4 本课程的性质与任务

本课程是一门工艺性的专业课，其任务是以砂型铸造时铸件成形的规律为基础，运用所学过的理论基础和技术基础，对上述各种特种铸造方法中由于铸型材料、浇注方法、金属充填铸型情况或铸件凝固条件的变化所引起的铸件成形特点进行系统性的分析，并对每种铸造方法中的工艺原理进行详细的阐述。本课程还对一些重要工艺装备的设计原则、主要设备的工作原理以及某些铸件的典型工艺作了必要的叙述。

学生在学完本课程后，应基本掌握每一种铸造方法的实质；了解每种铸造工艺的全过程和每一工序的作用；充分理解促使每种铸造方法之所以成为特种铸造工艺的起决定性作用的工艺因素，对铸件成形过程中所出现的问题进行研究，并提出合理的解决途径。

学生学完本课程后，应能基本正确地为各种类型的铸件选择合理的铸造方法和制订出相应的工艺方案。

思 考 题

1. 特种铸造的基本特点是什么？对铸件生产有些什么影响？
2. 了解特种铸造的基本特点对采用和发展特种铸造方法的实际意义。
3. 特种铸造能否取代普通砂型铸造？为什么？

参 考 文 献

[1] LI YY，CHEN W P，HUANG D，et al. Energy conservation and emissions reduction strategies in foundry industry [J]. China Foundry，2010，7 (4)：392-399.

[2] 朱高峰. 全球化时代的中国制造 [M]. 北京：社会科学文献出版社，2003.

[3] 尚俊玲，陈维平，朱权利，等. 中国铸造行业可持续化发展的思考 [J]. 材料导报，2007，21 (5)：1-4.

[4] 林伯年. 特种铸造 [M]. 杭州：浙江大学出版社，2004.

[5] 宫克强. 特种铸造 [M]. 北京：机械工业出版社，1982.

[6] 张立波，田世江，葛晨光. 中国铸造新技术发展趋势 [J]. 铸造，2005，54 (3)：207-213.

[7] 缪良. 中国铸造工业发展前景展望 [J]. 铸造技术，2006，27 (6)：641-645.

[8] 柳百成，沈厚发. 面向21世纪的铸造技术 [J]. 特种铸造及有色合金，2000 (6)：11-12.

[9] 柳百成. 铸造技术与计算机模拟发展趋势 [J]. 铸造技术，2005，26 (7)：611-618.

[10] 丁宏生，郭景杰，苏彦庆，等. 我国铸造有色合金及其特种铸造技术发展现状 [J]. 铸造，2007，56 (6)：561-567.

[11] 李周，张国庆，田世藩，等. 高温合金特种铸造技术——喷射铸造的研究和发展 [J]. 金属学报，2002，38 (11)：1188-1190.

[12] 张立波，田世江，葛晨光. 中国铸造新技术发展趋势 [J]. 铸造，2005，54 (3)：207-213.

[13] 樊自田，赵忠，唐波，等. 特种消失模铸造技术 [J]. 铸造设备与工艺，2009，(1)：17-22.

[14] 田国春，郭敖如. 从铝合金特种铸造看我国压铸工业的发展 [J]. 铸造设备研究，2006，(1)：48-49.

[15] U. S. Department of Energy，Office of Industrial Technologies. Energy and Environmental Profile of the U. S. Metal Casting Industry [EB/OL]. [1999-09]. http：//energy. gov/sites/prod/files/2013/11/f4/profile_0. pdf.

第2章 金属型铸造

2.1 金属型铸造原理

金属型铸造是指在重力作用下将熔融金属浇入金属型获得铸件的方法，如图2-1所示。由于铸型是用金属制成的，可以反复使用多次，故有永久型铸造之称。

a) b)

图2-1 金属型铸造示意图

a）金属型合型状态 b）倾转浇注

我国是世界上应用金属型铸造最早的国家，早在春秋战国时代，就成功地应用金属型铸造各种农具、兵器和日用品，如铁犁、铁锄、铁镰和铁斧等。如今，金属型铸造已被广泛应用于生产铝合金、镁合金、铜合金、灰铸铁、可锻铸铁和球墨铸铁等铸件，有时也生产碳钢件。汽油发动机的气缸盖、活塞、轮毂等大多使用铝合金金属型铸造。

1. 金属型铸造的优点

与砂型铸造相比，金属型铸造具有以下优点：

1）金属型的热导率和热容量大，金属液的冷却速度较快，铸件对热节的敏感性相应降低，金属液中过饱和气体不易析出，使铸件组织致密度提高，同时晶粒也比较细小，故铸件的力学性能比砂型铸造高。如铝合金铸件的抗拉强度可提高20%~25%，断后伸长率可提高1倍。铸件表面层上形成的组织致密的“铸造硬壳”，显著提高铸件的耐蚀性和硬度。

2）铸件的尺寸精度较高，公差等级一般为 CT7 ~ CT9，有色合金铸件可达 CT6 ~ CT8，而砂型铸件平均只能达到 CT8；金属型铸件表面粗糙度值一般为 Ra6.3 ~ 12.5μm，最小可达 Ra3.2μm 或更小，而砂型铸件一般都大于 Ra12.5μm，这样就可大大减小加工余量，节约加工工时，降低成本。

3）铸件的工艺收得率高，一般可节约 15% ~ 30%液态金属的消耗。

4）不用砂或用少量的芯砂，可节省造型材料 80% ~ 100%，相应减少了砂处理和型砂运输设备，生产环境大大改善。

此外，金属型铸造的生产率较高，工艺一致性强，使铸件产生缺陷的因素减少，工序简单，在中小铸件生产中易实现机械化、自动化。

2. 金属型铸造的缺点

金属型铸造虽有很多优点，但也有如下不足之处：

1）金属型制造成本高，生产准备费时多，手工操作不能生产大型铸件（因金属型太笨重）。

2）金属型排气条件差，工艺设计难度较大，冷却速度快，无退让性，易造成铸件浇不足、冷隔、开裂或铸件白口等缺陷。

3）新产品试制时，需对金属型反复调试，才能获得合格铸件。而且当型腔定型后，工艺调整和产品结构修改的余地很小。

4）金属型铸造可以根据产品、产量实现操作机械化，否则并不能降低劳动强度。所以，金属型铸造适用于大批量铸件的生产，特别是在铝、镁合金铸件方面，应用得较为广泛。

2.2 金属型铸件的成形特点

金属型与砂型的根本区别在于两者的铸型材料不同。砂型是由颗粒状的耐火材料组成的松软多孔隙的型体，而金属型则是用金属材料制成的坚固密实的型体。因此，两者在性能上有显著的区别：金属型的导热性能比砂型要高得多（热导率约高 150 倍，蓄热系数约高 20 倍，导温系数约高 65 倍）；砂型有退让性、透气性，而金属型则没有。金属型的这些特性，决定了铸件在其中成形过程的特点。充分了解这些特点，对设计金属型和制订铸造工艺有重要的意义。

2.2.1 型腔内气体对铸件成形的影响

金属液充型过程中，型腔内的气体大部分能从冒口中排出，但由于型壁材料无透气性，在金属型的某些部位（如拐角、凹坑处），气体无法逸出（图 2-2a、c），形成气阻，使金属液不能充满该处而使铸件形成浇不足和冷隔缺陷。

金属型在浇注过程中，型腔内死角处的气体随着金属液的充填而被压缩，同时又被强烈加热，温度升高。根据气体状态方程（$p = GRT/V$），在气体体积不胀大的情况下，温度升高，必然引起压力升高，其压力升高的程度与浇注速度、合金种类、铸件结构等因素有关，而与排气是否畅通更有关系。如果排气不良，在型腔被充满的瞬间，此压力可高达 4 ~ 4.5 个大气压（1 个标准大气压，即 1atm = 101325Pa）。

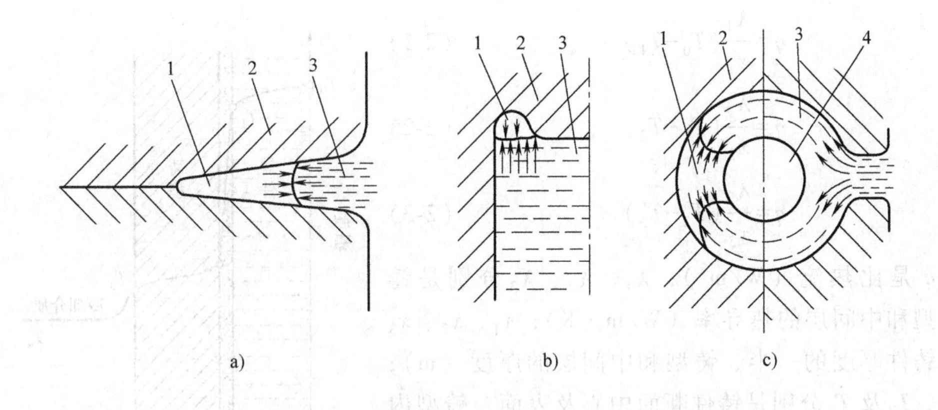

图 2-2　型腔内的“气阻”阻碍金属液充型

1—气阻　2—金属型　3—金属液　4—金属型芯

型腔内气体压力升高会造成充型反压力。如果气体压力一旦高过外压（大气压、金属液压力和表面张力之和），气体就有可能冲破金属液流束的表面，通过内浇口向外逸出。它不仅破坏了金属液的连续流动，而且对于某些金属（如铝、镁合金）还会造成强烈氧化。当它穿越金属液时，如果受到初晶或凝固层的阻碍，便会留在金属中形成气孔。

此外，经长期使用的金属型表面会出现许多细微裂纹，浇注后被金属液封闭了出口，裂纹中的气体受热膨胀，产生较大的压力，钻入已失去流动性的糊状铸件金属中，会使铸件表面出现密集或分散的针孔，如图 2-3 所示。

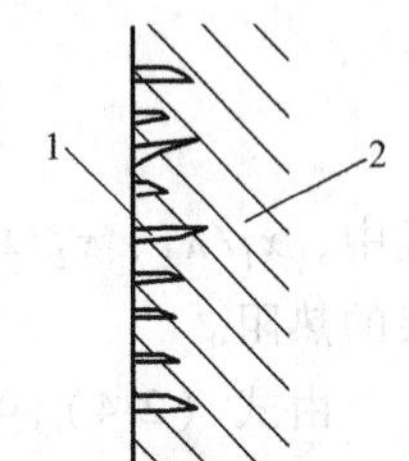

图 2-3　铸件表层的针孔

1—针孔　2—铸件

因此，在金属型及铸造工艺设计时，必须注意型腔内气体的排出，如开通气孔、排气槽、设排气塞，采用发气性小的涂料原材料，金属型浇注前应预热，及时去除型腔表面的铁锈等。

2.2.2　铸件凝固过程中热交换的特点

金属液浇入金属型型腔后，就把热量传给型壁，金属液的温度不断下降，铸型的温度上升。这样，型壁就积蓄一部分热量，同时又不断地把热量散发到周围大气或冷却介质中去。金属液通过型壁散失热量，进行凝固产生收缩，而型壁则温度升高，产生膨胀，结果在铸件与型壁之间形成了一层间隙。试验证明，铸型内表面温度与其接近的铸件表面温度是不同的，这说明在铸件与铸型之间存在着一个中间层。这个中间层是上述间隙或涂料层，事实上多是间隙和涂料层的联合（图 2-4）。因此，当金属液浇入铸型后，即形成一个“铸件—中间层—铸型—冷却介质”的不稳定传热系统。

为使热交换问题的讨论简化，假设“系统”是稳定传热，铸件是无限大的平板件，其厚度（x 方向）为铸型所限制，长和宽无限大，即 y 和 z 方向无热流，系统中各组元的温度场按直线规律分布。

图 2-4 表示系统的一部分，纵坐标表示温度，横坐标表示距离（厚度）。在传热过程中，同样的比热流 q 通过了系统各个组元。根据傅里叶定律，q 值可用下式计算

$$q=\frac{\lambda_1}{x_1}(T_0-T_1) \tag{2-1}$$

$$q=\frac{\lambda_2}{x_2}(T_1-T_2) \tag{2-2}$$

$$q=\frac{\lambda_3}{x_3}(T_2-T_3) \tag{2-3}$$

式中，q 是比热流（W/m^2）；λ_1、λ_2、λ_3 分别是铸件、铸型和中间层的热导率（W/m·K）；x_1、x_2、x_3 分别是铸件厚度的一半、铸型和中间层的厚度（m）；T_0、T_1、T_2 及 T_3 分别是铸件断面中心及表面、铸型内外表面的温度（K）。

将式（2-1）~式（2-3）进行整理，相加得到通过"系统"的比热流 q 为

$$q=\frac{T_0-T_3}{\frac{x_1}{\lambda_1}+\frac{x_2}{\lambda_2}+\frac{x_3}{\lambda_3}} \tag{2-4}$$

式中，x_1/λ_1、x_2/λ_2、x_3/λ_3 分别是铸件、铸型及中间层的热阻。

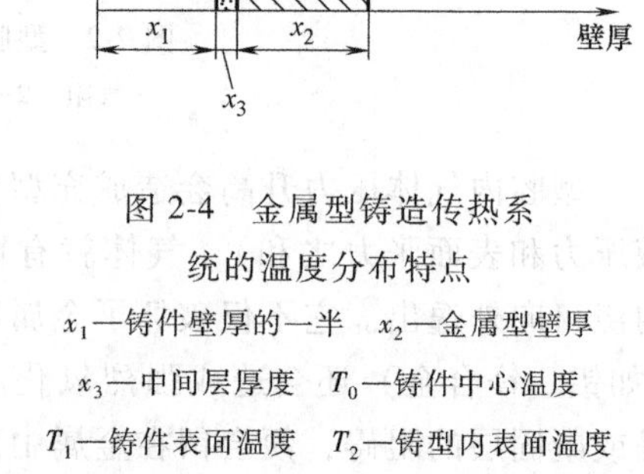

图 2-4 金属型铸造传热系统的温度分布特点

x_1—铸件壁厚的一半 x_2—金属型壁厚
x_3—中间层厚度 T_0—铸件中心温度
T_1—铸件表面温度 T_2—铸型内表面温度
T_3—铸型外表面温度 T_4—冷却介质温度

由式（2-4）可知，通过"系统"的比热流 q，与铸件断面中心温度和金属型外表面温度之差（T_0-T_3）成正比，与热阻之和（$x_1/\lambda_1+x_2/\lambda_2+x_3/\lambda_3$）成反比。显然，比热流越大，铸件的冷却强度也越大，因而，影响比热流 q 的各个因素也会影响铸件的冷却强度。如果铸件的材质及浇注温度确定，其热阻 x_1/λ_1 和温度 T_0 就可视为定值，从式（2-4）可看出，比热流 q 的大小，主要取决于 x_2/λ_2、x_3/λ_3 和 T_3 的大小。下面就着重分析它们对比热流 q 的影响。

1）型壁热阻 x_2/λ_2 的影响。型壁的热导率 λ_2 越大，则它的热阻就越小，铸件的冷却强度就越大。常用金属型材料的热导率见表 2-1。如果型壁厚度 x_2 越大，则它的热阻就应越大，按式（2-4）看，铸件的冷却强度应该减小，但这与实际情况不符。因为型壁在热交换过程中，除了导热作用外，还兼有蓄热作用，式（2-4）是假设为稳定导热得出的，没有反映型壁的蓄热作用。

表 2-1 金属材料的热导率 [单位：W/(m·K)]

材料	铸铁	铸钢	镁合金	铝合金	铜合金
热导率	39.5	46.4	92~150	138~192	108~394

型壁的蓄热能力与型壁和铸件的接触面积 S（m^2）、密度 ρ_2（kg/m^3）、比热容 c_2 [J/(kg·K)] 以及型壁的温升 ΔT(K) 成正比，其蓄热量 Q(J) 为

$$Q=Sx_2\rho_2c_2\Delta T \tag{2-5}$$

由式（2-5）可知，增大 x_2，就可增加型壁的蓄热量 Q。在一定的时间内，型壁的蓄热能力能否充分被利用，反映了它的热导率大小。如果热导率 λ_2 很大，随着型壁厚度的增加，蓄热能力增大，这样铸型能迅速地从中间层吸收大量的热量，因而提高了铸件的凝固速度。

当型壁厚度超过某一定值后继续增大时，铸件的凝固速度变化不大（图2-5）。这主要是由于铸型的热传导性能决定了型壁中离工作表面较远的地方温度不能升得太高，该处的金属型壁也就起不到蓄热的作用。因此，铸型壁厚的增加对铸件的冷却速度不发生影响。

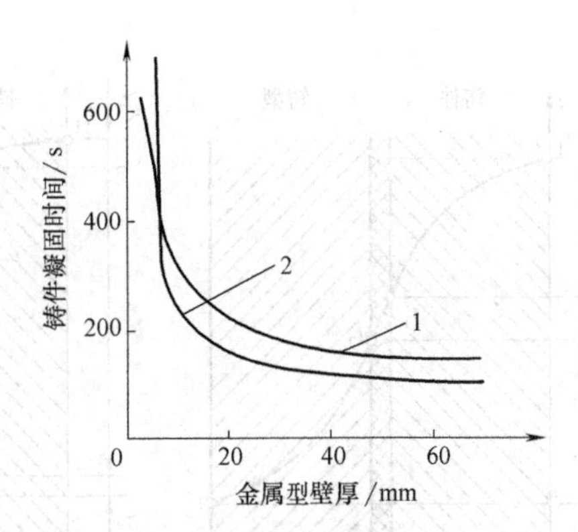

图2-5 铸件凝固时间与金属型壁厚的关系

1—平板铸件（300mm×300mm×30mm）

2—圆柱形铸件（ϕ68mm×250mm）

2）从式（2-4）还可以看出，如果在其他条件相同的情况下，降低型壁外表面的温度 T_3，则通过型壁的比热流 q 增大，即可提高铸件的冷却速度。如采用强化冷却（如水冷、风冷等）型壁外表面，即可降低 T_3。为了充分发挥强化冷却的效果，应减小热阻 x_2/λ_2，即减小型壁厚度和提高铸型材料的热导率。

3）中间层热阻 x_3/λ_3 的影响。用式（2-3）分别除式（2-1）、式（2-2），并令 K_1、K_2 分别等于下式的比值，即

$$K_1=\frac{T_0-T_1}{T_1-T_2}=\frac{x_1}{\lambda_1}\Big/\frac{x_3}{\lambda_3} \quad (2\text{-}6)$$

$$K_2=\frac{T_2-T_3}{T_1-T_2}=\frac{x_2}{\lambda_2}\Big/\frac{x_3}{\lambda_3} \quad (2\text{-}7)$$

式中，K_1、K_2 是传热准则，它表示铸件与中间层、金属型与中间层之间的传热特点。

下面分析 K_1、K_2 值的几种情况：

$$K_1\gg1, K_2\gg1 \quad (2\text{-}8)$$

$$K_1\ll1, K_2\ll1 \quad (2\text{-}9)$$

$$K_1\gg1, K_2\ll1 \quad (2\text{-}10)$$

$$K_1\ll1, K_2\gg1 \quad (2\text{-}11)$$

式（2-8）表示的热传导情况表明，中间层断面上的温度差和铸件及型壁断面上的温度差相比，显得十分微小，因而可认为铸件与型壁表面的温度非常接近（图2-6a），也表明中间层的热阻 x_3/λ_3 相当小，金属型涂料很薄或无涂料时（特别是金属型芯）就属于这种情况。此时传热过程取决于铸件和铸型的热物理性质（主要是传热系数、蓄热系数）。式（2-9）的情况正好相反，它表明中间层的热阻 x_3/λ_3 与铸件热阻 x_1/λ_1 以及铸型热阻相比，它的数值相当大，此时，铸件的冷却速度主要由中间层的热阻决定，其温度分布如图2-6b所示，当金属型工作面上有较厚涂料时，就属于这种情况。整个系统的传热过程主要取决于涂料层的厚度和热物理性质（主要是热导率）。

改变涂料层厚度及热物理性质（可采用不同的耐火材料）来控制铸件的冷却速度。如图2-7所示，随着涂料厚度的增加，通过涂料层的比热流减少，不同成分的涂料，由于热导率不同，虽然涂料厚度相同，但通过涂料层的比热流也不一样。常用耐火材料的热导率见表2-2。由此可见，用不同的耐火材料可以配制不同热阻的涂料。

式（2-10）表示的是蜡模在金属压型中浇注时的传热情况，式（2-11）表示的是砂型铸造的传热情况。

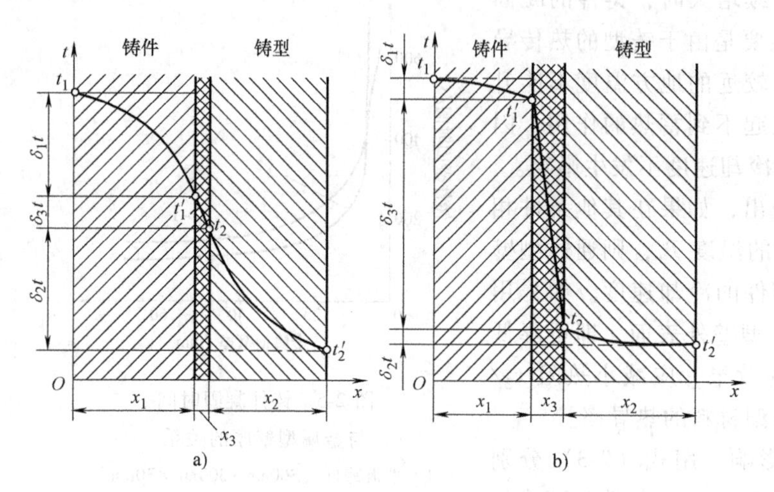

图 2-6 不同中间层厚度对“铸件-中间层-铸型”系统温度分布的影响

a）$K_1 \gg 1$，$K_2 \gg 1$ 时的情况 b）$K_1 \ll 1$，$K_2 \ll 1$ 的情况

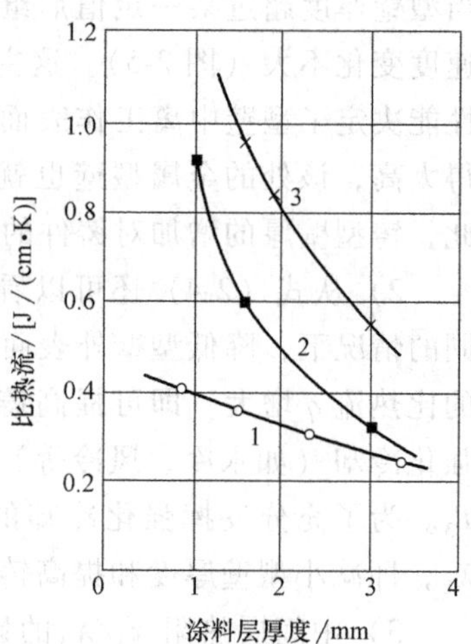

图 2-7 涂料层的厚度和材料对比热流的影响

1—硅藻土涂料（测定温度为 350℃）

2—锆英粉涂料（测定温度为 350℃）

3—石墨粉涂料（测定温度为 250~400℃）

表 2-2 常用耐火材料的热导率 ［单位：W/(m·K)］

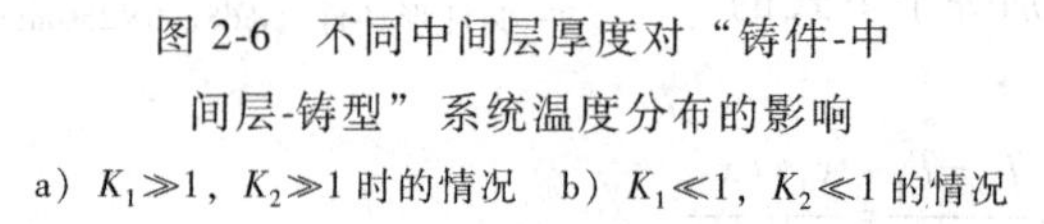

材料	白垩	石棉	黏土	氧化锌	二氧化钛	氧化镁	氧化铝	硅藻土	石墨
热导率	0.6~0.8	0.1~0.2	0.6~0.8	约 10	约 4	约 23	约 18	约 0.08	约 13

2.2.3 金属型阻碍收缩对铸件质量的影响

金属型或金属型芯，在铸件凝固过程中无退让性，阻碍铸件收缩，因此，当金属凝固至固相枝晶形成连续骨架时，铸件上某些部位产生的线收缩便会受到金属型或金属型芯的阻碍。此时，铸件上收缩受阻的部位产生拉应力，不能收缩的铸件部位呈拉伸变形，其应变值 ε_1 可由下式粗略计算。即

$$\varepsilon_1 = \alpha_1(T_s - T_1) \tag{2-12}$$

式中，α_1 是合金在 T_s 至 T_1 温度范围内的线收缩率（K^{-1}）；T_s 是合金开始线收缩的温度（K）；T_1 是凝固至某一时刻铸件的温度（K）。

当 ε_1 值大于铸件本身在温度 T_1 时的可允许变形率时，在铸件上就可能出现热裂纹。若铸件上有热节存在，则变形量可能向该处集中，促使铸件更易形成热裂。

随着铸件温度的降低，当低于固相线时，进入弹性变形温度时，由于金属型的阻碍，在铸件内会产生应力 σ，其值为

$$\sigma = E\alpha_2(T_t - T_2) \tag{2-13}$$

式中，E 是合金在 T_t 至 T_2 时的弹性模量（Pa）；α_2 是合金在 T_t 至 T_2 时的线收缩率（K^{-1}）；T_t 是合金进入弹性状态时的温度（K）；T_2 是铸件冷却至某一时刻的温度（K）。

当 σ 大于铸件在 T_2 温度时的强度极限 σ_0 时，铸件就会产生冷裂。

因此，针对金属型和金属型芯无退让性的特点，为防止铸件产生裂纹，以及顺利取出铸件和型芯，除需设有专门的抽芯机构外，还可采取一些工艺措施，如尽早拔出型芯，尽早从铸型中取起铸件，把严重阻碍铸件收缩的孔腔由金属型芯改用砂芯，增大铸件的起模斜度，增加涂料层厚度等。

2.3　金属型铸造工艺参数

制订金属型铸造的工艺规范除必须根据金属型的特点周密设计外，生产时还须严格遵守工艺，才能保证获得优质铸件和延长金属型的使用寿命。金属型铸造的工艺规范包括金属型铸造的工艺流程，金属型的预热、浇注、出型、涂料等。

2.3.1　金属型铸造的工艺流程

金属型铸造的工艺流程如图2-8所示。

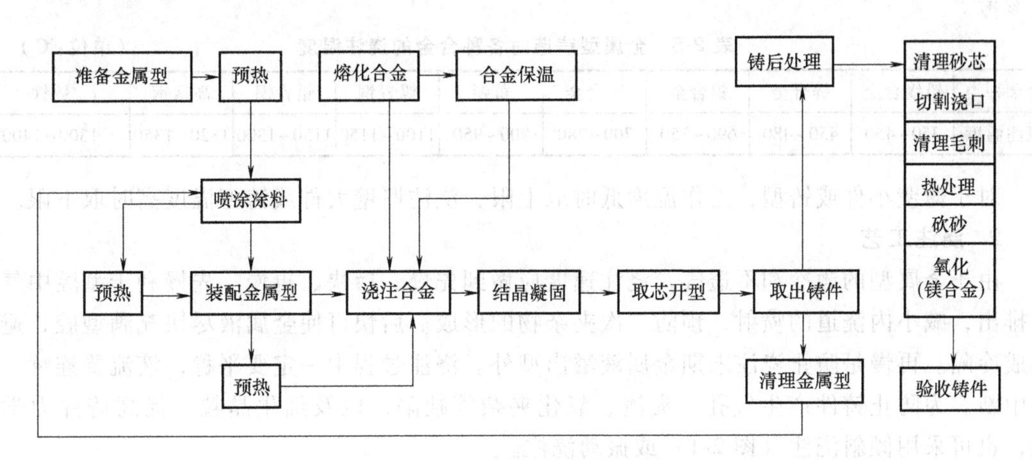

图2-8　金属型铸造的工艺流程

2.3.2　金属型的预热

金属型需先预热再喷刷涂料，这样可使涂料中的水分迅速蒸发，易获得一层紧密粘牢的涂料层，但预热温度也不易太高，否则涂料容易剥落。喷刷涂料前金属型预热温度见表2-3。

金属型浇注前也需进行预热，这是因为金属型导热性好，金属液冷却速度快，流动性剧烈降低，容易使铸件出现冷隔、浇不足、夹杂、气孔等缺陷，还可保护金属型，避免急冷、急热而剧烈收缩和膨胀，延长使用寿命。金属型适宜的预热温度依合金种类、铸件结构的复杂程度而定。几种铸造合金浇注前金属型预热温度见表2-4。

表2-3　喷刷涂料前金属型预热温度　（单位：℃）

铸造合金	预热温度	铸造合金	预热温度
铸铁	80~150	镁合金	150~200
铸钢	100~250	铜合金	100左右
铝合金	150~200		

表 2-4　几种铸造合金浇注前金属型预热温度　（单位：℃）

铸造合金	预热温度	铸造合金	预热温度
铸铁	200～350	镁合金	200～400
铸钢	150～300	铜合金	100～350
铝合金	200～350		

2.3.3　金属型的浇注

1. 浇注温度

由于金属型有较强的冷却作用，因此，金属型铸造应选择合适的浇注温度。浇注温度太高，则铸件冷却缓慢，结晶粗大，力学性能降低，易形成气孔、针孔等缺陷。而浇注温度过低，将会导致铸件产生冷隔、浇不足等缺陷。适宜的浇注温度一般比砂型铸造时高，可根据合金种类、化学成分、铸件大小和铸件结构来确定。表 2-5 列出了不同合金的浇注温度，可供参考。

表 2-5　金属型铸造时各种合金的浇注温度　（单位：℃）

合金种类	铅锡合金	锌合金	铝合金	镁合金	黄铜	锡青铜	铅青铜	高锰钢	铸铁
浇注温度	350～450	450～480	690～750	700～780	900～950	1100～1150	1150～1300	1320～1350	1300～1400

对于薄壁小件或铸型，工作温度低时取上限，浇注厚壁大件或铸型温度高时取下限。

2. 浇注工艺

由于金属型的激冷和不透气，浇注速度应做到先慢、后快、再慢。先慢利于型腔中气体的排出，减小内浇道的喷射，预防二次夹杂物的形成。后快可使金属液尽快充满型腔，避免形成冷隔。再慢是防止浇注末期金属液溢出型外。浇注过程中一定要平稳，液流要连续、不可中断。为防止铸件产生气孔、夹渣、氧化夹杂等缺陷，以及细化晶粒，提高铸件力学性能，也可采用倾斜浇注（图 2-1）或振动浇注。

2.3.4　铸件的出型时间

铸件在金属型内停留的时间越长，温度越低，其收缩量就越大，由收缩引起的铸件包紧力就越大，取出铸件就越困难，同时铸件产生裂纹及变形的可能性也增大。因此，一般希望尽早抽芯出型。对于有色合金铸件，当浇冒口基本凝固完毕，即可抽芯开型。对铸铁件则掌握在 900℃左右时可抽芯开型；对薄壁件为防止白口，时间还可更早些，可控制在 900～950℃开型。

2.3.5　金属型涂料

金属型铸造时，需在型腔表面喷涂涂料，其目的是：

1）保护金属型。浇注时可减轻高温金属液对金属型的热冲击和对型腔表面的冲刷，在取出铸件时可减轻铸件对金属型和型芯的磨损，并使铸件易于从铸型中取出。

2）调节铸件各部位在金属型中的冷却速度，控制凝固顺序。

3）改善铸件表面质量，预防可能因铸型激冷作用太强而引起的铸件表面冷隔、流痕以及铸件表面形成白口层。

4）具有一定的排气作用。涂料越粗，排气作用越大。

涂料一般由粉状耐火材料、黏结剂、载体和附加物等组成。铝、镁合金金属型铸造时的涂料配方见表 2-6。

表 2-6　铝、镁合金金属型铸造时涂料的配方（质量分数,%）

浇注合金	氧化锌	白垩粉	氧化钛	石棉粉	滑石粉	石墨粉	硼酸	水玻璃	热水	用　途
铝合金	9~11							4~6	余量	厚壁中小件型面
	6	5	3					5	余量	铸件表面要求光滑的型面
	4		9			9		7	余量	大型厚壁件型面
	5~7		11~13	11~13				9~11	余量	薄壁件型面
						10~20		4~6	余量	斜度小的芯面，型腔局部厚大处
		8~15	9~14					5~9	余量	浇冒口系统
镁合金		10				5		3	余量	大型铸件型面
						8	3	3	余量	一般铸件型面
	10					5		3	余量	铸件表面要求光滑的型面
		5				10	3	3	余量	中小件铸件型面
		5			5		3	3	余量	中小件铸件型面
		2~5		10~30				2~5	余量	浇冒口系统

注：1. 有时可用水玻璃将石棉纸粘在冒口型腔壁上。
2. 浇注镁合金前，在型面上喷质量分数为（5~10)%硝酸的水溶解。

2.3.6　覆砂金属型铸造

覆砂金属型铸造是在金属型内腔表面覆盖一层 3~8mm 或更厚的覆砂层而形成铸型的一种铸造方法。该工艺克服了金属型铸造无退让性的缺点，使冷却条件得到了很大改善，不仅提高了铸件的成品率和工艺出品率，铸件的表面质量和力学性能也有了很大的提高。

1. 覆砂金属型的特点

覆砂金属型铸造是基于金属型铸造和砂型铸造而发展起来的，它兼备金属型铸造和壳型铸造的优点。可在金属型表面覆盖的型砂有一般造型用砂、流态自硬砂和酚醛树脂砂，目前使用最为成功和广泛的覆砂金属型铸造方法为射砂造型，所用砂为酚醛树脂覆膜砂（图 2-9），射砂前，把模板和金属型加热至 200~300℃，一般大量流水线生产时，模板可用燃气或电加热，而金属型则可利用浇注后的铸件留给金属型的余热。一般金属型的温度比模板的温度稍低。合好的模板和金属型，在射砂机上用 0.2~0.6MPa 的压缩空气把覆膜砂吹进模板与金属型之间的缝隙中，在模板和金属型热量的作用下，树脂覆膜砂固化，树脂砂层留在金属型上，即可制得覆砂金属型。

2. 覆砂金属型的应用

覆砂金属型铸造可用来生产铸钢件、灰铸铁件、球墨铸铁件、可锻铸铁件、铜合金铸件等。目前生产的产品有曲轴、磨球、缸套、齿轮、制动鼓、发动机缸套等。

（1）曲轴　某厂采用两工位金属型覆砂造型机组成半自动线，生产球墨铸铁曲轴，铸件质量77kg，长565mm，金属型尺寸700mm×600mm，每型两件，金属型覆砂层厚5~8mm，采用特种球化剂、高效复合孕育剂、铁液过滤和铁液合金化等措施，生产的铸态球墨铸铁曲轴达到了QT800-2性能指标，曲轴变形小，加工余量少，实现了无冒口铸造，工艺出品率达到了90%，成本降低50%。

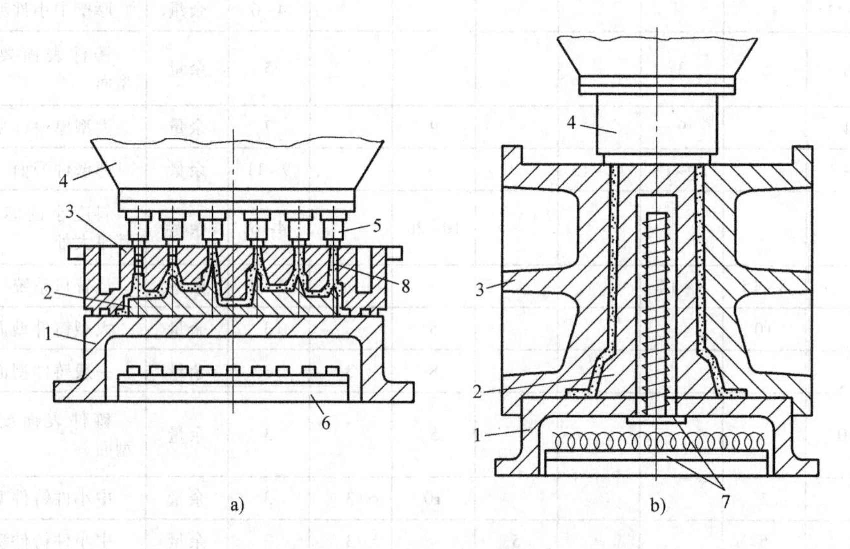

图 2-9　用射砂法制造覆砂金属型示意图

a）通过讲砂孔射砂　b）通过模样与型间缝隙射砂

1—模板　2—模样　3—金属型　4—吹砂头　5—吹嘴　6—燃气加热器　7—电加热器　8—进砂孔

（2）磨球　等温淬火球墨铸铁（简称ADI）是近年来发展起来的新一代球墨铸铁材料，由于ADI拥有良好的综合性能，具有高强度、高韧性、高耐磨性、高冲击性、低缺口敏感性等，因而广泛应用于磨球生产中。图2-10所示为磨球覆砂后金属型模具示意图。目前，ADI磨球全覆砂金属型铸造已实现自动化生产，大大降低了劳动强度，提高了生产效率，改善了生产环境。

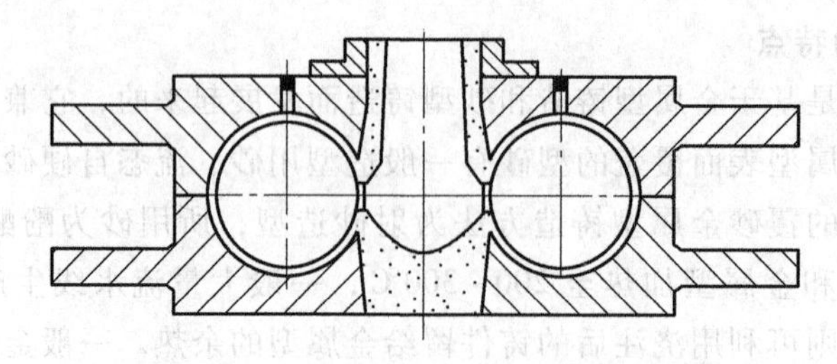

图 2-10　磨球覆砂后金属型模具示意图

（3）内燃机缸套　图2-11所示为内燃机薄壁合金铸铁缸套覆膜砂工作原理。该覆砂铸造工艺以压缩空气为动力，采用射砂方式，在温度180~200℃的金属型模具工作面上覆上厚度为5~8mm的树脂砂。其工艺流程如图2-12所示。该工艺与离心铸造工艺相比，尺寸精度有较大提高，加工余量减小，提高了材料利用率。

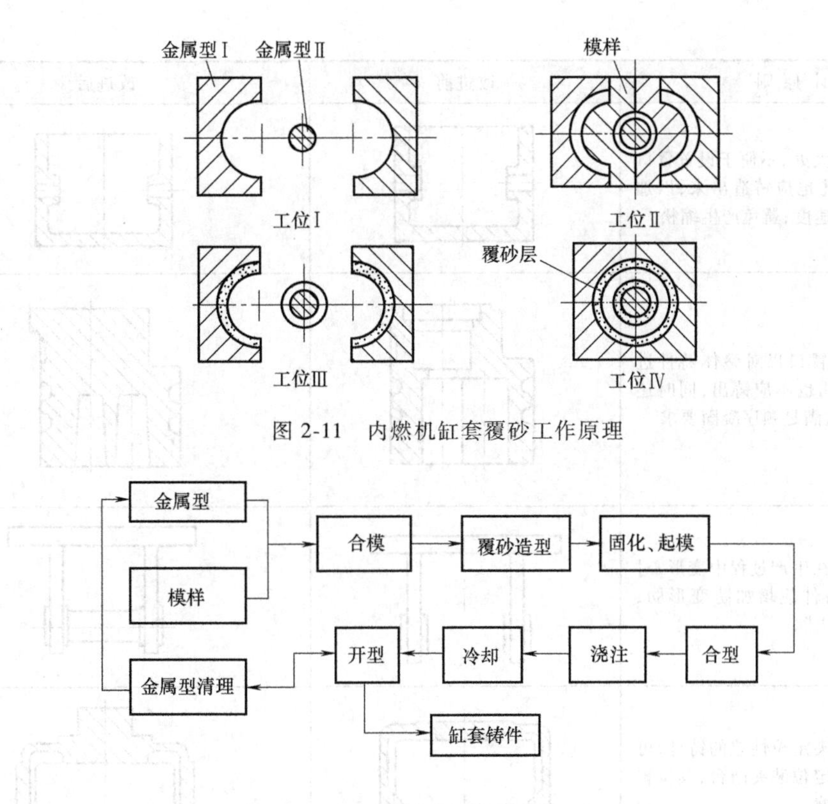

图 2-11　内燃机缸套覆砂工作原理

图 2-12　内燃机缸套金属型覆砂工艺流程

2.4　金属型铸件的工艺方案

根据金属型铸造工艺的一些特点，为了保证铸件质量，简化金属型结构，首先必须对铸件的结构进行分析，并制订合理的铸件工艺方案。

2.4.1　铸件结构的工艺性分析

金属型铸件结构工艺性分析，是保证铸件质量，发挥金属型铸造优点的先决条件。铸件工艺性分析应在尽量满足产品结构要求的前提下，通过调整机械加工余量，增大铸造斜度，增加工艺肋和工艺凸台等方法，使铸件结构更加合理，从而获得优质铸件。铸件结构工艺性比较见表 2-7。

表 2-7　铸件结构工艺性比较

设 计 原 则	改进前	改进后
为了简化金属型结构，提高铸件质量，产品中需要机械加工的小孔如螺纹孔、安装孔等一般不铸出来		

（续）

设计原则	改进前	改进后
产品中局部厚大处，不便于设置冒口补缩时，有些小孔也应铸造出来，以加快厚大部位冷却速度，避免产生缩松		
为了便于设置冒口以对整体铸件进行补缩，有些大孔也不应铸出，同时还要调整加工余量，满足顺序凝固要求		
为了防止铸件在生产过程中变形，对一些薄壁Π形铸件应增加防变形肋，待最后工序加工去除		
加工过程中装夹定位性差的铸件，可以根据需要设计定位装夹凸台，其位置应有利于铸件补缩		
在不影响产品性能的前提下，可以局部加大铸造斜度，避免设计活块		

合理的铸件结构应遵循下列原则：

1）铸件结构不得阻碍出型，妨碍收缩。因为金属型无退让性和溃散性，铸件的结构一定要保证能顺利出型。

2）壁厚差不能太大，以免造成各部分温差悬殊，从而引起铸件缩裂和缩松。

3）限制金属型铸件的最小壁厚，否则铸件易产生冷隔或浇不足等缺陷。金属型铸件允许的最小壁厚见表2-8。

表2-8　金属型铸件允许的最小壁厚

铸件尺寸/mm	最小壁厚/mm				
	铝硅合金	铝镁和镁合金	铜合金	灰铸铁	铸钢
50×50	2.2	3	2.5	3.0	5.0
100×100	2.5	3	3.0	3.0	8.0
225×225	3.0	4	3.5	4.0	10
350×350	4.0	5	4.0	5.0	12

2.4.2　铸件在金属型中的浇注位置

浇注位置是制订铸造工艺和设计金属型结构的重要环节，对铸件质量和金属型结构有很大的影响。浇注位置的选择直接关系到型芯和分型面的数量、金属液的导入位置、冒口的补缩效果、排气的通畅程度以及金属型的复杂程度等。确定铸件在金属型中浇注位置的设计原则如下：

1）保证铸件自下而上的顺序凝固，把最厚大的部位向上放置（图 2-13a），这样便于设置冒口补缩。

2）圆筒形、盆形、端盖形和箱形等铸件，其对称轴或对称面应垂直放置，使其底部或厚大法兰向上（图 2-13b）。

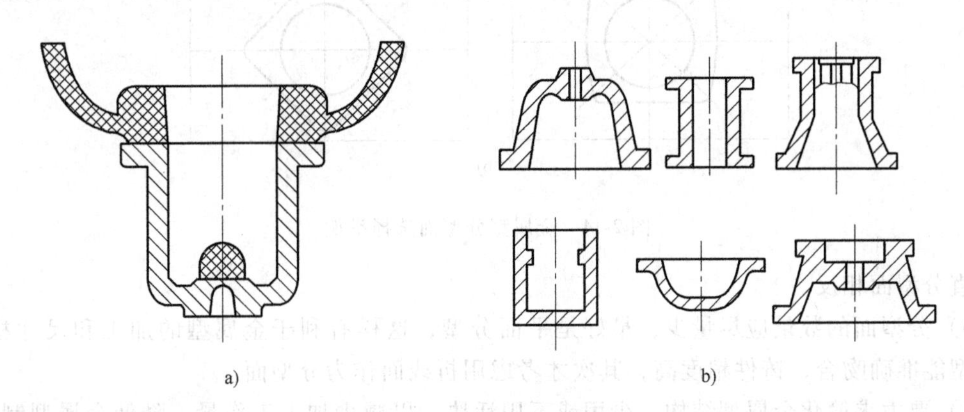

图 2-13　铸件在金属型中的浇注位置

a）铸件厚大部分向上　b）筒形等铸件垂直放置

3）铸件的主要加工面或重要工作面应向下放置，因为下部组织较致密，夹渣、气孔少。

4）铸件的大平面以及大型铸件的薄壁部位，应力求垂直放置，避免出现冷隔和浇不足。

5）应使金属型结构简单，型芯数量少，分型方便，铸件容易出型。

2.4.3　铸件分型面的选择

金属型铸造时，铸件分型面的选择原则与砂型铸造一样，但注意应结合金属型铸造的特点。选择分型面的一般原则如下：

1）要力求注意提高铸件的尺寸精度，减小铸件质量。如应尽量把分型面开在铸件的最大平面上，使铸件在一个半型内（图 2-14a），分型面的位置应尽量使铸件避免有铸造斜度，同时容易自型中取出铸件（图 2-14b）。

2）要便于浇冒口系统设置、型芯的安放和稳固以及取出铸件；操作过程容易实现机械化、自动化，以减轻工人的劳动强度，改善劳动条件。

图 2-15 所示为铸造轮状铸件时的两种分型面的方案。图 2-15a 所示为垂直分型面，开、合型过程容易实现机械化。浇冒口系统可直接由金属型形成，取出铸件也容易。但中间砂芯安放不便，容易歪斜，且在轮毂部位不能设置冒口。图 2-15b 所示为水平分型面，其优缺点

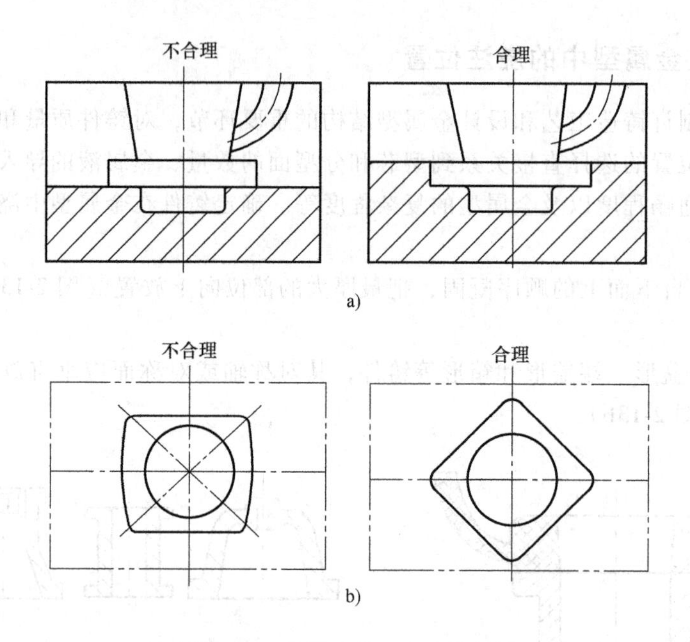

图 2-14　金属型分型面选择举例

与垂直分型面相反。

3）分型面的数量应尽量少，最好是平面分型，这样有利于金属型的加工和尺寸检查，两半型能准确吻合，铸件精度高，其次才考虑用折线面作为分型面。

4）要力求简化金属型结构，少用或不用活块，以减少加工工作量，降低金属型制造成本（图 2-16）。

5）分型面不得选在加工基准面上。

6）在金属型上设置顶出机构时，要考虑开型时，铸件应留在装有顶出机构的半型内。

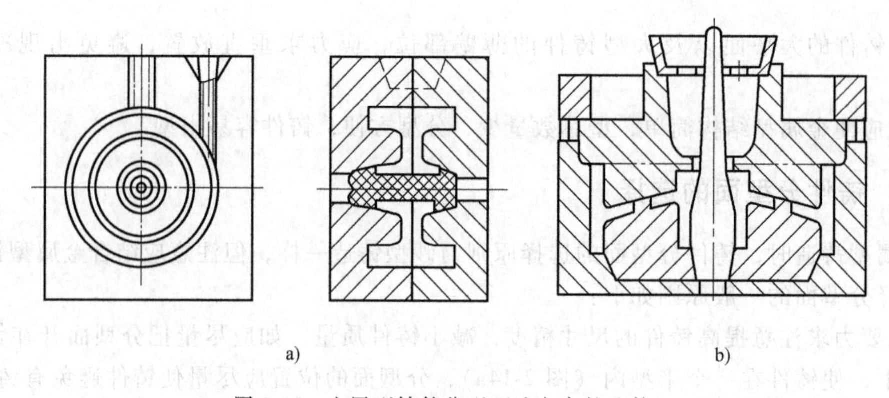

图 2-15　金属型铸件分型面选方案的比较

a）垂直分型面　b）水平分型面

2.4.4　浇注系统的设计

1. 浇注系统的特点

根据金属型材料和结构的特点，在设计浇注系统时须注意以下几点：

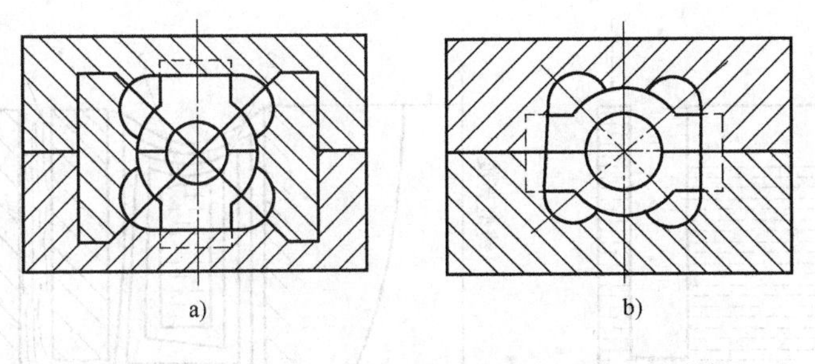

图 2-16　少用或不同活块的金属型分型面选择举例

a）不合理　b）合理

1）金属型浇注速度快，比砂型铸造约快 20%。

2）在金属液充型时，型腔里的气体要能顺利排除，其流向应尽可能与液流方向一致，以保证将气体顺利地挤向冒口或出气冒口。

3）金属液应尽量平稳地充型，不要冲击型壁、型芯或凸角，避免产生涡流、飞溅。

4）应避免浇注系统设计在加工基准面上。

5）浇注系统结构设计应便于铸型开合、取件，并便于从铸件上清除浇冒口。

2. 浇注系统的分类

金属型的浇注系统一般分为顶注式、底注式、中注式和缝隙式四类。它们的充型及温度分布如图 2-17~图 2-20 所示，分述如下：

（1）顶柱式（图 2-17）　浇注系统的内浇道设在铸件的顶部，其热分布较合理，有利于顺序凝固，可减少金属液的消耗，但充型时金属液流动不平稳、易飞溅、易冲击型腔底部或型芯，因而易出现卷气氧化，形成“铁豆”等问题。对于铝合金铸件，一般只适用于铸件高度小于 100mm 的简单件。

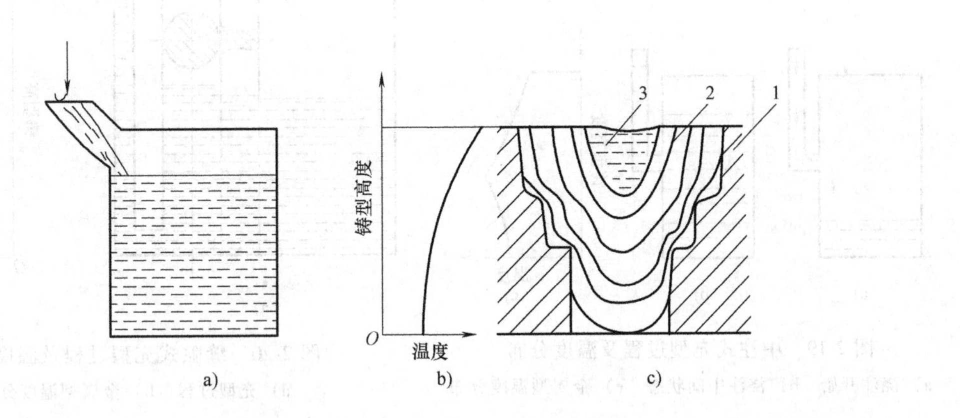

图 2-17　顶注式充型过程及温度分布

a）充型过程　b）金属型温度分布　c）凝固情况

1—金属型　2—凝固层　3—金属液

（2）底注式（图 2-18）　浇注系统的内浇道设在铸件的底部，金属液流动较平稳，有利于排气和挡渣，但温度分布不合理，不利于顺序凝固。

（3）中注式（图 2-19）　金属液充型比顶注式平稳，温度分布比底注式合理，但仍存在

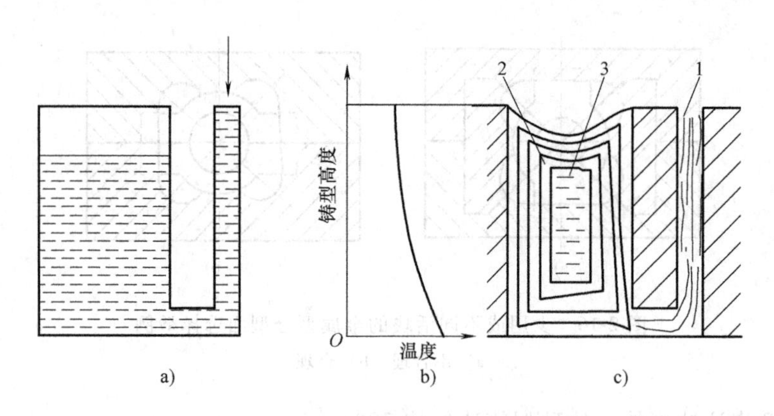

图 2-18 底注式充型过程及温度分布

a）充型过程 b）金属型温度分布 c）凝固情况

1—浇口 2—凝固层 3—金属液

充型时金属液飞溅和铸件高度方向上不尽合理的问题，它适用于高度较大但不便于设置底注式浇注系统的铸件。

（4）缝隙式（图 2-20） 浇注系统的内浇道采用缝隙式，沿铸件高度设置，浇注时金属液经直浇道的底部先进入截面积较大的垂直过道，然后经截面积较小的缝隙内浇道进入型腔。因此，浇注时垂直过道内的金属液液面高度始终高于内浇道和铸型型腔中的金属液液面，这样，有利于平稳充型、排气，挡渣效果又好，而且较热的金属液总是处于型腔的上方，有利于补缩，但金属液消耗量大，清理工作量大，适用于质量要求较高的筒形或板形件。

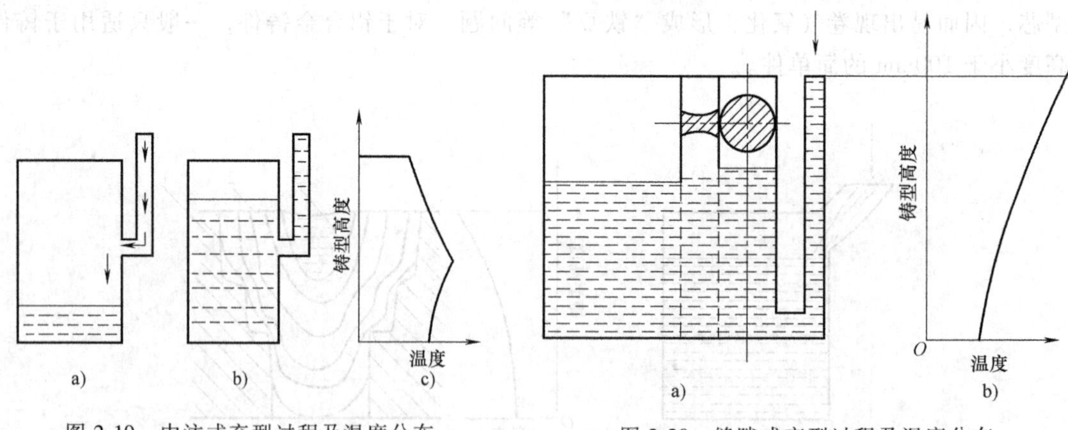

图 2-19 中注式充型过程及温度分布

a）浇注开始 b）浇注中间状态 c）金属型温度分布

图 2-20 缝隙式充型过程及温度分布

a）充型过程 b）金属型温度分布

图 2-21 ~ 图 2-24 所示分别为顶柱式、底注式、中注式和缝隙式浇注系统的应用实例。

3. 浇注系统的设计计算

金属型浇注系统的结构与砂型铸造基本相似，一般由浇口杯、直浇道、横浇道和内浇道组成。但由于金属型不透气，导热能力强，因此，要求浇注系统的结构既有利于降低金属液的流速，充型平稳，还应保证在充型过程中不产生飞溅，因此，通常将直浇道设计成倾斜状、鹅颈状和蛇形等，如图 2-25 所示。

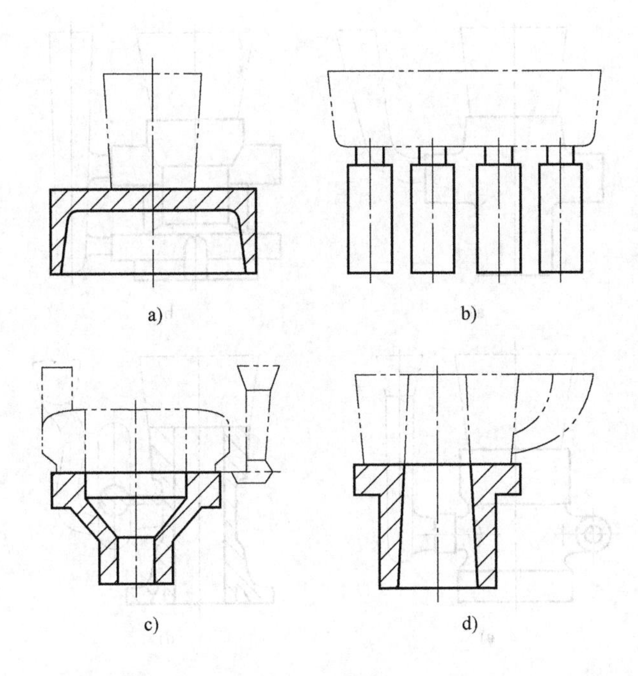

图 2-21　顶注式浇冒口系统应用铸件实例（双点画线为浇冒口系统）

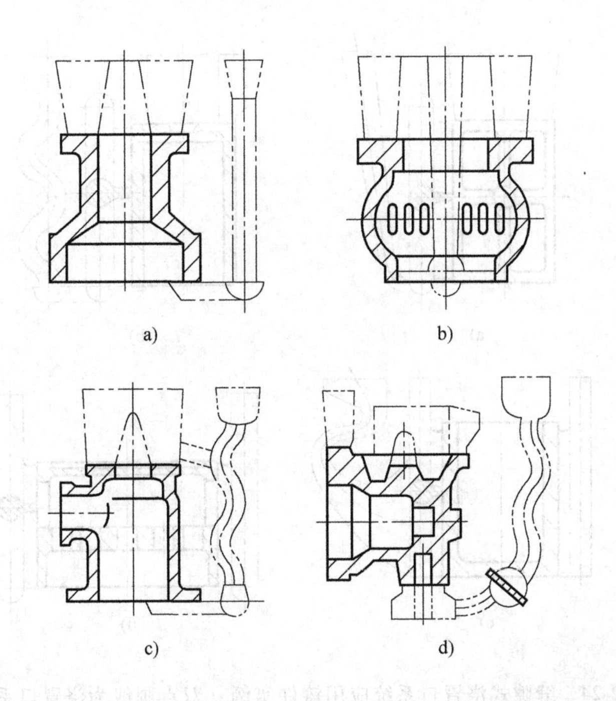

图 2-22　底注式浇冒口系统应用铸件实例（双点画线为浇冒口系统）

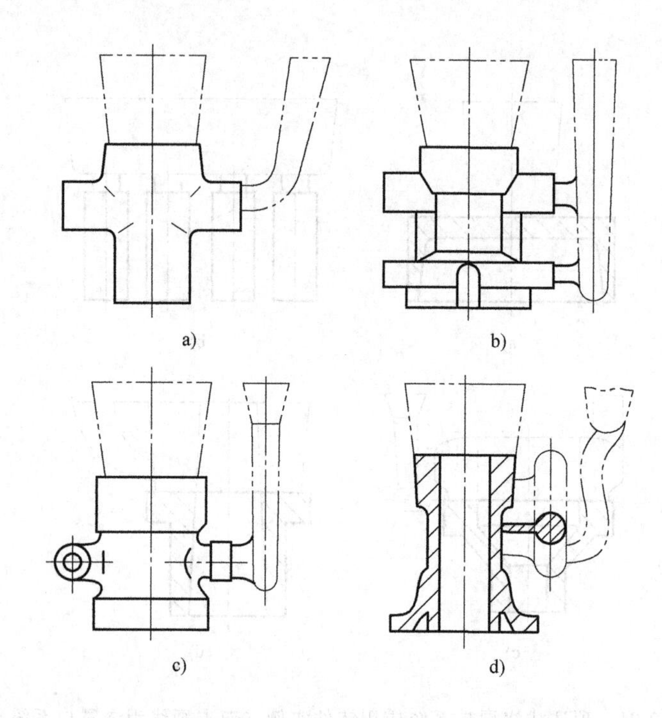

图 2-23　中注式浇冒口系统应用铸件实例（双点画线为浇冒口系统）

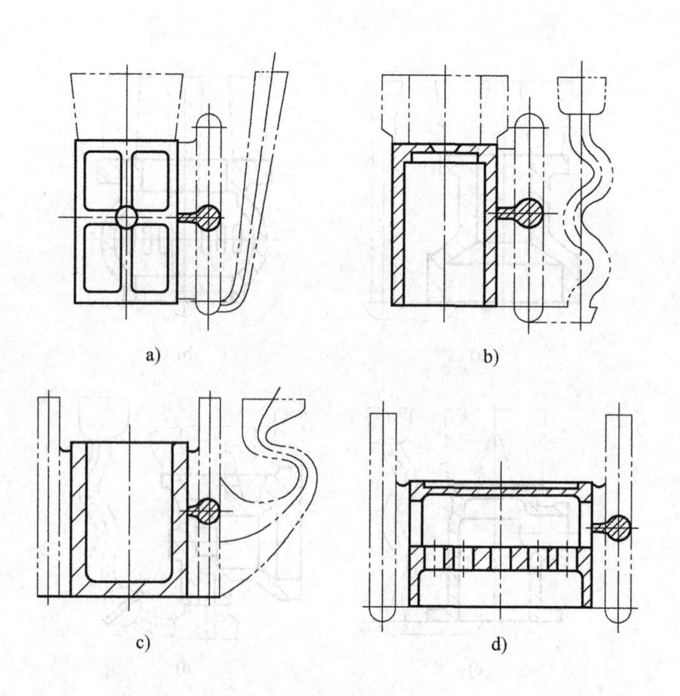

图 2-24　缝隙式浇冒口系统应用铸件实例（双点画线为浇冒口系统）

直浇道底部受金属液浇入时的冲击力很大，故高度一般不应超过150mm，当直浇道需要设计得更高时，一般要改用斜直浇道，如图2-25a所示，但一般不超过250mm。

当直浇道设计高度超过250mm时，可采用鹅颈状浇道（图2-25b）或蛇形浇道（图2-25c、d）。

为了获得优质铸件，在金属型浇注系统中也常放置过滤网，过滤网一般放在直浇道的下端，它既可以降低金属液的流速，也可滤除金属液中的夹渣。

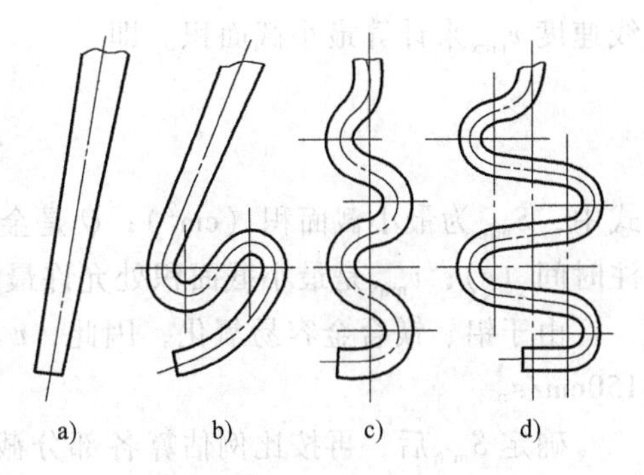

图2-25 直浇道的型式

a）倾斜状 b）鹅颈状 c）、d）蛇形

对于垂直分型的金属型，由于分型面的限制，多半不设横浇道，为了撇渣，一是采取放置过滤网的方法，二是在图2-25所示的各种直浇道的下部设置集渣包，如图2-26所示。

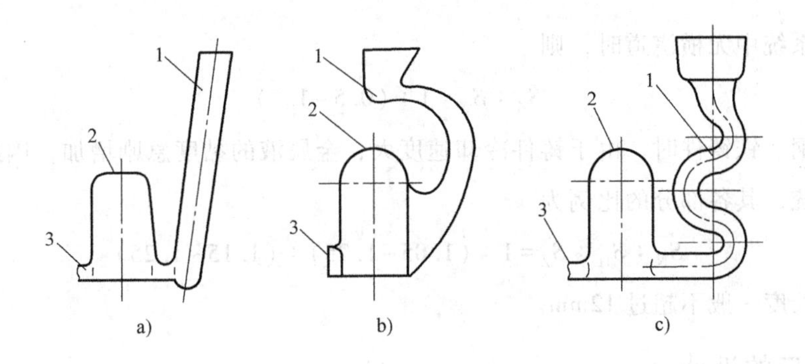

图2-26 带集渣烈属的浇注系统

1—直浇道 2—集渣包 3—内浇道

有关浇注系统最小截面积的计算，可参照砂型铸造中的计算公式，但由于金属型铸造具有较强的冷却作用，在不引起湍流的前提下，应尽量缩短金属液的充型时间，一般金属型铸造的浇注时间比砂型铸造缩短20%~40%。浇注时间根据铸件的高度和限定的型内金属液面的上升速度来确定，即

$$t=\frac{H}{v} \tag{2-14}$$

式中，t是浇注时间（s）；H是铸件高度（cm）；v是金属液上升速度（cm/s）。

对铝、镁合金铸件：

$$v=\frac{3-4.2}{b}$$

式中，b是铸件的壁厚（cm）。

对铸铁件：当b<1cm时，v=2~3cm/s。

因此，可根据浇注时间、金属液密度和金属液流经浇注系统最小截面处的允许最大流动

线速度 v_{max} 来计算最小截面积。即

$$S_{min}=\frac{Q}{\rho t v_{max}} \tag{2-15}$$

式中，S_{min} 为最小截面积（cm^2）；Q 是金属液质量（g）；ρ 是金属液密度（g/cm^3）；t 是浇注时间（s）；v_{max} 是最小截面积处允许最大流动线速度（cm/s）。

由于铝、镁合金容易氧化，因此，v 不能太大，对镁合金 $v_{max}<130cm/s$，对铝合金 $v_{max}<150cm/s$。

确定 S_{min} 后，再按比例估算各部分截面积。对铝、镁合金多采用开放式浇注系统。直、横、内浇道总截面积比可参考下列比例：

大型铸件（>40kg）　$S_Z:S_H:S_N=1:(2\sim3):(3\sim6)$

中型铸件（20~40kg）　$S_Z:S_H:S_N=1:(2\sim3):(2\sim4)$

小型铸件（<20kg）　$S_Z:S_H:S_N=1:(2\sim3):(2\sim4)$

式中，S_Z 是直浇道的截面积（cm^2）；S_H 是横浇道的截面积（cm^2）；S_N 是内浇道的截面积（cm^2）。

如浇注系统中无横浇道时，则

$$S_Z:S_N=1:(0.5\sim1.5)$$

当浇注钢、铁铸件时，由于铸件冷却速度大，金属液的黏度急剧增加，因此，多采用封闭式浇注系统，其各部分的比例为

$$S_N:S_H:S_Z=1:(1.05\sim1.25):(1.15\sim1.25)$$

内浇道长度一般不超过 12mm。

2.4.5 冒口的设计

金属型铸造冒口的作用有补缩、集渣和排渣等，其设计原则与砂型铸造基本相同，但由于金属型冷却速度大，冒口常采用保温涂料或砂层。

金属型铸造冒口按顶面是否与大气直接相连，分为明冒口和暗冒口，按在铸件上的位置分为顶冒口和侧冒口。金属型常见冒口的型式如图 2-27 所示。

计算冒口尺寸的方法有很多，铝、镁合金冒口设计可用热节圆法，如图 2-28a 所示，一般情况下，可参考下列公式：

明冒口　$D=(1.2\sim1.5)d$

暗冒口　$D=(1.2\sim2.0)d$

式中，D 是冒口根部直径（mm）；d 是铸件补缩处的热节圆直径（mm）。

在热节圆直径大、补缩条件好的情况下，冒口尺寸取上限，反之取下限。当铸件热节所处高度不大，而水平尺寸较大时，要求冒口有横向补缩（图 2-28b），则 $D=(2\sim4)d$。

冒口的高度 H(mm) 可按下列各式计算：

顶冒口　$H=(0.8\sim1.5)D$

侧冒口　$H=(2\sim3)D$

暗冒口　$H=(1.2\sim2)D$

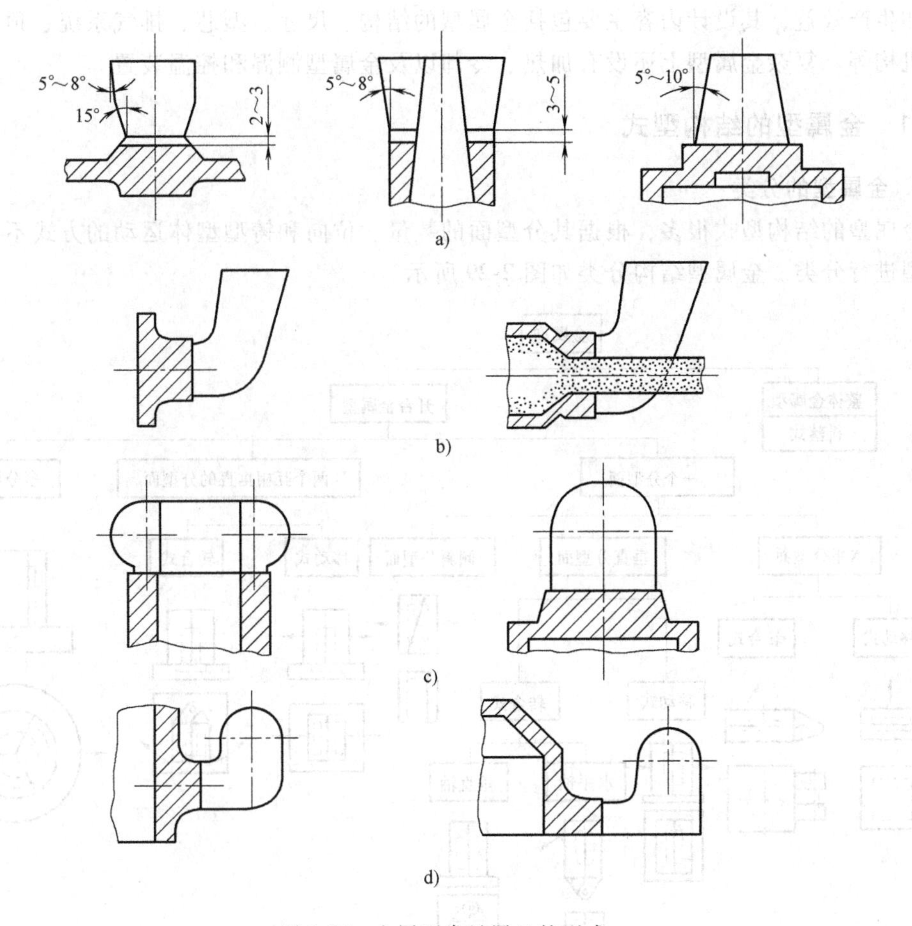

图 2-27　金属型常见冒口的型式

a）顶式明冒口　b）侧式明冒口　c）顶式暗冒口　d）侧式暗冒口

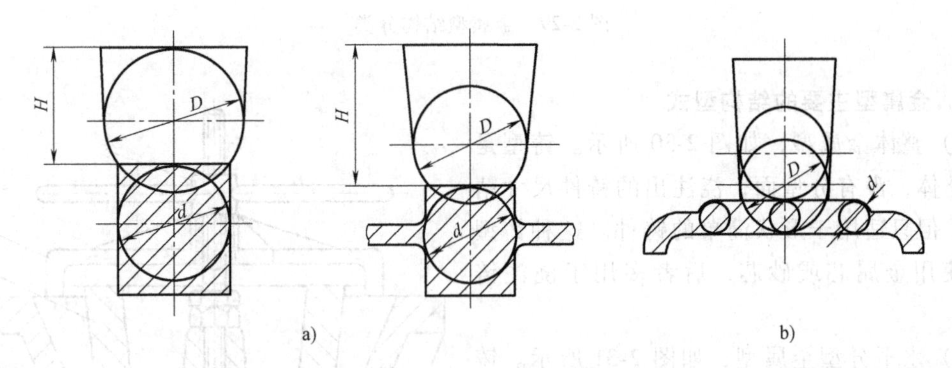

图 2-28　根据铸件的热节确定冒口尺寸

a）铸件热节较高　b）铸件热节低而宽

2.5　金属型设计与制作

金属型是实施金属型铸造过程的基本工艺装置，在很大程度上决定了铸件的质量、生产条件和生产效益，其设计内容主要包括金属型的结构、尺寸、型芯、排气系统、顶出机构及抽芯机构等。复杂金属型上还设有加热、冷却以及金属型测温和控温装置。

2.5.1 金属型的结构型式

1. 金属型的分类

金属型的结构型式很多，根据其分型面的数量、位向和铸型型体运动的方式不同等，将金属型进行分类。金属型结构分类如图 2-29 所示。

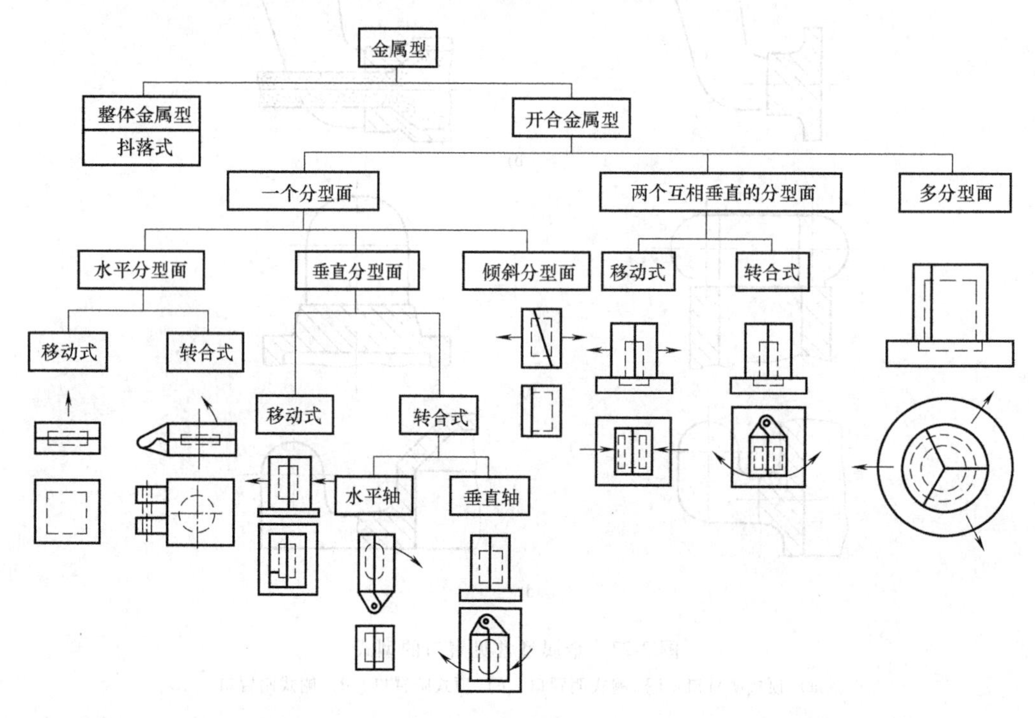

图 2-29 金属型结构分类

2. 金属型主要的结构型式

1）整体金属型，如图 2-30 所示。铸型是一个整体，没有分型面，浇注出的铸件尺寸精度高，但只适用于形状简单的铸件。这种铸型可以使用金属芯或砂芯，后者多用于浇注铸钢件。

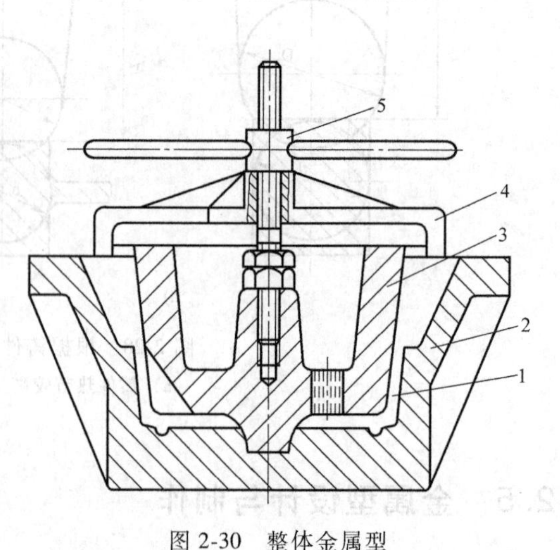

图 2-30 整体金属型

1—铸件 2—金属型 3—型芯 4—支架 5—扳手

2）水平分型金属型，如图 2-31 所示。铸型由上下两部分型体组成，一般是下半型固定，开合铸型是上半型上下移动。这种金属型可将浇注系统设在铸件的中心部位，浇注时金属液在型中的流程短，铸型和铸件温度分布均匀，铸件不易产生变形。故这种铸型适用于生产高度不大的圆筒、圆盘、薄壁轮状和平板类

铸件。此类金属型操作不方便，难于实现机械化。

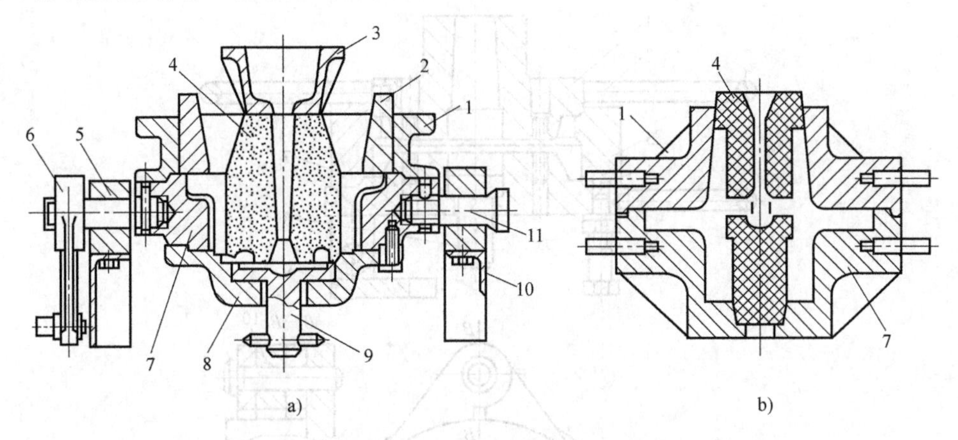

图 2-31　水平分型金属型两例

1—上半型　2—半金属型　3—浇口杯　4—砂芯　5—轴座　6—手柄　7—下半型　8—型座　9—顶杆　10—角钢　11—转轴

3）垂直分型金属型，如图 2-32 所示。铸型由左、右两块半型组成，一块固定于底板，一块移动，以便开合铸型。垂直分型金属型易于设置浇冒口和排气系统，操作方便，易于实现机械化，但有时放置砂芯、镶件不方便。

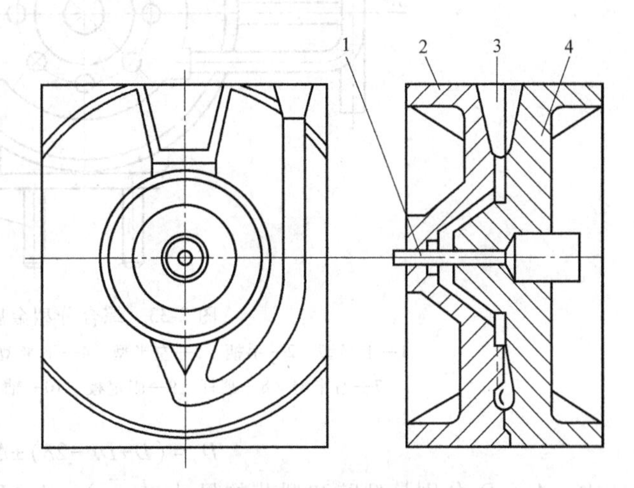

图 2-32　垂直分型金属型

1—金属型芯　2—左半型　3—浇注系统　4—右半型

4）综合分型金属型，如图 2-33 所示。这种铸型由两个或多个分型面组成，分型面既可水平也可垂直，时还可以是倾斜的。图 2-33 所示的手工操作铸造铝合金轮毂的金属型，由四个型块 1、3、4 和 7 组成，3、7 两型块垂直分型，而它们与 1 和 4 两型块又水平分型，为了防止从上面浇注时铝合金液的飞溅，浇注时可手执手柄 5 上抬铸型，实现倾斜浇注。

2.5.2　金属型主体设计

金属型主体是指构成型腔，用于形成铸件外形的部分，主体结构与铸件大小、它在型中的浇注位置、分型面及合金的种类有关。在设计时应力求使型腔的尺寸准确，便于开设浇注系统和排气系统，铸件出型方便，有足够的强度和刚度等。

1. 型腔、型芯尺寸

型腔及型芯尺寸 A_x、D_x 可参照图 2-34 按下式计算：

$$A_x = (A+A\varepsilon+2\delta) \pm \Delta A_x \tag{2-16}$$

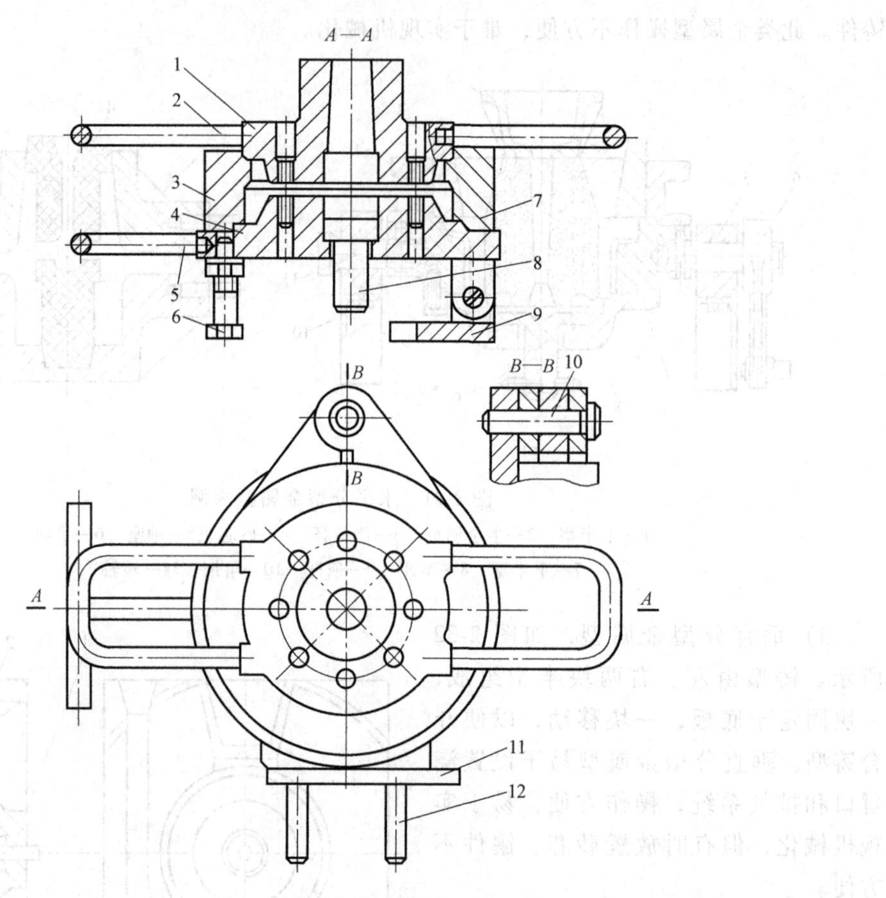

图 2-33　综合分型金属型

1—上半型　2—手柄　3—左半型　4—下半型　5—手柄　6—支承螺钉
7—右半型　8—顶杆　9—固定板　10—轴　11—锁扣　12—手柄

$$D_x = (D + D\varepsilon - 2\delta) \pm \Delta D_x \tag{2-17}$$

式中，A_x、D_x分别是型腔和型芯的尺寸（mm）；A、D分别是铸件外形和内腔（孔）的尺寸（mm）；ε是铸件的线收缩率（%），见表 2-9；δ是金属型的涂料厚度（mm）；ΔA_x、ΔD_x分别是金属型和型芯的加工公差（mm）。

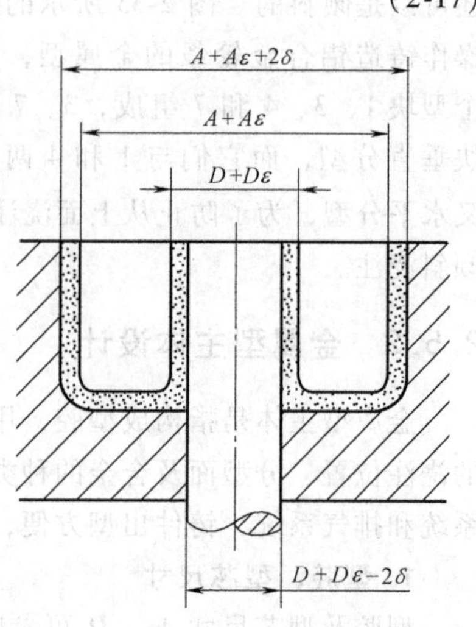

图 2-34　金属型型腔和型芯尺寸的确定

涂料层厚度一般为 0.1～0.3mm，型腔取正值，型芯和凸出部分取负值，中心距取$\delta=0$。型腔及型芯工作面尺寸制造公差可按表 2-10～表 2-12 选用。

由于影响型腔尺寸的因素很多，因此，在设计金属型时就准确地确定型腔和型芯尺寸是很困难的，所以，在设计金属型时应给型腔、型芯尺寸留有修正余地。一般对形成铸件外形部位（型腔）取较小值，对形成内腔、孔洞部位（型芯）取较大值，以便在新的金属型调试时，可根据试浇铸件的尺寸对型腔和型芯进行修整。

表 2-9　常用合金金属型铸造的线收缩率

合金种类	铝硅合金	铝铜合金	镁合金	锡青铜	铸铁	铸钢
线收缩率(%)	0.6~0.8	0.6~0.8	1.0~1.2	1.3~1.5	0.8~1.0	1.8~2.5

表 2-10　长度及中心距尺寸偏差值　（单位：mm）

公称尺寸	~50	>50~260	>260~630	>630
长度偏差(±)	0.10	0.15	0.25	0.40
中心距偏差(±)	0.05	0.10	0.15	0.25

表 2-11　角度偏差值

短邻边长度/mm	~10	>10~18	>18~30	>30~50	>50~80	>80~120	>120~260	>260~360	>360
角度偏差($\pm\Delta\alpha$)	45′	30′	25′	20′	10′	6′	5′	4′	3′

表 2-12　长度及中心距尺寸偏差值　（单位：mm）

公称尺寸	~6	>6~10	>10~18	>18~30	>30~50
偏差(±)	0.3	0.4	0.5	0.6	0.8

2. 分型面尺寸

金属型分型面的形状，在垂直分型时，可设计成矩形，水平分型时，随铸件外形不同，也可设计成圆形或其他形状。

金属型分型面上的尺寸与铸件大小有关，如对中小件的金属型而言，可参照表 2-13。

3. 金属型壁厚的确定

金属型壁厚主要影响铸型的质量、强度和铸件的冷却速度，壁厚太厚，增加了铸件的质量，铸件的冷却速度也增大，型腔过薄，由于温度不均匀而产生应力，容易变形，缩短寿命。金属型壁厚与铸件壁厚、金属型材料、外廓尺寸和毛坯加工方法有关。当金属型材料为铸铁时，其壁厚可参照图 2-35。

表 2-13　金属型分型面上的尺寸

尺寸名称	尺寸值/mm	附图：
型腔边缘至金属型边缘的距离(a)	25~30	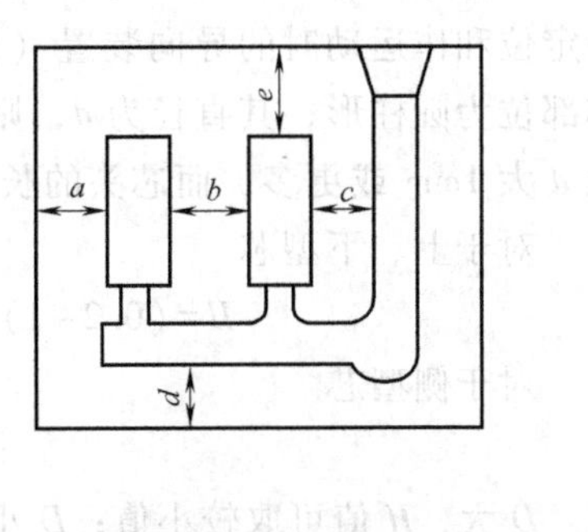
型腔边缘间的距离(b)	>30 小件 10~20	
直浇道边缘至型腔边缘间的距离(c)	10~25	
型腔下缘至金属型底边间的距离(d)	30~50	
型腔上缘至金属型上边间的距离(e)	40~60	

铝合金铸件金属型的壁厚一般不小于 12mm，铜合金和钢、铁铸件的金属型壁厚不小于

15mm。镁合金铸件热容量小，铸型壁厚可减薄。

为了进一步增大铸型的刚度，常把金属型半型制成箱形，如图 2-36 所示，箱的高度为铸型分型面长度的 1/5～1/3，加强肋的厚度与铸型壁厚相等。

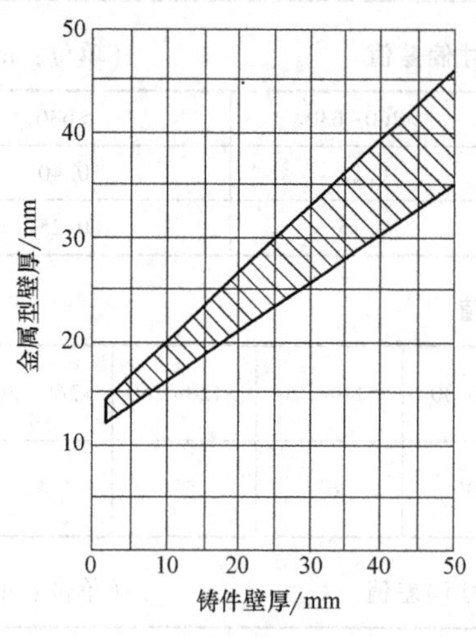

图 2-35 铸铁金属型壁厚与铸件壁厚的关系

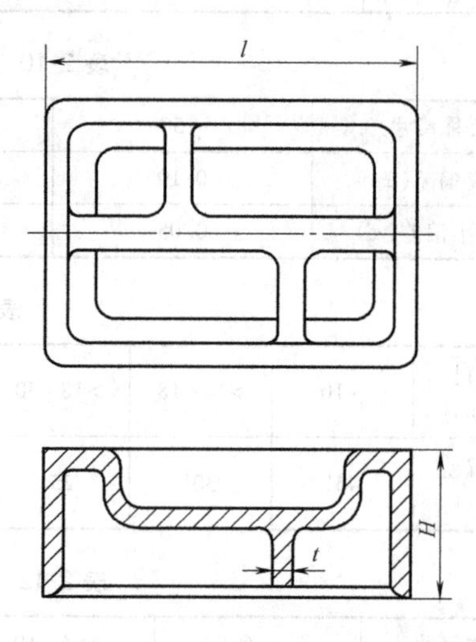

图 2-36 金属型的加强肋箱形结构

2.5.3 金属型型芯的设计

型芯是用来形成铸件内部孔腔或铸件外侧妨碍开型的深凹部分。金属型型芯分永久型芯（金属型芯）和一次型芯（砂芯、壳芯及一次金属芯）。

1. 金属型芯的结构和抽芯机构的设计

（1）金属型芯的结构 采用金属型芯时，铸件冷却速度快，铸件组织均匀，内孔光洁，尺寸精度高，劳动生产率高。根据金属型芯的构造，可分为整体型芯和组合型芯。

1）整体型芯。一般开型之前，即从铸件中拔出或拔松，整体型芯只能构成简单形状的内孔，型芯利用芯头定位和作运动时的导向装置（图 2-37），如型芯的工作部位为圆柱形，其直径为 d，则芯头部位的直径 D 应比 d 大 1mm 或更多，而芯头的长度 H 可由下式确定：

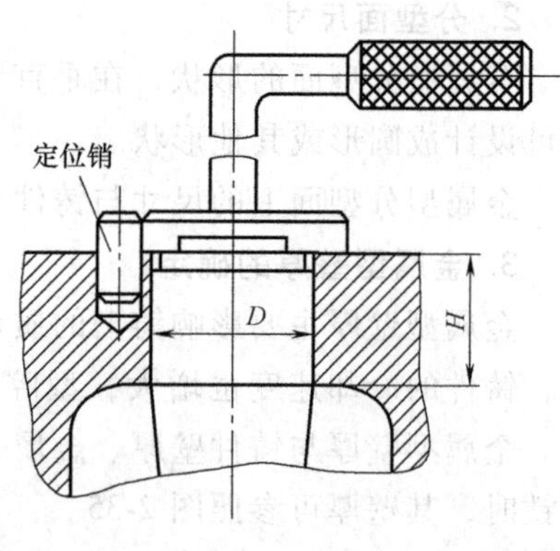

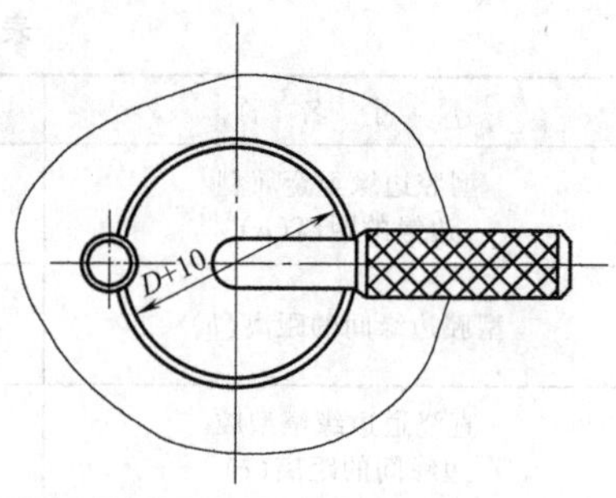

图 2-37 金属型芯的芯头定位

对于上、下型芯

$$H=(0.2\sim1)D \tag{2-18}$$

对于侧型芯

$$H=(0.3\sim2)D \tag{2-19}$$

D 大，H 值可取较小值；D 小，H 值应取较大值。

2）组合型芯。当铸件内腔形状阻碍型芯直接拔出时，可设计成拆卸式的组合金属芯。

图 2-38 所示为铝合金活塞金属型，由于活塞中央孔腔的左右两侧面有凸台，故型芯由三块组合而成。取芯时先将中央型芯块 1 向上拔出，然后分别把两侧芯块 2 往内腔中间推移，向上自铸件中拔出。

（2）抽芯机构的设计　铸件在凝固冷却过程中会产生收缩，对金属型芯产生很大的压力，通常称包紧力。单位面积上的包紧力 p 的大小与铸件合金的线收缩率、抽芯时铸件温度下的弹性模量成正比。型芯表面上的总包紧力 F_0 为

$$F_0 = pS \tag{2-20}$$

型芯被包住的表面积 S 越大，总包紧力 F_0 越大。

抽金属芯时需要克服由总包紧力引起的铸件对型芯的摩擦阻力 F_1，即

$$F_1 = \mu F_0 \tag{2-21}$$

式中，μ 是摩擦因数，其大小与铸件温度、型芯表面涂料成分有关。

铸件温度、型芯表面涂料成分对 μ 值的影响如图 2-39 所示。

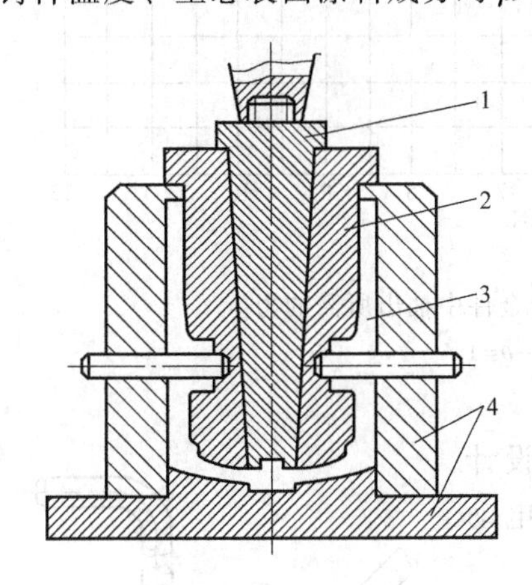

图 2-38　铝合金活塞金属型
1—中央芯块　2—侧芯块
3—型腔　4—金属型

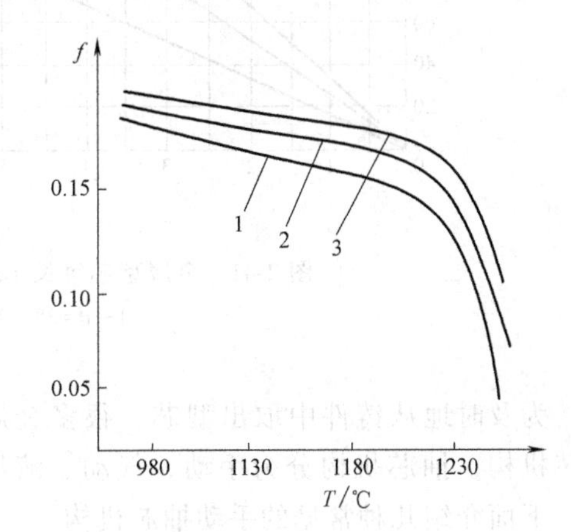

图 2-39　铸件温度、涂料成分对 μ 值的影响
1—机油涂料　2—乙炔烟涂料
3—硅石粉水玻璃涂料

当金属型芯具有铸造斜度时，如图 2-40 所示，F_0 会在抽芯方向上产生一个分力，此时抽芯力 F 可减小。即

$$F = F_0(\mu\cos\theta - \sin\theta) = Alp(\mu\cos\theta - \sin\theta) \tag{2-22}$$

式中，F_0 是型芯表面上的总包紧力（N）；A 是活动型芯的外形周长（m）；l 是活动型芯的长度（m）；p 是铸件对型芯的压力（Pa），一般铝合金 $p = 11 \sim 13\text{MPa}$，锌合金 $p = 6.5 \sim 8.5\text{MPa}$；$\mu$ 是铸件与型芯之间的摩擦因数，取 0.2～0.3；θ 是活动型芯的铸造斜度。

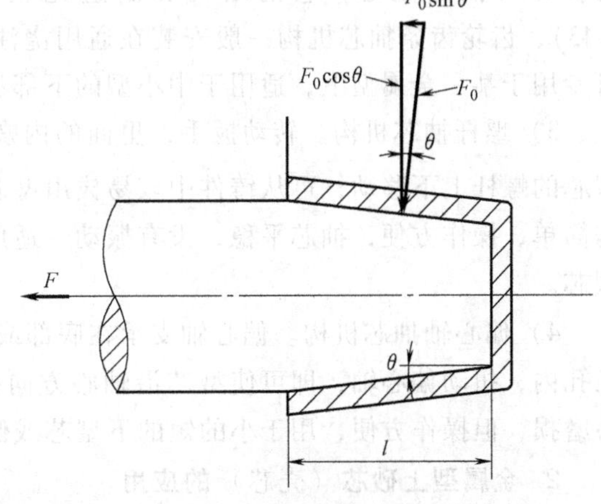

图 2-40　抽芯力的计算图例

由式（2-22）可知，增大型芯的铸造斜度时，可减小抽芯力，但由于受铸件形状和

内孔加工余量的限制，斜度不能太大，一般取 $\theta=30'\sim4°$。图 2-41 给出了铝合金金属型铸造圆柱形金属芯抽拔时所需要的抽芯力，供设计时参考。

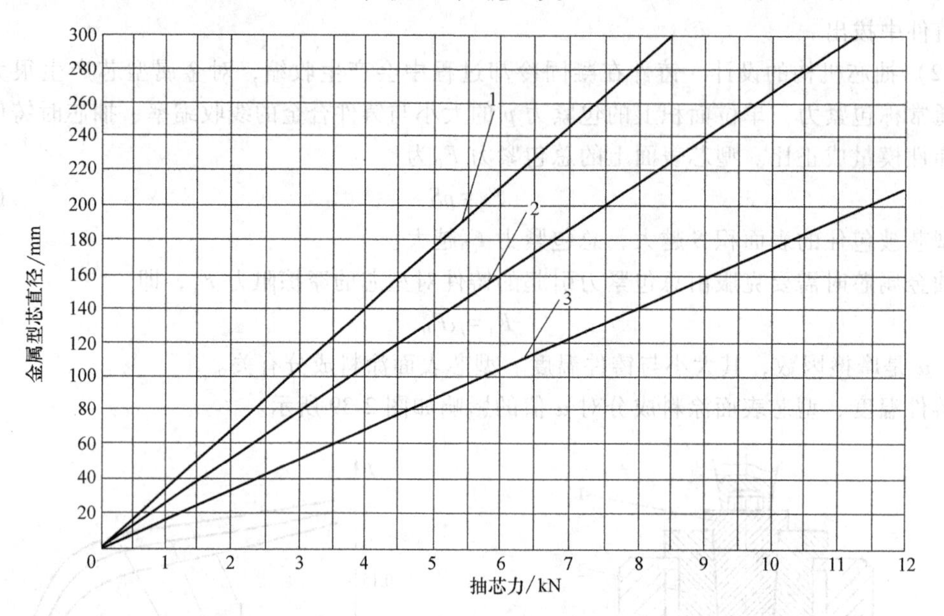

图 2-41 金属型芯每长 10mm 从铝合金件中抽出所需的力

1—$\theta=3°$ 2—$\theta=2°$ 3—$\theta=1°$

为及时地从铸件中取出型芯，很多金属型中都设计抽芯机构，抽芯机构分为手动、气动、液压传动和电动等。下面介绍几种常见的手动抽芯机构。

1）撬杠抽芯机构。此种抽芯机构最简单，型芯头上设计成凸肩台阶，用撬杠将型芯撬动，手工拔出（图 2-42），适用于简单的并且起模斜度大的小型芯。

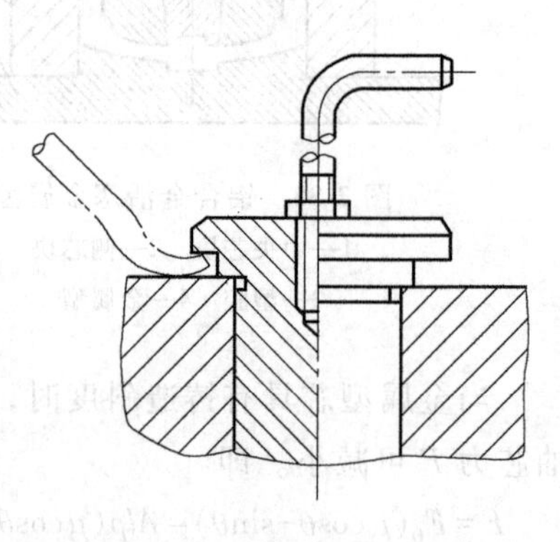

图 2-42 撬杠抽芯示意图

2）齿轮齿条抽芯机构。型芯头与齿条连接，转动齿轮轴即可抽出型芯，它的结构和制造比较复杂（图 2-43），齿轮齿条抽芯机构一般安装在通用浇注台上，也可专用于某一金属型上，适用于中小型的下部型芯。

3）螺杆抽芯机构。转动扳手，里面的内螺纹使连接型芯的螺杆上下移动，可从铸件中较易拔出型芯（图 2-30）。此机构能产生很大的拉力，结构简单，操作方便，抽芯平稳，没有振动，适用于中等大小和较长的上部型芯，也可用于侧型芯。

4）偏心轴抽芯机构。偏心轴支承在底部或型体内，偏心部分插入芯头内垂直于轴心的长孔内，扭动偏心轴，即可使型芯沿轴心方向往复运动（图 2-44）。这种机构制造较复杂，易磨损，但操作方便，用于小的短的下型芯或侧型芯。

2. 金属型上砂芯（壳芯）的应用

金属芯虽有很多优点，但下列情况则必须采用砂芯或壳芯。

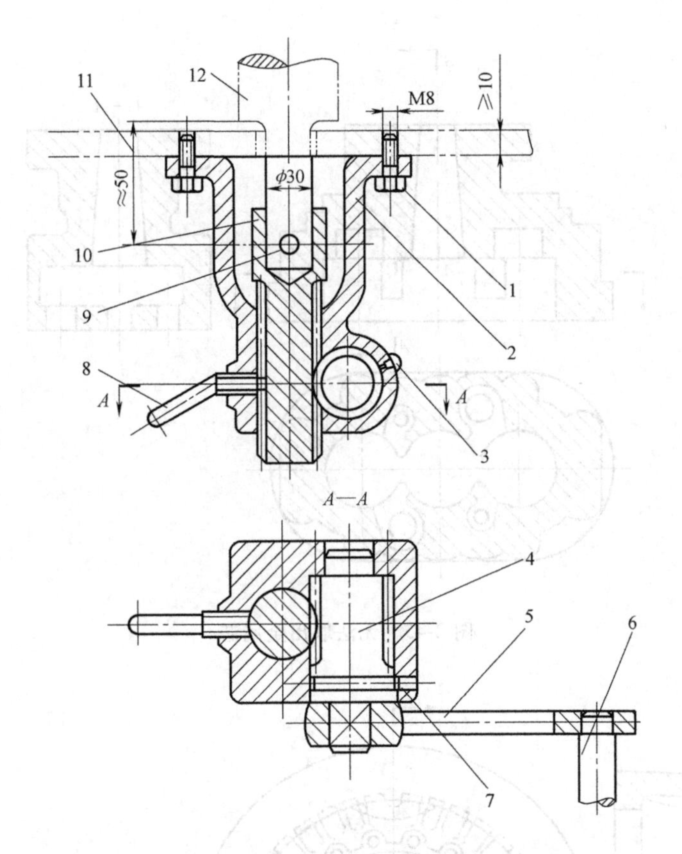

图 2-43　齿轮齿条抽芯机构

1—螺栓　2—壳体　3—油杯　4—齿轴　5—摇臂　6—手柄　7—止动螺钉

8—压紧螺钉　9—插销　10—齿条 11—底座　12—型芯

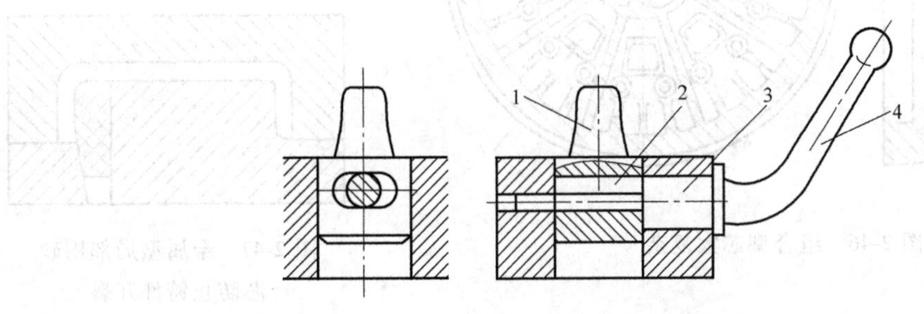

图 2-44　偏心轴抽芯机构

1—型芯　2—轴头　3—偏心轴　4—手柄

1）铸件内腔的结构复杂，不可能从中取出金属型芯（图 2-45）。

2）铸件内腔的结构，从几何形状看虽可采用组合金属芯，但此组合型芯结构复杂，制造、装配工艺复杂（图 2-46）。

3）防止铸件开裂。图 2-47 所示的砂芯可使铸件在水平方向上的收缩受阻减弱，该处金属型的退让性改善，铸件开裂的危险性降低。

砂芯头与金属型芯座间的间隙见表 2-14。

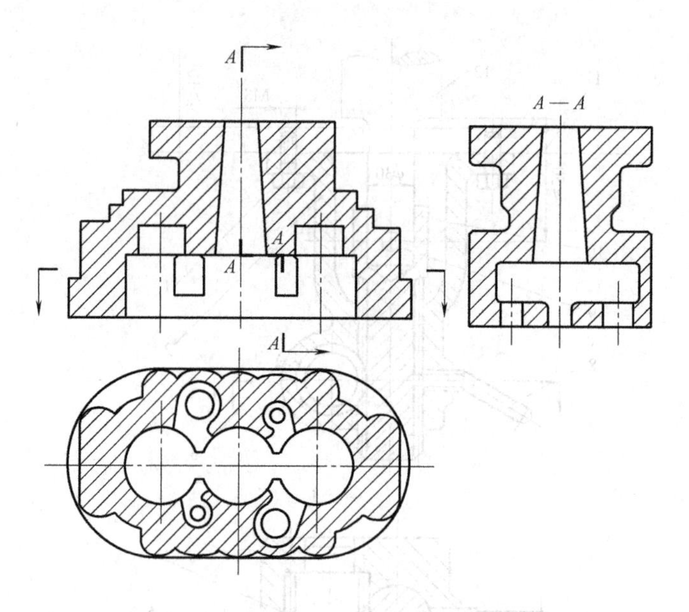

图 2-45　无法取出金属芯

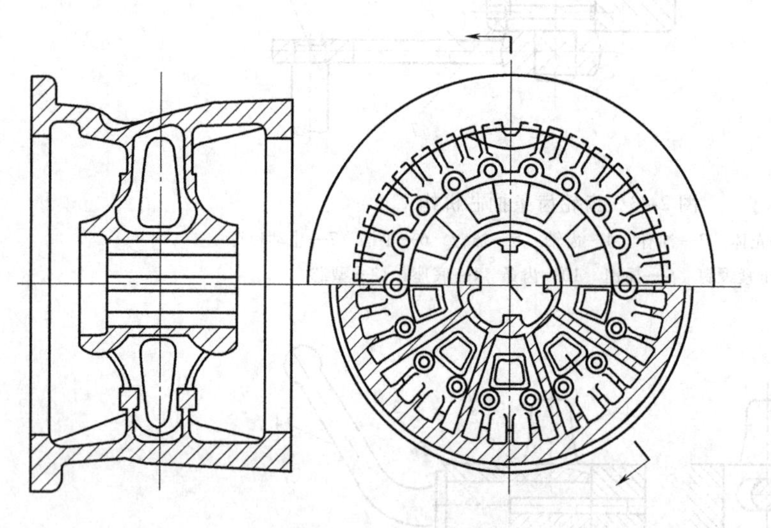

图 2-46　组合型芯太复杂

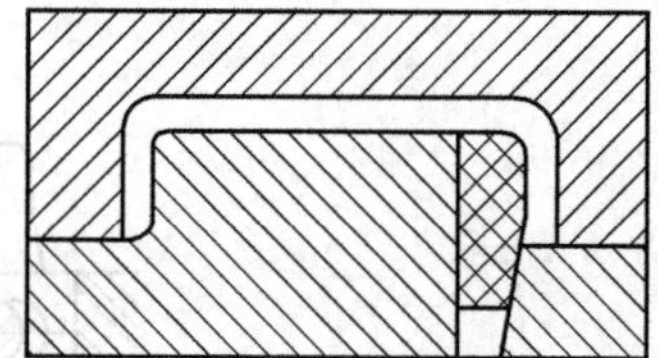

图 2-47　金属型局部用砂芯防止铸件开裂

表 2-14　砂芯头与金属型芯座间的间隙

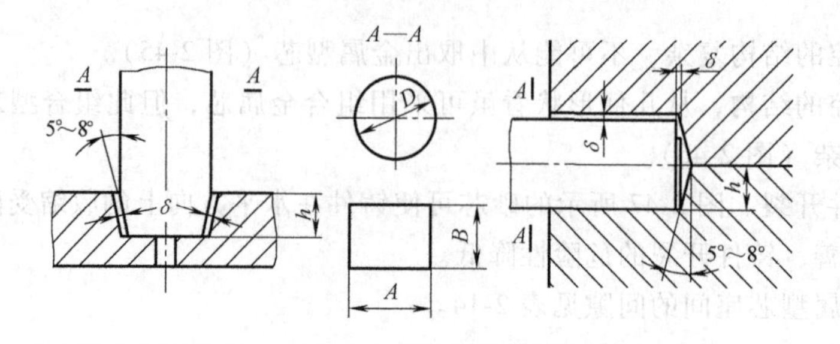

（续）

D 或 $(A+B)/2$ \ δ \ h	~25	25~50	50~100	>100
~50	0.15	0.20	0.4	0.75
50~150	0.15	0.25	0.5	1.0
150~300	0.25	0.5	1.0	1.0
300~500	—	1.0	1.0	1.5
>500	—	1.5	1.5	2.0

3. 金属型上铜管型芯的应用

在航空工业中，有很多类型的泵、阀和调速器附件中的壳体，其内腔有许多弯曲的输油或送气的孔道，这些孔道孔径一般为 3~6mm 或更小，机械加工困难，也无法用金属芯、砂芯形成，但可用铜管型芯形成，其制造过程简述如下：

1）铜管一般采用纯铜或黄铜管，铜管外径与铸件上要求的孔径相同，其厚度为 0.5~0.75mm。

2）为防止铜管弯曲时被压扁，事先需往铜管内灌注填充料，填充料可用松香或易熔合金（其质量组成为 50%Bi，26.7%Pb，13.3%Sn，10%Cd，熔点 70℃）。

3）弯曲后用加热法去除铜管型芯中的松香或易熔合金。

4）铜管型芯表面涂料可用金属型涂料，也可用乙炔焰熏烤，在其表面形成一层烟黑。

5）用焊接法组合铜管型芯，图 2-48 所示为组合好的铜管型芯在金属型中定位情况。

6）浇注冷却后，再用腐蚀法去除铜管型芯，腐蚀原理为

$$Cu+4HNO_3 = Cu(NO_3)_2+2H_2O+2NO_2\uparrow \tag{2-23}$$

而后铸件在弱碱水溶液中进行中和，然后用清水洗净。铝合金在浓硝酸中不会被腐蚀，镁合金铸造时，除铜管外，也可用铝管（用苛性钠去除）、中性玻璃管（用氢氟酸与氟磷酸的混合液去除）替代铜管。

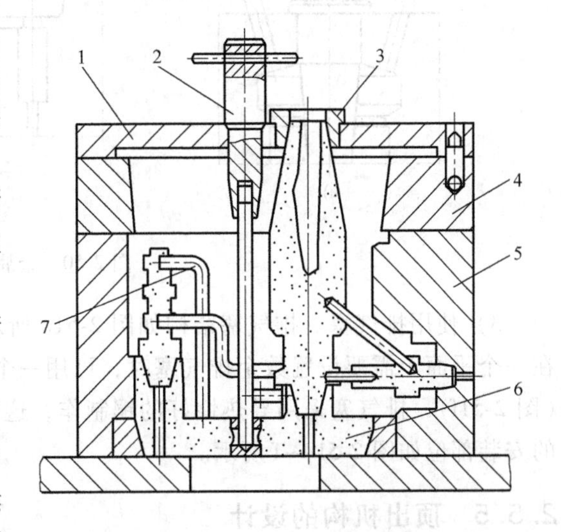

图 2-48　在金属型中定位安装铜管型芯总体
1—定位板　2—铜管定位套　3—壳芯定位套　4—上半型　5—下半型　6—铜管型芯总体　7—铜管

2.5.4　金属型排气系统的设计

由于金属型无透气性，在设计金属型时要设计排气系统，其排气方式有以下几种：

1）利用分型面或型腔零件组合面的间隙进行排气，也可在分型面上开排气槽（图 2-49）。

2）利用金属型上的明冒口，或在型腔上部容易形成气阻的型壁上开设直径 $\phi1\sim\phi10$mm 的排气孔（图 2-50）。

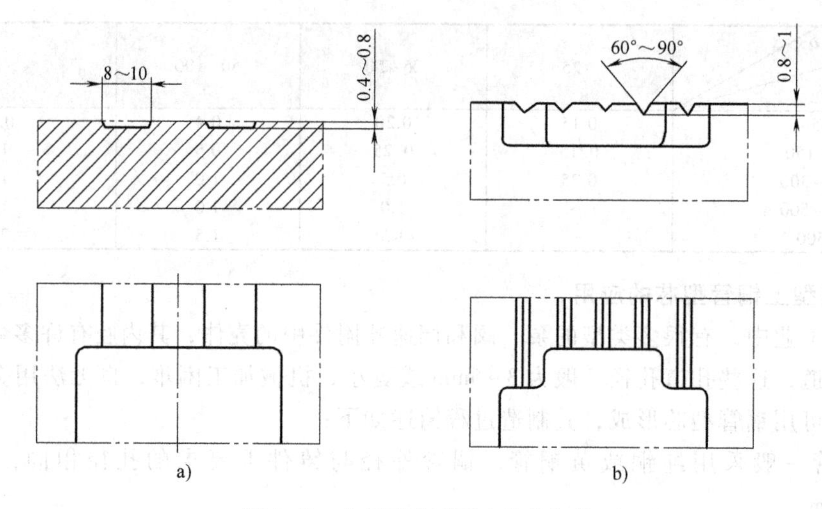

图 2-49　金属型分型面上的排气槽

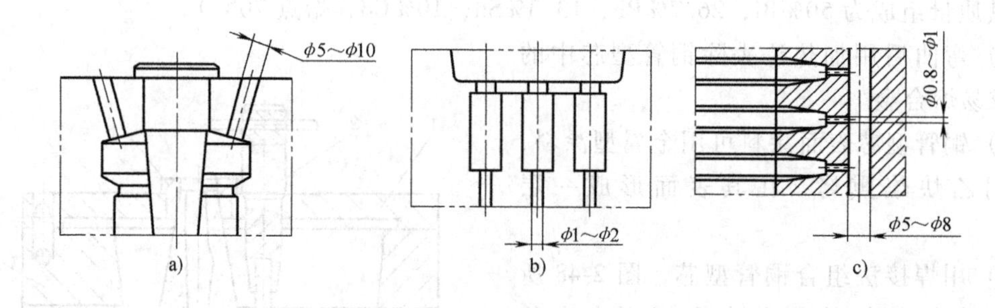

图 2-50　金属型排气孔

3）使用排气塞。排气塞结构如图 2-51a 所示，排气环（图 2-51b）与排气塞作用相同。在一个平面上需要设置数个排气塞时，可用一个排气环替代。有时在铸件厚大部位设排气塞（图 2-51f），排气塞采用导热性好的铜制作，这样可起到加强铸件局部冷却的作用。排气塞的安装部位如图 2-51c~f 所示。

2.5.5　顶出机构的设计

金属型腔的凹凸部位对铸件的收缩会有阻碍，铸件出型时就会有阻力，这时需采用顶出机构方可将铸件顶出。

采用圆柱形顶杆的端部将铸件从型中顶出，有单个顶杆机构和组合顶杆机构两种。

1. 单个顶杆机构

图 2-52 所示为弹簧顶杆机构，弹簧 2 可自动地把顶杆 3 的端面放到与铸型表面齐平，准备浇注，铸件凝固开型后，用锤敲打螺母上的端面，顶杆端面把铸件顶出金属型。而弹簧 2 可自动地将顶杆回复至准备浇注位置。

2. 组合顶杆机构

对于形状复杂的铸件，在顶出铸件时应使铸件受力均匀，因此，应设多个能同步动作的顶杆，故用顶杆板 3 将多个顶杆的一端连接在一起，实现顶杆的同步动作。在铸型开型后，

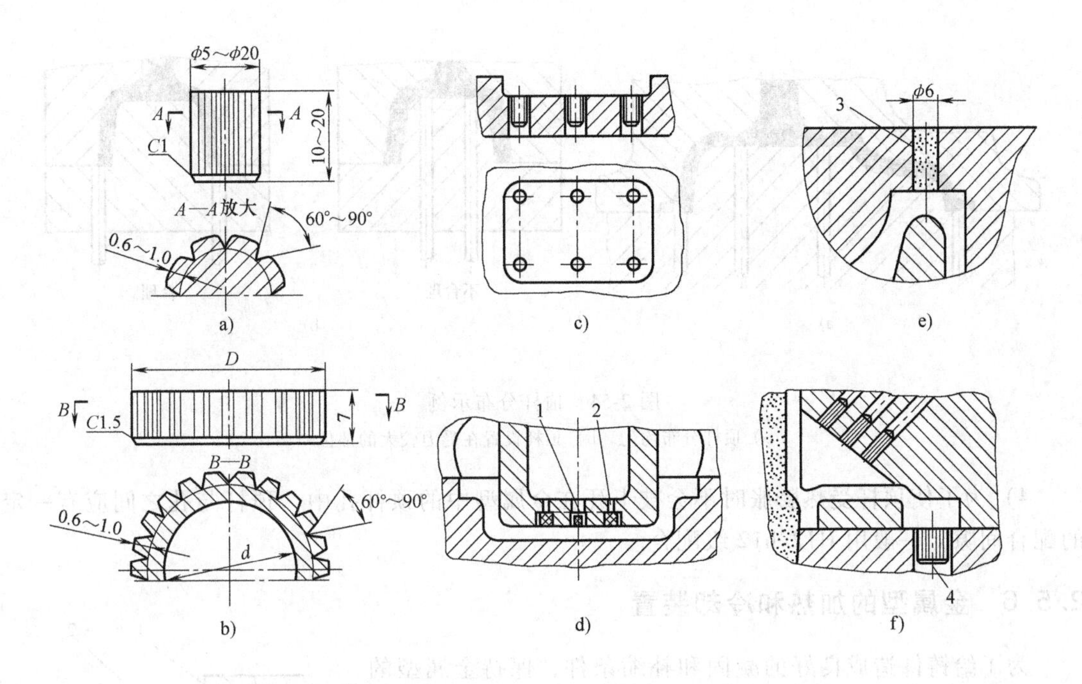

图 2-51　排气塞的结构和安装部位示例

a）排气塞的结构　b）排气环的结构　c）、d）排气塞（环）安装在大平面上

e）孔内填水玻璃砂代替排气塞　f）排气塞开在厚壁处

1—排气塞　2—排气环　3—砂塞　4—铜塞

只需把力作用在顶杆板的背面，多个顶杆同步动作将铸件顶出，如图 2-53 所示。

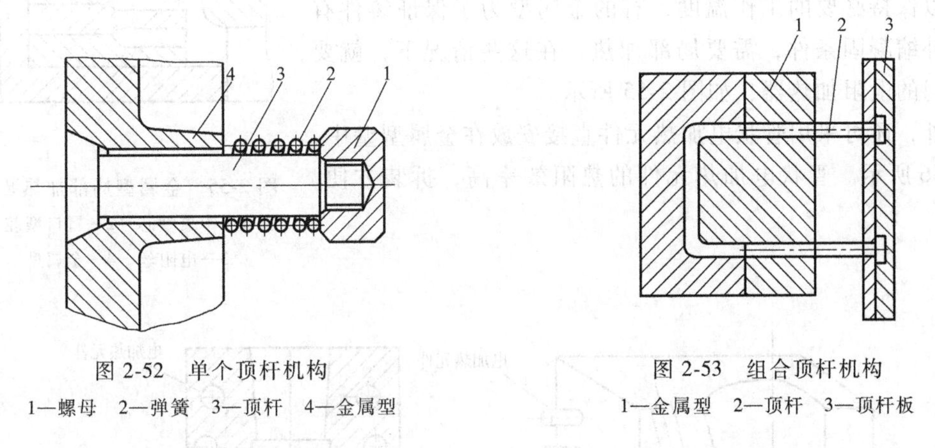

图 2-52　单个顶杆机构

1—螺母　2—弹簧　3—顶杆　4—金属型

图 2-53　组合顶杆机构

1—金属型　2—顶杆　3—顶杆板

3. 设计顶出机构的注意事项

1）顶杆布置在出型阻力最大的地方，如图 2-54 所示，而且布置均匀（图 2-54a)，防止铸件在顶出时产生变形。

2）为避免在铸件上留下较深的顶杆痕迹，顶杆与铸件的接触面积应足够大，为此也可增加顶杆数量。

3）尽可能将顶杆布置在浇冒口上，或专门设立的工艺凸台上。

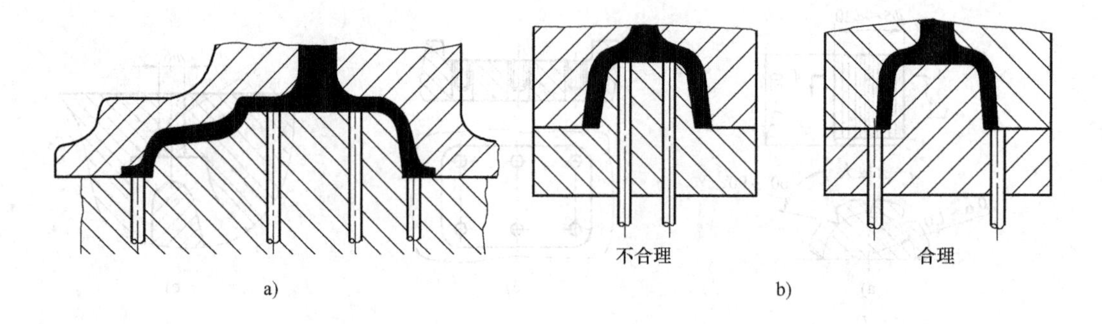

图 2-54 顶杆分布示例

a）顶杆分布均匀 b）顶杆设置在受力较大的部位

4）为了使顶杆受热膨胀时不会被卡死在金属型中的顶杆孔中，顶杆与孔之间应有一定的配合间隙，一般用 H12/h12 级配合。

2.5.6 金属型的加热和冷却装置

为了给铸件造成良好的凝固和补缩条件，保持金属型的热平衡，有时需要局部加热或延缓冷却速度，这就要在金属型上设计特殊的加热和冷却装置，以便在工作过程中对金属型进行加热和冷却。

1. 金属型的加热装置

（1）电阻丝加热 大型的金属型很难搬到加热炉中预热，对于有的大型且复杂的金属型，浇注时获得金属液的热量不足以保持必要的工作温度，有的金属型为了保证铸件有良好的补缩凝固条件，需要局部加热，在这些情况下，就要设计专门的电阻加热器，如图 2-55 所示。

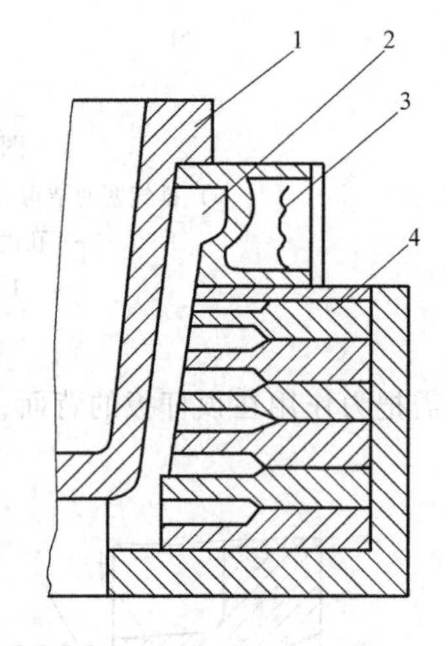

图 2-55 金属型局部加热装置

1—中央型芯 2—冒口型腔 3—电阻丝 4—金属型

另外，还可采用管状电加热元件直接安放在金属型壁中，如图 2-56 所示。管状电加热元件的热阻效率高，拆装方便，寿命长。

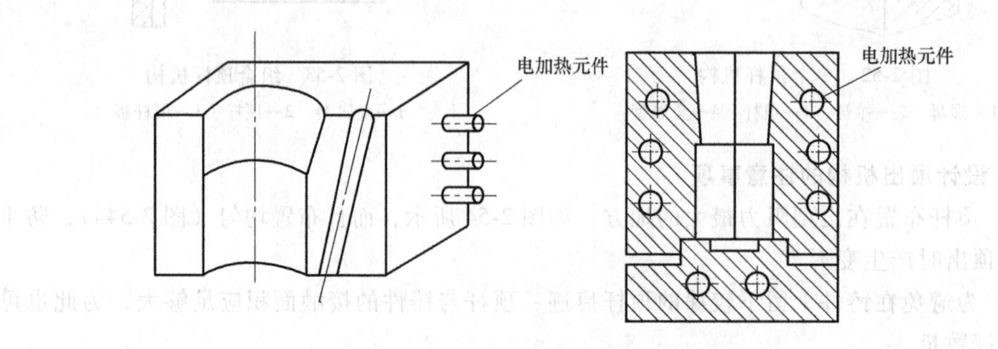

图 2-56 装有管状电加热元件的金属型

（2）煤气加热　当工厂有煤气来源时，用煤气加热比较经济简单。

2. 金属型的冷却装置

（1）增加铸型的外表面积　即增加散热面积，通常可增加铸型外部底壁、侧壁和上壁的长度以及增加铸件外表面筋肋的数量和高度，最好是在铸型外壁铸出散热针或散热片，如图 2-57a 所示。

（2）风冷　在铸型上作出冷却用的封闭空腔，设置进气口和排气口，通过金属型背面上的较大气流，可使金属型的散热速度加快，实现金属型的强制冷却，如图 2-57b 所示。

（3）水冷　在铸型专门设计的孔腔中通入循环水进行冷却，如图 2-58 所示。水冷的作用很强，且能缩短浇注周期，但铸型温差较大，会使型内出现大的内应力，降低金属型的寿命。

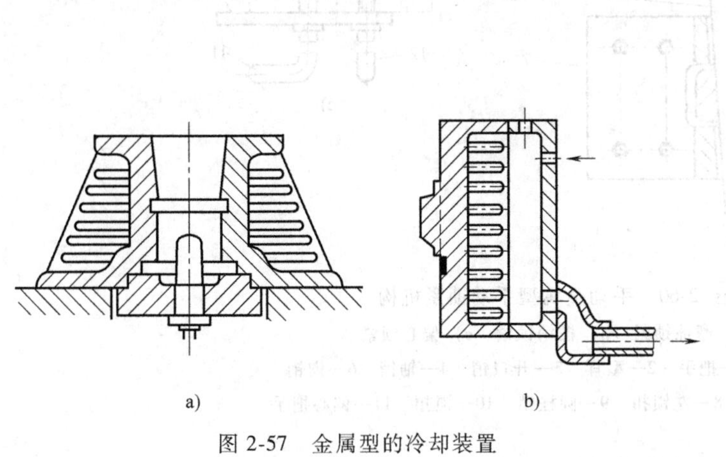

图 2-57　金属型的冷却装置

a）金属型外侧的散热针　b）通气冷却

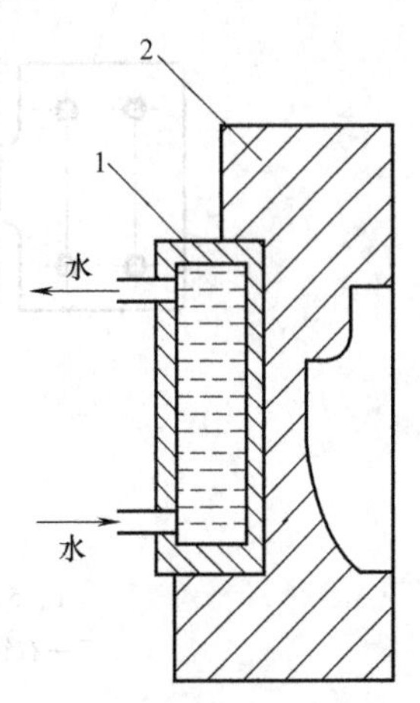

图 2-58　水冷金属型

1—冷却水套　2—金属型

2.5.7　金属型的定位、导向和锁紧装置

金属型合型时，要求两半型定位准确，一般采用两种办法，即定位销定位和“止口”定位。对于上下分型，分型面为圆形时，可采用“止口”定位，对于矩形分型面，多采用定位销定位，如图 2-59 所示。

对于手工操作的金属型，合型后防止金属液进入分型面，须采用锁紧机构（图 2-60），而气动或液压传动的金属型铸造机，则可用气缸或液压缸的压力锁紧。

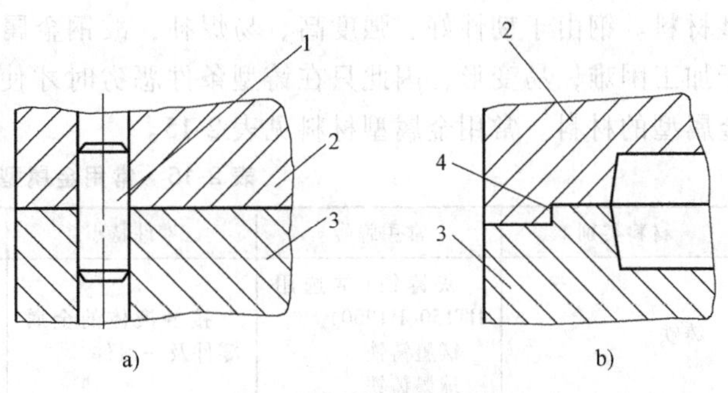

图 2-59　金属型的定位方法

a）定位销定位　b）止口定位

1—定位销　2—上半型　3—下半型　4—止口

2.5.8　金属型材料的选择

制造金属型的材料，应满足下列要求：耐热和导热性好，反复受热时不变形、不破坏；具有一定的强度、韧性及耐磨性；机械可加工性好。

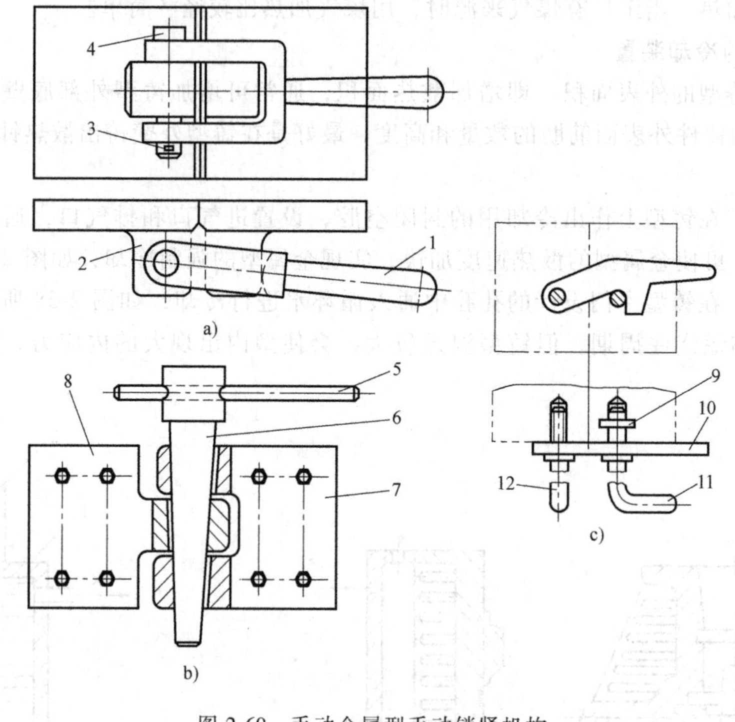

图 2-60 手动金属型手动锁紧机构
a）摩擦锁紧 b）楔销锁紧 c）偏心锁紧
1、5、12—把手 2—型耳 3—开口销 4—轴销 6—楔销
7—右锁扣 8—左锁扣 9—圆柱销 10—锁扣 11—偏心把手

在实际生产中，灰铸铁金属型用得最广泛，因铸铁可加工性能好、价廉，一般工厂均能自制，并且它又耐热、耐磨，是一种较合适的金属型材料。只有在制作要求较高的金属型时，才使用碳钢和低合金钢。

制作金属型的铸铁材料，不同条件（如浇注不同合金材料和不同大小铸件）对其要求也不一样。一般小铸件用的金属型，要求有良好的力学性能，多采用珠光体基体的铸铁；而一般大件用的金属型，在浇注时受热剧烈，要求有良好的耐热性，则常采用铁素体基体的铸铁。由于球墨铸铁有良好的耐热、耐磨性，且力学性能又较高，故球墨铸铁也是较好的金属型材料。钢由于韧性好、强度高、易焊补，故钢金属型的寿命要比铸铁金属型高几倍，但由于加工困难，易变形，因此只在铸型条件恶劣时才使用钢制造金属型，一般多用 45 钢作为金属型的材料。常用金属型材料见表 2-15。

表 2-15 常用金属型材料

材料类别	常用牌号	零件特点	用途	热处理要求
铸铁	灰铸铁（常选用 HT150、HT200） 蠕墨铸铁 球墨铸铁	接触液体的金属零件及一般件	型体、底座、浇口冒口、支架、金属型铸造机上的铸造零件等	退火
普通碳素钢			螺钉、螺母、垫圈、手柄等	

（续）

材料类别	常用牌号	零件特点	用途	热处理要求
优质碳素钢	20 25	要求渗碳的零件	轴、主轴、偏心轴、样板等	渗碳深度：0.8~1.2mm，淬火：40~45HRC
	30	常用的标准件	螺母、螺栓、螺钉、手柄、底座等	
	45	接触液体的金属零件及一般件	型体、底座、型芯、活块、排气塞等	
		要求耐磨的零件	齿轮、齿条、轴、偏心轴、连杆、手把、锁扣、定位销、反推板、板杆、拉杆等	
弹簧结构钢	65Mn		弹簧垫圈	
	50CrVA		螺旋弹簧	
碳素工具钢	T7A T8A T10A	承受冲击负荷的零件	拉杆、顶杆、承压零件	淬火：45~50HRC
合金结构钢	40Cr 35CrMnSiA	特殊要求的零件	镶件、形状复杂同时截面变化急剧的组合型芯、薄片状或细小而长的型芯、重负荷面形状复杂的顶杆	淬火、回火
铜		高导热性零件	排气塞、激冷块	
铝合金	ZAlSi5Cu1Mg		铸件批量不大且需迅速投产时，可用铝合金制造金属型型体	阳极处理使得到 Al_2O_3 氧化层深度达 0.3mm，熔点在 2000℃以上

2.6　金属型铸造缺陷与对策

2.6.1　缩孔与缩松

缩孔是因铸件收缩所造成的孔洞，一般位于铸件金属液最后凝固的厚大部位，如图 2-61 所示。缩松是铸件外表面结晶组织不紧密，铸件剖面有细小的孔洞，多半在铸件厚壁与薄壁交接处、靠厚壁的部位以及内浇口附近出现。

缩孔与缩松的产生主要是因为金属液在凝固过程中的收缩得不到足够的补充而形成的。如内浇道的位置和截面尺寸不合理，造成局部过热；金属型的工作温度不能满足铸件顺序凝固的要求；金属型的涂料厚度控制不当等原因，均可导致缩孔与缩松缺陷。可采取以下措施来消除缩孔与缩松缺陷：①适当加大冒口，增加补缩效果；②改变内浇道位置，调整截面尺寸，防止内浇道附近过热；③在铸件的厚大部位，减薄涂料层的厚度，加快冷却速度；④在铸件的缩松部位，镶激冷块或增加用纯铜制成的排气塞。

图 2-61　铝合金金属型铸造的缩孔和缩松缺陷

2.6.2　冷隔或浇不足

冷隔是铸件表面上的一种透缝或有边缘的表面夹缝，中间被氧化皮隔开，不完全融合为一体。冷隔严重时就成了浇不足。图 2-62 所示即为浇不足或冷隔缺陷。冷隔常发生在铸件顶部、薄的水平面或垂直面、厚薄壁的转接处、薄的肋片，以及合金液最后汇流处。冷隔可以通过外观检查或荧光检查发现。

图 2-62　冷隔或浇不足缺陷

（1）冷隔或浇不足的主要形成原因　①铸件外廓尺寸大，而壁太薄。②浇道在铸件上的位置不正确；浇道断面积太小。③金属型的温度与浇注温度太低，金属型在铸件薄壁部分（特别是铸型的型腔为横向位置时）的涂料太薄。④金属型的排气不良，排气道阻塞。

（2）冷隔或浇不足的防治措施：①改进排气系统，在冷隔处增加排气槽、排气塞或排气孔。②适当提高金属型的工作温度和金属液的浇注温度。③改进浇注系统，增大内浇道截面积。④适当提高浇注速度，避免浇注过程中金属液断流。⑤大面积薄壁铸件的涂料不要太光太薄。⑥采用倾斜浇注。

2.6.3　裂纹

金属型本身没有退让性，冷却速度快，容易造成铸件内应力增大而出现裂纹。裂纹的外观呈直线或不规则的曲线，如图 2-63 所示。裂纹分为热裂纹和冷裂纹两种。热裂纹一般沿晶界开裂，断面被强烈氧化呈暗色或黑色，无金属光泽。冷裂纹断面的金属表面洁净，有金属光泽。裂纹与缩松、夹渣有关，多发生在铸件尖角处的内侧，厚薄断面的交接处。有些裂

纹经外观检查可发现，但另一些裂纹则需要经着色检查、荧光检查、气密性试验、煤油浸润、X射线检查才能发现。

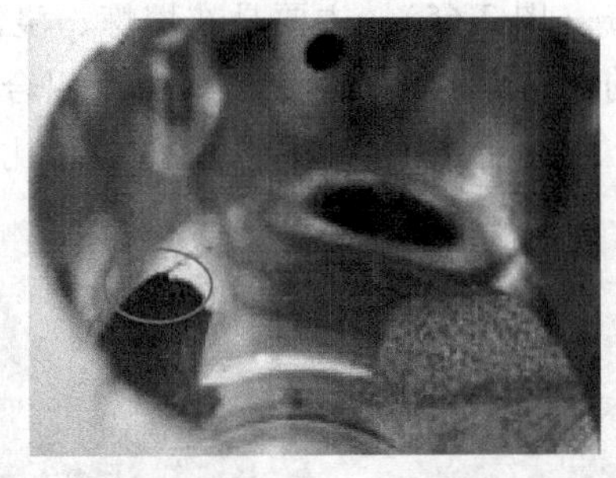

图2-63　裂纹缺陷示意图

2.6.4　气孔

气孔是铝合金金属型铸件最常见的缺陷。气孔通常有两种情况：一种是位于铸件内外表面大小不同的球状气泡，其特征是单独或集聚在一起，孔的内壁较光滑，如图2-64所示；另一种是分散在铸件内部，蜂窝状存在的细小针孔，它多半是集中在铸件较厚的部位，细孔周围比较光整。

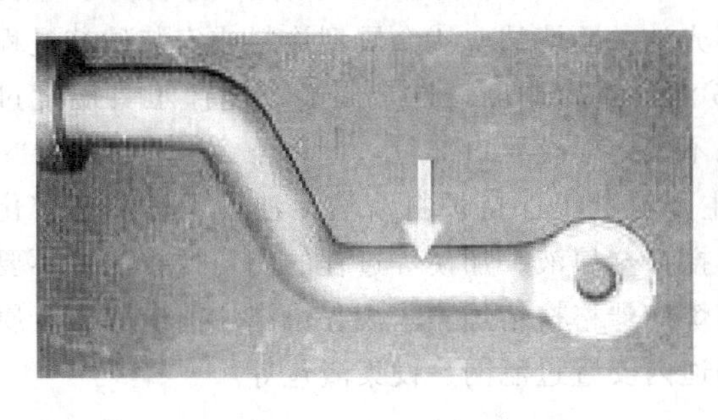

a)

b)

图2-64　气孔缺陷示意图

a）零件外形　b）加工后的外表面

浇入铸型金属液中的空气、水蒸气和其他气体挥发物是生成气孔的物理根源。

（1）气孔产生的原因　①金属型浇注系统设计不正确，金属液产生涡流，裹入气体。②金属型排气不良，气体不能从铸型内通畅逸出。③砂芯或壳芯排气不良，砂芯或壳芯上沾有水分，气体未除尽。④浇注时金属液流不均匀或浇注中断带入气体。⑤浇注温度或铸型温度过低，金属液冷却过快，妨碍了气体的排出。

（2）气孔的防止方法：①改进浇注系统设计，如顶注改底注、底注改蛇形浇道等。②清理铸型中的排气塞；增加铸型的排气道。③在砂芯上开设必要的排气道，同时应保证砂芯、壳芯与铸型装配后这些排气道能与外面大气相通。④砂芯应烘干，干燥的砂芯、壳芯注意不要沾上水分；浇注过程中金属型涂料脱落后补涂涂料时，应注意涂料中的水分完全蒸发。⑤浇注时液流应均匀不得中断，以免带入气体；为了便于铸型排气，可采用倾斜浇注。⑥合理地规定并严格控制金属型的温度与浇注温度。

2.6.5 夹渣

铸件夹渣（图2-65），主要是在熔炼、浇注过程中产生的。金属液有氧化物存在，会大大降低合金的铸造性能和力学性能。由于铝合金密度小，合金与氧化物、熔剂等夹杂物的密度相差不大。因此防止铝合金液夹渣就显得比较重要。

图2-65　铸件夹渣缺陷示意图

（1）夹渣产生的原因　夹渣产生的原因主要有：①炉料不干净。②熔化时经常翻搅金属液，破坏了金属液面的氧化膜层；熔化后金属液的渣滓未清除；浇注时熔剂未除净。③浇注系统开设不合理，由砂芯组成的浇注系统不光洁、不清洁。④金属型涂料或安装砂芯过程中，遗留在金属型内的砂粒、杂物未除净。⑤浇注过程中断。⑥金属型、浇注工具温度过低，金属液的温度低，凝固速度过快，杂质来不及上浮至冒口部位。

（2）夹渣的防止方法　夹渣的防止方法主要有：①保持炉料清洁无油、无污。②熔化过程应保持熔炉周围清洁，熔化时不允许经常搅拌金属液，加镁等过程的均匀搅拌注意不要将金属液翻转，以免增加合金的氧化，合金精炼应严格按精炼工艺规程，浇注前应除净金属液表面的熔渣。③合理地设置浇注系统，在浇道内安置过滤网、设集渣包等。

2.7 发动机缸盖金属型铸造应用实例

目前，铝合金缸盖已经成为汽车发动机的主要零部件之一，是汽车轻量化和环保节能的主要元素之一。特别是轿车发动机，国内外主要采用铝合金缸盖。

由于铝合金缸盖是功能部件，汽车主机厂对其金相显微组织、力学性能、表面硬度等均有较高的要求。发动机缸盖铸件毛坯图如图2-66所示。

图2-66　发动机缸盖铸件毛坯图

2.7.1 模具或铸型结构设计

铝合金缸盖包括：水道、油池、进气管、排气管等基本功能部位以及其他功能部位。产品结构复杂，内部功能腔多，腔壁一般为4~6mm。

铝合金缸盖金属型铸造采用重力侧浇底注方案，卧式结构，内置组合砂芯。组合砂芯由进气管砂芯、排气管砂芯、上下水套砂芯、冒口芯、下油池芯、ERG芯、横水套芯组合而成，型腔由下模和四侧模等组成。垂直浇注，浇口和直浇道位于产品侧边，开放式浇注系统，横浇道分布于缸盖底腔的长腔壁根部，冒口分布于油池腔壁顶部及腔底平台上。该方案适用于一模一件。铸型结构设计示意图如图2-67所示。

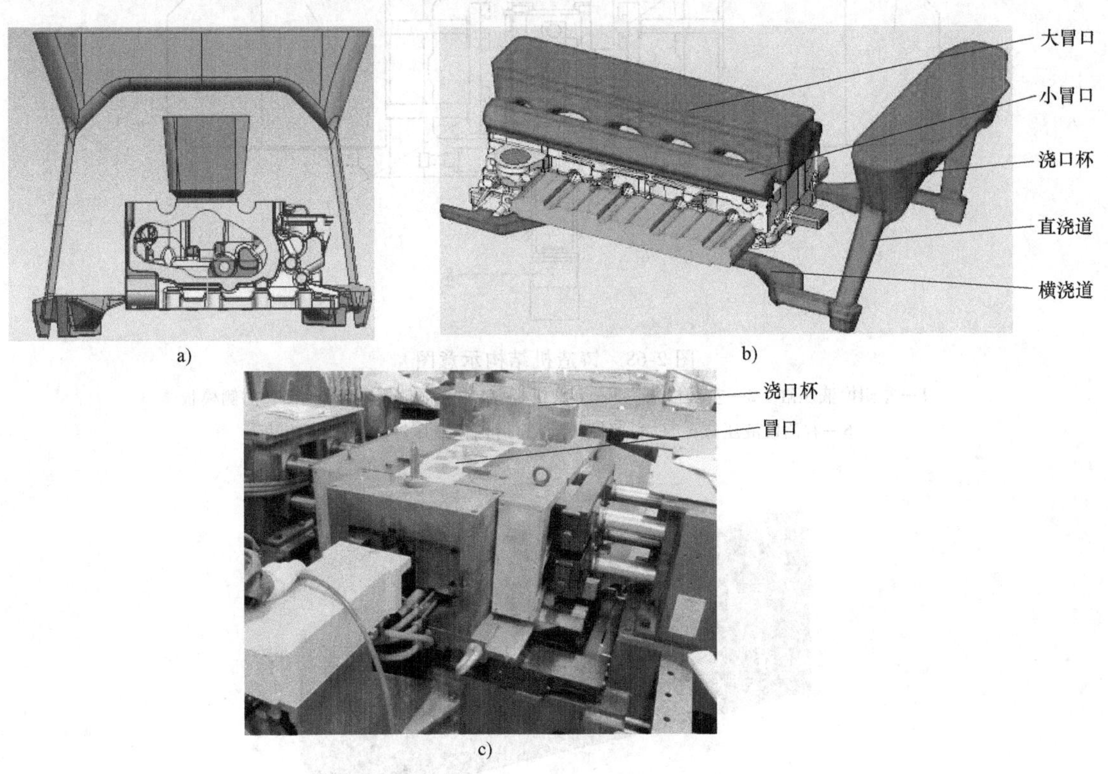

图2-67　铸型结构设计示意图

a）重力侧浇底注方案　b）浇注方案分析案例　c）浇注实例

2.7.2　铸造机及关键工艺参数的选择

本例采用的是垂直浇注方式，要求重力铸造机能实现多抽芯开合模动作，模具冷却系统、排气系统等主要部位和动作同步联动控制。铸造机由下型机板座、四个液压缸锁紧式的活动模板以及周边配套设备组成。铸造关键工艺参数包括：铝合金液温度、充型时间、凝固时间、模具型腔温度等。铸造机结构示意图如图2-68所示。

为实现铸造工艺条件和生产周期的稳定化，实现优质高效生产的目的，本例采用集砂芯放置、合模、浇注、开模、取件等全自动化操作。

生产线布置采用直列三工位重力铸造单元布局，如图2-69所示。

2.7.3　铸造工艺流程

铸造基本工艺流程：模具准备→砂芯造型→合金熔炼→铸造→落砂→切断浇口、冒口→去毛刺→毛坯外观检查→粗铣加工面→热处理→清砂→毛坯压检。缸盖铸造过程如图2-70所示。

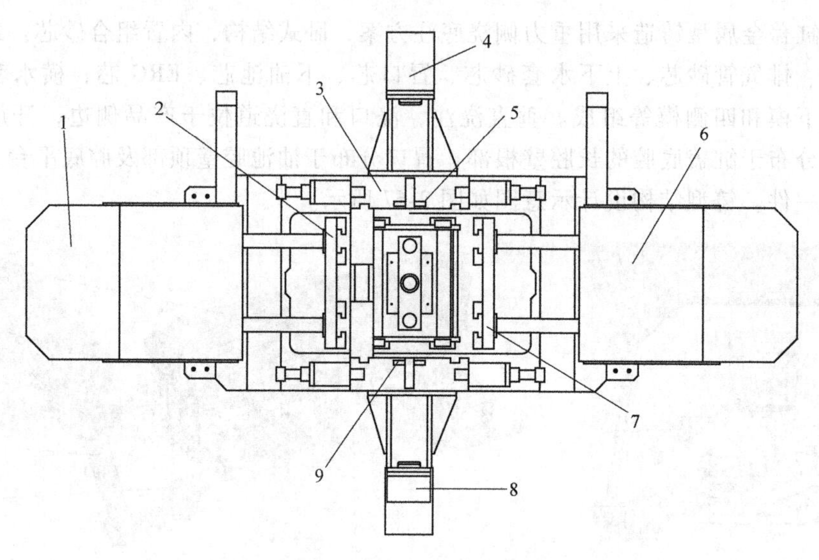

图 2-68 铸造机结构示意图

1—左侧模液压缸 2—左侧模板 3—下型机板座 4—前侧模液压缸 5—前侧模板 6—右侧模液压缸 7—右侧模板 8—后侧模液压缸 9—后侧模板

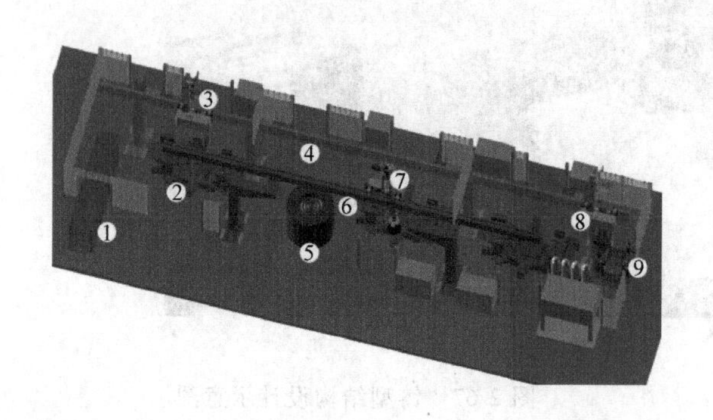

图 2-69 生产线布置示意图

1—风冷通道 2—铸机，模具 3—取件机械手 4—下芯，取件直轨 5—保温炉 6—浇注直轨 7—浇注机械手 8—砂芯机械手 9—砂芯转台

铝合金缸盖金属型铸造的理想凝固方式是顺序凝固，应确保在凝固阶段的温度分布为下低上高，保证冒口最后凝固，通过模具温度的控制以及大冒口的高温效应和重力作用，使缸盖本体得到良好的补缩，模具温度和凝固时间的控制参数见表 2-16。

表 2-16 模具温度和凝固时间的控制参数

主要控制的参数	下型温度/℃	边模温度/℃	浇注时间/s	凝固时间/s	生产 CT/s
参数范围	300~550	330~480	8~15	240~350	320~480
偏差控制	±30	±30	±2	±10	±15

2.7.4 铸件热处理

缸盖热处理应用的是连续热处理炉，其热处理的主要工艺参数见表 2-17。

图 2-70 缸盖铸造过程

a）模具准备 b）放置砂芯 c）合模 d）浇注凝固 e）开模 f）铸件取出

表 2-17 缸盖热处理的主要工艺参数

主控参数	固溶处理		时效处理		淬水处理	
	温度/℃	保温时间/min	温度/℃	保温时间/min	温度/℃	时间/s
参数范围	500~580	250~450	120~200	250~450	50~90	≤50
偏差控制	±10	±20	±10	±20	±10	±10

热处理后质量控制指标包括屈服强度、抗拉强度、断后伸长率、硬度、金相组织等。测试部位根据客户要求或从缸盖毛坯的高温区和螺栓凸台区截取试棒进行测试。本例中缸盖的力学性能要求见表 2-18。

表 2-18 缸盖的力学性能指标

测试部位	屈服强度/MPa	抗拉强度/MPa	断后伸长率(%)	硬度 HBW
高温区	≥220	≥300	≥3.5	≥110
螺栓凸台区	≥220	≥260	≥2.5	≥105

对于金相组织一般要求为细小粒状的硅共晶体，最大晶间距要求小于 40μm。本例中缸盖的金相组织如图 2-71 所示。

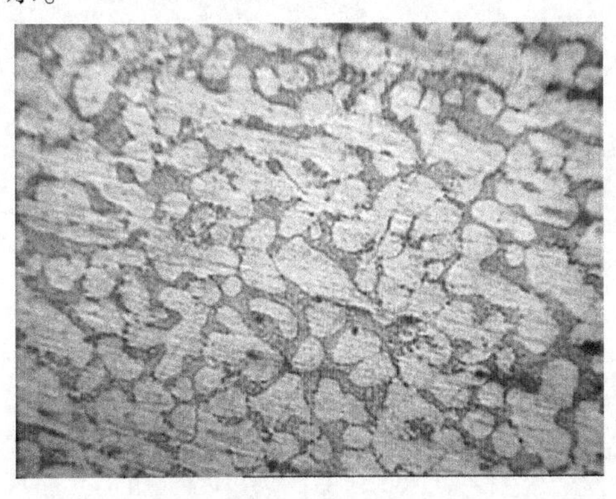

图 2-71 缸盖的金相组织

思 考 题

1. 金属型铸造时，铸件的成形特点是什么？它对铸件的质量有哪些影响？
2. 金属型铸造分型面选择应注意哪些？
3. 金属型铸造浇注系统的分类是什么？其充型和温度分布特点是什么？
4. 金属型的主要结构型式有哪几种？其特点及应用场合是什么？
5. 金属型铸件的缺陷有哪些？产生原因及防治方法有哪些？

参考文献

[1] 宫克强. 特种铸造 [M]. 北京：机械工业出版社，1982.
[2] 林柏年. 特种铸造 [M]. 2版. 杭州：浙江大学出版社，2004.
[3] 万里. 特种铸造工学基础 [M]. 北京：化学工业出版社，2009.
[4] 王乐仪. 特种铸造工艺 [M]. 北京：国防工业出版社，1984.
[5] 曾昭昭. 特种铸造 [M]. 杭州：浙江大学出版社，1990.
[6] 耿鑫明. 铝合金金属型铸造 [M]. 北京：国防工业出版社，1976.
[7] 梁吉明，陈颖华. 覆砂金属型生产高强度铸态汽车球铁曲轴 [J]. 铸造技术，2002，23 (2)：87-88.
[8] 荣建忠，关成君. 金属型全覆砂铸造磨球自动化生产线工艺装备设计 [J]. 铸造，2009，58 (8)：817-819.
[9] 谈坚行. 内燃机薄壁合金铸铁缸套金属型覆砂铸造工艺 [J]. 铸造技术，2002，23 (4)：221-223.
[10] 岩澤秀，山口友康，才川清二. チクソ及び金型鋳造したAA357アルミニウム合金の引張特性に及ぼす組織の影響. [J] 鋳造工学，2002，74 (5)：291-297.
[11] 山浦秀樹. アルミニウム合金鋳物 [J]. 鋳造工学，2010，82 (12)：725-729.
[12] 尾村直紀，村上雄一朗. AC4Cアルミニウム合金の金型鋳造時の冷却速度に及ぼす機械振動の影響 [J]. 鋳造工学，2009，81 (9)：436-441.
[13] 矢野賢一，栗山嘉文，前田将宏. アルミニウム合金の重力金型鋳造における多段階注湯制御入力の最適化 [J]. 鋳造工学，2010，82 (9)：531-537.
[14] ELSAYED A，LEE K，RAVINDRAN C. Effect of Ca and Mn Additions on the Castability and Mechanical Properties of AZ91D Mg Alioy Permanent Mold Castings [J]. Transactions of the American Foundry Society，2009 (117)：659-672.
[15] BICHLERL，RAVINDRAN C. Characterization of fold defects in AZ91D and AE42 magnesium alloy permanent mold castings [J]. Materials Characterization，2010，61 (3)：296-304.

第3章 压力铸造

3.1 概述

3.1.1 压铸定义

压力铸造（Die Casting，Pressure Die Casting）是指将熔融金属在高压下高速充型，并在压力下凝固的铸造方法，简称压铸。压铸是一种先进的精密零件成形技术。

1. 优点

（1）铸件质量好　由于金属液是在高压、高速作用下充型、凝固的，从而可获得优良的力学性能，内部组织致密；铸件表面轮廓清晰、光洁，表面粗糙度值 Ra 为 1.6~6.3μm；尺寸精度高，公差等级可达 CT4~CT8；有的压铸件可以不进行机械加工而直接使用。

（2）适应性广　压铸工艺适合于成形困难、尺寸精度要求高、表面质量要求高的有色合金铸件，包括结构件和装饰件，以及具有各种复杂几何形状的薄壁件。在产品向高性能、轻量化、节能的发展趋势中，其应用范围越来越广。

（3）生产效率高　压铸是所有铸造方法中，生产速度最快的一种，根据铸件大小及选用的压铸机种类，每小时可压铸出几十至几百个铸件，特别适合于大批量零件的生产。压铸的生产过程可以实现全自动化生产模式。

（4）绿色环保　压铸件可100%循环使用，回收重熔再利用；薄壁化、集成压铸产品设计，有利于节省材料；压铸作为少、无切削工艺，大大提高了材料的利用率；压铸生产是精密成形中最短流程工艺，效率高有利于节省时间；可实现绿色环保的压铸厂、压铸车间。

2. 缺点

1）易产生气孔。由于金属液在高压高速状态下充填型腔，当型腔中气体包括涂料中产业的挥发性气体没有充分排出时，压铸件容易产生气孔。

2）本工艺不适应厚大铸件和小批量生产的铸件。

3. 适用范围

1）铝合金、锌合金、镁合金、铜合金。

2）铸件大小可以从几十千克到几克。

3.1.2 压铸流程

压铸件生产主要由四大部分组成：压铸模具设计及制造，合金材料及熔炼，压铸生产作业，以及压铸件清理、加工、检验。图3-1所示为压铸工艺的流程。

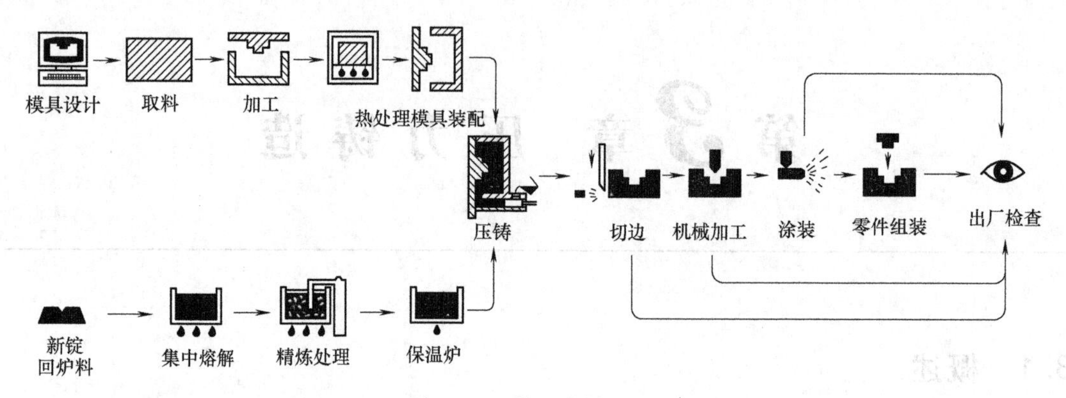

图 3-1　压铸工艺的流程

3.1.3　压铸生产需具备的条件

1. 生产条件及影响因素

压铸是综合多种因素的工艺技术，一个优质的压铸产品是在多种因素综合作用下制造出来的。与压铸生产相关的条件及因素如图 3-2 所示。

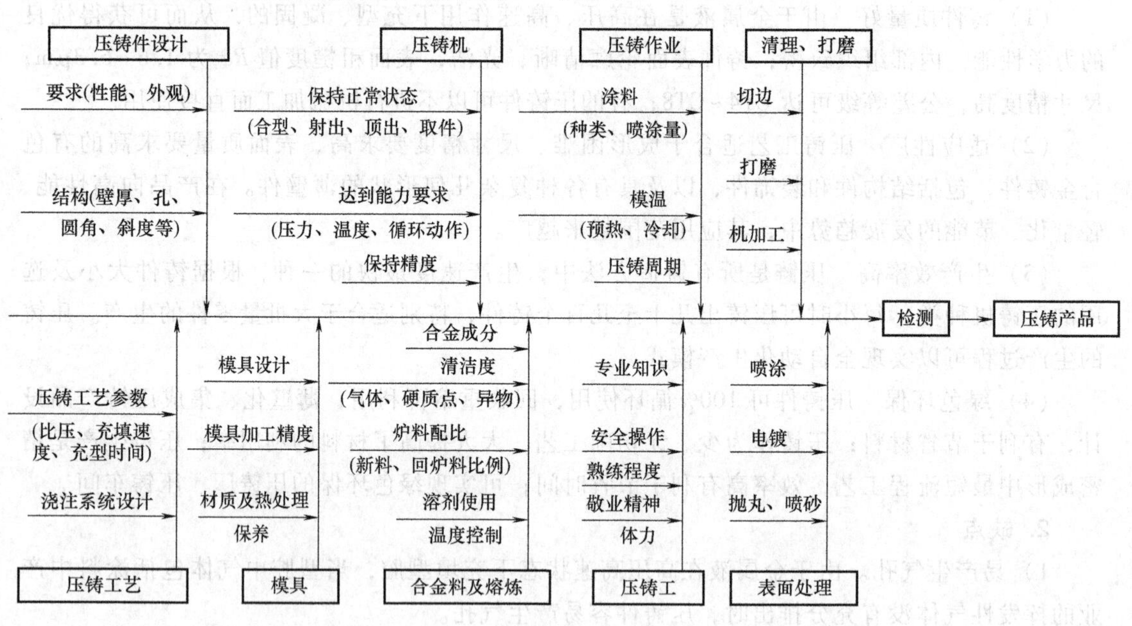

图 3-2　与压铸生产相关的条件及因素

2. 压铸车间布置

图 3-3 所示是某生产摩托车企业先进的自动化压铸车间布置图。其年产压铸件 1 万 t；产品为摩托车压铸件；配备 11 台压铸机：5000~11000kN。该车间主要由熔炼工部、压铸工部、清理工部、模具工部、物流通道组成。为使车间布局科学合理、高效、环保，特别是人性化方面，针对压铸生产是高温作业的特点，在每一台压铸机工人岗位下方，夏天送出冷风，营造出一种良好的工作环境。

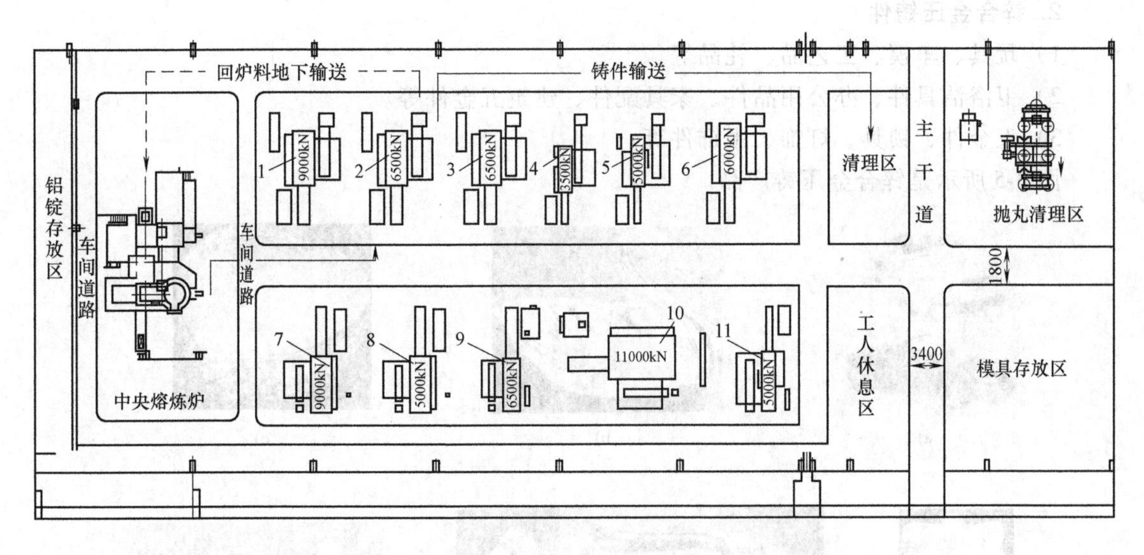

图 3-3　压铸车间布置实例（1~11 是各种吨位的压铸机）

3.1.4　压铸产品应用示例

1. 铝合金压铸件

1）汽车、摩托车、飞机、船舶、火车、自行车等交通工具压铸件。

2）梯级、机械、马达、活塞等机械产品。

3）家电、燃气具、铝锅、风扇、缝纫机、电子等家用电器压铸件。

4）通信、仪表等通信产品铸件。

图 3-4 所示是铝合金压铸产品。

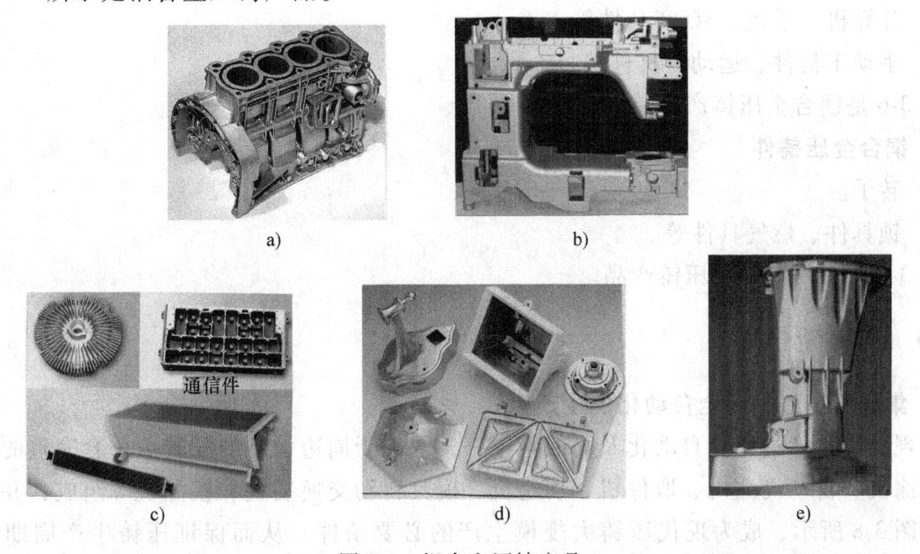

图 3-4　铝合金压铸产品

a）铝合金轿车缸体　b）铝合金缝纫机机头　c）铝合金扶梯梯级、机械、通信件

d）铝合金家电件　e）铝合金游艇驱动轴箱体

2. 锌合金压铸件

1）玩具、车模、工艺品、礼品等。

2）卫浴洁具件、办公用品件、家具配件、建筑五金件等。

3）五金件、锁具、灯饰、服饰件等。

图 3-5 所示是锌合金压铸产品。

a)

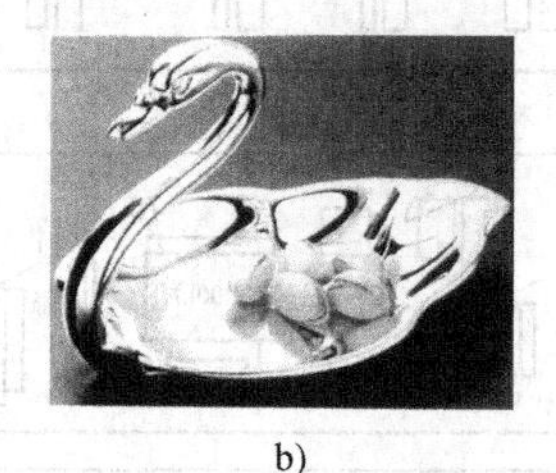
b)

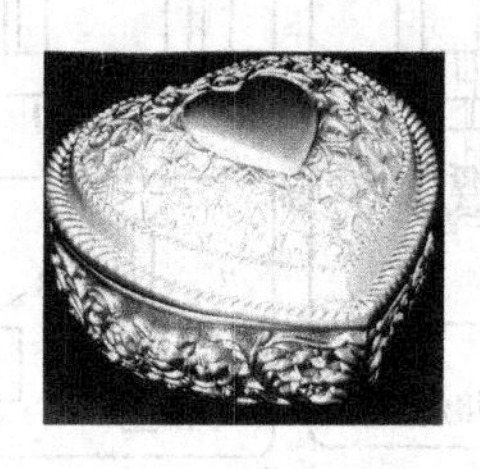
c)

d)

e)

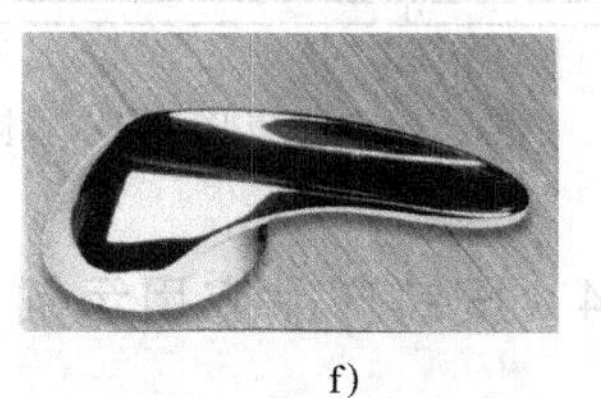
f)

图 3-5 锌合金压铸产品
a）锌合金汽车模型 b）锌合金镀银果盘 c）锌合金镀银首饰盒
d）锌合金相架 e）锌合金锁具 f）锌合金卫浴产品

3. 镁合金压铸件

1）汽车、摩托车、单车件等。

2）计算机、手机、3C 产品件等。

3）手动工具件、运动器材件等。

图 3-6 是镁合金压铸产品。

4. 铜合金压铸件

1）转子。

2）锁具件、燃气具件等。

图 3-7 所示是铜合金压铸产品。

3.1.5 压铸新技术

1. 集成压铸岛——全自动化的生产模式

实现压铸生产过程全自动化及高的生产率，取决于周边设备的配置。一套完整的压铸单元由喷涂机、自动浇注机、取件机、切边机、模具自动交换装置、模温机等组成，并匹配精确，如图 3-8 所示，成为现代压铸大规模生产的必要条件，从而保证压铸生产周期的一致性，保证压铸件精度和质量的稳定性，以及高效率的压铸生产。

集成压铸岛的配置：

1）压铸机：采用实时控制。

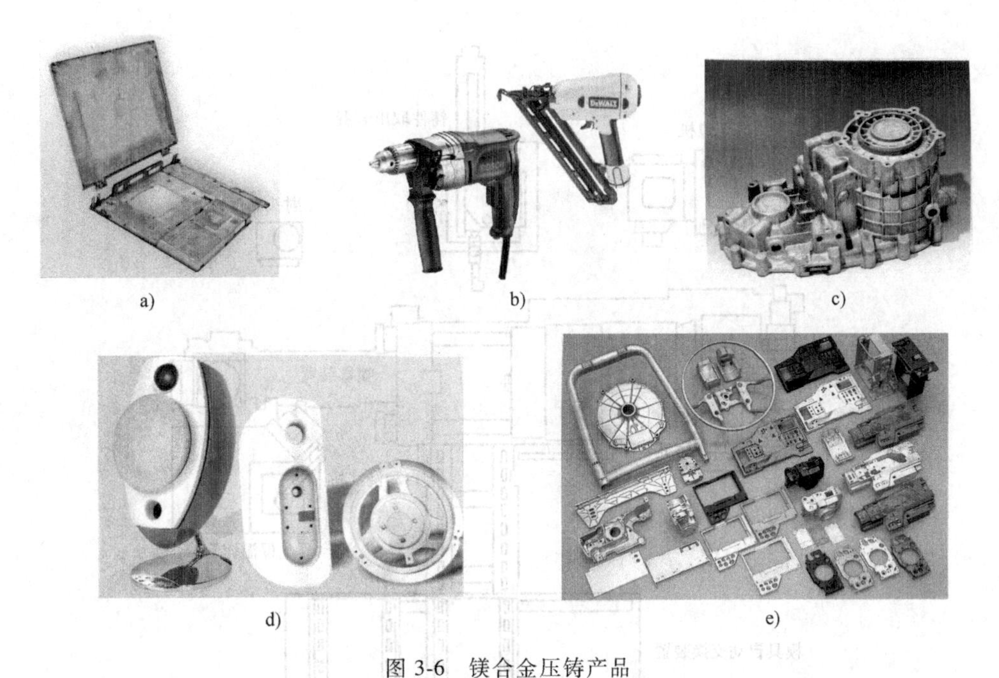

a)　　b)　　c)

d)　　e)

图 3-6　镁合金压铸产品

a）镁合金便携式计算机部件　b）镁合金手持工具（电钻和射钉枪）　c）镁合金变速器壳体
d）镁合金音响配件　e）镁合金数码产品件、汽车件

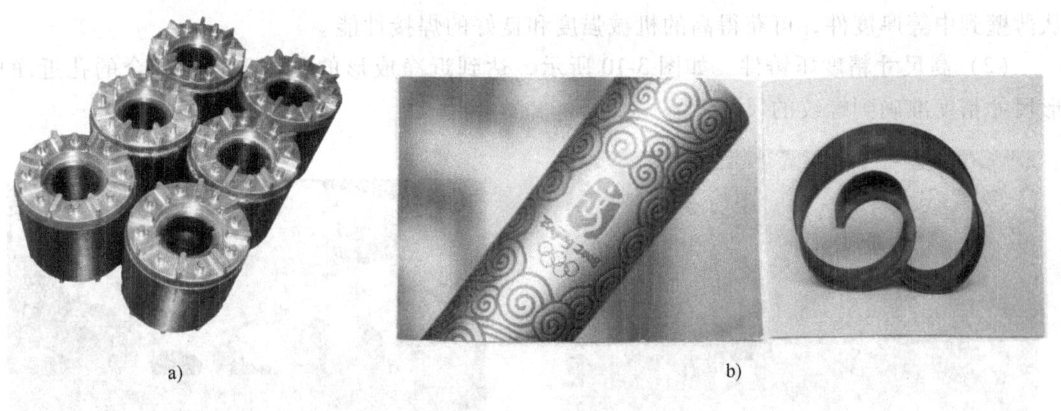

a)　　b)

图 3-7　铜合金压铸产品

a）铜合金电动机转子　b）铜合金北京奥运火炬件

2）浇注机：浇注速度恒定，浇注位置准确。

3）喷雾装置：精确、快速、稳定地喷涂，具备复杂深腔、多个喷头及吹气回路。

4）取件机：快速取件、定点存放，高精度夹住铸件，抓手适应性广。

5）切边机：自动切除浇口系统。

6）打码机：记录铸件及生产数据、信息。

7）自动换模机：快速更换模具。

2. 压铸新产品动向

（1）高性能、可焊接汽车结构件　如图 3-9 所示，采用真空压铸工艺，适应汽车行业中

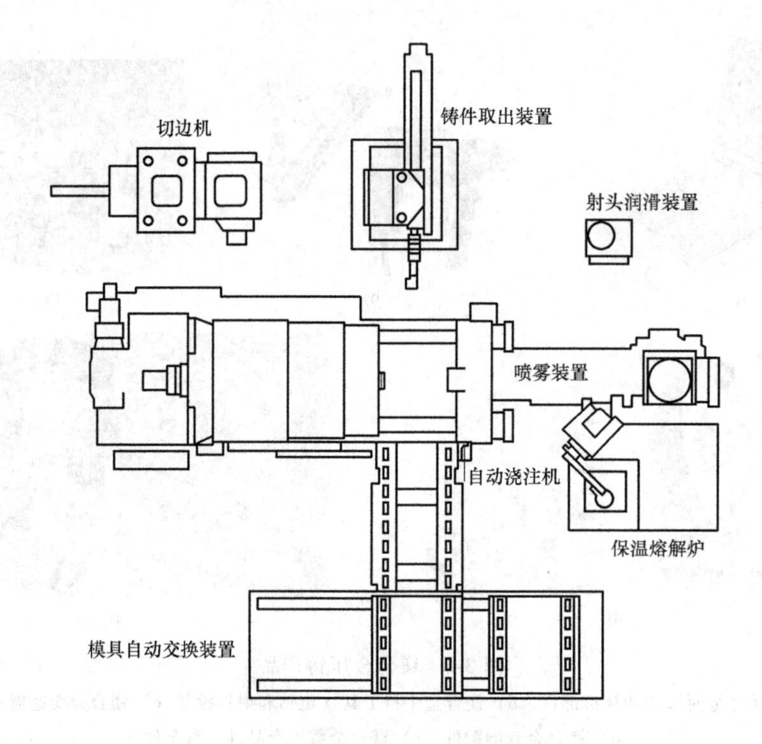

图 3-8　集成压铸岛

从薄壁到中等厚度件，可获得高的机械强度和良好的焊接性能。

（2）高尺寸精度压铸件　如图 3-10 所示，达到近净成形的几何尺寸，配合的孔近净成形尺寸精度准确到螺纹的尺寸。

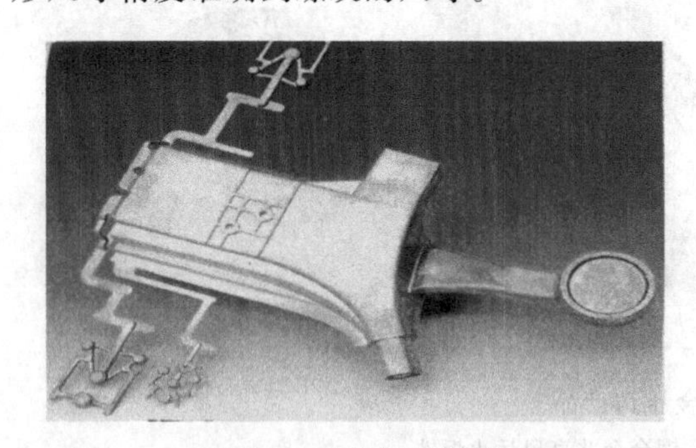

图 3-9　可焊接结构件

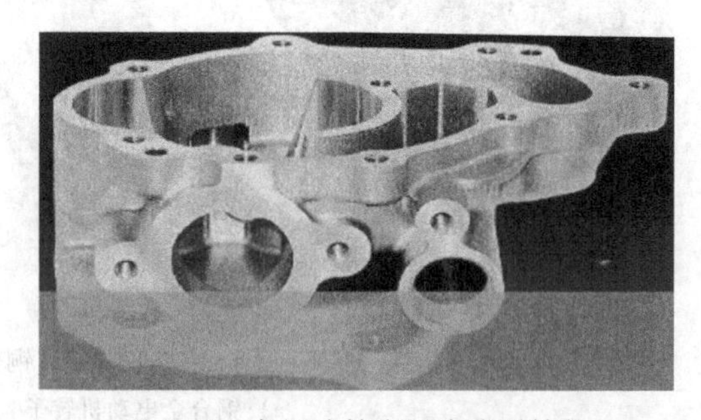

图 3-10　高尺寸精度近净成形铸件

（3）镁合金汽车缸体　在汽车压铸产品中，高端产品是缸体。例如，图 3-11 所示是高技术含量的宝马轿车 V6 发动机缸体。

（4）铸铜电动机转子　传统电动机转子都是铝合金压铸，但铜的导电性比铝高 40%左右，故采用铸铜转子，可以制造出高效电动机，达到高效节能的目的。图 3-12 所示是铸铜转子。

（5）以铝代钢　图 3-13 所示是轿车底盘后副车架，原来用材料为铸钢件，质量为 25kg。现改为铝合金压铸件，质量为 6.5kg，最薄为 3mm，实现了汽车零部件轻量化。

（6）超薄壁锌合金压铸件　图 3-14 所示是一个薄壁为 0.38mm 的锌合金手机壳铸件，

传统的锌合金最小壁厚为0.6mm，因0.5mm以下难以成形。而这种新型的锌合金，因流动性比传统锌合金要高，故可薄壁成形，以利于产品轻量化。

图3-11 镁合金缸体

3. 半固态压铸

半固态压铸将液态金属良好的成形性和固态金属成形的品质结合在一起，从而大大扩展了压铸的应用。半固态压铸可以生产厚壁复杂铸件、无收缩孔铸件、无气孔铸件、高强度高性能铸件，用铝合金替代铸铁汽车件，壁厚为30~50mm的铝、镁合金件。图3-15所示为半固态铝合金，可以用刀切。

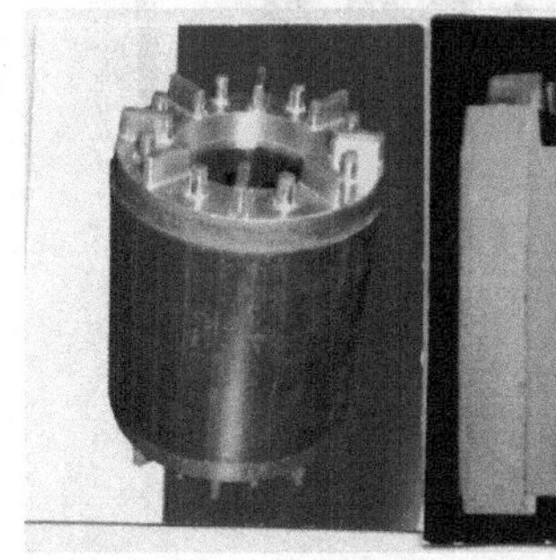

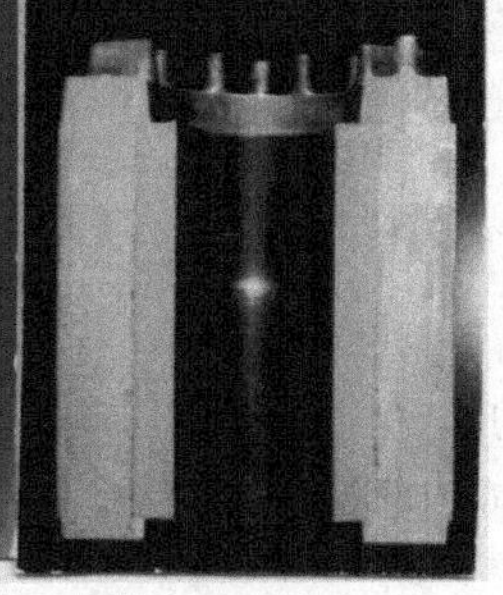

图3-12 铸铜转子

图3-13 轿车后副车架

半固态压铸的原理：在合金液冷却过程中施加剧烈的搅拌（机械搅拌或电磁搅拌），使枝晶破碎，得到一种液相中悬浮一定量球状固相的浆料，进行成形。其成形工艺有以下两种：

1）流变压铸。流变压铸的过程：金属锭→液态→制备浆料（剪切→冷却）→半固态浆料→压铸。

2）触变压铸。触变压铸的过程：金属锭→液态→制备浆料（剪切→冷却）→半固态浆液→淬冷→铸锭→切割坯料→重新加热→触变压铸。

图3-14 锌合金手机外壳

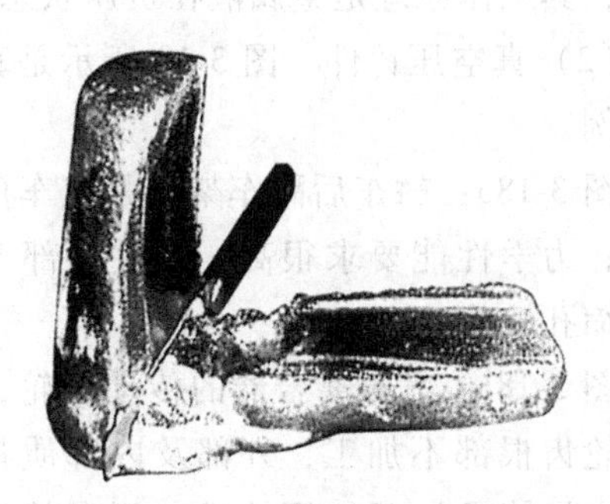

图3-15 半固态铝合金

4. 计算机技术在压铸中的应用

1）产品的辅助设计和快速原型制造，加快新产品开发周期。

2）模具的辅助设计与制造，包括几何形状设计、冷却水道设计、浇注系统和排溢系统设计等，如图 3-16a 所示，提升模具设计水平及优化工艺方案。

3）压铸过程模拟。压射速度对金属液流动的影响，金属液进入型腔的流动状态，如图 3-16b 所示，凝固过程的温度场，型腔气体的影响，预测铸件缺陷等，从而优化工艺设计，实现压铸生产过程实时监控等。

4）车间管理与生产计划、客户数据库管理、信息管理、电子商务等。

5）二维的质量跟踪和在线检测技术，在压铸生产过程中应用。

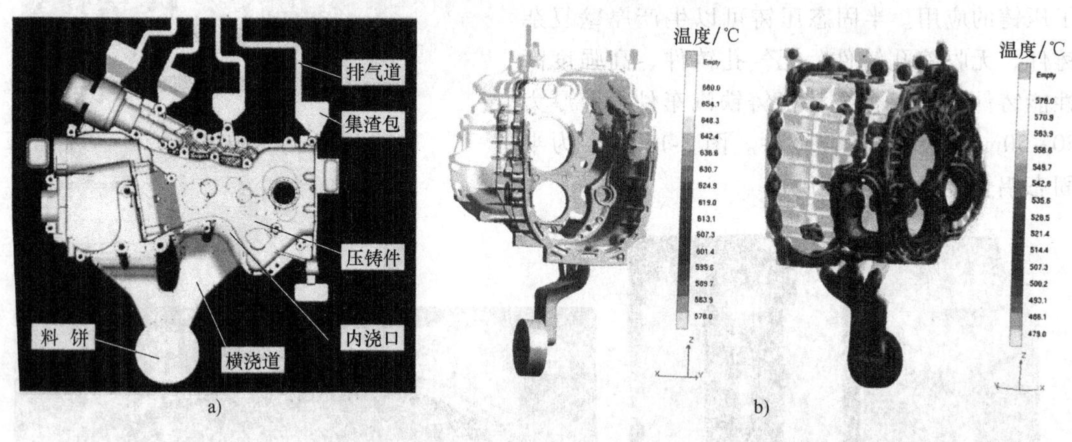

图 3-16 计算机技术应用示例

a）模具的三维造型 b）充填凝固模拟图

5. 真空压铸

（1）装备 压铸过程中由于气体来不及排出，使压铸件容易产生内部气孔缺陷。而真空压铸是消除铸件内部气孔缺陷的有效方法，也扩大了压铸在厚壁铸件、要求能热处理和可焊接的铸件方面应用。

图 3-17 所示为瑞士 OPTIVAC 真空系统的结构，其工作原理是金属液在负压状态下充型。

（2）真空压铸件 图 3-18 所示是真空压铸件示例。

图 3-18a：轿车后副车架，是汽车的安全结构件，力学性能要求很高，铸件内部不能有气孔及缩孔缺陷。

图 3-18b：汽车离合器的传动齿轮，属厚壁件，轮齿根部不加工，外部及内部质量高。采用真空压铸及局部加压技术，可有效消除气孔及缩松缺陷。

图 3-18c：3G 通信滤波器腔体，不允许腔体关键部位有气孔、缩孔，以免影响 3G 信号传

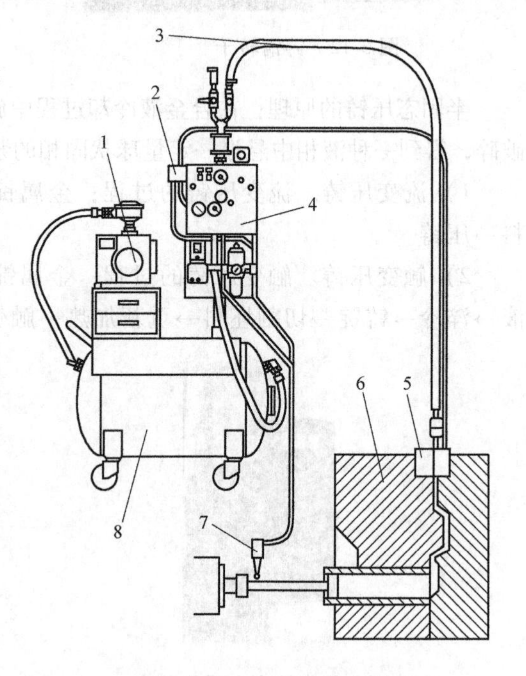

图 3-17 真空压铸系统的结构

1—真空泵 2—自动吹气清理阀 3—抽气管 4—控制单元 5—抽气截流阀 6—压铸型 7—抽气起动开关 8—真空罐

播质量，散热片深60mm、宽2mm，薄而深成形难，易出现冷隔，采用真空压铸保证了铸件外观和内部质量。

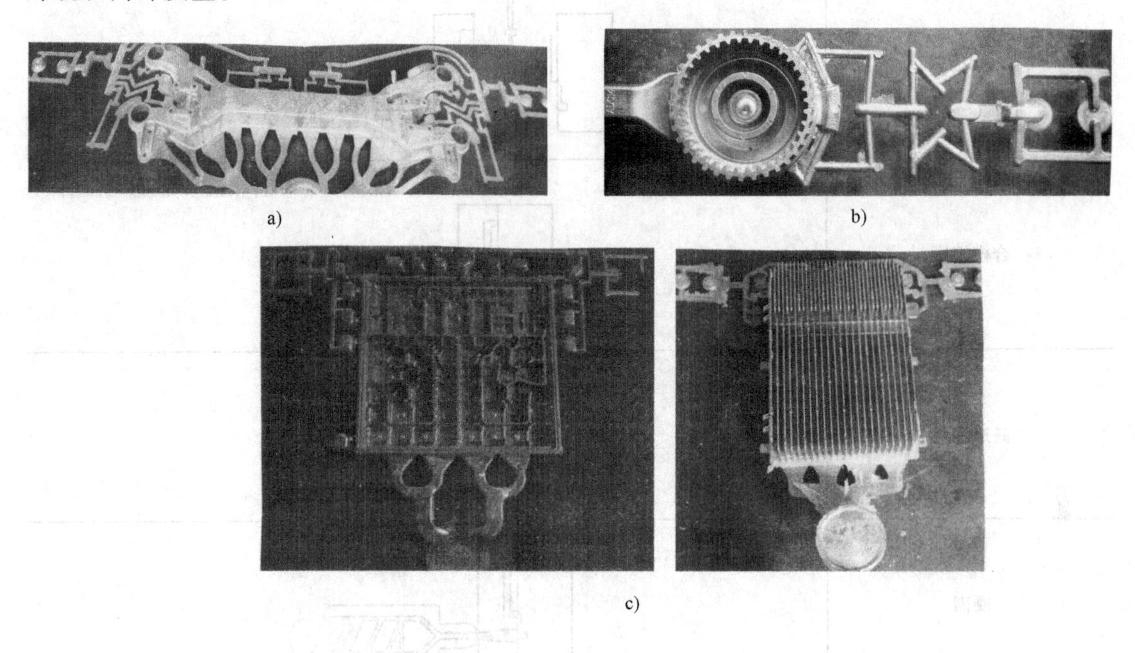

a)

b)

c)

图3-18 真空压铸件及浇注系统

a）轿车后副车架（Al-Mg合金，用30000kN压铸机） b）汽车离合器传动齿轮（ADC14，用6300kN压铸机） c）3G通信滤波器腔体（ADC12，用16000kN压铸机）

6. 镁合金触变成形

（1）原理　把米粒大小的镁合金投入料斗，原料经过加热料筒，合金处于600℃左右熔融状态，螺杆的转动对合金浆料产生剪切作用，改善其流动性，具有触变物理状态的半固态合金浆料，快速注射到模具内成形，如图3-19所示。

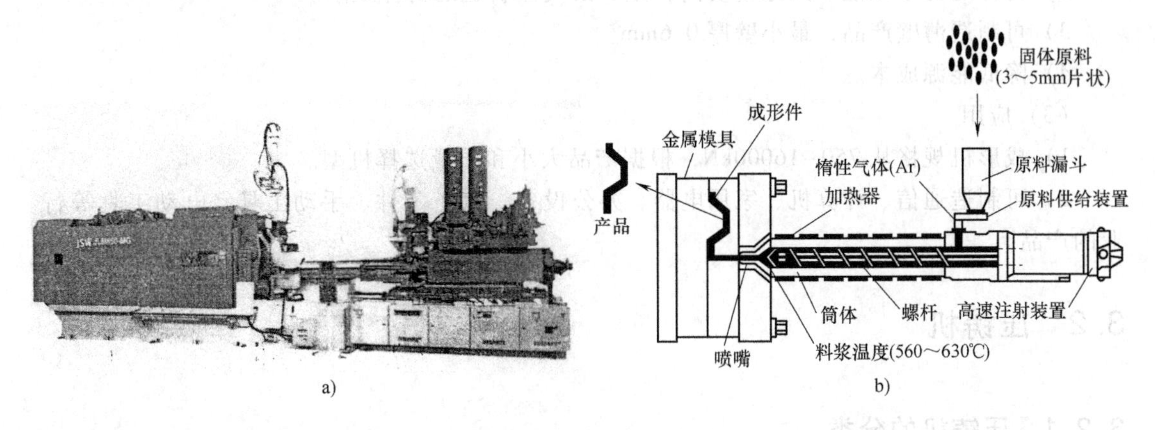

a)

b)

图3-19 镁合金触变成形

a）注射成形机 b）成形原理

镁合金触变成形过程见表3-1。

表 3-1　镁合金触变成形过程

喷涂脱模剂	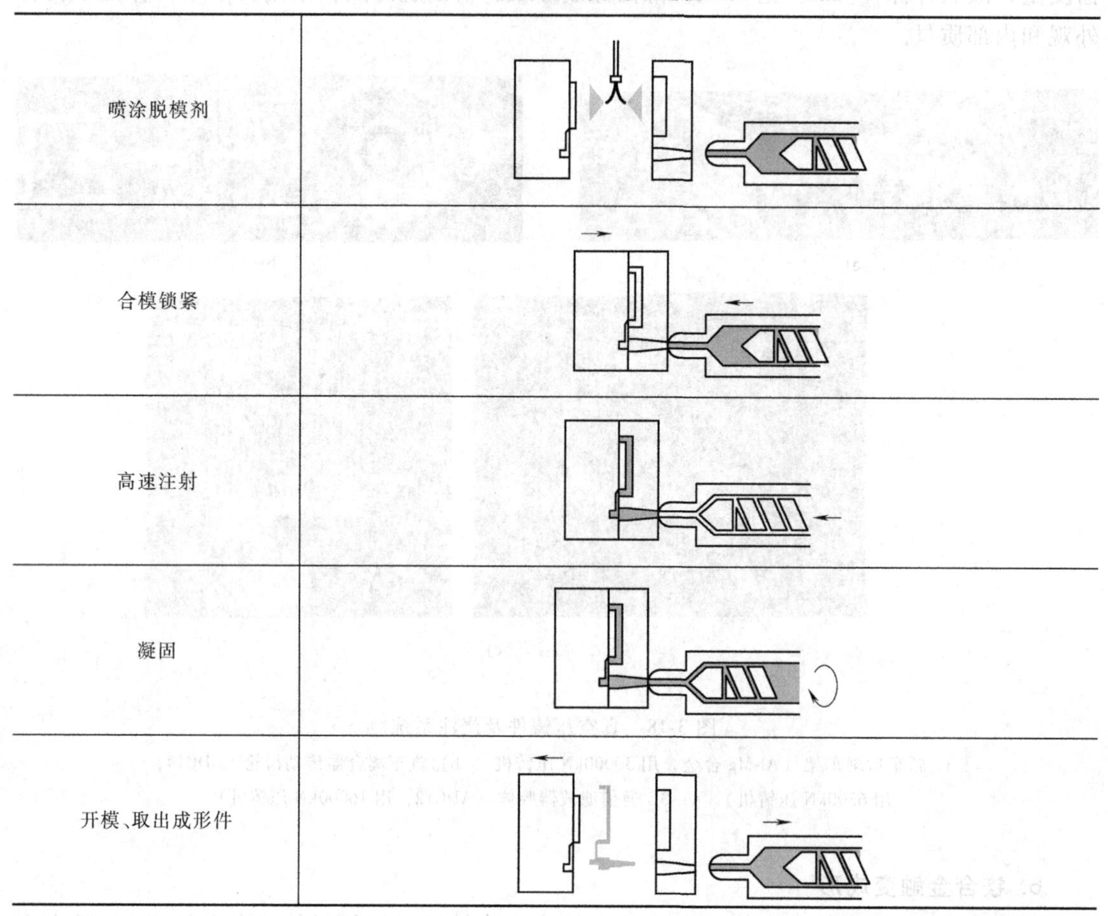
合模锁紧	
高速注射	
凝固	
开模、取出成形件	

(2) 优点

1) 安全、简单，不用设置熔炼炉、保温炉，少了合金熔炼这一工序及熔炼装备。

2) 铸件的力学性能、尺寸精度高，减少由气体引起的铸件缺陷。

3) 可制造薄壁产品，最小壁厚 0.6mm。

4) 降低能源成本。

(3) 应用

1) 成形机规格从 750~16000kN，根据产品大小和质量选择机型。

2) 可制造通信、计算机、家用电器、办公设备、汽车零件、手动工具、电动工具等行业的产品。

3.2 压铸机

3.2.1 压铸机的分类

1) 冷室压铸机，主要分卧式冷室压铸机和立式冷室压铸机。

2) 热室压铸机。

3）挤压铸造机。

3.2.2 压铸机的结构特点及应用

1. 卧式冷室压铸机

（1）结构特点 压室与保温炉分开，压铸时金属液浇注入压室。

（2）应用 铝合金、铜合金、镁合金压铸件。

如图3-20所示，压铸型（模）合型（模）后，液态金属3浇入压室2中，压射冲头1向前推进，将液态金属经浇道7压入型腔6中，冷却凝固成形。开型（模）时，推出余料，顶出液压缸顶杆顶出铸件，冲头复位，完成一个压铸循环。

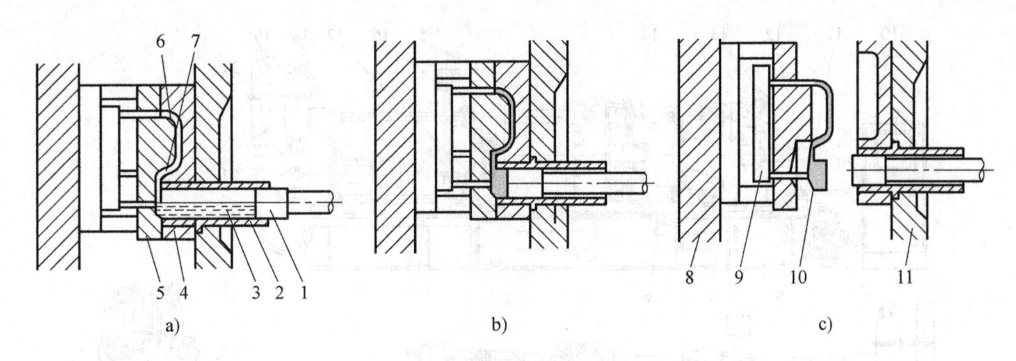

图3-20 卧式冷室压铸机压铸过程

1—压射冲头 2—压室 3—液态金属 4—定模 5—动模 6—型腔 7—浇道 8—动模座板 9—顶出器 10—余料 11—定模座板

压射冲头的压射运动过程可分为两个或三个阶段。

第一阶段：压射冲头以慢速推动液态金属，使液态金属充满压室前端并堆聚在内浇口前沿，此阶段可使压室内空气有较充分的时间逸出，并防止金属液从浇口中溅出。

第二阶段：压射冲头快速运动，使液态金属快速经浇道填充至型腔。

第三阶段：终压阶段，压射冲头继续移动，压实金属，冲头速度逐渐降为零。此阶段必须在机器压射系统有增压机构时才能实现。

2. 热室压铸机

（1）结构特点 压室与合金炉连成一个整体，压室浸在液态金属中。

（2）应用 压铸锌、锡等低熔点合金，以及小型镁合金件。

热室压铸机的压铸过程如图3-21所示，当压射冲头在上位时，坩埚内的液态金属从入

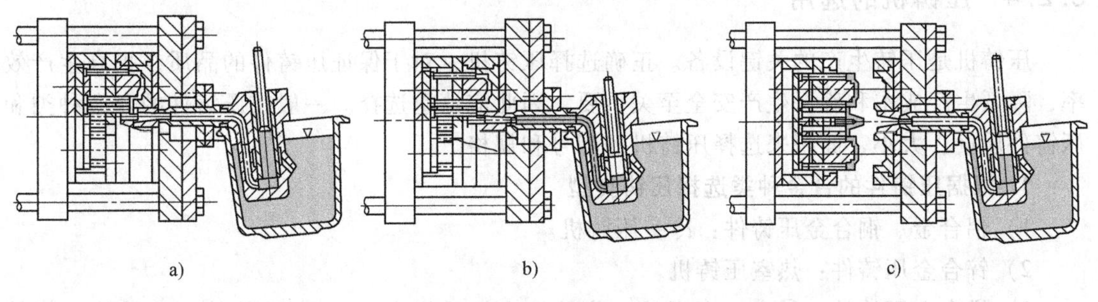

图3-21 热室压铸机压铸过程

料口进入压室中（图 3-21a）。合型后，随着压射冲头下压，液态金属沿着料壶上的通道经射嘴充填到压铸型（图 3-21b）。凝固后压射冲头回升，多余的液态金属回流至压室中，然后打开压型取出铸件（图 3-21c），完成一个压铸循环。

3.2.3 压铸机的总体结构

1. 冷室压铸机

冷室压铸机与热室压铸机的构成基本相同，由机座、开/合型机构、压射机构、铸件顶出机构、调型（模）机构、润滑系统、液压系统、电气控制系统、安全防护装置等部分组成。图 3-22 所示为卧式冷室压铸机的构成。

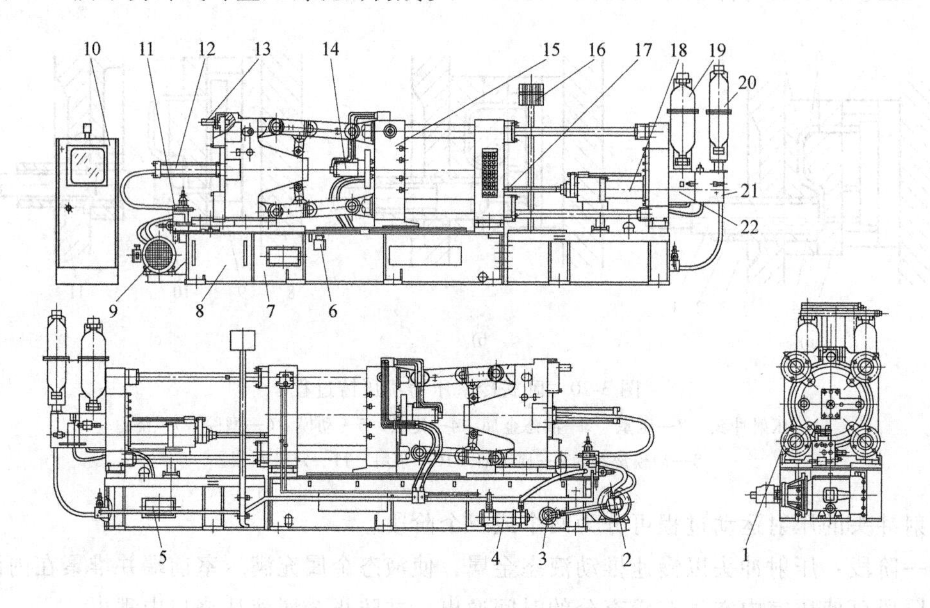

图 3-22 卧式冷室压铸机的构成

1—调型（模）大齿轮 2—液压泵 3—过滤器 4—冷却器 5—压射回油油箱 6—曲肘润滑液压泵 7—主油箱 8—机架 9—电动机 10—电箱 11—合型（模）油路板组件 12—合/开型（模）液压缸 13—调型（模）液压马达 14—顶出液压缸 15—锁型（模）柱架 16—型（模）具冷却水观察窗 17—压射冲头 18—压射液压缸 19—快压射蓄能器 20—增压蓄能器 21—增压油路板组件 22—压射油路板组件

2. 热室压铸机

图 3-23 所示是热室压铸机的基本结构。

3.2.4 压铸机的选用

压铸机是压铸生产的关键设备。正确选择压铸机，对于保证压铸件的品质，提高生产效率，降低生产成本和确保生产安全至关重要，因此应慎重选择。一般按压铸件的合金种类和压铸件质量、大小、面积来选择压铸机的型号和规格。

1. 根据压铸件的合金种类选择压铸类型

1）铝合金、铜合金压铸件：冷室压铸机。

2）锌合金压铸件：热室压铸机。

3）镁合金压铸件：①中、小型件，薄壁件，如手机壳、3C 产品件等，选择热室压铸

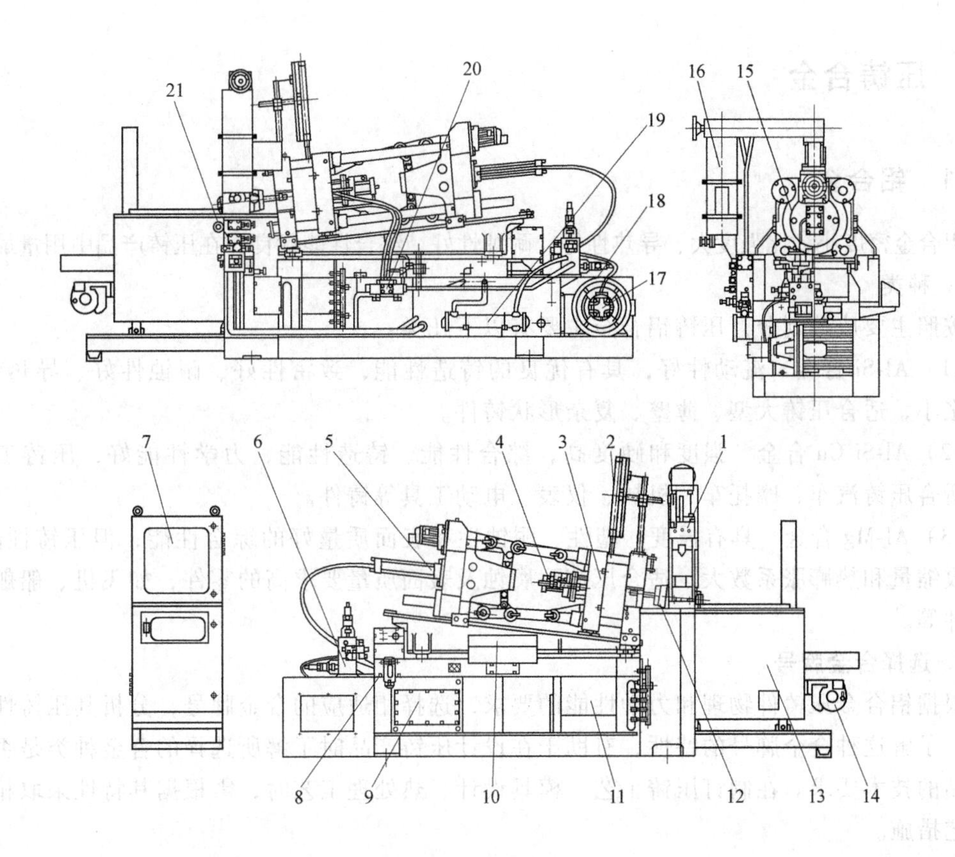

图 3-23　热室压铸机的基本结构

1—压射机构　2—机械手（冲头）装置　3—合型柱架　4—顶针液压缸　5—合型液压缸　6—合型油路板　7—主电箱　8—润滑装置　9—油箱　10—操作面板　11—落料门　12—扣嘴液压缸（两个）　13—熔炉　14—燃油器　15—调型机构　16—液压蓄能器　17—液压泵　18—电动机　19—冷却器　20—顶针油路板　21—压射油路板

机；②中、大型件，厚壁件，如汽车件、工具件等，选择冷室压铸机。

2. 按铸件质量、大小、面积来选择压铸机型号和规格

压铸机的型号和规格用主参数合型力大小表示。冷室压铸机合型力从 160～50000kN。热室压铸机合型力从 50～4000kN。

1）根据压铸件质量，加上浇注系统所需金属质量之和，控制在该型号压铸机的最大金属浇注量的 30%～70%的范围内，以获得高品质的压铸件。对于细小产品可以一模多件来提高机器利用率和生产效率。

2）根据压铸件的轮廓尺寸、结构和复杂程度选择压铸机，保证合型力足够，以确保生产过程安全。

3）对于轮廓尺寸大、结构复杂的压铸件，还要考虑压铸机的容模空间是否足够，以及设置抽芯机构、开型后铸件可以取出等因素。

4）根据压铸件档次选择不同档次的压铸机。从经济性、成本考虑，对于高性能铸件，选择高性能实时控制压铸机，可保证高品质。对于一般中、低档压铸件，则选择相适应的压铸机。

3.3 压铸合金

3.3.1 铝合金

铝合金密度小、比强度大、导热性好、耐蚀性好、综合性能优良，在压铸产品中用量最大。

1. 种类

按照主要成分划分，压铸铝合金主要有以下几类：

(1) Al-Si 合金　流动性好，具有优良的铸造性能，致密性好、耐蚀性好、导热性好、热膨胀小，适合压铸大型、薄壁、复杂形状铸件。

(2) Al-Si-Cu 合金　强度和硬度高，综合性能、铸造性能、力学性能好，压铸工艺性好，适合压铸汽车、摩托车、机械、仪表、电动工具等铸件。

(3) Al-Mg 合金　具有强度、塑性、耐蚀性和表面质量好的综合性能，但压铸性能差，凝固收缩量和热膨胀系数大，适合压铸耐腐蚀及表面质量要求高的零件，如飞机、船舶、家电铸件等。

2. 选择合金牌号

根据铝合金压铸件物理和力学性能的要求，选择相适应的合金牌号，分析其压铸性能及特性。了解这种合金牌号的特性，有助于在设计压铸产品时了解所选择的合金种类是否能满足产品的技术要求。在制订压铸工艺、模具设计、热处理工艺时，需根据其特性采取相适应的工艺措施。

3. 化学成分中合金元素的作用

合金元素在标准范围内起到好的作用，但超标则有不良的影响。

1) 硅：提高流动性，有利于铸造薄壁、复杂件，但高硅铝合金对铸铁坩埚的熔蚀性大。

2) 铜：提高力学性能、可加工性、研磨性，但过量时会降低铸造性能，热裂及收缩倾向加大。

3) 镁：提高耐蚀性和强度，减少黏模倾向，使铸件表面光洁，但也有产生硬化、脆性、热裂的倾向。

4) 铁：减少黏模倾向，易于压铸，但过量时则使流动性降低，热裂倾向加大，力学性能降低。

5) 镍：提高高温强度、硬度，但对耐蚀性有不良影响。

6) 锰：改善合金的高温强度和耐蚀性，有利于铸件的性能，但容易造成硬质点，使可加工性变差。

7) 锌：可以改善合金液的流动性及抗拉强度，但使合金热裂倾向增加，断后伸长率下降。

8) 锡、铅、钛等在合金中作为杂质元素，必须严格控制。

3.3.2 锌合金

1. 锌合金特性

1) 锌合金是一种通用的、可靠的、低成本的材料，易于压铸生产。锌合金具有良好的

压铸性能，因此更容易压铸形状复杂、薄壁、尺寸精度高的产品。其薄壁铸造性能，有利于满足产品轻量化和降低成本的要求。

2）良好的力学性能和可加工性。与铝合金、镁合金相比，锌合金具有较高的抗拉强度、屈服强度、冲击韧性和硬度，较大的断后伸长率。锌合金压铸件表面非常光滑，可不作处理直接使用，也较容易作各种表面处理：抛光、电镀、喷涂、喷漆等，以获得更佳的表面质量，尤其是用于一些工艺品、装饰品上。

3）高效的生产。采用热室压铸机生产，生产效率高。压铸时金属液温度低于420℃。一副模具可生产几十万个产品。性能先进的压铸机，可实现全自动化生产，产品生产成本低。

2. 化学成分中合金元素的作用

1）铝：提高流动性，改善铸造性能。

2）镁：减少晶间腐蚀。

3）铜：提高强度、硬度、耐磨性、耐蚀性。

4）铁：与锌形成化合物，在铸件中形成硬质点。

5）铅、锡、镉是杂质，必须严格控制在标准之内，否则引起晶间腐蚀。

3. 选择合金牌号

根据锌合金压铸件物理和力学性能的要求，选择能满足要求的合金牌号，按国家标准采购合金锭，进行压铸生产。

3.3.3　镁合金

1. 镁合金特性

1）密度小，比强度和比刚度高，是一种优良的、轻质结构材料。镁合金的密度约为1.74g/cm^3，为铝合金的2/3，钢铁的1/4，但比强度和比刚度均优于铝合金和钢铁，远高于工程塑料。

2）减振性能好。镁合金有较高振动吸收性及降低噪声的作用，用作产品外壳可减少噪声传递，用于运动零部件，可吸收振动，延长零件使用寿命。

3）无磁性，具有良好的电磁波屏蔽性能，因此被用于电子产品。

4）尺寸稳定性高，因环境温度和时间变化造成的尺寸变化小。

5）良好的散热性，仅次于铝合金。

6）压铸性好，铸件最小壁厚可达0.6mm。

7）良好的可加工性，具有低切削力、高的切削速度和长的刀具寿命。

8）可100%回收，是一种优良的可再生利用金属材料。

9）耐蚀性差，暴露在空气环境中，会发生氧化造成锈蚀。为提高耐蚀性，需对铸件进行表面处理。

2. 化学成分中各元素的作用

1）铝：提高机械强度、耐蚀性，提高压铸能力，但随着铝含量增加，延展性及韧性逐渐降低。

2）锌：增加强度及耐蚀性。

3）锰：用于控制镁合金中的铁含量。

4）硅、稀土用于改善高温蠕变性能，可形成金属间化合物，使晶界稳定。

5）铁、镍、铜是有害元素，对镁合金腐蚀性能影响最大，必须对其含量进行严格控制。

3. 选择合金牌号

根据镁合金压铸件的物理和力学性能要求，选择合金牌号，按国家标准采购镁合金锭。由于镁合金压铸生产有特殊要求，必须严格按照工艺规程进行合金熔炼及压铸生产。

3.4 压铸工艺

3.4.1 压铸过程中压力与速度的变化

压铸工艺是将压铸机、压铸模、压铸合金三大要素进行有机结合，并加以综合运用的过程。首先取决于压铸机提供的压射能力，根据压铸的质量要求选择相适应的工艺参数，在确定工艺参数的基础上进行模具设计。

压铸的主要工艺参数有压力、速度、时间、温度等。这些工艺参数的选择与合理匹配，是保证压铸件综合性能的关键，同时也直接影响生产效率和模具寿命。图 3-24 和图 3-25 分析了一个压铸过程中压铸工艺参数的变化状态。

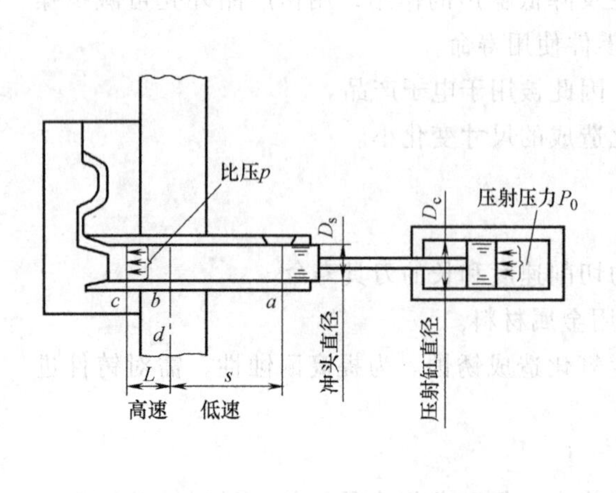

图 3-24 压射压力与冲头移动状态

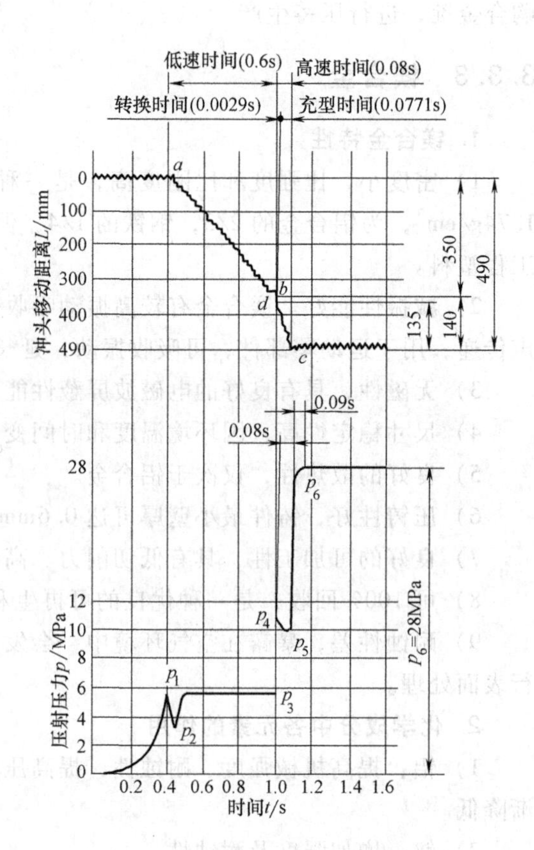

图 3-25 冲头移动速度与压射压力的变化

压铸机：6500kN。

压铸合金：铝合金。

压铸件内浇口截面积：1.75cm^2。

（1）第一阶段：低速压射　金属液浇注进入压室。

1）冲头由 $a \to b$，把金属液推到浇口处。低速行程：$s=350$mm。

2）压射力 p_1、p_2、p_3 较低，仅用于克服冲头与压室之间的摩擦力，$p_1=5.8$MPa。

3）低速压射时间：$t_1=0.6$s，低速有利于压室气体排出。

（2）第二阶段：高速充型　金属液进入型腔充填。

1）冲头由 $b \to d$，低速向高速切换：$d \to c$，高速充型。高速行程：$L=140$mm。

2）压力 p_3 急剧上升至 p_4，压力是克服内浇口截面积缩小形成的阻力。金属液进入型腔充填。$p_4=10$MPa。

3）低速向高速切换时间：$t_2=0.029$s。

4）高速充型时间：$t_3=0.08$s。

（3）第三阶段：增压阶段　金属液在压力下凝固。

1）冲头仅有微量位移。

2）铸件在压力下凝固，增压压力 $p_6=28$MPa。

3）增压时间：$t_4=0.09$s。

3.4.2　压力

1. 压射力

压射力指压射液压缸（增压缸）内工作液推动压射活塞运动的力。

$$P_{压}=\frac{\pi}{4}D^2p_0 \tag{3-1}$$

式中，$P_{压}$ 为压射力（N）；D 为液压缸（增压缸）直径（m）；p_0 为液压缸（增压缸）的工作压力（Pa）。

2. 比压

比压指压室内金属液单位面积上所受的压力。填充时的比压称为压射比压；增压时的比压称为增压比压。比压决定了压铸件充填时所受的压力和模具的胀型力。

比压的计算公式为

$$p=4P_{压}/\pi d^2 \tag{3-2}$$

式中，p 为压射比压（Pa）；$P_{压}$ 为压射力（N）；d 为冲头直径（m）。

调整比压可通过调整压射力和选择不同的冲头直径来实现。

选择比压时考虑的因素如下：

1）压铸件结构特征：

① 简单的薄壁件，比压选较低些；结构复杂的薄壁件，比压选高些。

② 结构简单的厚壁件，比压选低些；结构复杂的厚壁件，比压选较高些。

2）合金特性：结晶温度范围大、流动性差、密度大，比压选高些。

3）浇注系统：阻力大、流程长，比压高些。

4）内浇口速度：要求内浇口速度高，比压高些。

5）温度：金属液与模温温差大时，比压高些。

6）对于要求强度高、致密度高的大铸件，应采用高的增压比压。

压铸合金常用比压参考值见表 3-2。

表 3-2 压铸合金常用比压参考值 （单位：MPa）

压铸合金	铸件壁厚<3mm		铸件壁厚 3~6mm	
	结构较简单	结构较复杂	结构较简单	结构较复杂
锌合金	20.0~30.0	30.0~40.0	40.0~50.0	50.0~60.0
铝合金	25.0~35.0	35.0~45.0	45.0~60.0	60.0~70.0
镁合金	30.0~40.0	40.0~50.0	50.0~60.0	60.0~80.0
铜合金	40.0~50.0	50.0~60.0	60.0~70.0	70.0~80.0

3.4.3 速度

1. 压射速度

压射速度是指压室内压射冲头推动熔融金属液的移动速度。

（1）第一阶段：低速压射速度 v_1 当金属液浇注入压室后，压室内金属液的充填率一般为 45%~70%，其余的空间被空气充填。低速压射是为了使金属液平稳流动，空气能顺利排出。

参考数据：低速压射速度 $v_1=0.1\sim0.5$m/s；薄壁件、外表装饰件，$v_1=0.25\sim0.35$m/s；耐压、强度高件，$v_1=0.15\sim0.25$m/s。

（2）第二阶段：高速压射速度 v_2 金属液到达内浇道时，可进行高速切换，使金属在高压高速下充填。

经验数据：高速压射速度 $v_2=0.2\sim4.5$m/s；高速压射加速时间 $t_1=0.01$s；增压时间 $t_2=0.01$s。

2. 高速压射起点的选择

压铸的基本特点之一是快速充型，在整个快速压射阶段，金属液以 30~60m/s 的速度，以射流的形式进入型腔，金属液会包卷气体，在这种情况下只有讨论让气孔分布在何处才有意义。由于成形部位型腔的截面积远大于内浇道的截面积，当压射冲头的运动速度小于或等于 0.8m/s 时，金属液在型腔内以近似于层流的方式流动，这一阶段不会产生卷气。从快速点开始直到充型结束，金属液都以射流的形式运动，这一阶段是包卷气体的过程，也是铸件易产生气孔的部位。

高速压射起点的选择如图 3-26 所示。

1）选择①：卷气量大。

2）选择②~③：一般压铸件，选择金属液进入内浇道，或金属液进入型腔某一位置时切换高速。

3）选择③~④：多用于大型机和大型铸件。

一个铸件易产生气孔的部位及对致密性的要求有所不同时，高速压射的起点可选择在不允许有气孔的部位之后。如图 3-27 所示的曲轴箱件，A 部位内有润滑油通道，要求致密不渗油，所以高速压射的起点设在位置 2，从而保证了铸件内部质量要求。

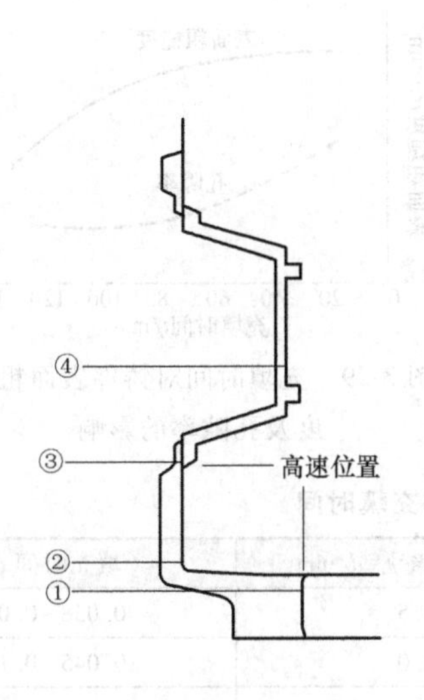

图 3-26　高速压射起点的选择

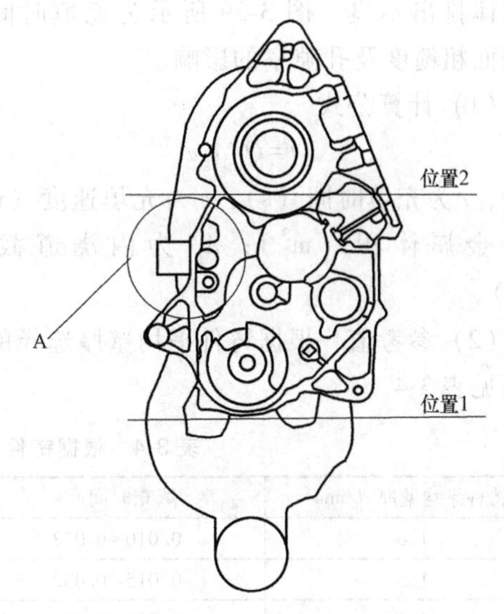

图 3-27　曲轴箱件的高速压射起点

3. 充填速度

金属液进入型腔的充填速度高，对获得轮廓清晰、表面质量好的铸件有利，但不利的是易造成排气不良，对模具冲刷大。

图 3-28 所示为充填速度对铸件力学性能的影响。

（1）计算公式

$$v_{充}=S_{冲}v_{冲}/S_{内} \tag{3-3}$$

式中，$v_{充}$ 为充填速度（m/s）；$S_{冲}$ 为冲头截面积（m^2）；$v_{冲}$ 为冲头速度（m/s）；$S_{内}$ 为内浇道截面积（m^2）。

（2）参考值　根据铸件平均壁厚选择的内浇道速度见表 3-3。

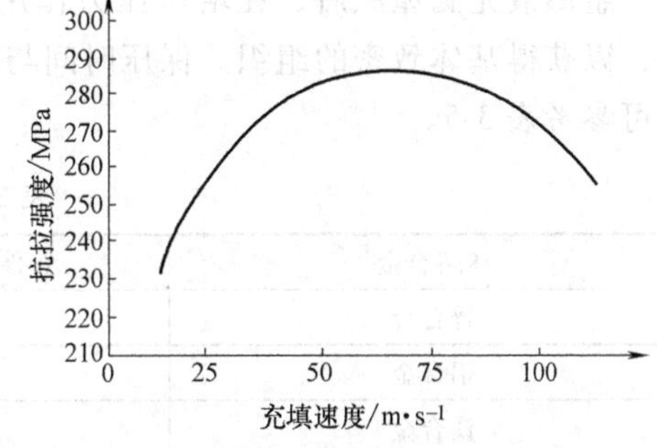

图 3-28　充填速度对铸件力学性能的影响

表 3-3　根据铸件平均壁厚选择的内浇道速度

铸件平均壁厚 d/mm	内浇道速度 v/m·s^{-1}	铸件平均壁厚 d/mm	内浇道速度 v/m·s^{-1}
1	46~55	2.5	40~48
1.5	44~53	3	38~46
2	42~50	3.5	36~4

3.4.4　时间

1. 充填时间

充填时间是指金属液从内浇道开始进入型腔，到充满型腔所需要的时间。对于表面质量要求高的薄壁铸件，充填时间越短，表面质量及轮廓清晰度越好。但充型太快，易造成型腔内气体排出不良。图 3-29 所示为充填时间对铸件表面粗糙度及孔隙率的影响。

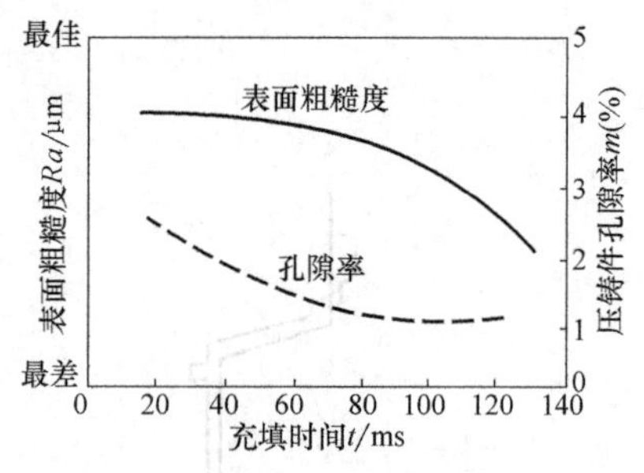

图 3-29 充填时间对铸件表面粗糙度及孔隙率的影响

(1) 计算公式

$$t=Q/A_gv \quad (3\text{-}4)$$

式中，t 为充填时间（s）；v 为充填速度（m/s）；Q 为金属体积（m^3）；A_g 为内浇道截面积（m^2）。

(2) 参考值 根据铸件平均壁厚选择的充填时间见表 3-4。

表 3-4 根据铸件平均壁厚选择的充填时间

铸件平均壁厚 d/mm	填充时间 t/s	铸件平均壁厚 d/mm	填充时间 t/s
1.0	0.010～0.022	3.5	0.038～0.088
1.5	0.015～0.032	4.0	0.045～0.105
2.0	0.022～0.045	4.5	0.052～0.122
2.5	0.027～0.058	5.0	0.060～0.140
3.0	0.032～0.072	6.0	0.070～0.160

2. 保压时间

金属液充满型腔后，在增压压力作用下进行凝固，并使凝固过程中产生的收缩得到补偿，以获得基体致密的组织。保压时间与压铸件壁厚和合金的结晶温度有关。保压时间的选择可参考表 3-5。

表 3-5 保压时间 （单位：s）

压铸合金	铸件平均壁厚 d<2.5mm	铸件平均壁厚 d=2.5～6mm
锌合金	1～2	3～7
铝合金	1～2	3～8
镁合金	1～2	3～8
铜合金	2～3	5～10

3. 留型时间

留型时间指从压射或保压时间结束到开型顶出铸件这段时间，也称开型时间。留型时间过长，由于凝固收缩而形成的抱型力会加大，造成抽芯、顶出困难，易引起顶出铸件时产生裂纹；但留型时间过短，铸件的机械强度不够，顶出时易变形、拉裂、表面起泡。留型时间选择视铸件大小、壁厚、形状、模温而定，也可从压铸出来的铸件是否有变形来判断。留型时间参考值见表 3-6。

表 3-6 留型时间 （单位：s）

压铸合金	铸件平均壁厚 d<3mm	铸件平均壁厚 d=3～4mm	铸件平均壁厚 d>5mm
锌合金	5～10	7～12	20～25
铝合金	7～12	10～15	25～30
镁合金	7～12	10～15	15～25
铜合金	8～12	15～20	20～30

3.4.5 温度

1. 浇注温度

浇注温度是指金属液浇注入压室的温度。生产中通过控制保温炉中合金液的温度来控制浇注温度。

（1）铝合金 对于不同形状、结构的铝合金铸件，浇注温度可控制在630~730℃；对薄壁复杂件，可采用较高温度，以提高金属液的流动性；对厚壁结构件，可采用较低温度，以减少凝固收缩。

浇注温度过高，铝液中吸气量会增加，使铸件厚壁处易产生针孔、缩孔、表面起泡；同时模具腐蚀加快，使模具过早老化、龟裂。

浇注温度过低，铝液流动性差，易产生冷隔、流纹、浇注不足等缺陷；而且温度过低，铝液易产生成分偏差，使铸件中存在硬质点，造成后序加工困难。

（2）锌合金 锌合金采用热室机压铸，压铸机保温炉坩埚内金属液温度为415~430℃，薄壁件、复杂件压铸温度可取上限；厚壁件、简单件可取下限。进入鹅颈壶的金属液温度与坩埚内的温度基本一致，通过控制坩埚金属液温度来控制压铸温度。

锌合金浇注温度过高的缺点如下：

1）铝、镁元素烧损。

2）金属氧化速度加快，烧损量增加，锌渣增加。

3）热膨胀作用会发生卡死锤头故障。

4）铸铁坩埚中铁元素溶入合金液更多，高温下铝与铁反应加快，会形成铁-铝金属间化合物的硬颗粒，使锤头、鹅颈壶过度磨损。

5）燃料消耗相应增加。

锌合金浇注温度过低时，锌合金液流动性差，不利于成形，影响压铸件表面质量。

各种合金浇注温度见表3-7。

表3-7 各种合金浇注温度 （单位：℃）

合金		铸件平均壁厚 $d\leqslant 3$mm		铸件平均壁厚 $d>3$mm	
		结构简单	结构复杂	结构简单	结构复杂
锌合金		415~420	420~430	410~420	420~430
铝合金	含硅的	610~630	640~680	590~630	610~630
	含铜的	620~650	640~700	600~640	620~650
	含镁的	640~660	600~700	620~660	640~670
镁合金		640~680	660~700	620~660	640~680
铜合金	普通黄铜	850~900	870~920	820~860	850~900
	硅黄铜	870~910	880~920	850~900	870~910

注：1. 浇注温度一般以保温炉金属液温度表示。

2. 锌合金温度不宜超过450℃，否则结晶粗大。

2. 模具温度

模具温度一般指模具表面温度，其标准状态应为合金液浇注温度的1/3左右。模具温度极大地影响压铸件的力学性能、尺寸精度和压铸模的寿命，必须严格按规范操作。

在连续压铸生产中，每压铸一次，模具温度就从高温到低温循环一次，不断被加热、冷却，模具内部因温差产生热应力。当模具材料处于韧性状态时，应力使模具产生塑性变形；而处于脆性状态时，应力使模具产生热裂纹、开裂。周期性热应力作用导致模具热疲劳，产生龟裂。模温过高，模具易变形。

控制模温最好的方法是采用自动模温控制系统：模温机，更多的是采用模具冷却水系统。

各种合金的压铸模预热温度和连续工作温度见表 3-8。

表 3-8 各种合金的压铸模预热温度和连续工作温度 （单位：℃）

合金	温度种类	铸件平均壁厚 $d<3$mm		铸件平均壁厚 $d>3$mm	
		结构简单	结构复杂	结构简单	结构复杂
锌合金	预热温度	130~180	150~200	110~140	120~150
	连续工作保持温度	130~200	190~220	140~170	150~200
铝合金	预热温度	150~180	200~230	120~150	150~180
	连续工作保持温度	180~240	250~280	150~180	180~200
镁合金	预热温度	150~180	200~230	120~150	150~180
	连续工作保持温度	180~240	250~280	150~180	180~220
铜合金	预热温度	200~230	230~250	170~200	200~230
	连续工作保持温度	300~330	330~350	250~300	300~350

3.4.6 工艺案例

案例一：铝合金变速器壳体

1. 产品：汽车变速器壳体

材质：铝合金 ADC12（日本牌号）。

外形尺寸：400mm×550mm×280mm。

质量：9.4kg。

壁厚：3.5~4.5mm。

2. 压铸生产线

图 3-30 所示为生产汽车变速器壳体的一个先进、完整的自动化“压铸岛”。

（1）生产率　单机 135s/件，3 台机同时生产可达到 45s/件。

（2）设备配置　3 台 22500kN 压铸机，配有自动喷涂、自动浇注、自动取件装置；3 台切边机和浇口余料输送小车；2 条传动带输送机和输送压铸件动力辊道；1 台 5 台面的抛光机。

（3）生产过程

1）压铸件由自动取件机械手从模具中取出后，进入水箱淬冷。

2）冷却后压铸件放置在切边机的下切边模上，上切边模下行自动剪切浇注系统及飞边。

3）接件小车运出铸件，使铸件顺滑槽滑至清理工作台，在此完成自检和手工清理工作。

4）压铸件被动力辊道运送到抛丸机进行抛丸清理。

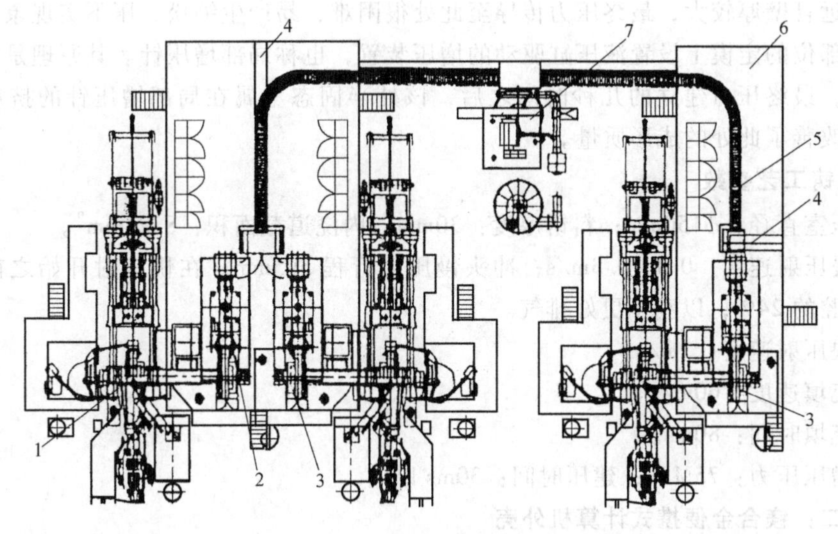

图 3-30　生产汽车变速器壳体的“压铸岛”

1—压铸机　2—切边机　3—浇冒口输送小车　4—传动带机　5—动力辊道　6—工作平台　7—抛丸机

5）清理下来的飞边等，由工作台下面的传动带机运至小车内集中后回用。

3. 浇注系统设计

变速器壳体的浇注系统如图 3-31 所示。

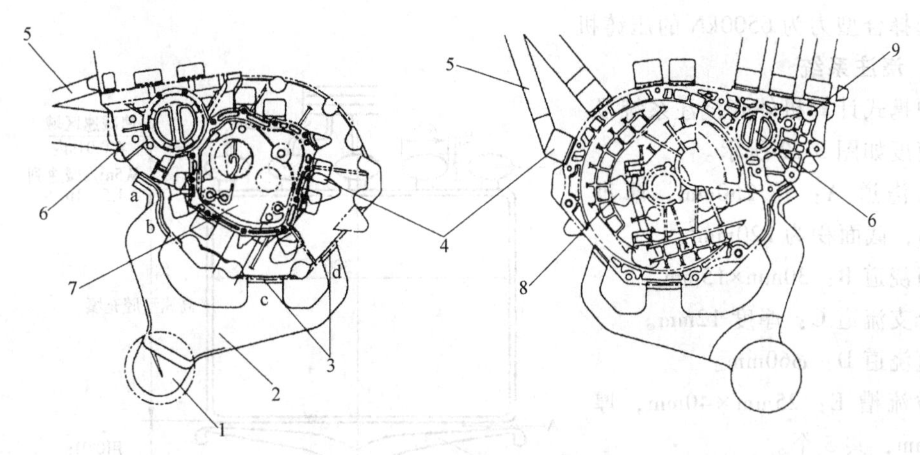

图 3-31　变速器壳体的浇注系统

1—料饼　2—浇道　3—内浇道　4—集渣包　5—排气道　6—差速器室

7—变速器室　8—离合器室　9—局部增压针部位

1）变速器壳体毛坯质量 9.4kg，每次浇注量为 13.6kg，工艺出品率为 69%。

2）主浇道分成 4 个分浇道。从主浇道、分浇道到内浇道，截面积按比例缩小，形成收缩式浇道，从而减小了合金液在慢速充填过程中卷气的可能性。因离合器室及变速器室体积较大，用 b、c、d 三个分浇道进行充填，差速器室用浇道 a 进行充填。

3）在差速器室外侧、离合器室外侧、变速器室外侧均布有多个集渣包，以收集前端的脏污合金，另外集渣包外侧均开有排气道，这样更好地达到排气、集渣的目的。

4）由于差速器室部位属合金最后充填，且多股合金汇合部位，在图 3-31 中标记 9 处距内浇道较远且壁厚较大，最终压力传导至此处很困难，易产生缩松、压不实现象。因此，在该处成形部位的定模上设置液压缸驱动的增压装置，也称局部增压针。其原理是在合金充填完型腔后，最终压力建立的几秒时间之后，该处半固态金属在局部增压针的挤压下凝固结晶，从而改善了此处的成形质量。

4. 压铸工艺参数

1）压室直径：ϕ150mm；料饼厚度：30mm；内浇道截面积：8.24mm^2。

2）慢压射速度：0.1～0.3m/s；冲头慢压射行程595mm。在快压射开始之前，合金液已进入型腔的24%，以利于更好排气。

3）快压射速度：3m/s。

4）充填速度：60m/s。

5）充填时间：80ms。

6）增压压力：75MPa；建压时间：30ms以内。

案例二：镁合金便携式计算机外壳

1. 产品：便携式计算机外壳

外形尺寸：300mm×220mm。

材料：镁合金。

壁厚：0.9mm。

2. 压铸机

选择合型力为6500kN的压铸机。

3. 浇注系统

便携式计算机外壳浇注系统及充填速度如图3-32所示。

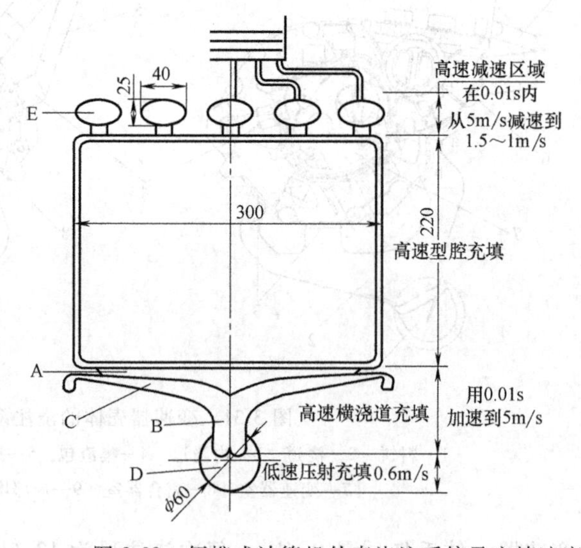

图3-32　便携式计算机外壳浇注系统及充填速度

内浇道A：长250mm，厚度0.8mm，截面积为220mm^2。

横浇道B：30mm×15mm。

分支流道C：厚度12mm。

直浇道D：ϕ60mm。

溢流槽E：25mm×40mm，厚度15mm，共5个。

4. 压铸工艺参数

1）冲头直径ϕ60mm。

2）低速压射：0.6m/s。

3）高速压射：5m/s。

4）充填速度：70m/s。

5）模温：250℃。

3.5　压铸件结构设计

要求：设计的合理性、工艺性、可制造性、经济性要好。

压铸件结构设计是压铸生产的第一步。设计的合理性和工艺适应性将会影响后续工作的顺利进行，如分型面选择、内浇口开设、推出机构布置、模具结构及制造难易、合金凝固收缩规律、铸件精度保证、缺陷的种类等，都会以压铸件本身工艺性的优劣为前提。

压铸件结构的工艺性要求：

1）尽量消除铸件内部侧凹，使模具结构简单。

2）尽量使铸件壁厚均匀，可利用肋减少壁厚，避免铸件产生气孔、缩孔、变形等缺陷。

3）尽量消除铸件上深孔、深腔。因为细小型芯易弯曲、折断。深腔处充填和排气不良。

4）设计的铸件要便于脱模、抽芯。

3.5.1 压铸件的结构要素

1. 壁厚

（1）压铸件壁厚　压铸件壁厚影响金属液填充型腔状态，最终影响铸件表面质量，而且压铸件壁厚也影响金属消耗及成本。

在设计压铸件时，往往为保证强度和刚度的可靠性，以为壁越厚性能越好；实际上对于压铸件来说，随着壁厚的增加，力学性能明显下降。原因是在压铸过程中，当金属液以高压、高速的状态进入型腔，与型腔表面接触后很快冷却凝固。受到激冷的压铸件表面形成一层细晶粒组织，这层致密的细晶粒组织的厚度为0.05~0.3mm，因此薄壁压铸件具有更高的力学性能。相反，厚壁压铸件中心层的晶粒较大，当补缩不足、排气不良时易产生内部缩孔、气孔，外表面凹陷等缺陷，使压铸件的力学性能随着壁厚的增加而降低，如图3-33所示。

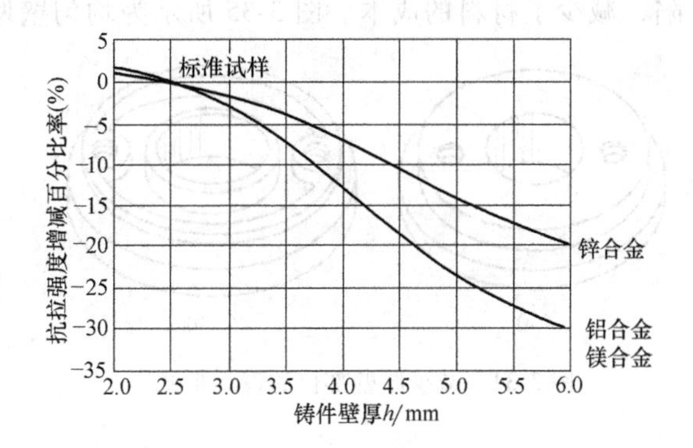

图3-33　铸件壁厚对性能的影响

随着壁厚的增加，金属料消耗多，成本也增加。但如果单从结构性计算出最小壁厚，而忽略了铸件的复杂程度时，也会造成液态金属充填型腔状态不理想，产生成形不良等缺陷。

（2）最小壁厚　在满足产品使用功能要求的前提下，综合考虑各工序过程的影响，以最低的金属消耗，并取得良好的成形性和工艺性，选择正常均匀的壁厚为佳。压铸件的最小壁厚和正常壁厚见表3-9。压铸件壁厚一般为1~5mm。

表3-9　压铸件的最小壁厚和正常壁厚

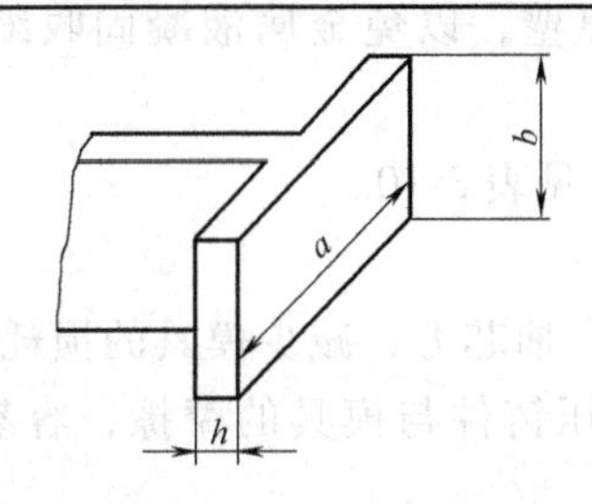

（续）

壁的单面面积 $a \times b/\mathrm{cm}^2$	锌合金		铝合金		镁合金		铜合金	
	壁厚 h/mm							
	最小	正常	最小	正常	最小	正常	最小	正常
≤25	0.5	1.5	0.8	2.0	0.8	2	0.8	1.5
>25~100	1.0	1.8	1.2	2.5	1.2	2.5	1.5	2.0
>100~500	1.5	2.2	1.8	3.0	1.8	3	2.0	2.5
>500	2.0	2.5	2.5	4.0	2.5	4.0	2.5	3.0

有些铸件受功能及外形的限制，无法设计成均匀壁厚，对于厚、薄不均匀的结构，应采用厚、薄之间平缓过渡；内、外圆也相应过渡，避免因壁厚突然改变而形成的铸件缺陷。

（3）均匀壁厚的设计形式　在满足使用功能的条件下，通过减少铸件断面积或将某些部位设计成空腔，从而使壁厚尽量均匀。如图 3-34 所示，把图 3-34a 所示设计改为图 3-34b 所示设计，保持了铸件外形结构和装配孔不变，又减少了厚壁部位，避免了厚壁处产生缺陷，减少了材料的成本。图 3-35 所示为均匀壁厚设计形式。

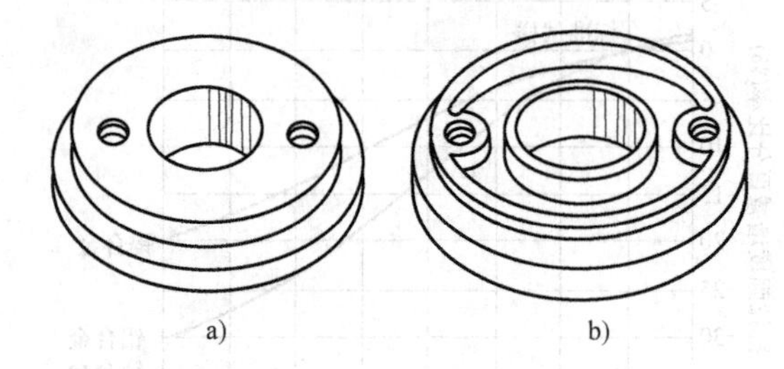

图 3-34　减少厚壁部位的设计形式

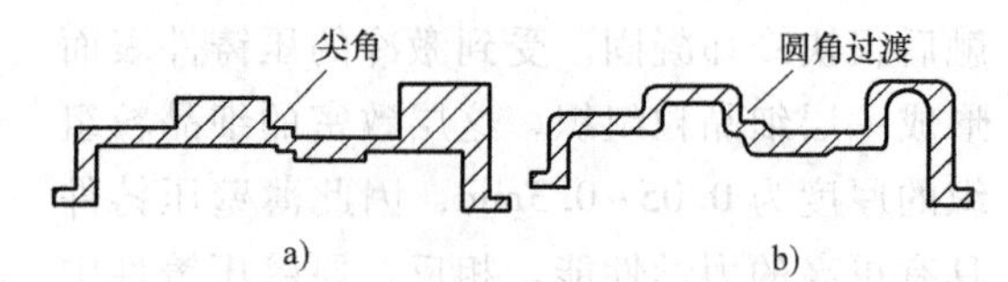

图 3-35　均匀壁厚设计形式
a）不良　b）良好

2. 肋

压铸件倾向采用均匀的薄壁设计，为提高其强度和刚度，可通过设计肋，即加强肋来达到目的，如图 3-36 所示。

肋还可以改善压铸的工艺性，利于金属液充填时流动路程的顺畅。

对于大平面类的铸件，设计肋可增加强度及防止变形产生。

肋的设计要点如下：

1）肋的分布、位置、密度要合理。

2）肋的相交处，尽量避免厚壁，以免金属液凝固收缩后产生缩孔。

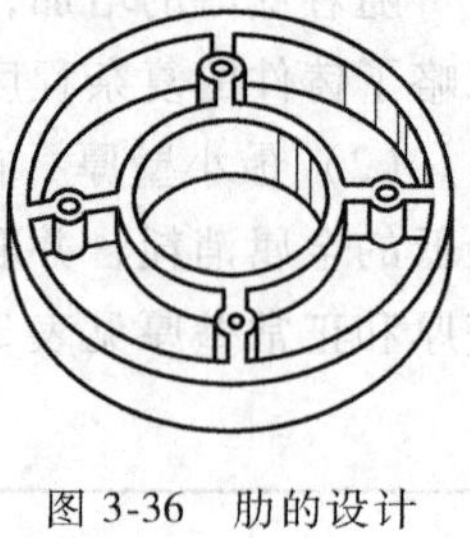

3）肋的结构形式及相关尺寸见表 3-10。

图 3-36　肋的设计

3. 斜度

为了顺利脱模，减少推出力、抽芯力，减少模具的损耗，在设计压铸件时，应在结构上留有尽可能大的斜度，从而减少压铸件与模具的摩擦，容易取出铸件，并获得良好的表面质量。

表 3-10 肋的结构形式及相关尺寸

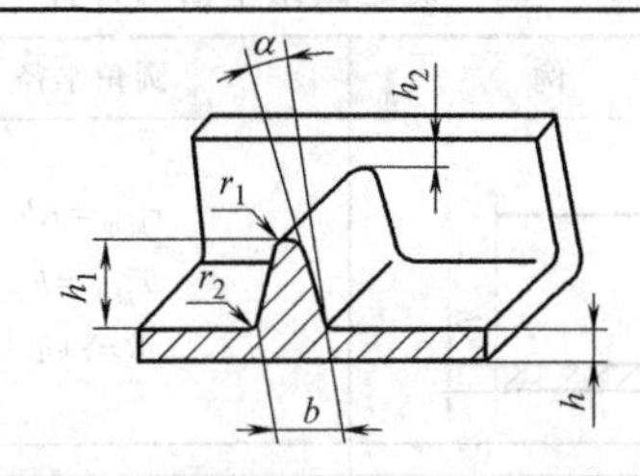

有关数据	说明
$b=t\sim1.4h$ $h_1\leqslant5t$ $h_2>0.8\text{mm}$ $\alpha\geqslant3°$ $r_1=\dfrac{0.5b\cos\alpha-h\sin\alpha}{1-\sin\alpha}$ $r_2=\dfrac{1}{3}(t+b)$	b—肋的根部宽度 h—铸件壁厚 h_1—肋的高度 h_2—肋端距壁端高度 α—起模斜度 r_1—外圆角半径 r_2—内圆角半径 t—肋的顶部宽度

肋高度 h_1、起模斜度 α 和圆角半径 r_1 的关系

h_1/mm	α	r_1/mm	h_1/mm	α	r_1/mm
$h_1\leqslant20$	3°	$\leqslant0.52b-0.055h$	$30<h_1\leqslant40$	20°	$\leqslant0.518b-0.036h$
$20<h_1\leqslant30$	2°30′	$\leqslant0.522b-0.046h$	$40<h_1\leqslant60$	1°30′	$\leqslant0.513b-0.027h$

斜度设计可参考表 3-11 和图 3-37。表 3-11 中的数值适用于型腔深度小于 50mm；型腔深度大于 50mm 时，斜度可适当减小。

表 3-11 斜度

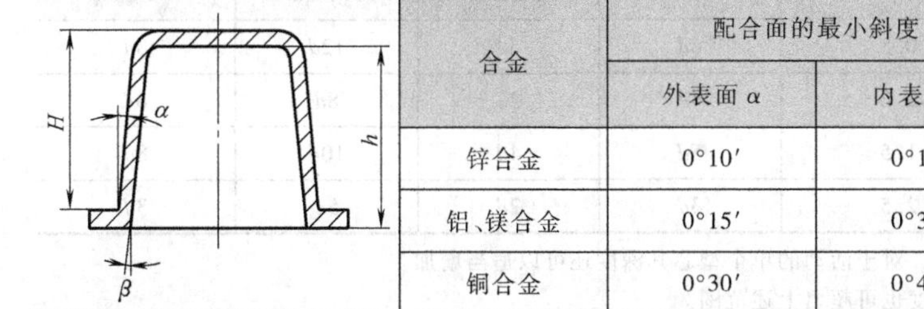

合金	配合面的最小斜度		非配合面的最小斜度	
	外表面 α	内表面 β	外表面 α	内表面 β
锌合金	0°10′	0°15′	0°15′	0°45′
铝、镁合金	0°15′	0°30′	0°30′	1°
铜合金	0°30′	0°45′	1°	1°30′

4. 圆角

圆角可使金属液流动顺畅，改善充型特性，利于气体排出。

而尖角设计会产生应力集中，导致裂纹缺陷。铸件上的尖角，对应于模具也是尖角，同样易造成型腔尖角部位易损。圆角设计形式及尺寸见图 3-38、表 3-12。

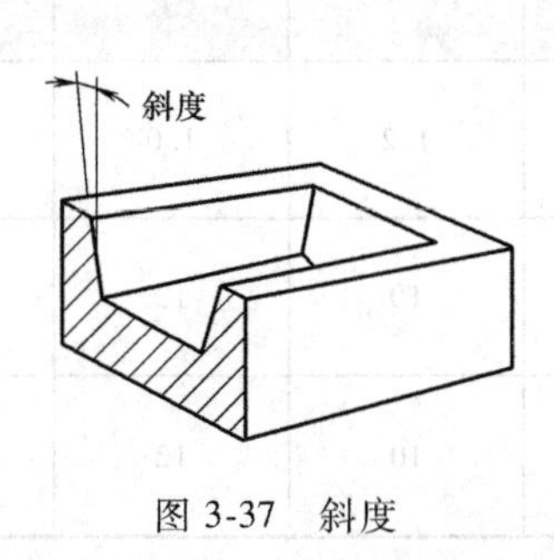

图 3-37 斜度

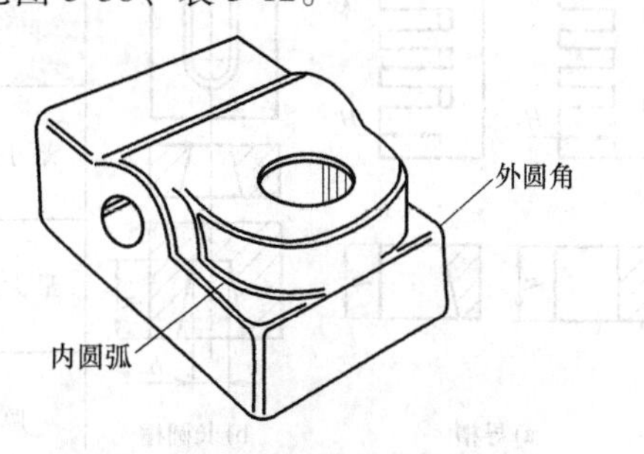

图 3-38 内圆弧和外圆角

表 3-12 铸造圆角半径的计算

相连接两壁的厚度	图 例	圆角半径	说 明
相等壁厚		$r_{最小}=Kh$ $r_{最大}=h$ $R=r+h$	对锌合金铸件 $K=\frac{1}{4}$ 铝、镁、铜合金铸件 $K=\frac{1}{2}$
不同壁厚		$r\geqslant\frac{h+h_1}{3}$ $R=r+\frac{h+h_1}{2}$	

5. 压铸孔和槽

铸件上的孔、槽应尽量铸出，这不仅使壁厚尽量均匀，减少热节，节省金属材料，而且减少后序机加工工时。

可铸出的孔和槽，其最小尺寸和深度受形成孔、槽的型芯在型腔中的分布位置的制约，因细型芯在抽出时易弯曲或折断。

孔和槽的最小尺寸与深度的有关尺寸见表 3-13、表 3-14。

表 3-13 铸孔最小孔径以及孔径与深度的关系

合金	最小孔径 d/mm		深度			
	经济上合理的	技术上可能的	不通孔		通孔	
			d>5mm	d<5mm	d>5mm	d<5mm
锌合金	1.5	0.8	6d	6d	12d	8d
铝合金	2.5	2.0	4d	3d	8d	6d
镁合金	2.0	1.5	5d	4d	10d	8d
铜合金	4.0	2.5	3d	2d	5d	3d

注：1. 表内深度是对固定型芯而言的，对于活动的单个型芯其深度还可以适当增加。
2. 孔径精度要求不高时，孔的深度也可超出上述范围。

表 3-14 槽的形状及相关尺寸 （单位：mm）

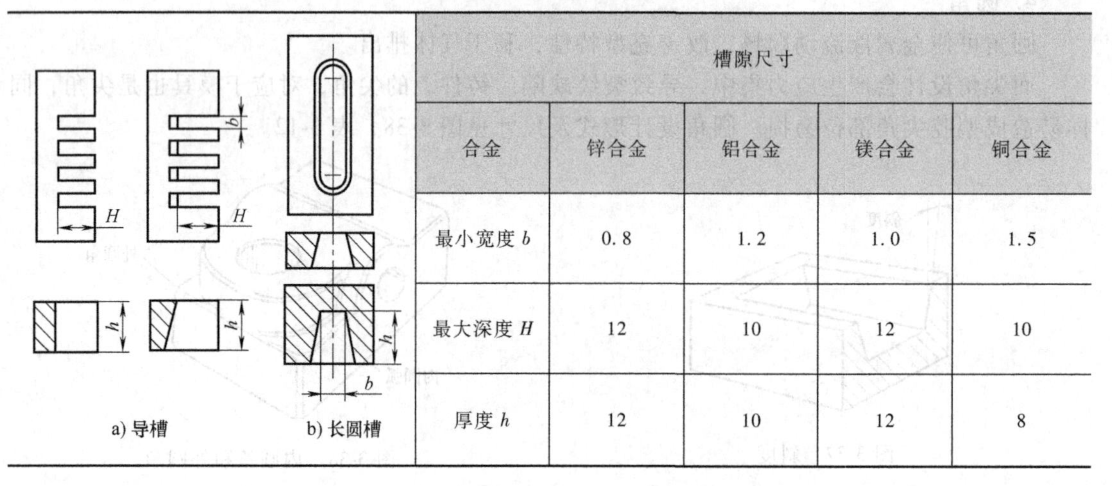

a) 导槽 b) 长圆槽

槽隙尺寸				
合金	锌合金	铝合金	镁合金	铜合金
最小宽度 b	0.8	1.2	1.0	1.5
最大深度 H	12	10	12	10
厚度 h	12	10	12	8

6. 标识、图案、文字、网纹

1）标识、图案、文字、网纹均可铸造在压铸件表面上，可以凸出或凹入。但凸纹更适应模具制造的特点及模具的维修。文字凸出高度大于0.3mm，可获得清晰效果。图3-39为所示压铸出的凸字。

图3-39　压铸出的凸字

2）采用一种可取代移印、丝印的新技术：“转移彩膜”，可以将彩色的标志、图案、文字彩膜转贴到压铸件表面，工艺简单，但效果如移印、丝印一样。

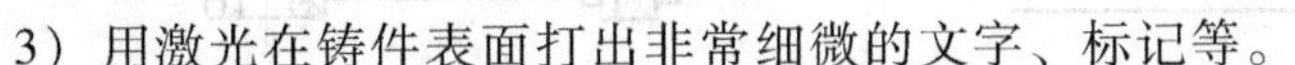

3）用激光在铸件表面打出非常细微的文字、标记等。

7. 螺纹

压铸外螺纹时，考虑以脱模容易，采用两半分型的螺纹环，留有0.2~0.3mm的加工余量。内螺纹虽可以铸出，但需螺纹型芯旋出装置，使模具结构复杂，所以一般是采取铸出底孔，再机械加工出内螺纹。

可压铸的螺纹尺寸见表3-15。压铸出的螺纹牙型应为平头或圆头，如图3-40所示。

表3-15　可压铸的螺纹尺寸　　（单位：mm）

合金	最小螺距	最小螺纹外径		最大螺纹长度(螺距的倍数)	
		外螺纹	内螺纹	外螺纹	内螺纹
锌合金	0.75	6	10	8	5
铝合金	1.0	10	20	6	4
镁合金	1.0	6	14	6	4
铜合金	1.5	12		6	—

注：压铸铝合金螺纹须留有0°30′的斜度。铜合金压铸件螺纹一般不铸出。

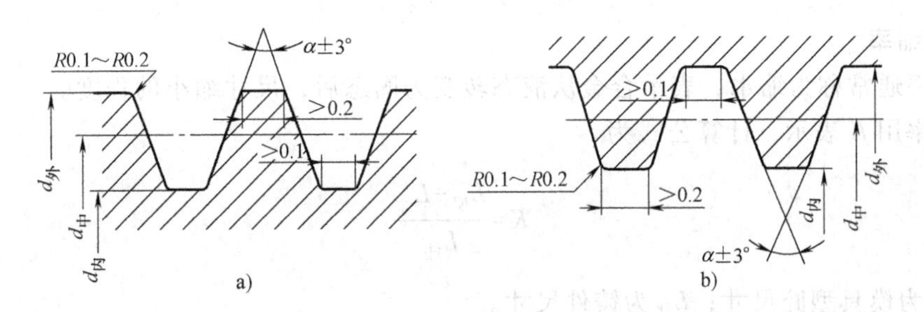

图3-40　压铸平头螺纹牙型

a）外螺纹　b）内螺纹

8. 齿轮

压铸齿轮最小模数按表3-16选取，其斜度按表3-11中内表面β值选取。对要求精度高的齿轮，齿面应留有0.2~0.3mm的加工余量。

9. 嵌件

为满足压铸件某些特殊性能，如耐磨性、耐蚀性、导电性、导磁性、焊接性等，可预先把某种材质的零件放入型腔，再进行压铸，从而结合为一体，如图3-41所示。

设计要点：嵌件周围应包有一定厚度的金属层，以保证铸件与嵌件之间的结合力。嵌件厚度见表3-17。

表 3-16 压铸齿轮的最小模数

合金	最小模数 m/mm
锌合金	0.3
铝合金、镁合金	0.5
铜合金	1.5

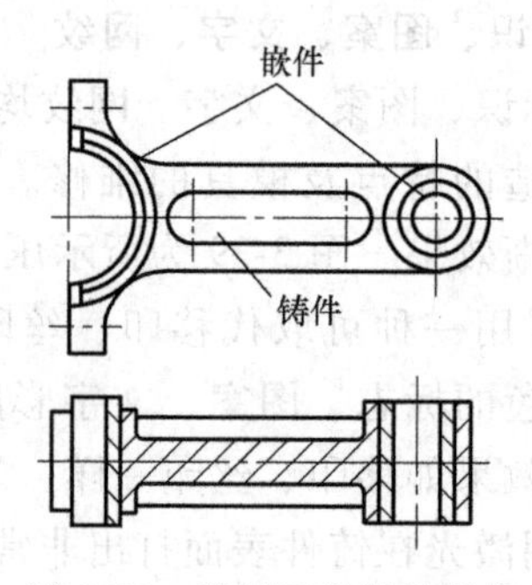

图 3-41 带铜瓦嵌件的铸件

表 3-17 嵌件厚度 （单位：mm）

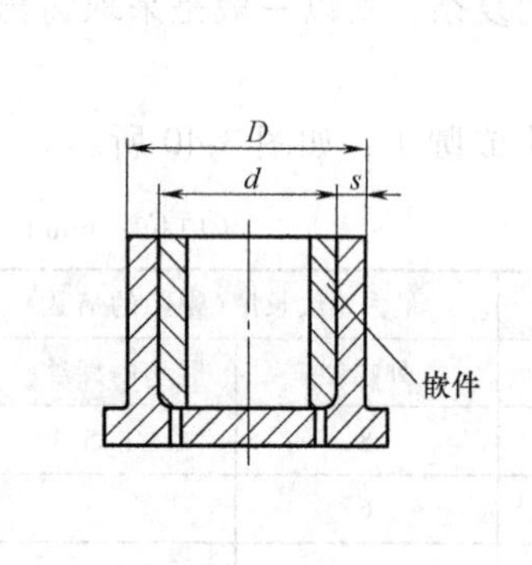

嵌件直径 d	周围金属层最小厚度 s	周围金属层外径 D
1.0	1.0	3
3	1.5	6
5	2	9
8	2.5	13
11	2.5	16
13	3	19
16	3	22
18	3.5	25

3.5.2 压铸件的尺寸要素

1. 收缩率

收缩率通常称为缩水，表示合金从液态转变为固态后，尺寸缩小的程度。

收缩率用 K 表示，计算公式为

$$K=\frac{L_{模}-L_{件}}{L_{件}} \tag{3-5}$$

式中，$L_{模}$ 为模具型腔尺寸；$L_{件}$ 为铸件尺寸。

收缩率大小主要与合金材料有关，但压铸件结构、壁厚、浇注温度等工艺因素对收缩率也有一定的影响。图 3-42、图 3-43 所示为收缩的方向及尺寸变化。各种合金压铸件计算收缩率推荐值见表 3-18。

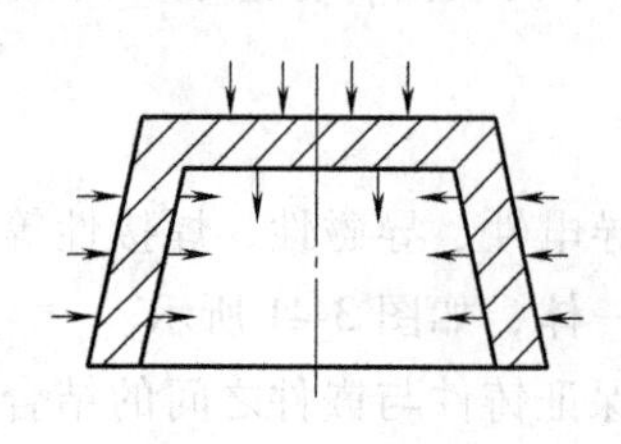

图 3-42 收缩方向

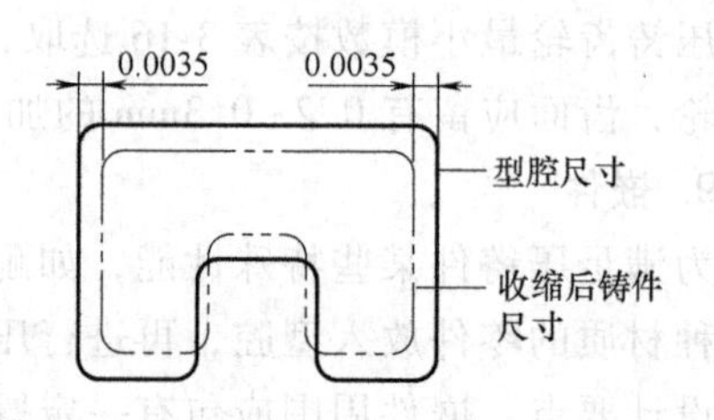

图 3-43 锌合金铸件收缩后尺寸变化

表 3-18　各种合金压铸件计算收缩率推荐值

合金种类	收缩条件		
	阻碍收缩	混合收缩	自由收缩
	L_2	L / L_1 (L_2) L_3	L
	计算收缩率(%)		
铅锡合金	0.2~0.3	0.3~0.4	0.4~0.5
锌合金	0.3~0.4	0.4~0.6	0.6~0.8
铝硅合金	0.3~0.5	0.5~0.7	0.7~0.8
铝硅铜合金	0.4~0.6	0.6~0.8	0.8~1.0
黄铜	0.5~0.7	0.7~0.9	0.9~1.1
铝青铜	0.6~0.8	0.8~1.0	1.0~1.2

注：1. L_1、L_3为自由收缩，L_2为阻碍收缩。

2. 表中数据是指模具温度、浇注温度等工艺参数为正常时的收缩率。

3. 在收缩条件特殊的情况下，可按表中推荐值适当增减。

2. 加工余量

由于压铸的特点是快速凝固，因此铸件表面形成细晶粒的致密层，具有较高的力学性能，尽量不要加工去掉。过大的加工余量会暴露不够致密的内部组织。压铸件加工余量见表3-19、表3-20。

表 3-19　压铸件推荐的加工余量及偏差　（单位：mm）

公称尺寸	≤100	>100~250	>250~400	>400~630	>630~1000
每面余量	$0.5^{+0.4}_{-0.1}$	$0.75^{-0.5}_{-0.2}$	$1.0^{+0.5}_{-0.3}$	$1.5^{+0.6}_{-0.4}$	$2^{+1}_{-0.4}$

表 3-20　压铸件推荐的铰孔加工余量　（单位：mm）

图例	孔径 D	加工余量 δ
δ / D	≤6	0.05
	>6~10	0.1
	>10~18	0.15
	>18~30	0.2
	>30~50	0.25
	>50~80	0.3

注：待加工的内表面尺寸以大端为基准，外表面尺寸以小端为基准。

3.5.3　简化模具结构的铸件设计

1. 利于分型的结构设计

由于铸件的形状会影响分型面设计，也影响金属液充型时的流动状态。尽可能选择直线状或平面状的分型面，在设计铸件结构时，如果不能实现平面分型，则可采用从一个平面到另一个平面缓慢过渡的形式，如图 3-44 所示。图 3-44a 所示结构形式为曲线分型，金属液流过直角位时，因流动方向的改变，易产生涡流而卷气；图 3-44b 所示结构形式为平面缓慢过渡分型，使金属液流动平稳，避免模具结构的尖角位。

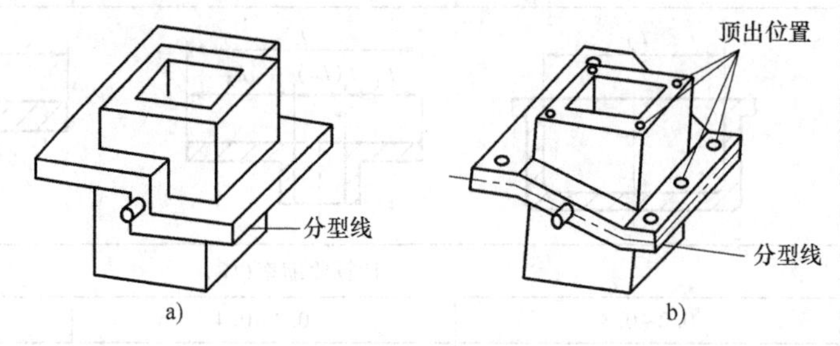

图 3-44　分型线和顶出位置

2. 简化模具的结构设计

图 3-45a 所示结构形式：铸件侧面孔平行于模具的分型面，需设置抽芯机构。图 3-45b 所示结构形式：把圆孔改为 U 形孔，使孔的方向与开型方向一致，省去了抽芯机构，使模具结构简单，从而降低了模具成本。

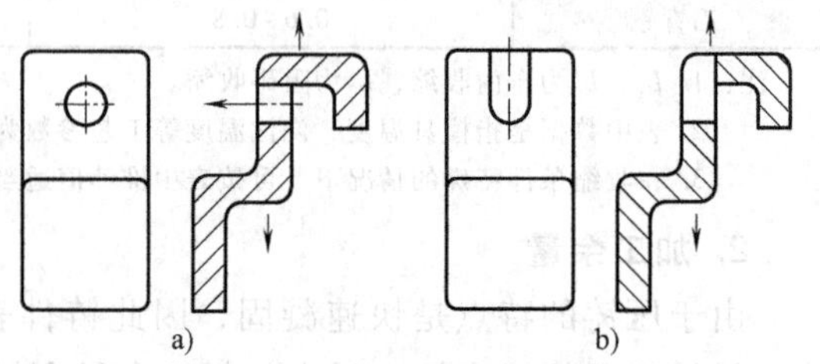

图 3-45　压铸件结构对比

3.5.4　功能组合设计

在进行产品设计时，降低成本最有效的方法是将几个零件组合成一个压铸件。图 3-46a 所示是一个设计典范，原设计的部件由一个钢冲压件和两个机加工钢件组成，新设计是一个压铸件，使产品制造工艺大大简化。

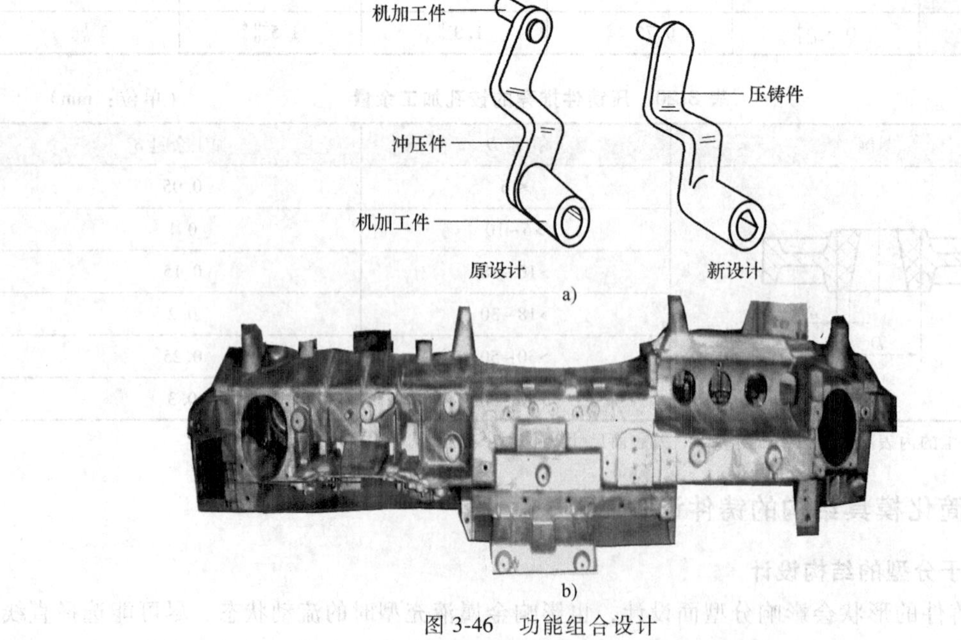

图 3-46　功能组合设计

a）组合功能　b）镁合金轿车仪表板

图3-46b所示是镁合金轿车仪表板，传统仪表板由35个不同工艺方法制造的零件组装构成，现改为一个整体的镁合金压铸件。

3.5.5 压铸件尺寸精度和公差

1）压铸件尺寸公差等级可以达到CT13~CT11，高精度压铸件为CT11。

2）表面粗糙度一般为$Ra3.2\sim0.8\mu m$，最小达$0.4\mu m$。

3）尺寸公差。GB/T 6414—1999《铸件　尺寸公差与机械加工余量》中规定了压力铸造生产中的各种铸造金属及合金铸件的尺寸公差。此项国家标准等效采用ISO 8062：1994《铸件　尺寸公差与机械加工余量体系》。铸件尺寸公差的代号为CT。不同公差等级的公差数值见表3-21。

表3-21　铸件尺寸公差数值　（单位：mm）

铸件公称尺寸		公差等级						
大于	至	CT3	CT4	CT5	CT6	CT7	CT8	CT9
—	3	0.14	0.20	0.28	0.40	0.56	0.80	1.2
3	6	0.16	0.24	0.30	0.48	0.64	0.90	1.3
6	10	0.18	0.26	0.36	0.52	0.74	1.0	1.5
10	16	0.20	0.28	0.38	0.54	0.78	1.1	1.6
16	25	0.22	0.30	0.42	0.58	0.82	1.2	1.7
25	40	0.24	0.320	0.46	0.64	0.90	1.3	1.8
40	63	0.26	0.36	0.50	0.70	1.0	1.4	2.0
63	100	0.28	0.40	0.56	0.78	1.0	1.6	2.2
100	160	0.30	0.44	0.62	0.88	1.2	1.8	2.5
160	250	0.34	0.50	0.70	1.0	1.4	2.0	2.8
250	400	0.40	0.56	0.78	1.1	1.6	2.2	3.2
400	630		0.64	0.90	1.2	1.8	2.6	3.6
630	1000			1.0	1.4	2.0	2.8	4.0
1000	1600				1.6	2.2	3.2	4.6

注：1. 对铝、镁合金压铸件选取CT5~CT7。
2. 对锌合金压铸件选取CT4~CT6。
3. 对铜合金压铸件选取CT6~CT8。
4. 当有特殊要求时，公差超出注1、2、3的等级范围，经有关各方商定后仍从表3-21中选取。

3.6 压铸件缺陷分析及对策

3.6.1 缺陷分类及影响因素

1. 缺陷分类

（1）几何缺陷　压铸件形状、尺寸与技术要求有偏离；尺寸超差、挠曲、变形等。

（2）表面缺陷　压铸件外观不良，出现花纹、流痕、冷隔、斑点、“缺肉”、毛刺、飞边、缩痕、拉伤等。

(3) 内部缺陷　气孔、缩孔、缩松、裂纹、夹杂等，内部组织、力学性能不符合要求。

2. 影响因素

(1) 压铸机引起　压铸机所提供的能量能否满足所需要的压射条件：压射力、压射速度、合型力是否足够。压铸工艺参数选择及调控是否合适，包括压力、速度、时间、冲头行程等。

(2) 压铸模引起　模具设计：模具结构、浇注系统尺寸及位置、顶杆及布局、冷却系统。模具加工：模具表面粗糙度、加工精度、硬度。模具使用：温度控制、表面清理、保养。

(3) 压铸件设计引起　压铸件壁厚、弯角位、起模斜度、热节位、深凹位等。

(4) 压铸操作引起　合金浇注温度、熔炼温度、涂料喷涂量及操作、生产周期等。

(5) 合金料引起　原材料及回炉料的成分、干净程度、配比、熔炼工艺等。

以上任何一个因素不正确，都有可能导致缺陷的产生。

3.6.2　缺陷检验方法

1. 直观判断

用肉眼对铸件表面质量进行分析，对于花纹、流痕、缩凹、变形、冷隔、“缺肉”、变色、斑点等可以直观看到，也可以借助放大镜放大5倍以上进行检验。

2. 尺寸检验

检测仪器设备及量具有：三坐标测量仪、投影仪、游标卡尺、塞规、千分表等通用和专用量具。

3. 化学成分检验

采用光谱仪、原子吸收分析仪进行压铸件的化学成分检验，特别是杂质元素的含量。据此判断合金材料是否符合要求，及其对缺陷产生的影响。

4. 性能检验

采用万能材料试验机、硬度计等检测铸件的力学性能和表面硬度。

5. 表面质量检验

采用平面度检测仪、表面粗糙度检测仪检验表面质量。

6. 金相检验

使用金相显微镜、扫描电子显微镜，对缺陷基体组织结构进行分析，判断铸件中的裂纹、杂质、硬点、孔洞等缺陷。在金相中，缩孔呈现不规则的边缘和暗色的内腔，而气孔呈现光滑的边缘和光亮的内腔。

7. X射线检验

利用有强大穿透能力的射线，在通过被检验铸件后，作用于照相软片，使其发生不同程度的感光，从而照相底片上摄出缺陷的投影图像，从中判断缺陷的位置、形状、大小和分布。

8. 超声检验

超声波是振动频率超过2000Hz的声波。利用超声波从一种介质传到另一种介质的界面时会发生反射的现象，来探测铸件内部的缺陷部位。超声检测还可用于测量壁厚、材料

分析。

9. 荧光检验

利用水银石英灯所发出的紫外线来激发发光材料，使其发出可见光以分析铸件表面微小的不连续性缺陷，如冷隔、裂纹等。把清理干净的铸件放入荧光液槽中，使荧光液渗透到铸件表面，取出铸件，干燥铸件表面涂显像粉，在水银灯下观察，缺陷处出现强烈的荧光。根据发光程度，可判断缺陷的大小。

10. 着色检验

着色检验是一种简单、有效、快捷、方便的缺陷检验方法，由清洗剂、渗透剂、显像剂组成，可在生产现场进行缺陷检验。其方法如下：

1）先用清洗剂清洗压铸件表面。

2）用红色渗透剂喷涂铸件表面，保持湿润5~10min。

3）擦去铸件表面多余的渗透剂，再用清洗剂或用水清洗。

4）喷涂显像剂，如果压铸件表面有裂纹、疏松、孔洞，那么渗入的渗透剂在显像剂作用下析出表面，相应部位呈现出红色，而没有缺陷的表面无红色呈现。

11. 耐压、耐腐蚀检验

1）检查铸件致密性。

① 采用检漏机（水检机、气检机）。

② 用夹具夹紧铸件呈密封状态，其内通入压缩空气，浸入水箱中，观察水中有无气泡出现来测定。一般通入压缩空气在2个大气压以下，浸水时间1~2min；若通入压缩空气为4个大气压时，则进入时间更短。试验压力要超过铸件要求的工作压力的30%~50%。

③ 用水压式压力测试机进行测试。

2）耐蚀性能检验。采用盐雾实验设备、紫外线耐候实验设备、雨淋实验设备等进行检测。

3.6.3 缺陷产生原因及防止方法

1. 表面缺陷

压铸件表面缺陷见表3-22。

表3-22 压铸件表面缺陷

缺陷名称	特征	产生原因	防止方法
拉伤	沿开型方向铸件表面呈线条状的拉伤痕迹，有一定深度，严重时为整面拉伤；金属液与模具产生焊合、黏附而拉伤，导致铸件表面“多肉”或“缺肉”	1. 型腔表面有损伤 2. 起模斜度太小 3. 顶出时有偏斜状伤痕 4. 浇注温度过高或过低，模温过高导致合金液黏附 5. 脱模剂使用效果不好 6. 铝合金中铁的质量分数低于6% 7. 冷却时间过长或过短	1. 修理模具表面损伤处，修正起模斜度，减小模具表面粗糙度值 2. 调整顶杆，使顶出力平衡 3. 更换脱模剂 4. 调整合金含铁量 5. 控制合适的浇注温度，控制模温 6. 修改内浇口，避免直冲型芯型壁或对型芯表面进行特殊处理

（续）

缺陷名称	特　征	产生原因	防止方法
气泡	铸件表面有米粒大小的隆起，表皮下形成的空洞	1. 合金液在压室充填率过低，易产生卷气，压射速度过高 2. 模具排气不良 3. 熔液未除气，熔炼温度过高 4. 模温过高，金属凝固时间不够，强度不够，而过早开型顶出铸件，受压气体膨胀起来 5. 脱模剂太多 6. 内浇道开设不良，充填方向不顺畅	1. 提高金属液充填率 2. 降低第一阶段压射速度，改变低速与高速压射切换点 3. 降低模温 4. 增设排气槽、溢流槽，充分排气 5. 调整熔炼工艺，进行除气处理 6. 留模时间延长 7. 减少脱模剂用量
裂纹	铸件表面有呈直线状或波浪形的纹路，狭小而长，在外力作用下有发展趋势；冷裂-开裂处金属没被氧化；热裂-开裂处金属已被氧化	1. 合金中铁含量过高或硅含量过低 2. 合金中有害杂质的含量过高，降低了合金的可塑性 3. 铝硅合金、铝硅铜合金含锌或含铜量过高；铝镁合金中含镁量过多 4. 模具，特别是型芯温度太低 5. 铸件壁厚存有剧烈变化之处，收缩受阻，尖角位形成应力 6. 留模时间过长，应力大 7. 顶出时受力不均匀	1. 正确控制合金成分，在某些情况下可在合金中加纯铝锭以降低合金中的含镁量；或在合金中加铝硅中间合金以提高硅含量 2. 改变铸件结构，加大圆角，加大起模斜度，减少壁厚差 3. 变更或增加顶出位置，使顶出受力均匀 4. 缩短开型及抽芯时间 5. 提高模温，模温要稳定
变形	压铸件几何形状与图样不符；整体变形或局部变形	1. 铸件结构设计不良，引起不均匀收缩 2. 开型过早，铸件刚性不够 3. 顶杆设置不当，顶出时受力不均匀 4. 切除浇口方法不当 5. 由于模具表面粗糙造成局部阻力大而引起顶出时变形	1. 改进铸件结构 2. 调整开型时间 3. 合理设置顶杆位置及数量 4. 选择合适的切除浇口方法 5. 加强模具型腔表面抛光，减少脱模阻力
流痕、花纹	铸件表面有与金属液流动方向一致的条纹，有明显可见的与金属基体颜色不一样的无方向性的纹路，无发展趋势	1. 首先进入型腔的金属液形成一个极薄而又不完全的金属层后，被后来的金属液所弥补而留下的痕迹 2. 模温过低，模温不均匀 3. 内浇道截面积过小及位置不当产生喷溅 4. 作用于金属液的压力不足 5. 花纹：涂料用量过多	1. 提高金属液温度 2. 提高模温 3. 调整内浇道截面积或位置 4. 调整充填速度及压力 5. 选择合适的涂料及调整用量
冷隔	压铸件表面有明显的、不规则的下陷线性纹路（有穿透与不穿透两种），形状细小而狭长，有的交接边缘光滑，在外力作用下有发展的可能	1. 两股金属流相互对接，但未完全熔合而又无夹杂存在其间，金属结合力很薄弱 2. 浇注温度或压铸型温度偏低 3. 选择合金不当，流动性差 4. 浇道位置不对或流路过长 5. 填充速度低 6. 压射比压低	1. 适当提高浇注温度和模具温度 2. 提高压射比压，缩短填充时间 3. 提高压射速度，同时加大内浇口截面积 4. 改善排气、填充条件 5. 正确选用合金，提高合金流动性

（续）

缺陷名称	特　　征	产生原因	防止方法
变色、斑点	铸件表面呈现出不同的颜色及斑点	1. 不合适的脱模剂 2. 脱模剂用量过多，局部堆积 3. 含有石墨的润滑剂中石墨落入铸件表层 4. 模温过低，金属液温度过低导致不规则的凝固引起	1. 更换优质脱模剂 2. 严格控制喷涂量及喷涂操作 3. 控制模温 4. 控制金属液温度
网状毛翅	压铸件表面有网状发丝一样凸起或凹陷的痕迹，随压铸次数增加而不断扩大和延伸	1. 压铸模型腔表面龟裂 2. 压铸模材质不当或热处理工艺不正确 3. 压铸模冷热温差变化大 4. 浇注温度过高 5. 压铸模预热不足 6. 型腔表面粗糙	1. 正确选用压铸模材料及热处理工艺 2. 浇注温度不宜过高，尤其是高熔点合金 3. 模具预热要充分 4. 压铸模要定期或压铸一定次数后退火，消除内应力 5. 打磨成形部分表面，减小表面粗糙度值 6. 合理选择模具冷却方法
凹陷	铸件平滑表面上出现凹陷部位	1. 铸件壁厚相差太大，凹陷多产生在壁厚处 2. 模具局部过热，过热部分凝固慢 3. 压射比压低 4. 由模具高温引起型腔气体排不出，被压缩在型腔表面与金属液界面之间	1. 铸件壁厚设计尽量均匀 2. 模具局部冷却调整 3. 提高压射比压 4. 改善型腔排气条件
欠铸	铸件表面有浇不足部位；轮廓不清	1. 流动性差原因： ①合金液吸气、氧化夹杂物，含铁量高，使其质量差而降低流动性 ②浇注温度低或模温低 2. 充填条件不良： ①比压过低 ②卷入气体过多，型腔的背压变高，充型受阻 3. 操作不良，喷涂料过度，涂料堆积，气体挥发不掉	1. 提高合金液质量 2. 提高浇注温度或模具温度 3. 提高比压、充填速度 4. 改善浇注系统金属液的导流方式，在欠铸部位加开溢流槽、排气槽 5. 检查压铸机能力是否足够
毛刺、飞边	压铸件在分型面边缘上出现金属薄片	1. 合型力不够 2. 压射速度过高，形成冲击峰过高 3. 分型面上杂物未清理干净 4. 模具强度不够造成变形 5. 镶块、滑块磨损与分型面不平齐	1. 检查合型力和增压情况，调整压铸工艺参数 2. 清洁型腔及分型面 3. 修整模具 4. 最好采用闭合压射结束时间控制系统，可实现无飞边压铸

2. 内部缺陷

压铸件内部缺陷见表3-23。

表 3-23 压铸件内部缺陷

缺陷名称	特征及检查方法	产生原因	防止方法
气孔	解剖后外观检查或探伤检查，气孔具有光滑的表面，形状为圆形	1. 合金液导入方向不合理或金属液流动速度太快，产生喷射；过早堵住排气道或正面冲击型腔而形成漩涡包住空气，这种气孔多产生于排气不良或深腔处 2. 由于炉料不干净或熔炼温度过高，使金属液中较多的气体没除净，在凝固时析出，没能充分排出 3. 涂料发气量大或使用过多，在浇注前未浇净，使气体卷入铸件，这种气孔多呈灰色表面 4. 高速切换点不对	1. 采用干净炉料，控制熔炼温度，进行排气处理 2. 选择合理工艺参数、压射速度、高速切换点 3. 引导金属液平衡，有序充填型腔，有利气体排出 4. 排气槽、溢流槽要有足够的排气能力 5. 选择发气量小的涂料及控制排气量
缩孔、缩松	解剖或探伤检查，孔洞形状不规则、不光滑、表面呈暗色；大而集中为缩孔，小而分散为缩松	1. 铸件在凝固过程中，因产生收缩得不到金属液补偿而造成孔穴 2. 浇注温度过高、模温梯度分布不合理 3. 压射比压低，增压压力过低 4. 内浇口较薄，面积过小，过早凝固，不利于压力传递和金属液补缩 5. 铸件结构上有热节部位或截面变化剧烈 6. 金属液浇注量偏小，余料太薄，起不到补缩作用	1. 降低浇注温度，减少收缩量 2. 提高压射比压及增压压力，提高致密性 3. 修改内浇口，使压力更好传递，有利于液态金属补缩作用 4. 改变铸件结构，消除金属积聚部位，壁厚尽可能均匀 5. 加快厚大部位冷却 6. 加厚料柄，增加补缩的效果
夹杂	混入压铸件内的金属或非金属杂质，加工后可看到形状不规则，大小、颜色、高度不同的点或孔洞	1. 炉料不洁净，回炉料太多 2. 合金液未精炼 3. 用勺取液浇注时带入熔渣 4. 石墨坩埚或涂料中含有石墨脱落混入金属液中 5. 保温时温度高，持续时间长	1. 使用清洁的合金料，特别是回炉料上脏物必须清理干净 2. 合金溶液需精炼除气，将熔渣清干净 3. 用勺取液浇注时，仔细拨开液面，避免混入熔渣和氧化皮 4. 清理型腔、压室 5. 控制保温温度和减少保温时间
脆性	铸件集体金属晶粒过于粗大或极小，使铸件易断裂或碰碎	1. 铝合金中杂质锌、铁、铅、锡超过规定范围 2. 合金液过热或保温时间过长，导致晶粒粗大 3. 激烈过冷，使晶粒过细	1. 严格控制金属中杂质成分 2. 控制熔炼工艺 3. 降低浇注温度 4. 提高模具温度
渗漏	压铸件经耐压试验，产生漏气、渗水	1. 压力不足，集体组织致密度差 2. 内部缺陷引起，如气孔、缩孔、渣孔、裂纹、缩松、冷隔、花纹 3. 浇注和排气系统设计不良 4. 压铸冲头磨损，压射不稳定	1. 提高比压 2. 针对内部缺陷采取相应措施 3. 改进浇注系统和排气系统 4. 进行浸渗处理，弥补缺陷 5. 更换压室、冲头

（续）

缺陷名称	特征及检查方法	产生原因	防止方法
硬点	机械加工过程或加工后外观检查或金相检查：铸件上有硬度高于金属基体的细小质点或块状物使刀具磨损严重，加工后常常显示出不同的亮度	非金属硬点： ①混入了合金液表面的氧化物 ②铝合金与炉衬的反应物 ③金属料混入异物 ④夹杂物	1. 铸造时不要把合金液表面的氧化物舀入勺内 2. 清除铁坩埚表面的氧化物后，再上涂料。及时清理炉壁、炉底的残渣 3. 清除勺子等工具上的氧化物 4. 使用与铝不产生反应的炉衬材料 5. 金属料干净、纯净
		金属硬点： ①混入了未溶解的硅元素 ②初晶硅 ③铝液温度较低，停放时间较长，铁、锰元素偏析，产生金属间化合物 ④嵌件碎块混入	1. 熔炼铝硅合金时，不要使用硅元素粉末 2. 调整合金成分时，不要直接加入硅元素，必须采用中间合金 3. 提高熔化温度和浇注温度 4. 控制合金成分，特别是铁杂质量；避免铁、锰等元素偏析 5. 合金中含硅量不宜接近或超过共晶成分 6. 对原材料控制基体金相组织中的初晶硅数量

3.7 压铸模

3.7.1 压铸模基本结构

压铸模是指压力铸造成形工艺中，用于成形铸件所使用的模具。压铸件的质量、尺寸、形状及生产效率都与模具有着密切关系。图3-47a所示为压铸模基本结构；图3-47b所示为压铸模组成部分。

3.7.2 压铸模设计要点

1）应用快速成形金属和三维软件建立合理的铸件造型，初步确定分型面、浇注系统位置及形式、模具平衡系统。

2）利用压铸软件进行充填状态、凝固模拟、温度场模拟，进一步优化浇注系统和模具热平衡，预防并消除缺陷的产生。

3）根据3D模型进行模具总体结构设计。

3.7.3 压铸模设计步骤

压铸模设计过程中，可参阅压GB/T 8044—2003《压铸模技术条件》、GB/T 4679—2003《压铸模零件技术条件》和《压铸模设计手册》进行规范的设计，而丰富的生产实践经验对于设计者来说尤为重要。

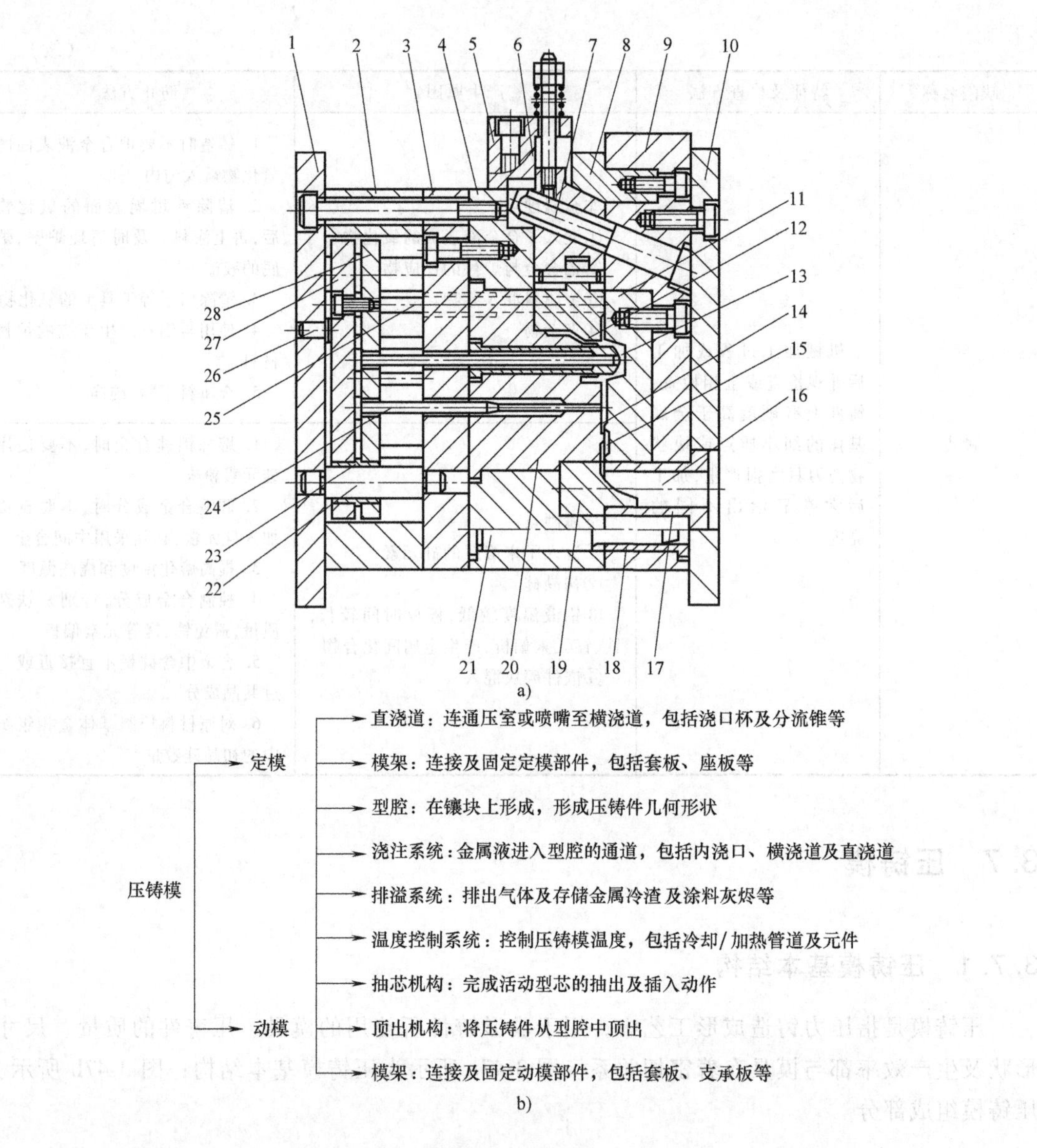

图 3-47　压铸模

a）压铸模结构　b）压铸模组成部分

1—动模座板　2—垫块　3—支承板　4—动模套板　5—限位块　6—滑块　7—斜销　8—楔紧块　9—定模套板　10—定模座板　11—定模镶块　12—活动型芯　13—型腔　14—内浇口　15—横浇道　16—直浇道　17—浇口套　18—导套　19—导流块　20—动模镶块　21—导柱　22—推板导柱　23—推板导套　24—推杆　25—复位杆　26—限位钉　27—推板　28—推杆固定板

压铸模设计的步骤及内容见表 3-24。

表 3-24　压铸模设计的基本步骤及内容

步骤	内容及说明
1. 压铸件工艺性分析	1)压铸合金压铸性能及其特征 2)压铸件结构工艺性分析 3)压铸件技术条件分析

（续）

步骤	内容及说明
2. 工艺方案设计	1）分型面确定 2）浇口位置、浇注系统、排溢系统的布置 3）型腔数量及布置 4）抽芯数量及抽芯方案确定 5）压铸件顶出方案确定 6）压铸机类型与合型力确定
3. 浇注及排溢系统设计	1）压铸工艺参数（压力、速度、时间、温度）的确定 2）内浇口尺寸设计 3）浇注系统其他单元形状确定及尺寸计算 4）排气槽及集渣包的位置及尺寸计算
4. 压铸模结构设计	1）镶块、型腔及其他成形零件形状、尺寸及固定方式的确定 2）所有压铸模零件的形状、公称尺寸及固定方式的确定 3）抽芯、顶出等机构的形式、结构、参数、尺寸及固定方式的确定 4）冷却/加热管道设计与冷却/加热能力核算 5）完成压铸模总装图绘制
5. 压铸模总装图绘制	1）按照各个零件的位置及尺寸以一定的比例绘制压铸模总装图 2）校核压铸模安装尺寸、厚度、轮廓尺寸等参数与压铸机模板安装尺寸、开模距离、大杠距离、合型力、充填率等相关参数
6. 压铸模零件设计	根据总装图，逐个拆分压铸模零件，完成所有压铸模零件的详细设计，包括各个零件的形状、尺寸、公差、材料及技术要求等，完成零件图

3.7.4　压铸模加工工艺流程

压铸模主要加工工艺流程如图 3-48 所示。

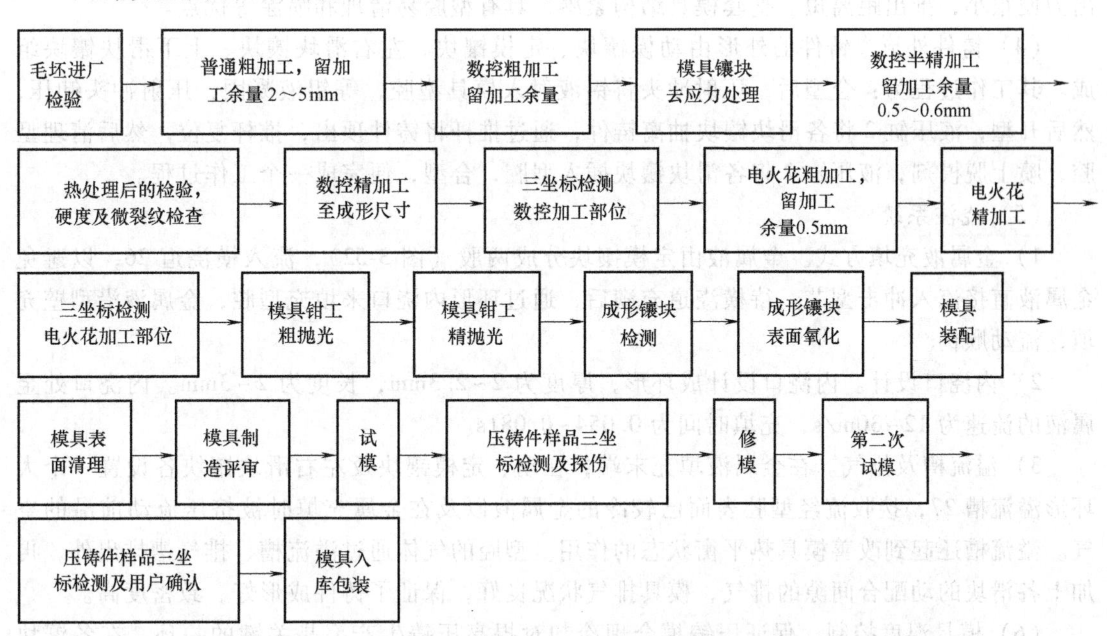

图 3-48　压铸模具主要加工工艺流程

3.7.5 压铸模设计与分解案例

案例一：电动机机座压铸模

1. 铸件：电动机机座

材质：ADC12。

质量：9.5kg。

形状：如图 3-49 所示。

技术要求：有较高的强度、刚度、韧性，基体组织致密，能承受一定的压力。

2. 压铸机

合型力：13500kN。

压室直径：120mm。

3. 模具设计

（1）铸件结构分析　电动机机座形状复杂，机座内孔用于安装定子，因此内孔大而深，斜度小。铸件壁薄，散热片多，模具设计与制造过程中要充分考虑各方面因素的影响。

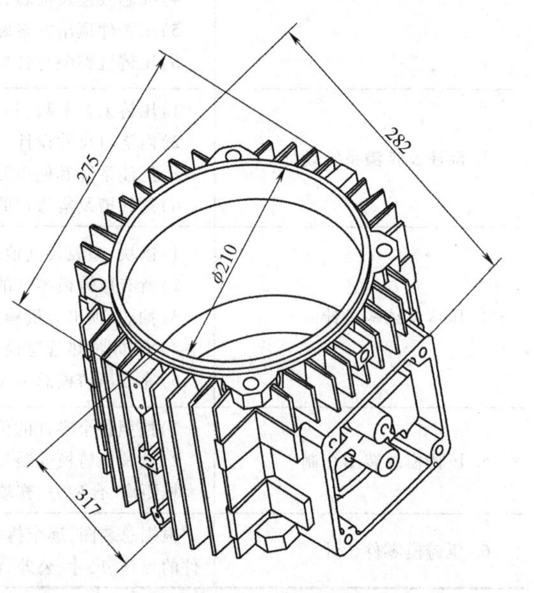

图 3-49　电动机机座

（2）模具结构　模具结构形式如图 3-50～图 3-52 所示。

（3）铸件内孔　内孔由上滑块镶块 23、下滑块镶块 20 组成，铸件内孔 ϕ210mm 的抽拔利用两个液压缸 2 去完成。铸件的内孔质量、精度等均能得到保证。内孔型芯抽出后，推出力便很小，推出距离短。整套模具结构紧凑，具有型腔易清理和喷涂等优点。

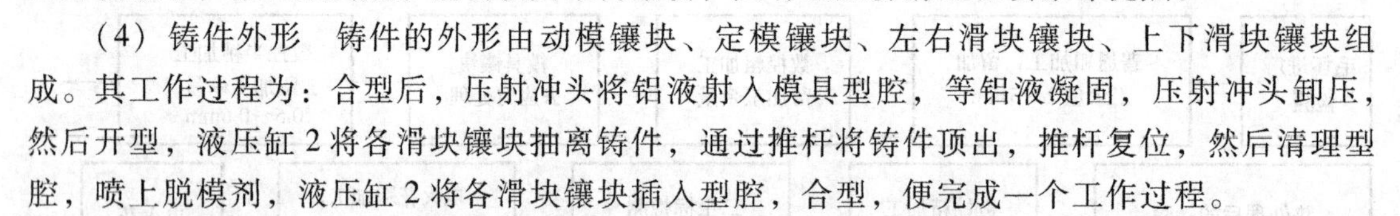

（4）铸件外形　铸件的外形由动模镶块、定模镶块、左右滑块镶块、上下滑块镶块组成。其工作过程为：合型后，压射冲头将铝液射入模具型腔，等铝液凝固，压射冲头卸压，然后开型，液压缸 2 将各滑块镶块抽离铸件，通过推杆将铸件顶出，推杆复位，然后清理型腔，喷上脱模剂，液压缸 2 将各滑块镶块插入型腔，合型，便完成一个工作过程。

（5）浇注系统

1）金属液充填方式。金属液由定模镶块分成两股（图 3-52），流入横浇道 26，以避免金属液直接流入冲击型芯，待横浇道充满后，通过环形内浇口来填充型腔，金属液沿型壁充填，流动顺畅。

2）内浇口设计。内浇口设计成环形，厚度为 2～2.3mm，长度为 2～3mm。内浇口处金属液的流速为 12～30m/s，充填时间为 0.054～0.081s。

3）溢流槽及排气。在金属液填充末端，在动、定模镶块及左右滑块镶块各设置一个大环形溢流槽 27，接收流经型腔表面已较冷的金属液以及在金属充填时被挤压流动前沿的空气。溢流槽还起到改善模具热平衡状态的作用。型腔的气体通过溢流槽、排气槽排出外，再加上各滑块的动配合间隙的排气，模具排气状况良好，保证了铸件成形好，致密度高。

（6）模具温度控制　保证压铸模合理冷却对提高压铸生产率是关键的一环。在各镶块及浇口套中设置了合理的冷却通道。如果压铸模温度太低，铸件就会形成不光洁的所谓“花

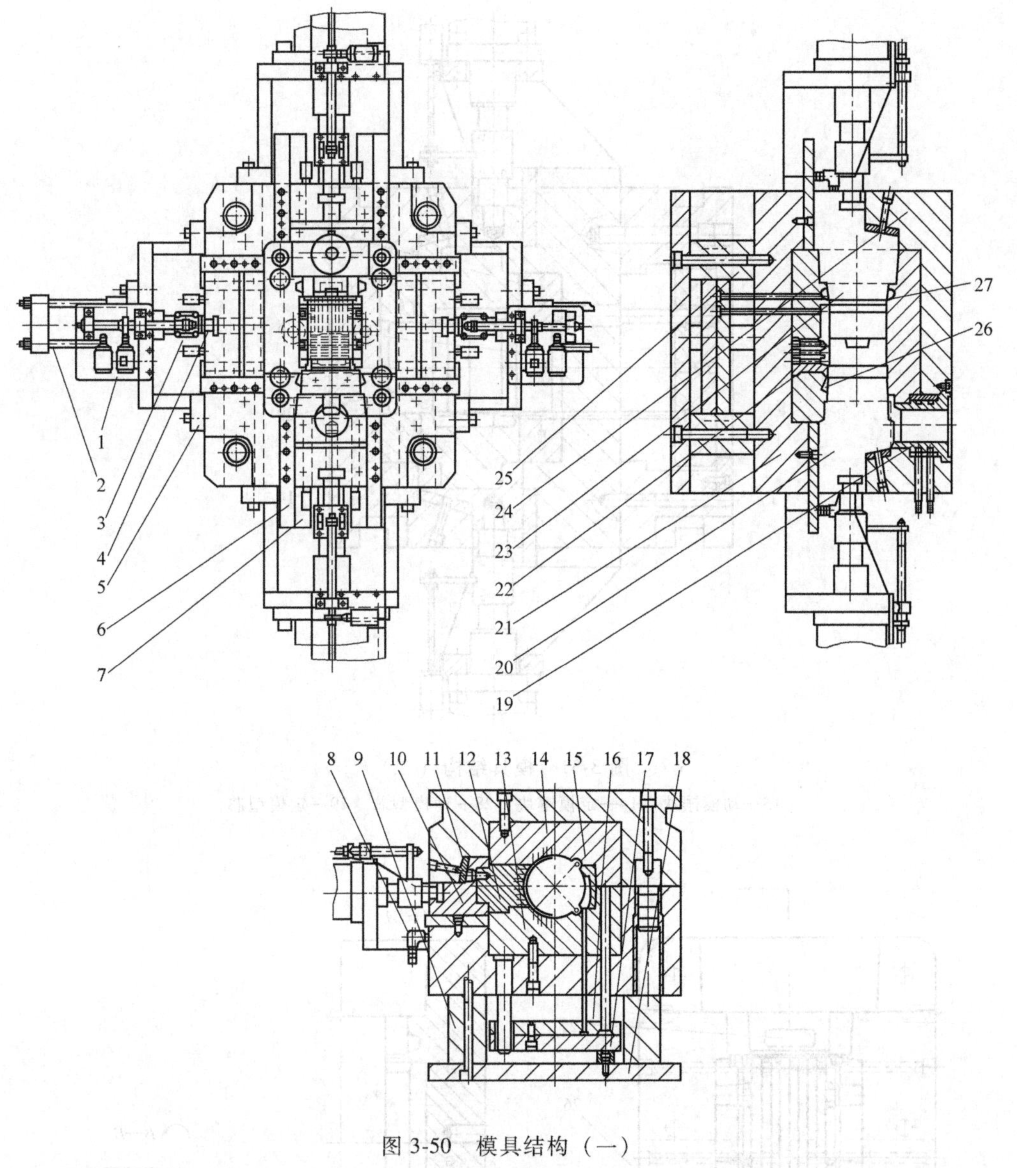

图 3-50　模具结构（一）

1—行程开关组合　2—液压缸　3—行程连接器　4—连接杆　5—液压缸架　6—导轨　7—滑块托板　8—接油管　9—垫块　10—左滑块　11—楔紧块　12—左滑块镶块　13—动模镶块　14—定模镶块　15—右滑块镶块　16—推杆固定板　17—推板　18—动模座板　19—浇口套　20—下滑块镶块　21—动模套板　22—动模小镶件　23—上滑块镶块　24—定模套板　25—垫块

纹”表面；在抽出型芯之前，铸件由于压铸模温度过低而达到冷却“危险”温度，则在热裂敏感的压铸材料上就会形成收缩裂纹。如果压铸模温度太高，压铸材料就会黏结在模壁上，活动部件被咬住，模具型腔轮廓尺寸（由于热膨胀）会发生变化，产品尺寸超差。本模具采用油冷温控系统冷却，在压铸过程中模具保持在恒定的温度范围内，一般模具工作温度范围为 180～220℃。实践证明，模具采用温控系统，产品质量稳定，成品率高，同时延长了模具的使用寿命。

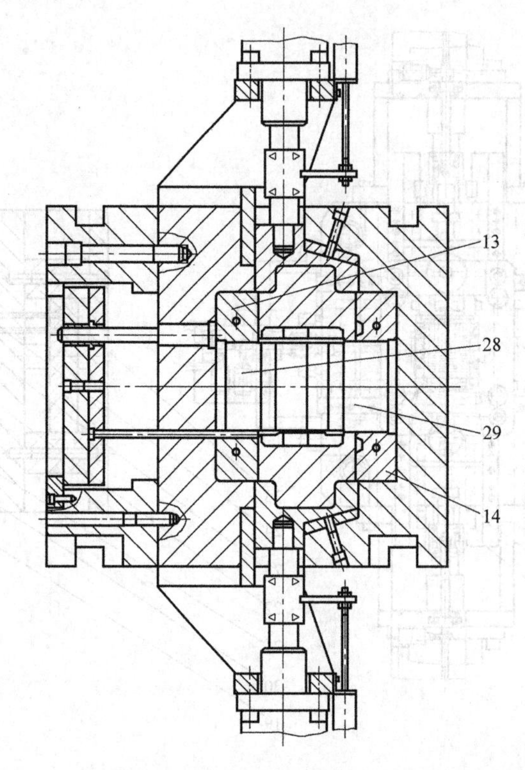

图 3-51　模具结构（二）

13—动模镶块　14—定模镶块　28—动模型芯　29—定模型芯

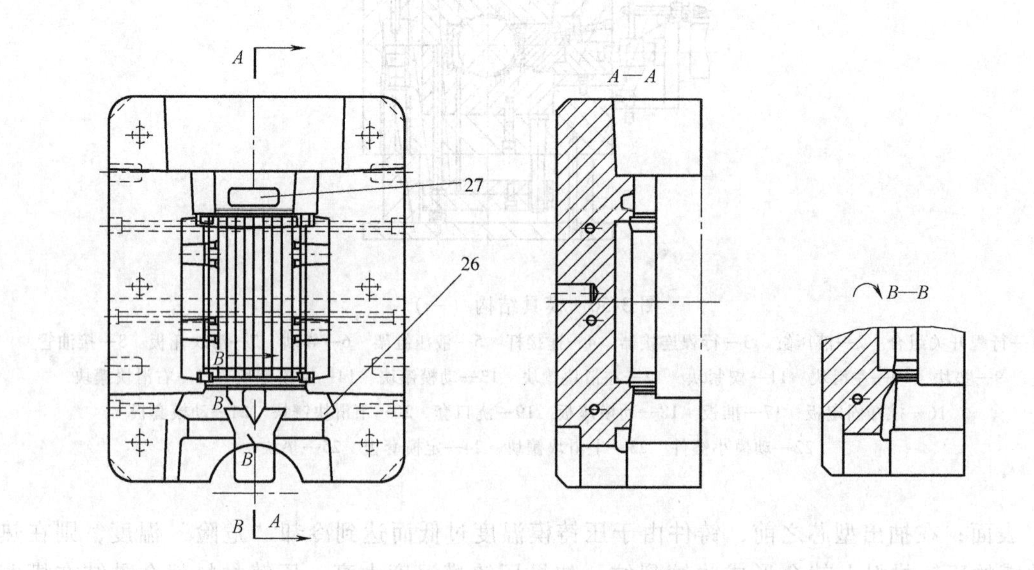

图 3-52　模具结构（三）

26—横浇道（环形）　27—溢流槽（环形）

4. 模具主要零件的设计与加工

产品内孔（ϕ210mm）型芯：由上滑块镶块 23 与下滑块镶块 20 组成（图 3-50），为了

保证产品内孔的同轴度，上滑块镶块23与下滑块镶块20配合面的中间分别设计一凸台与凹孔。为了简化、方便加工，将产品方形线盒处设计成动模小镶件22。在加工工艺方面，为了保证产品尺寸要求，减少热处理变形的影响，各镶块型腔先进行半精加工，热处理后，硬度达到44~48HRC后，由钳工配装好各滑块镶块，固定后一起精车型腔。

5. 使用效果

某模具厂设计加工了大小不同型号的电动机机座压铸模十多套，均采用了图3-50~图3-52所示的模具结构，通过生产证明，模具使用效果良好。上述合理的浇注系统及模具结构，获得了轮廓清晰、组织致密、高精度、尺寸一致和表面光洁、一般不需要大量的后道机械加工工序的压铸件。

案例二：模具分解案例

图3-53所示为一套生产中的压铸模分解案例，从中可直观了解模具构成。型腔是一模四件，采用定模镶块（共四块）；动模镶块（共四块）构成四个压铸件的型腔。

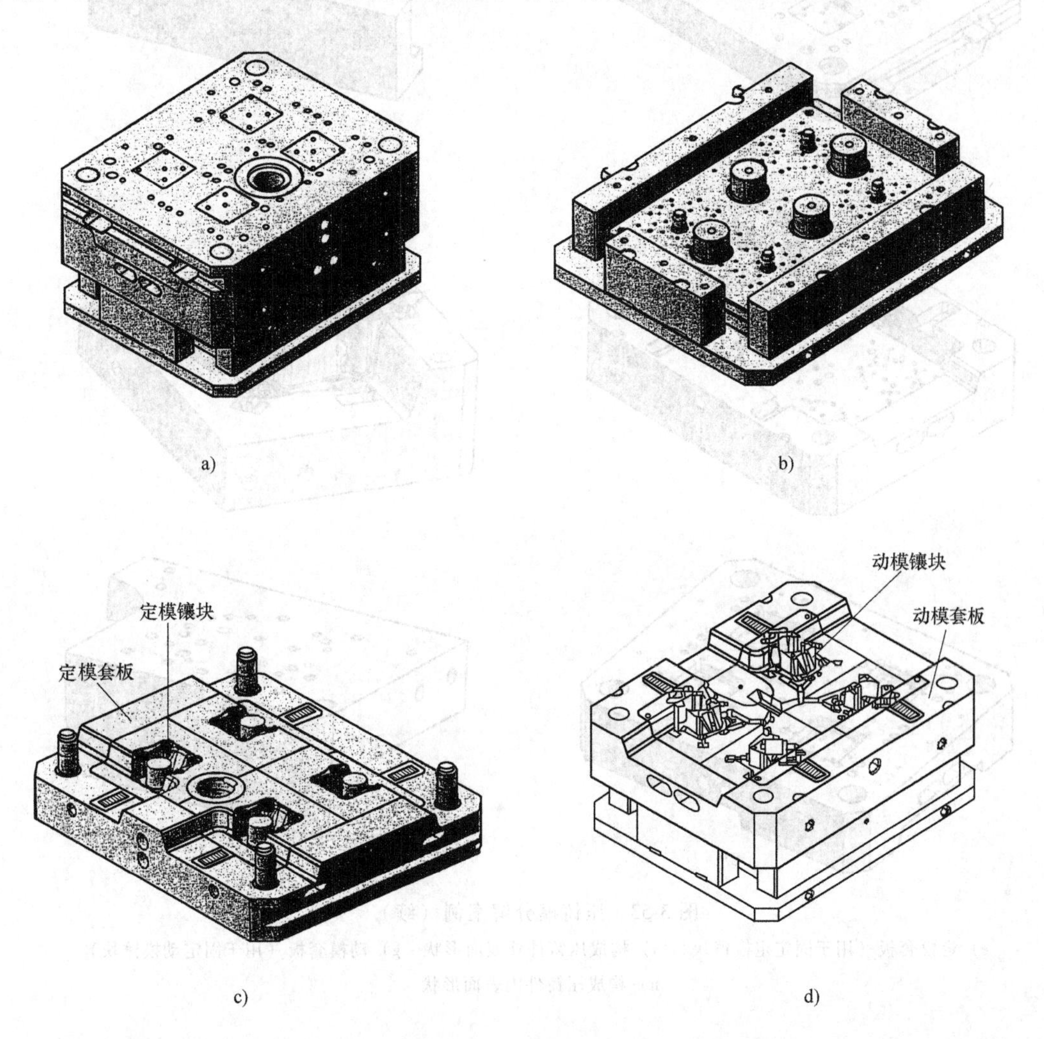

图3-53　压铸模分解案例

a）全套模具　b）动模支承部分　c）定模装配部分　d）动模装配部分

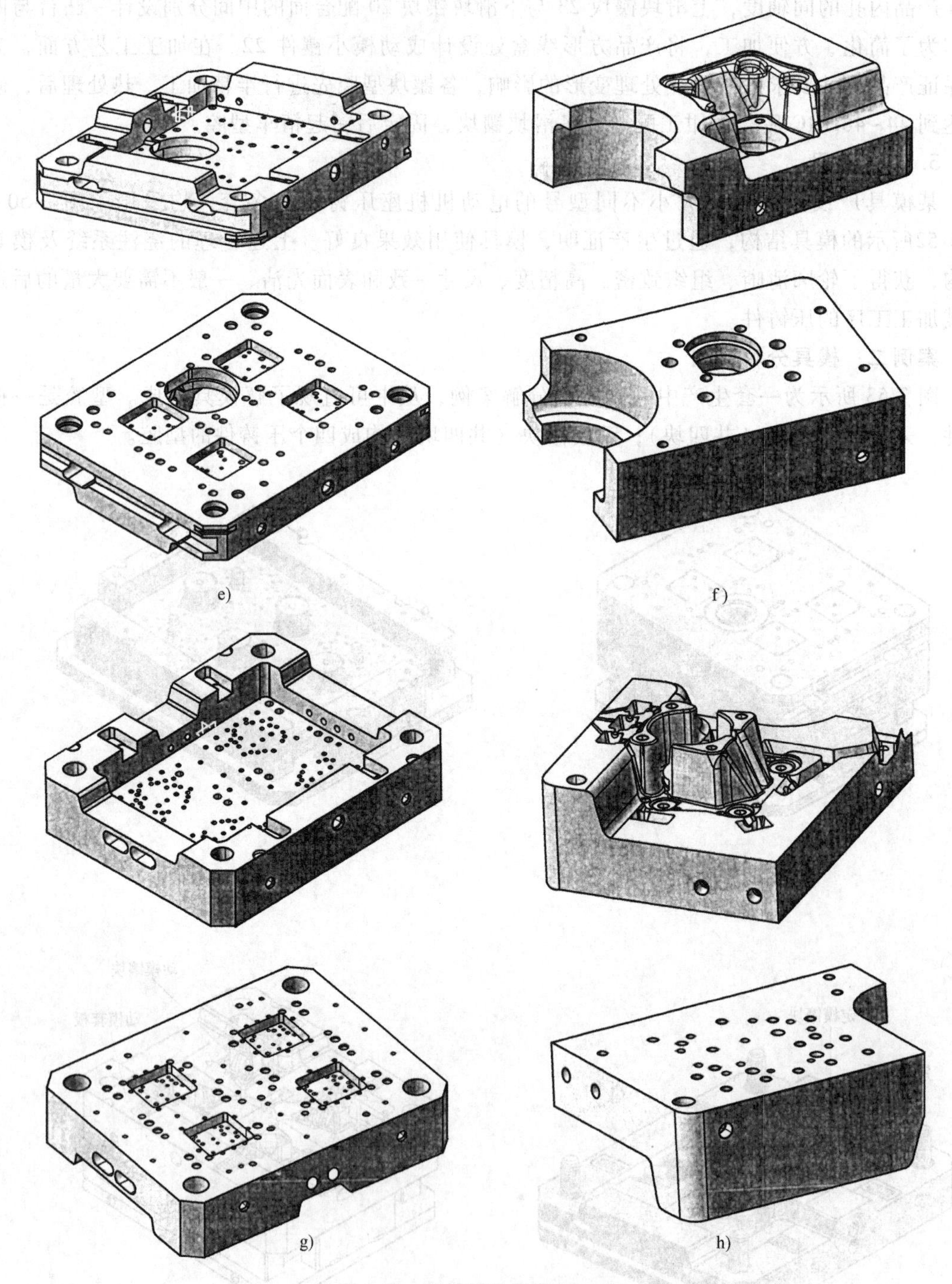

图 3-53 压铸模分解案例（续）

e）定模套板（用于固定定模镶块） f）构成压铸件外表面形状 g）动模套板（用于固定动模镶块）
h）构成压铸件内表面形状

思考题

1. 压铸工艺流程及压铸生产相关的条件和要素有哪些？

2. 压铸应用领域及压铸件设计要点是什么？
3. 压铸工艺涵盖内容及主要参数有哪些？
4. 压铸模结构组成及设计步骤有哪些？

参考文献

[1]　潘宪曾. 压铸模设计手册［M］. 北京：机械工业出版社，1999.
[2]　吴春苗. 压铸技术手册［M］. 广州：广东科技出版社，2008.
[3]　卢宏达，等. 压铸技术与生产［M］. 北京：机械工业出版社，2008.

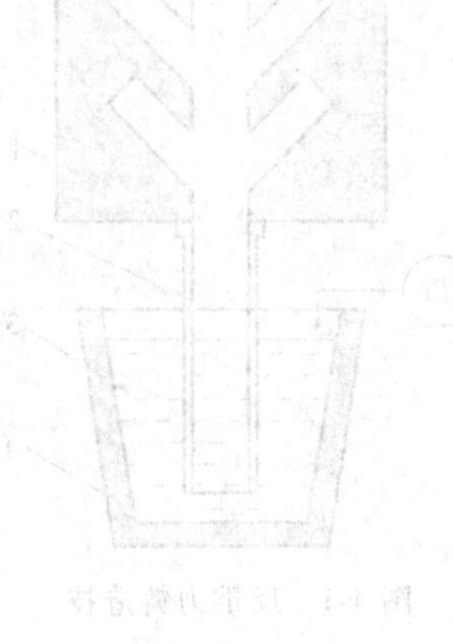

第 4 章 反重力铸造

4.1 反重力铸造原理及分类

在传统铸造工艺中，重力作为金属液充型及补缩的驱动力，对铸造的顺利实施起到至关重要的作用。然而，在以重力为驱动力的铸造过程中，由于缺乏对重力大小的控制手段，仅通过浇注系统及铸型型腔来控制金属液的流动，在某些液流约束不良的情况下，金属液在重力作用下形成不稳定流动，造成严重的液流飞溅和复杂汇流，进而导致气体及氧化膜裹入，不利于铸件质量的控制。与此同时，在以重力为驱动的铸造过程中，仅依靠重力难以获得更高的补缩压头，对于疏松倾向严重的合金来说，很难获得高致密度的铸件。这类问题在易于氧化的有色合金铸造中显得尤为突出。

针对上述问题，人们建立了包括压力铸造、挤压铸造、反重力铸造技术在内的一系列特种铸造技术，通过人为可控的外部压力来驱动充型及补缩，从而保证并改善铸件质量。其中反重力铸造是以外部作用力驱动金属液使其沿反重力方向进入型腔并完成充型和补缩，获得良好的充型流态和补缩效果，并改善铸件质量的一种特种铸造技术和方法。在这一技术的具体应用中，可以通过外部气压控制来驱动金属液完成充型及补缩，同时利用重力来实现金属液液面的流动约束，在获得更高充型及补缩动力的同时，获得平稳的充型流动，从而避免传统铸造过程中液流飞溅、复杂汇流、气体及氧化膜裹入等对铸件质量的不良影响。

金属液沿反重力方向实现充型流动是反重力铸造的重要特点，而型腔压力及液面压力的控制则是反重力铸造实施的关键。反重力铸造技术实现原理如图 4-1 所示，金属液通过升液管与铸型型腔连接，金属液面压力 p_1 和型腔压力 p_2 可以独立调控，当液面压力大于型腔压力时，金属液将在压差作用下沿升液管向上流动，其上升高度和速度可由压差大小进行调控并受到铸型型腔结构和尺寸的约束和影响。金属液完全达到型腔最高处且完整充填铸型型腔后，还可进一步提高压差来保证金属液的补缩流动，从而提高铸件的致密度。根据铸件大小及结构复杂性的不同，反重力铸造所应用的充型及补缩压差一般在 20~60kPa 范围内调整，而金属液上升的速度以不超过 0.3m/s 为宜。

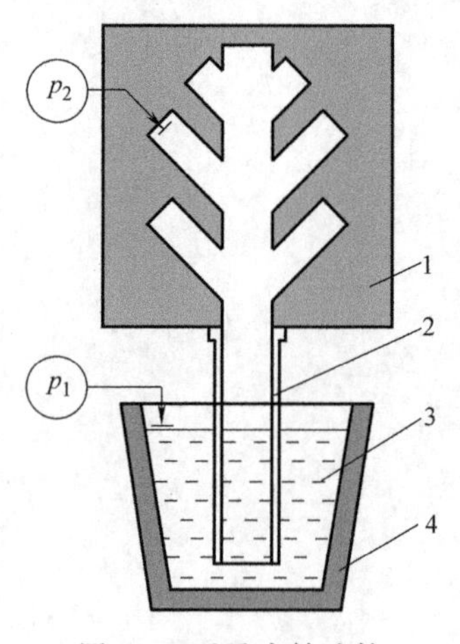

图 4-1 反重力铸造技术实现原理

1—铸型 2—升液管 3—金属液 4—坩埚

从上述描述可以看出，反重力铸造的充型、补缩流动与传统的重力铸造有显著不同，而其压差控制范围及充型速度也与

高压高速充型的压力铸造有明显差别。反重力铸造具备如下优点：

（1）金属液充型流动平稳　与压力铸造相比，反重力铸造过程中逐步提高驱动压差，金属液平稳有序流动进入型腔，液面上升速度易于控制，能避免金属液对型壁的过度冲刷，减小铸件产生夹杂缺陷的可能性；同时重力作为金属液流动的阻力，可以起到约束液流，抑制液流飞溅的作用，液流与型腔内气体流动方向一致，可以显著减少气体及氧化膜向铸件内的卷入，从而提高铸件的合格率。

（2）铸件成形性能好　反重力铸造过程中，金属液在外力驱动下强迫流动而实现充型，以铝合金为例，20~60kPa的充型压差即可等效于0.8~2.4m高度的铝液压头，充型压头高于常规的重力浇注条件，从而显著提升金属液的充填能力，有利于形成外形完整、细节清晰的铸件。

（3）铸件致密度高　金属液自下而上的平稳充型，有利于实现与充型方向一致的温度梯度分布，从而获得由型腔顶部到型腔底部、自型壁向壁厚中心的顺序凝固条件，易于保证压差作用下的金属液补缩，铸件不易形成缩松。

（4）合金纯净度高，铸件力学性能好　铸型通过升液管直接从金属液内部吸取金属，升液管深度设计适当时，既可以避免吸入金属液面覆盖的低密度熔渣及氧化皮，又可以避免引入坩埚底部的高密度夹杂，能够实现高纯净度的合金液浇注，有利于保证铸件的力学性能。

（5）铸件含气量低，后续可热处理实现性能强化　压铸件由于含气量较高，一旦进行热处理极易造成表面鼓泡缺陷；而与压力铸造相比，反重力铸造的驱动压力低，液流平稳，气体卷入或溶入不易发生，可以显著降低铸件含气量，所生产的铸件可通过后续热处理进行性能调整和强化。

（6）材料利用率高　由于反重力铸造使用外部气压来控制充型和补缩，可以减少浇冒系统对金属原料的消耗；同时，升液管及浇注系统中不参与铸件成形的部分金属液也可以回流进入坩埚。这些特点使得反重力铸造中，金属液工艺收得率可以达到90%以上。

（7）工艺稳定性好　反重力铸造需要在一定的设备条件下才能开展，这一方面提高了生产成本，但同时也可通过应用自动化控制设备来降低生产过程中的劳动强度，确保铸造工艺方案的严格执行，有利于批量化生产的质量改善和稳定。

根据反重力铸造过程中气压及压差控制方法的不同，可将反重力铸造技术划分为真空吸铸、低压铸造、差压铸造、调压铸造四个不同的类别。

4.1.1　真空吸铸

真空吸铸是一种在型腔内形成真空，而将金属液置于开放的大气环境中或置于一定压力的气体氛围中，在液面与型腔之间的压差作用下，将金属液由下而上地压入型腔，进行凝固成形的铸造方法。

图4-2所示为一个典型的真空吸铸系统示意图。为了实现型腔内的压力控制，将铸型8置于真空室7内，型腔顶部安装通气塞9，能够保证型腔内的气体向真空室排出；铸型浇注系统下端与升液管5连接，升液管下端没入坩埚3中的金属液4。真空浇注前，需要进行真空预备，即关闭流量调节阀11，打开真空截止阀13，通过真空泵14将真空缓冲罐12抽至一定真空度，以满足充型时快速降低型腔压力的要求。开始浇注时，关闭大气截止阀10，打开流量调节阀，使真空室与真空缓冲罐接通，即可在型腔内建立一定的真空度，使坩埚中

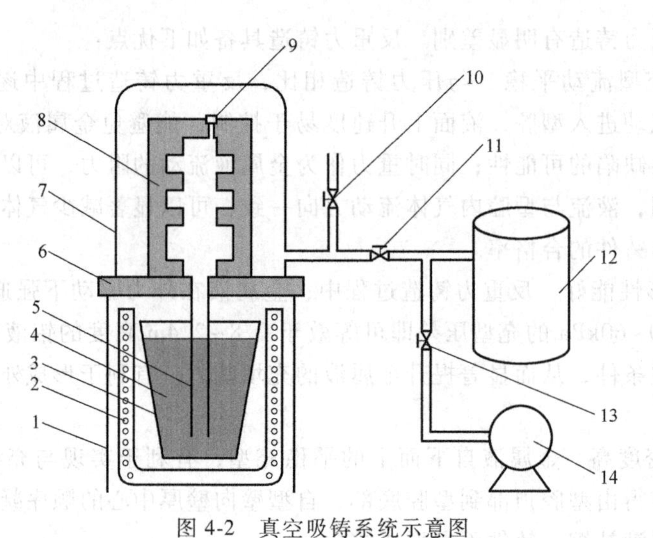

图 4-2　真空吸铸系统示意图

1—机架　2—熔化炉　3—坩埚　4—金属液　5—升液管
6—隔板　7—真空室　8—铸型　9—通气塞　10—大气截止阀
11—流量调节阀　12—真空缓冲罐　13—真空截止阀　14—真空泵

的金属液在大气作用下上升进入铸型内，凝固成形。通过流量调节阀开启的大小，可以控制型腔内负压的建立速度，以调节金属液充填型腔的速度。当型内内浇道凝固后，打开大气截止阀，将真空室接通大气，此时升液管内未凝固的金属液回流至坩埚中，浇注流程即告完成。开启真空室，取出铸型并作开型操作，得到所需铸件。

真空吸铸方法还适合柱状中空或实心件的生产，可使用的合金种类包括铜合金、铝合金、铸铁、铸钢，铸件最大外径可达 120mm。柱状铸件真空吸铸的工作原理如图 4-3 所示。将结晶器（铸型）的内壁周围以水冷却，结晶器下口埋入金属液中，结晶器上端连接真空系统以降低结晶器内部气压，使得金属液在大气作用下升入结晶器内腔并达到一定高度。结晶器内金属液通过结晶器壁散失热量，由外向中心凝固，待凝固达到所要求的铸件壁厚时，将结晶器上口与大气连通，使其内部压力与大气环境均衡，结晶器中心未凝固的金属液下落回流至坩埚中，从而得到中空柱状铸件。

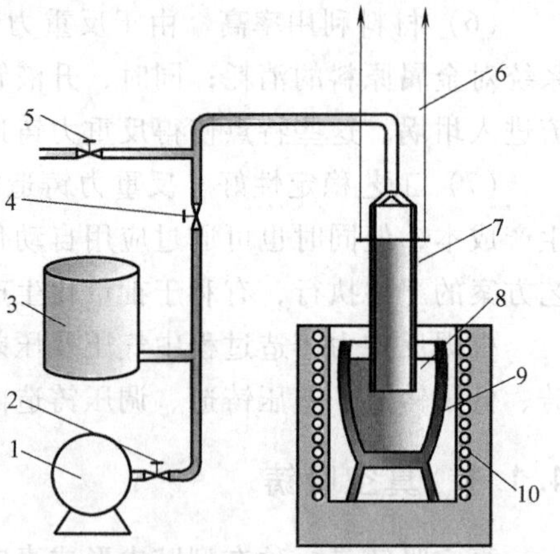

图 4-3　柱状铸件真空吸铸的工作原理

1—真空泵　2—真空截止阀　3—缓冲罐
4—流量调节阀　5—大气截止阀　6—提升机
7—结晶器　8—金属液　9—坩埚　10—熔化炉

除具备反重力铸造技术的一般特征，如压差及充型速度可控、充型平稳性好以外，真空吸铸还具有以下技术特点：

1）金属液充型时，型腔内的气体阻力小，可提高金属液的充填性，适合生产形状复杂的薄壁铸件，生产铝、镁合金铸件时可完整充填 1.5mm 以下的壁厚；有数据表明，在真空吸铸条件下，可以实现 0.2mm 壁厚的 $300mm^2$ 薄板的完整充填。

2）金属液在真空条件下完成充型，自下而上平稳进入真空型腔，避免直接接触空气，氧化、卷气现象均可得到抑制，有利于保证铸件冶金质量及力学性能，因而真空吸铸方法尤其适用于易氧化金属的铸造，如钛合金、铸钢件等。

3）型内金属与型壁之间气隙小，接触紧密，热量传输顺畅，金属凝固较快。柱状铸件真空吸铸时，采用水冷薄壁金属型，铸件的凝固速度进一步提高，故铸件晶粒细小，不易产生严重偏析，铸件成分、组织均匀，力学性能有明显改善。如在铝合金铸件生产中应用真空吸铸技术，获得的铸件强度及硬度比重力铸造提高5%~10%，断后伸长率提高30%。

4）金属液真空充型的过程中，金属液中因外部压力降低而析出的气体易于上浮外逸，降低合金含气量，有利于抑制铸件气孔缺陷；然而，若金属液中的气体未能完全析出，凝固过程中金属液中继续析出的气体在较低压力下膨胀并被液固界面捕获，则有可能发展成为针孔缺陷。

5）真空吸铸条件下铸件的凝固压力低于1个大气压，若铸件的凝固顺序设计不良，一旦凝固过程中过早截断了大气压力及金属液传输通道，真空条件下较低的凝固压力可能导致铸件补缩不利，产生较常压浇注更为严重的疏松缺陷。

6）真空吸铸可提供的充型及补缩压差较其他反重力铸造方法低，通常仅适用于小型精密铸件的生产，实际生产中常与熔模精铸等精密小铸件生产工艺结合应用。

7）采用真空吸铸方案生产空心铸件时，由于铸件内壁形状完全取决于固液界面位置，因而铸件中空内壁平整度较差，内孔尺寸难以精确控制，应考虑预留足够的机械加工余量。

4.1.2 低压铸造

低压铸造是通过将气体压力作用于金属液面，而铸型型腔与大气均压，进而使金属液在压力驱动下自下而上完成型腔充填，并在压力作用下凝固而获得铸件的一种铸造方法。由于施加在液面的气体压力较低（通常为20~60kPa），故称这一方法为低压铸造。

图4-4所示为低压铸造系统示意图。在启动低压铸造控制流程之前，首先需要进行压缩空气贮备的操作，关闭流量调节阀10，开启增压截止阀11，由空气压缩站12向贮气罐13中贮备压缩空气，以满足充型过程中对密封压室快速增压的操作要求。关闭大气截止阀9，开启流量调节阀，将压缩气体导入到密封压室1中，并使气体压力作用于金属液面。铸型型腔顶端安装通气塞以均衡型腔内外压力，此时在液面与型腔之间形成压差，金属液将在压差作用之下沿升液管5上升进入铸型7。金属液完全充填后，在浇注通道完全凝固前关闭流量调节阀并打开大气截止阀，使液面压力恢复为常压而压差降低，升液管及浇注系统中尚未凝固的金属液回流到坩埚中，浇注流程完成。铸件完全凝固并降低到一定温度后，

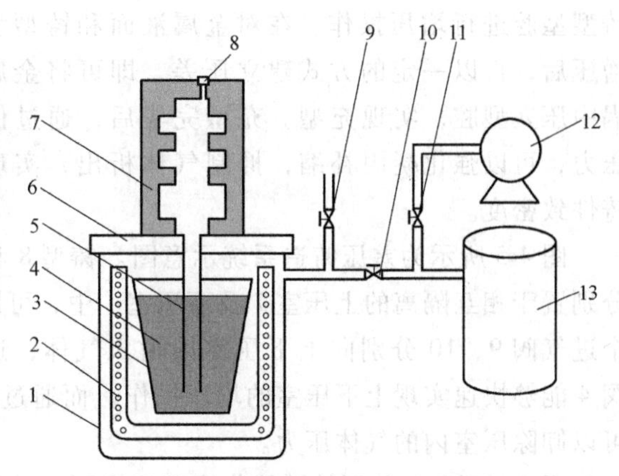

图4-4 低压铸造系统示意图

1—压室 2—熔化炉 3—坩埚 4—金属液 5—升液管
6—隔板 7—铸型 8—通气塞 9—大气截止阀
10—流量调节阀 11—增压截止阀 12—空气压缩站
13—贮气罐

拆除并开启铸型，取出铸件。

除压差及充型速度可控、充型平稳、铸件成形性好、金属液工艺收得率高等特点以外，与真空吸铸相比，低压铸造虽然不具备真空除气的作用，但是可使铸件在高于1个大气压的条件下完成凝固，因此气体析出量及体积相对较小，在工艺控制得当的情况下，可以避免形成气孔或针孔缺陷；型内具备一定气体反压，需通过强化铸型透气性能来改善铸件充填性能——金属型应适当安装通气塞，熔模型壳及砂型应通过调整造型材料强化铸型透气性，以保证金属充型时型腔内部气体能够通过排气道或砂粒间隙顺利排出。

同时也应注意到低压铸造与压力铸造的差异。低压铸造是将气体压力作用于金属液液面，利用气体压力与环境大气压之间的压差将金属液沿自下而上的方向压入型腔，而压力铸造是使用活塞直接作用于金属液，并实现高速高压充型，低压铸造所形成的压差远低于压力铸造，而液流的平稳性也远优于压力铸造。此外，低压铸造与压力铸造在铸型设计要求上也有显著差异，压力铸造因生产频次高、铸型承受压力及液流冲刷更为严重，需要使用专门的压铸型进行生产，而低压铸造对铸型的要求不是十分严格，砂型、熔模型壳、金属型均可加以应用。

低压铸造因其生产效率高，铸件性能好，被广泛用于高性能有色合金铸件的生产。如大型飞行器舱体结构件等，就可以采用低压铸造方法结合砂型工艺进行生产。而高性能车用轮毂等零件因生产批量大，则多采用低压铸造方法结合金属型工艺进行生产，近年来，为了满足汽车行业大批量生产的要求，低压铸造设备的自动控制方面也有大幅度的技术装备水平提升。

4.1.3 差压铸造

差压铸造又称反压铸造、压差铸造。它是在低压铸造的基础上发展出来的一种反重力铸造方法。与低压铸造的不同之处是，差压铸造不仅可对金属液面进行增压操作，同时也可对铸型型腔进行增压操作。在对金属液面和铸型型腔同步增压后，再以一定的方式建立压差，即可将金属液由坩埚中压入型腔，实现充型。充型完毕后，通过保持系统压力，可以强化凝固补缩，抑制气体析出，实现更高的铸件致密度。

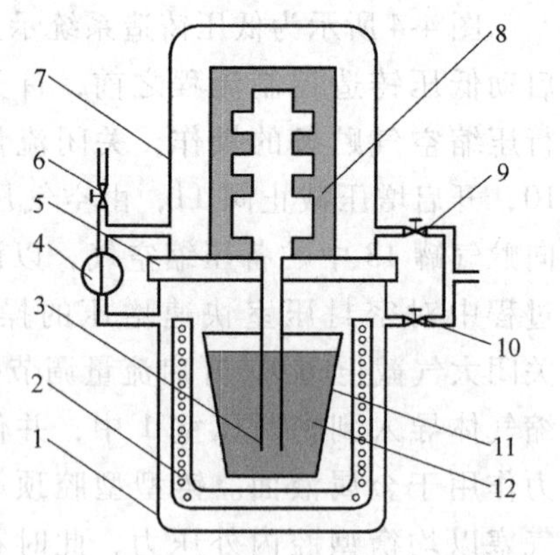

图4-5 差压铸造系统示意图

1—下压室 2—熔化炉 3—升液管 4—互通阀 5—隔板 6—泄压阀 7—上压室 8—铸型 9—上压室进气阀 10—下压室进气阀 11—坩埚 12—金属液

图4-5所示为差压铸造系统示意图。铸型8和坩埚11分别置于相互隔离的上压室7及下压室1中，可以通过两个进气阀9、10分别向上下压室内输入气体，通过互通阀4能够快速实现上下压室的均压操作，而通过泄压阀6可以卸除压室内的气体压力。

图4-6所示为差压铸造操作流程示意图，首先打开互通阀，由进气阀向上下压室内输入气体，使金属液面及型腔压力提升到约5个大气压，而后关闭互通阀，以一定的方式建立压差，将金属液压入型腔。金属液完全充填型腔后，保持压室压力及压差不变，以悬停金属液。金属液通过铸型散热而逐渐凝固，当铸件凝固至内浇口

时，打开互通阀，未凝固的金属液在自重作用下回落入坩埚，浇注流程即告完成。

差压铸造中，压差的具体实现方法包括增压法及减压法。而根据压差的实现方法则可将差压铸造区分为增压法差压铸造和减压法差压铸造两种类型。采用增压法实现压差时，如图 4-6b 所示，关闭上压室进气阀和互通阀，保持上压室及型腔压力不变，通过下压室进气阀持续向下压室内输入气体，使下压室内的金属液面压力高于型腔压力，从而驱动金属液充型；采用减压法实现压差时，如图 4-6c 所示，应同时关闭上、下压室进气阀和互通阀，保持下压室及液面压力不变，通过泄压阀卸除上压室内的部分气体以降低压力，使上压室内的型腔压力低于液面压力，从而驱动金属液充型。

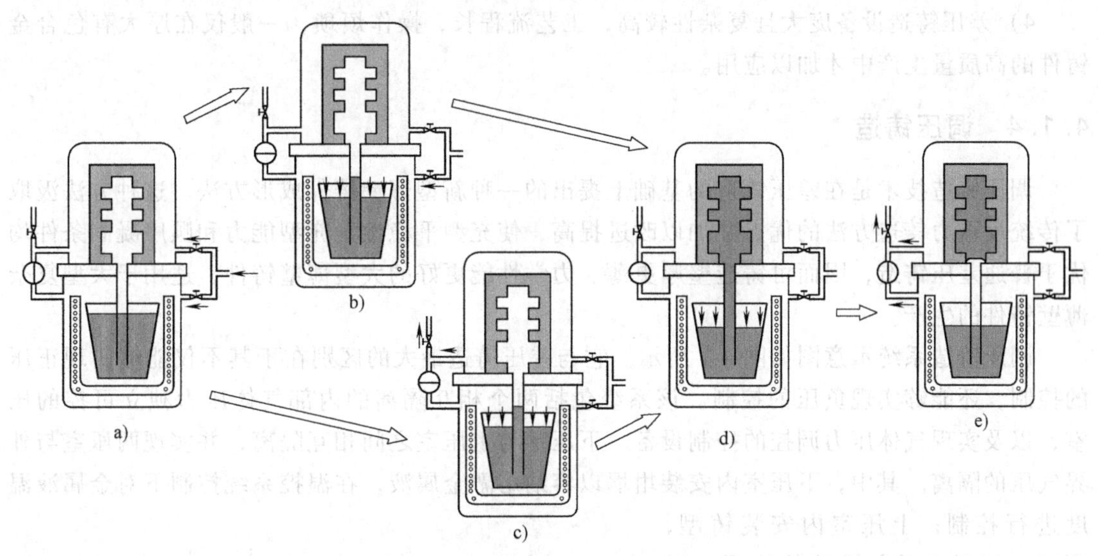

图 4-6　差压铸造操作流程示意图

a）增压　b）增压法充型　c）减压法充型　d）保压　e）卸压

由差压铸造的实施过程可以看出，差压铸造过程中，铸件的凝固压力大于低压铸造，因此更有利于保证凝固补缩，从而获得更为致密的铸件凝固组织。在 5~6 个大气压的条件下，型腔内气体的导热能力加强，使得金属液热量散失加快，凝固速率提高，晶粒组织细小；而金属液中气体析出的倾向也大为削弱，即便有少量气体析出，其体积膨胀也因压室压力而受到限制。以铝合金为例，利用差压铸造方法，可以获得良好的针孔缺陷控制能力，在树脂砂型条件下可以保证 80mm 壁厚内无针孔出现，铸件强度较常规铸造条件下提高约 25%，断后伸长率提高约 50%。

然而差压铸造技术也存在一些问题，使其应用场合受到限制，这包括：

1）差压铸造的整个充型和凝固过程均是在加压条件下进行的，浇注前溶解在金属液中的气体在铸造过程中难以析出，压力下结晶使气体以固溶的形式残存在金属中，这对零件的尺寸稳定性及力学性能均可能产生潜在的不良影响。对于有色合金铸件的实际生产，应对增压气体进行干燥处理，避免向金属液面引入水汽而导致铸件含气量超标。

2）金属液充入型腔时，型内气体反压大，流动性差，难以排出铸型型腔，容易在局部出现“憋气”现象；型腔内的高压气体要顺利排出铸型，这对铸型的透气性提出了更高要求。与此同时，由于型腔内高密度空气具备更大的热导率，同时压室增压时铸型降温，导致金属液在充填过程中迅速散失热量，流动性降低，这也缩短了金属液的有效流动时间，降低金属液的充填效率。针对镁合金的反重力铸造实验研究表明，差压铸造条件下镁合金薄壁充填率仅能达到低压铸造的1/3左右。因此，差压铸造技术多适用于壁厚较大、对充填能力要求较低的铸件生产场合。

3）差压铸造技术对铸型的透气性能和强度要求比其他反重力铸造技术高。充型前铸型内的气体密度高、黏度大，其排出要求铸型具备更好的透气性能，若铸型的透气性不能满足要求，容易在局部出现“憋气”现象；而较高的压力及压差作用下，在铸型上也要求铸型具备足够的机械强度而不至于在铸造过程中破坏，这一限制使得差压铸造常与树脂砂型或金属型相互结合应用。

4）差压铸造设备庞大且复杂性较高，工艺流程长，操作烦琐，一般仅在厚大有色合金铸件的高质量生产中才加以应用。

4.1.4 调压铸造

调压铸造技术是在差压铸造的基础上提出的一种新型薄壁铸件成形方法。这种方法汲取了传统反重力铸造方法的优点并加以改进提高，使充型平稳性、充型能力和顺序凝固条件均优于普通差压铸造，因而可铸造壁厚更薄、力学性能更好的大型薄壁铸件，适用于大型复杂薄壁铸件的生产。

调压铸造系统示意图如图4-7所示。它与差压铸造最大的区别在于其不仅能够实现正压的控制，还能够实现负压的控制。该系统包括两个相互隔离的内部气体压力独立可控的压室，以及实现气体压力调控的控制设备。下压室与上压室之间相互隔离，并实现两压室与外界气压的隔离。其中，下压室内安装坩埚以容纳熔融金属液，在温控系统控制下对金属液温度进行控制；上压室内安装铸型，型腔一端开口并与升液管连通，插入熔融金属液面。两压室同时以管道分别与正压力控制系统和负压力控制系统相连，将气体导入或导出各压室，以实现压室内气压从负压到正压的精确控制。因需要实现更为复杂的气压调整曲线，调压铸造装置对控制系统控制精度的要求有大幅度提高。

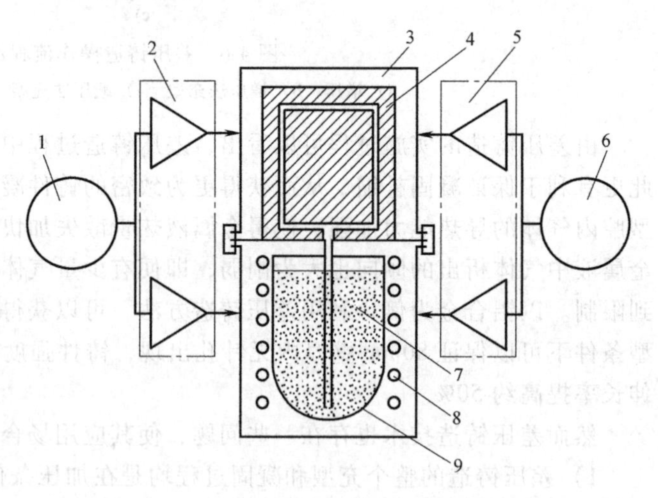

图4-7 调压铸造系统示意图

1—压力罐 2—正压控制系统 3—上压室 4—铸型 5—负压控制系统 6—真空罐 7—金属液 8—保温炉 9—下压室

调压铸造技术的工艺原理为：首先使型腔和金属液处于真空状态，对金属液保温并保持负压；充型时，对型腔下部的金属液面施加压力，但型腔仍保持真空，将坩埚中的金属液沿升液管压入处于真空的型腔内；充型结束后迅速对两压室同步加压，始终保持下部金属液和型腔之间的压力差恒定，以避免铸型中未凝固的金属液回流到坩埚中导致铸件缺陷；保持正压一段时间，使金属液在压力下凝固成形，待型腔内的金属液完全凝固后，即可卸除压力，升液管内未凝固的金属液回流到坩埚中。

与其他类型的反重力铸造相比较，调压铸造有以下三个重要的技术特征和优势。

1. 真空除气

在充型以前，首先将金属液置于下压室内，对其保温。在此期间对两压室同步抽气，达到设定的真空度后进行一段时间的负压保持。在保持负压的过程中，熔炼过程中溶解于金属液内的气体易于析出，这可使成形的铸件中气体含量降低从而保证其长期使用过程中的尺寸精度和性能稳定；在负压条件下液面也不易发生氧化形成氧化膜，这有利于金属液的纯净化。此外在负压保持条件下铸型表面吸附的气体以及水分都可以通过减压充分除去，避免充型时造成侵入性气孔。

2. 负压充型

负压保持一段时间后，向下压室内导入气体，使下压室内的气压逐渐增大，在上下压室间形成压差，将金属液沿升液管压入上压室内的铸型型腔中。由于充型过程中型腔保持负压，金属液不会出现吸气或卷气现象，也可避免型腔内气体反压对充型的阻碍作用，强化充型能力，为充型平稳顺利提供有利条件。金属液充填过程中铸型排气量极低，降低了对铸型透气性的要求。在负压充型所提供的有利条件下，通过优化压力控制曲线，能够实现比其他反重力铸造方法更为平稳的充型流动。

负压充型所提供的平稳充型方式可以在型腔内形成有利于顺序凝固的温度场。举例来说，如果能够实现金属液面平稳由下向上推进，金属液在流动过程中不断降温，同时在其流经路径上释放热量，有助于形成由下向上温度逐渐降低的宏观温度分布，配合在局部热节处合理使用冷铁，可以实现铸件最有利的凝固方式，即铸件上端首先凝固，凝固界面逐渐向下推进，最后到达型腔的底部及升液管颈部。在这个凝固过程中，升液管下端的金属液可为凝固收缩提供有效的补缩。

3. 正压凝固

负压条件下的反重力方向充型有助于实现铸件由上到下的顺序凝固；而在充型完毕后仍保证上下压室之间的压差，不仅可以有效避免金属液回流，同时可为金属液完成补缩作用提供驱动力；当凝固过程中形成的固相骨架不能承受外加的压力时，其间形成的缩松或缩孔也可能被压实而消失，显著提高铸件的致密度，保证其冶金质量及力学性能得到提高。

虽然在充型前将金属液在负压下保温静置了一段时间，但这不可能保证金属液中没有丝毫的气体残留；在凝固过程中，由于溶解度的降低，这些残留的气体仍然可能析出并在铸件中形成针孔缺陷，然而在调压铸造技术条件下，凝固过程是在超过大气压的压力下进行的，较大的凝固压力可以抑制这些残余的气体析出，避免针孔缺陷的出现。这些因素均有利于铸件性能的提升。针对 ZL101A 合金铸造试样的测试数据表明，与经过同样热处理规范的传统重力铸造试样相比，调压铸造试样的强度和断后伸长率获得了显著的提升，抗拉强度提高约10%，断后伸长率达到重力铸造试样的 2~2.5 倍。

虽然调压铸造技术采用了较大的凝固压力，但由于两压室之间的压差仍保持在一个相对较低的水平，作用在铸型上的有效压差较低，因此并不会对铸型的强度提出更高的要求；同时由于负压充型降低了对铸型透气性的要求，调压铸造方法对铸型的适应性较强，可适用于金属型、砂型、石膏型、熔模精铸型壳等各类铸型的应用。

4.2 反重力铸造工艺参数

系统压力、浇注温度及铸型温度的控制是反重力铸造实施过程中需要合理调控的工艺参数。在这些工艺参数中，系统压力的调控是反重力铸造过程与其他铸造方法的最大不同之处，而基于反重力铸造工艺进行铸件生产时，浇注温度及铸型温度的控制也与压力参数设定紧密相关。

4.2.1 压力调控

根据反重力铸造方法实现原理的不同，可以通过图 4-8 对四种反重力铸造方法具体实施中的压力控制曲线作出概略说明。而根据图 4-8 中压力曲线的不同阶段，也可对反重力铸造的工艺过程进行划分，如低压铸造和真空吸铸均包含充型、保压、卸压三个阶段；差压铸造首先是系统升压阶段，而后才进入充型、保压、卸压阶段；调压铸造首先是系统预置真空、保持负压，而后进入充型、升压、保压、卸压阶段。在各类反重力铸造压力参数中，不同阶段的压力及压差是铸造过程调控的重要手段。

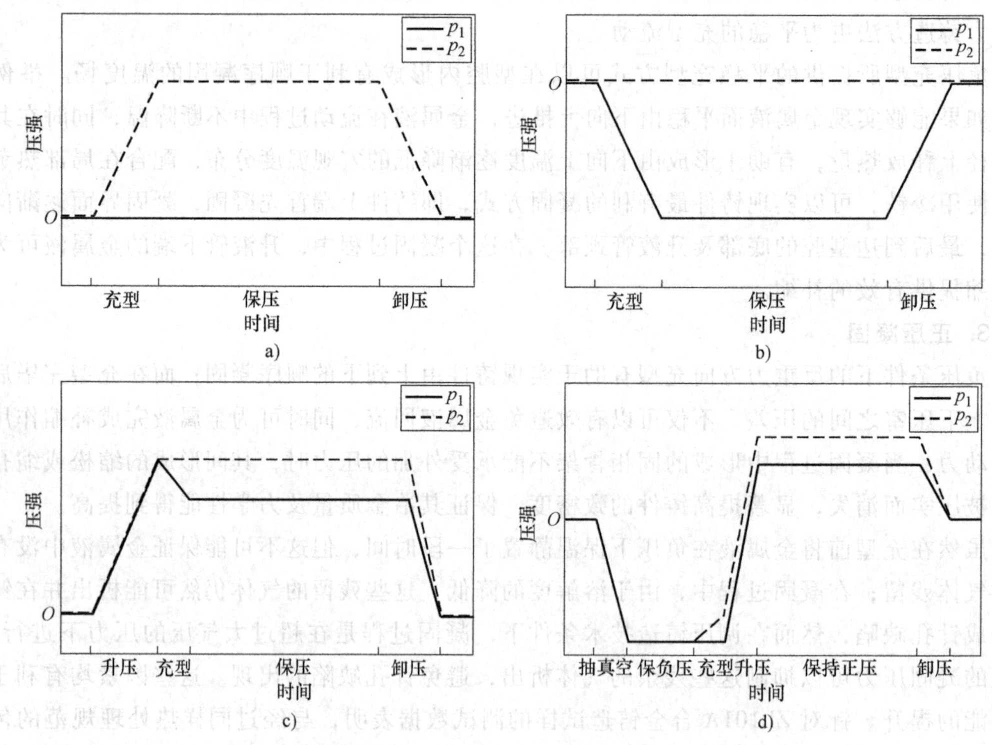

图 4-8 反重力铸造铸型及金属液环境压力示意图

a）低压铸造 b）真空吸铸 c）差压铸造 d）调压铸造

p_1—铸型环境气压 p_2—金属液环境气压

1. 压差控制

在反重力铸造过程中，压差是控制充型及补缩的重要参数，而压差的调控需要考虑以下几个问题：首先，为了驱动金属液沿反重力方向完成充型和补缩流动，需要提供足够的压

差；其次，要考虑铸型结构强度及其承受能力，系统给定的最大压差应小于铸型的破坏极限；最后，压差的建立应在一定时限内完成，为了保证充型的平稳性，应适当降低压差的建立速度，而为了保证充型效率，避免金属液在充型过程中过度降温或流动性降低，又应增大压差的建立速度。

设金属液的密度为ρ，型腔顶端到坩埚液面的高度H，则保证金属液完整充填型腔的必要条件为

$$\Delta p_{充型} \geqslant \rho g H \tag{4-1}$$

式中，g为重力加速度。需要注意的是，这个必要条件仅仅是依据金属液产生的静压头进行的充型压差计算。

在反重力铸造压差控制中，为了更好地实现充型及补缩流动控制，可将压差建立过程按照升液、充型、结壳、增压四个阶段进行划分，在不同阶段以不同速率实现分阶段的增压操作，以达成不同的控制目标，而后执行保压以及卸压的操作，如图4-9所示。

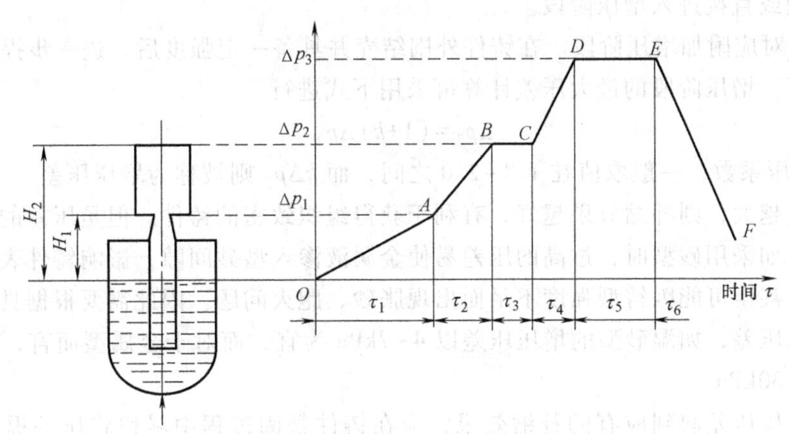

图4-9　反重力铸造过程中各阶段的压差控制

τ_1—升液时间　τ_2—充型时间　τ_3—增压时间　τ_4—结壳时间　τ_5—保压时间　τ_6—卸压时间

τ_1时间段与升液阶段相对应，在这一阶段中由O点开始建立一定压差，使升液管中的金属液面平稳升高到浇口。由于升液管具备较好的保温条件，且对金属液流动的阻碍较小，这一阶段的压差可描述为

$$\Delta p_1 = \rho g H_1 \tag{4-2}$$

式中，H_1为坩埚液面至浇口的高度。为了保证金属液平稳流动，防止出现喷溅或涡流，升液速度v_1应控制在较低的水平，一般不宜超过0.15m/s，相对应的升液时间按下式进行计算

$$\tau_1 = H_1 / v_1 \tag{4-3}$$

τ_2时间段与充型阶段相对应，通过继续增大压差使金属液面由浇口上升至型腔顶端，并完整充填型腔。考虑金属液流动过程中的黏滞阻力以及表面张力产生的附加压力因素，需要适当增加压差才能保证充型完整，为此，根据铸件壁厚、型腔复杂程度、型腔反压力大小的差异，设定一个取值在1.0~1.5之间的阻力系数μ，给出这一阶段应达到的压差为

$$\Delta p_2 = \mu \rho g H_2 \tag{4-4}$$

式中，H_2为坩埚液面至型腔顶端的高度，计算中还应考虑充型过程中的坩埚液面下降所产生的额外高程差。

充型过程中的增压速度直接影响金属液在型腔中的流动状态和温度分布。充型速度慢，则金属液充填平稳，有利于型腔内的气体排除，同时铸件各处的温差增大。采用砂型和浇注厚壁铸件时，可将充型速度 v_2 控制在 0.06~0.07m/s 之间，根据常见的有色合金密度计算，增压速度应控制在 2~3kPa/s 之间；对于金属型以及薄壁铸件浇注，为了避免充型过程中金属液冷却过快而造成充型不良，保证完整充填，充型速度及增压速度应作适当提升。与充型阶段相对应的增压时间可按下式进行大致估算

$$\tau_2=(H_2-H_1)/v_2 \tag{4-5}$$

τ_3 时间段对应结壳阶段。充型完毕后，往往需要进一步提高压差以强化金属液的补缩流动。然而为了避免因铸型强度不足而导致受压破坏，并防止金属渗入铸型壁面，可在充型阶段及增压阶段之间加入结壳时间段，待铸件表层形成一定厚度的凝壳并具备强度后，再增大系统压差。对于具备一定厚度的铸件，在采用砂型铸造时，结壳时间可控制在 10~20s 之间；对于金属型铸造以及部分薄壁零件，可认为充型和结壳是同步进行的，此时则可在充型阶段末期尽快或直接进入增压阶段。

τ_4 时间段对应附加增压阶段。在铸件外围结壳并具备一定强度后，进一步提高液面及铸型之间的差压。增压阶段的最大压差计算可采用下式进行

$$\Delta p_3=(1+k)\Delta p_2 \tag{4-6}$$

式中，k 为增压系数，一般取值在 1.3~2.0 之间，而 $k\Delta p_2$ 则被称为增压压差。

增压压差越大，则补缩效果越好，有利于获得组织致密的铸件。但是压差的增大也受到一定的限制，如采用砂型时，过高的压差易使金属液渗入型砂间隙，影响铸件表面质量或导致机械黏砂，甚至可能因铸型强度不足而出现胀砂、跑火问题。因此需要根据具体情况来选择适当的增压压差，如湿砂型的增压压差以 4~7kPa 为宜，而对于金属型而言，可将增压压差提升至 20~30kPa。

为了使增压压差起到应有的补缩效果，应在铸件凝固过程中尽快将压差提升到应有水平，此时增压时间则需根据铸件壁厚及铸型种类来合理确定。在薄壁铸件生产中，由于金属液在充填型腔后迅速凝固，后续加压难以起到补缩效果，此时应将增压段与充型段合并进行快速操作；对于金属型铸造，因铸件凝固速度较高，可将增压速度设定在 10kPa/s 左右，对于砂型铸造以及厚壁铸件的情况，铸件凝固速度较低，此时增压速度可以适当降低，如 5kPa/s 就已足够。根据实际生产情况的不同，增压操作时间控制在 1~3s 内为宜。

τ_5 为自增压结束到铸件完全凝固所需的时间。在保压时间之内，压差持续作用于浇口与铸型之间，从而保证铸件的有效补缩，同时保压时间也是影响铸件成形完整性的关键参数。若保压时间短于铸件凝固所需的时间，在铸件完全凝固之前过早进入卸压阶段，则会导致型腔中未完成凝固的金属液回流到坩埚，导致铸件放空而形成空壳铸件；若保压时间长于铸件凝固所需的时间，则凝固界面将向浇注系统推进，增加浇注系统的金属液消耗量，降低工艺实得率；进一步延长保压时间，会导致浇口冻结，液固界面向升液管推进，使得铸件难以出型，增加额外的浇口及升液管清理工作，甚至导致升液管损伤，严重降低生产效率。因此，应当根据铸件的结构特点、铸型种类及浇注的温度条件等因素核算保压时间，并进一步通过试验进行合理调整。

τ_6 对应于卸压阶段，在卸压阶段应尽可能以较高速度减小液面及铸型外围的压差，使浇注系统中未凝固的金属液迅速与铸件分离，并回落到坩埚液面高度，从而获得较高的材料利

用率。

2. 压力及真空度控制

在低压铸造及真空吸铸工艺中，由于铸型压力或坩埚液面压力保持为常压，一旦确定压差变化曲线，则系统的压力或真空度控制也就同时确定。而对于差压铸造以及调压铸造工艺，由于系统压力控制与压差控制可以相互分离而实现额外的铸造控制工艺，此时还需要进一步给定系统的压力条件及真空度控制条件。

对于差压铸造，铸型和坩埚液面的气压首先同步升高到一定程度，而后建立压差实现充型。系统压力提升的目的是为了抑制凝固过程中的气体析出，并进一步提高铸件的致密度。在实际生产中，为兼顾铸件性能和生产效率，所使用的系统压力一般设定在 500~600kPa 之间，在这一压力下，金属液的补缩能力可提升至低压铸造的 4~5 倍。

对于调压铸造，根据对铸件质量要求的不同，初始对坩埚液面以及铸型空间抽真空时，一般设定真空度为-95~-80kPa 之间，并保持此真空度 10~15min，以便金属液中溶解的气体充分析出。研究表明，对于铝合金铸件生产的情况，熔融状态的铝与空气中的水分发生反应，生成的氢溶解于铝液中，而在凝固过程中，由于氢在固态铝中的溶解度仅为液态铝的 1/20 左右，富余的氢将有析出倾向并可能在铸件中形成针孔缺陷。而一旦将坩埚液面置于真空条件下，金属液中溶解的大部分氢可以有效析出并被真空系统带走，从而在很大程度上降低针孔缺陷出现的风险。

在真空除气的基础上，调压铸造过程中还应用了正压凝固手段来进一步抑制金属液中的气体析出。考虑金属液中的气体含量已经被控制在较低的水平，在实际应用中往往将系统压力置于常压以上 100~200kPa。实践证明，尽管调压铸造工艺的凝固压力低于差压铸造，但是通过与真空除气工艺相结合，所附加的较低正压已经可以有效抑制铸件针孔缺陷的产生。而在铸造设备方面，虽然调压铸造系统需要增加真空控制系统，但是同时也降低了对设备耐压能力的要求。

4.2.2　浇注温度及铸型温度

在反重力铸造中，浇注温度和铸型温度的选择遵循铸造工艺参数确定的普遍规范，即在保证铸件成形的先决条件下，应采用尽可能低的浇注温度，以减少金属液的吸气和收缩，抑制气孔、缩孔、缩松、应力及裂纹等各类缺陷的产生。一般而言，由于反重力铸造条件下金属液的流动得到了外加压力的驱动和控制，充型能力更易于保证，因此浇注温度可比常规铸造工艺低 10~20℃。但是就具体铸件来说，仍然需要根据合金种类、零件结构及生产工艺来确定最佳的浇注温度。合金的凝固温度区间越大，流动性越差，就应采取较高的浇注温度；铸件结构越复杂，壁厚越小，同样也需要提高浇注温度来保证铸件成形，而对于厚壁铸件，充型能够得到较好地保障，此时应通过降低浇注温度来细化晶粒，改善组织和性能；就具体的浇注工艺来说，真空吸铸及调压铸造因采用了真空负压充型工艺，型内无气体反压或反压较低，热量散失较小，浇注温度可适当降低，在差压铸造条件下，因型内存在高压气体阻碍，且金属液更易于通过空气散热，应适当提高浇注温度才能保证铸件充型。

铸型温度同样对铸件成形质量和性能产生重要影响，应根据铸型种类、铸件结构来合理选择。对于砂型、石膏型等低热导率铸型，可以进行无预热浇注或将铸型预热至 150~200℃；对于金属型反重力铸造，由于铸型激冷能力强、导热性能高，应将铸型预热至 200~

350℃后浇注；对于金属型复杂薄壁铸件，铸型温度可进一步提高到400～450℃后再进行浇注。

4.3 反重力铸造工艺方案

在反重力铸造工艺方案设计中应强调金属液充型及凝固的控制能力，以充分利用反重力铸造的技术优势：在充型过程中应重点考虑如何避免气体夹杂的卷入，保证金属液的顺序充填；在凝固过程中则应重点考虑如何通过外加压差作用来保证升液管向铸件的补缩，从而提高铸件质量。

4.3.1 浇注位置及分型面

在浇注位置的选择上，首先应当保证金属液充填的有效性。金属液应由型腔底部引入，在压差作用下使液面沿反重力方向上升，直至金属液完整充填整个型腔，同时保证型腔顶部的排气通畅，防止铸件局部出现憋气。应当避免或严格控制金属液在型腔局部的自由下落，以减少气体或氧化夹渣的卷入。

从金属液顺序充填型腔的角度考虑，为了提高金属液充型的平稳性，应适当匹配各个型腔截面上的金属液流量，以获得最佳的液流形态。在截面面积较大处，可设计较高的流量分配，而截面面积较小处，流量分配适当降低，以避免出现液流喷射、飞溅现象。考虑金属液流量沿充型路径呈现出逐渐减少的趋势，将型腔厚大部位置于型腔底部，并由底部引入金属液，有利于获得较佳的流量控制效果。同时，在这种浇注位置条件下，充型过程中所形成的初始温度场以及铸件壁厚分布也有利于铸件顺序凝固，使得铸件的凝固顺序由远离浇注系统的上端朝浇注系统推进，利用浇注系统为铸件提供补缩金属液来源，从而提高铸件组织的致密程度。若铸件上存在多个厚壁位置，对于靠近铸型底部的几个需补缩部位，可以采用多道浇口与之连接，以直接提供金属液并缩短补缩距离，改善厚大部位对薄壁断面处的冒口补缩作用。

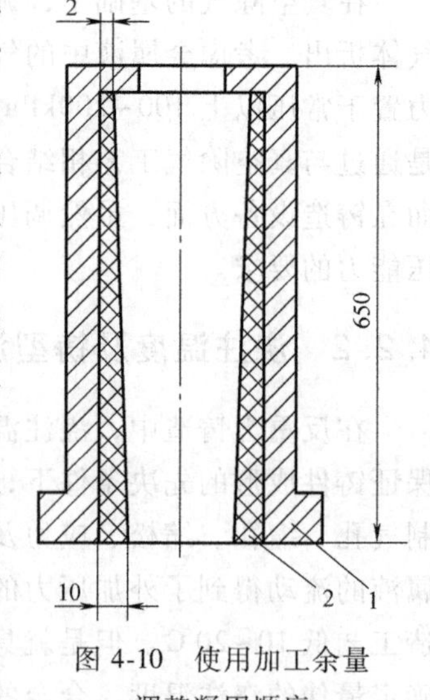

图4-10 使用加工余量调整凝固顺序
1—铸件 2—工艺余量

对于具备对称性的铸件结构，或存在近似中心轴的铸件结构，将其轴线沿垂直方向放置，并通过分布式的浇注系统连接型腔与升液管口，可以提高金属液在水平方向流动的均衡程度，从而提高铸件对称部位性能的一致性。在铸件结构纵向尺寸较为均匀的情况下，应考虑采用辅助手段来强化凝固顺序，如合理设计浇注系统，应用加工余量（图4-10），在型腔上端安放冷铁或调整金属型厚度，在厚大处使用气冷或水冷等手段进行局部激冷（图4-11）。

对于有较大平面的铸件，应当避免将水平面水平放置，以防止注入平面的金属液分成多股流路充填，合流时卷入气体及氧化膜。如果不能避免水平放置，应通过引流路径控制金属液的流动方向，并合理安装通气塞以排出气体。

在反重力铸造过程中，铸型安放于中间隔板上，为便于开合型以及铸型紧固等操作，在

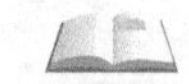

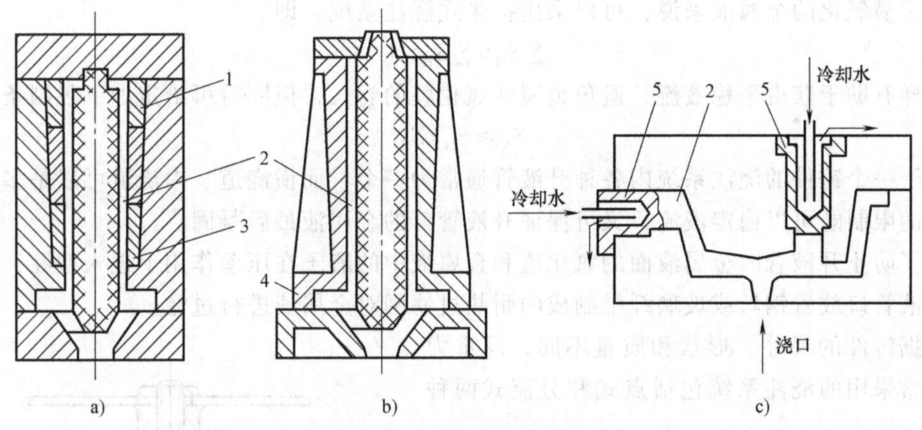

图 4-11　创造凝固顺序的措施

a）安置冷铁　b）改变金属型壁厚　c）使用局部激冷

1—厚冷铁　2—铸件型腔　3—薄冷铁　4—金属型　5—水冷装置

分型面的选择上，多采用水平分型方案。对于金属型铸造，采用水平分型面设计也便于在上半型中设置顶杆以顶出铸件，从而实现高效率的自动化生产。

4.3.2　浇注系统及冒口设计

反重力铸造工艺设计中，浇注系统应使金属液平稳而迅速充型，同时具有缓冲和除渣的作用以及良好的补缩效果，以保证获得优质铸件。在大多数情况下，由于金属液充型由铸型型腔底部开始，大大降低了液流飞溅及氧化夹渣卷入的可能性，因而浇注系统的主要任务是合理分配液流，同时保障补缩。为此，在综合考虑型腔充填顺序和效率、凝固顺序及收缩特征等问题的基础上，对浇注系统进行合理设计。

对于结构简单的铸件，可以设置直通式浇口（即中心锥形浇口）构成点式浇注系统；对于复杂铸件，一般还需设置其他浇注系统单元，如横浇道、集渣槽、冒口等，以便进行合理的液流分配并净化金属液。在选择内浇口位置时，应避免浇口直接朝向型芯，否则可能造成型芯破坏或型芯局部过热。在生产大尺寸等壁厚铸件时，在保证充填性能的前提下，可将内浇口置于铸件短边面的中部，以便形成高度上的单向温度梯度，同时减少横向液流，达到减小或消除水平方向温度梯度的目的，这样有助于金属液沿反重力方向完成补缩流动。使用多个内浇口时，要根据各内浇口的位置、朝向来确定内浇口的截面面积，以使内浇道液流分配均匀，避免不利的金属液汇流。

为了充分发挥浇注系统对铸件的补缩作用，内浇口的位置尽可能选择于型腔底部或铸件的最厚断面处，其断面积的大小应等于或稍大于金属液引入处铸件热节的断面积，而小于升液管顶端断面积；浇注系统一般采用收缩式结构，以 S_N、S_H、S_S 分别表示内浇道、横浇道及升液管的断面积，这要求内浇道断面积之和小于横浇道断面积之和，且横浇道断面积之和应小于升液管断面积。即

$$\sum S_N < \sum S_H < S_S \tag{4-7}$$

式（4-7）所给出的断面积关系可以使得升液管口的金属液最后凝固，有利于卸压过程中的液面与铸件脱离。

对于易氧化的金属液来说，可以采用扩张式浇注系统。即

$$\sum S_N > \sum S_H > S_S \quad (4\text{-}8)$$

这样有助于获得平稳液流，避免金属液氧化膜的卷入，但同时可给定如下限制条件

$$S_N \geqslant S_H < S_S \quad (4\text{-}9)$$

由于一个铸件的浇注系统内各种升液管通常为一个，而横浇道、内浇道可以是多个，通过上式的限制既可以稳定液流，又可保证升液管口的金属液最后凝固。

为了防止升液管内金属液面的氧化渣和金属液中的渣子在压差作用下进入型腔，可进一步在升液管口放置钢丝或玻璃纤维制成的耐热过滤网对金属液进行过滤。

根据铸件的尺寸、形状和质量不同，反重力铸造中常采用的浇注系统包括点式和分流式两种类型。

1. 点式浇注系统

图 4-12 所示为一种典型的采用点式浇注系统的金属型。点式浇注系统的典型特征是不使用横浇道，直接将升液管口与内浇道连接。在铝合金活塞的低压铸造生产中，这种浇注系统得到了非常普遍的应用，它消耗的金属液少，同时具备很好的补缩效果，铸型结构相对简单，便于简化操作工艺。

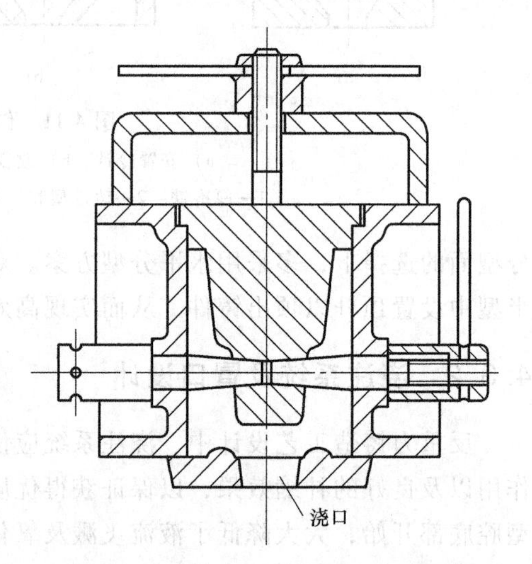

图 4-12 采用点式浇注系统的金属型

2. 分流式浇注系统

对于长条形状、大圆筒形状、壳体形状的铸件，常需设置多个内浇道，此时需要用横浇道把内浇道与升液管相互连接，金属液自升液管进入型腔后，通过横浇道分流到各个内浇道充填型腔。图 4-13 所示为分流式浇注系统的结构。

为避免影响凝固顺序，反重力铸造中一般不设计冒口，在必要的情况下可在型腔顶端设置集渣包以容纳最初充型的冷污金属，但须严格控制集渣包的分布及尺寸，避免其成为局部热节；部分铸件具有上下两端较厚、中部较薄的特点，可首先考虑在上端放置冷铁的工艺方案；若应用效果不佳，可以考虑在顶端使用暗冒口进行补缩，此时需要严格控制暗冒口的补缩区域，避免对铸件整体凝固顺序产生过大影响，乃至造成“倒补缩”现象。

4.3.3 铸型排气设计

反重力铸造铸型设计的重要一环是排气系统的设计。由于反重力铸造铸型中没有冒口或朝向上方的浇注系统，铸型内部形成一个封闭的腔体结构，在真空吸铸、低压铸造以及差压铸造三种工艺的实施过程中，金属液充填型腔时，若型腔内的气体不能迅速排出，在型腔容积不断减小的情况下气体受到压缩，同时被金属液加热而膨胀，构成阻碍金属液充填的“反压力”，可能导致充型压差不足或局部憋气，铸件成形不完整。具有一定压力的气体或挤入金属液内部，或阻碍金属液顺利充型，会造成气孔、欠铸、轮廓不清晰等多种铸件质量问题。对于金属型及薄壁铸件的反重力铸造，排气问题更为重要，因此，为了顺利排出气

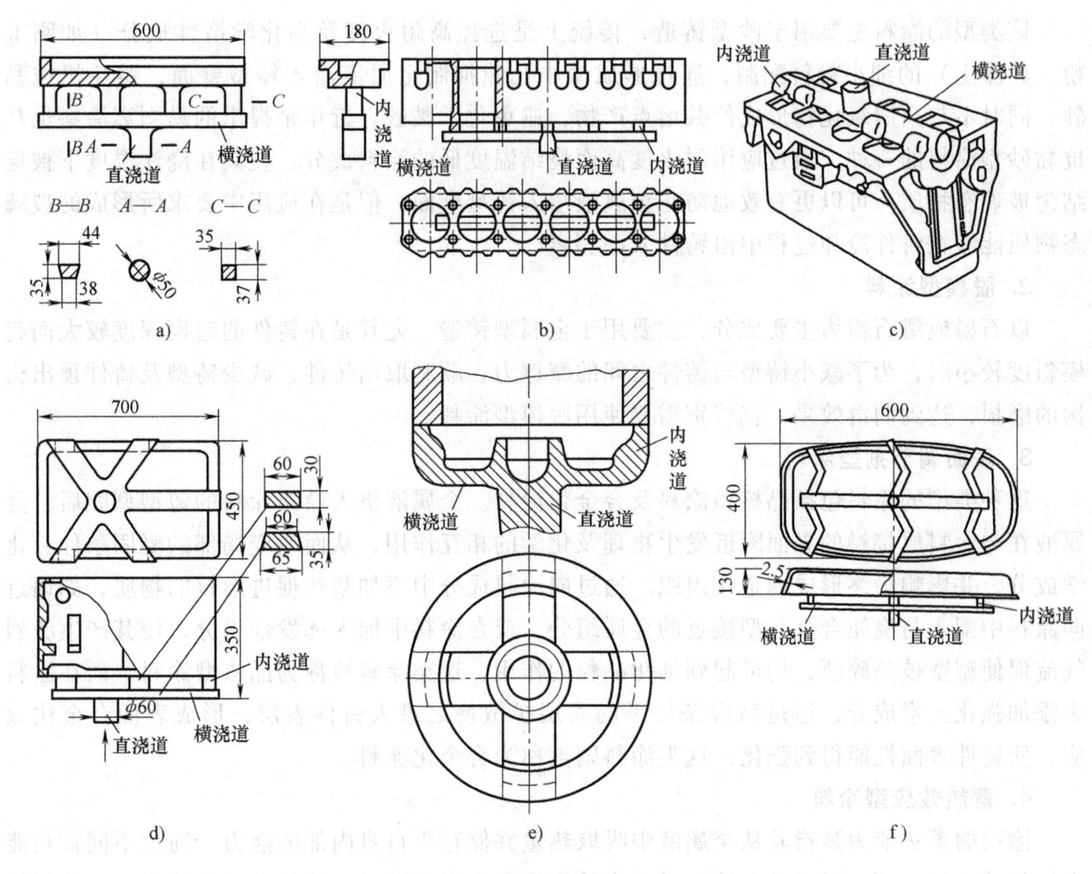

图4-13 分流式浇注系统的结构示意图

a）板状厚壁件浇注系统 b）水套浇注系统 c）气缸体浇注系统

d）箱体浇注系统 e）圆筒浇注系统 f）壳体浇注系统

体，对于砂型铸造，可在铸型顶部扎排气孔，而对于金属型铸造，除了应在配合部分留一定的排气间隙外，还可考虑在分型面上开设排气沟槽，尤其是在距离金属液入口的最远处、铸件型腔深凹部位的死角及铸型型腔最高部位上，必须采取有效的排气措施（如设计排气效果较好的排气孔、安装通气塞等）。

对于调压铸造，由于在充型之前已经将型腔内的大部分气体抽出，金属液充填时气体反压较低，可以在一定程度上降低对铸型透气性能的要求。但是实际操作中仍应对系统抽真空时型腔内气体的排出通道有所考虑，若减压速度过快而型腔排气受阻，会导致型腔内气体通过升液管排入坩埚金属液形成鼓泡，并在升液管内壁以及金属液内形成氧化膜，降低合金质量。为避免出现这一问题，一方面应改善铸型排气条件，另一方面可适当降低抽气速度，在两者间获得适当的匹配关系。

4.3.4 铸型涂料

采用反重力铸造技术生产铸件时，为了提高铸件质量并降低生产成本，应根据需要选择适当的涂料对铸型壁面进行处理。根据涂料的使用目的及功效，可将其区分为：

1. 抗黏砂型涂料

该类型的涂料主要用于砂型铸造，传统上是选择高耐火度及高化学惰性成分（如刚玉粉、硅藻土）的细小粉料配制，通过形成微小孔隙抑制金属液渗入铸型壁面，避免机械黏砂；同时不与金属氧化物形成低共熔点产物，避免化学黏砂。近年来提出的易剥离涂料也是抗黏砂型涂料的一种，通过应用耐火度高而烧结温度低的涂料成分，使其在浇注温度下被烧结为玻璃态物质，可以更有效地防止金属液渗入铸型壁面，但是在应用中要求所形成的玻璃态物质能够在铸件冷却过程中由铸件表面剥离。

2. 脱模型涂料

以石墨或滑石粉为主要成分，主要用于金属型铸造，尤其是在铸件的起模深度较大而起模斜度较小时，为了减小铸型与铸件之间的摩擦力，顺利取出铸件，减少铸型及铸件顶出机构的磨损，达到润滑效果，就特别需要使用脱模型涂料。

3. 表面调节剂型涂料

这种类型的涂料包括晶核型涂料及合金化涂料。金属液浇入涂布涂料的铸型型腔后，金属液在与涂料层接触的界面附近发生物理及化学的相互作用，从而改变局部的凝固条件、化学成分，并影响最终形成的金相组织。通过向涂料成分中添加某些促进形核的物质，如通过向涂料中配入与浇注合金晶型接近的金属组分，或在涂料中加入挥发性组分，使其产生激烈气流促使型壁枝晶碎断，均可起到细化晶粒的作用，这类涂料被称为晶核型涂料。而在涂料中添加强化元素成分，通过高温条件下的表层扩散使之进入铸件表层，形成表面合金化效应，使铸件表面性能得到强化，这类涂料则被称为合金化涂料。

4. 蓄热效应型涂料

涂层的蓄热能力是指其从金属液中吸取热量并储存于自身内部的能力。通过不同蓄热能力涂料的应用，可以对反重力铸造过程中的凝固顺序进行调整。蓄热效应型涂料包括降低铸型导热性能的绝热型涂料，以及强化铸型导热的传热型涂料。其中，前者可使用硅藻土、石棉粉、云母等热导率及比热容较低的多孔耐热物质作为主要成分进行配制，而后者则采用石墨粉、刚玉粉、锆石粉，甚至高温合金粉作为主要成分进行配制。

5. 焓变型涂料

在某些情况下，仅仅依靠蓄热效应型涂料来控制凝固顺序还不够充分，此时则可应用焓变型涂料，通过向涂料中添加在特定温度范围内发生物理变化（如汽化）或化学变化（如分解、化合）而产生足够大焓变的物质，利用其在高温下发生吸热或放热反应的特性来改变铸型局部的冷却能力，从而获得对凝固顺序的高强度干预。例如，如果向涂料中加入 $Al(OH)_3$，由于其在 700K 温度条件下会发生如下吸热反应

$$2Al(OH)_3 \xrightleftharpoons{700K} Al_2O_3+3H_2O-Q \tag{4-10}$$

通过该反应可以实现涂料层由附近金属液中吸收热量，从而强化局部激冷效果，因此这类吸热用焓变涂料也被称为化学冷铁。而如果向涂料中加入铝粉及铁矿粉，当涂料被加热到一定温度后，将发生如下的放热反应

$$2Al+Fe_2O_3 \longrightarrow Al_2O_3+2Fe+Q \tag{4-11}$$

通过这个反应可以实现涂料层向附近金属液中放出热量，延缓局部冷却，从而对凝固顺序进行干预。

实际应用中，对于这些不同类型的涂料，应当根据铸型及浇注合金的具体情况对其使用功效及配比进行调整。以树脂砂反重力铸造为例，为了避免铸件表面机械黏砂，同时改善铸件的表面质量，可采用醇基抗黏砂型涂料对铸型壁面进行处理；而在金属型反重力铸造当中，涂料应用的主要目的包括：延长铸型使用寿命，合理调整型壁散热速度，通过涂料层的种类及厚度来调整并控制铸件的凝固顺序，此时可结合应用脱模型涂料、蓄热效应型涂料等对铸型壁面进行处理。

4.4　反重力铸造设备及自动化

围绕反重力铸造的浇注成形环节，目前国内外已经形成了较为完备的、自动化程度较高的装备系统，可以满足从汽车行业标准铸件大批量生产到航空铸件高质量灵活生产的各类需求。

4.4.1　反重力铸造设备

1. 真空吸铸机

由于真空吸铸方法获得的压差小，适合贵金属小尺寸铸件精密铸造，应用范围受到一定限制，目前其生产应用的规模相对较小。

图 4-14 所示为一种小型真空吸铸机的实物图，该吸铸机内部包括合金熔化、真空度控制以及真空吸铸机构。

合金熔化炉及真空泵置于该真空吸铸机的机体内部，垂直方向上的浇注通道（升液管）下端伸入坩埚，上端连接到机体上部钟罩内的平台，与平台上安放的铸型下部浇口对接。在生产时，首先将物料加入坩埚，开启熔化炉，在温控表的控制下进行物料熔化，待物料达到一定温度后，开启真空泵，调节手柄抽取钟罩内的气体，降低铸型压力，由于坩埚液面与大气环境均压，即可在大气压作用下将金属液压入铸型，实现充型。

图 4-14　一种小型真空吸铸机的实物图

实际应用中，应根据合金种类、铸件尺寸大小对真空吸铸机的熔化方式、熔化温度、真空控制、真空室尺寸等指标进行核算，而后进行设备选型。

2. 低压铸造机

低压铸造机是目前应用最为广泛，同时完备程度也最高的反重力铸造设备。目前，国内低压铸造机装备研制和生产也较为成熟，包括天水铸造机厂、重庆铸造机械厂、大连天成铸造机厂生产的各型低压铸造机已经在铸造行业得到应用。

图 4-15 所示为一种常见的顶铸式低压铸造设备的主机结构，其主要结构包括机体（保温炉、承压密封器）、机架（工作台、铸型开合机构、铸件顶出机构等）；与主机相连接的装置还包括用以驱动机械装置动作的液压控制系统，以及用于驱动金属液充型的液面气压控

制系统。

在实际生产中，通过浇包将金属液转入主机下部的保温炉中，保温炉外围为承压密封器，通过管道与气压控制系统连接，实现坩埚液面压力的控制，完成升液、充型、增压、保压、卸压各个环节的金属液流动控制。保温炉顶部安放升液管，其下端没入坩埚中的金属液，上端连接到机架平台，与平台型板上放置的铸型浇口对接。铸型的水平移动由平台内的液压缸驱动，以实现升液管口与浇口相对位置的调整。铸型的上半分型（动型）与垂直方向的液压缸连接并实现开/合型驱动，同时在垂直方向上布置液压缸连接铸件顶出机构，以便从动型中顶出铸件。

图 4-15 顶铸式低压铸造机设备主机结构

该低压铸造机适用于机械、汽车、内燃机、航空等行业内的锌、铝、铜合金的中小型铸件的生产，由于设备自动化程度较高，根据零件的形状及大小，一般生产率为 15~20件/h。

对于低压铸造机，在设备选型时需要考虑的主要技术指标包括：坩埚容量、熔化温度、加热功率、压差控制范围、型板尺寸、拉杠内间距、动型板行程、模具最大厚度、铸件最大投影面积、开/合型力。

3. 差压铸造机

差压铸造在强调铸件质量的同时，生产效率会有所降低，操作工序比低压铸造更为繁琐，因此一般适用于对产品质量要求严格的场合，如部分气密性要求较高的铸件，以及部分耐压设备壳体的铸造生产。

图 4-16 所示为差压铸造机的设备主机简图，整个主机的主体部分由上、下两个压室构成，压室之间以中隔板隔开，以满足不同压力控制的需求。铸型置于上压室内，熔炼（保温）炉则置于下压室内，金属液通过升液管与铸型型腔连接，上、下压室由插销定位并以 O 形圈密封，通过带有斜面的旋转卡环锁紧，中隔板以楔铁与下压室固定。上压室及铸型四周安装吊耳以便用天车进行吊装和定位，上、下压室分别与压力系统连接，实现压力及压差的独立调控。为减小卡环锁紧时的运动阻力，在卡环下缘一周放置滚珠或滚柱。为操作方便，将下压室置于地坑内，使中隔板及铸型与地面高度接近。

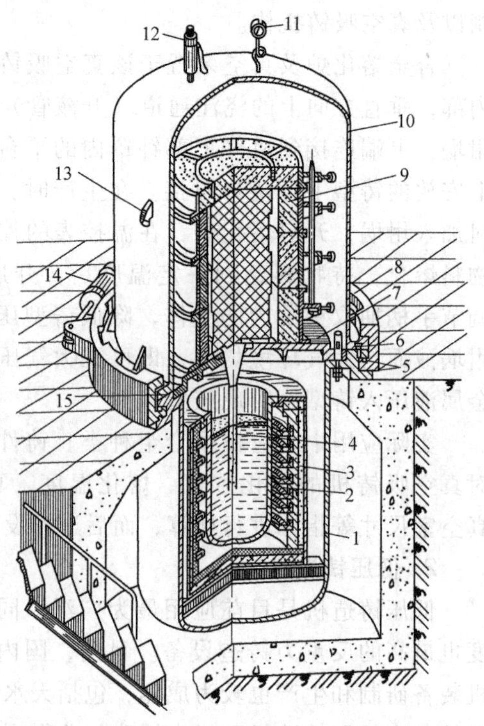

图 4-16 差压铸造机的设备主机简图

1—下压室 2—坩埚 3—保温炉 4—升液管 5—滚珠 6—定位销 7—中隔板 8—卡环 9—铸型 10—上压室 11—压力表 12—安全阀 13—吊耳 14—气缸 15—O 形密封圈

熔炼（保温）炉与温度控制系统连接，上、下压室则通过管道与压力控制系统连接，为了避免系统增压时将水分、灰分带入系统造成金属液的污染，应在压力控制系统中设置气体过滤及干燥装置。

由于压室工作压力达到500~600kPa，在上压室上安装了压力表及安全阀以保证压力不超限，避免设备损伤或人身伤害。同时，在设备的设计制造过程中，对于压室及管道的耐压能力应作可靠核算，保证其在给定工作温度下能够正常承压；对于压力容器，应严格年检制度，避免不良事故发生。

目前我国研制生产的差压铸造机在自动化程度方面与低压铸造机还存在较大差距，存在生产效率低、劳动强度大等问题。而部分国际设备厂商所生产的差压铸造机已经达到了较高的自动化水平，美国CPC公司和保加利亚LLinden公司联合生产的差压铸造机就是一个典型范例，其结构如图4-17所示。

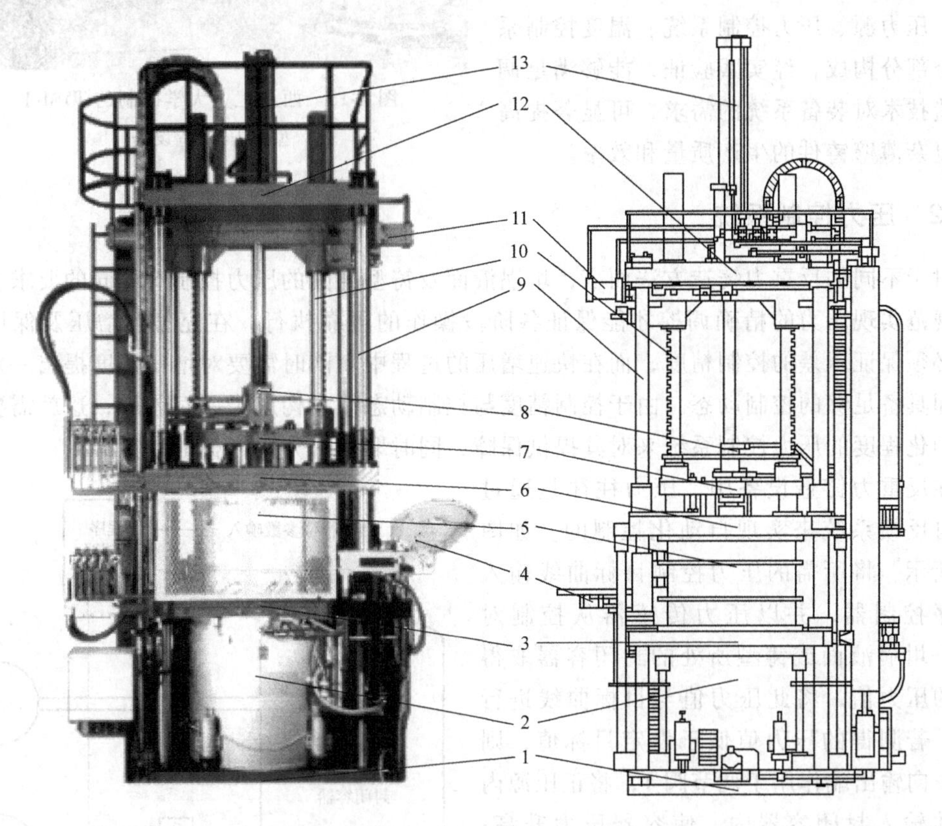

图4-17 美国CPC公司和保加利亚LLinden公司联合生产的差压铸造机

1—底座 2—下压室 3—中隔板 4—取件机械手 5—上压室 6—动型板 7—顶件型板
8—顶件液压缸 9—拉杠 10—合型顶杆 11—锁定液压缸 12—上机架 13—主液压缸

4. 调压铸造机

调压铸造技术自发明以来，主要用于高性能需求的航空工业复杂薄壁铸件的小批量生产应用，目前已经在一些航空专业生产企业得到应用。

调压铸造主机与差压铸造主机在结构上相似程度较高，同样需要设计相互隔离的上、下压室，并将铸型和保温炉分置于上、下压室内，并通过中隔板上的升液管相互连接。不同之处在于，差压铸造主机仅承受正压作用，且耐压能力需达到500~600kPa以上；而调压铸造主机需同时承受真空条件下的外部大气压力和增压条件下内部100~200kPa正压的能力，此时不仅需要核算耐压能力，还需核算系统刚度，避免罐体在真空条件下变形。

同时，在压力控制方面，相较于低压铸造设备和差压铸造设备仅需控制正压力的特点，调压铸造设备的压力控制要求系统能够实现从负压到正压的连续稳定控制，在平稳充型和快速同步增压两方面，均对压力控制系统提出了更高要求——要求实现“高精度、大动态”控制。

图4-18所示为由西北工业大学研制的TYM-1型调压铸造设备。该设备由调压铸造主机、压力源、压力控制系统、温度控制系统四个部分构成，经实践验证，能够满足调压铸造技术对装备系统的需求，可显著提高大型复杂薄壁铸件的生产质量和效率。

图4-18　西北工业大学研制的TYM-1型调压铸造设备

4.4.2　压力控制系统

对于不同的反重力铸造方法而言，坩埚液面及铸型空间的压力控制有不同的要求，只有按照规范实现压力的精确调控才能保证各阶段操作的可靠执行，在充型、增压及保压过程中，必须保证压差的控制精度，而在快速增压的过程中，同时需要对增压速度提出一定的要求，即具备足够的控制动态。由于控制精度与控制动态往往构成为一对矛盾，这就需要使用高自动化程度的压力控制系统来对其提供保障，同时取得两方面指标的均衡。

在反重力铸造设备中，压力往往是通过闭环自反馈系统来实现自动化控制的。如图4-19所示，将所需的压力控制目标曲线输入到程序控制器，并以压力传感器从控制对象——坩埚液面或铸型所处的封闭容器取得当前的压力值，将此压力值与目标曲线进行比较，若测得的压力值低于设定目标值，则通过正向输出端作用于调节阀1，将正压源内的气体输入封闭容器内，使容器压力升高；若测得的压力值高于设定目标值，则通过负向输出端作用于调节阀2，将容器内的气体由排气口输出封闭容器，使容器压力降低。对于图4-19所示的单路正压控制系统，合理优化气路结构及控制算法，可以达成控制精度与控制动态的最优化效果，从而满足低压铸造设备自动化控制的需求。而通过改变控制系统中的结构构成，如将正压源替换为进气口，而排气口替换为真空泵（真空罐），则可建立单路负压控制系统，满足真空吸铸设备自动化控制的需求。

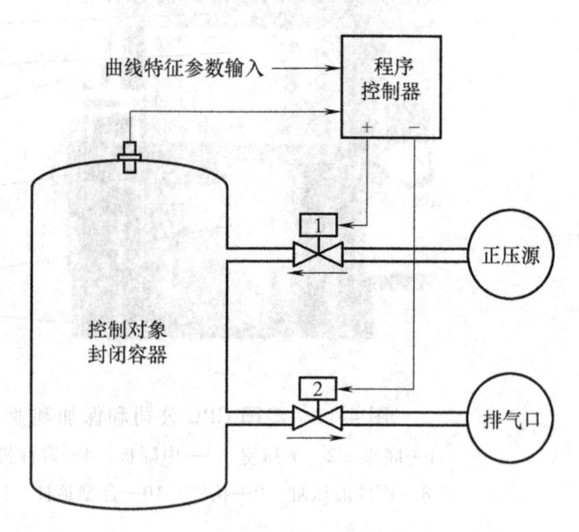

图4-19　自反馈压力控制系统结构示意图

1、2—调节阀

调节阀是反重力铸造压力控制系统中的重要气路动作执行部件，用于实现管路上的气体流量控制，根据调节阀的控制原理，可将其区分为膜片式调节阀和组合式调节阀。膜片式调节阀通过弹性膜片结构对外部施加的压力信号做出响应，进而驱动一个可调气路间隙的阀芯动作，以实现流量调控。这种调节阀的优点是可以对气体流量实现无级调控，但是缺点在于响应速度较低，且必须将程序控制器发出的电信号转换成为压力信号才能实现动作。组合式调节阀则是将多个不同孔径的电控阀门加以并联，其中每个阀门仅能在电控信号驱动下快速实现开闭两种状态的切换，而通过多个阀门的联合动作，可以实现气体流量的多级控制。电控阀门的数量，也称组合式阀门的位数决定了组合式调节阀的可调控级数，其数量越多，则调控级数及精度越高，但组合式调节阀的结构也就更加复杂。组合式调节阀的特点可以归结为：可以直接以电信号进行驱动，响应速度快，但是仅能实现多级气体流量的调控，在实际应用中，应根据需要选择适当的组合式阀门位数。

在差压铸造及调压铸造设备的压力控制中，单路压力控制系统往往不能满足控制需要，则需要将两路或以上的压力控制系统结合应用，所建立的控制气路复杂性较高。西北工业大学设计了一种双路双闭环压力控制系统，用于实现包括差压铸造、调压铸造在内的四种反重力铸造工艺过程的压力控制，如图 4-20 所示。

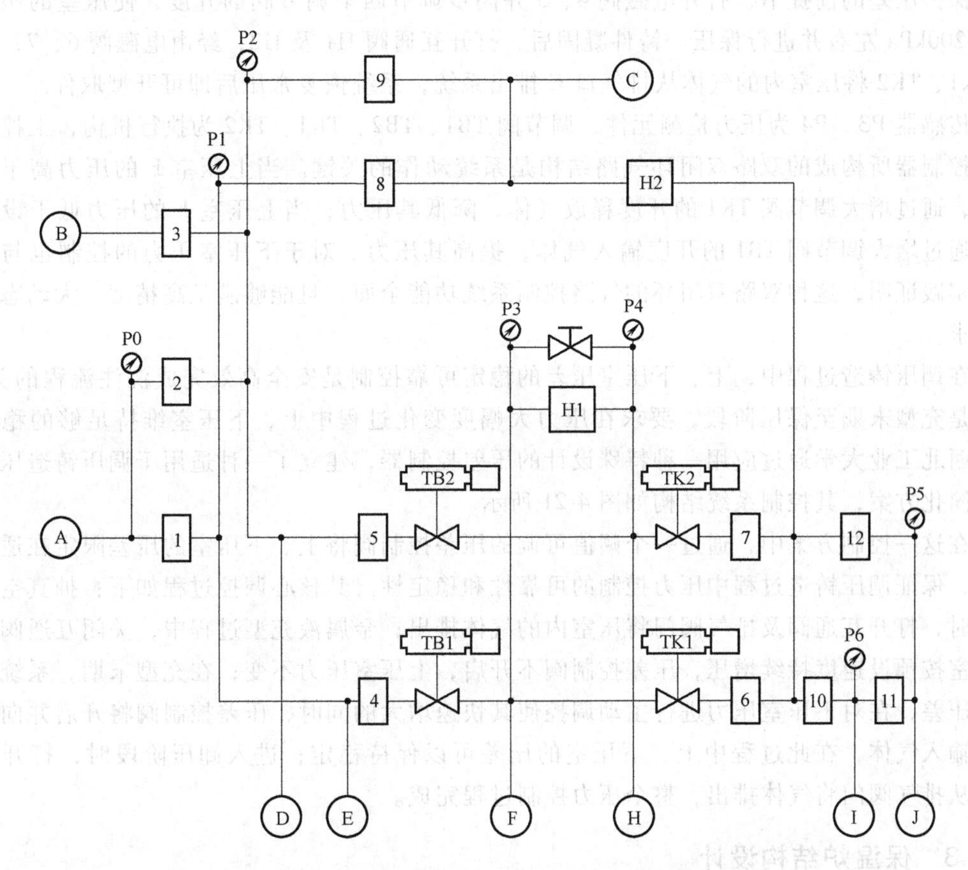

图 4-20　一种双路双闭环反重力铸造压力控制系统

1~12—单向电磁阀　H1、H2—互通电动阀　TB1、TB2—常闭调节阀　TK1、TK2—常开调节阀　P0~P6—压力传感器　A—压缩空气　B—附加气体　C—排气口　D—混气罐　E—空气罐　F—上压室　H—下压室　I—真空罐　J—真空泵

为满足某些金属牌号熔炼浇注对加压气氛的特殊要求，在系统中分别设置贮存附加气体与空气混合气体的混气罐和常规空气罐，用以分别实现合金液面加压和铸型空间加压；由于常规电磁阀仅具备单向导通能力，在两个需要互通的气路结构上使用了互通电动阀以满足双向气体交换的要求；使用传感器对气路关键点压力参数进行检测，并传输到工业控制计算机中与设定压力值进行比对，进而控制各阀门的动作，完成备气、抽真空、加压、保压、卸压等各项功能操作。

以镁合金调压铸造为例，说明图 4-20 所示双路双闭环压力控制系统的工作方式。由于镁合金易与空气中的氧发生反应，严重时导致燃烧，因此需要使用添加了 SF6 及 CO_2 的混合干燥空气对其加压。为此，在备气过程中，通过电磁阀 3，将一定量的附加气体输入到混气罐，而后再通过电磁阀 1、2，将干燥空气输入到混气罐及空气罐，使罐内压力达到 400kPa 左右。金属液熔炼完成后，置于下压室内的坩埚中，铸型安放于上压室内，首先进入抽真空阶段。打开真空泵及电磁阀 7、12，打开互通阀 H1 保持上下压室压力均衡，调节常开调节阀 TK1 及 TK2 的开度，按预定速度将压室内的气体抽出。真空度满足要求后保持真空一段时间，然后进入充型阶段。关闭互通阀 H1，打开电磁阀 5，调节常闭调节阀 TB2 的开度，将混合空气输入下压室，使其按预定加压速度增压，将金属液压入型腔。充型完成后在保持压差的前提下，打开电磁阀 4、5 并同步调节四个调节阀的开度，使压室的压力增加到 200kPa 左右并进行保压。铸件凝固后，打开互通阀 H1 及 H2，经由电磁阀 6、7，调节阀 TK1、TK2 将压室内的气体从排气口 C 排出系统，系统恢复常压后即可开型取件。

传感器 P3、P4 为压力检测元件，调节阀 TB1、TB2、TK1、TK2 为执行机构，工控机为程序控制器所构成的双路双闭环气路结构是系统动作的关键。当上压室 F 的压力高于设定值时，通过增大调节阀 TK1 的开度释放气体，降低其压力；当上压室 F 的压力低于设定值时，通过增大调节阀 TB1 的开度输入气体，提高其压力。对于下压室压力的控制也与此类似。实践证明，这种双路双闭环的气路控制系统功能全面，且能够满足高精度、大动态控制的要求。

在调压铸造过程中，上、下压室压差的稳定可靠控制是安全高效完成浇注流程的关键，尤其是充型末期至保压阶段，要求在压力大幅度变化过程中上、下压室维持足够的稳定压差。西北工业大学通过应用一种特殊设计的压差控制器，建立了一种适用于调压铸造压力控制的简化方案，其控制系统结构如图 4-21 所示。

在这一控制方案中，通过一个阈值可调的压差控制阀将上、下压室的压差限定在适当范围内，保证调压铸造过程中压力控制的可靠性和稳定性。其核心调控过程如下：抽真空及保真空时，打开互通阀及排气阀门将压室内的气体排出；金属液充型过程中，关闭互通阀，对下压室按预设速度持续增压，压差控制阀不开启，上压室压力不变；在充型末期，系统达到最大压差，在对下压室压力进行主动调控使其快速增大的同时，压差控制阀将开启并向上压室内输入气体，在此过程中上、下压室的压差可以保持稳定；进入卸压阶段时，打开互通阀，从排气阀门将气体排出，整个压力控制过程完成。

4.4.3 保温炉结构设计

为了在所需的温度条件下进行金属液浇注，反重力铸造设备都需要安装保温炉，部分设备中的保温炉兼具熔化和保温的双重效用，此时保温炉应具备足够的加热功率；而在大多数

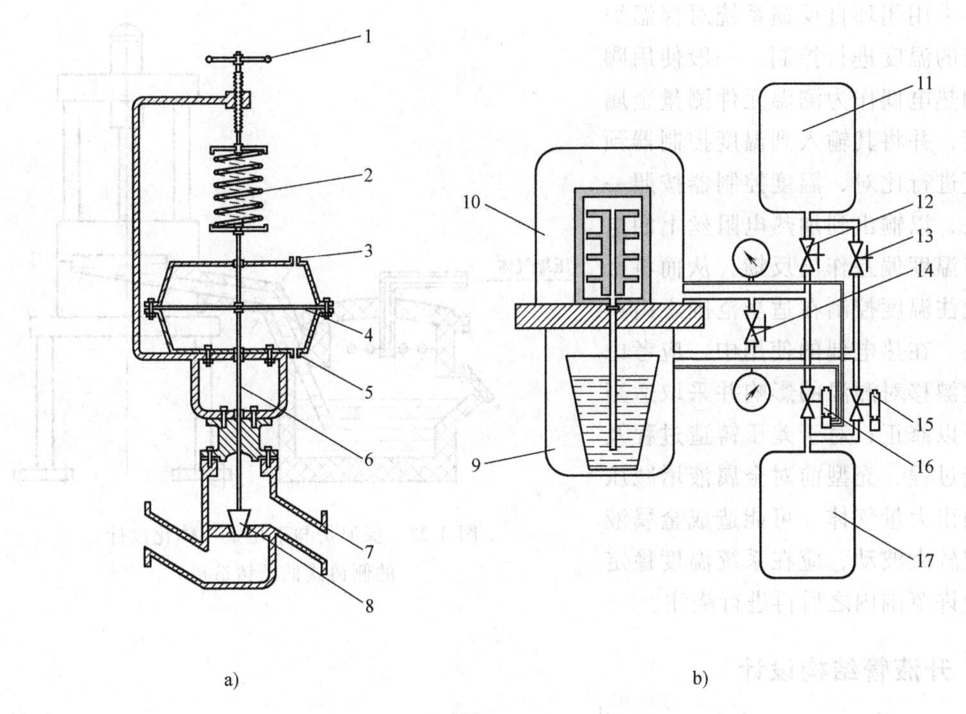

图 4-21　一种简化的调压铸造压力控制系统

a）压差控制阀　b）基于该控制阀的调压铸造压力控制系统

1—压差调节手柄　2—预紧弹簧　3—上测压口　4—膜片阀　5—下测压口　6—阀杆　7—阀体　8—阀芯

9—下压室　10—上压室　11—负压罐　12—上压室排气阀　13—下压室排气阀

14—互通阀　15—压力主控阀　16—压差控制阀　17—正压罐

的情况下，为了缩短生产周期，金属液熔炼由专用的设备完成并通过浇包或直接以坩埚转移到铸造机中，此时仅按保温炉的较小功率设计即可。

采用电阻坩埚炉对金属液进行温度控制，在铸造机结构设计方面，根据实际生产情况有两种不同的设计思路：

1）保温炉与压室均为独立结构并加以组装，典型结构如图 4-16 所示。即将保温炉直接置入下压室，此时保温炉仅完成加热或保温作用，压室与外界的压差由独立的压室承受，由于压室结构相对简单，可以降低压室漏气的可能性；而保温炉也可采用常规设计。对于差压铸造及调压铸造，由于系统需要耐受较高的压力作用，或因抽真空须有较好的防泄漏性能，往往采取这种结构设计方案。但是这种结构设计方案的缺点主要是：补充金属液的操作繁琐，需卸除铸型并开启中隔板，对生产率影响较大；同时这一方案还要求有较大的下压室空间（能够容纳完整的保温炉结构），对系统压力控制带来一定的难度。

2）保温炉与下压室采用一体化设计，如图 4-22 所示。将保温炉作为一个封闭压室进行设计，或将坩埚设计为封闭式结构，直接对坩埚进行压力调控，大大减小了增压空间尺寸，可以显著提升压力控制系统的快速响应能力，有利于压力的精确控制，同时可通过保温炉侧壁开口补充金属液，从而提高生产效率。然而这一方案也存在一些缺点：气路电路接口多，密封相对困难；坩埚温度较高，密封件迅速老化，使用寿命也受到影响，仅适合较低压力下应用。考虑这些特点，对生产率有较高要求的低压铸造设备常采用图 4-15 所示的设计方案。

同样采用闭环自反馈系统对保温炉内金属液的温度进行控制。一般使用陶瓷封装的热电偶作为测温元件测量金属液的温度，并将其输入到温度控制器预设值温度进行比对，温度控制器按照一定的算法，以输出到加热电阻丝上的电流强度对温度偏差作出反馈，从而将金属液的浇注温度控制在适当范围之内再进行浇注。在热电偶的使用中，应考虑冷端温度漂移对测温的影响并采取适当的方式予以修正；对于差压铸造过程及调压铸造过程，充型前对金属液增减压输入、输出大量气体，可能造成金属液温度出现较大波动，应在系统温度稳定并进入允许范围内之后再进行浇注。

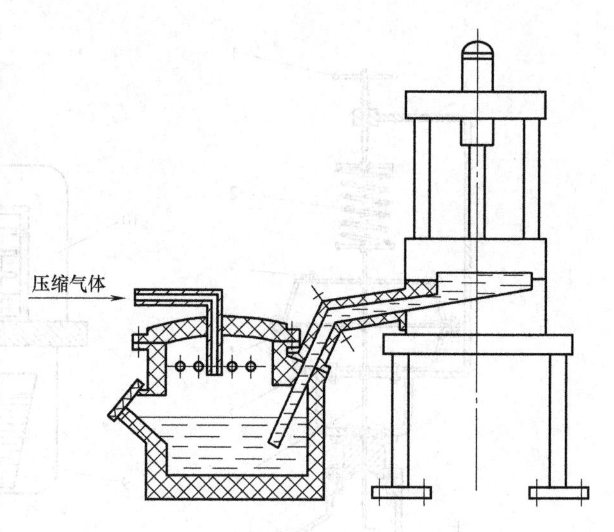

图 4-22　保温炉与下压室一体化设计的侧铸式低压铸造机

4.4.4　升液管结构设计

在反重力铸造设备中，升液管是一个输运金属液的重要构件，其上端与铸型浇口连接配合，下端长时间浸泡在高温金属液中，金属液在压差下通过升液管完成升液、充型，升液管还同时承担传递凝固压力的作用。选择适当的升液管材质、形状及结构，有助于延长其使用寿命，保证铸件质量，降低生产成本。

目前升液管采用的主要材质是铸铁，其使用寿命为 5~25 个工作日。针对其使用寿命短的问题，人们正在寻求和研究耐热性能高、工作寿命长的升液管材料，如硼硅玻璃、氮化硅、碳化硅陶瓷以及耐热合金铸铁等。常见的几种升液管结构包括直筒式、正锥式、倒锥式、潜水钟式四种，如图 4-23 所示。锥形的升液管顶部一方面有利于金属液回流，另一方面也可起到一定的撇渣作用。

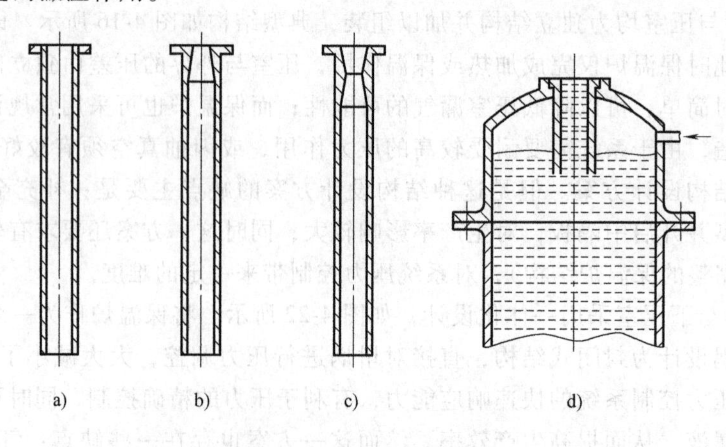

图 4-23　常见的升液管结构
a）直筒式　b）正锥式　c）倒锥式　d）潜水钟式

升液管必须具备良好的气密性才能保证铸件成形。若升液管发生泄漏，会导致压差无法建立，金属液不能完成充型；在升液管有轻微漏气的情况下，坩埚内的气体会渗入升液管，随液流填充型腔，在铸件内部形成气孔。因此，生产前应仔细检查升液管的气密性能是否符合要求。

升液管的热量散失问题也需要得到重视。尽可能地保证升液管上端出口面积大于铸件热节面积，这样有利于获得顺序凝固条件，进而促进金属液补缩。考虑到升液管与中隔板相连接，中隔板可能为升液管热量散失提供条件，还需进一步强化升液管的保温条件。为了避免升液管“冻结”，可以在升液管内部涂覆一定厚度的硅酸铝棉涂层以减缓热量散失，同时在必要的情况下考虑在升液管颈部安装电热保温装置。

由于升液管长期浸泡于熔融金属液中，容易受到侵蚀，必须对其进行涂料处理，避免金属液与升液管本体直接接触。涂料与升液管之间应形成较高的结合强度，以延长升液管的使用寿命，同时避免因升液管侵蚀而对金属液质量造成不良影响（如在铝合金铸造中铁质升液管会向金属液中溶入铁元素形成杂质），导致铸件性能降低。涂料层在使用过程中会逐渐减薄，这将导致现有涂料一次涂布后的有效工作时间不长。人们尝试采用合成陶瓷纤维为基的耐火材料包覆升液管，或在升液管下部易受侵蚀部位镶嵌石墨套，或使用含铝的搪瓷材料，已经取得了一定的效果。

4.4.5　电磁低压铸造

近年来，也有采用除气体压力以外的其他方法来驱动金属液进行反重力充型的新技术被提出。以电磁低压铸造技术为例，这一方法的工作原理如图 4-24 所示，通过陶瓷输液管将保温炉内的金属液与铸型相连，在输液管外侧安装电磁泵，利用电磁泵驱动金属液流动进入铸型型腔。通过调整电磁泵线圈上的电压，可以控制金属液流动的速度及压力，从而实现有序充型和有效补缩，保证铸件质量。

电磁泵驱动的低压铸造机降低了对保温炉密封性的要求，也可以使用一台电磁泵服务于两台铸型的交替生产，有利于更为灵活地组织生产。

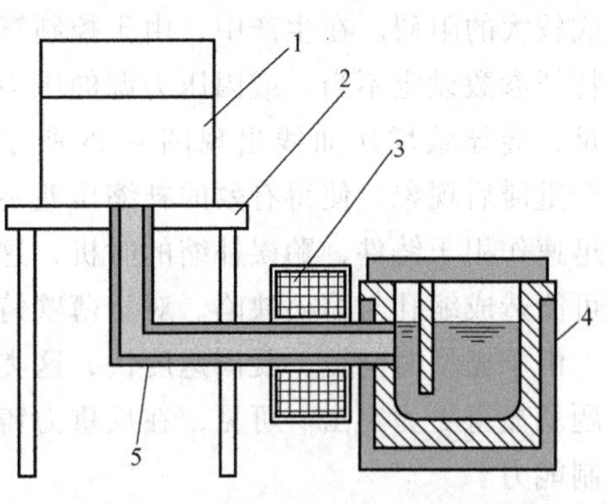

图 4-24　电磁低压铸造的工作原理

1—铸型　2—机架　3—电磁泵

4—保温炉　5—输液管

4.5　反重力铸造的缺陷与对策

在反重力铸造条件下，由于铸造方法、工艺方案、工艺参数选择和设计不当，可能导致各类铸造缺陷问题或事故。本节将对缺陷产生的原因及其解决方案进行分析。

4.5.1　缩孔与缩松

铸件在凝固过程中，由于合金的液态收缩和凝固收缩，往往在铸件最后凝固的部位出现孔洞，其中集中的大尺寸孔洞称为缩孔，分散的细小孔洞称为缩松。这类缺陷产生的主要原因是补缩顺序不良，或补缩强度不足。

在传统铸造工艺条件下，金属液在重力作用下实现充型和补缩，因此，在型腔上端设置冒口有助于提高金属液压头，从而强化补缩。然而在反重力铸造条件下，金属液充型及补缩遵循与此相反的规则，金属液补缩是在压差作用下由浇注系统来提供的，其流动方向与重力方向相反。此时若在型腔上端安放冒口，可能导致局部凝固顺序逆转，从而在冒口作用区末端与浇注系统补缩区末端之间产生缩孔、缩松缺陷。因此，在反重力铸造工艺设计中，铸件的凝固顺序应由远离浇注系统的一侧（通常为铸件上端区域）朝向浇注系统而进行；当铸件存在不良凝固顺序时，应根据具体情况来调控其凝固顺序，使之满足上述原则；应避免在远离浇注系统的区域设置冒口，优先考虑采用冷铁加快远端凝固的方式来调整凝固顺序。可以应用各类涂料对铸件凝固顺序进行干预。只有在具备良好凝固顺序的前提下，压差作用才能顺利传递到液固界面，为金属液补缩提供必要的保障。

作为反重力铸造的驱动力，压差的合理调控对于抑制缩孔与缩松缺陷来说尤为重要。压差不足往往造成补缩动力不足，而使铸件产生缩孔与缩松缺陷。金属液的结晶温度间隔越大，糊状区厚度越大，对补缩压差的要求也就越高；同时，对于不同的铸件结构，其补缩压差的要求也有不同，铸件复杂程度越高，壁厚越小，会导致金属液补缩通道狭窄，补缩难度增大，因此也就要求提供更大的补缩压差。

在实际生产中，不良压差曲线形态对铸件质量产生的影响往往容易被忽视。铸件在充型过程中逐渐降温，且流动性不断降低，当金属液充填至型腔顶端时已经有部分固相开始形成，对金属液的补缩流动造成较大的阻碍。在生产中，由于控制算法特征参数设定不当，或因压力源的压力不足，会导致增压曲线出现图 4-25 所示的严重滞后现象，使得有效的补缩压差不能迅速作用于铸件，贻误补缩的时机，这就可能造成缩孔与缩松缺陷。对于薄壁铸件，由于充型时间短，凝固速度快，这类问题就显得更为突出。可见，在反重力铸造设备保障方面，必须强调对压差曲线的高可靠性控制能力。

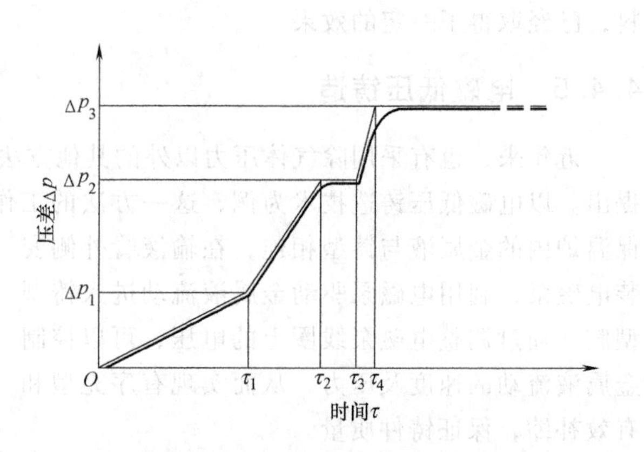

图 4-25　不良的压差控制曲线

4.5.2　气孔

铸件气孔包括析出性气孔、反应性气孔及侵入性气孔三种类型，其产生机制各有不同，解决方案也存在差异。

1. 析出性气孔

金属液中溶解的气体因金属凝固时的溶解度降低，而从金属液中析出，就形成析出性气孔。这类气孔均匀分布于铸件内厚大位置所对应的热节等温度较高的区域。析出性气孔形态细小且分散，经常与缩孔、缩松共存，是常见的一类铸件缺陷。

降低金属液含气量，提高凝固压力、凝固速度均有利于抑制析出性气孔产生。具体来说，可以采取以下方案：

1）使用优质合金原料，避免使用锈蚀、污染的合金锭料，避免从原料中引入气体来源。

2）熔炼时先加入低熔点原料，依次投入高熔点原料，可以减小炉料与空气的接触面积及接触时间，从而有效降低金属液的吸气量。

3）对金属液进行除气操作，如使用六氯乙烷、氩气精炼法或真空除气法除去金属液中溶解的气体。

4）适当降低金属液浇注温度，可以减小气体在金属液中的溶解度，同时提高凝固速度，起到抑制析出性气孔的作用。

5）考虑气体析出涉及动态扩散、气泡形核及生长的过程，通过降低铸型温度或采用其他手段来提高金属液的凝固速度，可以使气体以过饱和固溶的方式留在铸件中，不致形成气孔缺陷。

6）提高铸件的凝固压力，可以在提高金属中气体溶解度的同时增大析出阻力，从而抑制析出性气孔的产生，如使用差压铸造工艺取代低压铸造工艺和真空吸铸工艺，并考虑应用更高的保压压力。

7）结合真空除气和增压凝固工艺，如使用调压铸造工艺，提高真空度及保压压力，延长保真空时间及保压时间，均有助于获得组织致密的铸件。

2. 反应性气孔

反应性气孔是指金属液与铸型、砂芯、冷铁、夹渣或氧化膜等外部因素发生化学反应（外生式反应气孔），或金属液与其内部溶解的化合物之间发生化学反应而生成的气孔（内生式反应气孔）。反应性气孔表面光滑，呈银白色、金属光亮色或暗色，其孔径比析出性气孔更大，可达几个毫米。外生式反应气孔均匀分布在铸件与型壁、渣团等的接触面上，处于铸件的浅层皮下，而内生式反应气孔在分布上呈现为弥散性气孔，成群的大孔洞分布于铸件整个截面积上。

对于铸件中出现的不同种类反应性气孔，应具体分析其产生原因，找出反应物的存在形式并加以避免。常规可采取的手段包括：控制铸型中的水分及有机黏结剂用量；提高型砂耐火度和稳定度；清理金属型表面并进行预热除去水分；在金属液熔炼过程中，合理造渣和去除有害渣相；在铸型内安放过滤片以除去金属液中的渣和气。通过这类措施，可以在很大程度上去除反应物，避免反应性气孔的形成。

3. 侵入性气孔

侵入性气孔体积较大，形状近似梨形，常出现在铸件上部靠近型芯壁或浇注位置处，主要是由于砂型或砂芯中产生的气体未能及时由铸型排出，侵入金属中未能逸出液面而造成的，梨形气孔小端位置表明气体由该处进入铸件。如前所述，升液管的轻微泄漏也可能导致铸件内部出现气孔缺陷。

侵入性气孔的防治措施包括：

1）控制型（芯）砂水分及发气原料的含量。减少砂型（芯）在浇注过程中的发气量，不使用受潮、生锈或有油污的冷铁和芯撑等，控制金属液的充型流动方式，避免金属液过度冲刷砂型（芯）而导致发气。

2）改善砂型的透气性。选择合适的砂型紧实度，提高砂型和型芯的透气性；合理安排出气眼，使型（芯）内气体能顺利由铸型排出，减小其进入金属液的可能性。

3）提高气体进入金属液的阻力。合理设计浇注系统，避免浇注时卷入气体，在型（芯）表面涂刷涂料以减少金属-铸型的界面作用，同时利用涂料微孔结构所产生的附加压力抑制气孔侵入金属液。

4）合理设计铸型，避免使用大平面水平型腔并设置排气通道，一旦气体侵入，能迅速将其排出到金属液之外。

4.5.3 浇不足及铸件空壳

1. 浇不足

当充型驱动力不足以抗衡充型阻力时，金属液不能完整充填铸件型腔，就会导致铸件浇不足缺陷产生。在反重力铸造中，充型驱动力是由外加的可控压差来提供的，而充型阻力则由静态水力压头、金属液流动的黏滞阻力、金属液流动界面曲率产生的附加压力以及型腔内气体反压四部分构成的，而当型腔的截面面积发生突变时，还将带来额外的动量损耗，对金属液流动产生干扰。

根据浇不足缺陷的产生原因，可采用以下几个方面的措施来对其进行控制：

1）增大充型压差和充型阶段的增压速度，增大浇注速度，提升充型驱动力。

2）提高金属液的浇注温度及铸型温度，避免金属液黏度的过快提升，降低流动过程中的动态黏滞阻力。

3）在必要的情况下，对铸件结构进行调整，避免使用过小的壁厚，或增加薄壁面的加工余量，以减小金属液流动界面的附加压力。

4）通过合理设计排气通道，降低型腔内初始气体压力或使用更高的真空度等手段来降低型腔气体反压。

2. 铸件空壳

在某些情况下，当金属液充填型腔后，在过短的时间内卸除了系统压差，从而导致型腔内未凝固的金属液回流入坩埚，仅留下与铸型型壁交换热量后迅速凝固的一层铸件凝壳，这种现象被称为铸件空壳。其产生的原因及解决措施包括：

1）在铸件充型后的压差保持过程中，所设置的保压时间过短，导致未凝固的金属液回流，对于这种情况下产生的空壳缺陷，应通过延长保压时间来加以避免。

2）金属液充型末期，在较大压差作用下升液管发生泄漏现象，导致气体进入升液管并上升到铸型型腔，导致金属液回流从而形成铸件空壳，对这种情况，应检修、更换升液管。

3）若升液管下端在坩埚内的高度不当，过于接近金属液面，在充型末期因坩埚液面下降而使升液管下端暴露在空气中，大量气体进入型腔，导致铸件被放空，对于这种情况，则应通过补充金属液或延长升液管等措施来加以解决。

4.5.4 铸件披缝、鼓胀及跑火

反重力铸造工艺提供了比常规铸造工艺更高的充型能力，然而在铸型合型不良的情况下，金属液在压差作用下极易渗入合型面，导致铸件披缝及飞边。当铸件出现这一问题时，应首先检查合型操作是否符合规范，铸件分型是否良好吻合；其次，对分型面加工精度及磨损情况进行评估，若加工精度不足或过度磨损，应予修复或更换；若合型不存在问题，可通过适当降低充型压差来减小铸件披缝产生的可能性。

在较高的压力及压差作用下，铸型将发生变形，若铸型强度不足，型腔壁面变形量超出许可范围，金属液充填时将复制这些变形量而形成铸件表面鼓胀；铸型变形严重时，还可能出现金属液由分型面泄漏的跑火事故。对这类问题的解决方案包括：

1）对于砂型铸造，可通过在铸型中植入加强结构如铁钉，改变型砂配比等方式来提高铸型强度。

2）对于金属型，应调整铸型材料及结构，提高其结构刚度，对于磨损或长期使用过程中组织变化而致的刚度不足，应更换铸型。

3）改进铸型装夹机构，从铸型外围对其刚度提供必要保障，同时保证合型可靠。

4）适当降低充型压差，可减小铸件鼓胀变形量，降低跑火风险。

4.5.5 铸件变形及裂纹

在凝固及后续的冷却过程中，因铸件部位温度存在差异，会形成特定的应力分布，并导致铸件变形。若铸件应力超出材料在对应温度下的破坏极限，则会产生铸件裂纹。若铸件裂纹产生于固相骨架形成之后及完全凝固之前，则该裂纹被称为热裂纹；若裂纹是在铸件后续冷却过程中的应力积累所造成的，则称为冷裂纹。

在反重力铸造工艺设计中应非常注重凝固顺序的控制。铸件变形量控制与凝固顺序控制既构成为一对矛盾，在某种意义上又存在一致性。提高凝固顺序就意味着增大铸件各部位的温度差异，这将提高铸件应力场的不均匀性，并增大铸件变形量；然而，在良好凝固顺序控制的条件下，铸件的致密度得到保证，力学性能的提升又有助于减小变形程度并抑制裂纹产生。因此，在工艺设计中，应当把握凝固顺序在当而不过的范围之内，既能够保证补缩，又不致造成过大的铸件应力。

对于铸件变形，还可以采取的措施包括：在铸件上增设加强肋以控制铸件变形，热处理后再加工去除；根据预估的铸件变形量，在铸型设计上预留出反变形的校正量；部分铸件变形可通过后续压力机校形而去除。

对于铸件裂纹的控制，则有如下解决方案：

1）增加铸型及型芯中阻碍铸件收缩部分的退让性，增加涂料层的厚度。

2）增加对热裂部位的补缩，输运足够的金属液用于裂纹部位的填充。

3）强化热裂部位的散热能力，使之及早凝固并具备足够强度，减小热裂倾向。

4）提高浇注温度及铸型温度，减小温差，有利于同时凝固，从而减小热裂倾向。

5）在裂纹产生部位的铸型或型芯壁面上开设与裂纹平行的沟槽，以分散凝固收缩量和应力，减小裂纹产生倾向。

6）尽早从金属型内取出铸件，避免铸件降温收缩过程中与铸型之间的机械力作用，有助于减小裂纹产生的可能。

4.5.6 黏砂

在反重力铸造中，外加的压差极大地提升了金属液的充型能力，同时也导致金属液更易于渗入到铸型壁面的型砂间隙，增大了机械黏砂缺陷的可能性。可采取的解决方案包括：

1）使用耐火度高的致密涂料对铸型型壁进行涂刷，增大金属液渗入时的附加压力，从而抑制黏砂缺陷。

2）适当降低浇注温度，有助于避免黏砂。

3）适当降低充型及保压压差，延长压差曲线中的结壳时间。

4.6 反重力铸造应用实例

反重力铸造因其在铸件品质控制中所具备的显著优势，广泛用于各类高性能有色金属铸件的生产实践，具备极大的发展潜力。本节将结合具体的铸件生产实例，对反重力铸造方法选用、工艺方案设计及应用效果进行讨论。

4.6.1 汽车轮毂铸件低压铸造实例

随着汽车行业的快速发展，车用轮毂铸件在我国铸造生产中日益占据重要地位。常见的轮毂铸件直径可达400~600mm，为了提高汽车的机动响应特性，轮毂铸件材质以轻质高强的铝合金为主，部分轮毂材质向镁合金及不锈钢发展。在不同的生产场合条件下，为了保证轮毂质量，金属型铸造及反重力铸造均被用于轮毂铸件的生产。

1. 铸件特点及技术要求

以图4-26所示的某型号车用轮毂铸件为例，其为A356铝合金材质的中心对称大外廓薄壁结构，从中心到辐条的壁厚变化大，金属液流程长，对充型和补缩造成明显障碍；同时，作为机车中周期性承受冲击载荷的主要部件，对轮毂铸件的强度及塑性要求超出常规车用结构件的指标，这不仅要求零件的铸造品质有良好保证，同时在后续工序中还应采用热处理手段对其性能进行改善和提高。由于轮毂件需求数量大，对铸件生产率也提出了较高的要求。

图4-26 某型号车用轮毂铸件结构

a）铸件三维图 b）铸件俯视图

1—轮辋 2—轮辐

2. 铸造工艺方法的确定

（1）造型工艺的选择 为了满足生产批量对铸造流程的要求，考虑采用可反复使用的金属型进行轮毂铸件的生产。金属型的应用也有助于提供良好的铸件质量，通过金属型的快速激冷来获得细小致密的凝固组织，从而保证铸件的强塑性指标，为后续热处理工序提供良好基础。

采用金属型进行铸件生产时，需要考虑铸型材料对铸造工艺的特殊要求。较高的冷却速

度会降低金属液的充型能力，而在薄壁铸件生产条件下，这一问题就显得更为突出，因此有必要应用较高的充型温度和充型驱动力；均质的金属型难以实现主动的凝固顺序控制，可以考虑在金属型中使用铜质冷铁、冷却介质通道等手段来强化凝固顺序控制。

（2）铸造工艺方法的选择　如前所述，使用金属型进行薄壁铸件生产时，应采用较高的充型驱动力来保证金属液充填。压力铸造、反重力铸造手段均可提供较强的充型驱动力，有助于获得完整铸件；然而考虑到后续热处理工序对铸件含气量的要求以及凝固顺序控制的更高要求，优先考虑应用反重力铸造方法来改善铸件质量；另一方面轮毂铸件的较大外廓尺寸也使得其压力铸造生产难以进行。

在四种不同的反重力铸造方法中，选择低压铸造方法来实现轮毂铸件的生产，这主要是基于生产率的考虑。铸件壁厚较薄，在金属型中迅速凝固，针孔缺陷已经可以得到较好地控制，经热处理强化后的铸件性能可以满足其使用性能要求，因此一般不考虑使用生产效率较低的差压铸造及调压铸造来进行生产；而与差压铸造及调压铸造相比，低压铸造生产工序相对简单，生产周期短，通过流水作业的自动控制低压铸造机，可以很好地满足铸件生产批量的要求，同时降低单个铸件的生产成本。轮毂铸件尺寸大、壁厚小，真空吸铸难以满足充型能力的要求，同时也不利于保证铸件致密度，因此也不宜采用。

3. 铸造工艺方案及应用效果

首先需要确定铸件的浇注位置。分析轮毂铸件结构，其厚壁位置在轮辐靠中心端，而轮辋部分壁厚均匀且较薄，将金属液引入位置置于铸件中心轴，有助于保证轮毂整体性能的对称性。因此金属液引入位置可置于轮辐中心汇交部位，通过五个分布的辐板来完成金属液向轮辋部分的均匀分配，有助于建立良好的充填顺序和凝固顺序。根据反重力铸造的技术特点，将金属液引入位置置于铸件型腔的底部，利于金属液在重力约束下以平稳流态上升，避免气体和夹杂物的卷入。据此设计图 4-27 所示的金属铸型结构，铸型所使用材质为 H13（美国牌号）钢。

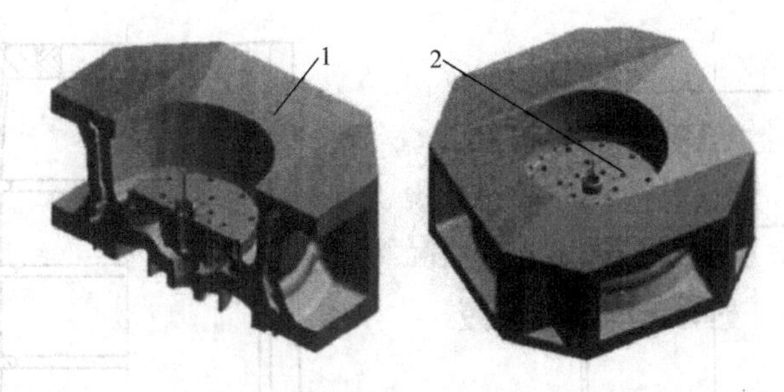

图 4-27　轮毂铸件生产所用的铸型结构

1—模具　2—通风孔

考虑铸件中心位置壁厚较大，其冷却速度慢，过长的凝固时间会降低铸件生产率，因此可以考虑对该部位进行强制冷却。但这一强制冷却手段的应用应以铸件的凝固顺序为前提，辐板中心部位的过度冷却可能截断浇注系统对轮辋部分的补缩。因此在铸型强制冷却手段上，采用了较为灵活的通风孔设计来控制该部位的冷却速度，通过不同通风孔的选择性送风，可以获得灵活控制的冷却能力，并在实际生产中进一步调控并稳定冷却工艺。

考虑铸件结构、壁厚及铸型冷却特点，在浇注时应采用较高的浇注温度及铸型温度以保证完整充填。为此将浇注温度设定在690~700℃，铸型预热温度设定在350~400℃。根据坩埚液面至型腔顶端的高度为500mm计算，充型压差设置为15kPa；由于金属型的变形抗力较强，为了保证铸件致密度，结壳后最大压差可升高至40kPa。

浇注过程所采用的压力调控过程如下：

1）在10s内将液面压力提升至15kPa，并保持5s。

2）在5s内将液面压力提升至40kPa，并维持100s，以强化补缩，提高铸件致密度。

3）卸除液面压力，使浇注系统中未凝固的金属液回流进入坩埚，开型取件。

经实践验证，上述工艺方案在实际生产中获得良好效果，所获得的铸件内部无夹杂、疏松缺陷，达到技术指标要求。

4.6.2 航空器舱体铸件调压铸造实例

航空器舱体是一类典型的大外廓尺寸复杂薄壁铸件，常以高比强度的铝合金或镁合金制造，从而在较低的自重条件下获得足够的构件强度。考虑铸件结构及合金的特点，这类铸件充型及补缩难度大，而性能要求又较高，对铸造工艺设计提出了较为严苛的要求。反重力铸造因其具备在充型流动及补缩控制方面的显著优势，成为了解决这类铸件生产难题的重要手段。

1. 铸件特点及技术要求

以图4-28a所示的某航空器舱体结构件为例，材质为铝合金，代号为ZL101A，零件外廓为筒形结构，最大外径420mm，高度约760mm，其中约200mm的一段为减小的椭圆外廓，直筒形舱体内有多处复杂肋板结构（图中仅为示意，未全部绘出），舱体壁厚为3mm。舱体两端直接连接厚度40mm的法兰结构，形成薄壁面与厚大结构的直接连接。对铸件的质量要求如下：铸件按HB963—1990之Ⅰ类铸件标准验收，铸件整体通过100% X射线透视方法进行检测，不允许有任何疏松、针孔、夹杂等铸造缺陷级别超标，考虑到顶部法兰处厚大

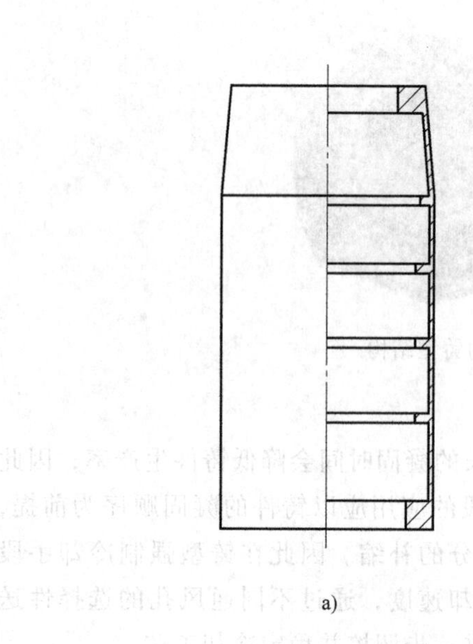

a）

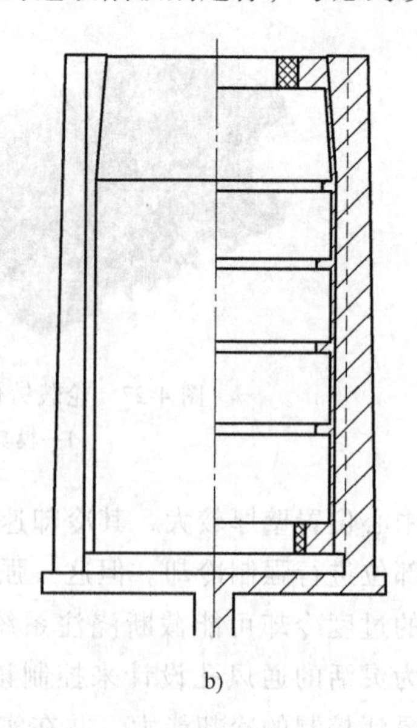

b）

图4-28 某航空器舱体结构件及其铸造工艺方案示意图

a）铸件结构示意图 b）铸造工艺方案示意图

部位补缩存在困难，极易产生疏松缺陷，这些部位的冶金质量控制成为铸造工艺设计及执行中的关键难点。

为了保证零件的力学性能，应充分利用铸造过程中形成的细晶区构成零件主体，因此铸件预留尽可能小的壁面加工余量。考虑零件大面积壁厚非常小，即便增加加工余量，4～5mm 的铸件壁厚对于一般铸造方法来说也难以保证完整充型，由于内腔肋板结构复杂，容易导致憋气、汇流、冷隔、欠铸等问题，成形难度极大。同时，实际铸件内部有各类肋板及栅板，内腔结构十分复杂，壁厚跃变很大，不仅难以充型，而且由于各部位热节分布复杂，冷却速度难以控制，凝固过程中极易出现局部疏松或缩孔，凝固后期壁厚跃变处热裂倾向较强。因此，该舱体整体铸造最核心的问题是铸件的凝固过程控制。

2. 铸造工艺方法的确定

(1) 造型工艺的选择　本铸件为典型的航空类铸件产品，质量要求高，结构复杂，而且生产批量小。考虑到零件复杂程度及其成形精度的要求，需采用精密铸造成形技术来保证铸件尺寸外形精度。树脂砂铸造工艺是一种典型的精密砂型铸造技术，适合于各种尺寸铸件的生产。砂型铸造浇注系统的设置比金属型铸造更为灵活，砂型具备的较高热阻也使得凝固顺序的干预和调整较金属型更为有效，可以充分运用冷铁及浇注系统对凝固速度的影响来调控补缩。树脂砂型、芯可以存放很长时间，可以在积累一批铸型和型芯后统一连续浇注生产，十分适合航空产品的中、小批量生产。

(2) 铸造工艺方法的选择　由于铸件整体壁厚小，尺寸大，采用常规重力浇注无法保证完整成形，压铸等特种铸造技术也无法应用；为了在保证外形完整的情况下提高铸件质量，必须应用反重力铸造技术。而在四种反重力铸造技术当中，我们选择了调压铸造技术来实现铸件的浇铸成形，其原因是：调压铸造技术充型能力优越，型腔反压低，能够保证铸件完整充填；可以获得良好的充型流态，形成有利于顺序凝固的初始温度场；对于铝合金来说，可以通过真空除气法及正压凝固达到很好的针孔抑制效果，同时保证金属液补缩，使铸件致密度提高，提升铸件性能，满足生产效率及合格率的要求。

3. 铸造工艺方案及应用效果

首先确定铸件的浇注位置。由于铸件两端都存在厚大法兰，虽然内腔结构较为复杂，但是内部壁厚基本均匀，在确定浇注位置时将舱体缩小端朝向上部放置，有利于获得一定的凝固顺序。

在浇注系统的设计上，为了形成良好的充型流态和凝固顺序，采用了六个立筒缝隙式浇道构成浇注系统，各个立筒下端通过横浇道与直浇道连接后与升液管分别对接，如图 4-28b 所示。在浇注系统尺寸设计方面，考虑到铝合金易氧化的特点，采用了扩张式浇注系统来获得平稳液流，即浇注系统各单元断面积之间的关系遵循式 (4-7) 及式 (4-8) 描述的设计原则。

尽管将舱体缩小端朝上放置，但是过薄的铸件壁厚使得舱体顶部的凝固顺序无法满足要求，难以实现浇注系统对厚大法兰的补缩。为了加快厚大法兰面的凝固，在上、下端法兰处均使用环形冷铁来约束法兰内环成形，并对局部施加激冷作用。根据两端法兰处冷铁的效用应当具备的差异，细致核算环形冷铁所需的激冷强度：上端面法兰处的冷铁应用目的是逆转该局部的凝固顺序，使得凝固界面朝向浇注系统推进，而下端面的法兰本身更靠近浇注系统，此处冷铁的应用目的仅是使得该处的法兰与周边薄壁舱体凝固时间基本一致，也即是说，上端面的环形冷铁应当具备更大尺寸和更强的激冷效果，而下端面的冷铁尺寸略小。

在立筒缝隙式浇道形态设计上也采用了特殊的工艺设计，使用了圆锥形立筒替代原有的圆柱形立筒，便于利用浇注系统来强化铸件凝固顺序调控，虽然这一处理会导致造型工艺难度有所增加，但对于进一步强化铸件整体的凝固顺序，提高铸件质量显得非常必要。

在造型过程中，舱体结构的外廓形状由多个环状砂箱堆叠而成，铸件壁厚按 4mm 进行浇注成形。为了形成舱体内腔结构，采用了十余个相互嵌套的活动型芯来约束复杂形态分布的肋板结构成形，舱体内部大部分凸台的精度由型芯的安装精度所确定。

由于铸件壁厚较薄，在浇注时应采用较高的浇注温度及充型速度以保证完整充填，浇注温度设定为 705~715℃，充型速度设定在 0.1m/s 左右。根据坩埚液面至型腔顶端的高度 1100mm 计算，充型最大压差设定为 50kPa。

浇注过程所采用的压力调控过程如下：

1）在 120s 内将上下压室压力降低至-95kPa 后保持负压 600s，使铝液中溶解的气体能够充分去除。

2）在 10s 内将下压室压力提升至-45kPa 进行充型，而后在 5s 内完成上、下压室同步增压操作，使下压室压力达到 200kPa，上压室压力达到 150kPa，保持系统压力 250s，使铸件在压力下完成凝固。

3）均衡上、下压室压力，使浇注系统中未凝固的金属液回流进入坩埚，然后同步降低上、下压室压力至常压，开型取件。

经实践验证，上述工艺方案在实际生产中可获得良好效果，采用调压铸造方法在工厂连续浇铸舱体铸件 30 件，经 X 射线透视检查，铸件内部质量完全符合 HB963—1990 之Ⅰ类铸件的验收标准；经热处理后，铸件性能达到使用要求。

思考题

1. 反重力铸造工艺适合哪类合金及铸件的生产？
2. 不同的反重力铸造工艺中，压差及压力控制的方式有何差异？
3. 不同的反重力铸造工艺在铸造生产方面有何特点？各自适用于哪些生产场合？
4. 与常规重力铸造相比，反重力铸造的凝固顺序控制原则和目的有何异同之处？
5. 为什么在反重力铸造过程中，黏砂缺陷比常规铸造工艺更需要重视？
6. 调压铸造使用了哪些手段来强化充型能力并提升铸件质量？

参考文献

[1] 林伯年. 特种铸造 [M]. 2 版，杭州：浙江大学出版社，2008.

[2] 王乐仪，郑来苏，曲卫涛，等. 特种铸造工艺 [M]. 西安：西北工业大学出版社，1988.

[3] 魏尊杰. 金属液态成形工艺 [M]. 北京：高等教育出版社，2010.

[4] 董秀琦. 低压及差压铸造理论与实践 [M]. 北京：机械工业出版社，2003.

[5] 王猛，曾建民，黄卫东. 大型复杂薄壁铸件高品质高精度调压铸造技术 [J]. 铸造技术，2004，25 (5)：353-358.

[6] 王猛，黄卫东，林鑫. 一种压差控制阀及使用该阀的反重力铸造压力控制方法：中国，200610104417.8 [P]. 2010-05-12.

[7] 张辉，万柳军，荆涛. 汽车轮毂低压铸造凝固过程模拟研究 [J]. 特种铸造及有色合金，2006，26 (7)：409-411.

第5章 熔模铸造

5.1 概论

5.1.1 熔模铸造的定义

熔模铸造是先用易熔材料（例如蜡料等）制成可熔性模样，在模样上包覆若干层特制的耐火涂料（加撒砂），经过干燥与化学硬化形成一个整体模组，再从模组中熔失熔模而获得中空的型壳；然后将型壳放入焙烧炉中经高温焙烧；最后浇注熔融金属而得到铸件的方法。由于通常所用的易熔模料是蜡基材料，故又称“失蜡铸造”。因为用此方法获得的铸件与普通铸造的相比，具有较高的尺寸精度和较小的表面粗糙度值，可实现产品少切削或无切削，则又称“熔模精密铸造”或简称为“熔模铸造”。

5.1.2 熔模铸造的发展历程

熔模铸造有着悠久的发展历史。早在4000多年前，古埃及的金匠就用此方法从事宝石工艺生产；古希腊在2400多年前，就用此方法生产了壁厚3~4mm的大型铸像；我国也在2000多年前，就用此方法生产各种工艺品。据我国明代手工艺百科全书《天工开物》记载，早在公元前数百年前，我们的祖先就用蜡和牛油制作模型，上面覆以黏土，经烧烤后熔失蜡和牛油得到中空型腔，用来铸造青铜钟鼎及尊、盘器皿。总之，古代遗留下来的大量文物已充分证明：熔模铸造的历史几乎占据了人类文明的整个历史时代。

但是，熔模铸造这一先进工艺真正应用于工业生产则是在第二次世界大战前后。英国应用最早（1930年），其次是美国（1942年）和苏联（1944年），日本是战后（1950年）才开始研究和应用的，德国的应用和发展更晚。然而，近半个多世纪以来，由于航空及军事工业的不断发展，促使这些先进工业国家的熔模铸造工业得到飞速发展。

随着科学技术的发展，熔模铸造在理论研究、新材料新工艺的开发和应用、检测技术和检测手段的研制、技术标准的制订、产品质量的提高及应用范围的扩大方面，进入了一个新阶段。

5.1.3 熔模铸造的工艺流程

熔模铸造是用可熔（溶）性一次模和一次型（芯）使铸件成形的铸造方法。现代熔模铸造工艺流程如图5-1所示。

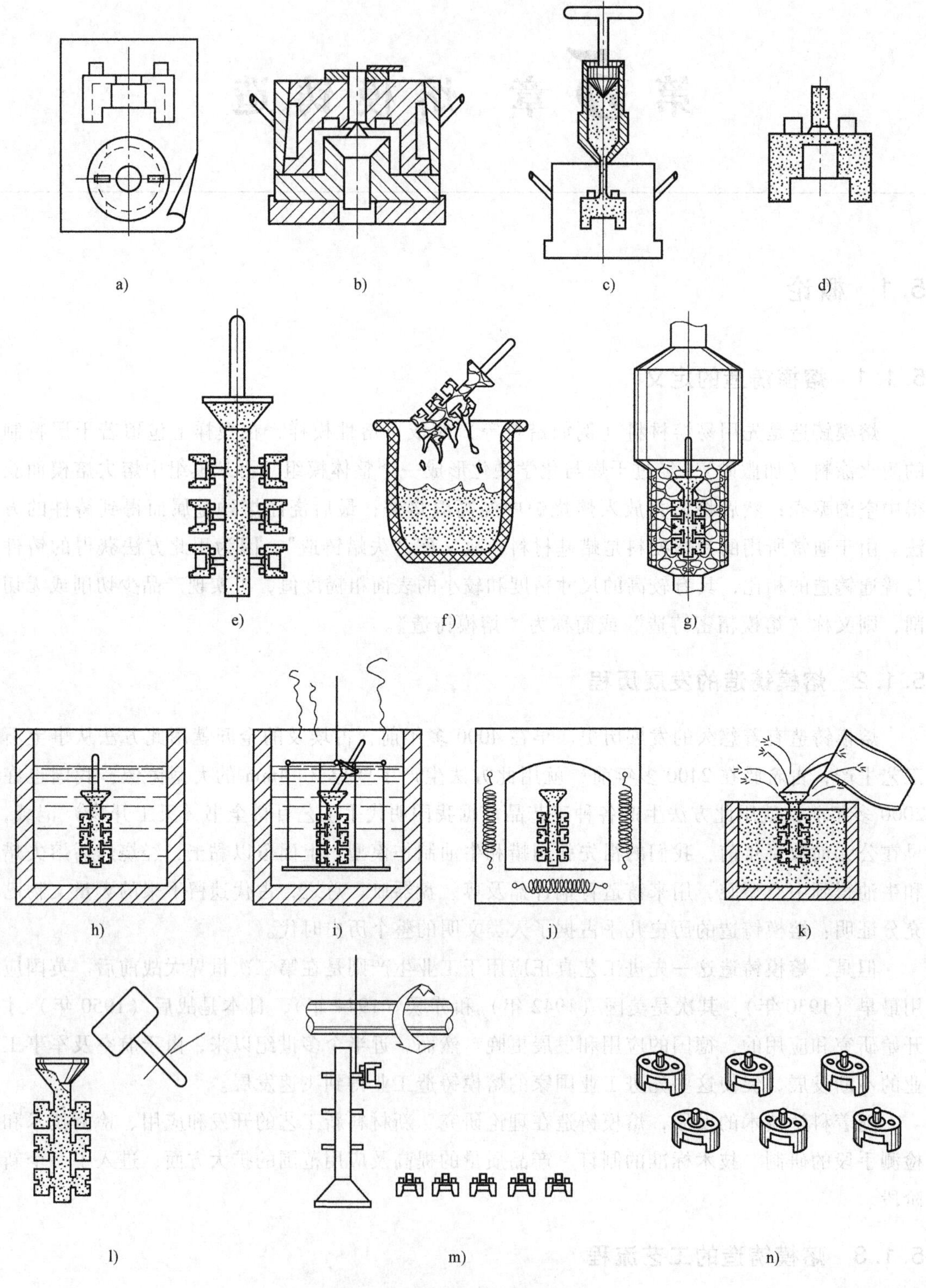

图 5-1　现代熔模铸造工艺流程

a）零件图　b）压型　c）压制熔模　d）所制熔模　e）焊接模组　f）上涂料　g）撒砂　h）型壳硬化　i）脱蜡　j）型壳焙烧　k）浇注　l）脱壳　m）铸件清理　n）精铸件

1. 压型设计与制造

根据产品零件图（图5-1a的要求设计并加工压型（图5-1b），压型材料可用钢或其他材料。

2. 熔模制造

将调成糊状的易熔模料注入压型中（图5-1c），制成熔模（图5-1d）。

3. 组焊模组

把若干单个熔模组焊到浇口蜡棒上制成模组（图5-1e）。

4. 型壳制造

在模组表面涂覆耐火涂料（图5-1f），撒上耐火材料（砂子）（图5-1g），再放入硬化剂中使涂料层硬化（图5-1h），这样重复数次，使模组表面结成8~10mm的硬壳。

5. 熔失熔模（脱蜡）

把完成制壳的模组放入热水池中（或焙烧炉、蒸汽釜中），将模料（包括蜡棒）全部熔化，形成中空型壳（图5-1i）。

6. 型壳焙烧

把型壳放入加热炉中进行焙烧，使其增加强度和透气性（图5-1j）。

7. 金属浇注

将熔融的金属浇入到中空的型壳中，使冷却后形成铸件（图5-1k）。

8. 脱壳与清理

用机械或人工脱壳（图5-1l）并切除浇冒口（图5-1m），再经过其他清理工作后即得到所需的精铸件（图5-1n）。

整个熔模铸造的工艺流程可用方框图表示，如图5-2所示。

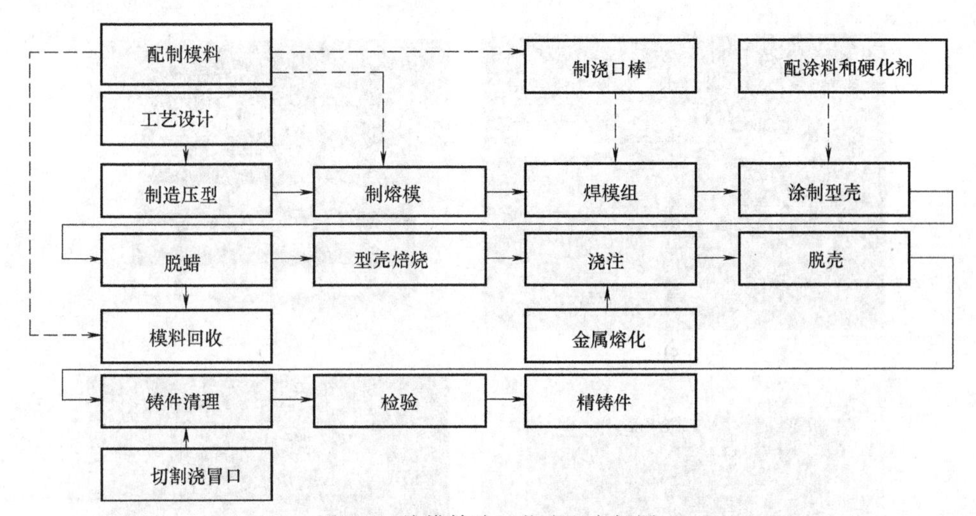

图5-2 熔模铸造工艺流程方框图

5.1.4 熔模铸造应用实例

如前所述，熔模铸造几乎应用于所有工业部门，用以生产各类工业产品，同时更具有生产各类工艺品、艺术品的优势。图5-3所示为几种典型的熔模铸造产品，分别为车船用零件、纺织机械零部件、阀门及管件、五金工具类、运动器械类、热处理设备制品以及工艺品及艺术制品类。

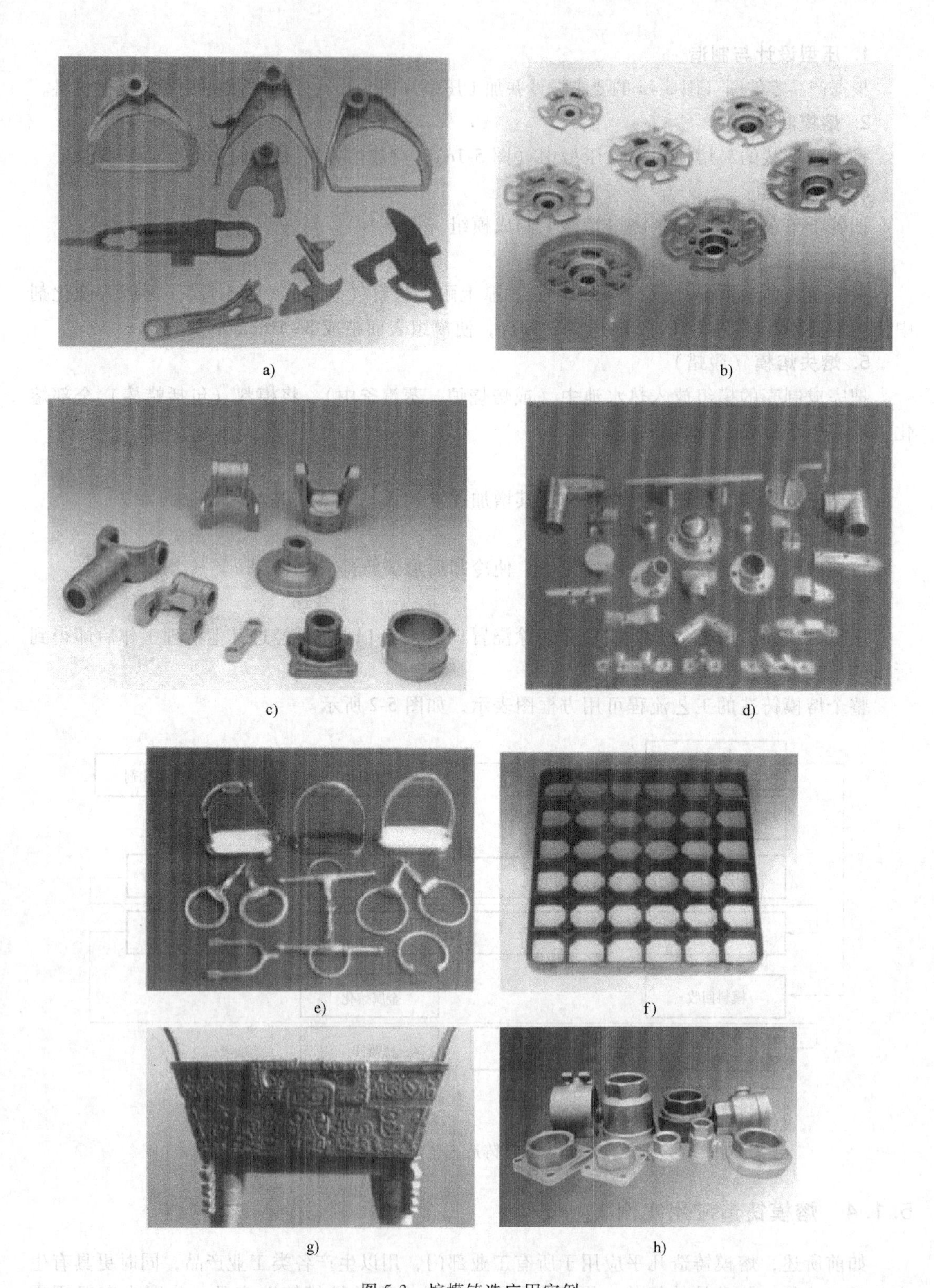

图 5-3　熔模铸造应用实例

a）汽车拨叉　b）汽车离合器　c）汽车转动轴　d）五金工具类　e）马具类　f）热处理料盘

g）铁方鼎　h）管件类

i)

图 5-3　熔模铸造应用实例（续）

i）铁香炉

5.2　熔模的制备

5.2.1　模料常用原材料

1. 对模料原材料的基本要求

对模料的基本要求可概括为热物理性能、力学性能及工艺性能三个方面的内容。

1）热物理性能方面。要求合适的熔化温度和凝固温度区间，较小的热膨胀率和收缩率，较高的耐热性能。

2）力学性能方面。要求有合适的强度、硬度、塑性和韧性。

3）工艺性能方面。要求在液态时有较小的黏度，制模时有合适的流动性和较好的涂挂性，以及焙烧后有尽可能低的灰分。

2. 模料原材料的种类

模料常用的原材料分为蜡质材料（包括矿物蜡、动植物蜡、人造或合成蜡）、树脂（包括天然、人造或合成树脂）和高分子聚合物（主要是聚烯烃）。制模用各种原材料的化学组成及性能见表 5-1～表 5-3。

表 5-1 制模用蜡质材料的化学组成和性能

名称	产品规格	牌号	主要组成物	晶体结构	性能特征				在模料中的作用
					熔点/℃	含油量(质量分数,%)	线收缩率/%	力学性能	
石蜡	GB/T 446—2010《全精炼石蜡》 GB/T 254—2010《半精炼石蜡》	50(此牌号仅限于半精炼石蜡) 52、54、56、58、60、62、64、66、68、70	正构烷烃 C_nH_{2n+2} $n=17\sim32$	较粗大多角形片状晶体	50~52 52~54 54~56 56~58 58~60 60~62 62~64 64~66 66~68 68~70 70~72	≤0.8(全精炼石蜡) ≤2.0(半精炼石蜡)	—	质软而有延性,针入度:全精炼石蜡,≤1.9mm(牌号52~58),≤1.7mm(牌号60~70);半精炼石蜡,≤2.3mm	无论在蜡基模料或树脂基模料中常作为基本组元
微晶蜡	SH/T 003—2008《微晶蜡》	70 75 80 85 90	异构烷烃 C_nH_{2n+2} $n=41\sim50$	细小针状或片状晶体	67~72 72~77 77~82 82~87 87~92	≤3.0	—	较硬而坚韧	细化石蜡晶体
地蜡	SH/T 1003—1990《提纯地蜡》	80	饱和和不饱和固体烃的混合物	细小针状或片状晶体	80	≤0.03	1.0	较硬而坚韧	地蜡
褐煤蜡		精制酯型蜡(E蜡)	二十六至三十酸二元醇酯	细小片状晶体	78~82	≤0.2	1.5~2.0	硬而脆,针入度0.5~0.6mm	提高耐热性,细化石蜡晶体
		精制酯型蜡(S蜡)	二十六至三十酸	细小片状晶体	80~83	≤0.2	2.5~3.0	硬而脆,针入度0.1mm	
虫白蜡	GH/T 011—1981《虫白蜡》	米心静头蜡	$C_{25}H_{52}$-$COOC_{26}H_{53}$	片状晶体	81~84	≤0.06	1.8	硬而脆,针入度0.3mm	提高耐热性
蜂蜡	GH/T 24314—2009《蜂蜡》	一级	$C_{15}H_{31}$-$COOC_{30}H_{61}$	细长针状或片状晶体	62~67	≤0.03	1.5	软而柔韧	提高柔韧性和流动性
硬脂酸	GB/T 9103—2013《工业硬脂酸》	一级或三压	$C_{17}H_{35}$-COOH	粗大板条状晶体	54~57	≤0.03	0.5~0.6	松脆	蜡基模料基本组元,与石蜡形成共晶组织

表 5-2 常用树脂类材料的主要化学组成和性能

名称	规格	主要组成物	性能			
			环球软化点/℃	含油量(质量分数,%)	酸值/(mg/g)	色泽(铁钴法)
松香	特级或一级	松香酸 $C_{19}H_{29}COOH$	72~74	≤0.05	164	1~4
聚合松香	115# 140#	二聚树脂酸	110~120 130~145	—	≥145 ≥140	—
松香酯	136# 138#	松香酸多元醇酯	70 105	≤0.13 ≤0.13	13 20~25	1~4 1~4
顺丁烯二酸酐松香酯	422# 424#	顺丁烯二酸酐松香多元酯	128 120	— —	30 16	≤10 ≤10
萜烯树脂	特级 一级 二级	$(C_{10}H_{16})_n$	≥80	—	≤1.0	≤5 ≤7 ≤9

表 5-3 模料常用高分子聚合物的化学组成和性能

名称	规格	晶体结构	性能特征				作用
			熔点/℃	熔体指数/(g/10min)	收缩率(%)	力学性能	
聚乙烯	1120A 或 2120A	细长片状晶体和无定形混合物	132~135	20	1.5~5	强、较韧	细化石蜡晶体，提高强度
低分子聚乙烯	相对分子质量 2000~5000	无定形	—	—	—	较强、韧	细化石蜡晶体，提高强度
EVA	EVA28/250	以无定形为主	62~75	250	0.7~1.2	柔韧而有弹性	细化石蜡晶体，提高强度；减小树脂基模料的脆性
聚苯乙烯	—	玻璃体非晶态	160~170	1.1~2.6	0.1~0.8	强、硬但较脆	某些模料的基本组元

5.2.2 常用模料的成分及性能

1. 蜡基模料（表 5-4）

2. 树脂基模料（表 5-5）

3. 填料模料

模料中加入填料，主要作用是减小收缩，防止熔模变形和表面缩陷产生，从而提高蜡模表面质量和尺寸精度。一般来说，固体、液体或气体都可作为填料，但由于气体（空气）搅入模料中呈大量气泡难免会影响蜡模表面质量，故很少用。液体填料主要在模料中加入质量分数为 10%~20%的水，形成一种稳定的油包水型的乳化分散体系，又称乳化蜡。这种模

表 5-4 常用蜡基模料的成分和性能

成分(质量分数,%)						性能			
石蜡	硬脂酸	褐煤蜡	地蜡	松香	聚乙烯或 EVA	滴点/℃	热稳定性/℃	线收缩率(%)	抗弯强度/MPa
50	50	—	—	—	—	50~54	31~35	0.8~1.0	2.5~3.0
95	—	—	—	—	5	66	34	1.04	3.3
98.5	—	—	—	—	1.5	58	31	0.64	4.4
95	—	2	—	—	3	62	32	0.82	4.7
92	—	3	—	3	2	62	36	0.80	4.9
40	—	—	20	40	—	60	33	0.7	2.0

表 5-5 国内常用树脂基模料的成分和性能

成分(质量分数,%)								性能			
松香	聚合松香	改性松香	石蜡	地蜡	褐煤蜡	虫白蜡	聚乙烯或 EVA	滴点/℃	热形变量 ΔH_{40-2}/mm	线收缩率(%)	抗弯强度/MPa
81	—	1.6(210#树脂)	—	14.3	—	—	3.1	95	8.5	0.58	3.6
75	—	—	—	5	—	15	5	94	1.75	0.95	10.0
60	—	—	—	5	—	30	5	90	1.07	0.88	6.0
—	30	25	30	5	—	5	5	80	1.07	0.55	6.4
—	17	40	30		10		3	81	0.55	0.76	5.4
—	50	5(萜烯树脂)	30	3	—	10	2	68	7.7(ΔH_{35-2})	0.45	4.9

料收缩小、熔模尺寸精度高，而且与涂料的润湿性良好。但由于水和蜡极易分离，故蜡膏无法长期保存。目前生产中应用最多的还是固体粉末（例如某种酸、多元醇、双酚化合物、邻苯二甲酸胺、尿素或某些热塑性和热固性树脂制成的粉末）填料模料。某些常用填料模料的成分见表 5-6。

表 5-6 某些常用填料模料的成分（质量分数,%）

基体蜡					固体填料		
松香或改性松香	乙烯基甲苯-α甲基苯乙烯	石蜡	硬脂酸	褐煤蜡或卡那巴蜡	聚苯乙烯	季戊四醇	己二醇
20~30	—	其余	40~60	5~20	10~20(外加)	—	—
—	25	30	—	5	—	—	40
20	20	24	—	16	—	20	—

4. 水溶性模料

采用诸如尿素、硝酸盐或硫酸盐等水溶性材料制作模样，已有30余年历史。这类材料收缩小，刚度大，耐热性好，脱模用水或稀酸溶解而无需加热熔化，脱蜡时胀裂型壳的可能

性小，但也存在密度大、易吸潮、熔点高、质脆等缺点。此外，此类模料只能在较高温度下自由浇注成形，生产效率低。20 世纪 7 0 年代瑞士 Sulzer 公司首先提出将尿素粉、热塑性树脂（如聚乙二醇）和某些憎水添加剂（如煤油、硅油、植物油或脂肪等）混合，在低于尿素熔点的温度下高压压注成形，常称为 SUP 法。用此方法所得的熔模变形极小，还可用机械加工方法精确修整，因此尺寸精度高。以后英、日等国又在此基础上进一步研制出用普通压注机低压压注成形的尿素-聚合物水溶性模料。由于尿素价格比蜡便宜，又可在较低温度下压注成形，适合大批量制模，在日本应用相当普遍。另一种水溶性模料是以水溶性高聚物聚乙二醇为基的模料，用这种模料制成的型芯俗称“羰芯”。这种模料也可在较低温度下压注成型，但由于聚乙二醇价格较贵，一般只用作型芯而不用作模样。某些常用水溶性模料的成分、性能见表 5-7~表 5-9。值得指出的是，无论哪种水溶性模料都有潮解的趋向，所以用它制作的模样或型芯都必须保存在干燥的环境中（例如相对湿度 40%以下）。此外，制壳用涂料还应选用硅酸乙酯类醇基涂料而不宜用硅溶胶等水基涂料。

表 5-7 某些尿素基水溶模料的成分和性能

成分(质量分数,%)				性能	
尿素	硼酸	硫酸镁	硝酸钾	熔点/℃	线收缩率(%)
95~97	3~5	—	—	118~120	—
75~85	—	—	15~25	120~125	0.1~0.6
90~95	—	5~10	—	—	—

表 5-8 某些尿素-聚合物水溶模料的成分（质量分数,%）

尿素	水溶性聚合物		其他附加物
	聚乙烯醇(PVA)	水溶性尼龙(SN)	
89	1	—	10(缩二脲)
89	—	1	10(缩二脲)
92	—	5	3(烷基酚聚氧乙烯醚)
95.5	2	—	2.5(硫酸镁)

表 5-9 某些聚乙二醇基水溶模料的成分和性能

成分(质量分数,%)					性能			
聚乙二醇	填料			溶解促进剂 $NaHCO_3$	线收缩率(%)	抗弯强度/MPa	吸湿率(%)	溶失性/(g/min)
	滑石粉	云母粉	NaCl 粉					
50	—	30	—	20	0.52	6.5	0.12	9
45	20~30	—	—	20~30	0.43	8.5	0.067	—
44	28	—	—	28	0.5~0.6	8.5	0.067	19
28~38	25~35	—	15~25	15~20	0.2	14.0	0.12	12

5. 商品化模料

近些年来，国外（如美、德、英、日等）许多公司生产了各种专用模料，并由不同的代理商在国内销售，其品种和用途各异，见表 5-10。

表 5-10 国外商品化模料的种类、用途和特点

分类		用途	特点
模样蜡(型蜡)	无填料蜡	制作普通熔模	是精铸模料的主体。具有合适的熔点、软化点,较小的收缩率,良好的力学性能,优良的压注工艺性能
	填料蜡	制作要求高的熔模或大型熔模	收缩率更小
浇道蜡	注射成形蜡	用专用模具在浇道压蜡机上压射成浇口棒或浇道	熔点低、黏度低,脱蜡时能快速渗入型壳中,从而减轻脱蜡时蜡模快速膨胀对型壳产生的压力,缓解了型壳开裂的危险,并具有良好的压注工艺性能
	挤压成形蜡	通过挤压机挤压成蜡型材,再根据需要制作各种蜡模组合形式而不限于常规的浇道形式	熔点低、黏度低,强度大而柔韧,具有良好的挤压工艺性能
	蜡型材(由蜡厂提供的现成的不同规格的实心和空心挤压蜡制型材)	用户可根据需要制作浇注系统,而且还可以按用户要求加工,使之更适合于制作浇注系统	熔点低、黏度低,强度大而柔韧,免去了制作浇注系统所需设备。特别适合单件或小批量生产大型精铸件
水溶蜡		制作水溶型芯或水溶模	具有优良的水溶性,收缩小,强度大,刚硬而不易变形
黏结蜡		组合模组时将需要连接处涂上这种蜡后便可相互黏结起来	具有较高的黏度和黏结强度,其连接部分的强度超过母体,纯净的新蜡保证燃烧迅速并且无残留物
修补蜡		填补蜡模、浇道表面或蜡模-浇道接合处的缝隙、孔洞或修饰表面的针孔、流线等缺陷	室温下有很好的可塑性且易于用蜡刀等工具修饰
浸封蜡		黏附在由回收蜡或熔点较高的蜡制成的浇道表面	黏度低流动性好,脱蜡时能快速渗入型壳中,减轻了因蜡模膨胀对型壳产生的压力,减少型壳开裂的危险
样件蜡 Protowax		用切削加工方法制作样件或少量蜡模。因为无需制作压型,所以成本大幅度下降	切削加工性能好,使用方便,不腐蚀刀具。膨胀率小,有助于减少型壳开裂

5.2.3 模料的配制与制模

1. 模料的配制

1）蜡基模料（以石蜡-硬脂酸模料为代表）蜡膏制备方法见表 5-11。

2）树脂基模料蜡膏制备方法见表 5-12。

2. 制模工艺要点

1）模料温度。温度过低，则流动性差，压出的熔模形状不完整，或尺寸不正确；温度

过高，则模料收缩率增大。

2）压注压力。若压力不足，则熔模会产生缩陷、表面粗糙及压注不足。

表5-11 蜡基模料蜡膏制备方法

工序名称	设备	操作要点
化蜡	水浴化蜡缸	化蜡温度90℃
调蜡	搅拌机	蜡液温度65~80℃，蜡膏温度48~52℃，蜡液:蜡片(质量分数)=1:(1~2)
刨蜡屑	卧式刨蜡机	蜡锭截面尺寸135mm×135mm
回性	恒温箱	温度48~52℃，保温时间0.5h以上

表5-12 树脂基模料蜡膏制备方法

工序名称	设备	操作要点
化蜡	油浴化蜡炉	化蜡温度90℃
蜡膏制备	保温箱和小蜡缸(蜡缸容积7L)	恒温(视模料种类而定，52~60℃)保持24h以上
	供蜡机(蜡桶容积120L)	恒温(52~60℃)保持，慢速均匀搅动
	射蜡输送设备(蜡桶容积120L)	恒温(52~60℃)保持，慢速均匀搅动，压力泵(14MPa)送蜡

3）充型时间。充型越快，即充型时间越短，则熔模收缩越大。

4）保压时间。保压时间对熔模尺寸有明显的影响，而且熔模壁越厚收缩越大。

5）起模时间。取模时间越长，熔模收缩。

6）压型温度。射蜡嘴应经循环热水加热，压型也应控制在20~25℃（对蜡基模料），当压型温度过高时，模料在压型中冷却太慢，熔模会产生收缩变形或缩陷；而压型温度过低时，熔模在其中冷却太快，收缩受阻则会在熔模厚、薄截面的连接处产生裂纹缺陷。

7）典型制模工艺见表5-13。

表5-13 典型制模工艺

模料	制模设备	压射蜡温/℃	压射压力/MPa	压型温度/℃	保压时间(按熔模大小和壁厚调整)/s	起模时间(按熔模大小和壁厚调整)/s	脱模剂
石蜡-硬脂酸模料	气力压蜡机	45~48	0.3~0.5	18~25	3~10或更长	20~100或更长	10#变压器油或松节油
树脂基模料	卧式液压压蜡机	54~62	2.5~15	冷却水温度6~12	3~10或更长	20~100或更长	210-20甲基硅油或雾化硅油
树脂基模料KC2656L	卧式液压压蜡机	55~60	2~3	20~25	3~10或更长	20~100或更长	210-20甲基硅油或雾化硅油
树脂基模料(浇道蜡)	浇道气动压蜡机	70~75或80(自由浇注)	0.2~0.4	冷却水温度6~12	20或更长	50~100或更长	210-20甲基硅油或雾化硅油
水溶蜡KC1665A	卧式液压压蜡机	63(液态)50膏状	1~1.5	20~25	3~10或更长	20~100或更长	210-20甲基硅油或雾化硅油

3. 浇口棒的制作（表 5-14）

表 5-14 浇口棒制造方法

制造方法	工艺规范	特　点
自由浇注法	将 70℃蜡液浇入浇口棒模中，当蜡液块凝固时迅速插入芯棒，可用水冷提高效率	浇口棒强度高，但表面不规整，脱蜡时膨胀大，浇棒型壳易开裂

4. 熔模的组焊

熔模经清除飞边、毛刺和检验合格后即可用薄的耐热钢片或烙铁逐个焊到浇口棒模上以制成模组。

（1）熔模的组焊工艺要点

1）将浇口棒模上的气泡、裂纹、凹凸不平等部位进行修补、平整光滑。

2）按产品工艺规定选用合适的浇口棒模，并确定组焊形式、数量和距离。

3）焊接处熔化范围应尽量小，焊接点要牢固，避免出现假焊。

4）焊缝不应有裂纹和尖角；焊接后熔模（包括浇棒）上不允许有蜡滴、蜡屑存在。

（2）熔模的组焊规格（图 5-4）

1）熔模之间的最小距离为 8mm，以保证制壳厚度。

2）最上层熔模离浇口杯上沿的距离（称压头）视铸件壁厚而定，薄壁件其距离为120～130mm，厚壁件其距离也应大于70mm。

3）最底层熔模离直浇道底端的距离为 15～20mm，以便在焙烧、浇注、脱壳清理时不损坏铸件，同时在浇注时还可起到缓冲作用。

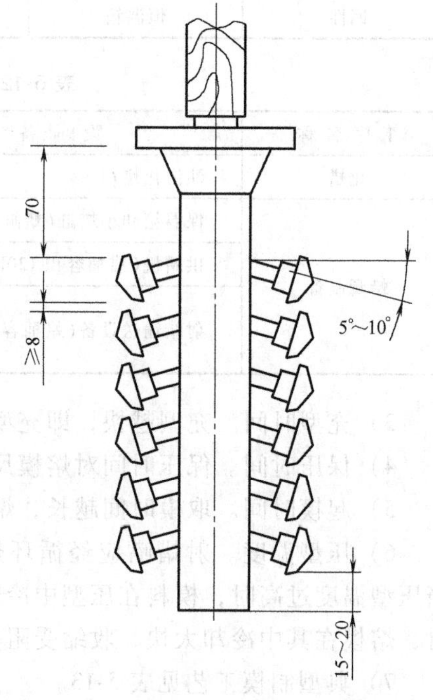

图 5-4 熔模的组焊规格

4）熔模（尤其是其上有孔和凹槽）焊在直浇道蜡棒上时应向下倾斜 5°～10°，以便于涂料、脱蜡和浇注时排气。

5.2.4 旧模料的处理及回收

1. 蜡基模料的回收处理

蜡基模料以石蜡-硬脂酸模料为代表，其回收过程主要是去除使用过程中产生的皂化物。这些皂化物无法通过沉淀、过滤或蒸发等物理方法除去。常用酸处理法、电解法和活性白土处理法三种处理方法。酸处理法效果明显且方法简单，故应用最为普遍；电解法效果虽好但需要电解槽等专门设备；活性白土处理法所得的回收蜡中残留的白土不易除净，故目前应用不多，且作为长期用酸处理法处理后变色蜡的补充处理方法。

（1）酸处理法　酸处理法的原理是在回收旧模料中加入硫酸、盐酸等强酸，煮沸，使硬脂酸盐（皂化物）还原为硬脂酸，即

$$Me(C_{17}H_{35}COO)_2+H_2SO_4 \longrightarrow 2C_{17}H_{35}COOH+MeSO_4$$
$$Me(C_{17}H_{35}COO)_2+2HCl \longrightarrow 2C_{17}H_{35}COOH+MeCl_2$$

式中，Me 代表某种金属离子，生成的盐大多溶于水即可与模料分离。Me 不能是 Fe^{3+}，因三价铁离子与硬脂酸亲和力特别强。

处理的方法是先在蜡液中加入体积分数为 25%～35%的水，再通电或通蒸汽加热，同时加体积分数为 2%～3%的浓硫酸或 3%～5%的工业盐酸，在沸腾状态下保持 1～2h，直至蜡液中的白色皂化物颗粒消失为止。静置约 2h，待杂质下沉后取上部清液即成。必要时可在回收模料中加入体积分数为 2%～3%的水玻璃以中和残留于其中的酸。

(2) 电解处理法　常用于除去回收模料中的硬脂酸铁，其原理如图 5-5 所示。

电解工艺参数如下：

电解液：$w(HCl)=2\%\sim3\%$。

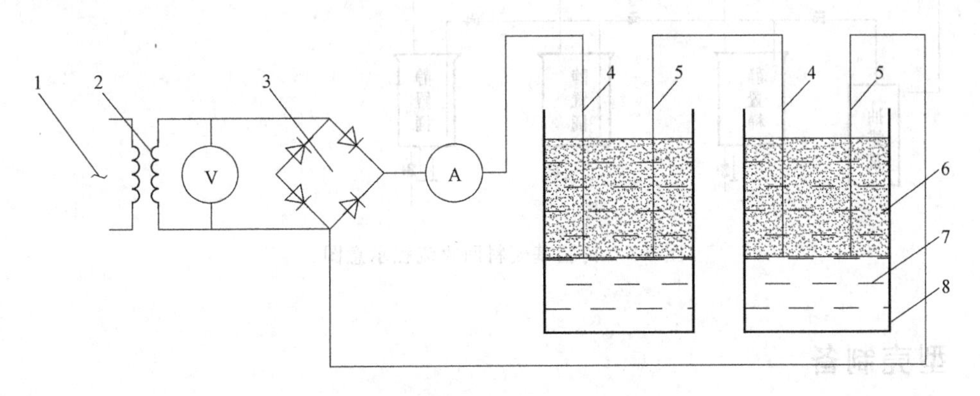

图 5-5　电解回收蜡装置原理示意图

1—电源　2—变压器　3—硒整流器　4—阳极　5—阴极　6—蜡液　7—电解液　8—耐酸槽

电解电压：15～20V；电流：150～200A。

电解温度：80～90℃。

电极：阳极——石墨电极，阴极——铅板，两极间距 400～420mm。

每次处理回收蜡 50～80kg，每千克蜡中外加浓硫酸 2.5mL，电解处理时间约 2h。

(3) 活性白土处理法　活性白土又称漂白土，是膨润土中的一种。此方法的基本原理就是利用活性白土的多孔性，表面积大（比表面积为 $100\sim300m^2/g$），从而具有良好的吸附能力，可将蜡液中的夹杂物吸附在其表面，再沉淀除去。处理方法是将经酸处理法处理过的模料加热至 110℃，加入质量分数为 10%～15%、粒度为 175μm 预先烘干的活性白土。边加边搅拌，加完后继续搅拌半小时左右，保温静置沉淀 4～5h，或保温 1～1.5h 后再进行真空抽滤。

2. 树脂基模料的回收处理

由于树脂基模料一般不存在硬脂酸的皂化问题，其回收过程的主要任务是去除脱蜡时混杂在模料中的水分、粉尘或砂粒。与蜡基模料相比，树脂基模料通常黏度较大，故分离这些夹杂物需要较长的时间和较高的温度。其回收处理有两种不同的流程：

第一种：静置脱水→搅拌蒸发脱水→静置去污。

第二种：快速蒸发脱水→搅拌蒸发脱水→静置去污（图 5-6）。

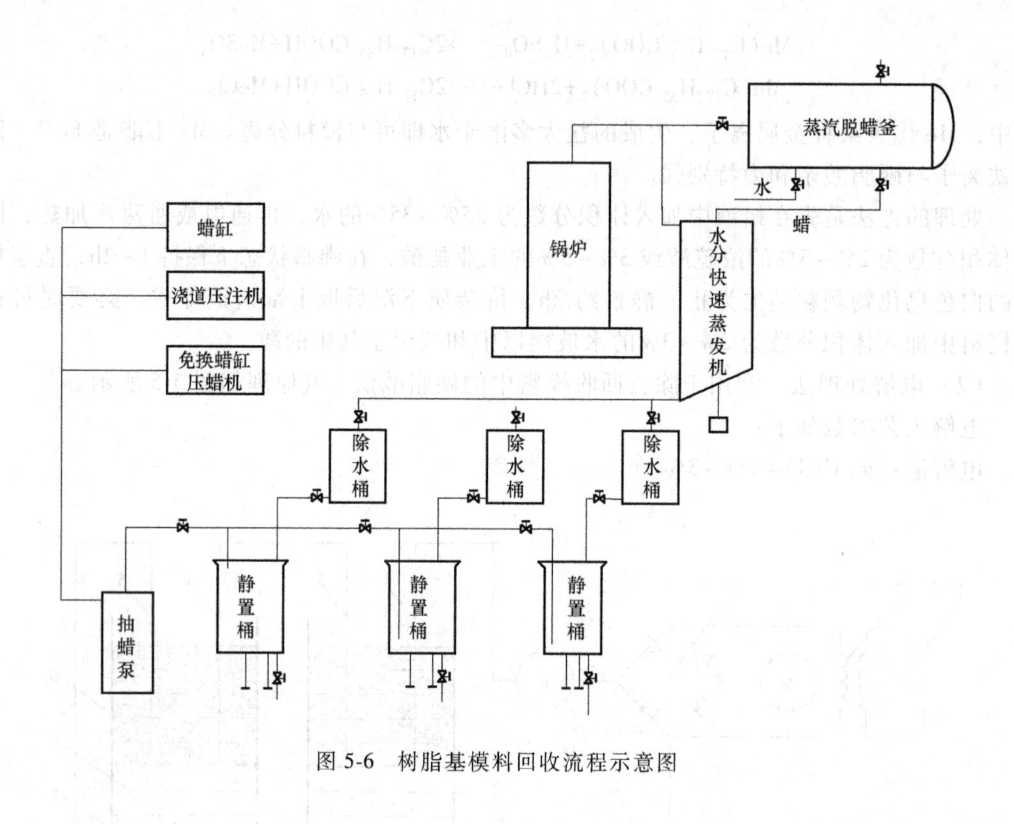

图 5-6 树脂基模料回收流程示意图

5.3 型壳制备

熔模铸造采用的铸型常称为型壳，其作用是用以获得光洁而精确的铸件。

5.3.1 对型壳的性能要求

优质型壳应满足以下几方面的要求：

1）有良好的工艺性能，能准确复制出熔模外形，保证尺寸精确、表面光洁。

2）有足够的常温和高温强度，以及必要的刚度，以避免在脱蜡、焙烧、浇注等过程中的复杂应力作用下发生变形、裂纹和破损。

3）具有高的化学稳定性、良好的退让性、良好的透气性及小的热膨胀性。

4）残留强度低，具有良好的脱壳性（溃散性）。

5.3.2 型壳的原材料及其作用

概括起来讲，熔模铸造在型壳制造过程中所用的原材料有耐火材料、黏结剂、添加剂及硬化剂等。

耐火材料的作用有三个：一是粉状物，它与黏结剂混合配制成耐火涂料；二是粒状物，仅作撒用料，以增加型壳的强度、厚度和透气性；三是用作制造陶瓷型芯或水玻璃型芯的原材料。

黏结剂的作用主要是将粉状和粒状耐火材料牢固地黏结在一起，使型壳具有足够的

强度。

硬化剂的作用，对水玻璃黏结剂型壳而言，主要是促使硅酸溶胶转变成凝胶，将涂料层中的耐火材料颗粒黏结起来，使型壳具有一定的强度。

1. 制壳耐火材料

耐火材料是组成熔模铸造型壳的基本材料，并决定型壳的主要性能。

应用于熔模铸造型壳的耐火材料有：石英（硅砂）、电熔刚玉、镁砂、锆石英、耐火黏土、高岭石、铝矾土等。这些耐火材料的主要物理、化学性能见表 5-15。耐火材料的线膨胀率如图 5-7 所示。

表 5-15　应用于熔模铸造型壳的耐火材料的物理、化学性能

耐火材料名称	化学性质	熔点/℃	耐火度/℃	莫氏硬度	密度/(g/cm³)	线膨胀系数/(1/℃)	热导率/[W/(m·K)]	
							400℃	120℃
石英(SiO_2)	酸性	1713	1680	7	2.65	—	—	—
熔融石英(SiO_2)	酸性	1713	—	7	2.2	$(0.51\sim0.63)\times10^6$	1.591	—
电熔刚玉(α-Al_2O_3)	两性	2050	2000	9	3.99~4.0	8.6×10^6	12.561	5.276
莫来石($3Al_2O_3\cdot2SiO_2$)	两性	1810	—	6~7	3.16	5.4×10^6	1.214	1.549
硅线石($3Al_2O_3\cdot2SiO_2$)	弱酸性	1540	—	6~7	3.25	5×10^6	—	—
高岭石熟料	—	—	1700~1790	约 5	2.62~2.65	5×10^6	—	—

（1）石英（硅砂）　石英（SiO_2）是耐火氧化物中产量最大的矿物，也是现今熔模精铸生产中应用最广泛的耐火材料。铸造用的石英砂可分为天然的和加工粉碎的两种。前者是堆积在河岸或沙丘上的天然硅砂（粉），后者是将石英矿经机械粉碎、筛选和分级而成。与其他耐火材料相比，是一种资源丰富、价格低廉的耐火材料。熔模精铸通常采用的是经机械加工粉碎的石英砂（粉）。

石英中，SiO_2 含量越高，其他杂质含量越低，则耐火度越高。纯洁的 SiO_2，其熔点为 1713℃。

石英是兼有离子键和共价键的氧化物，是一种具有复杂同质多晶转化的物质，共有七个基本晶型变体和一个非晶型变体。在自然界中出现的石英大多是低温型的，主要以 β 石英存在。因此，当用它制型壳而加热至 573℃时，则由 β 石英转变为 α 石英，将随多晶转化而引起的膨胀率达 1.4%，对型壳的高温性能影响很大。

另外，石英（SiO_2）属于酸性氧化物，只宜用于碳钢、低合金钢、铸铁及铜合金铸件的面层涂料和撒用料的耐火材料，而高锰钢及高合金钢铸件不

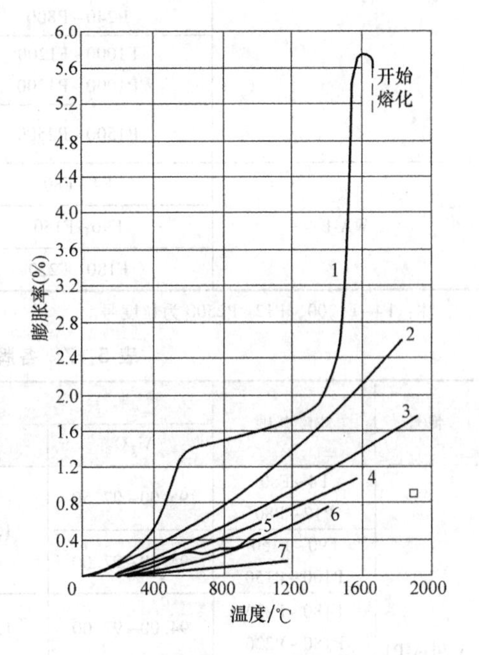

图 5-7　常用耐火材料的线膨胀率

1—石英（SiO_2）　2—氧化镁（MgO）　3—电熔刚玉（Al_2O_3）　4—硅线石（$Al_2O_3\cdot SiO_2$）　5—耐火黏土　6—锆英石（$ZrO_2\cdot SiO_2$）　7—熔融石英（SiO_2）

适用。

（2）电熔刚玉　电熔刚玉（α-Al_2O_3）的熔点高（2050℃）、密度大、结构致密、导热性好、热膨胀小且均匀。刚玉属两性氧化物，在高温下呈弱碱性或中性，抗酸、碱的作用能力强；在氧化剂、还原剂或各种金属液的作用下不发生变化；与合金中的铝、锰、铁、锡、钴、镍等都不发生反应。其铸件表面粗糙度值小，尺寸稳定，是熔模精铸的良好耐火材料。但由于资源短缺、价格昂贵，目前仅应用于耐热高合金钢、不锈钢及镁合金等精铸件的制壳材料，也可用于制作陶瓷型芯。

电熔刚玉有白色和棕色两种。白色刚玉是用工业氧化铝以电弧炉熔融、冷却、破碎而成。棕色刚玉是用高铝矾土，经高温煅烧和电弧炉熔融、冷却后破碎而得。刚玉的技术要求应符合表5-16和表5-17的技术要求。

表5-16　各牌号白刚玉产品的技术要求

牌　号	粒度范围	化学成分(质量分数,%)	
		Al_2O_3，≥	Na_2O，≤
WA和WA-P	F4~F80 P12~P80	99.10	0.35
	F90~F150 P100~P150	99.10	0.40
	F180~F220 P180~P220	98.60	0.50
	F230~F800 P240~P800	98.30	0.60
	F1000~F1200 P1000~P1200	98.10	0.70
	P1500~P2500	97.50	0.90
WA-B	F4~F80	99.00	0.50
	F90~F150	99.00	0.60
	F180~F220	98.50	0.60

注：F4~F1200、P12~P2500为粒度号。

表5-17　各牌号棕刚玉产品的技术要求

牌号	粒度范围	化学成分(质量分数,%)				
		Al_2O_3	TiO_2	CaO	SiO_2	Fe_2O_3
A和A-P1	F4~F80 P12~P80	95.00~97.50	1.70~3.40	≤0.42	≤1.00	≤0.30
	F90~F150 P100~P150	94.50~97.00				
	F180~F220 P180~P220	94.00~97.00	1.70~3.60	≤0.45	≤1.00	≤0.30
	F230~F800 (P240~P800)	≥93.50	1.70~3.80	≤0.45	≤1.20	≤0.30
	F1000~F1200 (P1000~P1200)	≥93.00	≤4.00	≤0.50	≤1.40	≤0.30
	P1500~P2500	≥92.50	≤4.20	≤0.55	≤1.60	≤0.30

（续）

牌号	粒度范围	化学成分（质量分数，%）				
		Al_2O_3	TiO_2	CaO	SiO_2	Fe_2O_3
A-B 和 A-P_2	F4～F80 P12～P80	≥94.00	1.50～3.80	≤0.45	≤1.20	≤0.30
	F90～F220 P100～P220	≥93.00	1.50～4.00	≤0.50	≤1.40	—
	F230～F800 （P240～P800）	≥92.50	≤4.20	≤0.60	≤1.60	—
	F1000～F1200 （P1000～P1200）	≥92.00	≤4.20	≤0.60	≤1.80	—
	P1500～P2500	≥92.00	≤4.50	≤0.60	≤2.00	—
A-S	16～220	≥93.00	—	—	—	—

（3）铝-硅系材料　铝-硅系耐火材料是以氧化铝与二氧化硅为主要成分组的铝硅酸盐。这类材料的耐火度高，热稳定性和高温化学稳定性好，线膨胀系数比石英和刚玉都小，目前已广泛被用作耐火材料。这类材料主要有高岭石类耐火黏土（包括生料及熟料）和高铝质耐火材料。

由图5-8可知，铝硅酸盐的相组成是随着化学组成而变化的，而相组成对材料的耐火度起着决定性的影响。在这类材料中，当 Al_2O_3 的质量分数低于15%时，因耐火度低，一般不宜用作耐火材料。

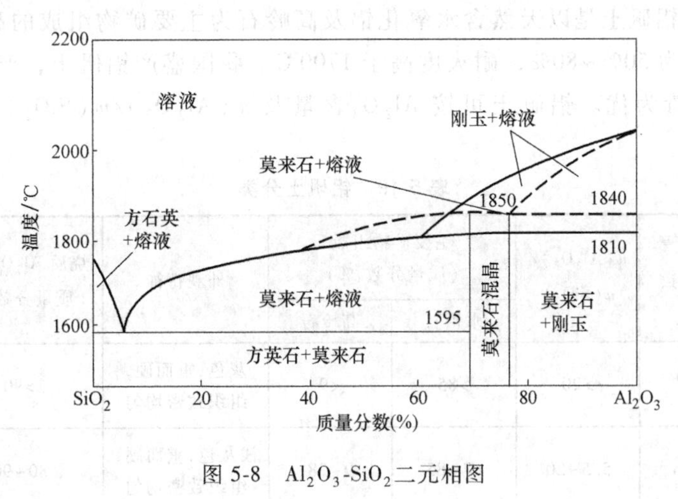

图5-8　Al_2O_3-SiO_2 二元相图

1）高岭石类耐火材料。

① 黏土质耐火材料。黏土质耐火材料通常是指 Al_2O_3 的质量分数为30%～46%，矿物组成以高岭石为主的耐火黏土，其分子式为 $Al_2O_3 \cdot SiO_2 \cdot 2H_2O$。纯高岭石为白色，密度为 $2.6g/cm^3$，熔融温度为1750～1787℃。在熔模铸造生产中，通常是以增强剂加入到加固层涂料中，以提高水玻璃型壳的常温强度和高温强度。这类型壳可以单壳焙烧、不围砂浇注，故常称为高强度型壳。

根据其出产状态和性能，耐火黏土可以分为软质黏土和硬质黏土两类。软质黏土是高岭石岩石经长期风化后，淤积在河床中而形成的，也有的和煤层伴生在一起，呈土状。其结构疏松，硬度低，胶质价高，吸水膨胀性大，可塑性及黏结性好，Al_2O_3的质量分数较低（26%~32%），杂质较多。由于生黏土吸水膨胀性大，故配制的涂料黏度大且不稳定。若在使用前经800℃焙烧（称轻烧熟料），所配涂料的稳定性有所提高。国内几种软质黏土的化学成分见表5-18。

表5-18 几种软质黏土的化学成分（质量分数，%）

黏土种类	黏土名称	Al_2O_3	SiO_2	Fe_2O_3	CaO	MgO
软质黏土	沈阳黏土[①]	29.6	54.5	1.49	0.53	0.84
软质黏土	无锡黏土	25.6	55.0	3.70	0.76	0.95
软质黏土	北京八宝山黏土	26.2	50.7	2.74	2.47	0.66
软质黏土	四川林口黏土	29.92	55.59	1.21	0.55	0.57
软质黏土	吉林水曲黏土	28.10	60.13	1.93	0.43	0.05

① 含有质量分数为20%~30%的熟料。

② 耐火黏土熟料。我国熔模铸造生产中使用最广泛的是硬质黏土。硬质黏土属于沉积矿床，经成岩作用使其组织结构十分致密，状如石头，易风化破碎，颗粒极细，遇水不会散，可塑性很低；密度为2.62~2.65g/cm³，硬度较高；一般Al_2O_3的质量分数大于35%，杂质含量低，耐火度高达1770~1790℃。如山东焦宝石、陕西上店土，有辽宁“南票”矿务局煤矸石、淄博土、丁蜀匣钵及焦作土等，多经高温煅烧成熟料应用。其主要相组成为莫来石和玻璃相，是一种很好的型壳材料增强剂，多用作配制加固层涂料及撒砂材料。

2）铝矾土。铝矾土是以天然含水氧化铝及高岭石为主要矿物组成的高铝质耐火材料。Al_2O_3的质量分数为50%~80%，耐火度高于1700℃。我国盛产铝矾土，产地分布极广，以河南和贵州的质量为优。铝矾土可按Al_2O_3含量及$w(Al_2O_3)/w(SiO_2)$比值进行分级，见表5-19。

表5-19 铝矾土分类

铝矾土的等级	Al_2O_3含量（质量分数，%）	$w(Al_2O_3)/w(SiO_2)$	主要矿物组成（质量分数，%）		外观特征	烧后Al_2O_3含量（质量分数，%）	烧后相组成分类
			水铝石	高岭石			
特等	>76	>20	>85	<9	灰色，重而硬，组织致密均匀	>90	刚玉质
一等	68~76	5.5~20	67~85	9~28	浅灰色，重而硬，组织致密均匀	80~90	刚玉-莫来石质
二等甲	60~68	2.8~5.5	49~67	28~46	灰白色，结构尚致密	70~80	莫来石-刚玉质
二等乙	52~60	1.8~2.8	31~49	46~65	灰色，组织疏松	60~70	莫来石质
三等	42~52	1.0~1.8	8~31	65~88	灰色，软而轻，易碎，断口滑腻，组织致密均匀	48~60	低莫来石质

铝矾土是一种多孔性材料，用它配制涂料和撒砂不但能使型壳强度大大提高，膨胀率减小，型壳透气性增强，同时还可以防止矽尘危害。所以在一定范围内代替石英和刚玉材料，用于配制不锈钢、耐热高合金钢铸件的表面层涂料，已成为一种发展趋势。

2. 黏结剂

(1) 水玻璃　以水玻璃作为黏结剂的制壳工艺有很多优点：①性能稳定、应用方便；②采用化学硬化时强度建立快，湿强度大，而且价格低廉。但其缺点是：铸件表面粗糙度值大，尺寸精度低。所以只适用于对表面质量要求不高的碳钢、低合金钢及铜、铝等有色合金精铸件的生产。

1) 水玻璃的工艺性能。水玻璃的外观是无色透明的黏滞性液体。由于含有各种杂质，故市售水玻璃常呈青灰色或淡黄色。水玻璃溶液呈碱性，一般高、中模数水玻璃的 pH 值为 11~13。

水玻璃的工艺性能主要由模数和密度来衡量，它们对型壳质量和制壳工艺有很大的影响。

① 模数 M。模数是水玻璃的重要性能参数。它是水玻璃中的 SiO_2 与 Na_2O 摩尔数之比值，可表示为

$$M=\frac{w(SiO_2)/60.1}{w(Na_2O)/162}=\frac{62}{60.1}\times\frac{w(SiO_2)}{w(Na_2O)}=1.032\times\frac{w(SiO_2)}{w(Na_2O)}$$

式中，60.1 与 62 分别为 SiO_2 与 Na_2O 的相对分子质量。熔模精铸生产中，常用的模数 M 为 3.0~3.40。

② 密度 ρ。密度也是水玻璃的一个重要性能参数。它一般可间接表示水玻璃溶液中含硅酸钠（$Na_2O\cdot SiO_2$）的质量分数。当模数一定时，密度越大，则水玻璃中硅酸钠的质量分数越大。

水玻璃的密度可用精密密度计或波美密度计测定，两种密度的表示单位是 g/cm^3 或波美度（°Bé）。而且在某些波美密度计上同时标有两种刻度，可以读出 ρ 和波美度值，两种密度之间可用下式进行换算

$$\rho=145/(145-\text{波美度})$$

或

$$\text{波美度}=145-145/\rho$$

由于模数高的水玻璃固体块难溶于水，而且高模数水玻璃易产生沉淀，保存性差，所以一般由水玻璃厂生产出的高模数产品其密度偏小，而低模数水玻璃则密度偏大。

2) 水玻璃工艺参数选择。

① 水玻璃模数的控制与调整。前面已述，水玻璃的模数越高即表示当密度相同时水玻璃中胶体 SiO_2 的相对含量越大，在型壳硬化时析出的硅凝胶数量会越多，则型壳的湿强度高，抗水性好。但型壳的高温强度并不随模数的任意提高而增大，其原因可从以下两方面因素来分析。一方面，从水玻璃特性来看，因为模数越高则 Na_2O 质量分数就越低，而 SiO_2 质量分数就越高，化学硬化后其黏结膜中的硅酸凝胶比硅酸钠凝胶的数量多，然而硅酸凝胶比硅酸钠凝胶在加热脱水后的脆性大，所以导致型壳的高温强度与残留强度比低模数水玻璃的小。另一方面，从涂料工艺来看，模数过高也是有害而无益的，因为：模数过高，使涂料的稳定性降低，易老化，制壳时涂面很容易结皮黏不上砂子而造成型壳分层缺陷；模数过高，

在密度相同时水玻璃的黏度相应增大，这样达到相同涂料黏度时其粉液比必然变小，将会影响型壳内表面质量而使铸件表面粗糙度值增大。

由此可见，水玻璃模数的选择应在满足型壳湿态强度的前提下选低限，通常 $M=3.0\sim3.2$ 已足够了，不宜超过 3.4。

但是，若水玻璃的模数过低，则会使型壳的强度下降，所以当模数 $M<2.8$ 时，可加酸或酸性盐予以提高。其反应式如下：

$$Na_2O \cdot mSiO_2 \cdot nH_2O+2NH_4Cl \longrightarrow mSiO_2 \cdot (n-1)H_2O+2NaCl+2NH_3\uparrow+2H_2O$$

$$Na_2O \cdot mSiO_2 \cdot nH_2O+2HCl \longrightarrow mSiO_2 \cdot (n-1)H_2O+2NaCl+2H_2O$$

上述反应生成乳白色的以无定形 SiO_2 胶体为主的混合物，呈疏松多孔状，在搅拌后逐渐回溶成均匀的透明溶液，从而提高了模数。但应注意的是，模数提高的范围只在 0.4~0.6 之间，过低模数的水玻璃不宜进行这种处理，否则加酸量过多会导致形成的硅胶不能回溶。

当模数过高时，可加入 NaOH 溶液以降低模数。生产中经常用的简单而有效的方法是：将高、低模数水玻璃进行混合，使其模数介于两者之间。

总之，从生产方便出发，最好直接购买符合模数要求的水玻璃，以节省生产成本。

② 水玻璃密度的控制与调整。在熔模铸造制壳过程中，应根据涂料种类的要求选择不同密度的水玻璃。表面层涂料的作用主要是保证型壳内腔和铸件外表面的质量，所以应尽量选用密度较小的水玻璃（$\rho=1.28\sim1.30g/cm^3$）。加固层涂料的作用是形成型壳的强度和透气性，故可选用比表面层涂料密度较大的水玻璃（$\rho=1.30\sim1.34g/cm^3$）。但应注意不应使 $\rho>1.34g/cm^3$，因为密度过大，涂料黏度相应增大，初生硅凝胶薄膜过厚，影响硬化剂继续渗透而导致型壳强度低。

鉴于上述分析，无论是用于表面层还是加固层涂料，对于从市场所购来的水玻璃通常都要加水调整其密度，然后才能按要求配制涂料。加水量的计算方法如下

$$m=\frac{m'(\rho-\rho')}{\rho(\rho'-1)}$$

式中，m 为加水量（kg）；m'为原水玻璃质量（kg）；ρ 为原水玻璃密度（g/cm^3）；ρ'为稀释后水玻璃要求的密度（g/cm^3）。

（2）硅酸乙酯

1）硅酸乙酯的特性。硅酸乙酯是由四氯化硅和乙醇经化学作用而制得，属醇基易燃极性液体。熔模铸造应用的有硅酸乙酯 32、硅酸乙酯 40 和硅酸乙酯 50。硅酸乙酯含杂质低，耐火度高，铸件表面质量好，所以广泛用于铸造镍、铬、钴基的高温合金或者含镍、铬较高的不锈钢和耐热钢。如航空和燃气轮机用的高温合金铸件，石油化工机械和食品业用的各种耐蚀不锈钢铸件或其他表面质量要求高的铸件。

2）硅酸乙酯的技术要求。熔模铸造用硅酸乙酯的技术要求见表 5-20。

表 5-20 硅酸乙酯的技术要求（HB5345—1986）

性能	指标		
	硅酸乙酯 32	硅酸乙酯 40	硅酸乙酯 50
外观	无色或淡黄、澄清、微浊液体	无色或淡黄、澄清、微浊液体	无沉淀透明液体

3）硅酸乙酯水解。通常所说的硅酸乙酯，其本身并不是黏结剂，它必须经过水解成水解液后才具有黏结能力。因此，所谓硅酸乙酯黏结剂是指硅酸乙酯的水解液。

① 硅酸乙酯水解液的性能见表5-21。

表5-21　硅酸乙酯水解液的性能

性　能	指　　标		
	硅酸乙酯32	硅酸乙酯40	硅酸乙酯50
SiO_2 含量(质量分数,%)	32.0~34.0	40.0~42.0	51.0~54.0
HCl含量(质量分数,%)	≤0.04	≤0.015	≤0.1
110℃以下馏分含量(质量分数,%)	≤2	≤3	≤2
密度/(g/cm^3)	0.97~1.0	1.04~1.07	1.18~1.25
运动黏度(mm^2/s)	< 1.6	3.0~5.0	50~250

② 硅酸乙酯的水解工艺方法、工艺要点、特点及应用见表5-22。

表5-22　硅酸乙酯的水解工艺方法、工艺要点、特点及其应用

工艺方法	工艺要点	特点及应用
一次水解	将乙醇和水全部加入水解器中,然后加入盐酸和醋酸,在不断搅拌的情况下,以细流加入硅酸乙酯,控制水解液温度40~50℃(硅酸乙酯32),或32~42℃(硅酸乙酯40);加完硅酸乙酯后,继续搅拌30~60min,出料待用	工艺和操作简单,水解液质量稳定,应用较广
二次水解	加入质量分数为15%~30%的乙醇或上次水解的硅酸乙酯,在搅拌情况下,交替加入1/3原硅酸乙酯和1/3配制好的酸化水,保持水解液温度在38~52℃,加完后继续搅拌30min,最后加入混有醋酸的剩余乙醇,继续搅拌30min	工艺简单,型壳强度较高,应用较广
综合水解	将乙醇和原硅酸乙酯全部加入涂料搅拌机中,搅拌状态下加入耐火粉料用量2/3,强烈搅拌3~5min(1500~30000r/min),然后加入酸化水,温度不超过60℃,搅拌40~60min,冷却到34~36℃,加入剩余耐火粉料,继续搅拌30min,除气30min	水解和涂料配制一次完成,型壳强度高0.5~2倍,但工艺复杂,需专用搅拌装置,应用不广
加固剂水解	水解工艺同二次水解,水解后停放7天使用,或加入原硅酸乙酯体积分数为30%的乙二醇乙醚,放置一天使用	用于硅酸乙酯和硅溶胶型壳的加固

注：1. 添加硼酸和甘油时，先配成硼酸甘油混合液，在水解时加入。
2. 添加硫酸铝时，将硫酸铝溶于酸化水中，在水解时加入。

（3）硅溶胶

1）硅溶胶的特点。硅溶胶是熔模铸造生产中常用的一种优质黏结剂。它是二氧化硅的溶胶，由无定形二氧化硅的微小颗料分散在水中而形成的稳定胶体溶液，又称胶体二氧化硅，外观为清淡乳白色或稍带乳光。

硅溶胶在制壳中使用方便，容易配成高粉液比的优质涂料，且涂料稳定性好。型壳制造时无需化学硬化，工序简单，所制型壳高温性能好，具有较高的型壳高温强度及高温抗变形能力。但硅溶胶涂料对蜡模的润湿能力差，需添加表面活性剂改善涂料的涂挂性。另外，硅溶胶型壳的干燥速度慢，型壳湿强度低，制壳周期长。

因为硅溶胶型壳在存放期间不长毛，非常适用于面层加表面孕育剂（多为铝酸钴，以细化铸件晶粒）的涂料，得到表面质量与尺寸精度高的铸件。所以在我国熔模铸造行业中，无论是全硅溶胶型壳，还是以硅溶胶作面层以其他黏结剂作加固层的复合型壳都得到了广泛的应用。

2）硅溶胶的技术要求。熔模铸造用硅溶胶现在暂无国家标准，目前实行的是航空工业部标准，见表 5-23。

表 5-23　熔模铸造用硅溶胶技术要求（HB5346—1986）

牌号	化学成分（质量分数,%）		物理性能			其他		
	SiO_2	Na_2O	密度/(g/cm³)	pH 值	运动黏度/(mm²/s)	SiO_2胶粒直径/μm	外观	稳定期
GRJ-26	24~28	≤0.3	1.15~1.19	9~9.5	≤6	7~15	乳白或淡青色无外来杂质	≥1 年
GRJ-30	29~31	≤0.5	1.20~1.22	9~10	≤8	9~20	乳白或淡青色无外来杂质	≥1 年

3）硅溶胶的稀释处理。市售硅溶胶可以不稀释处理，直接用于配涂料。但为了减少用量和降低成本，在使用前一般都需进行稀释处理，使 SiO_2 的质量分数降到 28%，但最低不应低于 25%。加水量 B 按下式计算

$$B=A(a/b-1)$$

式中，B 为水的加入量（g）；A 为硅溶胶加入量（g）；a 为原硅溶胶中 SiO_2 的质量分数（%）；b 为稀释后硅溶胶中 SiO_2 的质量分数（%）。

硅溶胶用乙醇稀释处理，不但起稀释作用，同时也能降低其表面张力，改善涂料的涂挂性能，加速涂料层的干燥速度。表 5-24 是按原硅溶胶中 SiO_2 的质量分数计算需加入乙醇的量。

表 5-24　100mL 硅溶胶中乙醇加入量

原硅溶胶中 SiO_2 含量（质量分数,%）	24	25	26	27	28	29	30	31
乙醇加入量/mL	15	20	25	30	33	38	40	45

5.3.3 制壳工艺

1. 模组清洗、脱脂

为了提高熔模表面对涂料的润湿能力，改善其涂挂性，模组在浸表面层涂料前要进行清洗和脱脂处理，通常用表面活性剂或洗涤剂去除模组表面的分型剂（油）。

2. 浸涂料与撒砂

涂料在使用前须先搅拌均匀，复测流杯黏度和涂片重，调整至合格范围。然后将模组浸入涂料中，作上下移动和转动，提起后滴去多余涂料并合理转动模组，使模组上均匀覆盖一

层涂料，待涂料滴落很少时，即可进行撒砂。若模组具有深孔、沟槽和凹角等涂料不易浸入的部位，可用毛笔蘸取涂料涂刷槽孔。

撒砂的目的是用砂粒来固定涂料层并增加型壳的厚度，使型壳有足够的常温和高温强度，撒砂也可提高型壳的透气性和退让性，并能防止型壳在硬化时产生裂纹和其他表面缺陷。砂子的粒度是逐渐加粗的，表面层常为380μm/220μm；第2~3层（过渡层）用830μm/380μm；后几层可用1400μm/830μm（或2360μm/1700μm）。撒砂的方法根据生产规模的大小及设备的不同，有雨淋法和沸腾法（即浮砂法）。

3. 型壳的干燥与硬化

（1）水玻璃型壳的干燥与硬化

1）水玻璃型壳硬化前自然干燥的作用。

① 脱水作用。因水玻璃黏结剂是硅酸钠的水溶液，硬化前含15%~20%（质量分数）的水分，在自然干燥时，由内向外扩散，并通过型壳表面蒸发掉。这样就会在黏结膜中留下细微孔隙和裂纹，利于下一步化学硬化时硬化剂的渗透而加快硬化速度。

② 黏结剂的扩散作用。浸涂料后，涂料层中的粉料与黏结剂的分布通常是不均匀的。因而在自然干燥过程中，黏结剂组分可通过型壳组织中的毛细孔从浓度较高的部位向浓度较低的部位扩散和渗透，这样就分散了型壳中Na_2O的积聚，有利于硬化时硬化剂的渗透，加速硬化作用。

由上可知，硬化前进行自然干燥，可消除或减少表面出现皱皮、蚁孔等缺陷，并使型壳和铸件的表面粗糙度值变小。

2）化学硬化。型壳中水玻璃溶胶是多种形式的硅酸钠溶于水中的混合体系。由于硅酸钠水解作用的结果，生成多种形式的硅酸。所谓化学硬化，就是用化学物质使这种硅酸溶胶转变成凝胶，将涂料层中耐火材料颗料黏结起来，使型壳具有一定的强度。

常用的水玻璃型壳硬化剂有氯化铵、结晶氯化铝、聚合氯化铝、氯化镁、氯化钙等。

① 氯化铵硬化剂。氯化铵是水玻璃型壳生产中应用最早，而且工艺比较成熟的一种硬化剂，按GB/T 2946—2008，工业用氯化铵含NH_4Cl应为99%（质量分数）以上，密度为$1.53g/cm^3$。

a. 氯化铵的硬化原理。从形式上看，NH_4Cl与水玻璃黏结剂中的Na_2O发生化学反应，生成易溶于水的盐（NaCl），使Na_2O的含量因被中和而降低，破坏了水玻璃硅酸溶胶的介稳定性，即破坏了Na_2O与SiO_2的动平衡，使其中的SiO_2以胶态迅速析出，把涂料层中的粒、粉耐火材料黏结成坚固而完整的型壳。其反应式如下

$$Na_2O \cdot mSiO_2 \cdot nH_2O+2NH_4Cl \rightarrow mSiO_2 \cdot (n-1)H_2O+2NH_3\uparrow+2H_2O+2NaCl$$

但是，硬化的实质应为氯化铵与水玻璃各自水解的结果。由氯化铵水解产物H^+与水玻璃水解产物OH^-发生中和反应而生成水，各自把对方水解产物的浓度降低，从而达到互相促进水解的目的，使硅酸溶胶转变为凝胶。其反应式如下

$$NH_4Cl+H_2O \rightarrow H^++Cl^-+NH_3\uparrow+H_2O$$

$$Na_2O \cdot mSiO_2+nH_2O \rightarrow 2Na^++2OH^-+mSiO_2 \cdot (n-1)H_2O$$

$$H^++OH^- \rightarrow H_2O$$

b. 氯化铵硬化液的配制。配硬化液时，必须从硬化要求确定其浓度和温度。氯化铵在水中的溶解度随温度的升高而增大。硬化液温度在冬天时宜控制在20~25℃，其浓度一般控

制在 20% ~25%（质量分数）。

c. 氯化铵硬化液的化验与调整。从上述化学反应来看，随着硬化时间的增长，氯化铵不断地被水玻璃中的 Na_2O 中和而逐渐减少，硬化剂浓度逐渐降低；同时，硬化反应还生成了 NH_3 和 NaCl，所以使用过的硬化液实际上变成了 $NH_4Cl-NaCl-H_2O$ 三元的混合液，如图 5-9 所示。在此三元系中，两种盐的溶解度是相互制约的，即溶液中 NaCl 含量的增加，必然使 NH_4Cl 溶解度下降，并进而使得 NH_4Cl 处于饱和状态。这时，再增加 NH_4Cl 也只能沉于池底，绝不能使它继续溶解而达到规定的浓度指标。所以出现这样的问题后，将整包氯化铵放入硬化池的做法是不可取的。可行的办法是定期对硬化液中 NaCl 的含量进行检测，并控制在 6% ~8%（质量分数）范围内，当超过此值时，就必须更换硬化液。

d. 氯化铵的硬化工艺参数。其工艺参数主要有硬化剂浓度、温度和硬化时间，至于硬化后的自然干燥时间要依据现场气候条件而定，大体以“不白不湿”为准则，见表 5-25。

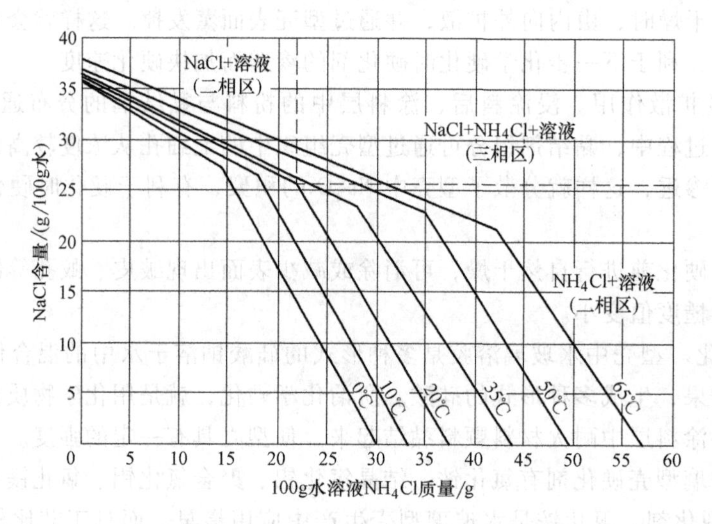

图 5-9 $NH_4Cl-NaCl-H_2O$ 溶解度等温图

表 5-25 氯化铵的硬化工艺参数

项目 / 层别	浓度(质量分数,%)	温度/℃	硬化时间/min	硬化后干燥时间/min
表面层	20~25	20~25	3~8	30~45
加固层	20~25	20~25	5~15	视情况而定

② 结晶氯化铝硬化剂。结晶氯化铝（$AlCl_3 \cdot 6H_2O$）又称六水氯化铝。它是白色或淡黄色晶体，密度为 2.4g/cm³，吸湿性强，在空气中易潮解，加热时分解成 Al_2O_3 和 HCl 气体。结晶氯化铝是由强酸弱碱生成的盐，在水中易水解，其水解液呈较强的酸性。其工艺性能见表 5-26。

表 5-26 结晶氯化铝硬化剂的工艺性能

项目	浓度(质量分数,%)	密度/(g/cm³)	$w(Al_2O_3)$(%)	碱化度 B(%)	pH 值	JFC[①](质量分数,%)
数值	31~33	1.16~1.17	6~7	<10	1.4~1.7	0~0.1

① 为渗透剂 EA（聚氯乙烯烷基醇）。

a. 硬化原理。结晶氯化铝在硬化过程中，与水玻璃黏结剂相互中和、促进水解，其结果是生成了硅胶（$SiO_2 \cdot 2H_2O$）和铝胶 $Al(OH)_3$共凝产物，使型壳强度提高。

b. 工艺参数。结晶氯化铝硬化剂的工艺参数见表5-27。

表5-27 结晶氯化铝硬化剂的工艺参数

项目 层别	温度/℃	硬化时间/min	干燥时间/min	备注
表面层	20~25	5~15	30~45	硬化干燥后冲水
加固层	20~25	3~8	15~30	不冲水

c. 硬化特性。硬化液呈带羟基的络合离子团和分子等状态的复杂多相体，带电粒子体积比氯化铵离子大，所以对型壳的硬化渗透扩散能力比氯化铵溶液小。此外，它硬化时形成的硅胶和铝胶的胶膜致密，收缩小，裂纹少，加上硬化反应不像氯化铵那样有气体（NH_3）逸出，故对硬化渗透不利，硬化速度较慢。所以为了提高硬化效果，生产中常在其中添加非离子型表面活性剂0.05%~0.1%（加JFC或OP-10、TX-10等）。

另外，与氯化铵相比较，这种硬化剂在使用时也有很多优点：型壳强度高，硬化剂性能稳定，无须经常化验和调整，成分及性能波动小；使用时不污染环境，不腐蚀设备；劳动条件好。其缺点是：由于硬化时渗透力差，硬化时间长，因而易引起型壳表面缺陷，如表面蠕虫状凸起，铸件表面粗糙度值大；此外，由于硬化膜致密，故型壳的残留强度高，溃散性差，铸件脱壳清理较困难。针对这些问题，可酌情采取以下措施：

a）表面层涂料在硬化前经2h以上的自然干燥，这对提高表面质量有利。

b）在表面层硬化干燥后用水冲洗掉残留硬化剂，可减少型壳分层倾向，降低型壳残留强度。

c）采用复合硬化法：前1层或2层用 NH_4Cl 硬化，后几层用结晶氯化铝硬化，效果良好。

d）采用混合硬化法：即在结晶氯化铝硬化液中添加质量分数为4%~8%的 NH_4Cl，效果也良好。

③ 聚合氯化铝硬化剂。聚合氯化铝是由结晶氯化铝（$AlCl_3 \cdot 6H_2O$）水解为 $Al(OH)_3$ 时的中间水解产物。化学通式可表示为 $[Al_2(OH)_nCl_{6-n}]_m$，式中，$n=1\sim5$；m 为聚合度，通常 $m\leqslant13$。它通常有固态和液态两种产品。固态的外观呈黄色、淡绿色或深褐色，液态外观呈淡黄色、黄绿色或灰绿色，无臭，无挥发性气体，性能稳定，可长期存放。

聚合氯化铝硬化液的工艺性能见表5-28。

表5-28 聚合氯化铝硬化液的工艺性能

项目	密度/(g/cm³)	pH值	$w(Al_2O_3)$(%)	碱化度 B(%)	JFC(质量分数,%)
数值	1.18~1.20	2~3	8~10	<50	0~0.1

聚合氯化铝硬化剂的工艺参数和硬化特点与结晶氯化铝基本相似。

④ 氯化镁硬化剂。氯化镁硬化剂的分子式为 $MgCl_2 \cdot 6H_2O$，是一种白色、易潮解的单斜晶体，密度为1.56g/cm³，熔点为118℃，易溶于水和乙醇，是生产海盐的副产品。氯化镁硬化剂对水玻璃有促凝作用，其硬化原理与氯化铝基本相同，反应式如下

$$Na_2O \cdot mSiO_2 \cdot nH_2O+MgCl_2 \rightarrow mSiO_2 \cdot (n-1)H_2O+NaCl+Mg(OH)_2$$

氯化镁硬化剂的工艺性能见表 5-29。

表 5-29　氯化镁硬化剂的工艺性能

项目	浓度(质量分数,%)	密度/(g/cm³)	pH 值	使用温度/℃	JFC(质量分数,%)
数值	28~34	1.24~1.30	5.5~5.6	20~30	0~0.1

氯化镁硬化的型壳湿强度高，硬化时无有害气体析出，对环境无污染，且价廉。但其缺点与聚合氯化铝相似，即硬化慢，而且在使用过程中，硬化剂的有效浓度降低较快，远不及聚合氯化铝硬化剂的浓度稳定，需要不断补加氯化镁，消耗较大。此外，这种硬化剂在硬化反应时，涂料的胶凝收缩较大，会使涂料层易出现蚁孔状缺陷，铸件表面质量差，所以不宜用于表面层涂料的硬化。

⑤ 氯化钙硬化剂 。氯化钙的分子式为 $CaCl_2$，是一种白色多孔而有吸湿性的物质，在空气中能自然潮解成饱和的氯化钙水溶液。其水溶液的 pH 值为 7，随氯化钙含量的增加，密度也增大。因此，在使用过程中可控制溶液的密度来控制氯化钙硬化剂的浓度，通常当密度为 $1.30g/cm^3$左右时，其浓度为 25%~30%（质量分数）。其硬化特点和工艺参数与氯化镁硬化剂相似。

（2）硅酸乙酯型壳的干燥与硬化　硅酸乙酯型壳是通过水解液中溶剂的挥发以及继续进行水解-缩聚反应而达到最终的胶凝。型壳的硬化可用氨气催化，俗称氨干。氨气既可通过碱解反应加快水解，也可通过改变涂层中水解液的 pH 值加快缩聚反应。硅酸乙酯涂料的硬化工艺参数见表 5-30。

表 5-30　硅酸乙酯涂料的硬化工艺参数

层次	撒砂 (硬化方法)	空气+氨气硬化：自干或风干时间①/h	空气+氨气硬化：氨固化时间/min 氨气②	空气+氨气硬化：氨固化时间/min 氨水③	空气+氨气硬化：抽风时间/min	快速胶凝硬化：自干或风干时间/min	快速胶凝硬化：氨固化时间/min 通氨	快速胶凝硬化：氨固化时间/min 保持	快速胶凝硬化：抽风除氨时间/min
1	380μm/220μm	≥2	15~25	30~50	10~15	15	10	15	10
2	380μm/220μm	1~3	15~25	30~50	10~15	15	10	15	10
3 层以后	830μm/380μm	1~3	15~25	30~50	10~15	15	10	15	10
浸加固剂	—	≥3	20~30	40~60	10~15	60~120	10	30	15

① 室温 20~28℃，微风 1~3m/s，相对湿度 65%~75%。

② 氨气流量 3~5L/min，通入时间 1~2min，箱内氨气浓度 3%~5%（体积分数）。

③ 对于能容纳 30 个模组的氨干箱，加入氨水体积约 250mL。

（3）硅溶胶型壳的干燥　硅溶胶型壳采用干燥硬化的胶凝方法，而不采用化学硬化法。其工艺过程为：上涂料、撒砂、干燥。如此反复得到所需厚度的型壳。干燥的目的是使涂料中的溶剂挥发，胶体颗粒浓度增大，把耐火材料紧密黏结形成强度。溶剂去除量越大，强度越高。

为了加速干燥，通常可采用强制通风，控制空气的温度、湿度及流速。一般空气温度为 20~28℃、相对湿度为 40%~70%、流速为 240~300m/min 时较为理想。表 5-31 是国内企业常用的硅溶胶型壳制壳工艺参数。

（4）复合型壳

1）硅溶胶-水玻璃复合型壳工艺。近些年来，随着我国经济及技术的发展，许多客户（尤其是普通碳钢或低合金钢客户）对产品的外观质量提出了较高要求。在原有水玻璃涂料

表5-31 硅溶胶型壳制壳工艺参数

参数＼层数	面层	第二层	背层	封浆
涂料种类	面层涂料	面层涂料或过渡层涂料①	背层涂料	背层涂料
撒砂	150/75号筛（μm）锆砂	550/250号筛（μm）煤矸石	1000/550号筛（μm）煤矸石	
温度/℃	22~25			
湿度（%）	50~70		40~60	
风速/（m/s）	—		6~8	
干燥时间/h	4~6	>8	>12	>14
预湿剂	浸预湿剂②		—	

注：各厂可根据本厂铸件大小确定型壳层数。一般小件可制四层半型壳，铸件越大、壁越厚，层数应相应增加。

① 要求高的铸件可使用两层面层涂料，要求不高的铸件也可使用一层面层涂料，第二层采用过渡层涂料。

② 预湿剂用 $w(SiO_2)=25\%$的硅溶胶溶液。预湿剂可浸一层，也可浸两层或三层。

难以满足客户要求的情况下，部分精铸企业纷纷采用硅溶胶-水玻璃复合型壳工艺。这种工艺能达到较为满意的效果。

所谓复合型壳工艺，即表面1~2层采用硅溶胶黏结剂涂料，而其余加固层仍然用水玻璃黏结剂涂料。这样，不但可大大提高铸件表面质量（表面粗糙度 Ra 值可达3.2μm），而且生产成本也较为低廉。国内企业常用复合型壳工艺见表5-32。

表5-32 硅溶胶-水玻璃复合型壳工艺

层 次	涂 料	撒 砂	干燥硬化时间/h	环境温度/℃	相对湿度（%）
表面层	硅溶胶+锆英石粉（47μm）	锆砂（120~180μm）	>6	25±2	≤65
第2层	硅溶胶+锆英石粉（47μm）	铝-硅系（250~550μm）	>6	25±2	≤65
第3~6层	水玻璃+铝-硅系	铝-硅系（830~1700μm）	氯化铵或结晶氯化铝①	室温	无要求

① 第3~6层用氯化铵硬化剂时，硬化时间为8~15min，干燥时间大于30min；若用结晶氯化铝硬化剂时，硬化时间为15min，干燥时间为20~30min。

复合型壳制成后须停放12~24h才能进行脱蜡，脱蜡工艺与水玻璃型壳相同。脱蜡水中可添加 w（氯化铵）3%~8%，脱蜡水温控制在95~98℃，脱蜡时间不超过30min。型壳的焙烧温度比单一水玻璃型壳要高，宜控制在920~960℃，保温0.5~1h，即可进行浇注。

2）硅酸乙酯-硅溶胶复合制壳工艺见表5-33。

4. 脱蜡

模组经涂料、撒砂、硬化及数小时干燥后，用适当的方法将其中的模料（蜡料）熔失的过程称为脱蜡。制壳后干燥时间越长，型壳的湿强度越高，抗水性也增强。

型壳脱蜡的方法有多种，常用的有热水法、高压蒸汽法及微波脱蜡法等。水玻璃型壳由于普遍应用蜡基低温模料（石蜡-硬脂酸模料），故多用热水脱蜡法。其脱蜡工艺要点如下：

（1）清理浇口　脱蜡前先把浇口杯顶部的涂料及浮砂清除刮净，以免在脱蜡过程中落入型壳内腔。

表 5-33 硅酸乙酯-硅溶胶复合制壳工艺

层次	涂料			撒砂种类及粒度(μm)	干燥时间/h	
	黏结剂	粉料	密度/(g/cm³)		自干	25~30℃热风
1	硅溶胶	刚玉粉	≥2.3	315~250 刚玉砂	16~24	—
2	硅酸乙酯	刚石或铝矾土粉料	2.0~2.3		≈0	0.5~1.0
3	硅溶胶		2.2~2.4	400~315 刚玉砂	≈0	1.0~1.5
4	硅酸乙酯		2.0~2.3		≈0	0.5~1.0
强化	硅溶胶	—	—	—	1	—
5	硅酸乙酯	刚玉或铝矾土粉料	2.0~2.3	800~1003 煤矸石	≈0	0.5
6	硅溶胶		2.2~2.4		≈0	0.5
7	硅酸乙酯		2.0~2.3		≈0	0.2
8	硅溶胶		2.2~2.4	—	≥24	≥2

（2）添加物　脱蜡水应维持酸性，这样既有利于蜡料回收，更有利于对型壳的补充硬化。生产中通常在脱蜡水中添加3%~8%（质量分数）的氯化铵或加入4%~6%（质量分数）的结晶氯化铝或1%（质量分数）的硼酸。加硼酸的作用是为了清除型壳中的皂化物，利于提高型壳强度和铸件的表面质量。

（3）水温控制　脱蜡池中的热水温度宜控制在95~98℃，但应避免沸腾，以免将池底的砂粒及脏物翻起而落入型壳内腔。但水温也不应太低，否则不仅降低了生产率，而且因加热缓慢，时间延长，会损害型壳强度（易酥软），甚至使型壳产生裂纹，严重者还会造成垮塌。

（4）模组放置　将模组依次整齐地摆放在网栏中，将浇口杯朝上，只许摆放一层，切勿在浇口杯上另堆放模组，以免砂落入型腔。此外，模组摆放时应稍留有间隙。

（5）脱蜡时间　根据模组大小及形状复杂程度而定，一般以15~35min为宜。蜡料完全熔化的简单测定方法是观看浇口上方不再出现浮蜡。

（6）型壳冲洗　型壳经脱蜡后，内腔可能存有残余蜡料及黏附的皂化物，所以脱蜡之后宜用热水反复冲洗。若在热水中加入少许（质量分数为0.5%）盐酸，则冲洗效果会更好。

（7）槽液换新及清理　型壳在脱蜡时会有较多盐分和脏物进入脱蜡水中，故应定期更换池水，并同时清理池底砂粒及脏物。

5. 型壳焙烧

（1）焙烧目的

1）脱蜡后，型壳内尚含有不少挥发物，例如水分、残余蜡料、皂化物、盐类等。这些物质若未去除，则在浇注时会逸出大量气体，使铸件产生气孔。

2）在减少型壳发气性并进而提高其透气性的同时，还能提高铸件的表面质量。

3）在焙烧过程中，还可进一步降低型壳中残留的Na_2O，以提高型壳的高温强度，也有利于提高液态金属的充型能力。

（2）焙烧机理（即物理、化学过程）　如图5-10a所示，在焙烧前，型壳的单层组织是由大小同的、外表覆有水玻璃（SiO_2胶体）的砂粒组成的。这种SiO_2胶体是一种水溶液，

它除了含有结晶水外，还含有大量物理水，因此整个型壳的湿强度很低。在焙烧过程中，型壳将会发生下列变化：

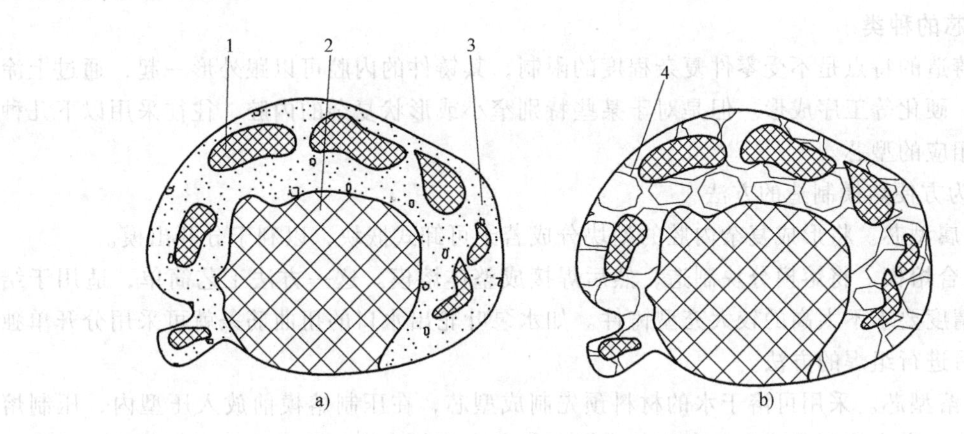

图5-10　水玻璃型壳焙烧前后的显微组织

1—石英粉　2—石英砂　3—水玻璃　4—硅胶体

1）当温度升高时，水玻璃溶液先失去物理水，随后结晶水也逐渐烧减，发生胶凝过程。

2）温度达300℃时，全部转变成凝胶体；与此同时，残存的蜡料冒黑烟跑掉。由于在胶凝过程中，SiO_2胶体的体积收缩会将砂粒包得更紧，使型壳强度有所提高。

3）当温度达337℃时，型壳中多余的氯化铵发生分解，即

$$NH_4Cl \longrightarrow NH_3\uparrow + HCl\uparrow$$

此时，气态的NH_3和HCl在炉门处（即<337℃）又变成NH_4Cl白色烟雾跑掉。

4）上述反应生成物氯化氢（HCl）气体遇到型壳中残存的Na_2O，便迅速发生反应生成盐，即

$$Na_2O+2HCl \longrightarrow 2NaCl+H_2O\uparrow$$

5）盐（NaCl）在800℃左右汽化，使型壳中残存的Na_2O减少。

由上述反应可知，在水及NH_4Cl蒸气压力的作用下，凝胶体会龟裂成颗粒状，而颗粒之间又以吸附性连接，以致最后成为网状结构。这种网状结构使型壳生成大量微小孔眼而具有一定的强度和透气性，如图5-10b所示。

（3）焙烧方法和工艺　水玻璃型壳焙烧宜采用油炉、煤气炉或电阻炉。而燃煤反射炉由于温度分布不均匀，灰尘多，且污染环境，故不宜采用。

用NH_4Cl硬化的水玻璃型壳，其焙烧温度宜为820~850℃，保温0.5~2h。焙烧良好的型壳表面呈白色或浅色，出炉时不再冒黑烟。若表面颜色较浅或呈深灰色，则表明型壳中残留较多碳分，属焙烧不良。此种型壳强度低，透气性也低，即使围砂浇注也难免出现气孔、呛火和穿孔漏钢液现象。

用氯化铝硬化的型壳，其焙烧温度可高些。用石英砂（粉）作耐火材料的型壳，由于在加热和冷却时的膨胀和收缩较大，不宜进行多次重复焙烧，以免型壳产生裂纹而损坏。

5.3.4 熔模铸造型芯

1. 型芯的种类

熔模铸造的特点是不受零件复杂程度的限制，其铸件的内腔可以跟外形一起，通过上涂料、撒砂、硬化等工序成形。但是对于某些特别窄小或形状复杂的内腔，往往采用以下几种方法成形相应的型芯。

（1）为方便熔模制造的方法

1）金属型芯。将形成复杂内腔的型块分成若干可卸式嵌块，以利于分开出模。

2）组合熔模。将熔模分块制造，然后焊接成整体熔模。这一方法工艺简单，适用于结构复杂而精度要求不太高的较大充型铸件。如水泵叶轮出水口的扭曲筋条就可采用分开单独制作，然后进行组焊的方法。

3）可溶型芯。采用可溶于水的材料预先制成型芯，在压制熔模前放入压型内，压制熔模后一起放入水中将型芯溶失，即得到光滑而复杂内腔的熔模。这种方法制作简单，适用于结构比较复杂，精度要求较高，上述两种方法无法满足要求，也难以机械加工的铸件，如某些液压机械的弯管类铸件。

（2）为方便涂料、制壳的方法

1）陶瓷型芯。用耐火材料制作陶瓷型芯，在制熔模前放入压型内，制模后露出定位芯头。然后涂料制壳，脱出熔模，陶瓷型芯仍留在型壳内，金属浇注后，陶瓷型芯可直接形成铸件的内腔。这种工艺复杂，成本较高，适用以精度要求高又难以机械加工的耐热、耐蚀和耐磨合金的复杂孔形铸件。

2）水玻璃砂芯（或酚醛树脂砂芯）。对于要求较低的铸件和有色合金铸件，当有直径很大的孔或狭长缝隙而难以上涂料和撒砂时，可采用水玻璃砂芯（以水玻璃为黏结剂配制芯砂，制成型芯后浸入硬化剂硬化）或酚醛树脂砂芯（将特殊液体渗入冷芯盒制成的型芯中），令其焙烧时转变为高温黏结剂。

3）细管型芯。将金属或玻璃薄壁管材弯曲，焊接成复杂管道型芯，主要用于具有细孔（直径 d>3mm，长度 L<60d）的有色合金铸件。

2. 可溶型芯的制作

可溶型芯按其作用不同可分为两种类型。一类为便于熔模制造而采用的有机化合物（如尿素、聚乙烯醇、聚乙二醇等）水溶性型芯。另一类为方便制熔模，也包括方便上涂料与撒砂的一次性水溶性型芯。当然这种型芯必须经受脱蜡（包括热水脱蜡）的考验。目前解决这一问题的主要途径是在该水溶型芯表面涂一层抗水膜。另外还需选用合适的黏结剂和耐火骨料，使型芯能承受焙烧和金属浇注的高温作用。

（1）水溶性尿素类型芯

1）水溶性尿素型芯的材料配比及性能可参考表5-34。

2）尿素类型芯的制造。尿素类型芯的成形方法有两种，以尿素为主体的型芯采用自由浇注成形；以聚乙二醇为主体的型芯（也称羰芯），常采用热压注成形。可溶性型芯制造工艺见表5-35。但使用可溶型芯时要注意以下问题：

① 熔化容器宜用不锈钢或搪瓷器皿。

② 熔化温度不能过高，否则制成的型芯气泡多、性能下降。浇注熔盐材料时，要先快

后慢、不断流。

③ 制好的型芯宜放在干燥容器内，避免潮解。

④ 损坏的型芯或有缺陷的型芯可以热补。对于尿素型芯可用熔融盐补入，凝固后修平；羰芯则可用修补熔模的方法进行修补。

⑤ 水溶性盐较脆，收缩小，故较大的型芯可设置芯骨，起芯斜度要适当加大，必要时设顶杆取芯。一般取芯斜度为0.5°~3°，定位用芯头斜度为3°~5°。

表5-34 可溶性型芯常用配比及性能

编号	配比(质量分数,%)								性能	成形性
	尿素	聚乙二醇	碳酸氢钠	硫酸铵	硼酸	滑石粉	云母粉	收缩率(%)	熔点/℃	
1	95~97	—	—	—	3~5	—	—	0.2~0.7	118~120	良
2	75~85	—	15~25	—	—	—	—	0.1~0.6	120~125	良
3	90~95	—	—	5~10	—	—	—	—	—	良
4	—	—	20~30	—	—	25~45	—	0.2~0.4	—	优
5	—	40~60	10~30	—	—	—	20~40	0.2~0.7	—	优

表5-35 可溶性型芯制造工艺

编号	成形方法	工艺参数					溶解介质
		熔化温度/℃	压型温度/℃	成形温度/℃	压注压力/MPa	保压时间/s	
1	浇注	≈130	≤60	≈130	—	—	水
2	浇注	—	≤60	≈110	—	—	水
3	浇注	135~145	≤60	≈110	—	—	水
4	压制	80~85	≤30	60~80	0.5~1	30~60	水或酸化水
5	压制	80~85	≤30	60~80	0.5~1	30~60	水或酸化水

(2) 水溶石膏型芯 该种型芯的主体材料为半水石膏（$CaSO_4 \cdot H_2O$）、水溶性盐和固体填料。由于单纯的石膏难溶于水，为了提高石膏的水溶性，通常加入硫酸镁、硫酸钠、硫酸锌、硫酸钾、硫酸亚铁等水溶性盐，其中最好的是硫酸镁。因硫酸镁在型芯中呈网状分布，溶解后便可使型芯溃散。加入固体填料的主要目的是降低石膏在加热、焙烧时的干燥收缩，减小型芯尺寸变化，以免裂纹产生等。常用的固体填料有石英、方石英、铝矾土、滑石粉、石英玻璃、煤矸石粉、玻璃纤维等。常用水溶石膏型芯浆料的配比见表5-36。

表5-36 常用水溶石膏型芯浆料的配比 （单位：g）

石膏混合料			硫酸镁	水
石膏	石英粉 53~75μm	滑石粉		
60~80(β半水石膏)	10~30	5~10	16~25	50~80
70(以α半水石膏为主的模型石膏)			30	35
80(以α半水石膏为主的模型石膏)			20	30

1) 水溶石膏型芯制备工艺。

① 成形。采用灌浆法成形。

② 烘干。型芯硬化后从芯盒中取出，于300℃下烘干2~3h。如果发现型芯表面有茸毛状析出物，可将型芯从芯盒中取出经80~100℃烘干0.5~1.0h，再在300℃下烘干2~3h。

③ 涂防水膜。用浸渗或刷涂法在型芯表面形成防水膜。防水膜自然风干或在100℃下烘干待用。

2）水溶石膏型芯的应用特点。水溶石膏型芯的流动性好，容易成形，型芯表面粗糙度值与普通石膏相当或更小。透气性优于普通石膏型芯（为2.3~8.8），型芯具有相当的强度（湿强度、干强度、700℃下高温强度）。但由于石膏和硫酸镁在加热过程中都会产生多种相变，故裂纹倾向大。实验结果表明，虽然硫酸镁的熔点高达1185℃，但在900℃时便分解成$MgO \cdot SO_2$和O_2，所以900℃为水溶性石膏型芯的极限使用温度。也就是说它只适用于铝、锌等浇注温度低于900℃的合金材料。同时经生产验证，型芯脱去时石膏和硫酸镁对铸造铝合金几乎无任何腐蚀作用，脱芯后铸件无需附加任何处理。

（3）水溶陶瓷型芯　水溶陶瓷型芯通常以耐火骨料为基体，以水溶性盐为黏结剂，再加入增塑剂（如水玻璃或石蜡等）配制成具有良好可塑性的混合料，再捣实、挤压或压注成型芯坯体。当黏结剂采用十二水磷酸钠（$Na_3PO_4 \cdot 12H_2O$）或十八水氢氧化钡[$Ba(OH)_2 \cdot 18H_2O$]，而且温度升高到80℃以上时，它们就可溶于自身的结晶水而使得型芯混合料具有流动性，从而可以自由浇灌成形。最后在一定温度下将型芯坯体烘干并烧结成型芯。

水溶陶瓷型芯混合料的组成及配比如下：

① 耐火骨料。常用耐火骨料有石英、钻矾土、滑石粉、石墨、氧化镁及电熔刚玉等，其中以电熔刚玉效果最好。石墨和碱土金属氧化物主要用于钛合金或某些高熔点活性金属的铸件。耐火骨料的平均粒度为10~200μm。

② 水溶性盐。在水溶性陶瓷型芯中起黏结剂的作用。常用且适用于铝合金的水溶性盐有碳酸钾、食盐；适用于铜合金的有磷酸铜、磷酸钾；适用于钢、铁的有氢氧化钡和铝酸钾。

③ 增塑剂。为了提高成形性，制芯混合料中需添加一些增塑剂（如石蜡、蜂蜡、聚乙二醇等）或水。此外还需添加少量表面活性物质（例如硬脂酸），以增大增塑剂与耐火粉料之间的湿润性。

④ 其他附加物。为了进一步提高型芯的湿态强度，还需加入一些耐火黏土、淀粉和适量的水或水玻璃等。

水溶陶瓷型芯混合料的配比视成形工艺不同而异，见表5-37~表5-39。

表5-37　捣实成形水溶陶瓷型芯混合料配比　（单位：g）

耐火骨料	水溶性盐						水(外加)
电熔刚玉（粒度：120μm）	碳酸钾	磷酸钾	磷酸钠	氢氧化钡	铝酸钾	多元醇(如丙酸醇、乙二醇等)	
92	8	—	—	—	—	—	6.4
90	—	10	—	—	—	—	12
90	—	—	8	—	2	—	8
91	—	—	—	7.5	—	1.5	8
92	—	—	—	7	1	—	8

表5-38 压注成形水溶陶瓷型芯混合料配比 （单位：g）

电熔刚玉（粒度:120μm）	食盐	增塑剂:粗制聚乙二醇
7~14	60~70	24~28

表5-39 灌浆成形水溶陶瓷型芯混合料配比

电熔刚玉（粒度:120μm）	水溶性盐		水（外加）
	磷酸钠 $Na_3PO_4 \cdot 12H_2O$	氢氧化钡 $Ba(OH)_2 \cdot 18H_2O$	
90	10	—	40
80	—	20	50

（4）水溶性陶瓷型芯制芯工艺

1）制芯工艺流程（图5-11）。

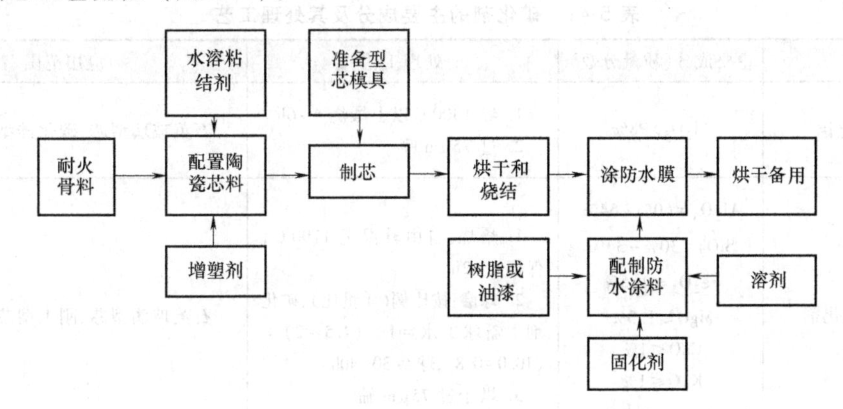

图5-11 水溶陶瓷型芯制芯工艺流程图

2）主要工艺参数：

压注成形压射压力：3.0~3.5MPa。

挤压成形挤压压力：30MPa。

型芯坯体烘干温度：200~250℃，时间0.5~2.0h。

型芯烧结温度：铝合金型芯700℃，时间0.5~1.0h；铜、铁、钢型芯900℃，时间0.5~2.0h。

（5）防水膜　型芯在脱蜡时受蒸汽的侵蚀很严重，故需在表面涂一层防水涂层。防水涂层应具有适当的黏度，既能渗入型芯表层一定深度（约2mm），又能在其表面形成适当厚度（约50μm）的薄膜。如果防水膜太薄，最好采用多涂几层的方法而不宜增大涂料黏度。一般来说树脂漆操作方便，效果也不错。几种防水涂料的成分和成膜方法见表5-40。

（6）脱芯　以表5-39中混合料配比为例，为了加快脱芯速度，最好用流水脱芯。脱芯后如铸件表面残留氯化钠会引起电化学腐蚀，因此必须将铸件冲洗干净。清水冲洗10min后烘干。

3. 陶瓷型芯

（1）陶瓷型芯所用材料　陶瓷型芯是我国熔模铸造生产航空类铸件使用较普遍的一种制芯方法。它所需用的材料有耐火骨料（基体材料）和矿化剂。基体材料主要有石英玻璃、

表 5-40 几种防水涂料的成分和成膜方法

树脂或油漆			固化剂			溶剂		成膜方法
醇酸清漆/mL	酚醛树脂/g	6101 环氧树脂/g	六次甲基四胺/g	多乙烯多胺/mL	聚酰胺/g	二甲苯/mL	丙酮/mL	
95	—	—	—	—	—	5	—	自然风干
—	—	50	—	—	50	—	75	自然风干而后 100℃ 保温 60min
—	—	100	—	10	—	—	75	
—	32	—	3	—	—	—	50	

电熔刚玉、锆英石、氧化镁和碳化硅等。矿化剂的作用是促进型芯的烧结，降低烧结温度或缩短烧结时间，或者两者兼顾。矿化剂的种类随基体材料而异。目前使用较多的几种矿化剂的主要成分及其处理工艺见表 5-41。

表 5-41 矿化剂的主要成分及其处理工艺

名称	主要成分(质量分数)	处理工艺	应用范围
工业氧化铝	Al_2O_3>98%	1. 经 1300℃ 以上煅烧 4~6h 2. 过 75μm 筛	石英玻璃型芯、碳化硅型芯
硅-铝系矿化剂	Al_2O_3=60%~64% SiO_2=30%~34% Fe_2O_3≤1.5% MgO≤1.5% CaO≤1% K_2O≤1% Na_2O≤0.5%	1. 焙烧：自由升温至 1100℃，保温 1~2h 2. 球磨：按比例(质量比)，矿化剂：瓷球：水=1：(1.5~2)：(10.0~0.8)，球磨 30~40h 3. 烘干过 75μm 筛	石英玻璃型芯、刚玉型芯
ACS 矿化剂	SiO_2=62.07% CaO=23.23% Al_2O_3=14.7%	1. 硅砂经 900~950℃ 焙烧 2~4h，工业氧化铝经 1300℃ 焙烧 4~6h，CaO 以碳酸钙的形式加入 2. 将硅砂、碳酸钙、工业氧化铝三者混合，按硅-铝系矿化剂球磨比例球磨 20~30h 3. 煅烧：以 200℃/h 的速度升温至 800℃、900℃ 并各保温 2h，再升温至 1050℃，保温 4h，随炉冷却、球磨过筛使用	石英玻璃型芯、刚玉型芯

（2）陶瓷型芯制造工艺　制造陶瓷型芯的方法主要有热压注法、灌浆法和挤压法，这里主要介绍前两种工艺。

1）热压注法。热压注法陶瓷型芯是以基体材料和矿化剂为分散相，有机增型剂为介质，经加热混合，使粉料与增塑剂形成流态浆料，然后在较高的压力下（2.7~4.0MPa），压注成形。其工艺要点为：

① 工艺流程，如图 5-12 所示。

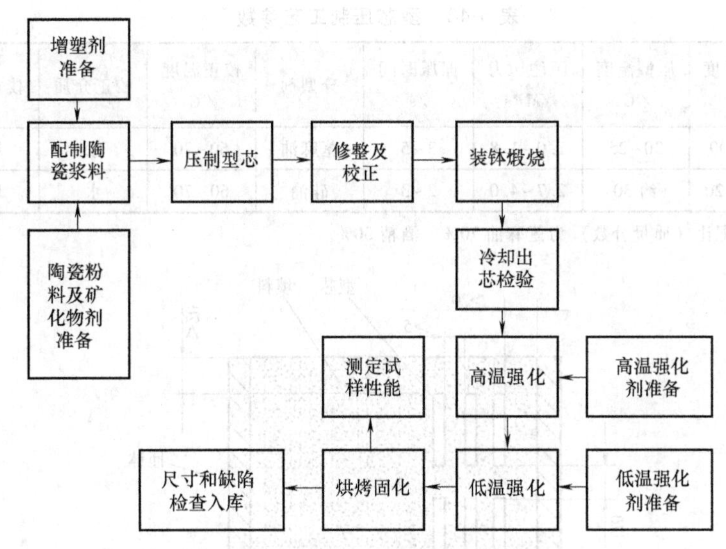

图 5-12　热压注陶瓷型芯工艺流程

② 增塑剂。常用增塑剂有石蜡、蜂蜡、硬脂酸、聚乙烯和松香等。

③ 表面活性剂。常用表面活性剂有油酸、脂肪醇类等物质。它被陶瓷粉料吸附形成薄膜，可以减少陶瓷粉料质点间的能量，增加颗粒表面的滑动性，以减少增塑剂的用量，一般用量为粉料质量的 0.5%~1.0%。

④ 陶瓷型芯的配比，见表 5-42。

表 5-42　陶瓷型芯配比

序号	配比(质量分数,%)										终烧温度/℃	填料	应用范围
	基本材料				矿化剂			增塑剂(外加)					
	石英玻璃	刚玉	锆英石	氧化镁	工业氧化铝	ACS	硅-铝系	蜡基	松香基	油酸			
1	85	—	—	—	15	—	—		—				真空
2	95	—	—	—	—	5	—	15~20	—	0.5~1	1180~1200	工业氧化铝	真空
3	60~80	—	20~40	—	—	—	—		—				真空
4	90	—	—	—	10	—	—		—		1180~1200		真空
5	30	—	70	—	—	—	—	15~20	—				真空、非真空
6	—	95	—	—	—	5	—		—	0.5~1		工业氧化铝	真空、非真空
7	—	94	—	—	—	—	6	—	25		1300		真空、非真空
8	—	—	—	100	—	—	—	—	—				真空、非真空

⑤ 陶瓷型芯浆料的制备。将熔化好的增塑剂控制在 85~90℃，在不断搅拌下加入预热的陶瓷混合料中（预热温度不大于 120℃），搅拌均匀后（最好搅拌 4~5h），浇注成块备用或控制在压注温度内压制型芯。

⑥ 型芯的压制。压制型芯与压制熔模一样，其工艺参数见表 5-43。

⑦ 型芯的造型。压制好的型芯坯体经检验后，用工业氧化铝（经 1300℃ 下保温 4~6h 焙烧）作填料，并在振幅为 0.2~0.5mm 的振动台上造型。型芯在匣钵内的放置如图 5-13 所示。

表 5-43 型芯压制工艺参数

类型 \ 项目	浆料温度/℃	压型温度/℃	压注压力/MPa	保压时间/s	分型剂	校正温度/℃	校正介质	校正工具	工作间温度/℃
简单	80~100	20~25	1.0~1.8	3~5	蓖麻油	60~70	水	坯模	20~25
复杂	110~120	约 30	2.7~4.0	2~3	硅油	60~70	水	坯模	20~25

注：蓖麻油分型配比（质量分数）为蓖麻油 70%，酒精 30%。

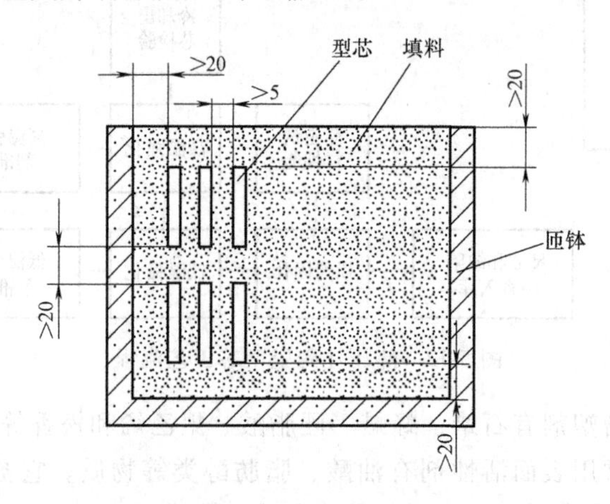

图 5-13 型芯在匣钵内的放置示意图

⑧ 型芯的焙烧。型芯的焙烧分脱蜡和焙烧两个阶段。600℃前属脱蜡阶段，这一阶段中增塑剂熔化并被填料所吸收，所以升温要缓慢。900℃以后为焙烧阶段，可以快速升温，其焙烧工艺规范如图 5-14 所示。

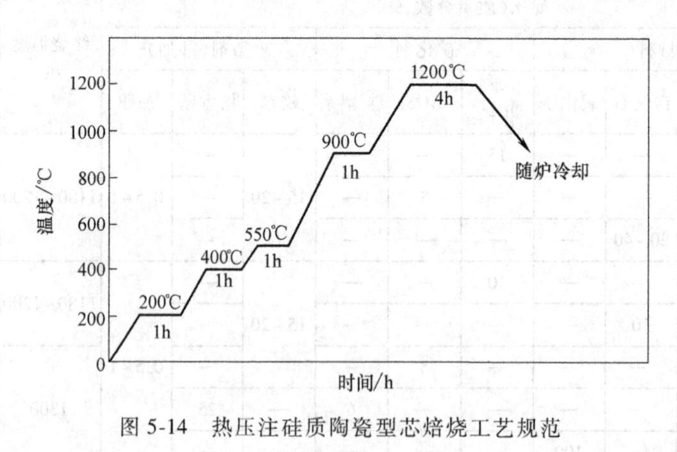

图 5-14 热压注硅质陶瓷型芯焙烧工艺规范

⑨ 强化处理。陶瓷型芯焙烧后常进行低温和高温强化处理。低温强化的目的是提高型芯的室温强度，以防止型芯在修整、搬运和制模时损坏。强化方法是将溶有热固性树脂和固化剂的溶液渗入焙烧好的陶瓷型芯中，再经固化处理即成。常用低温强化剂的配比及固化处理方法见表 5-44。

高温强化处理旨在进一步提高型芯的高温强度和抗变形能力。处理方法是将型芯浸入含有 $SiO_2$22%~24%的硅酸乙酯水解液中或硅溶胶中，待气泡消除后取出，干燥 2~5h，氨气硬化 30min。

表 5-44　常用低温强化剂的配比及固化处理方法

酚醛树脂/g	酚醛醇溶清漆/g	乙醇/mL	六次甲基四胺/g	6101 环氧树脂/g	丙酮/mL	多乙烯多胺/mL	聚酰胺/g	固化处理
32	—	65	3	—	—	—	—	自干:4~6h,烘干:120~180℃,30min
—	53	43	4	—	—	—	—	
—	—	—	—	100	100	10	—	自干:24h,烘干:150℃,30min
—	—	—	—	50~60	100	—	40~50	

⑩ 型芯的使用。

a. 型芯头自由端的形成。因型芯材料与型壳材料热膨胀率不同，所以当型芯两端固定时，必须使一端成为自由端。自由端的形成方法是在某一端芯头上包覆一层（0.05~0.1mm）软蜡、蜡纸或塑料薄膜（图 5-15a），当型壳焙烧后，这层有机物被烧尽而形成缝隙，使型芯能自由伸缩（图 5-15b）。

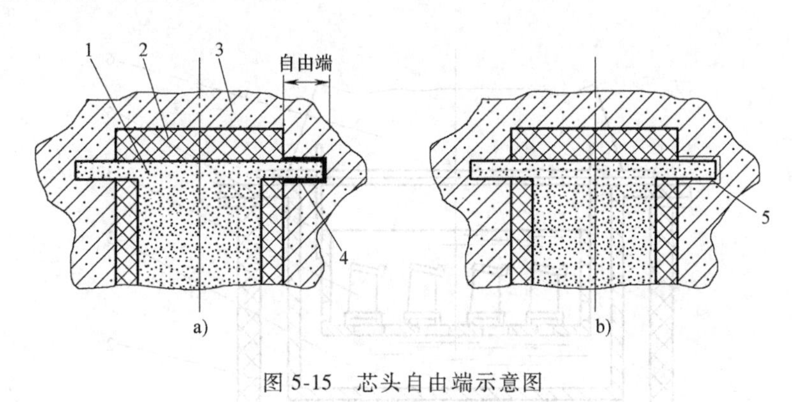

图 5-15　芯头自由端示意图

a）焙烧前　b）焙烧后

1—陶瓷型芯　2—熔模　3—型壳　4—自由端蜡层　5—缝隙

b. 型芯撑的使用。对于扁平且形状复杂的陶瓷型芯，在熔模和浇注金属时往往容易变形、错位，甚至断裂，这时就使用型芯撑。在压注熔模时可用蜡质或塑料型芯撑，防止浇注金属时型芯变形，可用金属型芯撑，分别如图 5-16 和图 5-17 所示。

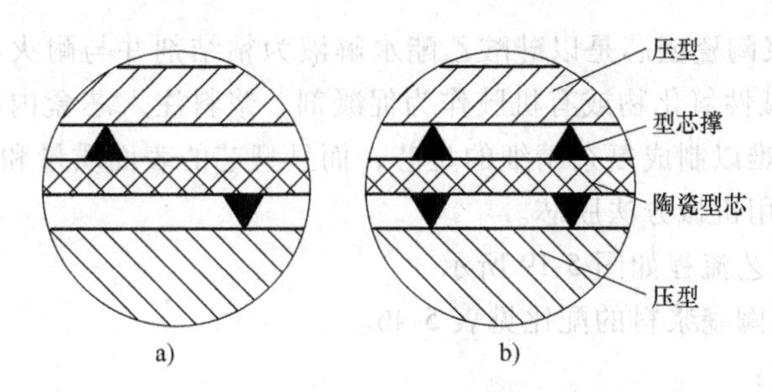

图 5-16　蜡质或塑料芯撑的安放

a）错误　b）正确

⑪ 陶瓷型芯的脱除。热压注法陶瓷型芯常用脱芯方法见表 5-45。由于化学脱芯材料的腐蚀性很强，故操作过程中应特别注意安全并备有良好的通风设施。铸件放入碱槽前应预

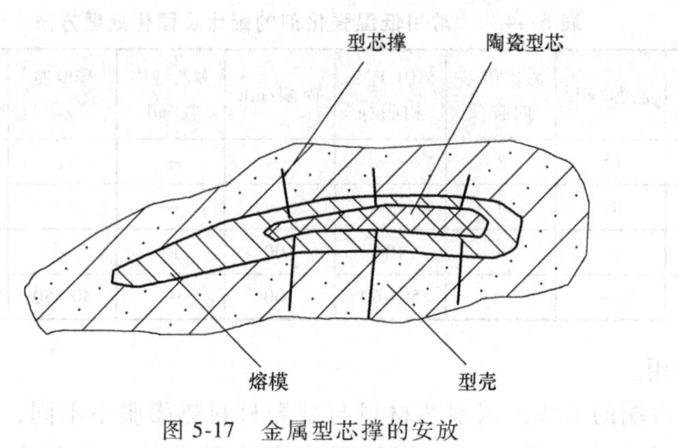

图 5-17 金属型芯撑的安放

热，以防止碱液及氢氟酸飞溅。氢氟酸有强腐蚀性和剧毒，应尽量少用。脱芯槽结构示意图如图 5-18 所示。

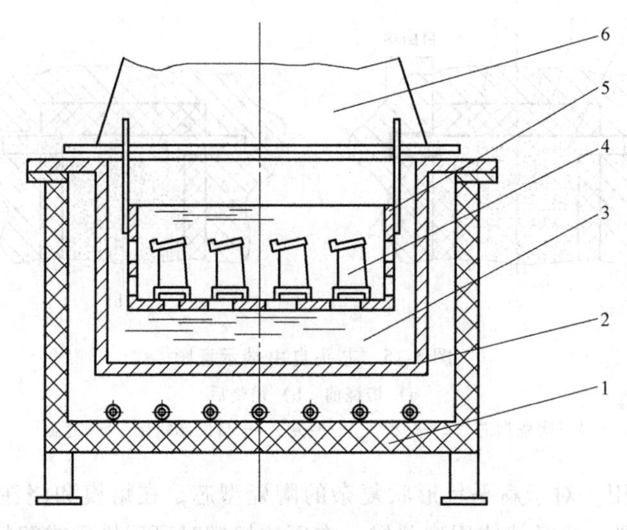

图 5-18 脱芯槽结构示意图

1—炉体 2—碱槽 3—碱液 4—铸件 5—铸件筐 6—抽风罩

2）灌浆法。灌浆陶瓷型芯是以硅酸乙酯水解液为粘结剂并与耐火粉料配成浆料，然后加入酸（如盐酸）、碱性氧化物或有机胺作为促凝剂，浆料注入芯盒内固化成形。由于在重力下灌注成形，所以难以制成复杂精细的型芯，而且型芯的表面质量和尺寸精度、强度及致密度都较差，但可以用机械方法脱芯。

① 灌浆法制芯工艺流程如图 5-19 所示。

② 灌浆法制芯用陶瓷浆料的配比见表 5-46。

③ 配制工艺要点：

a. 浆料配制。将耐火材料与矿化剂在专用容器内搅拌并混合均匀，然后加入粘结剂搅拌 2~3min，再加入促凝剂搅拌 0.5~1min，为减少浆料中的气泡，可采用真空搅拌法。

b. 灌浆。在浆料黏度明显增大前灌浆。灌浆前芯盒内应先涂好分型剂（硅油或凡士林）。

表 5-45　热压注法陶瓷型芯常用脱芯方法

<table>
<tr><th>脱芯方法</th><th>脱芯材料</th><th>脱芯温度/℃</th><th>脱芯时间/h</th><th>特点和应用范围</th><th>清洗与中和</th></tr>
<tr><td>混合碱法</td><td>$w(NaOH)$35%+
$w(KOH)$65%</td><td>400~500</td><td>0.5~1.0</td><td>腐蚀性强，脱芯速度较快，受设备限制，多用于小批量生产</td><td rowspan="4">1—热水冲洗
2—冷水冲洗
3—中和：
$w(HCl)$ 25% + $w(H_3PO_4)$ 25% + w(水)50%
4—冷水冲洗
5—用酚酞溶液滴入检测应为中性
6—水冲洗</td></tr>
<tr><td>碱溶液</td><td>$w(NaOH)$30%~40%的水溶液或$w(KOH)$60%~70%的水溶液</td><td>沸腾</td><td>3~6</td><td>腐蚀性较弱，但脱芯速度慢，可用于大批量生产</td></tr>
<tr><td>压力脱芯法</td><td>$w(NaOH)$30%~40%的水溶液</td><td>压力 0.1~0.2MPa</td><td>0.4~0.6</td><td>腐蚀性较弱，脱芯速度较快，适合大批量生产，但需专门设备</td></tr>
<tr><td>氢氟酸法</td><td>氢氟酸</td><td>室温</td><td>1~3</td><td>腐蚀性和毒性大，但无需专门设备，适合单件小批量生产</td></tr>
</table>

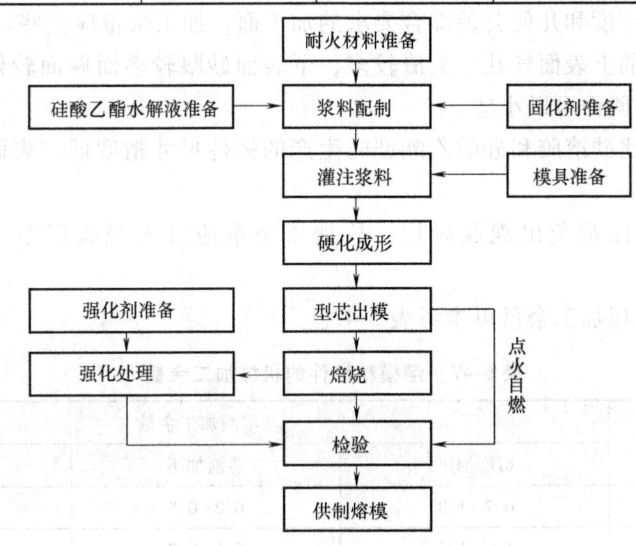

图 5-19　灌浆陶瓷型芯制造工艺流程

表 5-46　灌浆法制芯用陶瓷浆料的配比

耐火材料/kg				促凝剂/kg			矿化剂/kg		黏结剂/L
石英玻璃	锆砂	刚玉	莫来石	醋酸铵	氢氧化钙	氧化镁	铝酸钙	长石	硅酸乙酯水解液 $w(SiO_2)$ = 20%~25%
60~80	15~35	—	—	0.3~0.45	—	—	3~7	—	≈30
20~40	60~80	—	—	0.2~0.3	0.2	—	6~10	—	≈30
85~95	—	5~15	—	0.3~0.45	—	—	—	—	35~40
—	—	80~90	10~20	—	—	1~2	—	—	≈40

c. 起模。待浆料固化，型芯块获得足够湿态强度但仍有一定弹性时起模。

d. 点火喷烧。为避免溶剂蒸发而引起的变形，型芯起模后放入胎模内自干 4~5 h。也可起模后立即点火喷烧，以去除其中的乙醇。

e. 焙烧。型芯块经自干与点火喷烧之后，还需在 700~1050℃ 炉中焙烧。小型芯也可不经焙烧而直接放入压型压制熔模，以后随型芯一道焙烧。

f. 强化。如需进一步提高型芯的强度，可用硅酸乙酯水解液或硅溶胶浸渗强化。

5.4 熔模铸造工艺设计

5.4.1 熔模铸件结构工艺性分析

1. 机械加工余量的确定原则

熔模铸件因其尺寸精度较高和表面粗糙度值小，故大部分表面可以不需要机械加工或少加工，其加工余量就较小。然而加工余量的大小还取决于铸件的加工方法、被加工面的大小以及铸件结构等因素。

1）加工面较大及离加工定位基准较远的加工面，加工余量应大些。

2）易变形的铸件以及铸件上尺寸精度较低的加工面，加工余量应大些。

3）有多项尺寸精度和几何公差综合要求的加工面，加工余量应大些。

4）浇注时铸件的上表面气孔、夹渣较多，下表面砂眼较多而侧面较好，则上、下表面应取较大加工余量，侧面可以小些。

5）水玻璃型壳比硅溶胶和硅酸乙酯型壳生产的铸件尺寸精度低、表面粗糙度值大，应相应加大加工余量。

6）碳素钢铸件因难免出现脱碳层，故加工余量应计入脱碳层厚度（一般为 0.3~0.5mm）。

一般情况下，机械加工余量可参考表 5-47。

表 5-47 熔模精铸件的机械加工余量 （单位：mm）

铸件公称尺寸	单面加工余量		
	切削加工	磨削加工	浇、冒口设置面
≤40	0.7~1.0	0.2~0.5	2.0
40~100	1.0~1.5	0.5~0.7	3.0
100~250	1.5~2.0	0.7~1.0	4.0
250~500	2.0~3.0	1.0~1.5	5.0

注：表面需磨削时，应先切削后磨削，须留有双重加工余量。

2. 壁厚及壁的连接要求

熔模精铸件的壁厚设计要力求均匀，尽量减少热节；壁的交接处应做出圆角，不同壁厚要均匀过渡，以防熔模和铸件产生变形和裂纹。熔模精铸件壁厚尺寸见表 5-48。

3. 对平面的要求

熔模铸件要尽可能避免大平面，平面尺寸一般最好不大于 200mm×200mm，因为大平面

在涂料制壳时极易产生夹砂、凹陷等缺陷。

表 5-48　熔模精铸件壁厚尺寸　（单位：mm）

铸件外形尺寸		10~50	50~100	100~200	200~300	>500
壁厚	一般	2.0~2.5	2.5~4.0	3.0~5.0	3.5~6.0	5.0~7.0
	最小	1.5	2.0	2.5	3.0	4.0

4. 对孔和槽的要求

熔模铸造工艺可以铸出比其他任何铸造工艺都要复杂的孔和内腔，如弯管及管接头等零件（铸钢件能铸孔 ϕ1.0~1.5mm），但应避免不通孔，以防涂料、撒砂不便。对于铸槽的宽度和深度，两者互相有一定的限制，对钢、铁通常为：

1）槽宽 w(mm)：≥2.5，4.0，6.0，8.0，10，16，20，24。

2）最大深度 h(mm)：≤5.0，8.0，20，32，46，80，120，150。

5. 对顺序凝固的要求

精铸件结构设计应力求避免分散的和孤立的热节，便于实现顺序凝固，以防止产生局部缩孔和缩松。当发现有不合理的铸件结构时，要主动与用户商量，在不影响使用要求的前提下，征得用户同意予以改进。这对简化铸造工艺过程，保证铸件质量，降低生产成本都有极大的作用。

6. 工艺筋和工艺孔

工艺筋也称工艺肋。它不是铸件的一部分，只是为了防止熔模、铸件产生裂纹和变形的一种工艺措施，一般在铸件进行热处理后切割掉，如图 5-20 所示。工艺筋厚度一般为2~8mm。

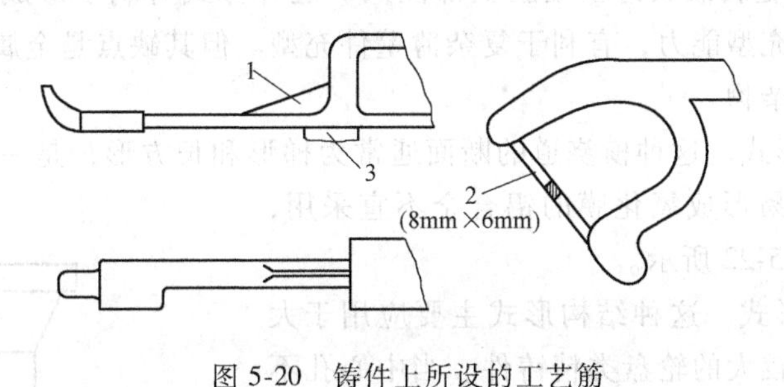

图 5-20　铸件上所设的工艺筋

1—防裂筋　2—防变形筋　3—内浇道

工艺孔的作用有三个：①防止型壳开裂和变形；②防止涂料堆积；③减少或消除铸件上的热节。

图 5-21 所示为薄壁盘类零件，因该零件平面面积较大，容易产生型壳膨胀及铸件夹砂、凹陷等缺陷，而在大平面上开设四个工艺小孔后，就把大平面分割开。这样，在涂料、制壳过程中自然形成四个小芯子支撑两边的型壳，不仅大大增加了两边型壳的强度，更可防止 *A*、*B* 两平面变形而产生铸件凹陷的缺陷。

5.4.2　浇注补缩系统设计

1. 浇注补缩系统的功能及要求

1）由于熔模铸造的浇注补缩系统对模组与型壳起支承作用，所以应具有足够的强度。

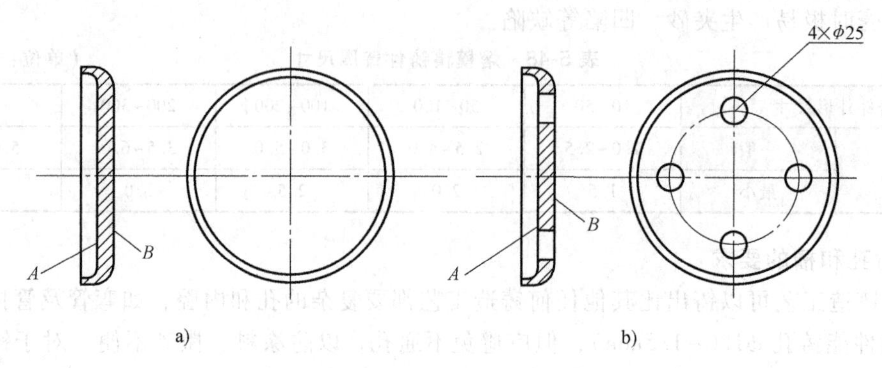

图 5-21 薄壁盘类铸件上设工艺孔

a）改进前 b）改进后

2）由于浇注补缩系统通常兼起冒口的补缩作用，所以必须保证精铸件能向浇口部分顺序凝固，使铸件在凝固过程中能得到充分的补缩，避免铸件产生缩松（孔）。

3）保证金属液在体系中有一定的流动速度，并能平稳地注满整个型腔。

4）对于有色合金精铸件，该系统应具有良好的集渣、防氧化能力。

5）在保证上述功能的前提下，尽可能减少该系统的金属质量，以提高铸件的工艺出品率。

2. 浇注补缩系统的结构形式

熔模精铸的浇注补缩系统形式繁多，其基本类型可归纳为以下四种典型的结构形式。

（1）顶注式　指金属液从铸型型腔上部注入。这种方式有利于形成定向凝固而获得致密铸件，具有良好的充型能力，有利于复杂薄壁件充型。但其缺点是金属液易产生飞溅、涡流，易卷入气体和夹杂物。

1）带横浇道的形式。这种横浇道的断面通常为梯形和长方形，是一种顶注式的典型且最简单的形式。但对易形成氧化膜的铝合金不宜采用，以免形成夹渣，如图 5-22 所示。

2）专设冒口的形式。这种结构形式主要应用于大型实体精铸件或热节较大的轮盘类精铸件。当中心孔不予铸出时，可用图 5-23a 所示的形式；当中心孔需要铸出时，可采用图 5-23b 所示的形式。

这种花瓶式冒口的尺寸一般如下：当精铸件热节圆直径为 D 时，冒口颈直径 $D_1=1.3D$；D_2 为通用直浇道直径；冒口直径 $D_3=1.6D$，冒口颈高度 $h=15\text{mm}$，$H=1.8D$。

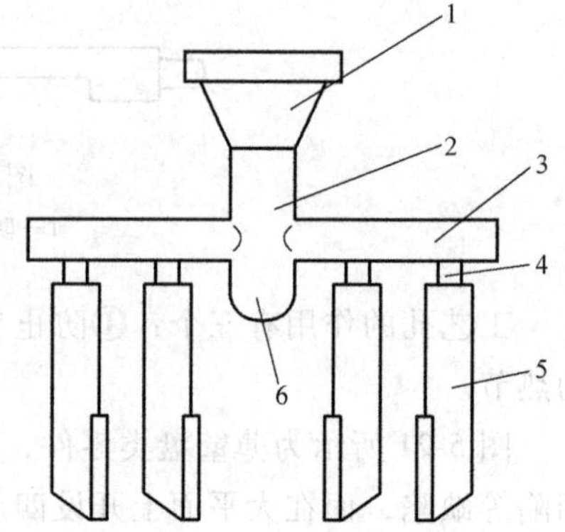

图 5-22 带横浇道的顶注式

1—浇口杯 2—直浇道 3—横浇道 4—内浇道 5—铸件 6—缓冲器

（2）侧注式　指金属液由铸型型腔侧面水平或倾斜注入。这种方式对熔模的组焊和熔失（脱蜡）均较方便，对铸件的补缩效果良好。金属液对型腔壁的冲击较小，排气性能比顶注式好，因此应用广泛。

1）由直浇道-内浇道组成的形式。这种结构形式的直浇道兼起冒口作用（图 5-24），应用最广泛。它通常由多个铸件组成铸件组（模组）来浇注，主要用于质量小于 1.5kg 且热

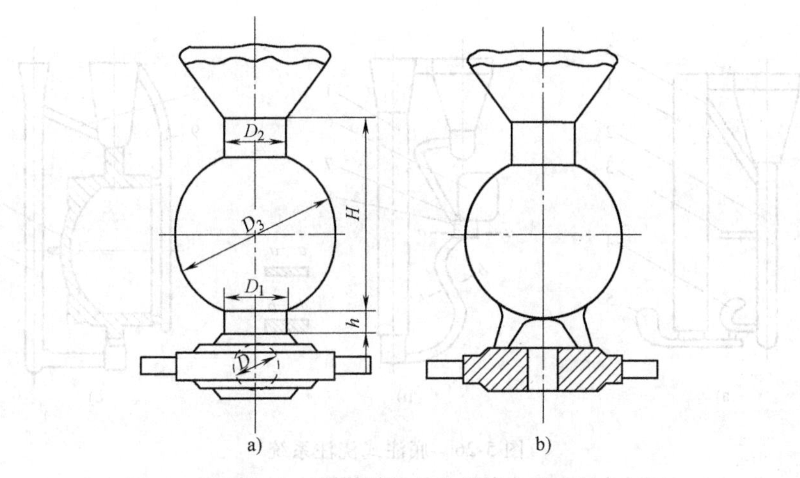

图 5-23 轮类精铸件专设冒口形式

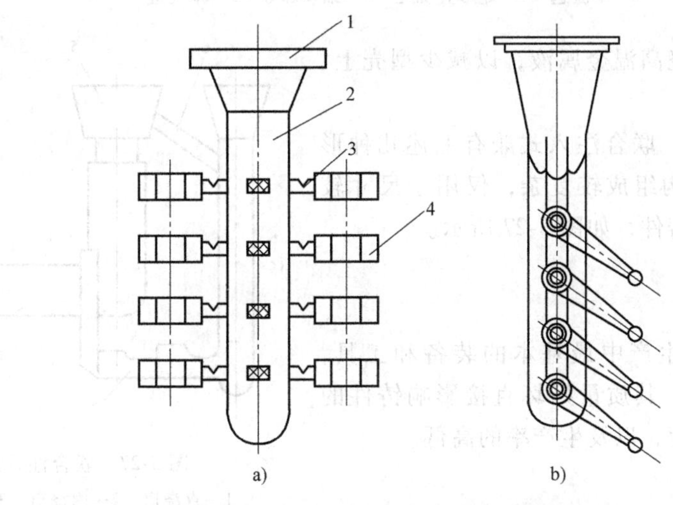

图 5-24 由直浇道-内浇道组成的侧注式

1—浇口杯 2—直浇道 3—内浇道 4—铸件

节点较单一的铸件。其主要优点是适应熔模精铸的工艺特点，操作方便，但撇渣作用差。

2）带冒口节的形式。所谓冒口节，就是局部加粗直浇道来加强补缩能力的结构。这种结构通常用于有多个局部热节的精铸件，如图5-25所示。

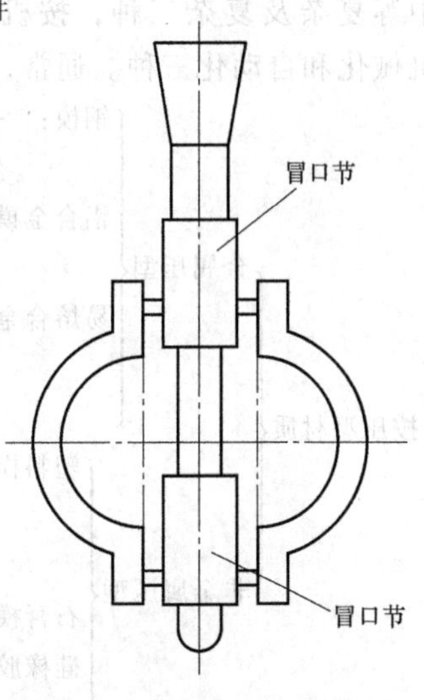

图 5-25 带冒口节的侧注式

（3）底注式 如图5-26所示，这种形式的优点是金属液能平稳地从铸型的下部注入，型腔中的气体能自由地从上部逸出，故有良好的出气、排渣能力，铸件表面光洁。蛇形直浇道（图 5 -26b）的集渣作用更好，尤其适用于铜、铝等有色金属铸件。

但底注式的缺点是其底部和顶部的金属液温差大，不利于铸件的补缩。为此，必要时可增高压头或加大浇注速度，

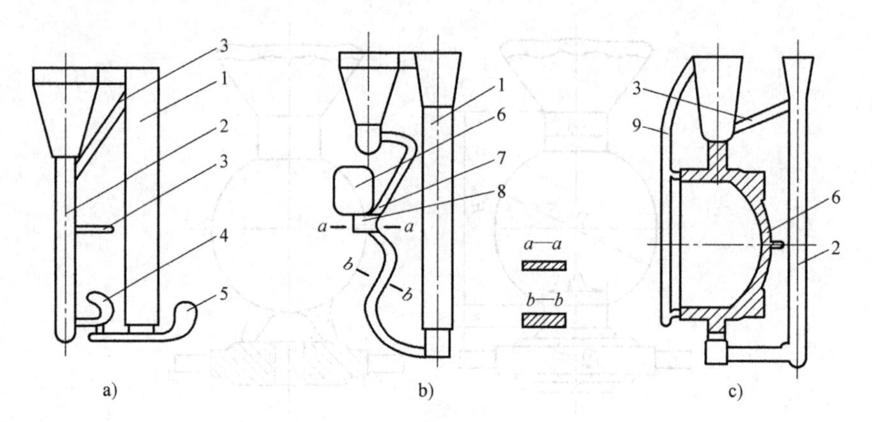

图 5-26　底注式浇注系统

1—过渡直浇道　2—直浇道　3—型壳连接桥　4—撇渣器　5—缓冲器
6—集渣包　7—蛇形直浇道　8—细颈部分　9—排气道

也可以从顶部直接补浇高温金属液，以减少型壳上、下的温差。

(4) 联合注入式　联合注入式兼有上述几种形式的优点，但是其结构组成较复杂，仅用于尺寸较大且热节较分散的精铸件，如图 5-27 所示。

图 5-27　联合注入式

1—直浇道　2—内浇道　3—铸件
4—暗冒口　5—明冒口　6—过桥

5.4.3　压型设计

压型是熔模铸造生产中最基本的装备和工具，用来制备熔模和模具。其质量好坏直接影响铸件的尺寸精度和表面粗糙度，以及生产率的高低。

1. 压型的分类

压型的分类方法很多，如按复杂性可分为简单、中等复杂及复杂三种，按机械化程度可分为手工、机械化和自动化三种。通常，人们习惯上按压型材质分类如下：

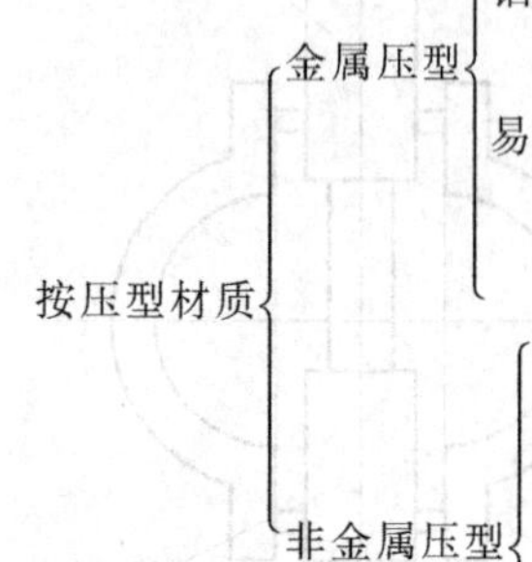

- 按压型材质
  - 金属压型
    - 钢模：一般用 45 钢，加工成 $Ra0.8\sim1.6\mu m$，应用于大批量生产且质量要求高的铸件
    - 铝合金模：由于质量小，可用机加工，也可用铸造而成，多用于生产批量不大的铸件
    - 易熔合金模：用熔点低（100~200℃）的有色合金，如锡（Sn）、铋（Bi）、铅（Pb）、锑（Sb）等组合制成，常用于小批量生产或形状复杂、难以加工的铸件
  - 非金属压型
    - 塑料模：常用塑料及金属嵌块制作，但由于精度低，散热不好，压蜡后不易取模，故只适用于小批量及试生产
    - 石膏模：用 β 型熟石膏，常用于单件、小批量生产或大批量的试生产
    - 硅橡胶模：用于难以取模的铸件，如叶片等
    - 木模：用于单件且要求不高的铸件

2. 机加工压型

(1) 对压型结构的要求 压型的结构应简单轻巧、装拆方便，保证熔模能顺利地从压型中取出；压型工作型腔必须有足够的精度和较小的表面粗糙度值；此外还要保证压型时，能使模料顺利地充满整个压型型腔。

(2) 常用压型的结构组成 常用机加工压型的形式很多，如二开型、叠层三开型、水平滑移三开型、水平旋转三开型、垂直旋转三开型、垂直旋转四开型、自动压蜡机用压型等。但是，不论形式如何，其结构总不外乎由以下五个部分组成：

1) 成形部分。它主要包括上、下（或左、右）压型本体、型芯和活块等构件。成形熔模外轮廓的部分称型腔，成形熔模内腔的部分称型芯。

2) 定位机构。它是在向成形部分压注模料过程中，保证压型各构件可靠地处于预先确定的位置的机构。常用的有销钉、插销、凸台、盒体等形式。

3) 锁紧机构。它是将压型各部分构件牢靠地组合在一起的装置。常见的有夹钳式、偏心轮式、框架式、活动螺杆式、手柄式以及锥形夹紧套等。其形式的选用与压型的结构类型有关。

4) 起模装置。它是在熔模成形后，为了防止取模时发生变形或折断，对于细长、薄壁、形状复杂件设置将熔模从型腔中取出的机构。常用的有带弹簧的顶杆或顶板，且常用来构成型腔的一部分。

5) 注蜡口与封蜡板。向压型中注入模料的孔眼称为注蜡口。为了使模料注入后封死注蜡口，防止因内部压力将模料向外挤出的装置称封蜡板。尤其是自动压蜡机更为需要。

(3) 压型工作尺寸计算 要计算型腔与型芯工作尺寸，除了应考虑合金的收缩外，还应考虑模料的收缩和型壳在焙烧时的膨胀或收缩。也就是说要确定一个总收缩值 ε。其计算公式为

$$\varepsilon=\varepsilon_1+\varepsilon_2+\varepsilon_3$$

式中，ε 为总收缩率（%），可查表5-48；ε_1 为合金的收缩率，即线收缩率（可查有关手册）；ε_2 为模料的收缩率（可查有关手册）；ε_3 为型壳的收缩率（实为膨胀，即负收缩）。

另外，人们知道总收缩率

$$\varepsilon=\frac{\text{压型尺寸}-\text{铸件平均尺寸}}{\text{铸件平均尺寸}}\times100\%$$

可简化为

$$\varepsilon=\frac{L_{型}-L_{平}}{L_{平}}\times100\%$$

由此可得出

$$L_{型}=L_{平}(1+\varepsilon) \tag{5-1}$$

若考虑到铸件的公差 Δ 和压型制造工差 a，那么可将式（5-1）写成

$$L_{型}^{\pm a}=[L_{平}(1+\varepsilon)]^{\pm a} \tag{5-2}$$

式中，$L_{平}$ 为铸件平均尺寸，当铸件尺寸没有公差要求时，它就是铸件的公称尺寸；当铸件尺寸有公差要求时，它等于铸件的公称尺寸 L 加上、下极限偏差代数和 Δ 的一半，即

$$L_{平}=L+\frac{1}{2}\Delta \tag{5-3}$$

将式（5-3）代入式（5-2）得

$$L_{型}^{\pm a}=\left[\left(L+\frac{1}{2}\Delta\right)(1+\varepsilon)\right]^{\pm a} \tag{5-4}$$

为使压型留有修整的余地，则型腔取“-”，型芯取“+”。压型制造公差一般取铸件尺寸公差的1/3~1/5，即

$$a=\left(\frac{1}{3}\sim\frac{1}{5}\right)\Delta$$

碳钢、合金结构钢铸件总收缩率的经验数据见表5-49。

表5-49 碳钢、合金结构钢铸件总收缩率的经验数据

铸件壁厚/mm	模料、型壳类型	总收缩率 ε(%)		
		自由收缩	半阻碍收缩	阻碍收缩
1~3	Ⅰ	1.2~1.8	1.1~1.6	0.8~1.4
	Ⅱ	0.6~1.2	0.4~1.0	0.2~0.8
	Ⅲ	1.6~2.2	1.4~2.0	1.1~1.7
3~10	Ⅰ	1.4~2.0	1.2~1.8	0.4~1.0
	Ⅱ	0.8~1.4	0.6~1.2	1.0~1.6
	Ⅲ	1.8~2.4	1.6~2.2	1.3~1.9
10~20	Ⅰ	1.6~2.2	1.4~2.0	1.2~1.8
	Ⅱ	1.0~1.6	0.8~1.4	0.6~1.2
	Ⅲ	2.0~2.6	1.8~2.4	1.5~2.1
20~30	Ⅰ	1.8~2.4	1.6~2.2	1.4~2.0
	Ⅱ	1.2~1.8	1.0~1.6	0.8~2.0
	Ⅲ	2.2~2.8	2.0~2.6	1.7~2.3
>30	Ⅰ	2.0~2.6	1.8~2.4	1.6~2.2
	Ⅱ	1.4~2.0	1.2~1.8	1.0~1.6
	Ⅲ	2.4~3.0	2.2~2.8	1.9~2.5

注：Ⅰ——采用蜡基模料、石英水玻璃型壳、多层；
Ⅱ——采用蜡基模料、硅溶胶（硅酸乙酯）—石英粉型壳、多层；
Ⅲ——采用树脂基模料、硅溶胶（硅酸乙酯）—刚玉粉型壳、多层。

（4）钢质压型制作要点　钢质压型强度、刚度大，变形小，寿命长，一般采用45钢经机械加工而成。其制作要点是：

1）机械加工钢质压型之前，可先制作石膏压型，经过试生产验证型腔尺寸后再制作钢质压型。

2）分型面的选择应尽可能使熔模留在下型。

3）在保证拆模方便的前提下，应使重要尺寸或有同轴度要求的部分集中在同一个型腔内。

4）压型由若干块组成时，型块厚度宜取8~12mm。如太厚，则可将中间挖空以减小质量。整个压型可拆部件用定位、夹紧装置固定。

5）整个压型结构应力求简单轻巧，装拆、取模方便。

6）为了使大型熔模轮廓清晰、表面光洁，可采用通气孔、通气塞或通气槽等形式，使压型型腔内气体能顺利排出。

3. 铸造金属压型

铸造金属压型由于具有制造周期短，生产成本低，可以铸造出难以机械加工的复杂型

腔，压型合金可以回收，用同一母模可以制造一型多腔压腔，所以被广泛应用。铸造金属压型通常采用低熔点易熔合金，故又称低熔点合金压型。

（1）低熔点合金压型成分及性能见表5-50。

表5-50 低熔点合金压型成分及性能

序号	合金名称	化学成分(质量分数,%)					物理、力学性能		
		铅(Pb)	锡(Sn)	铋(Bi)	锑(Sb)	熔点/℃	抗拉强度/MPa	硬度HBW	密度/(g/cm³)
1	Sn-Bi合金		42	58		138	54.9	22	8.74
2	Sn-Bi-Pb合金	30	35	35		140	—	—	9.1
3	Pb-Sn-Bi合金	70	15	15		140	—	—	10.1
4	Pb-Sn-Sb合金	56	33		11	315	54.9	—	9.1
5	Sn-Bi-Pb合金	20	40	40		100			
6	Bi-Pb-Sn-Sb合金	28.5	14.5	48	9	102~127	91.4		9.5
7	Pb-Sb合金	87			13	247	50		10.5
8	Sb-Bi-Pb合金	25	25	50		94			
9	Sn-Bi合金		70	30		170			
10	Sn-Bi合金		60	40		138~170	56.2		8.26

（2）低熔点合金压型制作要点　低熔点合金压型制造工艺过程如图5-28所示。

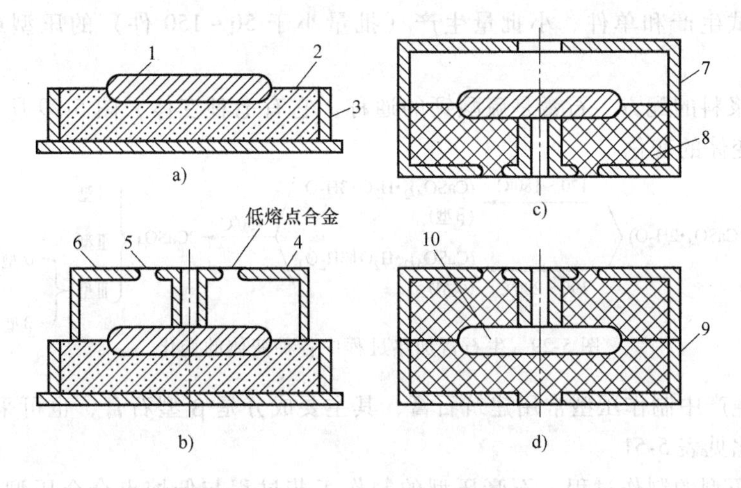

图5-28　低熔点合金压型制造工艺过程

a）在假箱上放置母模　b）浇灌上压型　c）浇灌下压型　d）压型装配

1—母模　2—假箱（石膏或砂型）　3—加固框（砂箱）　4—上型腔　5—注蜡口

6—易熔合金　7—下型框　8—上型框　9—装配好的压型　10—型腔

1）准备加固框。因为低熔点合金硬度低，为了提高压型刚度，可制作一套钢质加固框，加固框内侧应制作出几道凹槽或焊接上几块凸台，以便能与低熔点合金嵌合牢固，并在加固框上制作出定位装置和锁紧机构。

2）准备母模。母模是制作压型的依据。铸件的精度取决于母模，因此母模应采用黄铜、青铜或钢制作。其表面粗糙度值应在 $Ra1.6 \sim 3.2\mu m$，最好用电镀或氧化处理以防锈蚀。浇注合金前母模温度要预热到合金熔点的 0.5~0.6 倍。

3）合金熔化。将称量好的各种合金放入钢制容器或坩埚中进行熔化。在熔化过程中，在其上部放入少量木炭以防止合金被氧化。合金的浇注温度应达到熔点以上 30~50℃。

4）制型。先用砂型或石膏制作一个半型作假箱，假箱经烘烤到低于合金熔点 50~60℃温度后，浇入合金液于半型中，待凝固后翻转 180℃，去掉假箱。以此半型为假箱，浇注合金液成另一半型。拆开两半型，取出母模，精整修理型腔表面（严禁打磨分型面），最后按设计要求钻出注蜡口，此时压型即告制成。

如果母模是可分式的，就不需要造假箱，只要将其预热后直接放在预热好并刷涂料层的金属底板上进行浇注即可。

为了使两半压型不会融合在一起，可在分型面上涂分型剂。分型剂可用喷灯直接在分型面上喷一层薄而均匀的黑烟，也可用质量分数为 99% 的石墨粉和质量分数为 10% 的黏土加适量水调制成，还可由质量分数为 70% 的氧化锌和质量分数为 30% 的黏土加适量水调制成。需要注意的是，为防止两半型融合，可使第二半型的浇注温度比第一半型浇注温度低 20~30℃。

5）制好的低熔点合金压型如有缺陷，可用电烙铁锡焊或用与压型相同的合金进行补焊。压型修补后仍需将母模放入，并使之与母模贴紧，以减小压型型腔的表面粗糙度值。

4. 石膏压型

石膏压型（模具）是利用石膏浆料经灌注、凝结后制成的一种压型（模具），它广泛用于制作精铸件试生产和单件、小批量生产（批量小于 50~150 件）的压型或铸造艺术品模具。

（1）石膏浆料的配方　石膏是硫酸钙的通称。它有七种变体，图 5-29 所示为生石膏加热过程中各种变体的变化。

$2(CaSO_4 \cdot 2H_2O)$ —170~180℃→ $(CaSO_4)_2 \cdot H_2O + 3H_2O$（β型）

$2(CaSO_4 \cdot 2H_2O)$ —190~200℃→ $(CaSO_4)_2 \cdot H_2O + 3H_2O$（α型）

—450℃→ $2CaSO_4$：Ⅰ型；Ⅱ型；Ⅲ型（α型、β型）

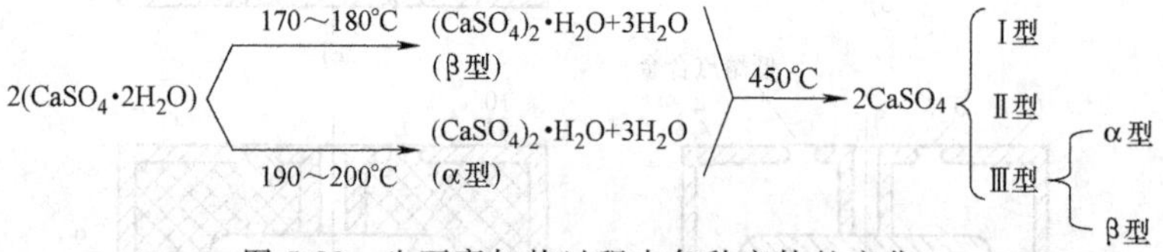

图 5-29　生石膏加热过程中各种变体的变化

熔模精铸生产中制作压型常用建筑石膏，其主要成分是 β 型石膏，也可采用 α 型石膏。石膏浆料的配比见表 5-51。

（2）石膏压型的制作过程　石膏压型的制作工艺过程与低熔点合金压型相类似，只是增加了干燥、浸渍处理等后续工序。其工艺过程可由方框图表示如下：

母模准备 → 造型灌浆 → 取出母模 → 干燥 → 浸渍处理

与低熔点合金压型有所不同的是，由于石膏易碎，因此石膏压型不能直接夹紧，压蜡用的注蜡口应设金属垫板，较大的石膏压型应有金属套框。此外，石膏压型的内腔型芯最好采用金属型芯，其导向部分要镶入金属衬套，压型的定位可采用金属定位销和销套，也可直接采用石膏定位榫。石膏压型的浸渍工艺见表 5-52；石膏压型的干燥规范见表 5-53；石膏压型常用增强材料及使用方法见表 5-54；石膏压型常用分型剂见表 5-55。

表 5-51 石膏浆料的配比

组　分		用量(质量分数,%)
石膏粉(β型或α型)		100
水	β型石膏	通常用量:45~55 小型、简单压型:40~50 大型、复杂压型:50~70
	α型石膏	40~50
缓凝剂(选其一用之)	硼砂	0.35~0.5
	硼酸	1.5~2.0
	柠檬酸	0.01~0.1
	酒精	6~8
	水泥	1~3
促凝剂(选其一用之)	硫酸钾	0.2~0.3
	硫酸钠	0.8~2.0
	盐酸	0.6~0.8

表 5-52 石膏压型的浸渍工艺

压型加热温度/℃	浸渍介质	浸渍时间/min
50~60	石蜡(90~100℃)	25~30
50~60	干性油(50~80℃)	30~60

表 5-53 石膏压型的干燥规范

干燥温度/℃	100~200	80	40~50	室温
干燥时间	2h	12h	2~3天	6~7天

表 5-54 石膏压型(模具)常用增强材料及使用方法

增强材料		使用方法
棕、麻纤维		将棕、麻纤维撕拉成松散状,在石膏浆料中浸透后覆盖于已浇灌但尚未完全凝结的石膏薄层上,最后再灌注一层石膏覆盖
铁丝、铁丝网、钢筋骨架		按实样外形弯制骨架,在灌注石膏浆料时埋于石膏层中
R型减水剂		在石膏浆料中加入质量分数为0.2%的R型减水剂时,水膏比由1∶1.2降为1∶1.6,抗折强度可提高30%以上
腐殖酸及其盐类		可先溶于水再加入浆料。加入腐殖酸盐可使石膏的抗折强度及抗压强度均提高一倍
水泥		先将水泥加入石膏粉中搅拌均匀。加入质量分数为3%~5%的水泥时强度可明显提高,但水膏比增大,凝结速度降低,表面粗糙度值变大
高强度石膏		在β型石膏粉中加入高强度α型石膏可明显提高其强度,延长凝结时间
合成树脂	整体处理	1. 用质量分数为0.3%的聚氧化乙烯水溶液配调石膏浆 2. 在石膏浆料中加入质量分数为5%~10%的白乳液
	表面处理	1. 用质量分数为1%的聚氧化乙烯水溶液浸渍干燥的石膏模 2. 在干燥的石膏模表面涂刷质量分数为10%~15%的聚乙烯醇溶液
硼砂		用质量分数为0.2%的硼砂水溶液调配石膏浆,所制石膏模具表面光滑、质地坚硬、强度高,可提高抗折强度近一倍

表 5-55 石膏压型常用分型剂

名 称	配制(质量分数,%)
肥皂水	肥皂:5~10;热水(60~80℃):90~95
煤油-硬脂酸液	工业硬脂酸 20 熔化后倒入 80 的煤油中混合
凡士林	加热熔化后加入适量植物油调稀
医用软皂	用少量热水稀释

5. 硅橡胶压型

(1) 常用制模硅橡胶的种类及性能　硅橡胶是一种直链状的高分子聚有机硅氧烷，密度为 1.1~1.6g/cm^3。它具有优良的仿真性、脱模性、耐老化性和一定的抗张强度及低的收缩率，且制模工艺简单，制成的模具使用寿命可达数千次。因此广泛应用于制作难以取模的制品（如增压器叶片等）以及大量艺术品、工艺品铸件的模具。

硅橡胶根据其组成分为高温硫化型和室温硫化型两类，见表 5-56。用于制造压型（模具）的多为室温型硫化硅橡胶，也称双组分室温硫化硅橡胶，其分类、特点及应用范围见表 5-57。

表 5-56 硅橡胶的分类及其特点

类 别	组 成	物理形态	固 化
高温硫化硅橡胶	由相对分子质量为 50 万~80 万的聚有机硅氧烷生胶,加入补强填料、添加剂、有机过氧化物硫化剂和结构控制剂经混炼而成	均相单组分固态胶料	需在金属框中加热、加压
室温硫化硅橡胶(RTV)	由相对分子质量为 3 万~6 万的聚有机硅氧烷生胶与补强填料和催化剂等相结合而成	可流动的液体或黏稠状膏状物,黏度为 0.1~1000Pa · s	无需加热加压,可自行固化

表 5-57 双组分室温硫化硅橡胶的分类、特点及应用范围

分 类	特 点	应用范围
缩合型室温硫化硅橡胶	1. 硫化缩合交联过程中放出低分子,固化后有体积收缩 2. 抗撕强度和耐老化性能一般 3. 二丁基二月桂酸锡催化剂属中等毒性物质 4. 价格低 5. 硫化时间主要取决于催化剂的类型、用量及温度,催化剂用量多、加工温度高,则固化快	1. 尺寸精度要求不高的铸件 2. 一次性模具或花纹浅、形状不太复杂的铸件以及起模撕力小的模具
加成型室温硫化硅橡胶	1. 硫化加成交联过程中不放出低分子,固化后体积不变,线收缩率极小 2. 抗张、抗撕强度和耐老化性能优良 3. 无毒 4. 铂化合物催化剂遇氮、磷、硫、锡、铅等的有机化合物以及凡士林和橡皮泥等会失效,使硅橡胶不固化 5. 价格高 6. 固化剂配比严格,否则会影响其力学性能,加热可加速固化	1. 尺寸精度要求高的铸件 2. 花纹深、形状复杂铸件、起模撕力大的模具 3. 是硅橡胶模具中可大力发展和应用的品种

（2）硅橡胶压型制作过程　硅橡胶压型的制作过程如图 5-30 和图 5-31 所示。

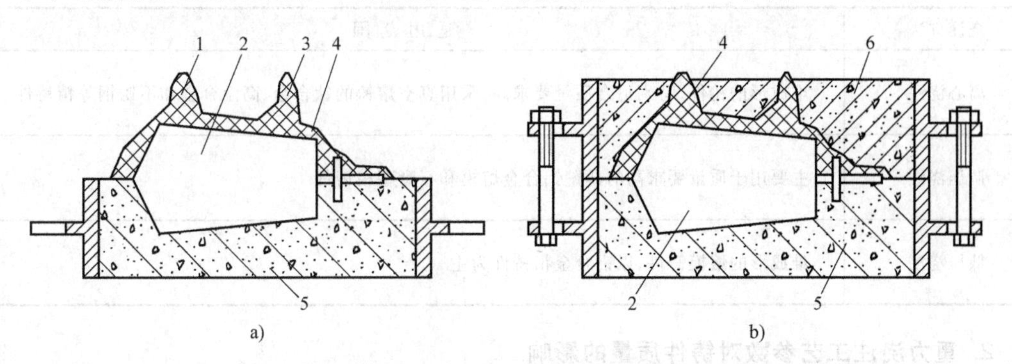

图 5-30　硅橡胶压型的制作过程

a）贴敷橡胶泥　b）灌注石膏靠模

1—浇道　2—母模　3—冒口　4—橡胶泥　5—砂型　6—石膏

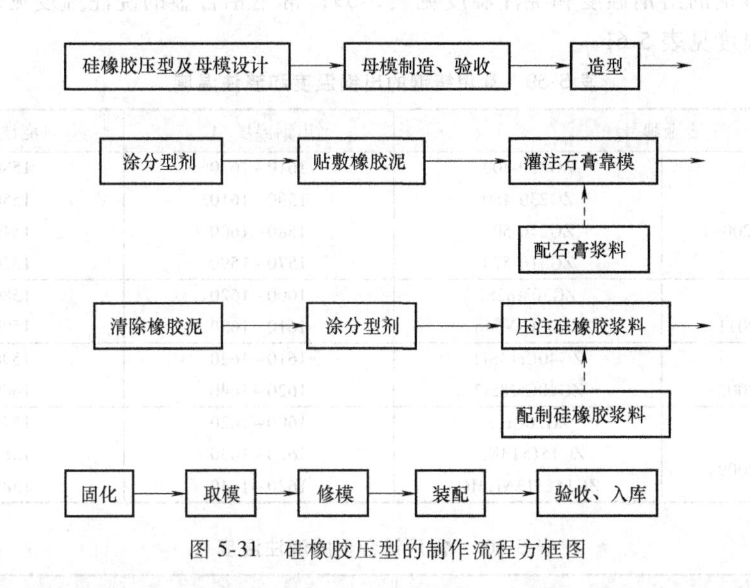

图 5-31　硅橡胶压型的制作流程方框图

5.5　熔模铸造的浇注与清理

5.5.1　熔模铸造的浇注

1. 熔模铸造常用浇注方法和适用范围

熔模铸造常用浇注方法和适用范围见表 5-58。

表 5-58　熔模铸造常用浇注方法和适用范围

浇注方法	适 用 范 围
重力浇注	是熔模铸造中应用最广的浇注方法，适用于各种合金，只要合金液充型不成问题应尽量选用这种方法
真空吸铸	适用于薄而精细的小型精铸件，尤其适用于铸钢（含不锈钢）件

（续）

浇注方法	适用范围
离心浇注	难成形的铸件，特别适合质量要求高，采用真空熔铸的钛合金、高温合金和不锈钢等精铸件
调压浇注	主要用于质量要求高的薄壁铝合金熔模和石膏型精铸件
低压浇注	难成形的熔模铸件，以铝合金精铸件为主

2. 重力浇注工艺参数对铸件质量的影响

（1）浇注温度　浇注温度低，铸件成形难，易产生欠铸、冷隔，铸件内部缩松、夹杂增加；浇注温度高，则有利于铸件成形，但铸件晶粒粗大，变形和缩孔倾向增大，氧化、脱碳严重。常用铸钢的出钢温度和浇注温度见表5-59；常用铝合金的浇注温度见表5-60；常用铜合金的浇注温度见表5-61。

表5-59　常用铸钢的出钢温度和浇注温度

合金牌号		出钢温度/℃	浇注温度/℃
碳钢（GB/T 11352—2009）	ZG200-400	1610～1630	1580～1610
	ZG230-450	1590～1610	1550～1580
	ZG270-500	1580～1600	1540～1580
	ZG310-570	1570～1590	1530～1570
耐磨钢（GB/T 2665—2011）	ZG30Mn2Si	1600～1620	1580～1610
	ZG30CrNiMo	1610～1630	1590～1620
耐热钢（GB/T 8492—2002）	ZG40Cr13Si2	1610～1620	1590～1610
	ZG40Cr28Si2	1620～1640	1600～1610
不锈钢（GB/T 2100—2009）	ZG20Cr13	1600～1620	1570～1580
	ZG15Cr13Ni1	1620～1630	1580～1600
	ZG15Cr13Ni1MO	1620～1640	1580～1630

表5-60　常用铝合金的浇注温度

合金代号	浇注温度/℃	合金代号	浇注温度/℃
ZL101	690～740	ZL203	700～750
ZL102	690～760	ZL205A	700～750
ZL104	700～760	ZL301	680～720
ZL105	700～750	Zl303	680～740
ZL201A	700～750	ZL401	680～750

表5-61　常用铜合金的浇注温度

合金名称	合金牌号	浇注温度/℃	
		壁厚<30mm	壁厚<30mm
纯铜		1200～1230	1150～1200
3-8-6-1锡青铜	ZCuSn3Zn8Pb6Ni1	1150～1200	1100～1150
3-11-4锡青铜	ZCuSn3Zn11Pb4	1150～1200	1100～1150

（续）

合金名称	合金牌号	浇注温度/℃	
		壁厚<30mm	壁厚<30mm
5-5-5 锡青铜	ZCuSn5Pb5Zn5	1150~1200	1100~1150
10-1 锡青铜	ZCuSn10Pb1	1040~1090	980~1040
10-2 锡青铜	ZCuSn10Zn2	1140~1200	1120~1150
10-5 锡青铜	ZCuSn10Pb5	1140~1200	1120~1150
9-2 铝青铜	ZCuAl9Mn2	1140~1880	1120~1150
10-3 铝青铜	ZCuAl10Fe3	1140~1200	1110~1150
铍青铜	ZCuBe0. 6Ni2	1170~1200	1140~1170
铍青铜	ZCuBe2	1060~1120	1010~1050
硅青铜	ZCuSi3Mn1	1120~1150	1080~1120
硅黄铜	ZCuZn16Si4	1040~1080	980~1040
38 黄铜	ZCuZn38	1060~1100	980~1060
33-2 铅黄铜	ZCuZn33Pb2	1050~1120	1010~1060
40-2 铅黄铜	ZCuZn40Pb2	1030~1060	980~1040
40-2 锰黄铜	ZCuZn40Mn2	1020~1060	980~1040

（2）浇注速度　浇注速度快有利于铸件成形，但容易卷入气泡和夹杂。对壁厚较大的铸件或底注式浇注系统，可先快后慢（即浇完之前减速），使浇口杯中的金属液长期处于高温状态，有利于减少铸件缩孔、缩松；对于薄壁小件，宜采用先慢后快，以利于减少气孔、夹杂等缺陷。浇注速度通常以浇注时间表示，见表 5-62。

表 5-62　大型铸件的浇注速度

铸件质量/kg	浇注时间/s	铸件质量/kg	浇注时间/s
<100	<10	300~500	<30
100~300	<20	500~1000	<60

（3）型壳温度　熔模铸造生产中，通常采用热壳浇注，所以型壳温度不能太低。型壳温度太低时，铸件容易产生冷隔、氧化皮、夹杂、气孔等缺陷，铸件变形、裂纹倾向也增大。但型壳的温度也不能过高，否则铸件晶粒粗大，力学性能下降。各种合金浇注时型壳温度见表 5-63 及表 5-64。

表 5-63　各种合金浇注时型壳温度

合金种类	型壳温度/℃	合金种类	型壳温度/℃
铸铝	300~500	铸钢	700~900
铸铜	500~700	高温合金	800~1050

表 5-64　碳钢精铸件结构特点与型壳温度

铸件结构特点	型壳温度/℃	浇注温度/℃
小件：<0. 5kg，壁厚<5mm	>700	1550~1580
中等件：0. 5~2. 5kg，壁厚 5~10mm	600~700	1520~1550
大件：>2. 5kg，壁厚>10mm	<500	1480~1520

5.5.2 熔模铸件的清理

熔模铸件的清理主要包括清除铸件组上的型壳，切除浇冒口和工艺肋，磨削铸件上的浇冒口余根，清除铸件表面及内腔的黏砂和氧化皮，清除铸件表面上的毛刺等，以获得表面光洁完整的铸件。

1. 铸件组脱壳（清除型壳）

清除型壳的方法通常有机械振动脱壳、电液压清砂和高压水力清砂等。

2. 切割浇冒口和工艺肋

切割浇冒口的方法很多，应根据铸件材料种类、对切口的要求、生产批量、浇道厚度及位置、铸件尺寸大小等进行选择，主要方法有砂轮切割、手工敲击或压力切割、气割、锯床切割、碳弧气刨切割及高压水力切割机切割等。

3. 铸件表面及内腔清理

铸件经脱壳后，表面上总残留有型壳和氧化铁皮，尤其是具有复杂内腔、深槽、不通孔的铸件，不能全部清理干净，必须进行表面清理。表面清理的方法主要有抛丸清理、喷砂清理、化学清理和电化学清理等。

抛丸清理的原理是：利用高速旋转的抛丸器叶轮产生的离心力，将铁丸抛向铸件表面，以清除铸件表面的残壳、黏砂及氧化皮。

喷砂清理的原理是：在压缩空气或水力作用下，铁丸（砂）随气（水）流高速喷到铸件表面上，以清除铸件表面的残壳、黏砂及氧化皮。

化学清理一般采用煮碱法，其原理是：将带残壳的铸件放入苛性钠或苛性钾或苛性苏打溶液中加热煮沸，生成硅酸钠或硅酸钾的黏性液体，而从铸件上脱离开，以达到清除残壳的目的。

电化学清理的原理是：将铸件置于一定浓度的沸腾的碱液中，通以直流电，通过化学反应和电解还原，从而清除铸件残壳。

5.6 熔模铸造生产的机械化和自动化

熔模铸造制模、制壳、焙烧、浇注等工序繁杂，实现其机械化和自动化不仅是当前熔模铸造行业发展的需要，同时也是本行业长期研究与不断改进的重要课题。

5.6.1 熔模生产的机械化

1）低温模料蜡膏制备生产线一般由沉淀槽→化蜡槽→压蜡缸→蜡膏制备机→压蜡机组成。

2）低温模料压蜡机将液态蜡通过管道直接输送至制膏桶内，桶内采用先进的制膏工艺在短时间内将液体蜡转换成蜡膏；蜡膏通过保温措施后，再用液压动力方式将蜡膏喷射至所需模具内成形。蜡型致密度高，不易变形，而且整个过程全封闭，对环境无污染，劳动强度低，工作效率高。

目前生产中常使用单工位 100kN 注蜡机和双工位全自动注蜡机，如图 5-32 和图 5-33 所示。

单工位 100kN 注蜡机的合型力为 0~100kN，制膏桶容积为 80L，一次性注蜡量为 6L，射蜡压强为 0~2.5MPa，制膏时间为（20±2）min，注蜡压强为 0~2.5MPa（液压动力源）。

双工位低温注蜡机的合型力为 0~100kN，制膏桶容积为 2×80L（交替使用不间断），一次性注蜡量为 6L，注蜡压强为 0~2.5MPa（液压动力源）。

图 5-32　单工位 100kN 注蜡机

图 5-33　双工位低温注蜡机

5.6.2　型壳生产的机械化

鉴于熔模铸造制壳的三种基本工艺方法（即全水玻璃型壳工艺、复合型壳工艺及全硅溶胶型壳工艺，见表 5-65），相应地有水玻璃全自动制壳线和半自动制壳线、硅溶胶工艺干燥生产线等工艺装备。

表 5-65　熔模精密铸造三种基本工艺参数

<table>
<tr><th colspan="2">层次</th><th>低温模料水玻璃型壳工艺</th><th>低温模料复合型壳工艺</th><th>中温模料全硅溶胶型壳工艺</th></tr>
<tr><td rowspan="3">涂料</td><td>表面层</td><td>m(水玻璃)：m(石英粉)：m(润湿剂)=1：(1.10~1.35)：0.05;黏度(s)=28±4</td><td colspan="2">m(硅溶胶)：m(锆英粉)：m(消泡剂)：m(润湿剂)=1：(3.6~4.0)：0.03：0.03;黏度(s)=30±2</td></tr>
<tr><td>过渡层</td><td>m(水玻璃)：m(石英粉)=1：(1.05~1.25);黏度(s)=20±2</td><td colspan="2">m(硅溶胶)：m(莫来石粉)=1：(2~2.2);黏度(s)=22±2</td></tr>
<tr><td>加固层</td><td colspan="2">m(水玻璃)：m(高铝合成粉)=1：(1.05~1.10);黏度(s)=18±4</td><td>m(硅溶胶)：m(莫来石粉)=1：(1.4~1.6);黏度(s)=13±2</td></tr>
<tr><td rowspan="3">撒砂</td><td>表面层</td><td>石英砂　粒度:150~270μm</td><td colspan="2">棕刚玉砂　粒度:120~180μm</td></tr>
<tr><td>过渡层</td><td>石英砂　粒度:380~830μm</td><td colspan="2">莫来石砂　粒度:250~550μm</td></tr>
<tr><td>加固层</td><td>天然石英砂　粒度:550~1700μm</td><td>莫来石砂与天然石英砂交替撒砂[1] 粒度:550~1700μm</td><td>莫来石砂　粒度:550~1000μm
特大件用 550~1700μm</td></tr>
<tr><td rowspan="3">硬化与干燥</td><td>表面层</td><td rowspan="2">硬化时间:(14±2)min,干燥温度:(25±5)℃,干燥时间:(14±2)min</td><td colspan="2">室温:(24±2)℃,湿度:60%~70%,干燥时间:5~7h</td></tr>
<tr><td>过渡层</td><td colspan="2">室温:(24±2)℃,湿度:60%~70%,干燥时间:10~15h</td></tr>
<tr><td>加固层</td><td colspan="2">硬化时间:(12±2)min,干燥温度:(25±5)℃,干燥时间:(14±2)min</td><td>室温:(24±2)℃,湿度:40%~50%,干燥时间:10~15h</td></tr>
</table>

（续）

层次	低温模料水玻璃型壳工艺	低温模料复合型壳工艺	中温模料全硅溶胶型壳工艺
表面粗糙度	*Ra*12.5μm	*Ra*6.3μm	*Ra*3.2μm
尺寸精度	CT7	CT6	CT5

注：1. 水玻璃密度：表面层 1.26~1.28g/cm^3，加固层 1.28~1.30g/cm^3。

2. 结晶氯化铝硬化剂：碱化度：5%~40%，pH 值：1.5~2.5，Al_2O_3：6%~8.5%，密度：1.17~1.20g/cm^3

3. 涂料黏度（s）为流杯黏度，即采用容积为 100mL、流出孔尺寸为 ϕ(6±0.02) mm 的流杯测量，用秒表记录时间，以秒（s）数表示黏度。

1. 水玻璃工艺全自动制壳生产线

水玻璃工艺机械化制壳设备，是用一条悬链输送线把浸涂料、撒砂、硬化、干燥等工序和相应的设备连成一条生产线，如图 5-34 所示。人工将模组挂到悬链的吊具上，模组随着悬链运动，自动进入涂料→撒砂→硬化→干燥工序，经过几次重复即可完成制壳操作。硬化剂分别采用 NH_4Cl、$AlCl_3$、$MgCl_2$、混合硬化工艺（见表 5-66）、交替硬化工艺（见表5-67）及交替撒砂工艺（见表 5-68）。

a)　b)　c)　d)

图 5-34　水玻璃工艺全自动制壳生产线

全自动制壳生产线运行常用机械传动（主要参数见表 5-69），运行速度为 0.5~2.5m/min。可调。吊具节距由模组最大轮廓尺寸来确定，一般为 400mm，和 480mm 两种。全线长度为 100~400m，分为单工位、双工位、三工位、六工位制壳线。

双层涂料槽分别盛装表面层和加固层涂料，更换涂料在轨道上前后移动。对应涂料槽平台上安装摇臂式涂料搅拌机配制表面层和加固层涂料，分别放入双层涂料槽中。撒砂多用沸腾砂床，砂床上方配有除尘罩，下方配有上砂装置。风力输送砂子进入砂床上方除尘罩方箱

内，通过除尘后的砂子由上方撒落到通过的模组上，按模组消耗的砂量调整上砂量保证砂床砂子沸腾的效果。

硬化槽一般为长方形，其长度由硬化时间和悬链运行速度确定。槽体为砖、混凝土结构（或钢板焊接成形），槽内外表面用多层环氧树脂粘接玻璃布为内衬，其厚度为5mm，也可用PVC板焊接成形。

表5-66　混合硬化工艺参数

$AlCl_3·6H_2O$（质量分数，%）	NH_4Cl（质量分数，%）	pH值	密度/（g/cm^3）	JFC加入量（质量分数，%）
20～24	6～8	2.0～2.5	1.16～1.18	0.05

注：硬化时间：8～12min，干燥时间：25～35min，干燥温度：30～35℃。

表5-67　交替硬化工艺参数

硬化剂	氯化铵硬化剂	结晶氯化铝硬化剂	氯化镁硬化剂
技术指标	NH_4Cl（质量分数，%）：20～25	碱化度（%）：5～40，pH值：1.5～2.5 Al_2O_3（质量分数，%）：6～8.5 密度：1.17～1.20g/cm^3	$MgCl_2$（质量分数，%）：30～40 密度：1.24～1.30g/cm^3
交替硬化方案一	硬化层次1、3、5层	硬化层次2、4、6层	
交替硬化方案二	硬化层次1、3、5层		硬化层次2、4、6层
硬化时间	12～16min	18～20min	
干燥时间	25～40min	25～30min	
干燥温度	30～35℃		

表5-68　交替撒砂工艺参数

涂料层次		表面层	过渡层	第3层	第4层	第5层	半层	备注
涂料	方案一	硅溶胶、锆英粉涂料	硅溶胶、莫来石粉涂料	水玻璃、高铝粉涂料				黏度符合表5-65规定
	方案二	水玻璃、精制石英粉涂料	水玻璃、石英粉涂料	水玻璃、高铝粉涂料				黏度符合表5-65规定
撒砂	方案一	120～180μm 刚玉砂	250～550μm 莫来石砂	550～1700μm 铝矾土砂	550～1700μm 莫来石砂	550～1700μm 铝矾土砂	不撒砂	适用于不锈钢、高合金钢铸件
	方案二	120～180μm 精制石英砂	250～550μm 莫来石砂	550～1700μm 天然石英砂	550～1700μm 莫来石砂	550～1700μm 天然石英砂	不撒砂	适用于碳素钢、低合金钢
	方案三	150～380μm 精制石英砂	380～830μm 石英砂	550～1700μm 再生砂	550～1700μm 石英砂	550～1700μm 再生砂	不撒砂	适用于碳素钢铸件
	方案四	150～380μm 精制石英砂	380～830μm 铝矾土砂	550～1700μm 再生砂	550～1700μm 铝矾土砂	550～1700μm 再生砂	不撒砂	

注：1. 涂料方案一、撒砂方案一、二适用于复合型壳工艺。

2. 涂料方案二、撒砂方案三、四适用于水玻璃型壳工艺。

表 5-69 全自动制壳线主要技术参数

序号	项目		单工位制壳线	双工位制壳线	三工位制壳线	六工位制壳线
1	全线长度/m		100~120	150~200	250~300	350~400
2	模组总数	t=400	250~300	375~500	625~750	875~1000
		t=480	208~250	312~416	520~625	729~833
3	运行速度/(m/min)		1.50~1.60	1.30~1.40	1.25~1.35	1.20~1.25
4	模组最大尺寸/mm	t=400	ϕ300~ϕ380			
		t=480	ϕ380~ϕ420			
5	模组最大质量/kg		22~25	20~22	18~20	18~20
6	生产周期		循环四周完成制壳	循环三周完成制壳	循环两周完成制壳	2.5~3.0 组/min

2. 水玻璃工艺半自动制壳生产线

半自动制壳生产线主体结构同全自动制壳生产线（主要技术参数见表 5-70），主要由人工涂料、撒砂、挂（取）模组到半自动制壳线吊筐或吊架上进行自动硬化和干燥，适用于复杂深孔件和不能上全自动制壳线的大件产品制壳，能保证硬化、干燥时间不受人为因素影响，型壳质量稳定，可减少用工，减轻工人的劳动强度。

表 5-70 半自动制壳线主要技术参数

序号	项目	技术参数
1	全线长度/m	120~150
2	吊筐(架)总数	100~125
3	模组数量(每班)	200~400 组或 250~500 组
4	吊筐(架)尺寸/mm	ϕ900mm×650mm
5	每筐(架)最大质量/kg	60~80

3. 硅溶胶工艺自动干燥生产线

硅溶胶自动干燥生产线（图 5-35）主要由人工挂（取）模组、涂料、撒砂、自动干燥等部分组成，在运动中对模组进行风干，与固定式风干相比会使模组风干程度达到一致性，

图 5-35 硅溶胶工艺自动干燥生产线

减少了铸件缺陷，减少人工挂（取）模组的距离，提高了生产率。

5.6.3　焙烧、浇注生产线

型壳焙烧与浇注是熔模铸造的关键工序之一，如型壳跑火、气孔、渣孔、浇不足、铸件表面麻点等铸造缺陷都与型壳焙烧、浇注的质量相关。合理选用焙烧用燃料及工艺装备是解决铸造缺陷的关键。

1. 贯通式焙烧炉

分别采用煤气、天然气、电为燃料的贯通式焙烧炉，适用于大批量（5000t/年以上）生产的企业。煤气焙烧成本低于天然气焙烧和电焙烧。煤气焙烧产生的焦油很难处理，生产环境较差。天然气和电焙烧是今后焙烧发展的方向，可减少环境污染。贯通式焙烧炉如图 5-36 所示。

图 5-36　贯通式焙烧炉

2. 直燃式煤气焙烧炉

直燃式煤气焙烧炉一般为台车式排烟口安装一台常压蒸汽转换器，针对中频电炉容量配置，一般台车装炉面积为 3000mm×1200mm，能满足 600~800kg 钢液量。焙烧温度为 850~900℃（自动控温），加热时间 20~25min，保温 20~25min 出炉。定量加煤，每开一炉加入 65~70kg，每吨铸件消耗燃煤 250~280kg（达标的无烟块煤）。与常规的煤气焙烧相比，直燃式煤气焙烧炉无焦油，除渣简易，运行成本低。但人工加煤、除渣会增加工作量。

3. 浇注及小车转运线

环形浇注线与浇注小车转运线相配合的生产线，取代人工抬包浇注，减轻了工人劳动强度，可达到浇注工艺引流准、浇注稳、收流慢的要求，提高了浇注质量，可满足 2 台或 3 台中频炉同时开炉，减少用工 2 人或 3 人。

5.7　熔模铸造的缺陷及对策

熔模铸造的缺陷及对策见表 5-71。

表 5-71　熔模铸造的缺陷及对策

名称	缺陷特征	产生原因	防止方法
集中性气孔	铸件中出现的明显孔穴,孔内光滑	1. 型壳焙烧不充分或冷壳浇注 2. 浇注系统设计不合理,型腔排气不畅 3. 金属液脱氧不良	1. 提高型壳焙烧温度和延长保温时间,采用热壳浇注 2. 增设排气孔或采用底注式浇道 3. 熔炼过程充分脱氧、除气
皮下气孔	铸件表面经加工后出现的光滑孔洞	1. 炉料不干净或使用过多的回炉料 2. 熔炼过程中金属液氧化吸气,脱氧不充分,镇静时间不够 3. 型壳表面与金属液产生反应	1. 清洁炉料并减少回炉料用量 2. 严格控制熔炼工艺,加强脱氧,镇静钢液 3. 选用合适的面层耐火材料

（续）

名称	缺陷特征	产生原因	防止方法
渣气孔	夹杂物与气孔并存	1. 炉料不干净或回炉料过多 2. 熔炼过程脱氧不充分 3. 钢液含气量多 4. 型壳焙烧不足	1. 清洁炉料并减少回炉料用量 2. 严格控制熔炼工艺，加强脱氧 3. 镇静钢液 4. 充分焙烧型壳
缩孔和缩陷	铸件内部形成形状不规则的孔洞，孔壁粗糙，多出现在浇口处	1. 铸件结构不合理，有难以补缩的局部热节 2. 浇冒口补缩作用欠佳 3. 浇注温度过高，收缩太大 4. 组焊不合理，型壳局部散热条件差	1. 改进铸件结构，减少局部热节 2. 合理设计浇冒口，使铸件定向凝固，增大补缩压头 3. 降低浇注温度 4. 合理组焊模组
缩松	铸件冷却较慢处会产生成片细小分散孔洞	1. 铸件结构不合理，难以充分补缩 2. 浇冒口设计不合理，补缩作用欠佳 3. 浇注温度过低，难补缩 4. 型壳的温度低，铸件冷却速度过快	1. 改进铸件结构，减小热节 2. 合理设计浇冒口，使铸件定向凝固，增大补缩压头 3. 适当提高浇注温度和型壳温度
表面麻坑	铸件清理后，局部出现密集的点状凹坑	1. 浇注时，金属液和型壳的温度偏高，铸件冷却速度慢 2. 铸件冷却环境气氛氧化性太强 3. 水玻璃型壳中残留的钠盐太多	1. 降低型壳和金属液的温度，加快铸件冷却速度 2. 在型壳的周围人为地造成还原性气氛 3. 严格制壳工艺，保证硬度、风干充分 4. 充分焙烧型壳
夹杂物	铸件上存在与基体成分不同的物质，包括涂料层、砂粒、硅酸盐、皂化物等	1. 型壳面层涂料干燥、硬化不良 2. 涂料层结合不牢，在制壳和焙烧过程中面层涂料剥落 3. 型壳强度低，承受不了钢液冲击而损坏 4. 型壳脱蜡后放置时间短，水分多或焙烧时升温过快而损坏 5. 操作不慎，由浇口杯掉入砂粒或其他杂物 6. 模组焊接质量不良，涂料渗入接缝处形成飞翅 7. 模料中混入涂料粉、砂粒、皂化物等杂物	1. 面层涂料充分干燥、硬化 2. 降低第二层涂料的黏度 3. 提高型壳强度 4. 延长脱蜡后型壳放置时间 5. 脱蜡前仔细清理浇口杯边缘；浇注前用吸尘器将型壳中的杂物吸出 6. 严格焊接操作，消除蜡模焊接处的缝隙，或采用浸封模料浸封 7. 认真过滤和处理回收模料
渣孔	铸件的内部或表面夹有渣料，吹砂后铸件表面形成孔洞	1. 渣料太稀，浮渣不良，出钢前未扒净 2. 炉嘴上的杂物未清理干净 3. 浇注时挡渣不好 4. 浇注系统挡渣作用差	1. 出钢前适当调整渣料成分，增大黏度便于扒渣，并使用聚渣剂 2. 认真清理炉嘴上的浮砂或杂物 3. 浇注前适当镇静钢液以利浮渣，浇注时挡好 4. 改进浇道设计或采用过滤器

（续）

名称	缺陷特征	产生原因	防止方法
鼓胀	在铸件较大平面上局部凸起	1. 型壳分层但未剥离，导致型壳局部强度降低 2. 铸件结构设计不合理，平面较大	1. 加强制壳工艺操作，避免型壳分层 2. 改进结构，合理增设工艺肋或工艺孔
表面凹陷、鼠尾和夹砂	铸件表面局部出现不规则凹陷，称表面凹陷。若表面出现沟槽状凹痕，其边缘是圆滑的，则称为鼠尾。若铸件表面局部呈翘舌状的疤块，而疤块与铸件之间夹有片状壳层，则称为夹砂（又称起夹子或称起皮）。上述缺陷多出现在铸件较大的平面处	1. 型壳分层，型壳内层向内鼓胀 2. 当型壳鼓胀向外隆起时，铸件表面就会出现不规则的凹陷；当鼓胀向外翘起，且翘起的程度较小而钢液还不能浸入时，铸件表面就会形成沟槽状的缺陷——鼠尾 3. 当表面层型壳鼓胀厉害而破裂、翘起时，金属液就沿破裂处流入而形成夹砂	1. 严格制壳工艺，避免涂料堆积，保证硬化、风干充分 2. 仔细清理浮砂，降低过渡层涂料黏度以增强涂层间黏合力 3. 对大平面铸件，可增设工艺孔
冷豆	在铸件表面嵌有未完全熔合的金属颗粒	1. 浇注系统设计不合理，浇注时金属液产生飞溅 2. 浇注时冲击力过大，金属液在型腔内产生飞溅	1. 合理设计浇注系统，使金属液平稳进入型腔 2. 浇注时，适当降低浇包与铸型间的距离，避免产生飞溅
冷隔	铸件上边缘圆钝的穿透或不穿透缝隙	1. 浇注温度或型壳温度低 2. 内浇道面积小 3. 浇注速度慢 4. 浇注时断流	1. 提高浇注温度和型壳温度 2. 合理设计内浇道 3. 提高浇注速度 4. 防止断流
浇不到	铸件残缺或棱角不清晰	1. 浇注温度或型壳的温度低 2. 浇注速度慢 3. 铸型排气不畅 4. 内浇道设计不当，金属液流程过长	1. 提高型壳和浇注温度 2. 提高浇注速度 3. 增设排气孔或改善型壳透气性 4. 改变内浇道的位置或增加内浇道数量
脱碳	铸件表面层碳的含量低于基体	1. 浇注时金属液和型壳的温度偏高，铸件的冷却速度慢 2. 铸件冷却环境气氛氧化性太强	1. 适当降低型壳和金属液的温度，加快铸件的冷却速度 2. 在铸型的周围，人为地造成还原性气氛
变形	铸件几何形状和尺寸不符合图样要求	1. 熔模变形 2. 型壳变形 3. 脱壳过早，铸件冷却快，产生的内应力过大 4. 铸件结构不合理，使其冷却速度相差过于悬殊 5. 浇注补缩系统设计不当	1. 采用优质模料，控制制模工作室温度或采用矫正胎模 2. 采用高温变形小的制壳材料 3. 减慢铸件的冷却速度 4. 改进铸件结构或增设防变形肋 5. 改进浇注补缩系统设计 6. 矫正铸件

（续）

名称	缺陷特征	产生原因	防止方法
铸件脆断	铸件脆性断裂，断口晶粒粗大，呈冰糖状	1. 钢液中脱氧剂铝的加入量过多 2. 钢中P、S等杂质含量过高 3. 钢液严重过热 4. 钢液吸氢严重，造成氢脆	1. 严格控制脱氧剂铝的加入量 2. 采用洁净炉料；提高炉衬质量 3. 严格控制熔炼工艺，防止钢液过热和吸氢
热裂	裂纹沿晶界生长，表面有氧化颜色	1. 型壳温度低，冷却速度过快 2. 型壳退让性差，阻碍补缩 3. 铸件结构不合理，壁厚相差悬殊，过渡突变，应力过大 4. 浇注补缩系统设计不合理，造成铸件局部过热或收缩受阻	1. 提高型壳温度，减缓铸件冷却速度 2. 改善型壳退让性和溃散性 3. 改进铸件结构，减小壁厚差，平缓圆滑过渡 4. 改进浇注系统设计 5. 选择热裂倾向小的合金或钢种
冷裂	裂纹大多穿过晶粒，表面光亮	1. 铸件结构不合理 2. 浇注系统设计不合理 3. 铸件在搬运和清砂过程中受撞击 4. 铸件在矫正时操作不当或未退火	1. 改进铸件结构或浇注系统设计，减小收缩应力 2. 避免撞击和抛甩铸件 3. 矫正前退火，并改进矫正操作 4. 减少型壳层数，并改善退让性 5. 降低铸件的冷却速度，例如单壳可改用填砂浇注
金属刺	铸件表面出现密集或分散的小刺，这种现象冬天出现比较多	1. 面层涂料粉液比低或黏度低 2. 涂料与蜡模表面润湿性差 3. 蜡模表面蜡屑未洗净 4. 面层撒砂料太粗	1. 提高面层涂料粉液比和黏度 2. 增加面层涂料润湿剂加入量 3. 认真清洗蜡模和蚀刻 4. 减小面层撒砂料粒度
黏砂	铸件表面有黏砂层，经吹砂后显示有凸起的毛刺或凹坑	1. 面层涂料用的耐火粉料和撒砂料杂质含量过高 2. 制壳耐火材料或黏结剂选用不当 3. 浇注温度过高 4. 浇注系统设计不合理，造成型壳局部过热	1. 降低涂料中粉料和撒砂料中的杂质含量 2. 选用适当的耐火材料和黏结剂 3. 降低浇注温度 4. 改进浇注系统设计，减少局部过热

5.8 熔模铸造的工艺适应性分析

与其他铸造方法和零件成形方法相比，熔模铸造工艺可生产形状复杂、尺寸精确、棱角清晰、表面光滑的不同材质的铸件。此外，通过对产品的精益设计（六个设计原则：减少大平面；减少长孔、深孔；使壁厚均匀，突出筋骨；减少加工或不加工；利用细节减重；遵循实体最小原则），使“六个替代”技术［以铸代锻、以铸代铸（砂铸）、以铸代冲、以铸代焊、以铸代加工、以铸代装配］在降低成本方面得到广泛的应用。

5.8.1 以铸代锻技术的应用

锻件与精铸件相比较，起模角度和质量偏大，力学性能优于铸件。精铸件代替锻件通过台架试验进行产品结构优化减重（图5-37），选用微合金钢代替45钢进行力学性能和强度试验（表5-72），确定精铸产品最优的结构与材质。生产工艺按产品的技术要求和尺寸精度，分别选用低温模料水玻璃型壳工艺和低温模料复合型壳工艺。

表5-72 45钢与ZG40MnV力学性能对比分析

牌号	抗拉强度/MPa	屈服强度/MPa	断后伸长率(%)	硬度HBW	备注
45	600	355	16	156~217	理论状态
ZG40MnV	785	490	13	≤250	
ZG40MnV	862	573	11.6	237~269	实际测试结果

注：1. ZG40MnV比45钢理论值的力学性能提高了1.30~1.40倍。
2. ZG40MnV比45钢实际值的力学性能提高了1.40~1.60倍。
3. 采用ZG40MnV代替45钢是完全可行的，用ZG40MnV生产的传动轴系列产品，进一步提高了可靠性，并适应大载重量货车的需求。

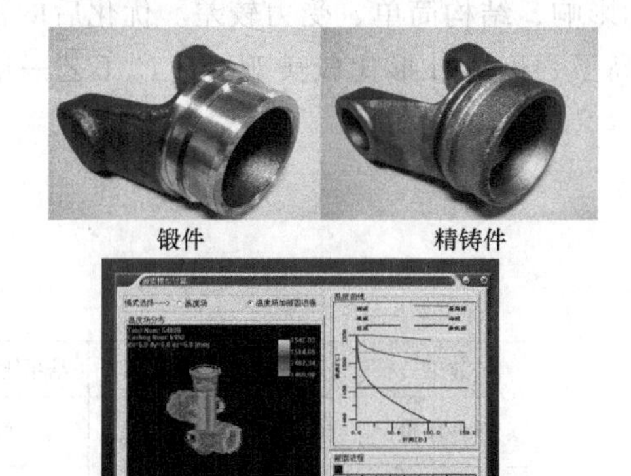

	优化前	优化后	结果比较
材　质	ZG310-570	ZG40MnV	
单件质量	2.40kg	1.60kg	↓ 33.33%
机加工时	45min	30min	↓ 33.33%
屈服强度	310MPa	573MPa	↑ 84.84%
抗拉强度	570MPa	862MPa	↑ 51.23%
产品价格			↓ 17.11%

图5-37 精铸件代替锻件案例分析

5.8.2 以铸代铸（砂铸）技术的应用

采用精铸工艺生产的铸件优于砂铸工艺生产的铸件（表5-73），但精铸工艺的制造成本高于砂铸工艺。可发挥精铸工艺的特点，结合有限元分析技术，对砂铸件进行结构减重优化和减少或取消部分机加工（图5-38），必要时改变材质（ZG310-570代替QT400）提高其性能，达到制造成本最低化的目的。生产工艺一般采用低温模料水玻璃型壳工艺。

表5-73 两种铸造工艺性能比较分析

内容	外观	表面粗糙度	尺寸精度	加工余量	工艺出品率
精铸工艺	起模角度小，铸件无披缝	Ra3.2~6.3μm	CT5~CT7	0.3~1.0mm	≥65%
砂铸工艺	起模角度大，铸件披缝较大	Ra12.5~25μm	CT8~CT9	1.5~2.5mm	≤50%

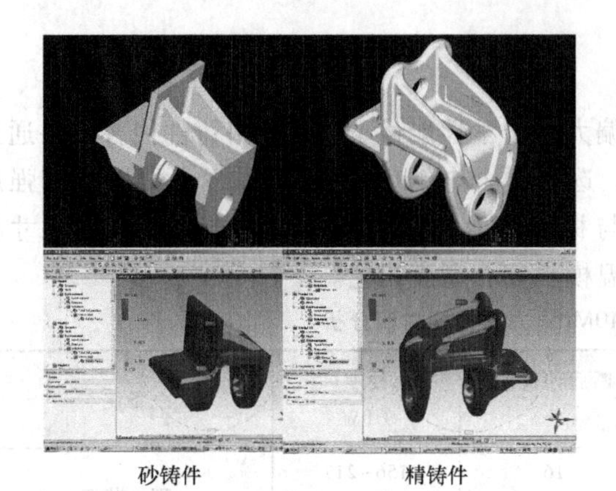

效果	优化前	优化后	结果比较
质量	11.24kg	8.24kg	↓26.7%
安全系数	3.1	3.849	↑24.16%
产品价格	130.5元	101.2元	↓22.45%

图 5-38 精铸件代替砂铸件案例分析

5.8.3 以铸代冲技术的应用

随着钢板的价格逐年上涨及冲压件的材料利用率偏低，精铸件代替壁厚不小于 4mm 的冲压件是必然的发展趋势。冲压件受冲压工艺的影响，结构简单、受力较差。优化后的精铸件（图 5-39）质量小于冲压件，增设工艺肋提高了强度，外形比较美观。生产工艺一般采用低温模料复合型壳工艺。

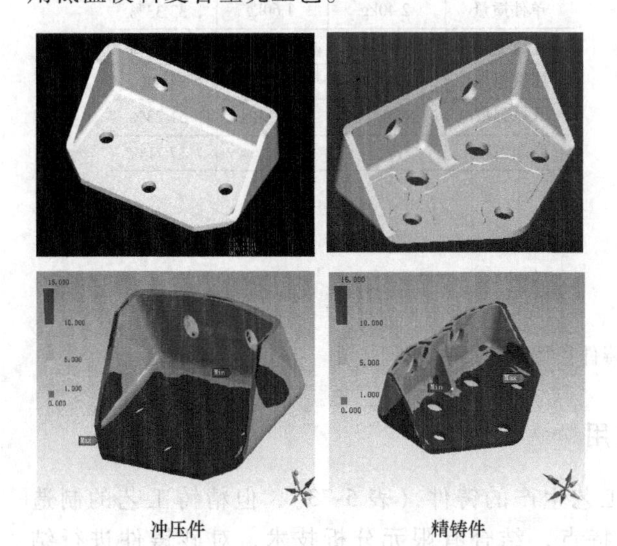

效果	优化前	优化后	结果比较
单件质量	1.30kg	1.00kg	↓23%
最小安全系数	1.44	1.84	↑27.78%
机加工时	50min	12min	↓76%
客户采购成本			↓34.14%

图 5-39 精铸件代替冲压件案例分析

5.8.4 以铸代焊技术的应用

客车底盘和改装车底盘有一些钢板焊接成形的零部件产品，由于受到焊接工艺的影响，结构简单、零件笨重、焊缝裂纹、受力较差，优化后的精铸件（图 5-40），结构合理、质量减小、裂纹消除、受力增强、外形美观。生产工艺一般采用低温模料水玻璃工艺。

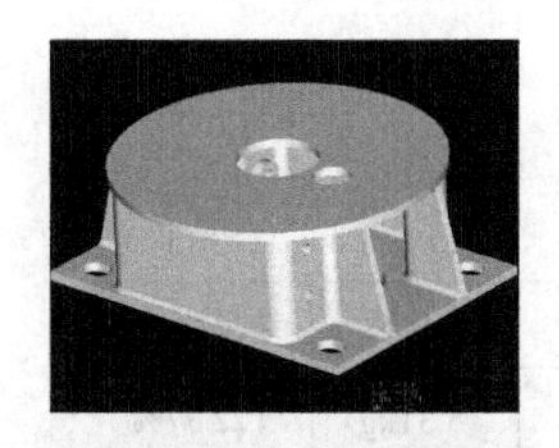

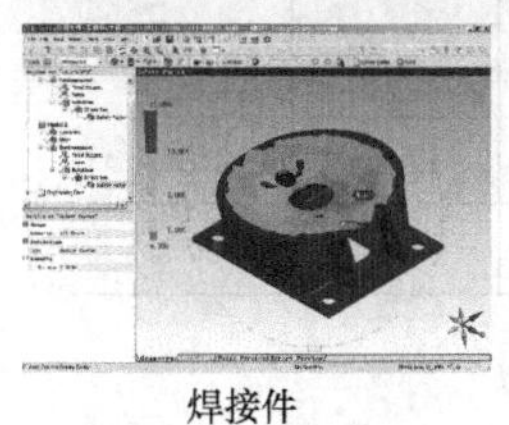

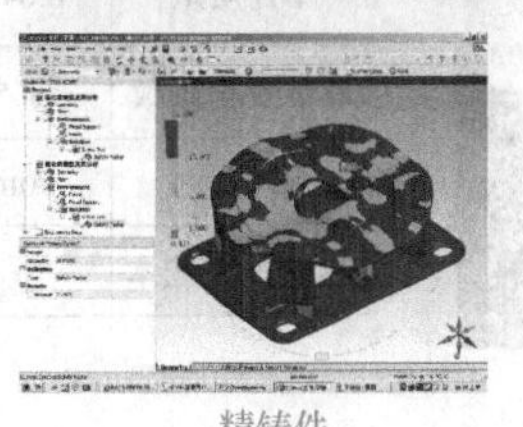

项 目	优化前	优化后	结果比较
单件质量	6.38kg	5.0kg	↓21.63%
机加工时	45min	18min	↓60.0%
工 序	由钢板和铸件焊接而成	整体铸出	省去繁杂焊接工序
最小安全系数	2.1	2.74	↑30.48%
客户采购成本			↓7.32 %

焊接件　　精铸件

图 5-40　精铸件代替焊接件案例分析

5.8.5　以铸代加工技术的应用

熔模精密铸造是一种近净成形工艺，其铸件精度高、复杂，接近零件最后的形状，可不经过加工直接使用，或经很少加工后使用（图 5-41）。全部代替加工的精铸产品一般采用中温模料全硅溶胶型壳工艺生产，部分代替加工的精铸产品一般采用低温模料复合型壳工艺生产。

工艺	表面粗糙度 *Ra*/μm	公差等级	球化级别	抗拉强度/MPa	断后伸长率(%)	单件质量/kg
精铸工艺	3.2～6.3	CT5～CT7	2级～3级	620～680	6～10	0.95
砂铸工艺	12.5～50	CT8～CT9	3级～4级	600～630	3～5	1.44
结果分析	高两个等级	高两个等级	高一个等级	↑10%以上	提高1倍	↓34.03%

砂铸件　　精铸件

图 5-41　精铸件代替机加工件案例分析

5.8.6　以铸代装配技术的应用

汽车装配时一般先进行零件的分装配，再装配到整车上。精铸产品与冲压件或其他金属零件分装配的部件较多，应用精铸工艺适合生产复杂产品的特点，进行组合后的优化改进，可降低装配成本，提高生产效率。优化后的精铸合件（图 5-42），结构合理、质量减小、受力增强、外形美观。生产工艺一般采用低温模料复合型壳工艺生产。

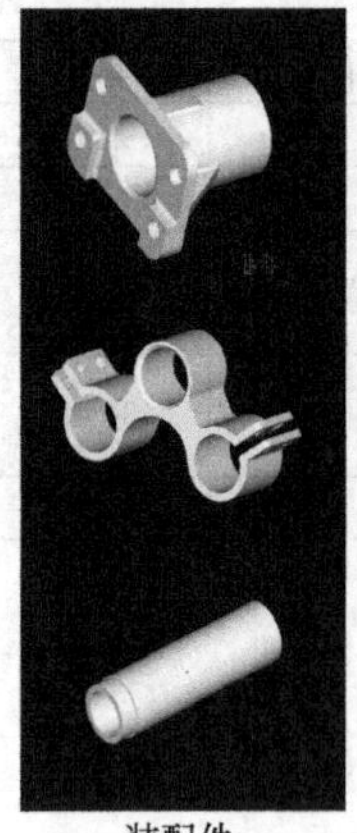
装配件

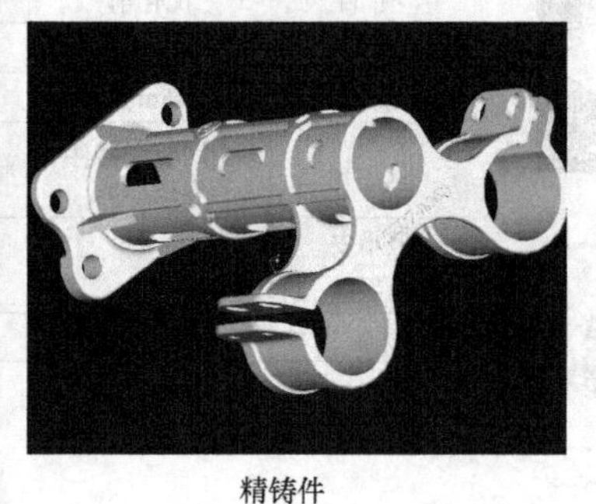
精铸件

效果	优化前	优化后	结果比较
单件质量	6.84kg	5.31kg	↓22.37%
最小安全系数	1.52	1.64	↑7.9%
机加工时	50min	12min	↓76%
客户采购成本			↓20.2%

图 5-42　精铸合件代替装配案例分析

思 考 题

1. 什么是熔模铸造？
2. 熔模铸造的经济性怎样？其工艺适应性如何？
3. 熔模铸造的模料如何分类？各有何用途？
4. 熔模在制备过程中要注意哪些工艺的影响？
5. 旧模料的回收处理有哪些方法？其原理如何？
6. 水玻璃型壳为什么要进行焙烧？如何控制焙烧质量？
7. 通常型壳用哪些原材料？各有何作用？
8. 制壳用黏结剂有哪些？各有何特点？
9. 制壳工艺过程包括哪几个步骤？
10. 水玻璃型壳化学硬化的实质是什么？
11. 水玻璃型壳通常有哪些硬化剂？
12. 熔模铸件有哪些常见表面缺陷？

参考文献

[1]　宫克强．特种铸造［M］．北京：机械工业出版社，1982.

[2]　王乐仪，等．特种铸造工艺［M］．北京：国防工业出版社，1984.

[3]　曾昭昭．特种铸造［M］．杭州：浙江大学出版社，1990.

[4]　佟天夫，陈冰，等．熔模铸造工艺［M］．北京：机械工业出版社，1991.

[5]　叶久新，彭宽．熔模精密铸造［M］．长沙：湖南大学出版社，1986.

[6]　叶久新，周士林．熔模精铸 300 问［M］．长沙：湖南师范大学出版社，1991.

[7]　叶久新，王立人．硅溶胶-水玻璃涂料的研究［M］．长沙：湖南大学学报，2000（6）.

[8]　叶久新，文晓涵．熔模精铸工艺指南［M］．长沙：湖南科技出版社，2006.

[9]　李海树．熔模铸造复合工艺在汽车精铸件中的应用［J］．特种铸造及有色合金，2003（1）：57-58.

[10]　李海树．熔模铸造复合型壳成本分析与工艺改进［J］．特种铸造及有色合金，2005（2）：110-111.

第6章 挤压铸造

挤压铸造（Squeeze Casting），也称液态模锻（Liquid Die Forging），是一种将一定量金属熔液直接注入开式的金属模膛内，随之封闭模膛，对其施以静压力，以实现流变充填、高压凝固和少量塑性变形，最终获得优质制件的金属加工过程。

6.1 挤压铸造的工艺方法分类、特点及适应范围

6.1.1 工艺方法分类

依据外载荷施加方式，可以将挤压铸造工艺分为直接加压和间接加压两种类型。

1. 直接加压

直接加压方式与热模锻极为相似，即压力直接作用在制件上。挤压铸造的显著优势表现在：压力传递路程短，液态金属承受的等静压大，高压凝固效应显著。按其加压冲头端面不同，直接加压又可以细分为平冲头直接加压、凸式冲头直接加压、凹式冲头直接加压和复式冲头直接加压四种类型。

(1) 平冲头直接加压　图6-1所示为平冲头直接加压示意图，制件是在金属浇入凹模型腔中成形的。

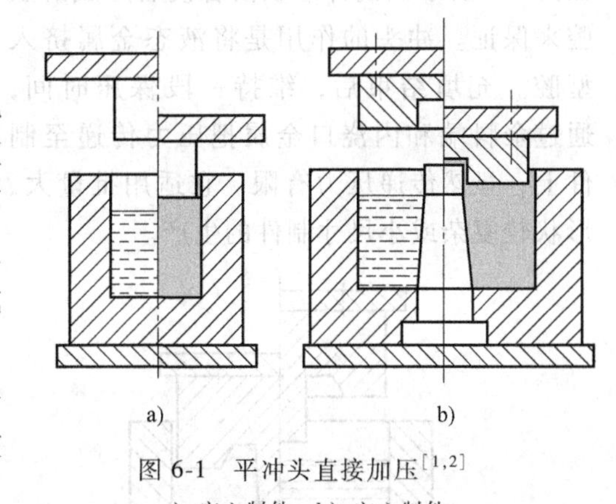

图6-1　平冲头直接加压[1,2]

a）实心制件　b）空心制件

冲头施压时，金属液不产生明显流动，仅使液态金属在压力下凝固和补缩。它适用于制造供压力加工用的锭料，或形状简单的厚壁件成形。

(2) 凸式冲头直接加压　图6-2所示为凸式冲头直接加压示意图，制件成形是在合模施压后实现的。在成形过程中，金属液要沿着下型腔壁和上模端面作向上、径向的流动来充填型腔。施压时，冲头直接加压于制件上端面和内表面上，加压效果较好。它适用于壁薄（但应大于2mm）、形状较复杂的制件成形。

(3) 凹式冲头直接加压　图6-3所示为凹式冲头直接加压示意图。合模时，冲头插入液态金属中，使部分金属液向上流动，以填充由凹模壁和冲头组成的型腔，获得制件的最终形状。冲头的压力是通过冲头端面或内型面直接施加在制件上的，加压效果好。它适用于壁较薄、形状较复杂的制件成形。

(4) 复合式冲头直接加压　图6-4所示为复合式冲头直接加压示意图。合模时，冲头凸起部位插入金属液中，使其反向流动，填充冲头的凹部，并在冲头端面和内凹面的作用下成

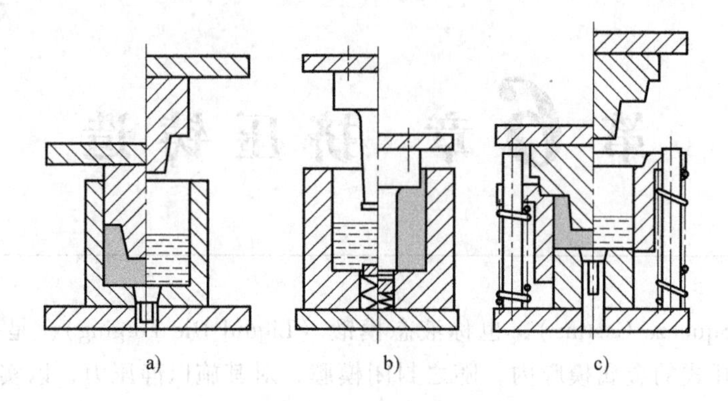

图 6-2 凸式冲头直接加压[1,2]

a）杯形件（固定下模） b）筒形件（可动底板） c）杯形件（可动下模）

形，从而获得制件。它适用于复杂制件的成形。

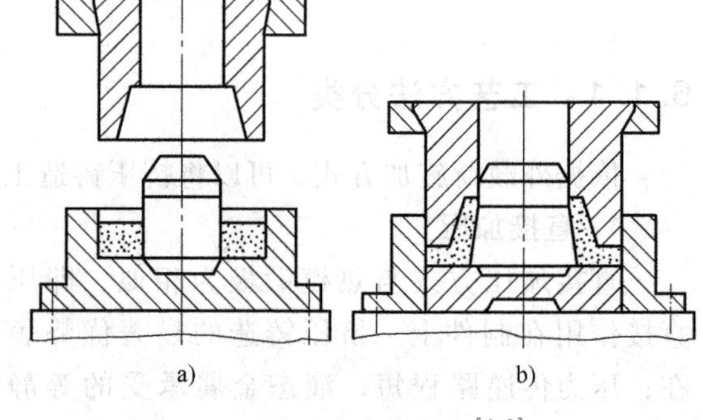

图 6-3 凹式冲头直接加压[1,2]

a）加压前 b）加压时

2. 间接加压

挤压铸造间接加压，与液态压铸相近，如图 6-5 所示。制件形状由合模后形成的型腔来保证。冲头的作用是将液态金属挤入型腔。充填结束后，维持一段保压时间，通过余料端和内浇口金属把压力传递至制件上，显然传递压力有限。它适用批量大、形状较复杂或小尺寸制件的生产。

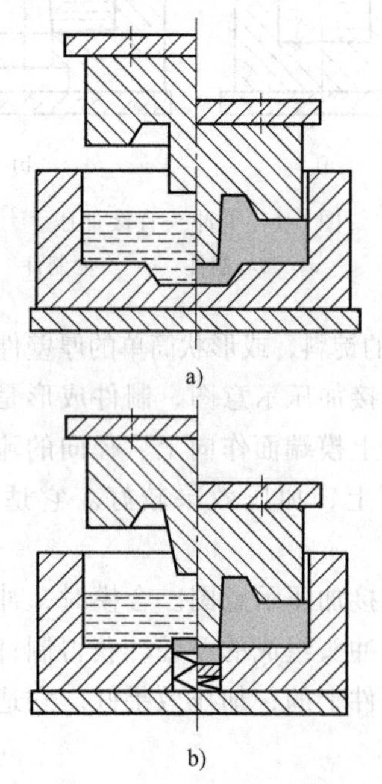

图 6-4 复合式冲头直接加压[1,2]

a）法兰盘成形件 b）通孔法兰盘成形件（活动底盘）

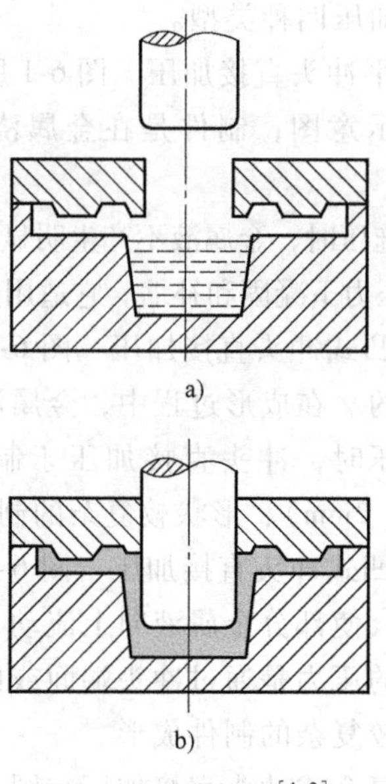

图 6-5 间接加压[1,2]

a）加压前 b）加压时

6.1.2　工艺特点

1. 挤压铸造的工艺特点

1）在成形过程中，液态金属均承受等静压作用，并在压力作用下完成凝固结晶的成形过程。

2）已凝固的金属壳层，在压力作用下产生塑性变形，使制件外壳紧贴型腔壁，同时发生强制补缩，从而液态金属恢复或获得等静压。

3）由于已凝固层产生塑性变形，要消耗一部分能量，因此金属液承受等静压而不是定值，随着凝固层的增厚而下降。

根据工艺分类及特点，可以与压力铸造和热模锻作一比较。

2. 挤压铸造与压力铸造的比较

若采用直接加压工艺，液态金属直接注入型腔，避免了压铸金属液在沿浇道高速充填时卷入气体，成形时，压力直接施加在金属液或凝固壳层上，避免了压铸时的压力损失。由于挤压铸造获得的制件组织比压力铸造更细密，挤压铸造可以成形壁厚较大的制件，而压力铸造仅限于均匀薄壁件，但制件形状复杂性，压力铸造比挤压铸造具有较大的优势。

若采用间接加压，与压力铸造比，挤压铸造工艺较简单，包括模具和设备，其工艺成本较低。

3. 挤压铸造与热模锻的比较

与热模锻比较，挤压铸造是在单一型腔内利用金属液流动性好的特点，在较小能量消耗下填充型腔，避免了采用多个型腔和充填时镦挤的强制塑性流动方式，使其成形能耗大大低于热模锻。由于挤压铸造主要在压力下结晶凝固，缺少大的塑性流动，因此挤压铸造获得的制件组织尽管有细化，但还是结晶状枝晶组织，性能改善有限。

6.1.3　工艺适应范围

1. 对加工材料的适应

挤压铸造对加工材料没有限制，如铝合金、锌合金、铜合金、镁合金、钛合金、碳钢、合金钢、模具钢等，均能实现成形。但为了充分利用压力下凝固及小塑性变形的优势，挤压铸造更适用于加工流动性能较差的、具有大的结晶温度区间的合金，如锻造铝、镁、铜合金等。

2. 对制件形状的适应

对制件形状的复杂性，更接近压力铸造，即间接加压法可以适用多种复杂类制件，如汽车轮毂，大大优于热模锻。

3. 对制件使用性能的适应

挤压铸造成形制件的力学性能，与压力铸造比有大的改善。因此对于一些形状复杂，且性能又有一定要求的制件，若采用热模锻，成形困难（需要大的设备和模具），成本较高，市场难以接受，而改用普通铸造加工，使用性能又很难满足，此时，最合适的加工方法就是挤压铸造。

6.2 挤压铸造基本理论简介

挤压铸造工艺是压铸工艺和热模锻工艺相结合的产物，其工艺理论必须是铸、锻工艺理论的复合与发展。实质上，挤压铸造过程既是一个物理化学过程，又是一个力学过程，它们相互交叉和融合，形成了挤压铸造工艺理论基础。

6.2.1 挤压铸造流变学理论

挤压铸造流变学理论包括充填流变学理论和“补缩”流变学理论。

1. 充填流变学

无论直接加压，还是间接加压，均存在金属液填充流动，这点与压铸工艺相同或相近。

(1) 金属液的流动形态　金属液存在两种流动形态，并取决于流动时本身所具有的惯性力和所受的黏性力的数值比。当惯性力相对较大时，金属液趋于湍流式，而黏性力则限制金属液质点作纵向脉动作用，遏制湍流出现。到底取何种形式，可由下式进行判断[3,4]，即

$$Re=\frac{\nu\rho d}{\eta} \tag{6-1}$$

式中，Re 为雷诺数（无量纲）；ν 为金属液在圆管内平均流速（$m\cdot s^{-1}$）；d 为管道直径（m）；η 为金属液黏度（$Pa\cdot s$）；ρ 为金属液密度（$kg\cdot m^{-3}$）。

工程上金属液在圆管中流动形态判断的临界雷诺数取 2300；当 $Re>2300$ 为湍流，$Re<2300$ 为层流。

按流线形式又可将流动分为剪切流动和拉伸流动两种。所谓流线就是这样一组曲线，对某一固定时刻，曲线上任意一点的速度方向和曲线在该点的切线方向重合。流线密集的地方速度大，流线稀疏的地方速度小。若剪切流线始终平行，则为剪切流动，否则为拉伸流动。

剪切流动按其边界条件还可分为拖曳流动和压力流动两种。前者为边界运动产生的，后者则是在压力作用下产生的。依据其切应力（τ）与剪切速率（$\dot{\gamma}$）关系曲线（流动曲线），剪切流动又可分为牛顿型流动和非牛顿型流动两种。

(2) 金属液的流变特性　金属液在压力作用下实现充填、压力下凝固和补缩，产生少量塑性变形，均具有流变特性。一般金属液在挤压铸造成形条件下，呈牛顿型流动，其切应力和剪切速率成正比[3,4]，即

$$\tau=\eta_0\dot{\gamma} \tag{6-2}$$

式中，τ 为切应力（Pa）；$\dot{\gamma}$ 为剪切速率（s^{-1}）；η_0 为黏度（$Pa\cdot s$）。

金属液流变充填时，其流动曲线是通过原点的直线，如图 6-6a 所示。该直线与 $\dot{\gamma}$ 轴夹角 θ 的正切值是牛顿流体的黏度值（为常数）[3,4]，即

$$\eta_0 = \frac{\tau}{\dot{\gamma}} = \tan\theta \tag{6-3}$$

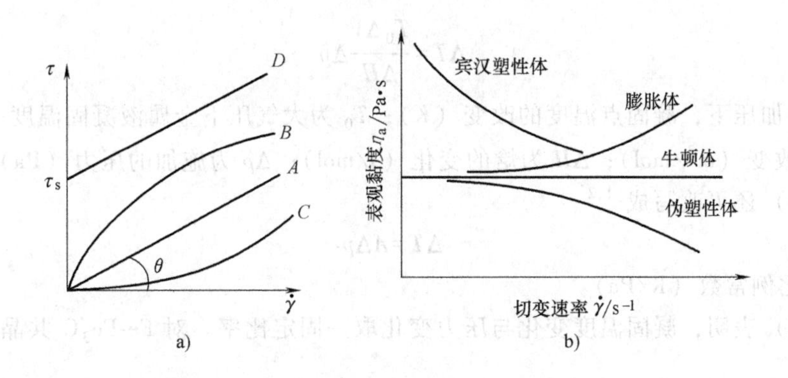

图 6-6　牛顿流体和非牛顿流体的流动曲线[3,4]

2. "补缩"流变学

（1）补缩流动　补缩流动主要是枝晶间金属液充填流动，具有充填流变学中金属液的流动特征。在挤压铸造条件下，由于高压条件的存在，更有利于挤压充填的实现。一般枝晶间的距离通常为 10~100μm，要达到完全充填，消除孔洞，在重力铸造中，靠冒口形成的压力补缩是很困难的，而在挤压铸造等静压作用下，金属液流动距离较短，能量损耗少，容易完全充填。

（2）补缩流变特性　补缩填充区，是一个很小的区间，即固-液温度区间所对应的半固态结晶区。该区间的金属具有伪塑性体或宾汉体的流变特性（图 6-6a 中 B 或 D）。

1）"剪切变稀"这一伪塑性体的流变特性，存在于"补缩"流动中，使其补缩效果优于重力铸造。

2）补缩后期，由于液态金属区消失，仅存在半固态区和已凝固的固态区，此时，金属补缩流动，具有宾汉体流变特性，即切应力与剪切速率呈线性关系，其流动曲线为一不通过原点的直线。

3）"剪切变稀"流变特性，使其"补缩"为具有更多液态补缩的特性，而宾汉体流变特性，使其"补缩"为具有塑性流动的特性，因此有[4]

$$\left.\begin{array}{ll} \text{伪塑性体} & \tau = \eta_a \dot{\gamma} \\ \text{宾汉体} & \tau = \tau_s + \eta_\rho \dot{\gamma} \end{array}\right\} \tag{6-4}$$

式中，η_a 为表观黏度（Pa·s）；η_ρ 为塑性黏度（Pa·s）；τ_s 为屈服应力（Pa）；$\dot{\gamma}$ 为剪切速率（s^{-1}）。

6.2.2　高压凝固理论

挤压铸造与普通铸造的区别在于，挤压铸造是液态金属在高压下凝固，具有很多不同于普通铸造的热力学特征。

1. 挤压铸造的热力学模型

挤压铸造施加于凝固状态金属的压力，急剧地使金属压缩，形成高压现象，相当于热力学上的绝热压缩，其温度与压力的关系式，经推导可写成[1,2]

$$\Delta T=\frac{T_0\Delta V}{\Delta H}\Delta p \tag{6-5}$$

式中，ΔT 为加压下，凝固点温度的改变（K）；T_0 为大气压下金属液凝固温度（K）；ΔV 为摩尔体积的改变（m^3/mol）；ΔH 为焓的变化（J/mol）；Δp 为施加的压力（Pa）。

式（6-5）还可改写成[1,2]

$$\Delta T=A\Delta p \tag{6-6}$$

式中，A 为比例常数（K/Pa）。

式（6-6）表明，凝固温度变化与压力变化取一固定比率。对 Fe-Fe_3C 共晶合金，$A=4\times 10^{-9}$K/Pa。

显然，金属液在压力作用下，其热力学变化表现为压力使其凝固温度改变。对于凝固时体收缩的金属，压力使其凝固温度上升；而凝固时体膨胀的金属，压力使其凝固温度下降。多数常见的合金均属于前一类型，少数合金属于后一类型。

2. 挤压铸造下合金相图变化的特点

挤压铸造下，由于压力作用，使其合金熔点（凝固点）上升或下降，这将导致合金相图的改变，如改变相变点的位置，改变相区的形状范围，改变已知相的性质，形成新相或新相区，以及改变相图的相貌等。

（1）铁-碳（Fe-C）相图　在挤压铸造条件下，Fe-C 相图具有与常压条件下不同的特点：

1）共晶点位置随压力增加而发生移动，如图 6-7 所示。从图 6-7 可看出，共晶点（C'点）位置随压力增加而向右下方移动，共晶温度下降。其原因是在压力作用下，共晶成分发生变化，它对应的 Fe 含量下降，石墨 G 含量上升，即共晶点向富碳方向移动。

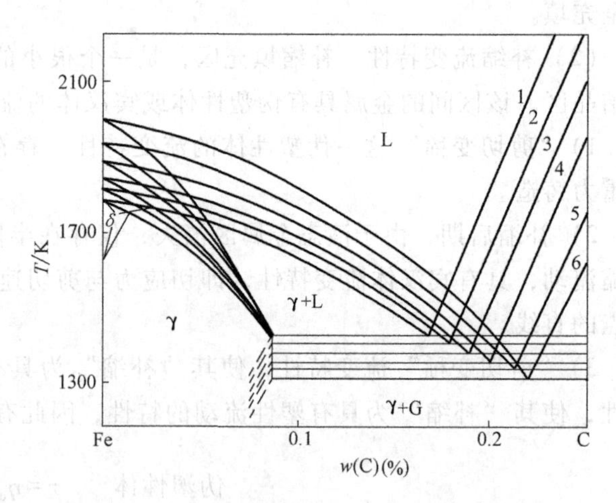

图 6-7　压力对 Fe-C 相图的影响（共晶点附近）[1,2]

［曲线 1~6 相应压力（MPa）为 0.1、1000、2000、3000、4000、5000］

2）共析点位置随压力增加向温度降低和含碳量降低的方向移动。从图 6-8 可看出，共析点（S_0点）位置有改变。当压力为 3000MPa 和 5000MPa 时，共析点（S 点）相应为 681℃、0.40%（C 的质量分数）和 641℃、0.25%（C 的质量分数），而在大气压时为 723℃和 0.77%（C 的质量分数）。

3）相区发生改变。随着压力增加，奥氏体相在更低温度下趋于稳定。从图 6-8 中看出，$S'E'$线右移，石墨在奥氏体中的溶解度增加，SE 线左移，渗碳体在奥氏体中溶解度降低。

增加压力使 δ 相区和 α 相区缩小。当压力为 2000MPa 时，δ 相区消失。

（2）铝-硅（Al-Si）相图　在高压下，A1-Si 合金相图有下述改变；

1）共晶温度上升。在大气压下，Al-Si 合金共晶温度为 577℃，当压力为 1000MPa 时，共晶温度可增至 640℃；压力为 2500MPa 时，共晶温度可增至 677℃。

2）共晶成分发生变化。在大气压下，Al-Si 共晶成分为 Al-12%Si（原子）。当压力增至 5000MPa，共晶成分达到 30%Si（原子）。从图 6-9 中可看出：随着压力升高，共晶点向富硅方向（右移）移动。

3）相图发生改变。随着压力升高，硅在铝中的固溶体（α 相区）逐渐扩大，最大固溶点（A）同共晶点一样，也向高温、富硅方向（右上方）移动。其结果是硅在固液体 α 和共晶成分中的含量增加，总的趋势是亚共晶合金中 α 相增加，共晶相减少，而过共晶合金中共晶相增加，初生硅相减少，甚至使过共晶合金获得亚共晶组织。

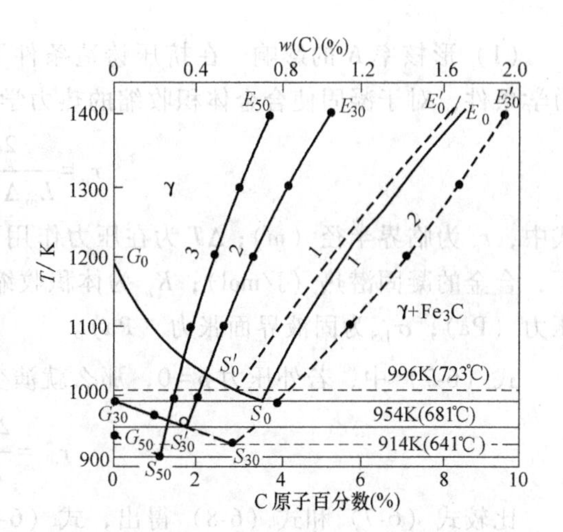

图 6-8　压力对 Fe-C 相图的影响（共晶点附近）[1,2]

（曲线 1~3 对应压力（MPa）为 0.1、3000、5000）

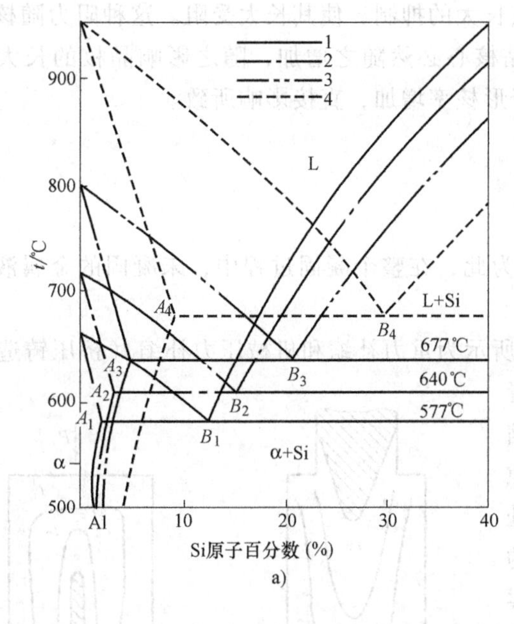

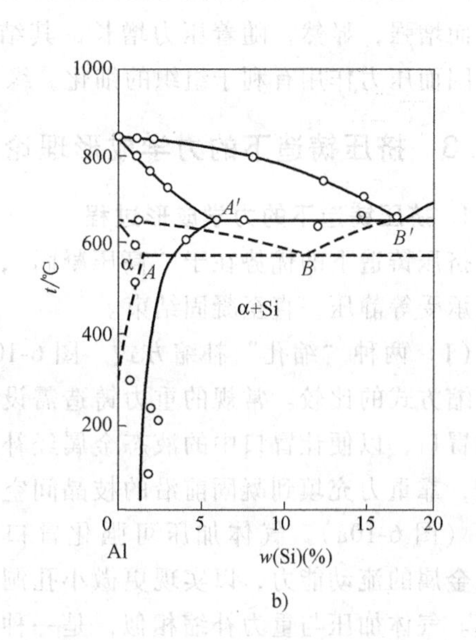

图 6-9　高压下 Al-Si 合金状态图[1,2]

a）压力分别为 0.1MPa（下标 1）、1000MPa（下标 2）、2500MPa（下标 3）、500MPa（下标 4）

b）压力分别为 0.1MPa（虚线）、2500MPa（实线）

3. 挤压铸造下结晶参数的改变

挤压铸造下结晶参数的改变可用形核率（N）即在单位时间和单位体积内形核数以及长大线速度（$\overline{R}$）来表示。

(1) 形核率 N 的影响　在挤压铸造条件下，压力对形核率的影响，主要影响其凝固热力学条件，对于凝固使合金体积收缩的热力学条件为[1]

$$r_c = \frac{2\sigma_{LS} T_0}{L_m \Delta T + K_\varepsilon T_0 p} \tag{6-7}$$

式中，r_c 为临界半径（m）；ΔT 为在压力作用下，合金实际过冷度（K）；L_m 为在压力作用下，合金的凝固潜热（J/mol）；K_ε 为体积收缩率（%）；T_0为常压下凝固温度（K）；p 为外压力（Pa）；σ_{LS}为固液界面张力（Pa）。

式（6-7）中，若外压力 $p=0$，那么就演变成常压下结晶时的临界核半径 r_c^*。即

$$r_c^* = \frac{2\sigma_{LS} T_0}{L_m \Delta T} \tag{6-8}$$

比较式（6-7）和式（6-8）得出，式（6-8）表述为：在压力作用下，金属熔体中有更多的近程原子团成核，大大提高了其形核率。

(2) 长大线速度 $\overline{R}$　本章参考文献［1］指出，对于结晶时体积收缩的合金，增加压力导致长大线速度 $\overline{R}$ 提高。

实际上，由于压力作用，首先改变了形核条件。对于结晶时体积收缩的合金（$\Delta V>0$），压力作用使过冷度（ΔT）增大，增加了结晶核心，核心多了，尽管它成长速度有加大的可能，但各晶核长大时，必然会受到邻近晶核长大的抑制，使其长大受阻。这种阻力随核心的增多而增强，显然，随着压力增长，其结晶核心必然随之增加，随之影响晶核的长大而受阻，因而压力作用有利于组织的细化。缘于形核率增加，直接影响所致。

6.2.3　挤压铸造下的力学成形理论

1. 挤压铸造下的力学成形过程

挤压铸造下的优势在于“高压凝固”，为此，在整个凝固过程中，未凝固的金属液始终均要承受等静压，直至凝固结束。

(1) 两种“缩孔”补缩方式　图 6-10 所示为重力补缩和机械压力补缩（挤压铸造）两种补缩方式的比较。常规的重力铸造需设置大的冒口，以便让冒口中的液态金属经补缩通道，靠重力充填到凝固前沿的枝晶间空隙中去（图 6-10a）。气体加压可强化冒口处液态金属的流动能力，以实现更微小孔洞的充填。气体加压与重力补缩相似，是一种柔性加压，属于此类的有高压釜铸造、差压铸造、低压铸造、离心铸造和电磁力下铸造等。

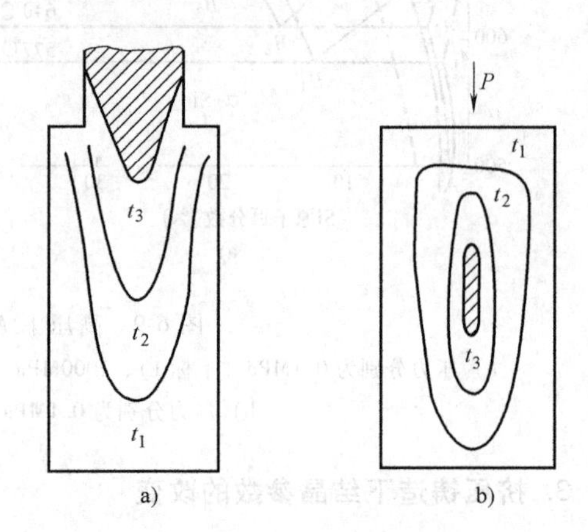

图 6-10　两种补缩方式的比较[2]
a）重力补缩　b）机械压力补缩

机械加压是一种刚性加压（图 6-10b），与重力补缩有很大不同：①机械加压改变了制件中的温度场，最后凝固部位变为心部的热节处；②机械加压实现补缩，必须使已凝

固的壳层产生塑性变形，使制件沿高向压缩，沿径向扩展，使金属液流凝固前沿枝晶间填充孔洞，实现补缩，同时金属液承受等静压，开始下一个高压凝固过程。

因此，挤压铸造要实现高压凝固，就必须在凝固全过程中，在已凝固壳层不断产生塑性变形，使凝固前沿产生孔洞，不断获得金属液的填充，同时金属液也获得等静压作用，进入下一个的高压凝固过程。

（2）组合体力学模型　压力下正在成形的制件是一个不均质的连续体，外壳是已凝固的壳层，与此相邻的是固-液区，或称为凝固区，再往里就是内层，即液相区。三个区的力学性质迥然不同，外壳是一个刚塑性体，内层为黏性体，而凝固区可认为是脆性体。在冲头的施压下，外层产生高向减缩、径向扩展的塑性变形，在固-液区脆裂，内层金属液挤入固-液区的裂痕中，完成了一个传递过程，或一个补缩过程。往复循环，直至内层消失，转入密实过程，最终固-液区消失，制件成为单一的均质连接体。

2. 挤压铸造下的力-行程曲线

（1）实验曲线　图 6-11a 所示为钢在挤压铸造下力-行程的实验曲线。从该曲线中可看出，挤压铸造施压过程表现为两个阶段，即升压阶段和保压阶段。升压阶段曲线呈上凹式二次曲线形状，压力随位移增加而同步增长，这一过程很短（4~6s），然后进入保压阶段。保压阶段力-行程曲线表现为在恒压下波动，其压力增长速率维持在一个低限水平，其外力越大，增长速率越高。低限增长速率持续时间也视比压大小而定，比压越大，持续时间越短，随即增长速率趋于零。

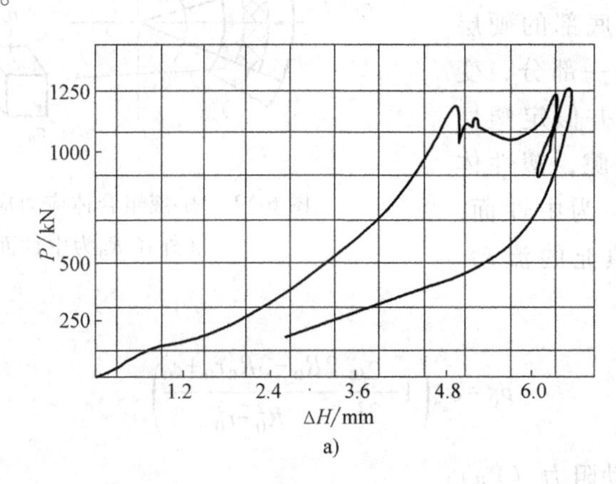

a)

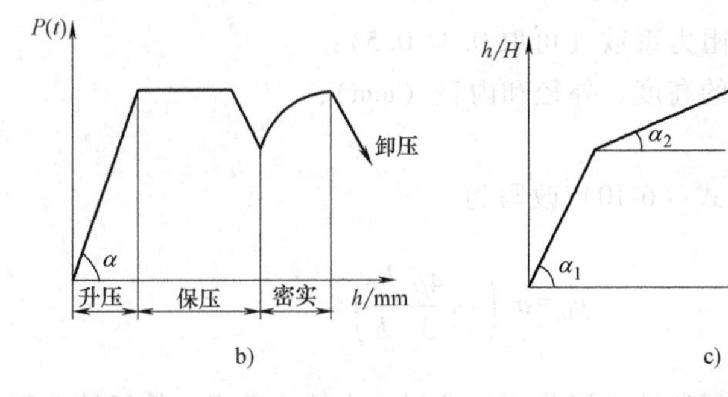

b)　　c)

图 6-11　钢在挤压铸造下力-行程曲线[2]

a）实验曲线（比压 40MPa，保压时间 20s）　b）、c）理论曲线

（2）理论曲线　以实验曲线为基础可以作出相应的理论曲线，如图 6-11b 所示。从图 6-11b、c 中可看出，升压阶段，压力随位移成正比增加。保压阶段，前期压力保持恒值，随时间推进，位移增加；后期液相区消失，金属呈过冷的半固态，随即失去了承受等静压的能力，压力随之下降至某一定值，该值使半固态区金属发生密实充填的力学行为，并表现为压力随位移增加而增加。

3. 挤压铸造下比压值的解析解

由前述内容可知，压力在挤压铸造实施中至关重要，对具体制件要选择适当的压力，才能保证：①不断增厚的硬壳能进入塑性状态；②未凝固的、被硬壳包围的金属液承受一定的等静压。因此，成形过程中能量消耗存在两部分，即外壳变形和金属液承受压力。下面以固-液组合体塑性变形进行力学解析，如图 6-12 所示。假设把黏附在冲头上的硬壳和黏附在下模底部的硬层部分看作冲头和下模的一部分，变形体即可简化为环状，并假定塑性体和型腔壁间不存在间隙，塑性体以外径 R_0（即下模腔）为中性面，在镦粗下产生向缩孔填充的流动。推导其比压为[1,2]

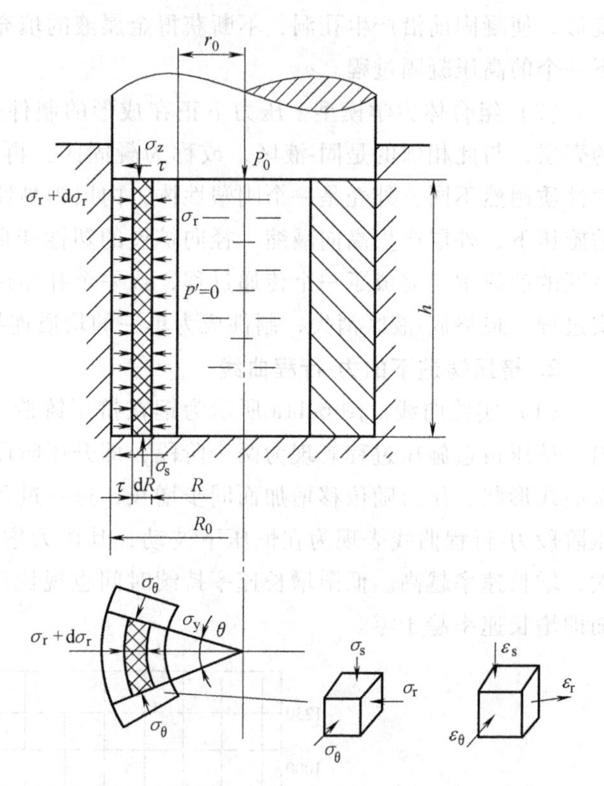

图 6-12　固-液组合体应力应变分析[1,2]
（外径 R_0 为中性面）

$$p_0=\sigma_s\left(1+\frac{2\mu}{3h}\frac{2R_0^3-3R_0^2r_0+r_0^3}{R_0^2-r_0^2}\right) \tag{6-9}$$

式中　σ_s——金属流动阻力（Pa）；

μ——流动时摩擦阻力系数（可取 0.3~0.5）；

h、R_0、r_0——环形变形体的高度、外径和内径（mm）；

p_0——比压（Pa）。

若凝固结束，$r_0=0$，则式（6-10）改写为

$$p_0=\sigma_s\left(1+\frac{4\mu}{3}\frac{R_0}{h}\right) \tag{6-10}$$

式（6-10）与圆柱体镦粗塑性变形公式相类似，比较后发现，挤压铸造下消耗的能量比纯镦粗固态金属消耗的能量多，其原因是前者在补缩密实过程中，金属流动需要消耗更多的能量。

6.3 挤压铸造模具、工艺及设备

6.3.1 挤压铸造模具设计

挤压铸造时，各种工艺参数的正确采用，是获得优质制件的决定因素，而模具则是提供能够正确选择和调整有关工艺参数的基础。

挤压铸造模具在生产过程中所起的重要作用是：①决定制件的形状和尺寸精度；②对正在凝固的金属，施以机械压力，其模具强度要确保施压的要求；③进行制件的热交换，以控制和调节生产过程中的热平衡；④操作方便，包括转移、施压和顶出等工步，有利于提高生产效率。

1. 挤压铸造件的形状特征

挤压铸造件多属短轴类制件，最典型的有轴对称实心体、空心体、通口件和杯形件，另外还有长轴类件，形状与压铸件相近的复杂件。实际生产中，要想获得合格制件，壁厚是首要考虑的因素。这是因为，挤压铸造时，制件内压力分布是均匀的，而且是不断变化的。由于摩擦力造成的压力损失，使制件中紧靠加压冲头的部位受力大，而远离的部位受力小；由于加压冲头受到结晶硬壳越来越大的支撑作用，使制件内层所受的压力总是低于先结晶者；另外，由于开始加压时间的存在，制件中总有部分表层是在非加压条件下凝固的。因此，为确保最佳加压效果，设计时必须注意：

1）尽量把制件重要受力部位或易产生缩松的部位靠近加压冲头，将加压前的自由凝固区和冲头挤压冷隔放在零件的不重要部位或制件的加工余量中去。

2）壁厚比较均匀的制件，可以按“同时凝固”的原则进行设计。个别薄壁处应适当加大厚度，以避免过早凝固后，妨碍冲头压力向其他部位传递；个别厚壁处需适当减薄或使其快冷，以防止凝固过晚而造成补缩不足。

3）壁厚相差较大的制件，可用“顺序结晶”的原则进行设计，将薄壁处远离加压冲头使其优先凝固，壁厚处靠近加压冲头而后凝固。为此，需适当调整制件个别部位的尺寸。

4）间接冲头挤压或有内充填的挤压铸造，必须有足够厚度的内充填口，以保证对制件的压力补缩。有条件时，应尽可能使制件达到“顺序结晶”的目的，就像双冲头压铸那样。

2. 挤压铸造模具结构分析

挤压铸造模从结构上分动模（即上模或上冲头）和定模（即下模）。型腔设置在定模内，复杂的零件由若干镶块组成，为了正确合模，在动、定模上设置定位、导向机构（导柱、导套）；为了制件能顺利地从型腔内取出，设置顶出机构（推杆、推板、固定板、导柱、导套、复位弹簧等）。

为了模具能顺利地进行生产，必须在动模、定模上设置加热和冷却装置。通常采用电热棒、电阻片、煤气燃烧加热，用水或压缩空气冷却。

（1）成形部分　在定模和动模合拢后，形成一个构成制件形状的空腔（成形模腔），通常称为型腔，而构成型腔的零件称工作零件。一般情况下，工作零件指冲头和凹模。冲头多为实心件或管形件，而凹模为环形件，后者工作条件比前者恶劣得多，因此首先应考虑凹模的设计。

1）凹模。按形状分，凹模有圆形和方形两种形式；按模具结构不同，又可将凹模分成整体式和组合式两种，而后者又可分为垂直分模、水平分模和复合分模三种形式，如图6-13所示。但应指出，凹模结构形式的选择，在很大程度上要受设备条件的制约。从加工方便和降低成本的角度出发，应使模具结构尽量简单，但是为了保证制件几何形状和质量要求，必要的复杂结构也是必不可少的。

在挤压铸造模具设计过程中，首要的是要确定凹模尺寸，因为它直接影响整个模具体系其他零件的设计、选取和布局。

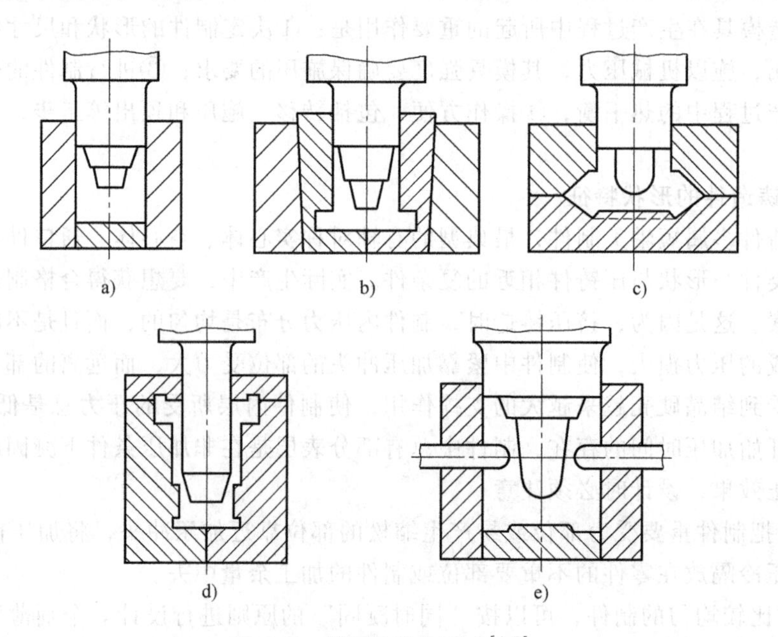

图6-13 凹模的结构形式[1,3]

a）整体凹模 b）垂直分模凹模 c）水平分模凹模 d）复合分模凹模 e）带抽芯凹模

2）冲头（上模）。冲头的作用：传递力的媒介，液压机的压力是通过冲头施加在液态金属之上的；封闭下模，使液态金属不致从下模向外溅出；多数情况下，可通过上模来形成制件的内表面（这时上模便是模芯）。挤压铸造常遇到的冲头短而粗，一般不存在强度和刚度问题，按经验选用即可。但对于长轴类制件，且采用凸式冲头成形，则有必要进行设计和选用。

（2）配合间隙 冲头与凹模间，芯轴与套筒的配合间隙是模具设计的一个重要参数。间隙过大，会产生飞边，降低加压效果，或者金属液通过间隙飞出，造成事故；间隙过小，会影响模具各部分的相对运动，甚至相互“咬住”，损坏模具。

合理的间隙与加压开始时间、加压速度和压力大小等工艺因素有关，也与冲头的倒角、半径、配合件的尺寸、热容量和温度等因素有关。图6-14所示为几种工艺因素对模具配合间隙的影响。

（3）配合结构

1）芯头与套筒的配合。由于芯头插入金属浆料中，三面受热，升温快、温度高、套筒只有端面与金属浆料接触，且其热容量大，自然升温慢。因此两种受热膨胀程度不同，给芯头与套筒孔之间的滑动配合带来问题，此时，在套筒内开一退刀槽，并在芯头上加一小台阶，这样

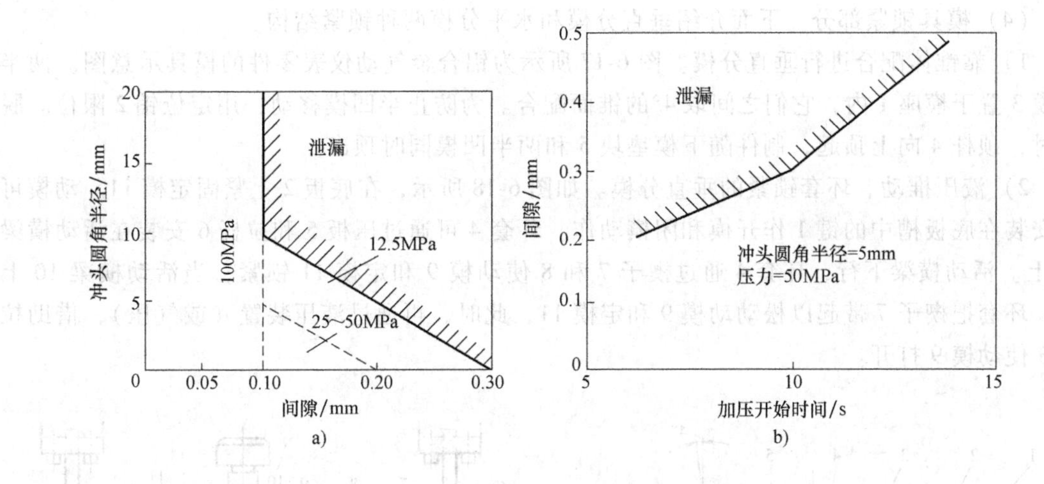

图 6-14 几种工艺因素对模具配合间隙的影响[1,3]

a）配合间隙与冲头圆角半径、压力的关系 b）配合间隙与开始加压时间的关系

当抽芯时，温度高，芯头膨胀不会拉伤套筒内孔，这种结构也适用于顶杆与模孔等的配合，如图 6-15 所示。

2）套筒与凹模的配合。一般采用一定封闭深度和一定间隙的柱体直接配合（图 6-16a）。但套筒上部发生“桶形”变形时，则易在鼓出部位啃伤。为此，可在套筒外周加工一凸缘（图 6-16b），使凸缘与凹模之间有较小的配合间隙，而其他部位的间隙，每边可保持在 0.25～0.30mm。此凸缘也可采用铸入套筒环槽中的轴承材料，如锡青铜、铅青铜等加工而成（图 6-16c）。对于薄壁制件或低压力挤压铸造，也可采用弹簧压板封闭的结构形式（图 6-16d）。

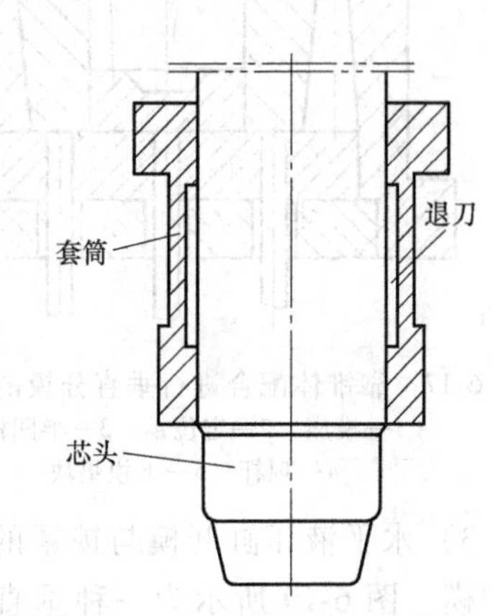

图 6-15 芯头与套筒配合的结构[1,3]

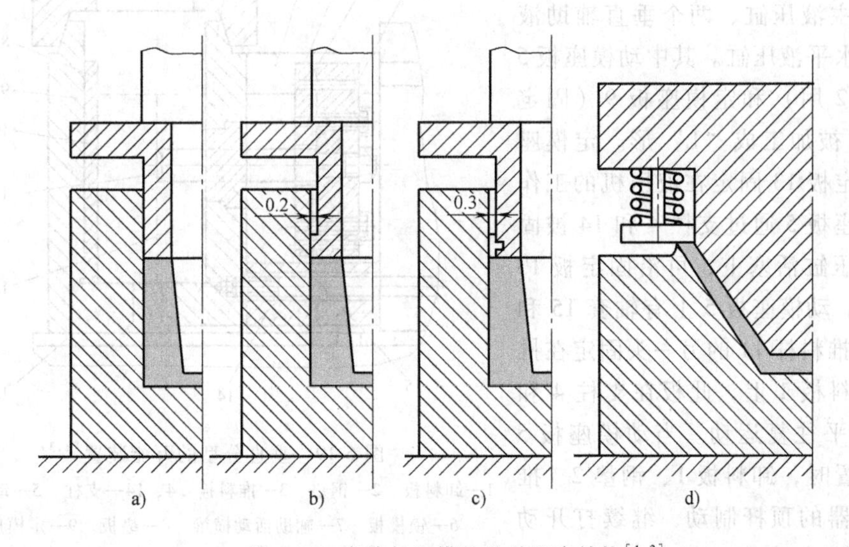

图 6-16 套筒与凹模的几种配合结构[1,3]

（4）模具锁紧部分　下面介绍垂直分模和水平分模两种锁紧结构。

1）靠锥体配合进行垂直分模。图6-17所示为铝合金气动仪表零件的模具示意图。两半凹模3置于模座1内，它们之间取4°的锥面配合。为防止半凹模移动，用定位销2限位。脱模时，顶杆4向上顶起，制件随下模垫块5和两半凹模同时顶出。

2）液压推动、环套锁紧的垂直分模。如图6-18所示，在底板2上紧固定模11。动模可沿安装在底板槽中的键1作开模和闭模动作。环套4可通过压板5和拉杆6安装在活动横梁10上。活动横梁下行，环套4通过楔子7和8使动模9和定模11锁紧；当活动横梁10上行，环套把楔子7带起以松动动模9和定模11，此时，再通过液压装置（或气压），借助拉杆3使动模9打开。

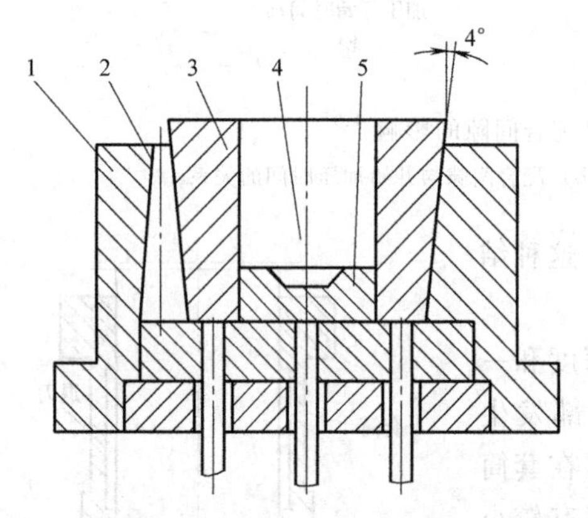

图6-17　靠锥体配合进行垂直分模的凹模[1,3]
1—模座　2—定位销　3—半凹模
4—顶杆　5—下模垫块

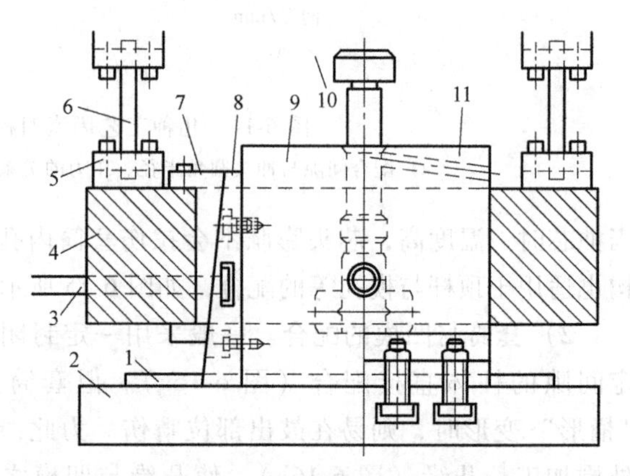

图6-18　液压推动、环套锁紧的垂直分模凹模[1,3]
1—键　2—底板　3—拉杆　4—环套　5—压板
6—拉杆　7、8—楔子　9—动模　10—活动横梁　11—定模

3）水平液压缸开模与锁紧的垂直分型凹模。图6-19所示为一种垂直分型的万能装置。它安装在万能液压机上，具有一个垂直主液压缸、两个垂直辅助液压缸和一个水平液压缸。其中动模座板5（固定动模12用）和定模座板9（固定定模10用）被加工成“L”形。定模座板9通过固定板13固定在液压机的工作台上。动模座板5通过支柱4和14被固定在水平液压缸活塞上，可沿固定板13作往复运动。动模座板5上有轴套15和推料杆11。推料杆11的另一头固定在推料板3和卸料板1上，此板在支柱4和14中间作水平往复运动。当动模座板5开到一定位置时，卸料板1、钢垫2、推料板3被机器的顶杆制动，继续打开动模座板5，则推料杆11被顶出，以便推出

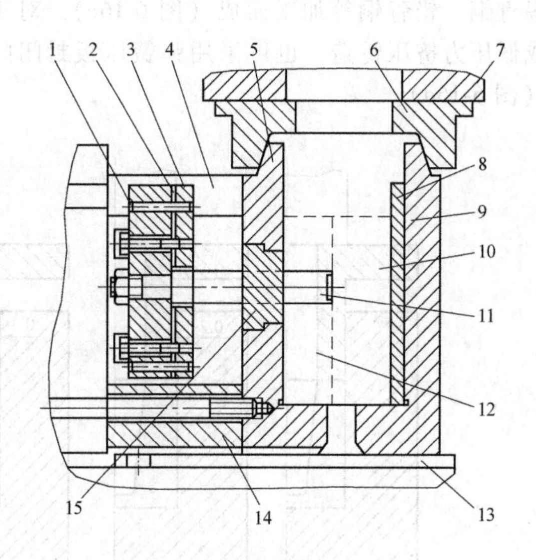

图6-19　垂直分型的万能装置[1,3]
1—卸料板　2—钢垫　3—推料板　4、14—支柱　5—动模座板
6—锁模板　7—辅助活动横梁　8—垫板　9—定模座板
10—定模　11—推料杆　12—动模　13—固定板　15—轴套

制件。锁模板 6 固定在辅助活动横梁 7 上，以加强定模座板 9 和动模座板 5 的锁模。为适应大小不同凹模，采用垫板 8 进行调节，使凹模轴心对准压力机的主液压缸。这种万能装置只需要更换动模、定模、冲头和推杆等少数件，就可以适用各种类型制件的压制。

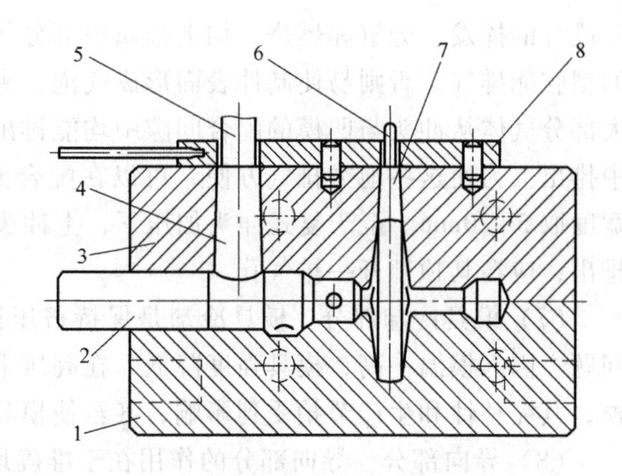

图 6-20　侧向加压的水平分型模具[1,3]

1—下半模　2—冲头　3—上半模

4—置入金属或顶出制件孔　5、6—推杆

7—打下毛坯孔　8—导向板

4）侧向加压的水平分型的模具。图 6-20所示是生产大型壳体所采用的水平分型装置。它安装在 7500kN 垂直液压缸和 1500kN 水平液压缸的锻造压力机上。其结构特点用压力大的垂直液压缸锁紧上半模 3 和下半模 1。用小压力的水平液压缸，通过冲头 2 对注入模膛中的液态金属进行压制。孔 4 用作置入口，孔 7 用作排气口，而且 4 和 7 也用作推料孔。

5）垂直方向加压的水平分型模具。这类模具一般安装在具有主、副垂直液压缸的液压机上。上模改成套筒或压板形式，下模改成整体结构，靠液压机垂直副液压缸锁紧模具，也可以采用机械锁紧。如图 6-21 所示，制件上、下内空腔由冲头 4 和下模芯 5 成形。为使制件能向上出模，在凹模 6 内增加套筒 3。浇注后副液压缸带动辅助活动横梁 1 压紧套筒 3，接着冲头 4 由主液压缸带动对液态金属施压。

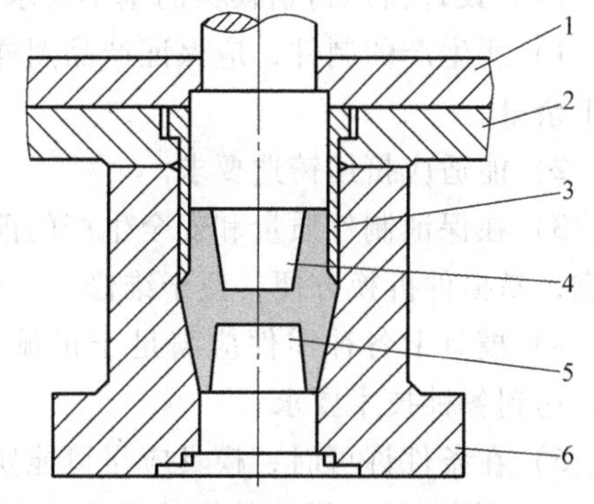

图 6-21　垂直方向加压的水平分模模具[1,3]

1—辅助活动横梁　2—上模固定板　3—套筒

4—冲头　5—下模芯　6—凹模

（5）顶出部分　顶出部分包括制件从模具脱出和芯杆从制件内退出两部分。

1）脱模力和抽芯力。由于高压下凝固，并产生微量塑性变形，使制件紧紧地附在型腔内，因此其脱模力和抽芯力一般高于压力铸造。

脱模力和抽芯力与很多因素有关，如起模斜度，制件形状复杂程度，制件与型腔的接触面积，型腔的表面粗糙度，合金、涂料情况和模温等。因此很难用公式计算，一般用试验确定，在正常条件下，脱模力（抽芯力）不应高于压制力（或合型力）的 1/10~1/5。

另外，由于模具热膨胀与飞边阻塞，使顶料杆、芯杆和推料套筒等零件的复位动作也需要一定的机械力，设计中应予以考虑。

2）顶出机构。顶出机构应包括顶出和复位零件，还包括这个机构自身的导向和定位零件。顶出方式多种多样，有上、下推式和上、下打料式。

（6）溢流及排气结构　采用溢流结构以实现金属精确定量，其原理是精确地控制冲头与凹模合型时所封闭的型腔体积，使其等于制件所需液态金属的体积，并把多余的金属在合型时溢出型腔，排入溢流槽中。采用排气结构，液态金属在转移及凝固过程中，由于涂料某些成分的挥发、分解和燃烧，加上金属中部分气体的析出而产生大量气体，这就要求合型后的型腔能排气，否则易使制件表面形成气泡、夹杂或塌陷等缺陷。在实际挤压铸造过程中，大部分气体从冲头与凹模的配合间隙中均能排出，也可以从分型面、芯轴与套筒的配合间隙中排出。为使这些地方排气方便，可以在配合面上开设几条排气槽，深度取0.05~0.1mm，宽度取5~20mm。至于复式冲头加压下，上冲头凹腔顶部的气体，因不能从上、下模间隙中排出，应在其顶部开一排气孔。

(7) 模具冷却部分　模具冷却是保持挤压铸造按照正常工艺参数持续进行生产的首要问题。因为模温一高，模具强度降低，在高压下，发生液态金属与模具黏焊，使制件不能脱模，其完整性和生产节拍受到影响，甚至使模具破坏。

(8) 导向部分　导向部分的作用在于准确地引导动模和定模的闭合和分离。

挤压铸造由于合型缓慢，冲头进入凹模后，冲头就犹如导柱，凹模就犹如导套，冲头沿凹模壁导向，对液态金属实现压制。因此，对一般制件不采用导向装置。当制件较小、尺寸精度要求较高时，如气动仪表零件，就需要采用导向装置。

(9) 固定部分　固定部分包括各种模板、压板等零件，其作用是将模具各部分按一定规律和位置加以组合和固定，并使模具能固定在液压机上。

3. 模具设计

(1) 设计挤压铸造模具的基本要求

1) 所生产的制件，应保证产品图样所规定的尺寸和各项技术要求，减少机加工部位和加工余量。

2) 能适应挤压铸造要求。

3) 在保证制件质量和安全生产的前提下，应采用合理、先进、简单的结构，动作准确可靠，易损件拆换方便，便于维修。

4) 模具上各种零件应满足于机械加工和热处理工艺的要求，选材适当，配合精度合理，达到各种技术要求。

5) 在条件许可时，模具应尽可能实现通用化，以缩短设计和制造的周期，降低成本。

(2) 挤压铸造模具的设计程序　根据上述要求，模具设计程序大致如下：

1) 对零件图进行工艺性分析，首先应根据零件选用的合金种类、零件的形状结构、精度及各种技术要求进行成形性分析，并与压力铸造、模锻工艺进行对比，并考虑经济性和可行性（实现工艺的具体条件，如设备等），作出正确的判断。一旦确定采用挤压铸造成形零件时，同时要确定其加压方式。

2) 绘制制件图，必须考虑下述各方面：

① 分型面的选择。分型面的选择除按一般制件设计原则，使型腔具有最小深度以便工件脱模外，还要根据加压部位等来决定。挤压铸造件的分型面可以是一个，也可以按工件形式设置2个或3个，甚至更多，以得到较为复杂的工件。

② 加工余量及其他。由于被加工金属在液态时就与型腔表面接触，工件表面粗糙度能最大限度地接近型腔的表面粗糙度。在非配合的加工面上，可不留加工余量。对于需要配合的加工面，加工余量可为3~6mm，它与加工处的尺寸大小与精度要求有关。

除加工余量外，考虑工件某些地方比较薄，可加放工艺余量，使该处变厚，便于成形时压实。

在缺陷较多，特别容易形成裂纹的部位，包括“成形冷隔”部位，也要求加大余量。

铝、铜合金加工余量应大于1mm，铁和钢加工余量应大于1.5mm。

③ 起模斜度。起模斜度应考虑工件的脱模方式。如果脱模是采用下顶出缸进行，那么工件可以不留起模斜度，因为留起模斜度，工件易被上模带出，给脱模带来困难。如果脱模是靠安装在上横梁的顶出装置进行，那么成形件图应考虑留有一定的斜度，为1°~3°。

由于工件常用一个以上的分型面，起模斜度不仅设置于主要受力的方向上，而且根据情况也要设置在垂直于主要受力的方向上。

当然，挤压铸造件上设置斜度并非都是起模的需要，有时是考虑角部排气。

④ 圆角半径。根据模具机械加工、热处理和金属液流动、气体排除的需要，工件的大部分转角处都必须设置圆角半径。圆角半径为3~10mm，由工件大小和转角的部位而定。

模具型腔中转角处的圆角半径和制件图上相应处应一致。

⑤ 收缩率。收缩率是模具设计中比较难准确掌握的一个重要参数。影响制件收缩的因素很多，如合金材料不同、制件大小及形状复杂程度不同、有无模芯的阻碍、施加压力的大小和模具温度等。所以，对于一些关键尺寸，应根据具体情况进行修正，设计时要留有修整余地。

⑥ 最小孔径。工件上最小成形孔径由工件大小、孔的位置而定。有色金属常取ϕ25~ϕ35mm，钢铁可取ϕ38~ϕ50mm。

⑦ 其他要求。在制件图上应标出推出元件的位置和尺寸，决定挤压铸造件的各项技术指标，并注明制件的合金种类、牌号及技术要求。

3）对模具结构进行初步分析。在绘制制件图、确定加压方式的基础上，就要确定模具结构的总体布置方案：确定凸模和凹模结构，考虑配合间隙，确定顶料的方式和位置，设置排气孔和溢流槽（不一定都考虑），考虑并确定凸、凹模的固定结构，确定模具加热、冷却位置，确定模具材料及加工要求等。

4）进行有关计算。①凸、凹模尺寸的选择和校验；②计算比压值的大小，并选择相应加压设备；③确定模具的封闭高度；④确定顶出杆的尺寸；⑤绘制模具总图，列出模具零件明细表和标准件清单，并绘制模具零件图，提出各种技术要求。

5）模具材料的选用。在与金属液接触过程中，挤压铸造模具受到周期性的加热与冷却作用，引起腐蚀与侵蚀、热疲劳、磨损等。根据模具工作温度的不同，选用合适的材料，能保证生产效率高、产品成本低与质量好等一系列优点。

6.3.2　挤压铸造设备

1. 挤压铸造设备的要求

1）挤压铸造时要求设备有足够大的压力，并持续作用一定时间（即保压时间）。这个特点决定了挤压铸造的设备属于液压机类型，而不是锤、曲柄压力机、螺旋压力机等类型。

2）挤压铸造要求尽量地缩短液态金属置入型腔后的开始加压时间，故要求加压设备有足够的空程速度和一定的加压速度。

3）需要有模具的开闭装置。一般来说，有上、下两个压缩缸就可以达到要求。上缸用来施加压力并拉出上模，下缸可用来顶出成形件。

4）如果要在垂直分型面的模具中压制成形件，而模具本身没有锁紧结构或没有足够的位移可以退出成形件，则压力机就需要有两个相互垂直的压缩缸，以使水平方向上能拉出半模，退出成形件。

5）金属收缩时，将把上模的型芯紧紧地“咬住”，为了能使上模从成形件中拔出，垂直缸应有足够的提升力量。水平缸也应有足够的压力，以便在上模施压金属液时，能使模具保持闭紧状态，不使液态金属挤出。

6）液压机的结构和辅助装置必须适应生产批量的要求。

2. 挤压铸造通用液压机

挤压铸造通用液压机是在通用立式液压机上，按照挤压铸造工艺参数要求，调整某些参数，或进行相应改装而成。

天津市锻压机床厂为了适应我国挤压铸造工艺推广应用的需要，推出了两种规格的挤压铸造的液压机：TDY33-200A 和 TDY33-315。

这种液压机仅有工作缸和顶出缸，没有辅助液压缸。其特点主要是依据挤压铸造时快速合型施压的需要，其活动横梁速度作了调整（相对万能液压机而言）。

3. 挤压铸造专用液压机

专用液压机是在通用立式液压机上，按照挤压铸造工艺参数要求，调整某些性能参数，并加水平或垂直液压缸设计制造而成。

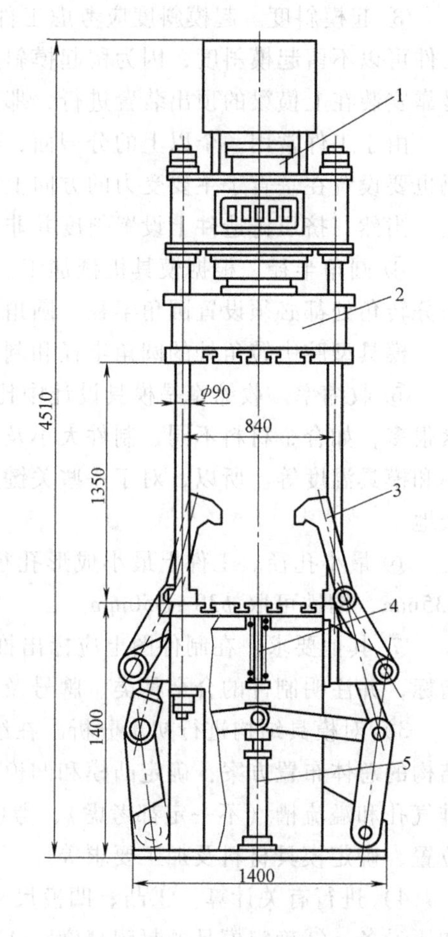

图 6-22 垂直合型力为 1500kN 的专用液压机[1,2]

1—主缸 2—活动横梁 3—连杆挂钩 4—顶料杆 5—下缸

（1）附有垂直合型力的专用液压机 图 6-22 所示为日本新东工业株式会社生产的垂直合型力为 1500kN 的专用液压机。其主要性能参数为：公称压力 1000kN，回程压力 200kN，最大空程下行速度 100mm/s，最大回程速度 37.5mm/s。

采用连杆挂钩进行合型的机构是：当下缸 5 的柱塞上顶时，连杆挂钩 3 向两侧斜上方向开型，继续上顶，则上推顶料杆 4 推料。当下缸 5 的活塞向下运动时，连杆挂钩 3 即进行合型动作，顶料杆 4 靠弹簧进行复位。活动横梁 2 由主缸 1 的活塞带动，用以压制液态金属。

（2）附有水平合型力的专用液压机 图 6-23 所示为带有侧向合型和抽芯的专用挤压铸造液压机。主缸 1 用作液态金属压制；水平合型用液压缸 3 用作垂直分型，使动模在水平方向上开型和合型；其余两个抽芯用液压缸 6 用作侧芯杆的闭锁和抽芯。其性能参数为：公称压力 400kN，主缸活塞行程 400mm，主缸活塞空程速度为 500mm/s，合型活塞行程 450mm，抽芯活塞行程 300mm。

4. 万能型挤压铸造专用液压机[2]

将侧缸和辅助缸同时安装在一台立式液压机上，使其同时具有水平方向和垂直方向的合型力，以及垂直方向的压制力，称为万能型挤压铸造专用液压机。

（1）主缸在上方的液压机　图6-24～图6-26所示均为该类型的液压机，它们均带有各种辅助装置。图6-24所示设备的结构特点是进行各种间接成形的挤压铸造工艺。该设备上安装了具有水平分型的模具，下模10固定在工作台上。上模7固定在活动横梁9上。

图6-25所示为在典型挤压铸造设备上进行直接成形的情况，该设备的工作台安装了垂直分型的可分凹模，它由固定凹模10与活动凹模9组成。活动凹模固定在水平滑块上。当水平缸柱塞左右移动时，水平滑动也带动活动凹模，实现可分凹模的分与合。

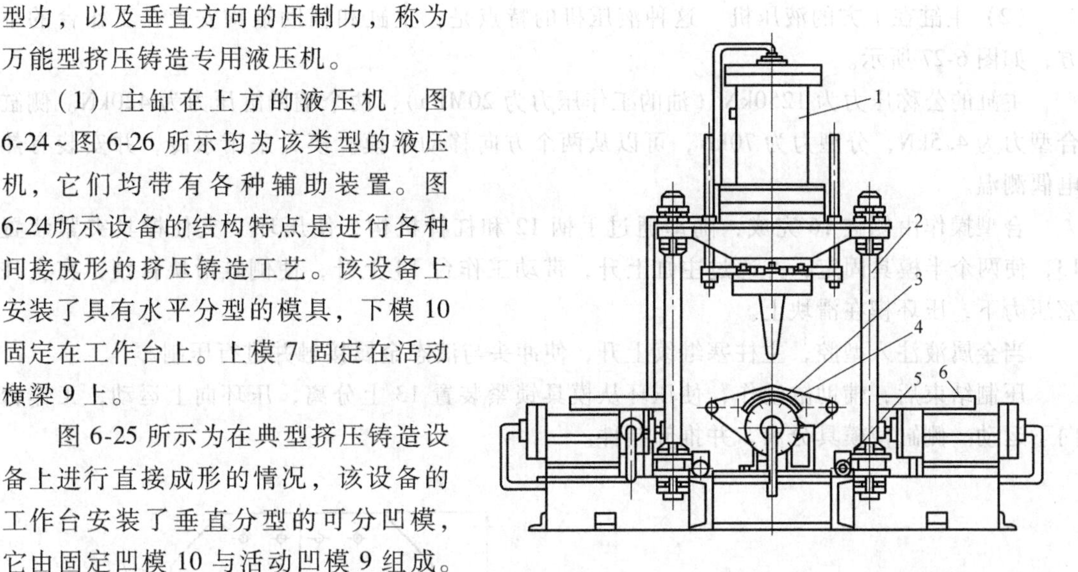

图6-23　带有侧向合型和抽芯的专用挤压铸造液压机[1,2]

1—主缸　2—立柱（四根）　3—水平合型用液压缸　4—定模座板　5—动模传动杆　6—抽芯用液压缸（两个）

图6-26所示为在典型挤压铸造设备上用凸模加压凝固，以得到组织致密或形状简单的工件。在工作台2的中心有一圆形槽，用于安装凹模。如果凹模底部直径较小，可以在槽内安放一个尺寸恰当的圆环作为过渡。凹模底部是可以移动的，它由水平缸带动，当工件成形后，水平缸向右抽掉底板，凸模继续下降，将工件由凹模下面推出，经设备工作台中心孔取出工件。

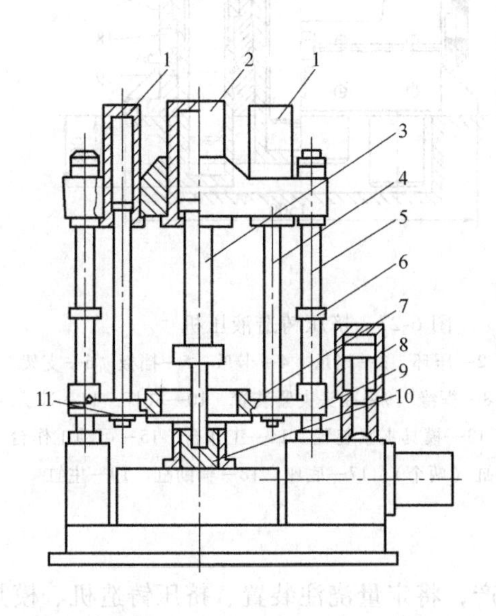

图6-24　苏YAM-1型挤压铸造专用液压机[2]

1—辅助缸　2—主缸　3—冲头　4—拉杆　5—立柱　6—挡块　7—上模　8—增压器　9—活动横梁　10—下模　11—中间板

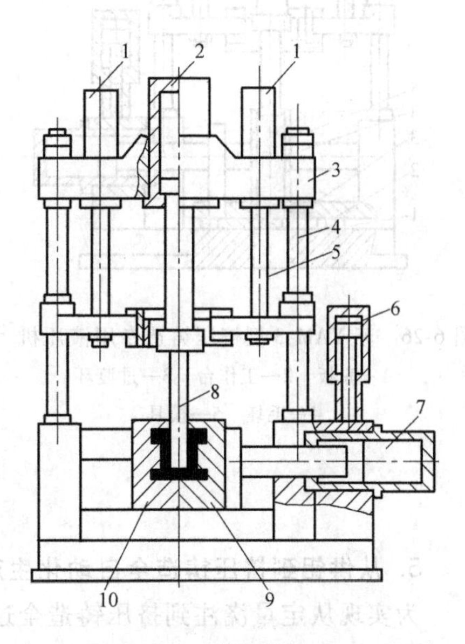

图6-25　苏YAM-2型挤压铸造专用液压机[2]

1—辅助缸　2—主缸　3—上横梁　4—导柱　5—拉杆　6—增压器　7—水平缸　8—上冲头　9—活动凹模　10—固定凹模

（2）主缸在下方的液压机　这种液压机的特点是，主缸和辅助缸均安置在工作台的下方，如图 6-27 所示。

主缸的公称压力为 1250kN（油的工作压力为 20MPa），两个辅助缸压力为 420kN。侧缸合型力为 4.5kN，分型力为 70kN，可以从两个方向移动半模。模具采用水冷，并安装有热电偶测温。

合型操作由侧缸 16 完成，随即通过手柄 12 和杠杆机构，使压环 2 夹住模具夹紧装置 13，使两个半模具固定，并通过主缸上升，带动工作台 14 上升，使侧缸滑块自锁，在主柱塞压力下，压环楔在滑块上。

当金属液注入型腔，主柱塞继续上升，使冲头与液态金属接触并进行压制。

压制结束后，辅助缸动作，使压环从模具锁紧装置 13 上分离，压环向上运动，工作台向下运动。侧缸使模具分离，并推卸制件。

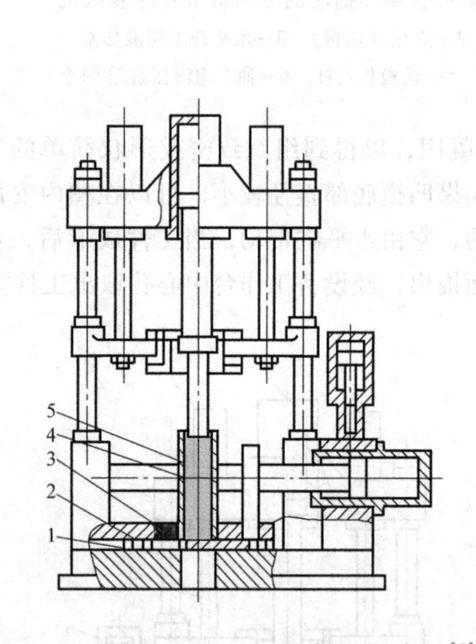

图 6-26　苏 YAM-3 型挤压铸造专用液压机[2]

1—底板　2—工作台　3—过渡环　4—毛坯　5—模具

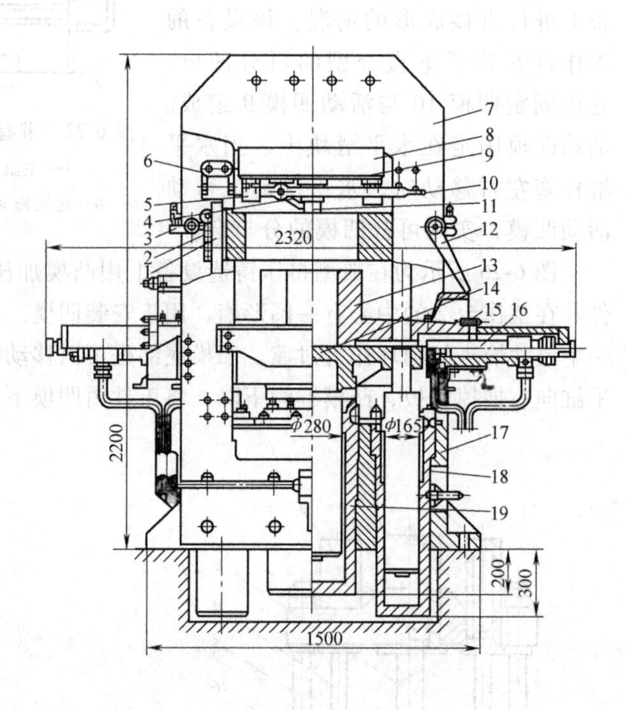

图 6-27　挤压铸造液压机[2]

1—导柱　2—压环　3—挡爪　4—卡爪　5—挡板　6—支架　7—机架　8—框缘　9—冲头夹紧装置　10—杠杆　11—冲头　12—手柄　13—模具夹紧装置　14—工作台　15—可动工作台　16—侧缸（两个）　17—底座　18—辅助缸　19—主缸

5. 从供铝到挤压铸造全自动化生产

为实现从定量浇注到挤压铸造全过程自动化生产，将定量浇注装置、挤压铸造机、模具及其喷涂、清理装置等实现联动，如图 6-28 所示。

6. 在卧式压铸机上实现挤压铸造

经改造的卧式压铸机，其压射头作成双柱塞，挤压铸造机对液态金属采用二级压射，首

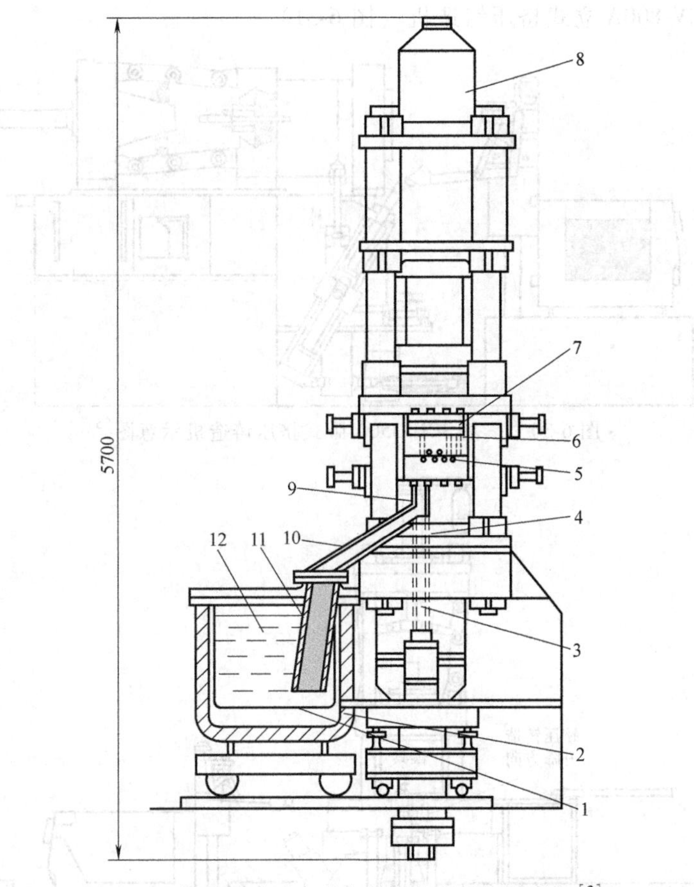

图 6-28　气体压送式自动定量供铝的挤压铸造机[2]

1—坩埚　2—铝合金保温炉　3—内活塞　4—外活塞　5—出气孔　6—挤压铸型　7—压板
8—合型用液压缸　9—传感器　10—升液管　11—引铸管　12—铝液

先内、外柱塞一起将定量注入压射筒内的液态金属缓慢地压入型腔，为此内浇口必须加大，使其充型平稳。随后内柱塞沿外柱塞内壁移动，对未凝固金属加压，实现压力下凝固，如图 6-29 所示。

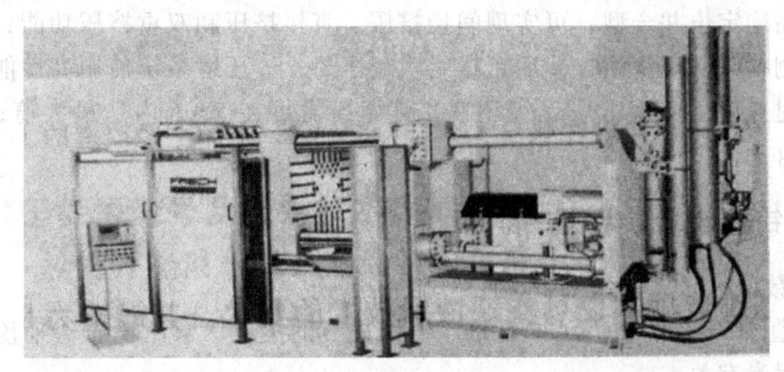

图 6-29　经改造后卧式压铸机正在挤压铸造[1]

7. 先进挤压铸造机

苏州三基铸造装配股份有限公司先后研发成功三基 SCH-350A 卧式挤压铸造机（图

6-30）和三基 SCV-800A 立式挤压铸造机（图 6-31）。

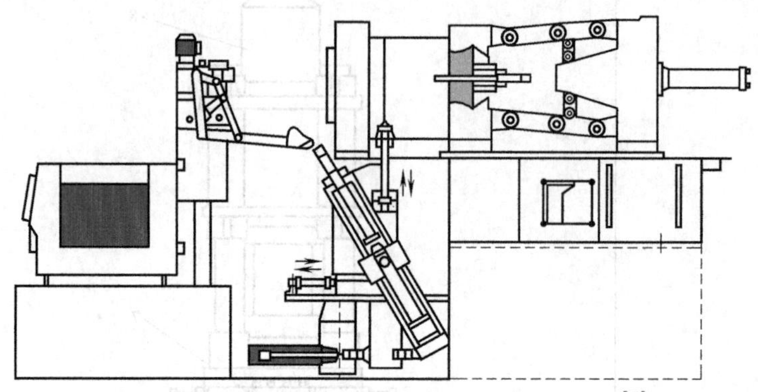

图 6-30　三基 SCH-350A 卧式挤压铸造机示意图[5]

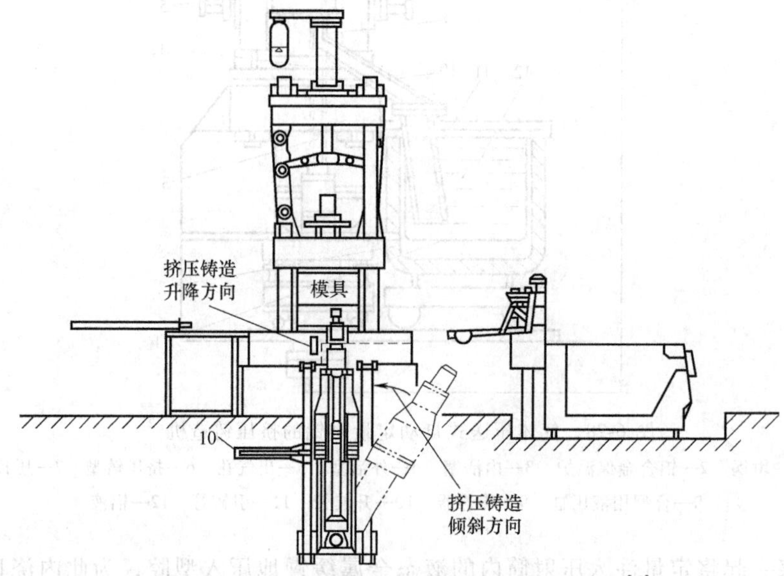

图 6-31　三基 SCV-800A 立式挤压铸造机示意图[5]

该设备的特点是：①合型系统设有专门控制阀行程开关，可控制其动模板（活动横梁）在设定位置，精确定位并合型，可实现间接挤压、直接挤压和双重挤压功能；②模具下方设有压射系统，侧摆时实现浇注，然后正摆时实现压射；③压射系统使用高性能比例阀和高能蓄能器，使压射速度可实现十段无级调速，其压射力可在 50μs 内达最大值；④参数稳定，可实现全过程自动化。

6.3.3　挤压铸造工艺参数

1. 加压参数

（1）比压值（MPa）　压力因素是挤压铸造成败的关键，常用比压值来衡量。比压值大小主要与下列因素有关：

1）与加压方式有关。平冲头压制比压高于异形冲头压制。

2）与制件几何尺寸有关。实心件比压高于空心件，高制件比压高于矮制件。

3）与合金特性有关。逐层凝固合金选用的比压高于糊状凝固合金。

一般来说，利用材料流变性实现充填流动后，成形主要在高压凝固和塑性变形密实地复合。因此，主要考虑后者，比压值应考虑40~60MPa为宜。

(2) 加压开始时间 (s) 加压开始时间指液态金属置入型腔到加压时间间隔。从理论上讲，液态金属置入型腔后，以快速加压为宜。

(3) 保压时间 (s) 升压阶段一旦结束，便进入稳定加压阶段，即保压阶段，直至加压结束（卸压）的时间间隔，称为保压时间。保压时间长短与合金特性和制件大小有关，可以按下述情况进行选用：

1) 铝合金制件，壁厚在50mm以下，可取0.5s/mm；壁厚在100 mm以上，可取1.0~1.5s/mm；

2) 铜合金制件，壁厚在100mm以下，可取1.5s/mm。

(4) 加压速度 (m/s) 加压速度指加压开始时液压机行程速度。加压速度过快，金属液易卷入气体和产生飞溅；加压速度过慢，自由结壳太厚，降低加压效果，或者挤压铸造无法实现。加压速度大小主要与制件尺寸有关。对于小件，取0.2~0.4m/s；对于大件取0.1m/s。

2. 温度参数

温度参数主要有浇注温度和模具温度。

(1) 浇注温度 浇注温度太高，显然降低加压效果，并使模具热负荷增大，降低模具寿命；太低，不利于充填，以致产生浇不足，充填不完全。最理想的浇注温度是指在正常的工艺操作下，能实现良好的充填的温度。

(2) 模具温度 模具温度低，使金属液迅速结壳，或增加冷隔，或使挤压铸造无法实现；模具温度高，容易黏焊，加速模具磨损。模具温度的选用与合金凝固温度、制件尺寸形状有关。

对于铝合金，预热温度为150~200℃，工作温度为200~300℃；对于铜合金，预热温度为200~250℃，工作温度为200~350℃。

对于薄壁制件应适当提高模具温度，尤其是小型薄壁件，模具温度偏低，将无法完成加压成形。

在大批量连续生产时，模具温度往往超过允许范围，必须用水冷或风冷措施。

(3) 模具涂层和润滑 挤压铸造模具受热腐蚀和热疲劳严重，为此常在模具与金属液直接连接接触型腔的部分涂覆一层“隔热层”，该层与模具本体结合紧密，不易剥落。压制前，在涂层上再喷上一层润滑层，以利于制件从模具取出和冷却模具。这种在“隔热层”上复合润滑层，效果最好。但目前，多数不采用“隔热层”，而直接涂覆润滑剂，效果也不错，尤其对于有色合金挤压铸造，情况更佳。从各国情况来看，挤压铸造使用的润滑剂和压力铸造基本相同。

6.4 挤压铸造件组织性能与质量控制

6.4.1 挤压铸造件组织与性能

1. 组织特征

挤压铸造件组织基本上还是一种结晶状枝晶组织。

（1）铝合金挤压铸造件组织　仅以铝-硅合金予以说明。与普通铸造相比，其组织特征是：

1）对亚共晶合金和共晶合金，增加了初生α相，相应减少了共晶相（α+Si）；而对于过共晶合金，增加了共晶相（α+Si），而减少了初生相（Si）。相的组成和含量发生明显的改变。

2）α相细密，枝晶程度减弱。

3）初生硅和共晶相中的硅形态和尺寸发生改变，呈细密和球状组织。

4）气孔、缩松和缩孔等铸造缺陷明显减少，甚至可以完全消除。

适用于挤压铸造的铝合金还有Al-Cu、Al-Mg和Al-Zn等系列铝合金，其组织特征均表现为晶粒细化，枝晶状程度降低，铸造缺陷减少。从图6-32所示的不同工艺的SAE332铝活塞金相组织比较可见一斑。

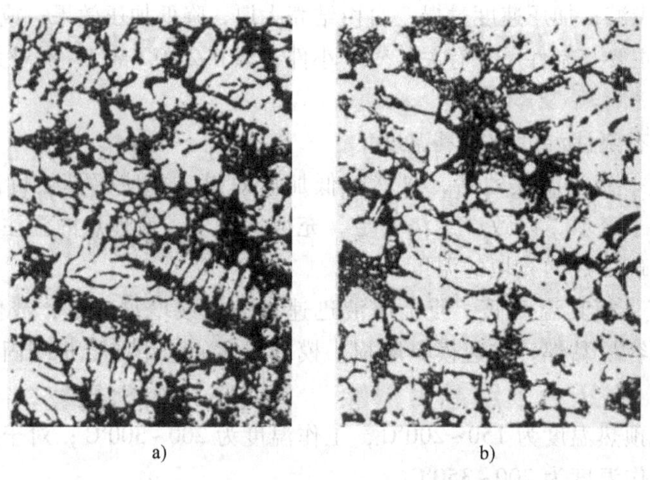

图6-32　不同工艺SAE332铝活塞金相组织比较[1]

a）金属型重力铸造　b）挤压铸造

（2）镁合金挤压铸造件组织　挤压铸造采用的镁合金主要有：AZ91D、AM60A、ZM5和AZ40M，其正常组织主要由α(Mg)固溶体和α(Mg)+β($Mg_{17}Al_{12}$)共晶体组织。微观组织特征是：α相枝晶弱化，呈细等轴状；β相细小，呈不连续分布。图6-33所示为不同工艺的AZ91D金相组织比较。

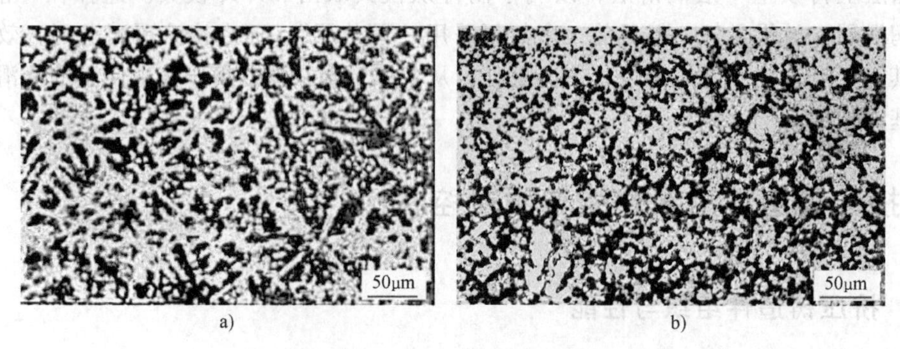

图6-33　不同工艺AZ91D金相组织比较[6]

a）原始铸态组织　b）双控成形组织

（3）锌合金挤压铸造件组织　挤压铸造锌合金通常为 Zn-Al 系列，其中又以 ZA27 研究最多。ZA27 合金的平衡凝固组织由初晶相 α、共析相（α+η）和富 Cu 的 ε 相组成。在挤压铸造条件下，显著改善初生相 α 的形态和尺寸，即一次枝晶和二次枝晶长度减小，使其树枝晶变为细小的花朵状等轴晶。在挤压铸造条件下，共晶体和 ε 相形态与分布也得到改善，共晶体呈片状，ε 相呈点状弥散分布于枝晶间。图 6-34 所示为不同工艺的 ZA27 合金金相组织比较。

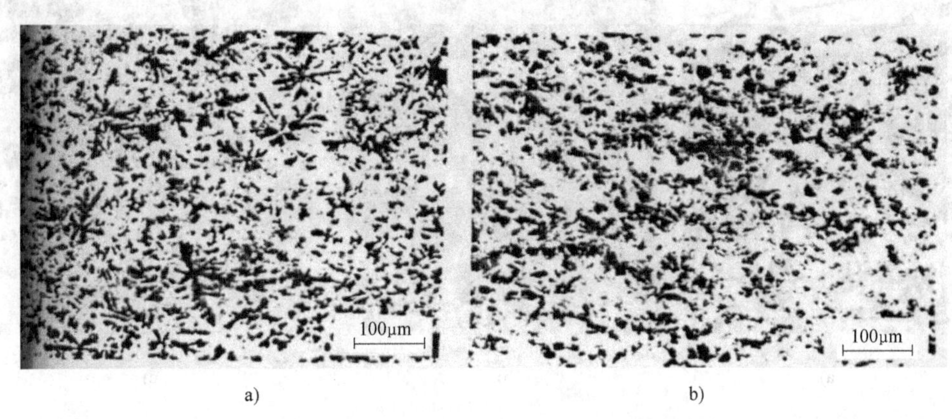

图 6-34　不同工艺 ZA27 合金金相组织比较[7]
a）金属型重力铸造　b）挤压铸造

（4）铜合金挤压铸造件组织　铜合金挤压铸造采用的材料主要有黄铜、锡青铜和铝青铜等。现以黄铜为例进行说明。黄铜为 Cu-Zn 合金。图 6-35 所示为 HMn57-3-1 锰黄铜不同工艺条件下的金相组织比较。其中含有 α 相（白色）和 β 相（黑色）。α 相是锌溶解于铜中的置换固溶体，属面心立方结构，而 β 相是以化合物 CuZn 为基的固溶体，属体心立方结构。在挤压铸造条件下，α 相枝晶细小，枝晶弱化（图 6-35a），特别是在高比压条件下，其晶粒比锻造后还细小（图 6-35b）。另外，由于冷却速度提高，α 相占的比例有所下降，β 相比例上升。

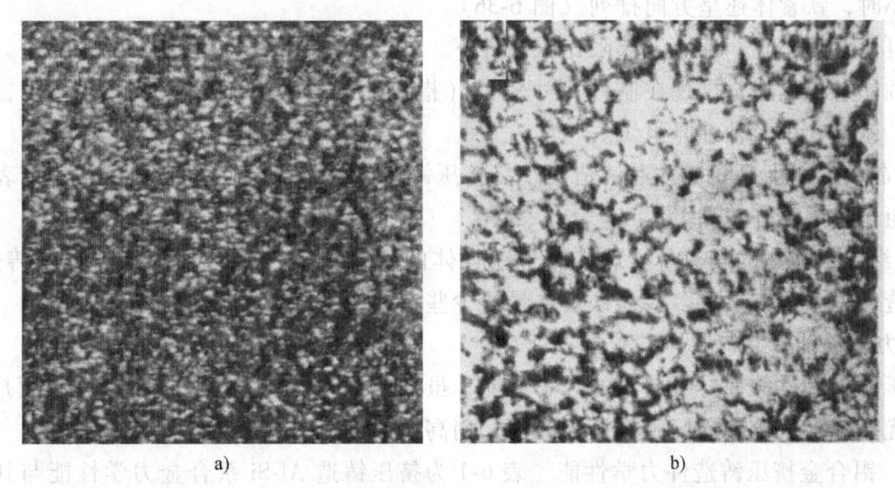

图 6-35　HMn57-3-1 锰黄铜不同工艺条件下的金相组织比较[8]
a）挤压铸造　b）锻造

(5) 铁合金挤压铸造件组织　以碳钢为例进行讨论。图 6-36 所示为 35 钢不同工艺条件下的金相组织比较。

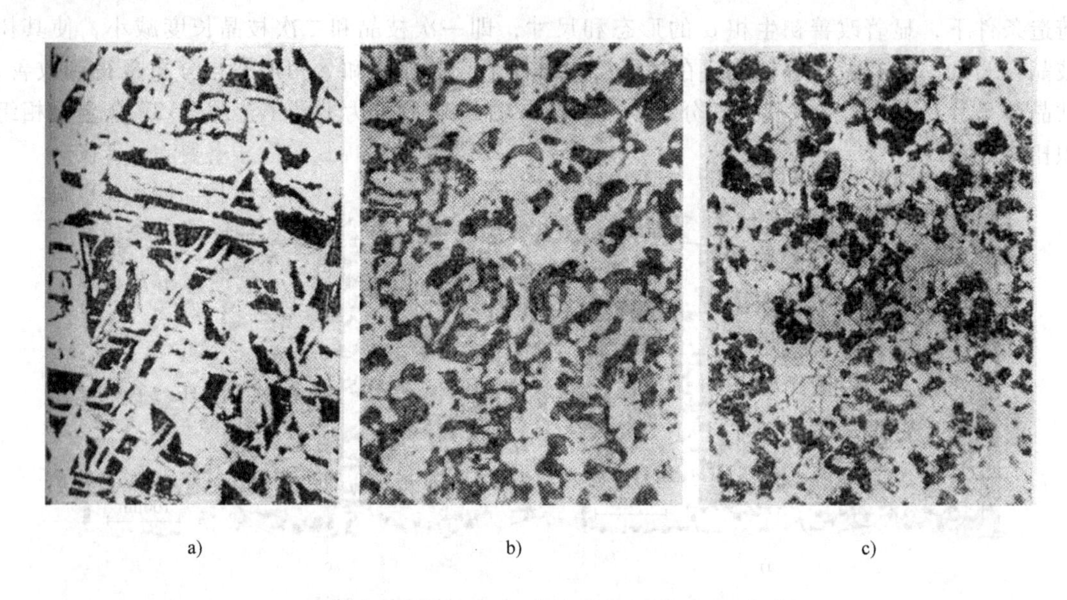

图 6-36　35 钢在不同工艺条件下的金相组织比较[2]

a) 砂型铸造　b) 挤压铸造　c) 挤压铸造件退火组织

1) 组织形态及取向。典型的挤压铸造组织是胞状树枝晶及等轴晶，前者多出现在制件的边缘部位，后者则多出现在中心部位。

对于低碳钢制件，无论何种加压方式，只要压力足够，铁素体常呈条状，多按方向排列，并以平直边界或圆弧边界与珠光体相接。这就是胞状树枝晶的主要特征。当然，在比压较小（大于低限比压）的情况下，铁素体也呈鱼骨状或波浪式相排列。

对于中碳钢制件，只要压力足够，铁素体多呈条状、扁圆状隔离分布在珠光体基体上，压力稍小时，铁素体还呈方向排列（图 6-36）。

一旦压力很小时，即小于低限比压条件下，常出现魏氏体组织相貌。

等轴晶组织形态常出现在制件尺寸较大（指最大截面上最小尺寸）的条件下，这时压力足够，就能获得等轴细晶组织。

2) 晶粒大小。晶粒比普通铸造要小。挤压铸造件各部位的晶粒也不等同，由表面向心部趋向粗化，并呈等轴晶。

3) 组织组成物的相对量。珠光体与铁素体的相对量，与相同碳含量的常压铸造相比，挤压铸造件中珠光体量要多些，铁素体量要少些。

2. 力学性能

挤压铸造获得各种材料制件的力学性能，虽规律上有差别，但总的来说：强度指标接近锻件，优于铸件；塑性指标明显低于锻件，稍高于铸件。

(1) 铝合金挤压铸造件力学性能　表 6-1 为挤压铸造 Al-Si 系合金力学性能与其他工艺的比较[1]：强度指标稍低于铸态，而塑性指标远高于铸态。其原因是，在压力下结晶，增加 α 相数量，细化硅所致。

表 6-1　挤压铸造 Al-Si 系合金力学性能与其他工艺的比较[1]

合金牌号	成形方法	热处理状态	力学性能				备　注
			抗拉强度/MPa	屈服强度/MPa	断后伸长率(%)	硬度HRB	
ZL102	挤压铸造	铸态	185	—	12.6	—	杯形零件解剖性能
	金属型铸造	铸态	191	—	5.2	—	单铸试棒性能
			157	—	≥2.0	—	按 GB/T 1173—1995
ZL101	挤压铸造	淬火及时效(T5)	247	—	15.0	—	杯形零件解剖性能
	金属型铸造	淬火及时效(T5)	258	—	13.0	—	单铸试棒性能
			≥205	—	≥2	—	按 GB/T 1173—1995
ZL106	挤压铸造	淬火及时效(T5)	351	—	11.3	—	杯形零件解剖性能
	金属型铸造	淬火及时效(T5)	328	—	6.4	—	单铸试棒性能
			≥235	—	≥0.5	—	按 GB/T 1173—1995
A356.2(美)	挤压铸造	淬火及时效(T6)	296~310	221~234	10~14	48~63	实际铸件取样
	金属型铸造	淬火及时效(T6)	283~303	207~228	3~5	45~58	实际铸件取样
357(美)	挤压铸造	淬火及时效(T6)	324~338	241~262	8~10	52~68	实际铸件取样
	金属型铸造	淬火及时效(T6)	331~345	248~262	5~7	50~65	实际铸件取样
383(美)	压力铸造	铸态	193~207	140~160	1~1.5	—	实际铸件取样
	挤压铸造	铸态	269~290	145~159	2.75~3.5	50~60	实际铸件取样
	挤压铸造	淬火及自然时效(T4)	359~386	234~255	5~7	55~70	实际铸件取样
	挤压铸造	淬火及人工时效(T6)	379~421	296~317	3~5	73~84	实际铸件取样
ADC12(日)	压力铸造	铸态	194	128	1.5	—	实际铸件取样
	挤压铸造	铸态	288	143	3.5	—	实际铸件取样
	挤压铸造	淬火及自然时效(T4)	324~388	144~248	7.1~8.8	—	实际铸件取样
	挤压铸造	淬火及人工时效(T6)	316~423	165~342	4.4~5.7	—	实际铸件取样
390(美)	压力铸造	铸态	279	241	<1	—	实际铸件取样
	挤压铸造	淬火及人工时效(T6)	352~392	—	<1	80~90	实际铸件取样

(2) 镁合金挤压铸造件力学性能　表 6-2 为不同工艺方式下镁合金制件力学性能的比较[1]。显然，挤压铸造件具有明显的优异性能。

表 6-2　不同工艺方式下镁合金制件力学性能的比较[1]

合金牌号	铸造方式	抗拉强度/MPa	断后伸长率(%)	硬度 HBW	冲击吸收能量/J
AZ91D	压铸	232	3.1	76	5.6
	挤压铸造	238	5.5	75	7.8
AM50A	压铸	221	7.2	56	9.4
	挤压铸造	224	9.4	56	12.1

(3) 铜合金挤压铸造件力学性能　仅以黄铜挤压铸造为例进行说明。表 6-3 为采用不同工艺方法获得黄铜制件的力学性能比较[1]。其强度和塑性均具有较高水平。

表 6-3 采用不同工艺方法获得黄铜制件的力学性能比较[1]

合金牌号	工艺类别	力学性能			备注
		抗拉强度/MPa	断后伸长率(%)	冲击韧度/(J/cm^2)	
HMn57-3-1(57-3-1 锰黄铜)	挤压铸造	585	21.9	55	
	锻造	539	25	—	
	砂型铸造	478	13.3	43	
	金属型铸造	537	19.1	52	
	离心铸造	553	20.7	42	
	真空吸铸	499	19.7	55	
ZCuZn38Mn2Pb2(铸造黄铜)	挤压铸造	461~421	18~22	—	铸管解剖性能
	金属型铸造	≥343	≥18	—	按 GB/T 1176—1987
HSi80-3(80-3 硅黄铜)	挤压铸造	452	50.3	118	
	砂型铸造	381	39	117	
	金属型铸造	402	49.7	125	
	离心铸造	456	45.8	119	
	真空吸铸	423	60	118	
60%Cu-38%Zn-2%Pb 铅黄铜	挤压铸造	407	43.2	31	美国牌号 CDA377 φ50mm 铸件解剖性能
	金属型铸造	378	46.4	36	
	挤压铸造	377	32	—	杯形零件解剖性能
	挤压变形	377	48	—	
57%Cu-41%Zn-1%Al-1%Fe 铁黄铜	挤压铸造	473	13.0	—	美国牌号 CDA865

（4）锌合金挤压铸造件力学性能　以 ZA27 为例，参照表 6-4[6]，挤压铸造件比金属型铸造件的强度指标提高了 33.4%，而断后伸长率和冲击韧度增加了近 5 倍。

表 6-4　ZA27 锌合金金属型铸造件和挤压铸造件力学性能比较[6]

工艺方法	制件编号	抗拉强度/MPa	断后伸长率(%)	断面收缩率(%)	冲击韧度/($\times 10^{-5} J/m^2$)	硬度 HBW
金属型铸造	1	370	4.41	5.92	2.8	100
	2	95	1.46	—	—	—
	3	356	2.00	4.96	3.2	—
挤压铸造	1	398	17.68	24.42	14.0	116
	2	452	5.48	7.84	—	115
	3	475	21.46	42.06	14.1	

（5）钢挤压铸造件力学性能　钢在挤压铸造、轧制、铸造工艺时力学性能的比较见表 6-5。

表6-5 钢在挤压铸造、轧制、铸造工艺时力学性能的比较[1,2]

材料		工艺	屈服强度/MPa	抗拉强度/MPa	断后伸长率(%)	断面收缩率(%)	冲击韧度/(J/cm^2)
低碳钢	25	挤压铸造	293~362	480~542	5.2~16.3	5.9~20.8	21~41.2
		轧制	280	460	23	50	90
		铸造	240	450	20	30	45
	20Mn	挤压铸造	268~354	509~519	10~11	10~14	23~27
		轧制	280	460	24	50	—
	25Mn	挤压铸造	311~367	555~630	7~30	8~44	35~60
		铸造	300~350	500~550	30~50	45~55	155~170
中碳钢	35	挤压铸造	292~338	537~633	8~19.5	5.3~30.6	27.5~45
		轧制	320	540	20	45	70
		铸造	280	500	16	25	35
	45	挤压铸造	315	605	29	43	36
		轧制	340	580	19	45	60
		铸造	320	580	12	20	30
	30Mn	挤压铸造	320	650	21.3	27	32
		轧制	320	550	20	45	80
		铸造	300~370	570~610	27~30	40~55	70~90

25、20Mn钢制件，尽管成形比压均较高，但由于是平冲头施压，成形时金属液无显著流动，其组织是典型的胞状树枝晶，其枝晶偏析严重，故其强度指标虽均高于轧材和铸钢，而塑性指标（断后伸长率和断面收缩率）却低于轧材和铸钢，且低的幅度较大，冲击韧度与轧材差别大，与铸材相近。但同属低碳钢的25Mn，由于是异形冲头施压，且在高比压条件下（表6-5），其塑性指标与铸钢相当，但其冲击韧度差别很大。

35钢制件尽管其比压与25钢制件相比较低，但由于均是异形冲头施压，成形时有较强的金属流动，因而其性能特点：强度指标（屈服强度和抗拉强度）均高于轧材和铸钢，因而塑性指标（断后伸长率和断面收缩率）与轧材的差别幅度大大下降，而与铸材相近或相当，冲击韧度除与轧材差别较大外，与铸钢相当或超过。

45钢件，屈服强度稍低于轧材和铸钢，而抗拉强度却高于轧、铸工艺，塑性指标与轧材相当，高于铸钢，冲击韧度与轧、铸工艺均相差不大。

30Mn制件，强度指标：屈服强度相当，抗拉强度高于轧材和铸钢，其塑性指标与轧材相当，低于铸钢，而冲击韧度与轧、铸工艺均相差很大。

3. 性能与组织关系

上述性能数据反映出：不同材料挤压铸造件性能改善不尽相同。对于有色金属合金，尤其是锌合金，无论是强度，或者塑性均大幅提高，而钢却改善有限，下面对此作分析。

（1）有色合金（铝、镁、铜、锌）性能改善机制　有色合金挤压铸造性能改善明显，来源于压力下改变了合金的凝固条件，即相图改变，随之结晶参数改变，有利于获得细小、均匀的组织；只要压力足够，可减少或完全消除因凝固收缩产生的诸多缺陷，获得的制件组织致密，在压力下，制件与模壁无空隙，有良好的热传导条件，使得制件冷却速度加快，形成有利于获得等轴晶组织的条件，消除柱状晶缺陷。

（2）钢性能改善不明显的机制　通过大量试验发现，挤压铸造钢制件与有色金属合金制件存在不同的改善规律，其机制如下：

1）强度指标高（屈服强度和抗拉强度）。形成这一性能的组织因素是，组织致密，珠光体含量增加（与同一含碳量，在常压下成形制件相比）。这是形成挤压铸造制件强度高的两个根本因素。与轧材相比，主要是珠光体含量起作用；与铸钢相比，这两个因素都起作用。消除显微疏松，使制件致密，这是挤压铸造与铸造区分之所在。

2）塑性指标（断后伸长率和断面收缩率）低，冲击韧度也低。形成这一性能的组织因素是枝晶偏析，而这种偏析在随后的热处理中难以消除，主要这种偏析是溶质在挤压下形成的。

6.4.2　挤压铸造的缺陷形成及对策

挤压铸造的缺陷形成及对策见表 6-6。

表 6-6　挤压铸造的常见缺陷、原因及对策

缺陷名称	缺陷特征	形成原因	防止对策
型腔充填不满	制件棱角处未充满，甚至不成形，头部呈光滑圆弧	1)模温和浇注温度低，挤压力不足或加压太迟，液态金属加压前已凝固成厚壳，随后加压无法使其变形以填充棱角 2)涂料涂敷不均匀，或棱角处涂料积聚太多，阻碍了金属的充填 3)型腔边角尺寸不合理，不易填充	1)适当提高模具预热温度和挤压力 2)尽快施压 3)改进模膛设计，便于金属流动 4)涂料采用喷涂，切忌堆积
冷隔	冷隔的外观特征是制件表面有规则的明显下陷线形纹路（有穿透的和不穿透的两种），形状细小而狭长，在外力作用下有发展趋势	1)多浇包点同时浇注，使两股金属流对接，但未完全熔合而又无夹杂存在其间，两层金属结合极弱 2)多浇包顺序浇注，前后两包断流时间太长 3)模具温度低	1)适当提高模温和挤压力 2)多浇包按序浇注时，两浇包间应避免断流
挤压冷隔	金属液流互相对接或搭接时未熔合而出现的缝隙，其边缘呈圆角	1)当金属液在型腔中停留较长时间才合模施压，而且金属液上挤充型，使这部分金属与原浇注液面之间形成一圈冷隔 2)型腔中有一层较厚氧化皮，挤压成形后，外圈的氧化皮基本上仍在原来位置，导致这一部位的金属与金属间没有熔合，即出现冷隔	1)提高模温和浇注温度 2)工艺节拍许可时，尽量缩短加压前停留时间 3)选择不易氧化的合金等

（续）

缺陷名称	缺陷特征	形成原因	防止对策
气孔	金属在熔融状态时能溶解大量气体。在冷凝过程中由于溶解度随温度降低而急剧减小，致使气体从金属中释放出来。若此时尚未凝固的金属液被已凝固壳包围，逸出的气体无法排除，就包在金属中，形成一个个气孔。它具有光滑的表面，形状规则成圆形或椭圆形	1）由于炉料不干净或熔炼温度过高，使金属液含有大量的气体，在随后的结晶凝固中来不及浮至液面逸出，产生析出气孔。气孔壁具有光亮的金属光泽 2）挤压速度过快，液态金属充型流动时产生涡流而卷入大量气体，形成侵蚀性气孔。由于金属在高温时与空气中氧气作用而发生氧化，致使气孔壁呈灰褐色或暗色 3）由于模温低，涂料积聚，致使浇注前的涂料未干固。与金属液发生化学反应，形成反应性气孔 4）浇注至开始加压的时间间隔太长，由于液态金属表面结壳或黏度增加，使液态金属液冷却析出的气泡不能顺利逸出，随后加压时被保留或压扁在制件中 5）压力能使气体在金属中的溶解度增加。压力不足，无法抑制气泡形成，而使气孔形成概率增加	1）使用干燥而洁净的炉料，不使合金过烧，并很好地除气 2）涂料涂敷薄而均匀，严禁积聚；提高模温，保证浇注前涂料干固 3）选取足以阻止气孔形成的比压值，并尽量缩短加压前停留时间
缩孔和缩松	缩孔和缩松是金属在凝固时的体收缩，而外壳又已经凝固得不到补缩所产生的。孔洞大的称为缩孔；细小分散的称为缩松。凡是液相与固相温差大的金属，产生缩松的可能性大，对于共晶合金是在一定温度下结晶的，易产生集中缩孔。区别缩孔与气孔看孔的内壁光整与否。气孔内有气体存在，所以孔壁光滑圆整；缩孔因得不到补缩，孔壁被拉成不平的皱皮，而且集中在最后凝固部位，它们往往和气孔混合在一起	1）施加压力低，未能保证金属液始终在压力下结晶凝固，直至凝固过程的结束 2）浇注至开始加压的时间间隔太长，使液态金属与型腔接触面自由结壳太厚，减弱了冲头的加压效果 3）保压时间短，金属未完全凝固即卸压，使随后凝固部位得不到压力补缩 4）浇注温度过低或过高，降低了对制件的压力补缩效果 5）制件壁厚差过大，挤压时冲头被凝固早的薄壁部位所支撑，使厚壁的热节部位得不到压力补缩 6）制件热节处离加压冲头过远，由于存在“压力损失”，而降低对该部位的加压效果	1）提高比压，选取合适的保压时间 2）降低浇注温度，使之刚刚高于合金的液相线温度，以减小厚壁部位金属液的过热程度 3）模具上与制件厚壁部位相对应区域，设法予以激冷，厚壁部位应离施压端最近 4）将冲头设计成可相互运动的两部分，以便对不同凝固部位施以不同压力 5）对制件重新设计，使其截面比较均匀

（续）

缺陷名称	缺陷特征	形成原因	防止对策
挤压偏析	挤压铸造的凝固速度快，故微观偏析比其他铸造方法要轻些。但是凹陷较深的零件在挤压铸造时，容易产生一种独特的宏观偏析——挤压偏析	挤压偏析的形成机理：液态金属浇入型腔后，首先在型壁处成核，长大，结成硬壳。随着已凝固层不断由型腔壁向前推进，与之相邻的液相中的溶质元素越来越富集，一旦合模加压，这部分液体就会挤至制件的边缘部位。偏析部位溶质元素含量高，低熔点相也多	1）先合模，再将金属液经由浇口注入，然后加压，缩短了金属液在施压前模具中的停留时间 2）提高模具温度，以减轻合模前合金凝固的程度及溶质元素的富集现象
异常偏析	分配系数 $K_0<1$，溶质元素在合金凝固时，由于选择结晶结果，此元素在先凝固的制件表层浓度总是低于制件心部，出现正偏析。挤压铸造往往促使正偏析的产生，出现所谓“挤压铸造异常偏析”	对于某些结晶温度间隔宽的合金，如锡青铜、铅青铜、Al-Cu4%和Al-Si2.5%等合金，和合金中偏析系数大的溶质元素，当合金浇注温度过高，温度梯度太大，外周呈现发达的柱状晶时，这种倾向更明显	1）降低浇注时液态金属的过热度，以便在接近液相线温度时进行施压 2）施压方向与凝固方向一致
枝晶偏析	当枝晶搭接，相互间存在微孔隙条件下，压力作用促使未凝固的低熔点物填充其间隙，形成严重的枝晶偏析	挤压铸造时，由于过程进行的速度很快，溶质来不及均匀扩散，有利于成分均匀，以获得无偏析制件，这是问题的一方面。从另一方面看，施压前凝固前沿已有溶质积聚，并在自然对流影响下，迅速扩散或沉积。一旦施压，这些低熔点溶质挤入结晶前沿的枝晶中去，形成严重的枝晶偏析。虽然过程进行得很快，但选择结晶依然存在，熔点低的元素，在金属流动的带动下，也要做近程迁移，稍一积累，就可能在压力作用下，挤入凝固前沿的枝晶间隙中去。周而复始，无论早期凝固，还是晚期凝固的组织，均不同程度存在枝晶偏析	1）提高模具温度，降低金属浇注温度，以降低熔体的温度梯度 2）选取最佳的热处理工艺，是消除枝晶偏析切实可行的措施

（续）

缺陷名称	缺 陷 特 征	形 成 原 因	防 止 对 策
裂纹	制件的金属基体被破坏或裂开，形成细长的、不规则线形的缝隙，在外力作用下有进一步发展趋势，这种缺陷称裂纹。裂纹有热裂纹、冷裂纹和缩裂之分。热裂纹断面被强烈氧化呈暗灰色或黑色，无金属光泽；冷裂纹断面洁净，有金属光泽；缩裂是与缩孔、缩松并存的一种内部缺陷	1）制件厚薄过于不均，使截面急剧变化处冷却不均而产生内应力，将脆弱地方拉裂 2）制件未凝固完毕就出模（保压时间不足），未凝固部位出现自由结晶凝固，不仅产生缩孔和缩松，而且产生缩裂 3）由于金属型芯没有退让性，制件脱模太迟，型芯将对制件收缩产生阻碍，使制件承受拉应力，脆弱部位将被拉裂 4）模温低，尤其是型芯温度过低，压力太小或加压太迟，使制件得不到压力补缩 5）合金含脆性杂质太多，或合金易氧化，降低了制件金属的热塑性或降低了抵抗高氧化能力	1）重新设计制件，使其厚薄相差不要太大，并加大过渡的圆角半径 2）保证制件在压力下结晶凝固，有足够的保压时间 3）提高比压值，使制件一旦产生热裂，能产生塑性变形，进而愈合 4）降低浇注温度，减轻偏析现象 5）带有型芯的制件，需及时脱芯，且脱型芯操作应平稳 6）提高合金质量，注意熔炼操作

6.5 挤压铸造生产实例

6.5.1 汽车铝轮毂

1. 应用背景分析

汽车铝轮毂具有质量小、结构强度高、耐磨性好、耐冲击、美观大方、节约能耗等特点。在相同行驶条件下，与使用钢轮毂相比，使用铝合金轮毂汽车可节约油耗5%，振动可减轻12%。因此，工业发达国家都逐渐采用铝合金轮毂代替钢轮毂。1987年，日本建成挤压铸造铝合金轮毂专用生产线，年生产能力达100~150万件。我国近年来，一些厂家从国外引进低压铸造铝合金轮毂生产线，其生产能力可达年产2000万件，可满足国内市场的需求。而采用挤压铸造技术生产汽车铝轮毂生产线，在1997年也投入生产。

2. 工艺性分析

生产铝轮毂技术有多种，包括重力铸造、低压铸造、挤压铸造、旋压和热模锻。目前，除了一些大型、批量小的铝轮毂采用重力铸造外，铝轮毂主要采用低压铸造生产，但也存在不足：废品率达15%~20%，毛刺多，清理工作量大，综合性能低于挤压铸造。采用挤压铸造技术，在废品率、毛刺和性能方面，大大优于低压铸造，是低压铸造工艺的补充和发展。

3. 工艺方案分析[8]

挤压铸造生产铝轮毂工艺存在多种成形方案，主要有以下三种。

（1）间接挤压　这种方案日本用得较多，称为Ube方案，如图6-37所示，金属流动方向与加压方向一致，其充型性和排气性好。

（2）直接加压　其原理图如图 6-38 所示，其金属流动方向与加压方向相反，型腔内气体容易排出，且压力直接加在制件表面上，这点大大优于 Ube 方案。

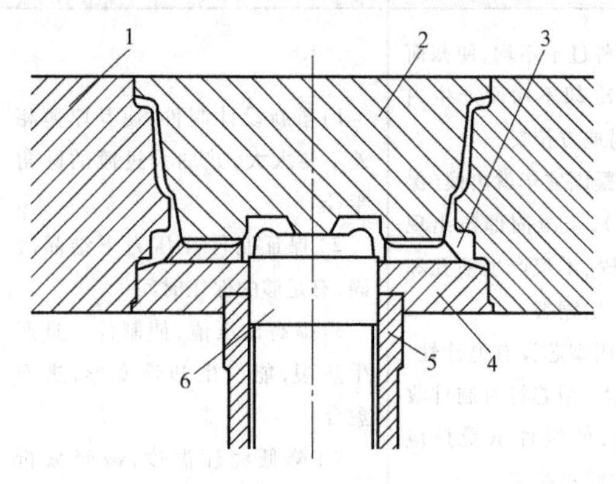

图 6-37　铝轮毂 Ube 成形方案[9]

1—可分模块　2—上模芯　3—挤压铸造件

4-下模芯　5—压套　6—压头

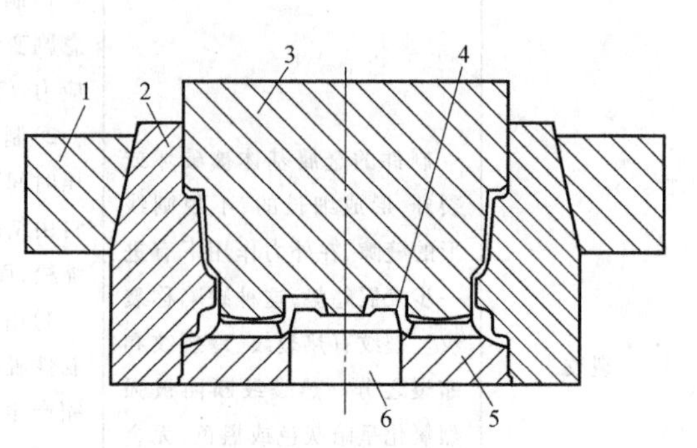

图 6-38　直接加压成形铝轮毂原理图[9]

1—锁模套　2—可分模块　3—上型芯

4—挤压铸造件　5—下型芯　6—顶杆

（3）复合加压　实际上它是前两种方法综合而成的，其原理和间接挤压相似。其充型采用下压头注入，然后采用上型芯（压头）加压，即充型精确，并施以高压于制件表面。

综上分析，拟采用复合加压法，其模具结构如图 6-39 所示。

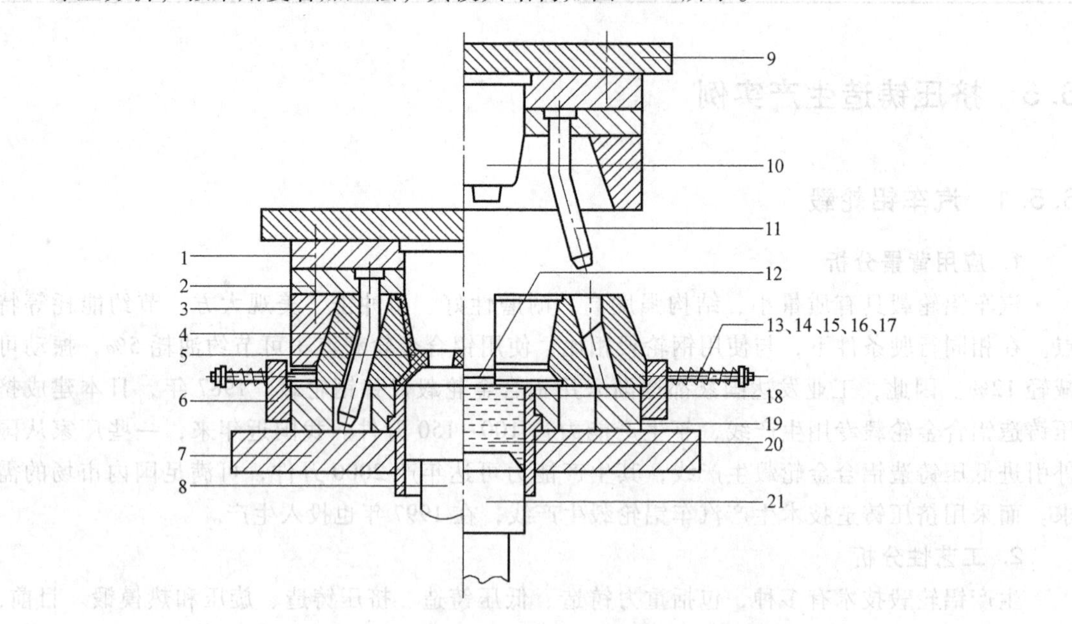

图 6-39　铝轮毂复合挤压铸造模具图[9]

1—凸模压板　2—弯销压板　3—锁模套　4—可分凹模　5—制件　6—挡板

7—下模套　8—顶杆　9—上模板　10—凸模　11—弯销　12—导轨

13、14、15、16、17—可分模块定位部件　18—导套

19—下模压板　20—合金液　21—压头

4. 工艺参数

目前材料选用 A356，其工艺参数如下：

1） 浇注温度：720~800℃。

2） 模具温度：160~240℃。

3） 比压：180~200MPa。

4） 保压时间：45~60s。

5. 设备选用[1]

目前，国内使用的加压设备主要是改造现有的液压机。图 6-40 所示为经过改造的 15000kN 液压机，其特点是：在液压机旁安装一台合金液的保温炉，装有侧向加压的压力缸，加装 PLC 控制系统。

6. 制件组织与性能

图 6-41 所示为制件的外观照片。表 6-7 为不同工艺方法生产的铝轮毂力学性能[1]。

图 6-40 经过改造的 15000kN 液压机[1]

图 6-41 制件的外观照片

表 6-7 不同工艺方法生产的铝轮毂力学性能[1]

规格特性		挤压铸造	金属型铸造
铝轮毂设计		碟形	碟形
铝轮毂直径×铝轮毂宽度/mm×mm		330.2×152.4	330.2×139.7
质量/kg		5.2	5.3~6.3
热处理状态		淬火+人工时效	淬火+人工时效
合金种类		A356.0	A356.0
力学性能	R_m/MPa	303~338	155~251
	$R_{p0.2}$/MPa	237~268	126~212
	A(%)	6.0~15.9	2.4~2.8
	硬度 HRB	84~90	60~92

由图 6-41 及表 6-6 可知，挤压铸造件无论从外观到性能均达到最好的水平。

6.5.2 摩托车发动机镁合金外壳

1. 背景分析

摩托车发动机镁合金外壳可采用压力铸造生产，但由于金属在高速、高压条件下充填型腔，型腔中的气体来不及完全排除，及其湍流充填，导致气孔、缩松和缩孔的产生。为此，采用自行研发的液态铸锻双控成形工艺进行生产。实际上它是挤压铸造工艺的一个发展，即把挤压过程中的充填、凝固和密实三个过程分开，液态充填和凝固在先，密实锻造在后。镁合金发动机壳体工艺过程如图 6-42 所示。

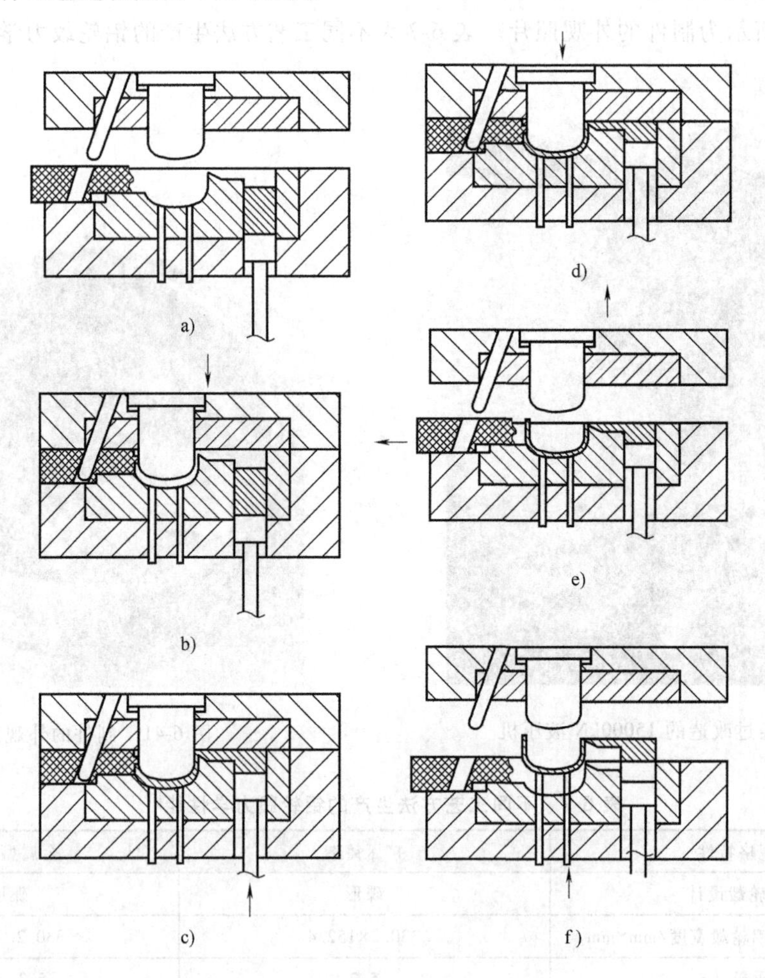

图 6-42 镁合金发动机壳体工艺过程[1]

a）熔料输入 b）合型 c）充型 d）锻造 e）开型 f）顶出

2. 设备研制

铸锻双控成形机是将压铸和锻造在一台设备中完成。采用液压缸开、合模具；采用精确多段压射速度系统，将液态金属注入模具型腔内；充填结束，大压力锻压液压缸开始动作，实施锻造。铸锻双控成形机如图 6-43 所示。

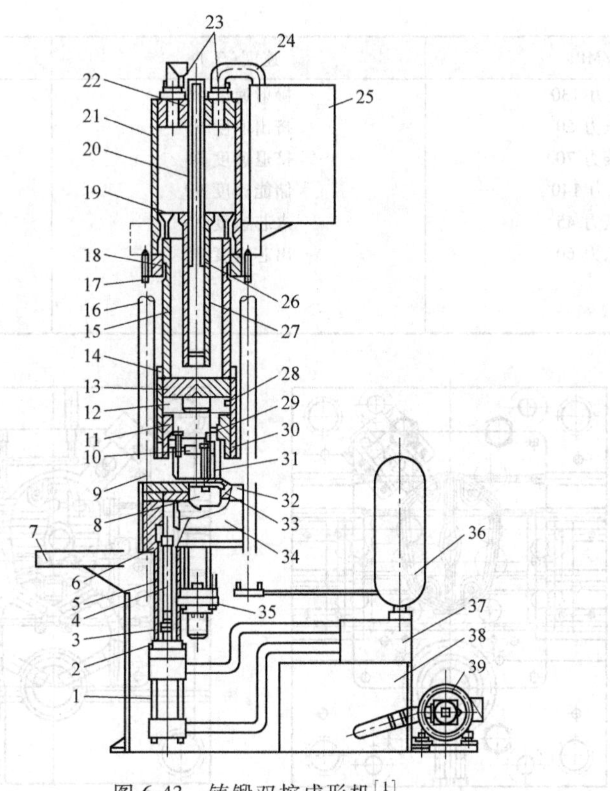

图 6-43 铸锻双控成形机[1]

1—压射缸 2—压射行程调节环 3—锤杆连接器 4—锤杆 5—压射缸连接筒 6—压射锤头 7—模具托架 8—模具锤头 9—合型动板 10—连接杆拉紧块 11—挤压缸底盖 12—挤压缸筒 13—挤压缸盖 14—合模缸活塞连接环 15—合型缸活塞杆 16—导柱 17—合型缸铜套 18—合型缸底座 19—合型缸活塞 20—快速合型缸活塞杆 21—合型缸筒 22—合型缸盖 23—充油阀 24—吸油管 25—充油筒 26—快速合型活塞 27—快速合型缸 28—挤压缸活塞 29—挤压缸活塞杆 30—挤压缸连接法兰 31—挤压锤头铜套 32—模具挤压锤头连接杆 33—挤压垫环 34—模具 35—顶尖缸 36—蓄能器 37—油制板 38—油箱 39—液压泵

3. 模具设计

镁合金发动机壳体双控成形模具结构包含上模、下模、模框、模芯、滑块、流道、顶出机构和锻造冲头，如图 6-44 所示。

4. 工艺参数

材料选用 AZ91D，其工艺参数见表 6-8。

表 6-8 铸锻双控成形机工艺参数[1]

压力/MPa	速度(%)	时间设定/s
合型低压 60	合型慢速 50	合型延时 0
合型压力 140	合型速度 99	开型时间 6.5
开型低压 80	开型慢速 30	压射延时 0
开型压力 130	开型速度 45	慢射时间 0
顶出压力 100	顶出速度 70	压射时间 3.0
顶退压力 80	顶退速度 90	锻压延时 0.10

（续）

压力/MPa	速度(%)	时间设定/s
慢压压力 130	慢射速度 85	锻压时间 3.0
挤出压力 50	挤出速度 98	顶出延时 1.0
挤退压力 70	挤退速度 98	顶后延时 5.0
储能压力 140	储能速度 99	储压时间 5.0
入芯压力 45	入芯速度 35	润滑次数 1
出芯压力 60	出芯速度 35	锤头润滑 1.0
		周期时间 200
		无操作时间 300

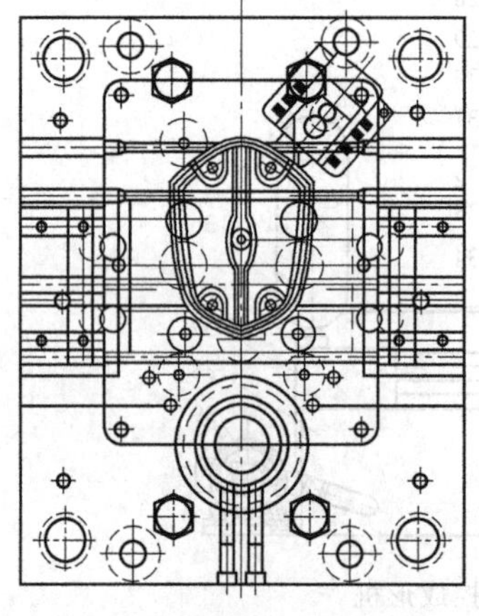
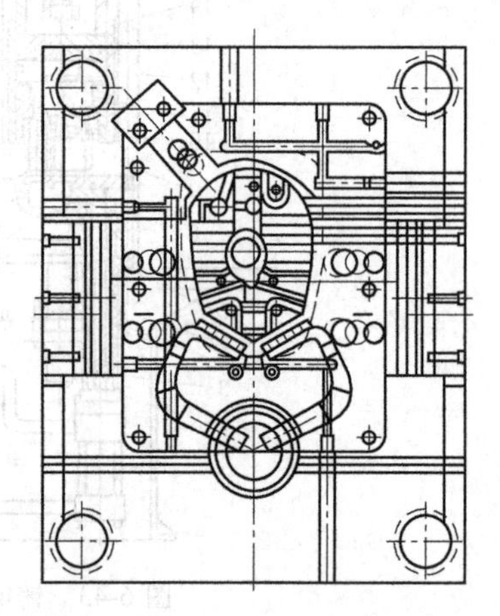
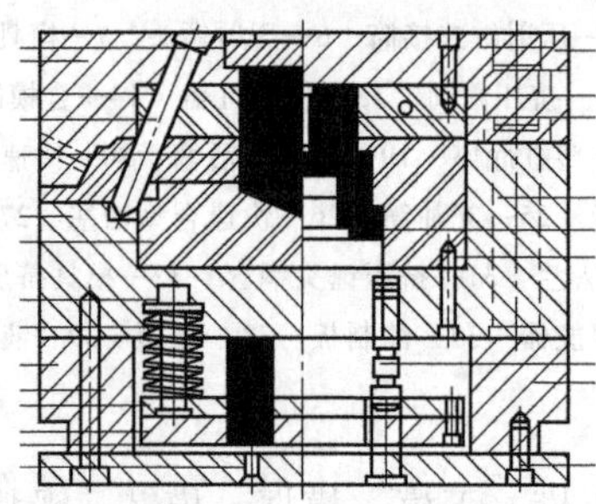

图 6-44　镁合金发动机壳体双控成形模具结构[1]

5. 组织与性能

1）镁合金发动机壳体双控成形件外观如图 6-45 所示，符合设计要求。

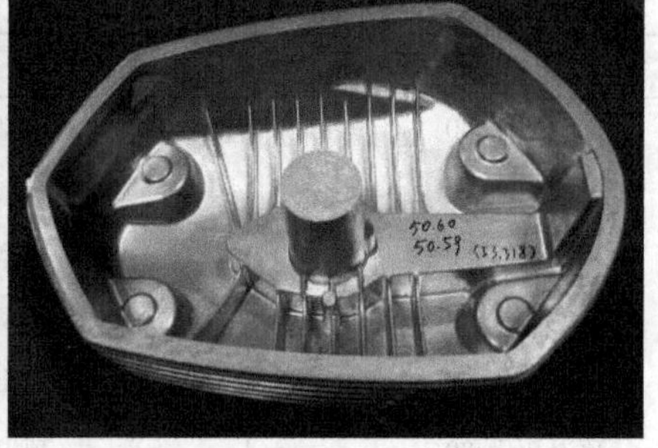

图 6-45　镁合金发动机壳体双控成形件外观[6]

2）金相组织。与普通铸造相比，双控成形大大细化了合金组织，如图6-33所示。

3）性能。表6-9为AZ91D镁合金在不同工艺条件下的力学性能。由表6-9可知，其力学性能获得了一定程度的提高。

表6-9　AZ91D镁合金在不同工艺条件下的力学性能[1]

工艺方法	铸态		热处理态	
	R_m/MPa	A(%)	R_m/MPa	A(%)
铸锻双控	181.02	1.84	197.68	1.91
压铸	104.68	0.86		

6.5.3　钢平法兰

1. 使用背景

钢平法兰是一种管道连接用的结构件，在工作条件下承受静载荷，要求钢平法兰具有良好的焊接性，因此采用低碳钢来制造。平法兰用钢有时作出化学成分规定，有时作出化学成分和力学性能规定。

钢平法兰毛坯制订工艺方法多种多样，有采用铸造的，也有采用锻造和板材切割的。采用挤压铸造成形钢平法兰，是钢质挤压铸造技术的新发展，标志着我国钢质挤压铸造技术已进入工业实用化阶段。

目前，国内不少厂家采用挤压铸造工艺生产多种规格的平法兰。平法兰的规格和尺寸见表6-10。

表6-10　平法兰的规格和尺寸[1]　（单位：mm）

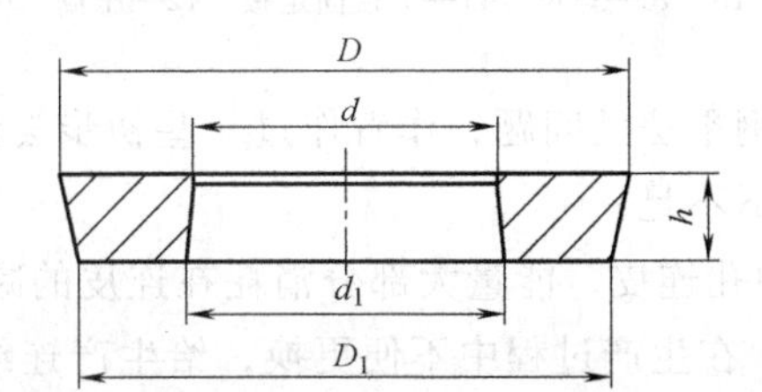

规格＼尺寸	D/D_1	d/d_1	h	质量/kg
ϕ50	139/140	51/55	22	1.96
ϕ65	161/163.5	67/71	22	2.15
ϕ80	191/193	82/84	22	4.06
ϕ90	198/203	93/95	22	4.28
ϕ100	205/203	106/109	22	4.29
ϕ125	240/243	133/133.5	24	5.5
ϕ150	271/273	156/160	26	7.2

2. 工艺方案的选择

根据挤压铸造的分类，钢平法兰挤压铸造可采用平冲头压制，也可以采用凸式冲头压制。

平冲头挤压铸造 ϕ100mm 钢平法兰所用模具结构如图 6-46 所示。在下模中装有活动模芯，每压制完一件，将毛坯和模芯一起顶出，顶出后再用卸芯模将模芯自毛坯中取出。由于模芯在整个压制过程中一直被高温的液态成形件所包围，所以升温很快。在生产中采用多个模芯轮换使用，易于保证正常的生产节拍。

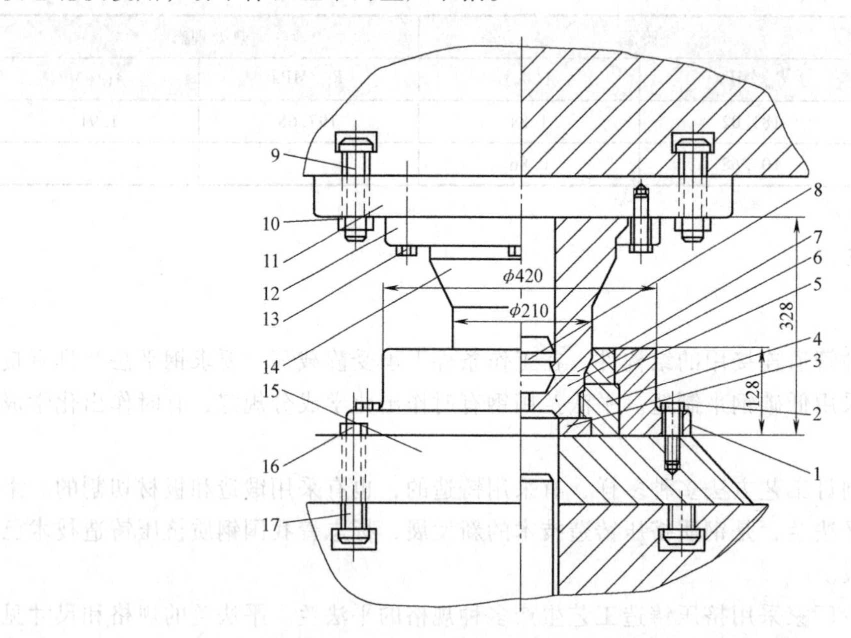

图 6-46　平冲头挤压铸造 ϕ100mm 钢平法兰所用模具结构[1,2]

1—模套　2、9、13、17—螺钉　3、15—垫板　4—垫块　5—下模　6—滑块　7—毛坯

8—模芯　10、16—螺母　11—上模固定板　12—压板　14—上模

关于采用凸式冲头压制钢平法兰问题，作者作过一些初步尝试。总的认为，该种压制与平冲头压制相比，显然有以下不足：

1）凸式冲头压制存在冲孔连皮，能量大部分消耗在连皮的减薄上，给成形造成困难。

2）易损件（凸式冲头）在生产过程中不便更换，给生产连续进行造成困难。平冲头克服了上面的不足。因而钢平法兰挤压铸造工艺采用平冲头压制，立足点就在于此。

3. 钢平法兰挤压铸造工艺参数

钢平法兰挤压铸造工艺参数主要是比压和保压时间两项，并与制件形状尺寸相关，见表 6-11。

表 6-11　钢平法兰挤压铸造的工艺参数[1,2]

项目＼规格	ϕ50	ϕ65	ϕ80	ϕ90	ϕ100	ϕ125	ϕ150
比压/MPa	225	178	128	128	124	78	63
保压时间/s	8	10	10	12	14	15	15

其他工艺参数为：浇注温度 1480~1520℃，模具温度以 100~300℃为最佳，但不宜超过 700℃。模具材料除模芯选用 3CrW8V 外，其余均采用 45 钢。

4. 钢液的准备

钢挤压铸造多选用中频感应加热炉进行熔炼，它基本上是一个“重熔”过程，熔炼中没有显著的脱碳和排除磷硫的反应，其制件化学成分基本上靠配料来保证，即返炉料与锭料配比要严格控制。

5. 成形设备选用

钢平法兰的成形过程较简单，选用经改装后的普通液压机即可。本生产选用压制力为3150kN的普通液压机，具有快速下行、慢速加压、顶出等功能。

6. 组织与性能

钢平法兰挤压铸造表面质量可达到表面要求，其实物照片如图6-47所示。ϕ50mm、ϕ65mm、ϕ80mm、ϕ90mm、ϕ100mm五种规格的钢平法兰挤压铸造件均作了力学性能测定。

图6-47　钢平法兰实物照片[2]

（1）金相组织　由珠光体和铁素体组成，如图6-48所示，显然，外边缘枝晶组织明显，内边缘次之，中部为胞状枝晶组织，组织致密。

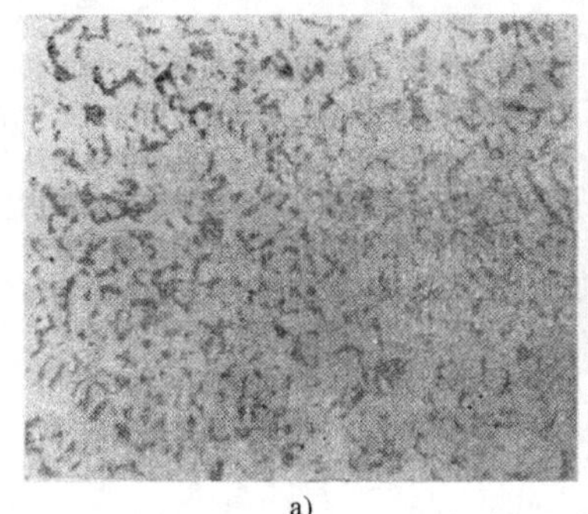

a)

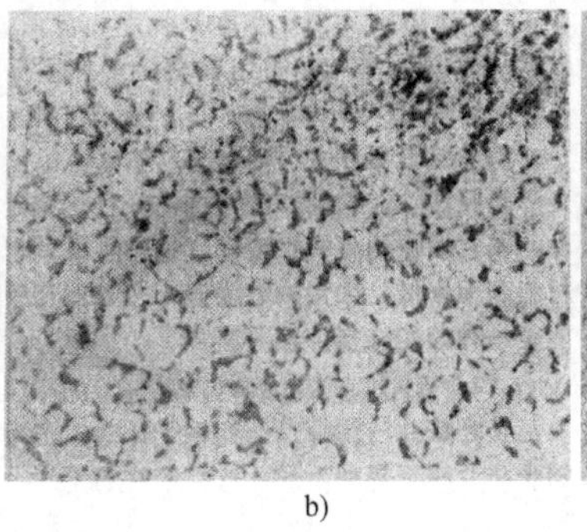

b)

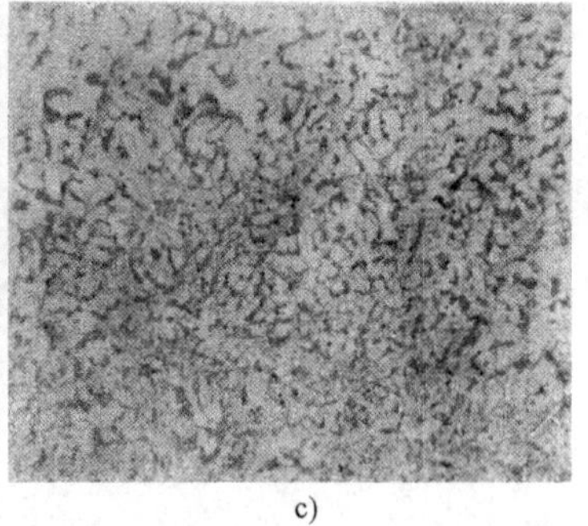

c)

图6-48　25钢平法兰挤压铸造件沿径向截面上的金相组织[2]

a）内孔边　b）中部　c）外边缘

（2）力学性能　钢平法兰挤压铸造件经退火处理后的力学性能：25钢，R_m=450MPa，R_{eL}=250MPa，而20Mn钢，R_m=450MPa，R_{eL}=250MPa，A=8%，Z=8%；经水压实验，在压力为25MPa下，持续5min不泄漏。

思考题

1. 简述挤压铸造工艺特征及适用范围。

2. 简述“挤压铸造”成形理论：高压凝固基本内容，以及力学过程发生的意义。

3. 简述挤压铸造组织特征及形成机制（以铝合金为例说明之）。

4. 简述挤压铸造力学性能变化规律，以及与普通铸造和锻造的比较。

5. 挤压铸造应用实例分析：①铝合金汽车活塞；②铝合金汽车轮毂；③铜合金涡轮；④锌合金齿轮；⑤低碳钢法兰。

6. 简述挤压铸造质量分析与控制。

参 考 文 献

[1] 罗守靖，陈炳光，齐丕骧. 液态模锻与挤压铸造技术 [M]. 北京：化学工业出版社，2007.
[2] 罗守靖，何绍元，王尔德，等. 钢质液态模锻 [M]. 哈尔滨：哈尔滨工业大学出版社，1990.
[3] 赵祖德，罗守靖. 轻合金半固态成形技术 [M]. 北京：化学工业出版社，2007.
[4] 罗守靖，程远胜，单巍巍. 半固态金属流变学 [M]. 北京：国防工业出版社，2011.
[5] 齐丕骧. 我国挤压铸造机的现状与发展 [J]. 特种铸造及有色合金，2010，30（4）：304-308.
[6] 李强. 摩托车发动机壳体液态铸锻双控成形实验研究 [D]. 哈尔滨：哈尔滨工业大学，2006.
[7] 齐乐华. 锌合金轴承保持架液态模锻工艺研究 [D]. 哈尔滨：哈尔滨工业大学，1992.
[8] Пляцкий В М. Штамповка из жидкого металла [M]. МосkВа：Машиностроение，1964.
[9] 陈炳光. 铝合金车轮毛坯挤压铸造工艺方案探讨 [J]. 特种铸造及有色合金，2001，压铸专刊，120-121.

第7章 消失模铸造

7.1 消失模铸造概述

7.1.1 消失模铸造的分类及其技术特点

消失模铸造（Expendable Pattern Casting，EPC；或 Lost Foam Casting，LFC），又称汽化模铸造（Evaporative Foam Casting，EPC）或实型铸造（Full Mold Casting，FMC），其基本原理是采用泡沫塑料模样代替普通模样紧实造型，造好铸型后不取出模样，直接浇入金属液，在高温金属液的作用下，泡沫塑料模样受热汽化、燃烧而消失，金属液取代原来泡沫塑料模样占据的空间位置，冷却凝固后即获得所需的铸件。消失模铸造浇注示意图如图7-1所示。

消失模铸造可分为以下两种[1]：一种是用板材加工成形的汽化模铸造（Full Mould Casting，FMC），另一种是用模具发泡成形的消失模铸造（Lost Foam Casting，LFC）。

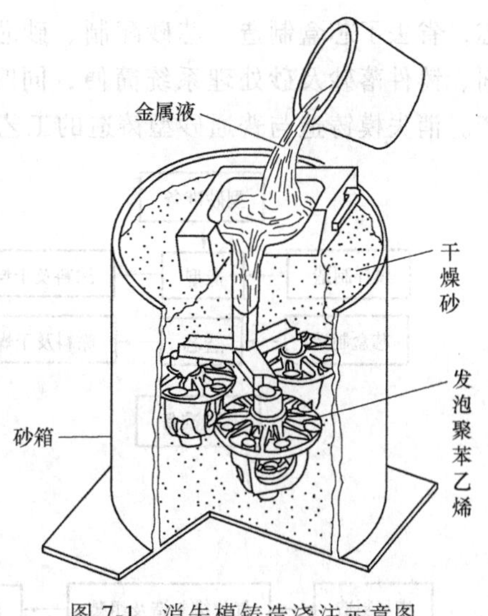

图7-1 消失模铸造浇注示意图

板材加工成形的汽化模铸造法的主要特点是：模样不采用模具成形，而是采用市售的泡沫板材，使用数控加工机床分块制作，然后黏合成形；通常采用树脂砂或者水玻璃砂作为填充，也可采用干砂负压造型。此方法主要适用于中、大型铸件的单件、小批量生产，比如汽车的覆盖件模具、机床床身的生产等。

模具发泡成形的消失模铸造法的主要特点是：模样在模具中成形，并且采用负压干砂造型。该方法主要适用于中、小型铸件的大批量生产，如汽车和拖拉机铸件、管接头以及耐磨件的生产。

消失模铸造浇注的工艺过程如图7-2所示。用于消失模铸造的泡沫模样材料又包括EPS（聚苯乙烯）、EPMMA（聚甲基丙烯酸甲酯）、STMMA（共聚物，EPS与MMA的共聚物）等，它们受热汽化产生的热解产物及其热解的速度有很大不同。

与砂型铸造相比，消失模铸造具有如下主要特点：

1）铸件的尺寸精度高、表面粗糙度值小。铸型紧实后不用起模、分型，没有铸造斜度和活块，取消了砂芯，因此避免普通砂型铸造时因起模、组芯、合型等引起的铸件尺寸误差和错型等缺陷，提高了铸件的尺寸精度；同时由于泡沫塑料模样的表面光整、表面粗糙度值

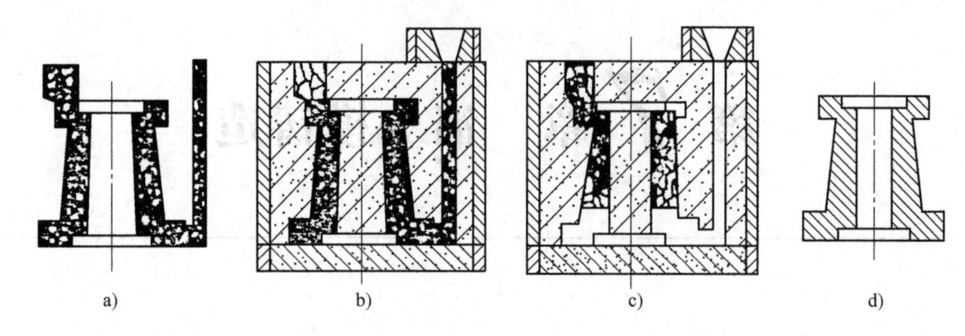

图 7-2 消失模铸造浇注的工艺过程

a）组装后的泡沫塑料模样 b）紧实好的待浇铸型 c）浇注充型过程 d）去除浇冒口后的铸件

可以较小，故消失模铸造的铸件表面粗糙度值也较小。铸件的尺寸公差等级可达 CT5～CT6、表面粗糙度可达 $Ra6.3\sim12.5\mu m$。

2）增大了铸件结构设计的自由度。在进行产品设计时，必须考虑铸件结构的合理性，以利于起模、下芯、合型等工艺操作及避免因铸件结构而引起的铸件缺陷。消失模铸造由于没有分型面，也不存在下芯、起模等问题，许多在普通砂型铸造中难以铸造的铸件结构在消失模铸造中不存在任何困难，因此增大了铸件结构设计的自由度。

3）简化了铸件生产工序，提高了劳动生产率，容易实现清洁生产。消失模铸造不用砂芯，省去了芯盒制造、芯砂配制、砂芯制造等工序，提高了劳动生产率；型砂不需要黏结剂、铸件落砂及砂处理系统简便；同时，劳动强度降低，劳动条件改善，容易实现清洁生产。消失模铸造与普通砂型铸造的工艺过程比较，如图 7-3 所示。

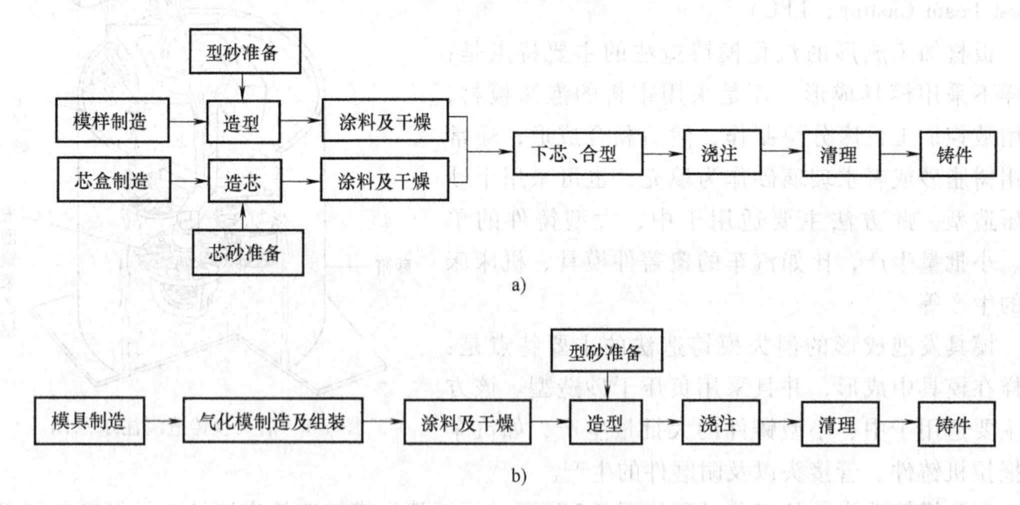

图 7-3 消失模铸造与普通砂型铸造的工艺过程比较

a）普通砂型铸造工艺过程简图 b）消失模铸造工艺过程简图

4）减少了材料消耗，降低了铸件成本。消失模铸造采用无黏结剂干砂造型，可节省大量型砂黏结剂，旧砂可以全部回收利用。型砂紧实及旧砂处理设备简单，所需的设备也较少。因此，大量生产的机械化消失模铸造车间投资较少，铸件的生产成本较低。

消失模铸造是一种近无余量的液态金属精确成形技术，它被认为是“21 世纪的新型铸

造技术”及“铸造中的绿色工程”，目前它已被广泛用于铸铁、铸钢、铸铝件的工业生产。近年来，随着消失模铸造中的关键技术不断取得突破，其应用增长速度加快[2,3]。六缸缸体消失模铸件及泡沫模样如图7-4所示。

图7-4 六缸缸体消失模铸件及泡沫模样

7.1.2 消失模铸造的应用及经济性分析

1. LFC法的应用[4]

(1) 合金种类 LFC法几乎可以生产所有的铸铁、铸钢和非铁合金（包括铝合金、镁合金、铜合金等）。目前我国生产的消失模铸件中，绝大部分是铸铁和铸钢件，铝合金铸件较少；欧美发达国家的铝合金消失模铸件产量占主导地位；镁合金消失模铸造技术正在开发中。

(2) 铸件大小和壁厚 LFC法一般都采用流水线的大批量生产，因此铸件的最大尺寸受模具和砂箱的大小限制，最适合的铸件质量通常从几公斤到几百公斤，如果采用专用的砂箱，则可以生产成吨的大型铸件。如果单件、小批量生产，则可以生产质量达几吨。

铸件的壁厚受泡沫塑料珠粒大小的限制，一般要求最小壁厚的截面上至少有3颗珠粒，因此铸件的最小壁厚应不小于3mm。

(3) 铸件结构形状 LFC法对铸件结构形状的适应性比其他方法都强，并且越是结构复杂、原来用砂型铸造时需要使用的砂芯越多、机加工量越大的铸件，采用消失模铸造技术的优势就越突出，经济效益也越显著。LFC法能够大大扩展铸件的形状结构范围，给铸件结构设计师提供更大的自由度。

(4) 生产批量 通常来说，要求LFC法的生产批量为数千件或者更多。这是由于模具的设计、制造周期较长，成本较高，因此要求铸件有一定的生产批量，否则分摊到每个铸件的费用将会使得铸件价格大大升高，难以为用户接受。对于批量较小或者单个试制件的模样可以通过板材数控加工的办法制造黏合而成。

2. LFC法的经济性分析[5,6]

例1 意大利某公司生产1.3L轿车发动机铝合金进气歧管，分别采用LFC法和金属重力铸造工艺，其经济性分析对比（以消失模铸造为100）见表7-1。

表7-1 1.3L轿车发动机铝合金进气歧管经济性分析对比

成本项目		消失模铸造	金属型重力铸造
可变成本	合金材料费用	100	115
	人力费用	100	204
	能源费用	100	99
	其他可变成本	100	63

（续）

成本项目		消失模铸造	金属型重力铸造
可变成本	模具维修费用	100	394
	模具折旧费用	100	173
	总可变成本	100	127
固定成本	专项折旧费用	100	91
	总体折旧费用	100	100
	总费用	100	100
	总成本	100	117

例 2 国内某球墨铸铁管厂生产 *DN*80～700mm 球墨铸铁管件，年产量达万吨，由原砂型铸造改为消失模铸造后，成本大大降低，铸件质量明显提高，获得了良好的经济效益。对前后两种铸造方法进行的生产成本比较（以砂型铸造为 100）见表 7-2。

通过以上对比，可以很明显地发现，消失模铸造的经济效益显而易见，因此近年来得到越来越大的重视和应用。

表 7-2 球墨铸铁管件生产成本比较

成本项目	砂型铸造	消失模铸造
模样费用	100	40
造型费用	100	45
动力费用	100	120
人工费用	100	65
熔炼费用	100	85
制造费用	100	75
合计	700	430

7.1.3 消失模铸造的发展趋势

早在 1958 年，美国的 H. F. Shroyer 就率先提出了消失模铸造的发明专利，但当时只是应用于工艺美术铸件的小规模试制，1962 年才真正应用于工业铸件的批量生产[7]。自 20 世纪 60 年代以来，消失模铸造技术应用过程，经过革新期、成长期，开始进入成熟期，如图 7-5 所示。近年来，随着消失模铸造的关键技术不断取得突破和创新，其应用的增长速度趋于稳定[8]，应用的范围也越来越广泛。

我国的消失模铸件产量自 20 世纪 90 年代起逐年增加，近年来快速发展。据统计，2007 年我国消失模铸件产量达到 64.8 万 t，其产量和企业数量均列世界第一（但铝合金消失模铸件的产量达不到总产量的 0.5%）[9]。与先进国家比较，我国消失模铸造技术水平落后 5～10 年。

总体趋势看，消失模铸造技术符合 21 世纪绿色铸造、精密铸造技术发展的要求，符合环境保护、清洁生产、市场个性化需要，消失模铸件产品的结构设计自由度大。因此，消失模铸造更能满足市场和用户的需求，具有较大的发展潜力，只要恰当地发挥它的特点和优势，前景是非常广阔的。

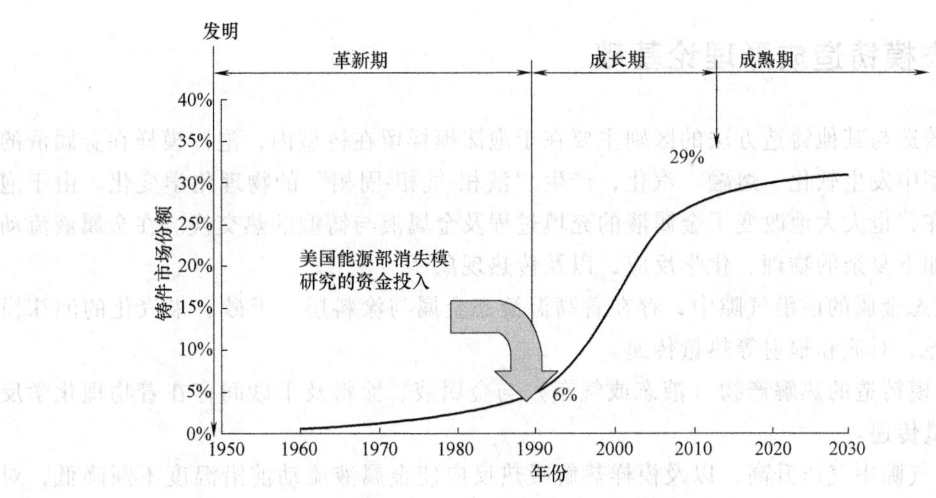

图 7-5　消失模铸造技术的应用过程

我国消失模铸造技术发展的建议[10]：

1）产品必须对路，项目的前期工艺论证必不可少。消失模铸造是优越的，但不是万能的。它有一定的应用范围，选择的铸件是否适合采用消失模铸造的方法要进行多种工艺、多方案认真比较，决不要偏听偏信，先把生产线建起来，再做试验，慢慢摸索，要避免走弯路和浪费资源。

2）消失模铸造涉及多道工序，要认真攻克每一道技术难关。过去十年来，我们已经做了不少基础研究工作，也积累了一些实际生产经验，今后的目标是能生产更复杂、更精确的中、高难度铸件，譬如复杂的箱体件、气缸盖和气缸体，使消失模铸造的优越性和经济效益充分地体现出来。

3）围绕白区薄弱环节，加大研究开发力度。白区是一个多学科交叉的领域，涉及模具的 CAD/CAM，高分子发泡材料和成型发泡工艺以及相关的预发、成型、胶合设备等多个方面，要加强化学（化工）工程师、铸造工作者、模具和机械设计师、数控加工工程师的协作交流。

4）实现铸件的轻量化、精确化，铝合金消失模铸造大有可为。国外消失模铸造首先从铝合金铸件取得突破，现在已经可以大批量生产复杂的六缸缸体和缸盖铸件，而我国的铝合金消失模铸造恰恰比较薄弱，与铸件轻量化、精确化的趋势不适应，今后应该研制铝合金专用涂料，解决铝合金铸件针孔、疏松缺陷，建立更多铝合金消失模铸造生产线。

5）实现消失模铸造的清洁生产。消失模铸造本身就是一种污染少的新工艺，只有进一步处理好尾气净化和干砂系统的除尘和再生回收利用两个环节，才能做到完全的清洁生产，这将是其他铸造精确成形工艺方法不可比拟的独特优越性。

6）协同作战，发挥产、学、研相结合的总体优势，多、快、好、省地发展消失模铸造技术。

7）重点解决铝（镁）合金消失模铸造中充型浇注、氧化燃烧、针孔缺陷等问题，提高消失模铸造零件的性能，从合金、涂料、热处理和成形新工艺等关键技术着手，开发特种消失模铸造新技术，扩大消失模铸造的应用范围。

7.2 消失模铸造成形理论基础

消失模铸造与其他铸造方法的区别主要在于泡沫模样留在铸型内，泡沫模样在金属液的作用下于铸型中发生软化、熔融、汽化，产生“液相-气相-固相”的物理化学变化。由于泡沫模样的存在，也大大地改变了金属液的充填过程及金属液与铸型的热交换。在金属液流动前沿，存在如下复杂的物理、化学反应，以及传热现象[11]：

1）在液态金属的前沿气隙中，存在着高温液态金属与涂料层、干砂、未汽化的泡沫模样之间的传导、对流和辐射等热量传递。

2）消失模铸造的热解产物（液态或气态）与金属液、涂料及干砂间存在着物理化学反应，发生质量传递。

3）由于气隙中气压升高，以及模样热解吸热反应使金属液流动前沿温度不断降低，对金属液的流动产生动量传递。

正是由于金属液与泡沫模样汽化产物的相互作用，使普通砂型铸造过程原理不能解释消失模铸造过程的原理，消失模铸造缺陷也与砂型铸造的缺陷不同。

7.2.1 消失模铸造充型时气体间隙压力

消失模铸造浇注系统及液态金属流动前沿示意图如图 7-6 所示。图 7-6a 所示为由泡沫模样组成的浇注系统及铸件示意图；图 7-6b 所示为金属液流动前沿的“液相-气相-固相”关系示意图。

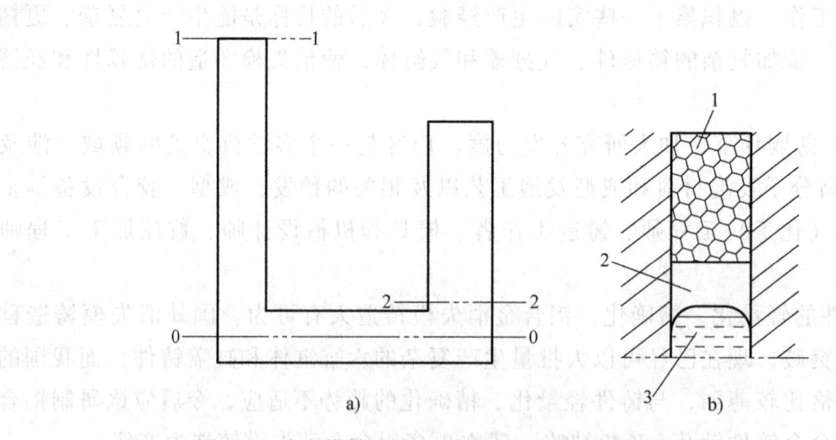

图 7-6 消失模铸造浇注系统及液态金属流动前沿示意图

a）由泡沫模样组成的浇注系统及铸件示意图 b）金属液流动前沿的“液相-气相-固相”关系示意图

1—泡沫模样 2—气体间隙 3—液态金属

假设浇注过程中流动是平稳的（即浇口杯中的液体高度不变，或静压头不变），此时图 7-6a 中的断面 1-1、断面 2-2 满足流体力学中的伯努利方程，即

$$Z_1+\frac{p_1}{\gamma}+\frac{v_1^2}{2g}=Z_2+\frac{p_2}{\gamma}+\frac{v_2^2}{2g}+h_\xi \tag{7-1}$$

式中，Z_1、Z_2为位置水头（m）；p_1、p_2为断面上的压力（Pa）；v_1、v_2为流经各断面的平均速

度（m/s）；γ 为金属液的重度（N/m^3）；g 为重力加速度（m/s^2）；h_ζ为总阻力损失水头（m）。

设基准面选在图 7-6 中的断面 0-0 上，且为等截面流动，故 $Z_2=0$、$v_1=v_2$。令 $p_1=p_0$（大气压），代入式（7-1）得

$$\frac{p_2-p_0}{\gamma}=\frac{\Delta p}{\gamma}=Z_1-h_\xi \tag{7-2}$$

如 $h_\zeta=0$，即阻力损失不计，则

$$\Delta p=p_2-p_0\approx\gamma Z_1 \tag{7-3}$$

式（7-3）可以理解为：消失模铸造正常充型时，如忽略金属液流动的阻力，则液态金属与泡沫模样间的气隙压力近似等于液态金属在该处的静压。

而影响该气隙压力的因素应包括：液态金属的流动速度及流量、泡沫模样的密度及发气速度、涂层厚度及透气性、真空度大小、透气面积、浇注温度等。

7.2.2　消失模铸造的浇注温度

与空腔砂型铸造相比，消失模铸造需要汽化泡沫模样后充型，故通常需要更高浇注温度 Δt。设模样的体积为 $V(m^3)$，分解汽化 1kg 泡沫模样所需热量为 $W(J/kg)$，铸型内的消失模汽化所需热量 Q 为

$$Q=V\rho_1 W \tag{7-4}$$

式中，ρ_1为泡沫模样的密度（kg/m^3）。

设液态金属的质量（含浇冒口）为

$$m=V\rho_2$$

式中，ρ_2为液态金属的密度。

令液态金属的比热容为 c，液态金属浇注时应升高的温度为

$$\Delta t=\frac{Q}{cm}=\frac{\rho_1 W}{\rho_2 c} \tag{7-5}$$

因此，通常情况下由于热解泡沫模样的热量损失，消失模铸造的浇注温度应比砂型铸造的浇注温度高 20~30℃（有的参考文献推荐高 30~50℃）。

7.2.3　消失模铸造的合理浇注速度

消失模铸造的合理浇注速度，应该是能生产出合格铸件的浇注速度。从传质平衡角度看，汽化模汽化后的产物能顺利排出型腔才有可能生产出合格铸件，否则就会产生卷气等缺陷。即浇注时，液态金属注入型腔的体积（或流量），应等于泡沫模样受热汽化而退让的体积（或流量）。

为了简化理论推导过程，将图 7-6b 所示的“液相-气相-固相”传热看成是一维稳定换热，且令液态金属的温度不变，则由傅里叶导热定律得[12]

$$q_1=-\lambda\frac{dt}{d\delta}\approx\lambda\frac{T_1-T_2}{\delta} \tag{7-6}$$

式中，q_1为热流能量（W/m^2）；λ 为热导率［$W/(m\cdot K)$］；δ 为气体间隙厚度（m）；T_1为液态金属的热力学温度（K）；T_2为泡沫模样的热力学温度（K）。

其对流和辐射换热可用复合公式表达，即

$$q_{\mathrm{RC}}=(\alpha_{\mathrm{C}}+\alpha_{\mathrm{R}})(T_1-T_2) \tag{7-7}$$

式中，q_{RC}为对流辐射复合换热的热流通量（$\mathrm{W/m^2}$）；α_{C}为表面传热系数；α_{R}为辐射传热系数［$\mathrm{W/(m^2 \cdot K)}$］。

而

$$\alpha_{\mathrm{R}}=C_{12}(T_1^4-T_2^4)\times10^{-8}/(T_1-T_2)$$

式中，C_{12}为液态金属对泡沫模样的相当辐射系数［$\mathrm{W/(m^2 \cdot K^4)}$］。

总的热流通量是热传导与对流辐射热流通量的和，即

$$q=\left(\frac{\lambda}{\delta}+\alpha_{\mathrm{C}}+\alpha_{\mathrm{R}}\right)(T_1-T_2) \tag{7-8}$$

所以，当δ变小，α_{C}、α_{R}增大，，则q变大；而当T_1-T_2增大时，则q快速变大。

又由式（7-4）可知，汽化单位体积泡沫模样所需热量为$\rho_1 W$，则泡沫模样在浇注时液态金属退让的速度v_{T}为

$$v_{\mathrm{T}}=\frac{q}{\rho_1 W}=\frac{1}{\rho_1 W}\left(\frac{\lambda}{\delta}+\alpha_{\mathrm{C}}+\alpha_{\mathrm{R}}\right)(T_1-T_2) \tag{7-9}$$

单位时间泡沫模样退让的体积为

$$V_{\mathrm{T}}=\frac{A}{\rho_1 W}\left(\frac{\lambda}{\delta}+\alpha_{\mathrm{C}}+\alpha_{\mathrm{R}}\right)(T_1-T_2) \tag{7-10}$$

式中，A为垂直于流动方向上泡沫模样的截面积（$\mathrm{m^2}$）。

故液态金属注入型腔的质量流量为

$$Q_m=\frac{A\rho_2}{\rho_1 W}\left(\frac{\lambda}{\delta}+\alpha_{\mathrm{C}}+\alpha_{\mathrm{R}}\right)(T_1-T_2) \tag{7-11}$$

充型时间为

$$\tau=m_z/Q_m \tag{7-12}$$

式中，m_z为包括浇冒口系统在内的铸件总质量。

所以，直浇道中液体下落的速度为

$$v_z=\frac{Q_V}{S_z}=\frac{A}{\rho_1 W S_z}\left(\frac{\lambda}{\delta}+\alpha_{\mathrm{C}}+\alpha_{\mathrm{R}}\right)(T_1-T_2) \tag{7-13}$$

式中，S_z为直浇道的截面积。

如从气体向外排出的角度来考察，由图7-6b可知，间隙气体向外排出的体积流量为

$$Q_V=\frac{p_{\mathrm{j}}-p_0+p_z}{R}=\frac{\Delta p+p_z}{R} \tag{7-14}$$

式中，p_{j}为间隙气体的绝对压力值（Pa）；p_0为大气压力（Pa）；p_z为砂型中的真空度（Pa）；R为间隙周围涂料层的气阻（$\mathrm{N \cdot s/m^5}$）。

而气阻R可表示为[13]

$$R=\frac{H}{FK\times\frac{5}{3}\times10^{-8}}=\frac{H}{\delta sK\times\frac{5}{3}\times10^{-8}} \tag{7-15}$$

式中，F为与负压相通的气隙四周的面积（$\mathrm{m^2}$），$F=\delta s$，s为气隙的周长；K为涂层高温状

态的透气性 [$cm^4/(g\cdot min)$]；H 为涂层的厚度（m）。

将式（7-15）代入式（7-14）得

$$Q_V=\frac{(\Delta p+p_z)\delta sK\times\frac{5}{3}\times10^{-8}}{H} \tag{7-16}$$

将式（7-3）代入式（7-16）得

$$Q_V=\frac{(\gamma Z_1+p_z)\delta sK\times\frac{5}{3}\times10^{-8}}{H} \tag{7-17}$$

这一排出的气体体积是从铸型直浇道流入的液态金属，所驱替的同体积的泡沫模样的发气量 Q_V'，因 Q_V'可表示为[11]

$$Q_V'=v_zS_z\rho_1\frac{(t-416)}{680}\frac{p_0T_m}{T_0p_m} \tag{7-18}$$

式中，$v_zS_z\rho_1$ 为单位时间汽化的泡沫模样的质量；$\frac{(t-416)}{680}$为单位质量 EPS 发出的标准态气体体积；t 为浇注温度；p_0、T_0分别为标准态下的大气压力和热力学温度；T_m、p_m分别为间隙处的热力学温度和压力。

而 T_m可近似成金属液的热力学温度（$T_m\approx t$）、$p_m\approx p_0+\gamma h$（γ 为液态金属的重度，$h=Z_1$ 为液态金属在气隙处的静压头）。因 $Q_V'=Q_V$，故由式（7-17）和式（7-18）得

$$v_zS_z=\frac{(\gamma h+p_z)\delta sK\times\frac{5}{3}\times10^{-8}}{H}\frac{680}{\rho_1(t-416)}\frac{T_0(p_0+\gamma h)}{p_0t} \tag{7-19}$$

所以，由式（7-19）可知，合理的充型速度 v_zS_z 随静压头 h、真空度 p_z、气隙厚度 δ、气隙的周边长度 s、透气性 K 的增大而增大，随着涂层厚度 H、模样密度 ρ_1、液态金属的浇注温度 t 的增大而减小，特别是静压头 h 与浇注温度 t 对它的影响最为显著（以平方形式进行）。

7.2.4　消失模铸造中铸型坍塌缺陷的形成机理

当模样四周散砂的紧实力不高或紧实力不均匀时，消失模铸造中的铸型易产生坍塌缺陷。根据本章参考文献［13-15］可知，为了避免坍塌，其型砂的紧实度 p_f必须满足下列关系式

$$p_f+p_2\geqslant(\rho gz+p_0-p_1)\frac{1-\sin\varphi}{1+\sin\varphi}+p_1 \tag{7-20}$$

式中，p_0为大气压（Pa）；p_1为砂箱内型砂中的气体压力（Pa），$p_1=p_0-p_z$，p_z是真空度；p_2为气隙内的气体压力（Pa），$p_2\approx p_0+\gamma h$；g 为重力加速度（m/s^2）；z 为型砂深度（m）；φ 为型砂内摩擦角，一般小于 90°，故$\frac{1-\sin\varphi}{1+\sin\varphi}\leqslant1$；$\rho$ 为型砂密度（kg/m^3）。

即

$$p_f+\gamma h\geqslant\rho gz\frac{1-\sin\varphi}{1+\sin\varphi}-2p_z\frac{\sin\varphi}{1+\sin\varphi} \tag{7-21}$$

所以，坍塌缺陷与真空度 p_z、型砂深度 z、型砂内摩擦角 φ、型砂的紧实度 p_f和密度 ρ、金属液的高度 h 等因素有关。

7.3 消失模铸造的充型特征及界面作用

7.3.1 消失模铸造的充型过程及裂解产物[16]

消失模铸造通常采用散砂紧实，其工艺过程为：加入一层底砂后，将覆有涂料的泡沫模样放入砂箱内，边加砂边振动紧实直至砂箱的顶部；然后用塑料薄膜覆盖砂箱上口，以确保铸型呈密封状态；再将浇口杯放置在直浇道上方，使铸型呈密封状态。为了防止浇注时溅出的金属液烫坏塑料薄膜而使铸型内的真空度下降，通常在密封薄膜上面撒上一层干砂。浇注时，开启真空泵抽真空，使铸型紧实。消失模铸造工艺的本质特征是在金属浇注成形过程中，留在铸型内的模样汽化分解，并与金属液发生置换。与金属液接触时，泡沫塑料模样总是依“变形收缩-软化-熔化-汽化-燃烧”的过程进行。在金属液与泡沫塑料模样之间存在着气相、液相，离液态金属越近，温度越高、气体分子质量越小。浇注时液体金属前沿的气体成分变化趋势示意图如图 7-7 所示。这些过程及变化与铸件的质量密切相关。

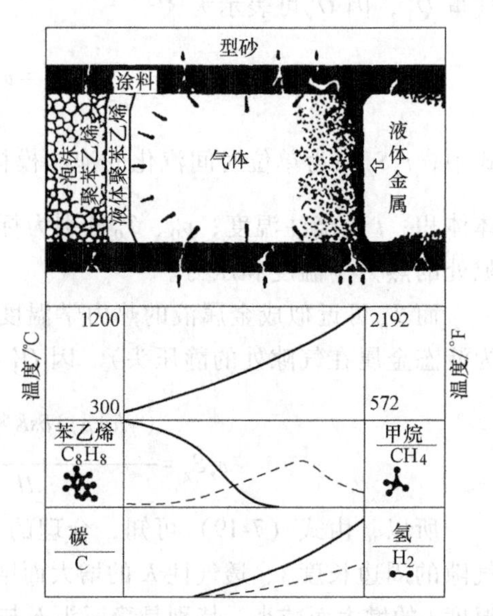

图 7-7 液态金属（铁合金）前沿的气体成分变化趋势示意图

由于不同金属的浇注温度相差很大，金属液流动前沿气隙中热解气体的成分也有较大的不同，见表 7-3。铝合金浇注温度低（750℃），泡沫模样的裂解程度小，以 EPS 泡沫模样材料为例，其热解产物中小分子气体产物的体积分数仅占 11.42%，发气量较小。而铸铁、铸钢的浇注温度较高，泡沫模样的裂解程度大，小分子气体产物的体积分数分别为 32.79%、38.57%，发气量大。

表 7-3 不同合金浇注温度下 EPS 热解产物的含量（质量分数，%）

合金及浇注温度	小分子气体产物	蒸气态产物				
		苯	甲苯	乙苯	苯乙烯	多聚体
铸铝(750℃)	11.42	6.57	10.38	0.78	69.31	1.42
铸铁(1350℃)	32.79	51.61	3.21	0.10	12.34	微量
铸钢(1600℃)	38.57	52.73	3.57	微量	5.13	微量

注：1. 微量代表质量分数小于 0.10%。
2. 小分子气体产物是指 CH_4、C_2H_4、C_2H_2 等。

通过透明的耐热石英玻璃浇注试验，观看到的铝合金与铁合金消失模铸造的充型前沿区别，如图 7-8 和图 7-9 所示。铝（或镁）合金液流动前沿的气隙主要是液态的 EPS，它浸润渗透耐火涂层的过程成为铝液流动前沿控制的主要因素；而铸铁、铸钢浇注时金属液的流动前沿主要是高温气体产物，它能否顺利通过涂层是控制金属液充型流动的主要因素。试验研究表明，浇注充型过程中，负压度的大小和涂料层的透气性，对热解产物的排出是有很大的影响。如图 7-10和图 7-11 所示，随着负压度和涂料透气性的增加，热解产物能够更快地排出型腔，热解产物

在高温区停留的时间缩短，因而型腔中小分子气体产物的量减少，其发气量也就降低。

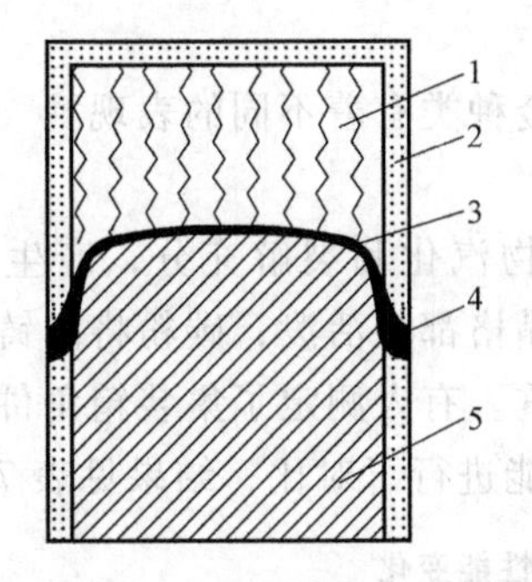

图 7-8 铝合金消失模工艺中金属液前沿流动情况

1—固态 EPS 2—涂层 3—液态 EPS

4—液态 EPS 浸润和渗透 5—金属液

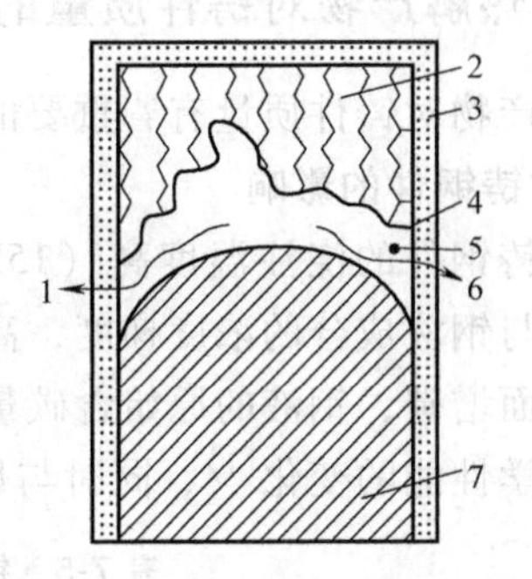

图 7-9 铁合金消失模工艺中金属液前沿流动情况

1、6—气体产物的扩散 2—固态 EPS 3—涂层

4—液态 EPS 5—气体间隙 7—金属液

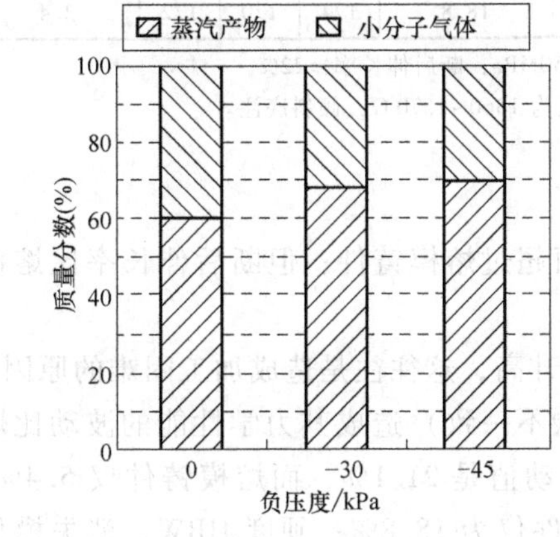

图 7-10 负压度对 EPS 热解产物分布的影响

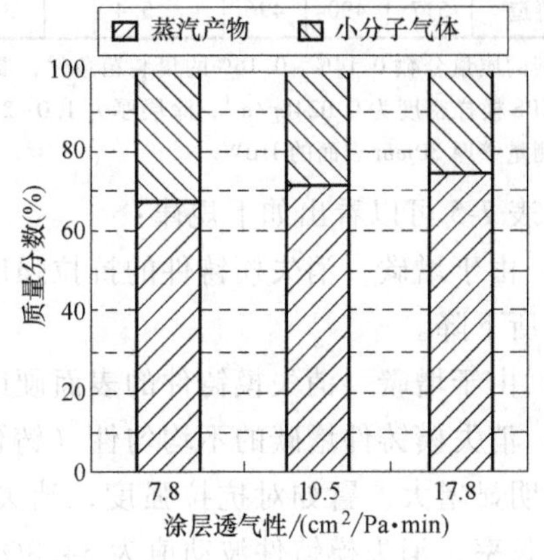

图 7-11 涂层透气性对 EPS 热解产物分布的影响

不同温度下，EPS 泡沫模样裂解产物的含量（质量分数）见表 7-4。浇注温度越高，小分子气体产物越多，发气量越大，液态产物越低。

表 7-4 不同温度下热解产物的含量（质量分数,%）

温度/℃	气态产物							液态产物
	小分子气体产物	苯	甲苯	乙苯	苯乙烯	多聚体	其他	
450	0.1	0.3	0.4	微量	17.2	0.2	微量	81.8
500	1.0	0.3	1.3	微量	47.7	0.5	0.1	49.0
550	1.0	0.9	1.5	微量	67.9	0.6	0.5	27.6
600	2.1	1.1	1.7	0.3	73.5	1.7	0.1	19.5
650	2.2	1.6	2.0	0.5	77.6	2.4	0.6	13.1
700	2.6	2.5	2.1	0.6	80.7	2.6	1.0	7.9
750	16.0	3.8	2.4	1.2	62.3	4.4	2.4	7.5
800	30.2	5.3	3.3	1.0	45.9	3.5	3.4	7.3
850	48.1	6.2	2.0	0.5	30.1	1.8	5.0	5.3
900	49.7	13.2	2.6	0.3	21.3	1.8	6.1	5.0
950	56.0	15.5	1.4	0.4	12.3	3.6	6.2	4.6
1000	56.9	20.2	1.5	0.3	10.8	3.1	6.7	0.5

注：1. 微量代表质量分数小于 0.10%。

2. 小分子气体产物是指 CH_4、C_2H_4、C_2H_2 等。

7.3.2 热解产物对铸件质量的影响

热解产物对铸件质量有着重要的影响，但不同的合金种类有着不同的表现。

1. 对铸钢件的影响

由于铸钢件的浇注温度高（1550℃以上），热解产物汽化和裂解充分，产生大量的碳粉，形成与钢液成分的浓度梯度，高温下碳原子和金属晶格都很活泼，碳粉将向铸件表面渗透，使表面增碳，钢液的原始含碳量越低，增碳量越严重。有人测定了集装箱角件由于增碳引起的力学性能的变化[1]，同时与熔模铸造铸件力学性能进行了对比，结果见表 7-5。

表 7-5 铸钢件①增碳引起的力学性能变化

性能指标	抗拉强度/MPa				断后伸长率(%)				HBW③			
	最大	最小	平均	波动值(%)	最大	最小	平均	波动值(%)	最大	最小	平均	波动值(%)
消失模铸造②	624	509	543	21.1	28	20	23	34.8	212	194	201.7	8.9
熔模铸造	517	490	496	5.4	36	30	32	18.8	174	170	172	2.4

① 碳的质量分数 0.14%~0.16%的集装箱角件，要求抗拉强度≥450MPa，断后伸长率≥22%

② EPS 模样密度为 0.024kg/m³，涂层厚为 1.0~2.0mm，浇注温度为 1560~1570℃，倾斜底注。

③ 测量壁厚 30mm 表面的 HBW。

由表 7-5 可以看出如下规律：

1）由于增碳，消失模铸件的抗拉强度增大，其值超过熔模铸件；但断后伸长率比熔模铸件有所下降。

2）由于增碳，消失模铸件的表面硬度 HBW 明显升高，这往往是造成加工困难的原因。

3）消失模铸件增碳的不均匀性（铸件各部位增碳不一致）造成其力学性能的波动比熔铸模造明显增大。譬如对抗拉强度，消失模铸件的波动值是 21.1%，而熔模铸件仅 5.4%；断后伸长率，消失模铸件波动值为 34.8%，而熔模铸件仅为 18.8%；硬度 HBW，消失模件波动值达 8.9%，而熔模铸件仅为 2.4%。

2. 对铸铁件的影响

铸铁件的浇注温度一般都在 1350℃以上，在此高温下，模样迅速热解为气体和液体，同样在二次反应以后，也会有大量裂解碳析出，不过由于铸铁本身含碳量很高，在铸铁件中不表现为增碳缺陷，而是容易形成波纹状或滴瘤状的皱皮缺陷；当液体金属的充型速度高于热解产物的汽化速度时，铁液流动前沿聚集了一层液态聚苯乙烯，它使与之接触的表层金属激冷形成一层硬皮，当这层薄薄的硬皮被前进的铁液冲破时，它被压向铸件两侧表面，使之形成波纹状或滴瘤状皱皮缺陷，开型以后，可发现皱皮表面堆积的碳粉，这就是热解产物二次反应后生成的裂解碳。

对于球墨铸铁件，除了表面皱皮之外，热解产物还容易在铸件中形成黑色的碳夹杂缺陷，特别是当模样密度过高、黏合面的用胶量过大、浇注充型不平稳造成湍流时更为严重。

3. 对铝合金铸件的影响

铝合金的浇注温度较低，一般在 750℃左右，实际上与金属液流动前沿接触的热解产物温度不超过 500℃，这正好是 EPS 汽化分解区，因此浇注铝件时产生的不是黑烟雾，而是白色雾状气体，不会像钢、铁铸件那样形成特有的增碳或皱皮缺陷，研究认为热解产物对铝合金的成分、组织、性能影响甚微，仅仅由于分解产物的还原气氛与铝件的相互作用，使铝件

表面失去原有的银白色光泽。另外，浇注过程中，模样的热解汽化将从液态铝合金吸收大量的热量（699kJ/kg），势必造成合金流动前沿温度下降，过度冷却使部分液相热解产物来不及分解汽化，而积聚在金属液面或压向型壁，形成冷隔、皮下气孔等缺陷。因此适当的浇注温度和浇注速度对获得优质铝铸件至关重要，尤其是薄壁铝铸件。

总之，从减少热解产物对各类铸件质量的影响出发，希望热解的残留液、固产物越少越好，模样应该尽量汽化完全排出型腔之外，为达到此目的，要求模样密度小，汽化充分；同时，涂层和铸型的透气性好，使金属液流动前沿间隙中的压力和热解产物浓度尽可能低。

7.3.3　消失模铸造的充型及凝固特点

1. 充型特征

由于泡沫模样的作用，消失模铸造的充型形态与普通砂型铸造的充型形态具有很大的不同。普通砂型铸造中，金属液从内浇道进入后，先填满底层，然后液面逐渐上升，直至充满最高处为止（图 7-12a）；而消失模铸造中，金属液从内浇道进入后，呈放射弧形逐层向前推进（图 7-12b），最后充满离内浇道最远处。铝合金（薄板）试件，在顶注、底注、侧注时的流动形态如图 7-13 所示，图中的数字是时间，图中的曲线为充型时的等时曲线。

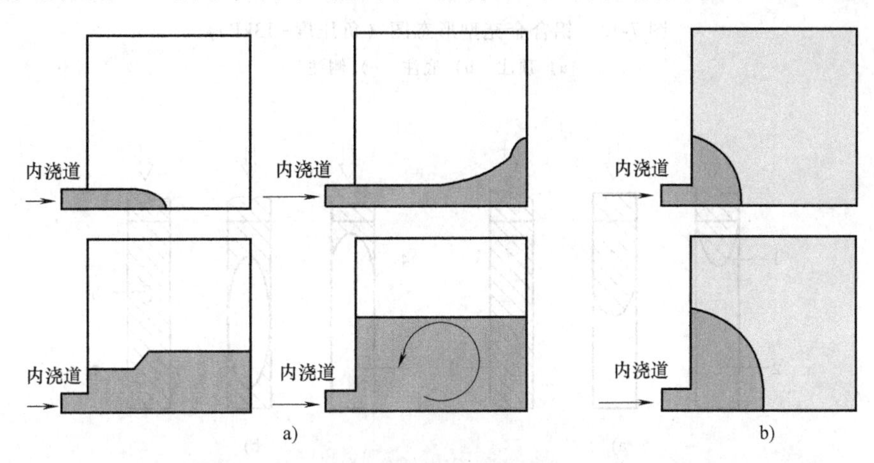

图 7-12　普通砂型铸造与消失模铸造的不同充型形态

a）普通砂型铸造　b）消失模铸造

对于壁厚较大的模样和铸件，金属液在有、无负压下浇注的充型形态差别较大，如图 7-14 所示。负压往往容易产生附壁效应，即沿型壁的金属液受负压的牵引而超前运行。当超前到一定的程度时就会将一部分尚未热解的模样包围在铸件中心，这是产生气孔、渣孔等缺陷的重要原因之一。故选择工艺参数时，不应将负压度定得过低。

采用电触点法实测不同浇注方式时圆筒形铸铁件的流动前沿形态，如图 7-15 所示。测试条件为：浇注温度 1350℃，负压度 -0.03MPa，材质 HT200，模样材料 EPS（密度为 $18kg/m^3$），涂层透气性 $7.8cm^2/Pa\cdot min$；圆筒尺寸：内径 75mm、外径 115mm、高 115mm。

2. 影响充型的主要因素

1）模样材料。低密度的泡沫模样，发气量小，充型速度快。

2）涂料。涂料的透气性越好，充型速度快。

3）金属液静压头。充型速度随金属液静压头的增大而提高。

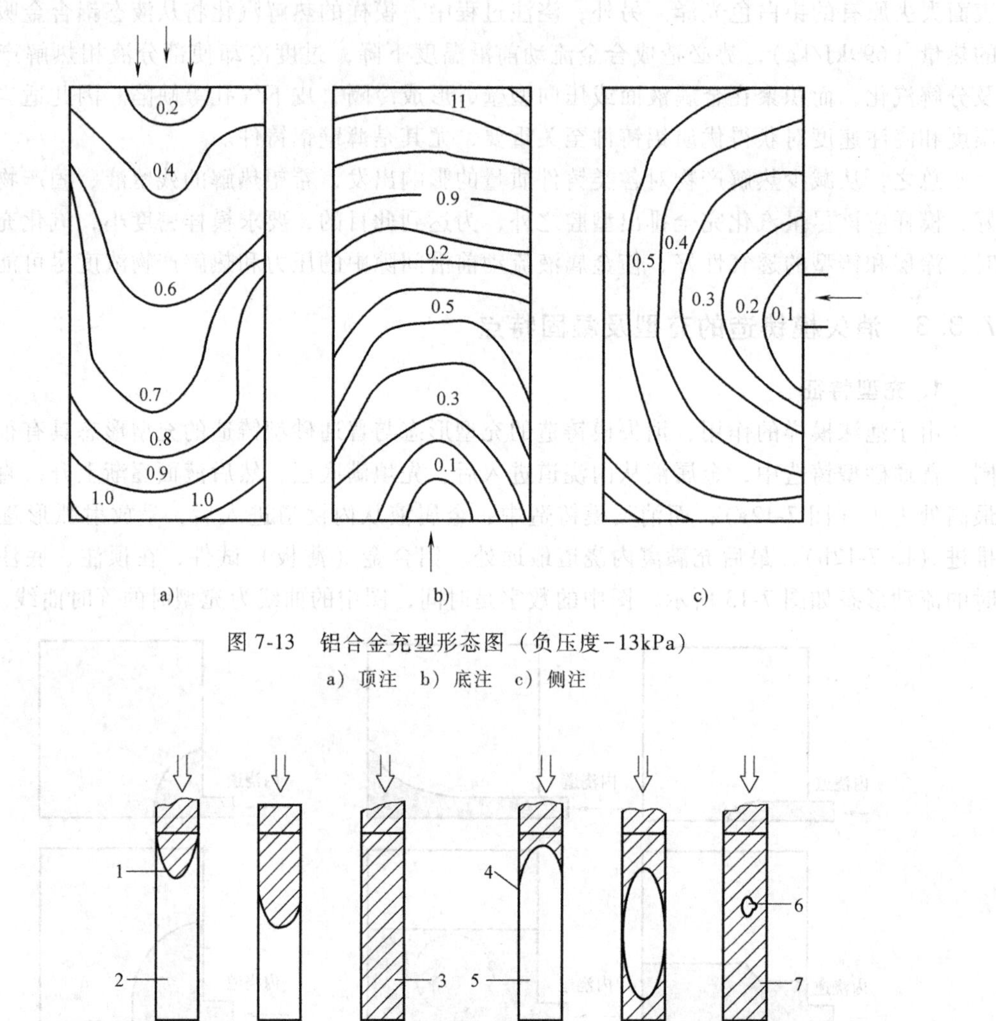

图 7-13 铝合金充型形态图（负压度-13kPa）

a）顶注 b）底注 c）侧注

图 7-14 金属液充填的附壁效应

a）无减压时 b）减压时

1—液态 EPS 2、5—EPS 模样 3、7—金属液 4—先充填的金属液 6—空洞

4）浇注温度。浇注温度提高，充型速度加快。消失模铸造的浇注温度比普通砂型铸造的浇注温度要高 30~50℃。

5）负压度。金属液在空型中的充型速度比在消失模铸型中大 3 倍；而采用负压可以显著提高消失模铸型金属液的充型速度，如负压度为-27kPa 条件下铸铝的充型速度是无负压时的 5 倍。但必须注意，过低的负压度会造成附壁效应，引起气孔、表面碳缺陷以及黏砂等缺陷。

7.3.4 消失模铸造的凝固及组织特点

1）消失模铸造的冷却凝固速度比普通砂型铸造慢，负压度对铸件的冷却凝固速度影响

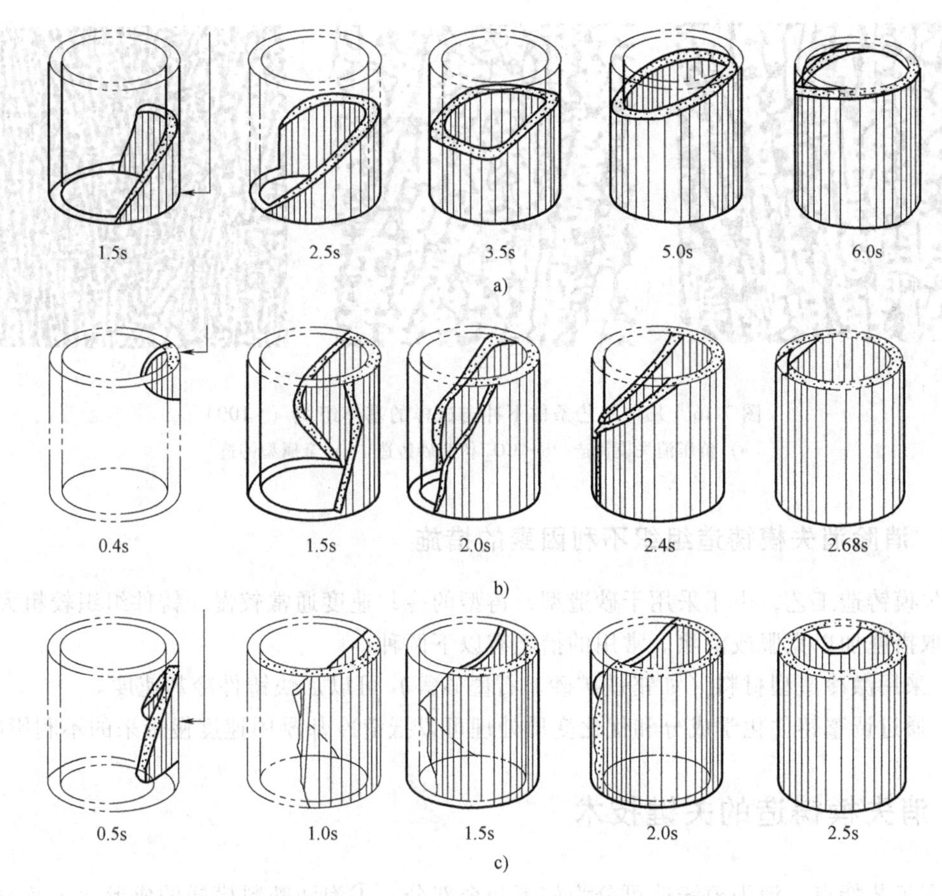

图 7-15　圆筒形铸铁件采用不同浇注方式时金属液流动前沿形态

a）底注　b）顶注　c）侧注

不大。

2）负压消失模铸造铸型刚度好，浇注铸铁件时，铸型不发生体积膨胀，使铸件的自补缩能力增强，因而大大减少了铸件缩孔倾向。

3）负压消失模铸件冷却慢，均匀进入弹塑性转变温差小，而且铸型阻力比黏土砂型小，所以铸件形成应力和热裂倾向比其他方法小。表 7-6 列出了三种不同铸型应力框试验的对比结果，负压消失模铸件的变形量小、残余应力低。几种不同工艺条件下冲击试样的基体组织如图 7-16 所示，金属型的冷却速度快，故组织较细小，而负压消失模铸型的冷却速度较树脂砂铸型的稍慢，故负压消失模铸件的组织稍粗。

表 7-6　三种不同铸型应力框试验的对比结果

铸型种类	应力框粗杆变形量/mm	应力框粗杆残余应力/MPa
负压消失模(−400mmHg①)	0.53	77
干黏土砂型	0.77	112
湿黏土砂型	0.91	131

① 1.013×10^5Pa = 760mmHg。

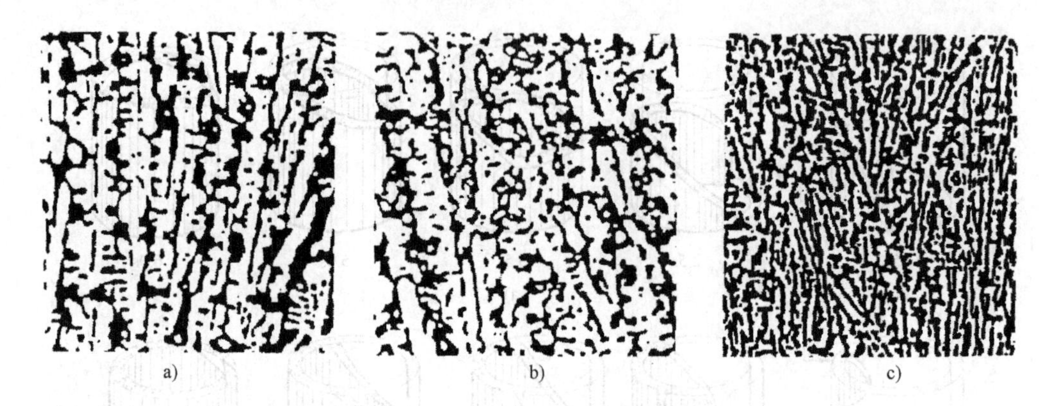

图 7-16 几种工艺条件下冲击试样的基体组织（×100）

a）负压消失模铸造 b）CO_2 树脂砂铸造 c）金属型铸造

7.3.5 消除消失模铸造组织不利因素的措施

消失模铸造工艺，由于采用干砂造型，铸型的冷却速度通常较慢，铸件组织较粗大，为此需采取措施加以克服或消除。常用的措施有以下两种：

1）采用激冷造型材料（如铬铁矿砂、石墨砂等）可以加快铸件冷却速度。

2）通过调整铸件化学成分和优化变质处理可以抵消冷却凝固速度慢带来的不利影响。

7.4 消失模铸造的关键技术

根据工艺特点，消失模铸造可分为如下几个部分：①泡沫塑料模样的成形加工及组装部分，通常称为白区；②造型、浇注、清理及型砂处理部分，又称为黑区；③涂料的制备及模样上涂料、烘干部分，也称为黄区。消失模铸造的关键技术包括：制造泡沫模样的材料及模具技术、涂料技术、多维振动紧实技术等。

7.4.1 消失模铸造的白区技术

泡沫塑料模样通常采用两种方法制成：一种是采用商品泡沫塑料板料（或块料）切削加工、黏结成型为铸件模样；另一种是商品泡沫塑料珠粒预发后，经模具发泡成型为铸件模样。

泡沫塑料模样的切削加工成型及模具发泡成型过程如图 7-17 所示。目前，不少工厂采用木工机床（铣、车、刨、磨等）加工泡沫塑料模样，但由于泡沫塑料软柔

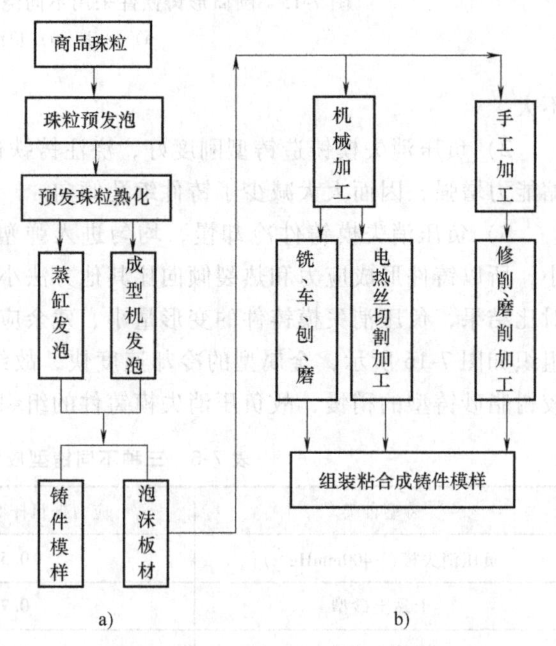

图 7-17 泡沫塑料模样的成型过程

a）模具发泡成型 b）板材加工成型

脆弱，在加工原理、加工刀具及加工转速上都有很大区别。泡沫塑料一般按“披削”原理加工，加工转速要求更高。近年来，高速机床已被用于泡沫模样的加工成型。

由泡沫塑料珠粒（原材料）制成铸件模样的工艺过程如图 7-18 所示。图 7-19 所示为一种采用蒸缸式发泡成型的模具及成型后的泡沫塑料模样照片。对于复杂模样，需要分片成型，再组装成整体模样（铸件形状），如图 7-20 所示。图 7-20 所示是珠粒预发、泡沫模样片成型、模样组装的照片。组装后的整体泡沫塑料模样，再配上浇口、冒口系统（如图7-21 所示，通常采用热熔胶或冷黏胶黏结组装），即完成了消失模铸造模样的制造工作。然后再进入涂料、涂料干燥、造型紧实、浇注工作。

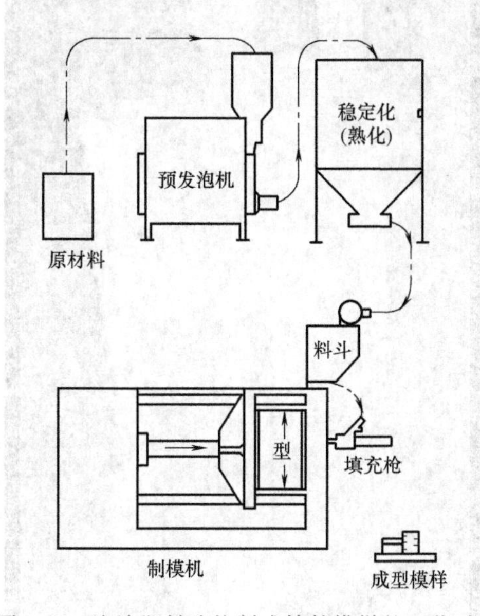

图 7-18　泡沫塑料珠粒制成铸件模样的工艺过程

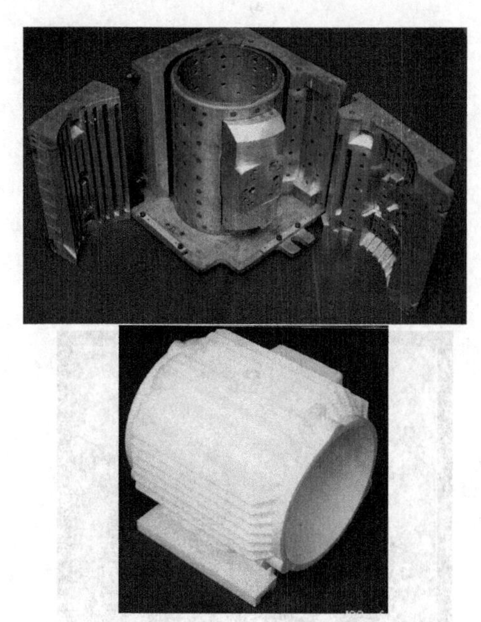

图 7-19　发泡成型模具及泡沫塑料模样照片

泡沫塑料模样的材料种类及性能（密度、强度、发气量等）对消失模铸件的质量具有重大影响。泡沫塑料的种类很多，但能用于消失模铸造工艺的泡沫塑料种类却较少，目前常用于消失模铸造工艺的泡沫塑料及其特性见表 7-7。

表 7-7　常用于消失模铸造工艺的泡沫塑料及其特性

名称	英文缩写	强度	发气量	主要热解产物	价格	应用情况
聚苯乙烯	EPS	较大	较小	分子量较大的毒性芳香烃气体较多，单质碳较多	便宜	广泛
聚甲基丙烯酸甲酯	PMMA	较小	大	小分子气体较多，单质碳较少	较贵	较广泛
共聚物	EPS-PMMA	较大	较大	小分子气体较多，单质碳较少	较贵	较广泛

EPS 的热解产物中大分子气体和单质碳含量较多，铸件易产生冷隔、皱皮和增碳等缺陷；PMMA 热解产物的小分子气体较多，单质碳较少，克服了 EPS 的某些缺点，但其发气量大、强度小，易产生模样变形和浇注时金属液返喷现象；EPS-PMMA 综合了上面两者的某些优点而克服了它们的一些缺点，是目前较好的泡沫塑料模样材料。

较理想的泡沫塑料模样材料应具有如下性能特点：①成形性好，密度小，刚性高，具有一

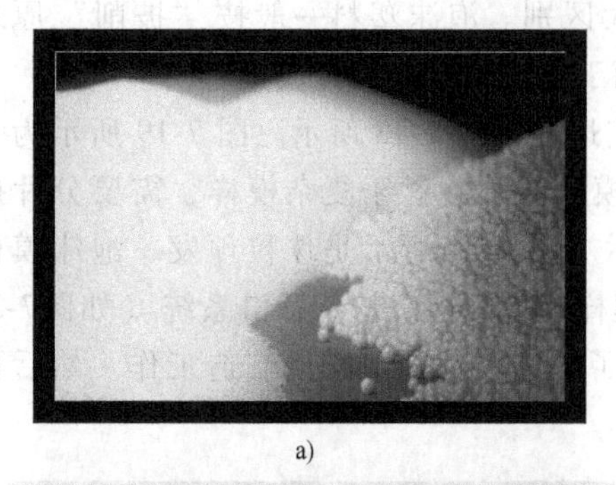

a)

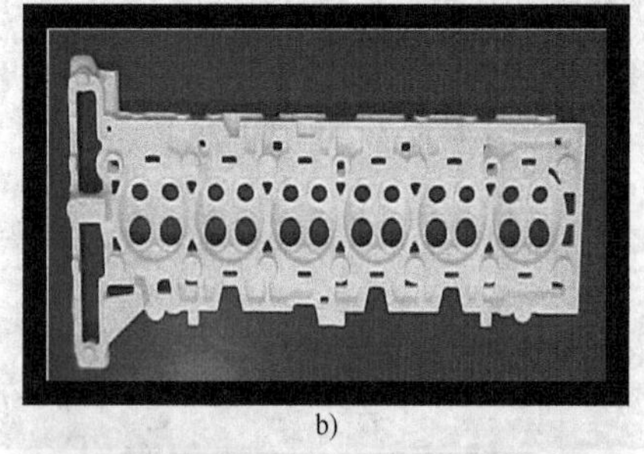

b)

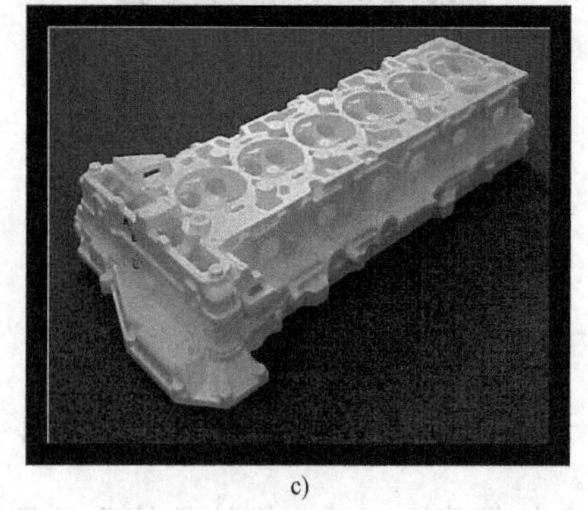

c)

图 7-20　珠粒预发、模样成型及模样组装照片
a）珠粒预发　b）模样片成型　c）模样组装

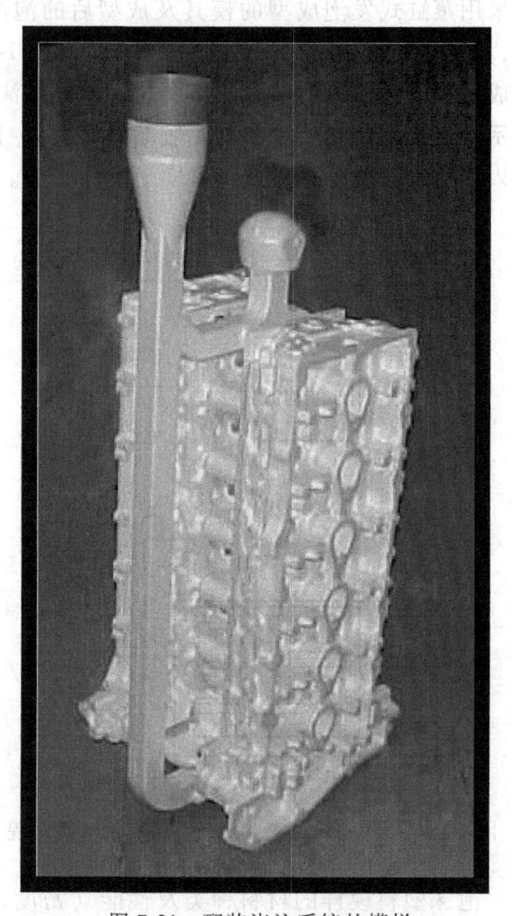

图 7-21　配装浇注系统的模样

定的强度；②较好的可加工性，加工时不易脱珠粒，加工表面光洁；③汽化温度较低，受热作用分解汽化速度快；④被液态金属热作用生成的残留物少，发气量小，且对人体无害等。

7.4.2　消失模铸造的涂料技术

泡沫塑料模样及其浇注系统组装成型后，通常都要上涂料。

（1）涂料的作用　涂料在消失模铸造工艺中具有十分重要的控制作用。

1）涂层将金属液与干砂隔离，可防止冲砂、黏砂等缺陷。

2）浇注充型时，涂层将模样的热解产物气体快速导出，可防止浇不足、气孔、夹渣、增碳等缺陷产生。

3）涂层可提高模样的强度和刚度，使模样能经受填砂、紧实、抽真空等过程中力的作用，避免模样变形。

（2）涂料应具有的性能　为了获得高质量的消失模铸件，消失模铸造涂料应具有如下

性能：

1）良好的透气性。模样受热汽化生成的气体容易通过涂层，经型砂之间的间隙由真空泵强行抽走。

2）较好的涂挂性。涂料涂挂后能在模样表面获得一层厚度均匀的涂层。

3）足够的强度。常温下能经受搬运、紧实时的作用力使涂层不会剥落，高温下能抵抗金属液的冲刷作用力。

4）发气量小。涂料层烘干后，在浇注过程中与金属液作用时产生的气体量小。

5）低温干燥速度快。低温烘干时，干燥速度快，不会产生龟裂、结壳等现象。

消失模铸造涂料与普通砂型铸造涂料的组成相似，主要由耐火填料、分散介质、粘结剂、悬浮剂及改善某些特殊性能的附加物组成。但消失模铸造涂料的性能不同于一般的铸造涂料，消失模铸件的质量和表面粗糙度在很大程度上依赖于涂料的质量。研究开发适用于不同铸件材质的消失模铸造优质涂料仍是我国消失模铸造技术研究及应用的重要课题。根据分散介质（溶剂）的不同，消失模铸造涂料又可分为水基涂料和有机溶剂快干涂料两大类。几种典型的消失模铸造涂料配方见表7-8。

表7-8 几种典型的消失模铸造涂料配方

涂料种类及编号		配方(质量分数,%)	适用场合
快干涂料	1	铝矾土40~50,土状石墨粉5~10,片状石墨粉0~10,乙醇35~45,PVB3.0~3.5	铸铁件
	2	石英粉50,乙醇50,PVB4.0,电木漆10,硼酸10~12	铸铁件
	3	石英粉40~50,铝矾土10~20,乙醇35~45,PVB3.0~3.5	碳钢件
	4	锆石粉100,乙醇适量,酚醛树脂2,松香1,膨润土1.5	铸钢件
	5	锆石粉(或刚玉粉)40~50,铝矾土10~20,乙醇35~45,PVB3.0~3.5	合金钢、厚大件
	6	滑石粉46,汽油43,101树脂6,8~45胶5	有色合金件
水基涂料	1	石英粉100,CMC2.5,滑石粉2.0,膨润土2.7,碳酸钠0.1,水适量	铸铁件
	2	铝矾土90,石英粉10,CMC2.5,滑石粉2.5,膨润土2.7,碳酸钠0.1,水适量	铸铁件
	3	镁橄榄石粉100,CMC2.0,滑石粉2.0,膨润土2.0,碳酸钠0.1,水适量	高锰钢件
	4	石英粉70,云母粉30,凹凸棒土1,膨润土1.5,白乳胶8,水适量,消泡剂微量	铸铁件
	5	棕刚玉100,CMC0.3,硅溶胶6,白乳胶3,悬浮剂8,水适量	铸钢件
	6	硅藻土40,珠光粉60,硅溶胶9,白乳胶2,PAM10,CMC0.3,凹凸棒土2,水	有色合金件

几种国外典型的消失模铸造涂料性能见表7-9。不同种类的涂料，其性能有差别。由表7-9可知，铸铁涂料A的常温强度低于铸铁涂料B，但高温强度明显高于后者，而透气性稍差。不同合金用消失模铸造涂料，其性能要求也不同。铸铁的浇注温度远高于铸铝，所以铸铁用消失模涂料的强度和透气性要求均要高于铸铝用消失模铸造涂料。

7.4.3 消失模铸造的黑区技术

消失模铸造的黑区技术包括加砂、造型、浇注、清理及型砂处理等部分。

消失模铸造通常采用无黏结剂的石英散砂来充填、紧实模样，平均粒度为AFS25~45的砂粒较常见。粒度过细有碍于浇注时塑胶残留物的逸出；粗砂粒则会造成金属液渗入，使得铸件表面粗糙。砂子粒度分布集中较好（最好都在一个筛号上），以便保证型砂的高透气性。

表 7-9 几种国外典型的消失模铸造涂料性能

涂料种类	强度/MPa		透气性/[cm^4/(g·min)]		发气量/(mL/g)	烧失量/g				密度/(g/cm^3)	滴淌性		其他
	常温	600℃	常温	600℃烧后		200℃	300℃	400℃	500℃		滴淌量/g	滴淌时间/s	
铸铁涂料 A	1.99	2.50	0.91	1.67	61	0.24	2.21	2.53	3.12	1.48	0	0	涂料在干燥后不开裂，韧性好
铸铁涂料 B	2.74	0.64	1.20	2.34	89	0.11	3.11	5.43	6.13	1.50	2.8	116	
铝合金涂料	2.29	0.44	1.72	0.86	117	0.25	5.76	7.50	8.39	1.50	0.95	20	

1. 加砂

在模样放入砂箱内紧实之前，砂箱的底部要填入一定厚度的型砂作为放置模样的砂床(砂床的厚度一般约为100mm)。然后放入模样，再边加砂、边振动紧实，直至填满砂箱、紧实完毕。为了避免加砂过程中因砂粒的冲击使模样变形，由砂斗向砂箱内加砂常采用柔性管加砂和雨淋式加砂两种方法。前者是用柔性管与砂斗相接，人工移动柔性管陆续向砂箱内各部位加砂，可人为地控制砂粒的落高，避免损坏模样涂层；后者是砂粒通过砂箱上方的筛网或多管孔雨淋式加入。雨淋式加砂均匀，对模样的冲击较小，是生产中常用的加砂方法。

2. 型砂的振动紧实

消失模铸造中干砂的加入、充填和紧实是得到优质铸件的重要工序。砂子的加入速度必须与砂子紧实过程相匹配，如果在紧实开始前将全部砂子都加入，肯定会造成变形。砂子填充速度太快会引起变形；但砂子填充太慢会造成紧实过程时间过长，生产速度降低，并可能促使变形。消失模铸造中型砂的紧实一般采用振动紧实的方式，紧实不足会导致浇注时铸型壁塌陷、胀大、黏砂和金属液渗入，而过度紧实振动会使模样变形。振动紧实应在加砂过程中进行，以便使砂子充入模样束内部空腔，并保证砂子达到足够紧实而又不发生变形。

根据振动维数的不同，消失模铸造振动紧实台的振动模式可分为一维振动、二维振动和三维振动三种。研究表明：

1）三维振动的充填和紧实效果最好，二维振动在模样放置和振动参数选定合理的情况下也能获得满意的紧实效果，一维振动通常认为适用于紧实结构较简单的模样。但由于振动维数越多，振动台的控制越复杂且成本越高，故目前实际应用于生产的振动紧实台以一维振动居多。

2）在一维振动中，垂直方向振动比水平方向振动效果好。

3）垂直方向与水平方向两种振动的振幅和频率均不相同或两种振动存在一定相位差时，所产生的振动轨迹有利于干砂的充填和紧实。

影响振动紧实效果的主要振动参数包括振动加速度、振幅和频率、振动时间等。振动台的激振力大小和被振物体总质量决定了振动加速度的大小，振动加速度在（1~2)g 范围内较佳，小于1g 对提高紧实度没有多大效果，而大于2.5g 容易损坏模样。在激振力相同的条件下，振幅越小，振动频率越高，充填和紧实效果越好（实践表明，频率为50Hz、振动电动机转速为2800~3000r/min、振幅为0.5~1mm 较合适）。振动时间过短，干砂不易充满模样各部位，特别是带水平空腔模样的充填紧实不够；但振动时间过长，容易使模样变形损坏

（一般振动时间控制在 30~60s 较宜）。

常用的消失模铸造振动紧实台的结构示意图如图 7-22 和图 7-23 所示。一种常见的三维振动紧实台的外形照片如图 7-24 所示。

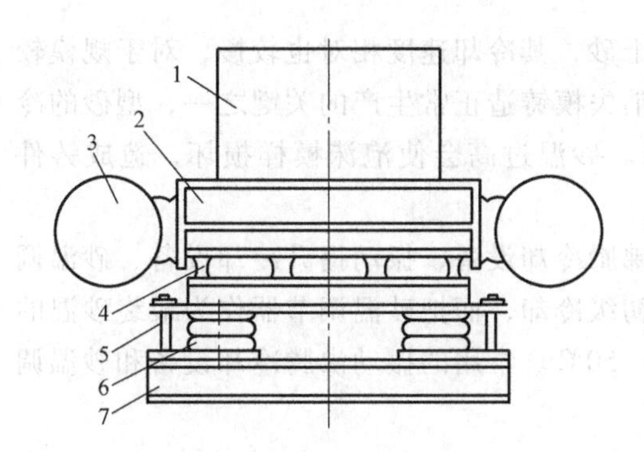

图 7-22　美国 Valcan 公司的一维振动紧实台

1—砂箱　2—振动台体　3—振动电动机　4—橡胶弹簧　5—高度限位杆　6—空气弹簧　7—底座

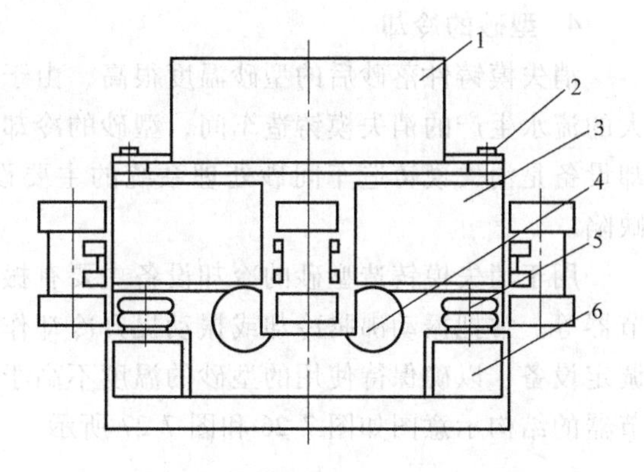

图 7-23　日本太洋铸机（株）的三维振动紧实台

1—砂箱　2—砂箱夹紧装置　3—振动台体　4—振动电动机　5—空气弹簧　6—底座

3. 真空下浇注

型砂紧实后的浇注通常在抽真空下进行，消失模铸造中的真空抽气系统如图 7-25 所示。抽真空的目的是将砂箱内砂粒间的空气抽走，使密封的砂箱内部处于负压状态，因此砂箱内部与外部产生一定的压差。在此压差的作用下，砂箱内松散流动的干砂粒可变成紧实坚硬的铸型，具有足够高的抵抗液态金属作用的抗压、抗剪强度。抽真空的另一个作用是，可以强化金属液浇注时泡沫塑料模样汽化后气体的

图 7-24　一种三维振动紧实台的外形照片

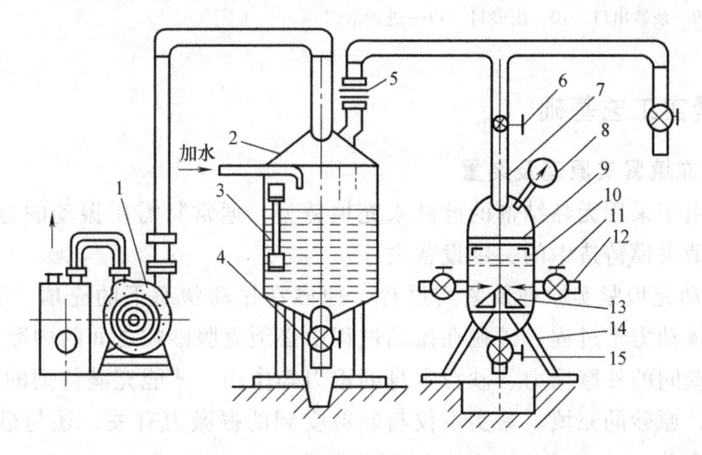

图 7-25　消失模铸造中的真空抽气系统

1—真空泵　2—水浴罐　3—水位计　4—排水阀　5—球阀　6—逆流阀　7—3 寸管　8—真空表　9—滤网　10—滤砂与分配罐　11—止阀（若干个）　12—进气管（若干个）　13—挡尘罩　14—支托　15—排尘阀

排出效果，避免或减少铸件的气孔、夹渣等缺陷。真空度大小是消失模铸造重要工艺参数之一，真空度大小的选定主要取决于铸件的质量、壁厚及合金种类等，选择合适才能获得优质铸件。通常真空度的使用范围是-0.08~-0.02MPa。

4. 型砂的冷却

消失模铸件落砂后的型砂温度很高，由于是干砂，其冷却速度相对也较慢，对于规模较大的流水生产的消失模铸造车间，型砂的冷却是消失模铸造正常生产的关键之一，型砂的冷却设备是消失模铸造车间砂处理系统的主要设备。砂温过高会使泡沫模样损坏，造成铸件缺陷。

用于消失模铸造型砂的冷却设备主要有振动沸腾冷却设备、振动提升冷却设备、砂温调节器等。常把振动沸腾冷却或振动提升冷却作为初级冷却，而把砂温调节器作为最终砂温的调定设备，以确保待使用的型砂的温度不高于40~50℃。常用的振动沸腾冷却设备和砂温调节器的结构示意图如图 7-26 和图 7-27 所示。

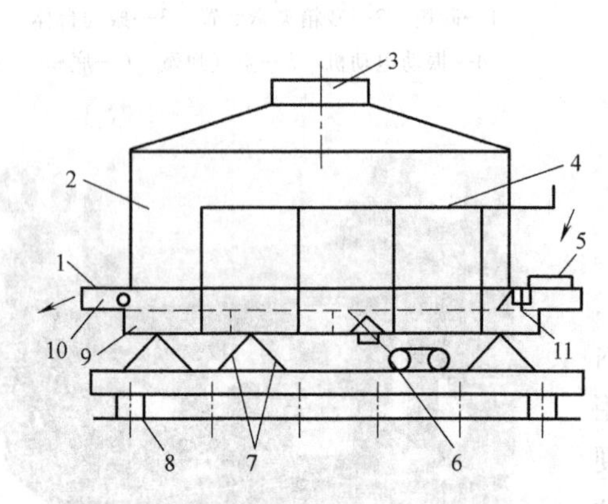

图 7-26 振动沸腾冷却设备结构示意图

1—振动槽 2—沉降室 3—抽风除尘口 4—进风管 5—热砂进口 6—激振装置 7—弹簧系统 8—橡胶减振器 9—余砂出口 10—出砂口 11—进砂活门

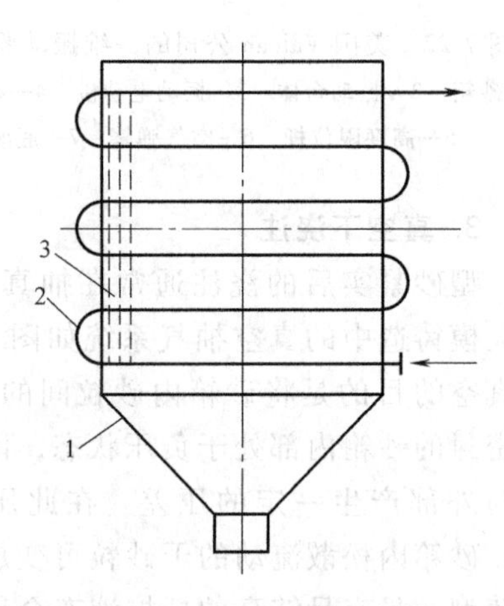

图 7-27 砂温调节器结构示意图

1—壳体 2—调节水管 3—散热片

7.4.4 振动紧实工艺基础

1. 原砂振动充填紧实原理及装置

消失模铸造由于采用无黏结剂的硅砂来充填铸型，通常只需用振动的方法来实现紧实。振动紧实台也是消失模铸造中的关键设备之一。

(1) 原砂振动充填紧实原理及紧实过程 原砂在振动状态下的充填、紧实过程是一个极为复杂的散粒体动力学过程。砂粒在振动过程中必须克服砂粒之间的内摩擦力、砂粒与模型及砂粒与砂箱壁间的外摩擦力、砂粒本身的重力等作用，才能充满铸型的内、外型腔，并得到紧实。因此，原砂的充填、紧实不仅与砂粒受到的振激力有关，还与砂粒本身的特征、砂箱形状和大小有关。

原砂是由许多砂粒组成的松散堆积体，自由状态下砂粒的联系以接触为主。干砂紧实的实质是：通过振动作用使砂箱内的砂粒产生微运动，砂粒获得冲量后克服四周遇到的摩擦

力，使其相互滑移并重新排列，最终引起砂体的流动变形及紧实。

以原砂向水平孔的充填、紧实为例，其大致分为三个阶段，如图 7-28 所示。

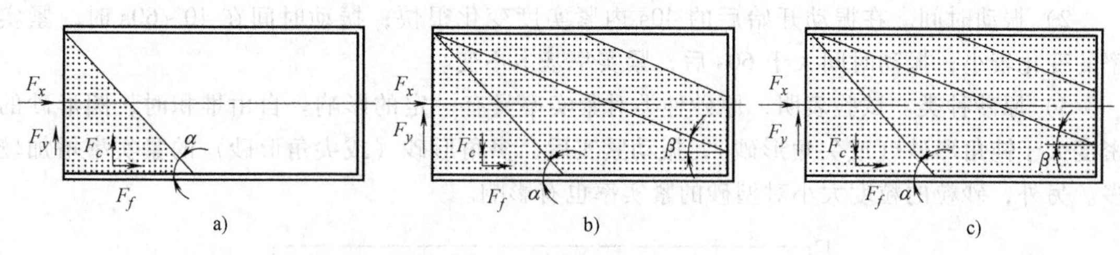

图 7-28　干砂向水平孔的充填、紧实过程的三个阶段

a）加砂充填　b）充填、紧实　c）紧实

1）加砂填充阶段。此阶段振动台还未开始振动，砂粒自由落至水平孔口后，由于水平侧压应力 F_x 的作用，在进砂口处以自然堆积角向水平孔内充填至一定长度。干砂的自然堆积角通常等于砂粒的内摩擦角 α，如图 7-28a 所示。

2）填充、紧实阶段。振动台开始振动后，砂粒获得的振激力使砂粒间的内摩擦角急剧减少，摩擦角变为 β。为了维持受力平衡，砂粒向水平孔的纵深方向移动，堆积角达到 β 后，砂粒前沿呈 β 角斜面继续向前推进，直至砂粒受力平衡，如图 7-28b 所示。在此阶段，由于振动力的作用，砂粒间的间隙减小，原砂在填充期间得到初步的紧实，砂粒受到的摩擦力也加大。

3）紧实阶段。砂箱内加砂量高度的增加，水平侧压应力 F_x 增大，水平孔中的砂面升高、堆积倾角增大，原砂继续充填、紧实，直至砂粒的受力产生新的平衡，如图 7-28c 所示。当水平管较长或管径较小时，砂粒不能完全充满、紧实。在此阶段，砂粒受到的阻力较大，砂粒间的间隙进一步减小，砂粒也得到进一步紧实。

上述三个阶段随着加砂和振动操作顺序的不同而不同，之间没有绝对的界限，水平侧压应力 F_x、摩擦角 β 与振动加速度、振动频率、模样的形状等都有很大关系，从而影响模样水平孔内干砂的紧实度。通常，加大振动加速度和振动频率可增加水平孔内原砂的紧实度。

（2）三维振动紧实原理　目前，振动紧实台通常采用振动电动机作驱动源，结构简单，操作方便，成本低。根据振动电动机的数量及安装方式，振动紧实台可分为一维振动紧实台、二维振动紧实台和三维振动紧实台等。

消失模铸造的振动紧实台不仅要求砂粒快速到达模样各处，形成足够的紧实度，而且在紧实过程中应使模样变形较小，以保证浇注后形成轮廓清晰、尺寸精确的铸件。一般认为，消失模铸造的振动紧实应采用高频振动电动机进行三维微振紧实（振幅 0.5~1.5mm，振动时间 3~4 min)，才能完成砂粒的充填和紧实过程。

三维振动台通常由六台（三组）振动电动机激振，生产中，操作人员可控制不同方向上（X、Y、Z 方向）的电动机运转，以满足不同方向上的充填、紧实要求。大多数三维振动台可按一定的组合方式、先后顺序来实现 X、Y、Z 三个单方向以及 XY、XZ、YZ 等复合方向的振动。三维振动紧实的原理和实质可认为是三个方向上单维振动的不同叠加。

（3）原砂振动充填紧实的影响因素　用振动前后砂粒的体积比来表征砂粒的相对紧实率（即密度法）。测试表明，紧实率大小的影响因素主要有：

1）振动维数。振动维数对紧实率的影响如图 7-29 所示。从图 7-29 可以看出，垂直方

向的振动是提高干砂紧实率的主要因素。在垂直振动的基础上，增加水平方向的振动，紧实率有所提高；而单纯水平方向的振动，紧实效果较差。

2）振动时间。在振动开始后的40s内紧实度变化很快；振动时间在40~60s时，紧实率的变化较小；振动时间大于60s后，紧实率基本不变。

3）原砂种类。试验表明，原砂种类对紧实率具有一定的影响。自由堆积时，圆形砂的密度大于钝角形砂（或尖角形砂），振动紧实后，多角形砂（或尖角形砂）的紧实率增加较多。另外，砂粒的粒度大小对型砂的紧实率也有影响。

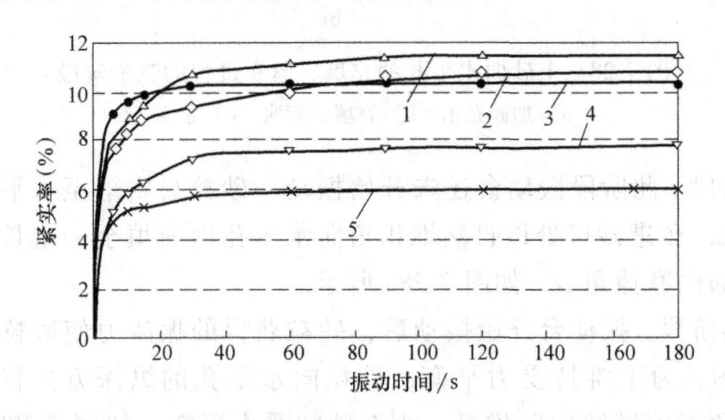

图 7-29 振动维数对紧实率的影响

1—X、Y、Z 轴振动 2—X、Z 轴振动 3—Z 轴振动 4—X、Y 轴振动 5—X 轴振动

4）振动加速度。振动加速度对原砂紧实率的影响见表7-10。结果表明，加速度为$(1.44\sim2.62)g$之间（$1g=9.8\text{m/s}^2$），获得的平均紧实率较高。

表 7-10 振动加速度对原砂紧实率的影响

振动加速度	1.05g	1.44g	2.04g	2.62g	3.41g	4.15g
紧实度(%)	8.9	9.8	10.5	10.1	9.8	9.4

注：测试条件为在50Hz的工作频率下，垂直一维振动，振动时间为60s。

5）振动频率。改变振动电动机的振动频率，测试振动频率对紧实率的影响，结果见表7-11。结果表明，振动频率对紧实率有一定的影响，当振动频率大于50Hz后，紧实率的变化不太大。

表 7-11 振动频率对紧实率的影响

振动频率/Hz	30	50	70	100	130
紧实率增量(%)	5.93	7.00	7.20	7.16	7.17

注：测试条件为垂直一维振动，振动加速度为2.0g，振动时间为60s。

2. 对振动紧实台的性能要求

振动紧实台的作用是使原砂充满模样内外并达到一定的紧实度又不能损坏模样。在振动紧实过程中，若振击力过大，砂箱中的砂粒将会对泡沫模样造成较大的冲击，有可能使泡沫模样变形甚至断裂；振击力太小，又会紧实不足，起不到支撑涂料和抵抗金属液压头冲击的作用，有可能在浇注时产生渗漏、夹砂等缺陷。因此，工艺上对振动紧实台设备的性能要有一定的要求。

1）高效振动，充填和紧实型砂，但不能损害泡沫模样。通常采用高频率、低振幅的振

动，振动频率为30~80Hz，并能根据不同形状的零件及整个造型过程调整振动频率。振幅一般为0.5~1.5mm，振动加速度为（1~2）g。

2）振动台具有不同的振动模式，并能根据不同形状的零件采用不同的振动模式。普通结构的消失模铸件采用垂直一维振动即可满足要求；对于结构复杂的零件要考虑采用二维或三维振动，并结合振动频率的变化，以获取理想的效果。

3）振动台必须有足够的弹性支撑能力。振动台的弹性支撑力应大于"砂箱+型砂+台面"自重之和。

4）振动台的激振器（即振动电动机）要有足够的振动力，以使其达到所要求的振动幅度和振动加速度。激振力$F_{激}$为

$$F_{激}=ma \tag{7-22}$$

式中，m为"砂箱+型砂+台面"质量之和（kg）；a为振动加速度（m/s^2）。

5）合适的振动台面尺寸，振动台面上要有砂箱的定位、夹紧装置。

6）振动台要有足够的机械强度、刚度和抗振动疲劳能力，配有防止振动引起的连接件松动等结构与措施。

7）振动台应工作平稳，噪声小。

3. 振动紧实台的典型结构及工作参数

（1）振动紧实台的基本组成　振动紧实台的基本组成包括激振器、隔振弹簧、工作台面、底座及控制系统等。在消失模铸造紧实台中，激振器常用双极（3000r/min）高转速的振动电动机，而隔振弹簧一般采用橡胶空气弹簧，以利于工作台面的自由升降。目前，工厂中常用的消失模铸造紧实台有单维振动紧实台和三维振动紧实台两种。

（2）单维振动紧实台　单维振动紧实台的结构如图7-22所示（美国Valcan公司的一维振动紧实台）。其特点是：空气弹簧和橡胶弹簧联合使用；砂箱与振动台之间无锁紧装置，依靠工作台面上的三根定位杆来实现砂箱与振动台面的定位；两台振动电动机采用变频器控制；用高度限位杆来限制空气弹簧的上升高度。这种结构（或类似结构）的振动紧实台，简单实用，成本不高，在我国应用较广泛。

（3）三维振动紧实台　三维振动紧实台的结构如图7-24所示［日本太洋铸机（株）的三维振动紧实台的结构示意图］。其特点是：采用六台振动电动机，可配对形成三个方向上的三维振动；振动紧实时，砂箱固定在振动台的台面上；空气弹簧可实现隔振与台面升降功能。这种结构（或类似结构）的振动紧实台可方便地实现一至三维振动及其振动维数的互相转换，但设备成本比单维振动台高，控制也要复杂一些。

（4）振动紧实台的工作参数范围　实践表明，影响振动紧实效果的主要振动参数包括振动加速度、振幅和频率、振动时间等。

振动台的激振力大小和被振物体总质量决定了振动加速度的大小，振动加速度在（1~2）g范围内较佳，小于1g对提高紧实度没有多在效果，而大于2.5g容易损坏模样。

在激振力相同的条件下，振幅越小、振动频率越高，充填和紧实效果越好。一般而言，频率为50Hz、振动电动机转速为2800~3000r/min、振幅为0.5~1mm较合适。

振动时间过短，砂粒不易充满模样各部位，特别是带水平空腔的模样的充填紧实不够；但振动时间过长，容易使模样变形损坏。一般的振动时间控制在30~60s较适宜。

4. 振动紧实效果的检验

黏土砂铸型紧实度的测量通常有紧实率法、表面硬度法、压痕法、应力法、取样称量法等。在消失模铸型中，由于无黏结剂，若没有负压的紧固作用，砂箱内的“散砂”不具有固定的形态与强度。因此，上述检测黏土砂铸型紧实度的方法并不全适于“散砂”消失模铸型的振动紧实效果测定。

根据消失模铸造工艺的特点，检验消失模铸型振动紧实效果的方法常有紧实率法、应力法、拔出抗力法、通气能力法等。详见有关专著。

7.5 消失模铸造的工艺参数及其铸件的缺陷防治措施

7.5.1 消失模铸造的浇注系统特征及工艺参数

浇注系统是高质量铸件生产的关键因素之一。消失模铸造与普通铸造本质的不同在于，消失模铸造在浇注时型腔不是空腔，高温金属与泡沫塑料模样发生复杂的物理化学反应，泡沫模样高温分解产生物的存在及其反应吸热对液态金属的流动、铸件的夹杂缺陷、化学成分变化等都会产生较大影响。因此，在进行消失模铸造工艺设计或确定时，除一般铸造过程应遵循的原则外，尤其要注意泡沫模样的受热、分解对金属液充型及凝固的影响，注意减少或消除由此造成的消失模铸件缺陷。

消失模铸造工艺浇注系统的基本特点是“快速浇注、平稳充型”。由于泡沫塑料模样的存在，与普通砂型铸造相比，消失模铸造工艺的浇注系统具有如下特征：

1. 常采用封闭式浇注系统

封闭式浇注系统的特点是流量控制的最小截面处于浇注系统的末端，浇注时直浇道内的泡沫塑料迅速汽化，并在很短的时间内被液体金属充满，浇注系统内易建立起一定的静压力使金属液呈层流状充填，可以避免充型过程中金属液的搅动与喷溅。浇注系统各单元截面积比例一般为：

对于钢、铁铸件

$$F_{直}:F_{横}:F_{内}=2.2\sim1.6:1.25\sim1.2:1$$

对于有色金属铸件

$$F_{直}:F_{横}:F_{内}=2.7\sim1.8:1.30\sim1.2:1$$

由于影响的因素很多，目前还没有计算消失模铸造工艺浇注系统参数的公式及方法，浇注系统最小截面积通常都由生产经验来确定。

2. 常采用底注式浇注系统

与普通铸造方法相同，金属液注入消失模内的方式主要有顶注式、底注式、侧注式和阶梯式四种。不同浇注方式有各自不同的特点，应根据铸件的特点、金属材质种类等因素加以考虑。顶注式适用于高度不大的铸件；侧注式适于薄壁、质量小、形状复杂的铸件，对于管类铸件尤为适合；阶梯式适于壁薄、高大的铸件。由于底注式浇注系统的金属液流动充型平稳，不易氧化，也无激溅，有利于排气浮渣等，较符合消失模铸造的工艺特点，故底注式浇注系统在消失铸造中采用较多。

3. 消失模铸造工艺允许尽快浇注

快速浇注是消失模铸造工艺的主要特征之一。消失模铸造浇注系统尺寸比常规铸造的浇注系统尺寸大，一些研究资料介绍：消失模铸造工艺的浇注系统的截面积比砂型铸造约大1倍，主要原因是金属液与汽化模之间的气隙太大，充型浇注速度太慢有造成塌箱的危险。

4. 常采用较高的浇注温度

由于汽化泡沫塑料模样需要热量，消失模铸造的浇注温度比普通砂型铸造的浇注温度通常要高20~50℃。不同材质的浇注温度为：灰铸铁件1370~1450℃，铸钢件1590~1650℃，铸造铝合金720~790℃，铸造镁合金740~800℃。浇注温度过低，夹渣、冷隔等缺陷明显增多。对于钢、铁，提高浇注温度对获得高质量的铸件都十分有利；但对铝（镁）合金铸件，浇注温度不宜超过770~800℃，否则易产生铸件的针孔和氧化夹杂缺陷。由于液态铝（镁）合金的浇注温度及热容量较低，浇不足缺陷也成了消失模铸造铝（镁）合金铸件缺陷的主要种类之一。为了克服该类铸造缺陷的产生，应在足够的浇注温度下完成浇注。因此，平衡（较高的）浇注温度与铝（镁）合金消失模铸件针孔和氧化夹杂缺陷之间的关系是铝镁合金消失模铸造工艺的重要任务，同时应加强对熔化浇注时对液态铝镁合金的保护。

7.5.2　消失模铸造的常见缺陷及防治措施

消失模铸造工艺的常见铸件缺陷有[11]增碳、皱皮、气孔和夹渣、黏砂、塌箱、冷隔、变形等。其产生原因及防治措施简述如下：

1. 增碳

消失模铸钢件中，铸件的表面乃至整个断面的含碳量明显高于钢液的原始含碳量，造成铸件加工性能恶化而报废的现象称为增碳。铸钢件在较高温度下浇注时，泡沫材料在高温钢液作用下发生分解、裂解，分解物中大量的液相聚苯乙烯、气相苯乙烯、气相苯及小分子气体（CH_4、H_2）等，在浇注过程中，其产物部分被真空泵吸引而排除型外，部分仍聚集在涂料层和钢液间或在模样材料和钢液的间隙中，在浇注和冷凝过程中，钢液和铸件始终处在泡沫塑料模样分解产物雾状游离碳或者碳氢化合物包围中，当铸钢件本身的含碳量很低时，分解产物中碳将扩散到铸钢中形成增碳缺陷。

防止增碳缺陷的方法如下：

1）选用低密度及合适的模样材料。低密度的模样材料不仅发气量少，而且还可相应减少铸型中泡沫塑料高温分解产物的析出量，降低碳的浓度，这对改善铸件质量和防止渗碳都是有利的。采用EPS材料时模样密度应控制在0.016~0.025g/cm³。此外，尽量采用EPMMA或者STMMA共聚物模样材料，可大大减轻铸钢件的增碳缺陷。

2）选择合理的浇注工艺参数。采用适宜的浇注温度和浇注速度，浇注温度提高，浇注速度相应提高，模料的分解加快，不易完全汽化，产物中液相量会增加，同时钢液与模样的间隙会减小，液相分解物常被挤出间隙，挤到涂层和金属液之间或钢液流股的冷角、死角，从而造成接触面增加，碳浓度增加。提高涂层或干砂铸型的透气性，透气性越好模料分解的产物逸出越快，从而降低了钢液和模样的间隙中分解物浓度和接触时间，进而减少铸钢件增碳缺陷。

3）提高浇注真空度。浇注时型壁抽真空能加速分解物逸出涂层和型外，从而减少其浓度和接触时间，也可降低或者避免铸钢件的增碳缺陷。真空度的控制必须与整个浇注过程速度相配合，若真空度过大反而会引起铸件黏砂或者其他缺陷。

4）增大涂料的透气性。在保证不出现黏砂等缺陷的条件下，应尽可能增大涂料的透气性，常采用减少涂层厚度、增大耐火材料粒度等措施，可有效地减少增碳缺陷。

钢液原始成分对增碳的影响见表7-12。模样材料铸钢件增碳的影响见表7-13。测试条件：①原钢液主要成分（质量分数）：C 0.14%，Si 0.31%，Mn 1.20%；②模样密度：EPS $15kg/m^3$，EPMMA $21kg/m^3$，STMMA $17kg/m^3$；③浇注温度：1550～1570℃；④负压度：0.028～0.03MPa；⑤浇注完毕后5min开型清理。

表7-12 钢液原始成分对增碳的影响

钢液牌号	钢液原始成分（质量分数，%）			铸件增碳	
	C	Si	Mn	最大增碳量（质量分数，%）	增碳层深度/mm
16Mn	0.13	0.31	1.36	0.31	0.70
25	0.22	0.29	0.78	0.16	0.52
35	0.36	0.29	0.81	很少	极薄
45	0.42	0.32	0.75	不增碳	0

表7-13 模样材料对铸钢件增碳的影响

模样材料	最大增碳量（质量分数，%）	增碳层深度/mm
EPS	0.31	0.70
STMMA	0.23	0.45
EPMMA	0.14	0.37

2. 皱皮

皱皮是消失模铸铁件特有的表面缺陷。其产生原因是，高温铁液在浇注到型内时，泡沫模样材料在高温下急剧分解，在模样和铁液间形成空隙，模样热解形成一次气相、液相和固相。气相主要是CO、CO_2、CH_4、H_2和相对分子质量较小的苯乙烯以及它们的衍生物；液相主要是苯、甲苯、乙烯和玻璃态聚苯乙烯等液态烃物；固相主要是由聚苯乙烯热解形成的光亮的碳和焦油状残留物组成。因固相中的光亮碳和气相、液相形成熔胶黏着状，液相也会以一定速度分解形成二次气相和固相。液态中的二聚物、三聚物及存在再聚合物，在这当中往往会出现一种黏稠的沥青状液体，这种液体分解物残留在涂层内侧，一部分被涂层吸收，一部分在铸件与涂层之间形成薄膜，这层薄膜在CO还原气氛下形成了细片状或皮屑状、波纹状的结晶残碳即为光亮碳，此种密度较低的光亮碳与铁液的润湿性很差，因此在铸件表面形成碳沉积物，即是皱皮缺陷，其形貌图如图7-30所示。

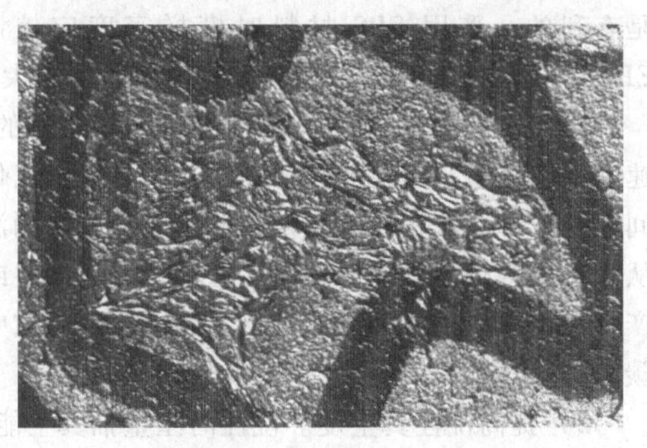
图7-30 消失模铸造的皱皮缺陷的形貌

对皱皮表面的分析表明，皱皮是金属中夹进的氧化膜，有机残余物薄层覆盖着一层较厚的氧化膜。实践研究表明：在突然变狭窄的断面或浇注期间两股会合液态金属流相遇处发生皱皮最频繁。

（1）影响皱皮缺陷的因素

1）模样材料的影响。流动的金属液在加热模样时，泡沫塑料的汽化和分解是不完全的，总有一部分材料处于液态。即使在足够高的浇注温度条件下，模样材料完全汽化的时间也总是超过金属液的充型时间，这些残存的液态模样材料可能积聚于金属液面上或紧贴于型壁上，在不利的工艺条件下，易形成不同的铸件缺陷。因此，模样材料是产生或影响铸铁皱皮缺陷的主要因素。泡沫塑料的液态高温分解产物越少，产生缺陷的可能性也就越小。

2）真空度的影响。在消失模铸造过程中，由于浇注过程需要抽真空，泡沫塑料裂解产物很容易排出型外，使铸铁皱皮缺陷大大减少。但在真空度不够的工艺条件下，若泡沫塑料裂解产物来不及完全汽化或者汽化后不能立即排出型外，铸件仍然容易产生皱皮缺陷。随着真空度的提高，铸铁件的皱皮缺陷大大减少。

3）合金影响。在各类合金中，除浇注温度和型砂不同外，另一个影响最大的原因就是含碳量的多少。合金中含碳量越多，缺陷越严重，因为铸铁的碳含量较高，使聚苯乙烯高温分解的固态产物无法溶于合金内，只能滞留在液面。从生产的铸件发现，铸钢、铸铜表面质量良好，无皱皮缺陷。可锻铸铁较灰铸铁皱皮缺陷少，高牌号铸铁较低牌号铸铁皱皮缺陷有所减少。

4）浇注温度和浇注速度的影响。铸铁皱皮缺陷随着金属液浇注温度的提高而相应减轻，黏砂缺陷却越严重，反之，浇注温度越低，则皱皮缺陷就越严重。适当提高浇注速度同样可使泡沫塑料在金属液充型过程的短时间内从液态金属中获得较多的热量，以弥补消失模铸件冷却速度快的不足。浇注速度与模样汽化速度应尽可能一致。

5）浇注系统的影响。浇注系统要保证金属液充满型腔，除利于补缩和使气体逸出铸型外，还要求金属液比一般铸造法更平稳、迅速地充满铸型，保证泡沫塑料残渣和气体逸出铸型外或被挤入型砂中，同时，还应尽量减少浇注过程中金属液流的热损失，有利于泡沫塑料模样的汽化和防止缺陷的产生。

6）型砂及涂料层透气性的影响。涂料层及型砂透气性越高，越有利于模样热解产物的排出，减少了形成皱皮缺陷倾向，因此涂层越薄，涂料骨料越粗，型砂粒度越粗，越有利于排气，可减少皱皮出现。

7）铸件结构的影响。铸铁的体积与表面积之比有关，该比值越小，越有利于模样热解产物排出，皱皮缺陷产生倾向越小。

（2）消除皱皮缺陷的措施　在整个消失模铸造浇注过程中，应力求避免泡沫塑料的熔融与燃烧，以防止泡沫塑料高温分解产物的形成，希望它从接触高温金属液发生体积收缩开始，立即像升华一样，直接转变为气体而逸出铸型外，这是消除铸铁皱皮缺陷的有效途径。据此，提出以下几点消除皱皮缺陷的措施：

1）选择适宜的铸造用泡沫塑料材料。根据铸造合金的种类、铸件形状以及型砂的特点，选用密度小的铸造专用泡沫塑料材料。比如STMMA共聚材料，以保证泡沫塑料的残渣和烟雾少，汽化速度快，尽量减少泡沫塑料与金属液接触时残渣和固相分解产物的生成，从而有利于改善铸件的质量。

2）提高浇注温度和浇注速度。将铸铁的浇注温度提高20~80℃，并加快浇注速度（以保证金属流动平稳为原则），可弥补泡沫塑料燃烧、汽化在铸型内流动过程中的热损失，并具有足够的热以保证泡沫塑料的汽化，从而改善泡沫塑料的汽化条件和有利于金属液迅速充满铸型，促使残留物和气体逸出。

3）提高抽气量和真空度。提高铸铁的浇注真空度，有利于排烟排气，从而改善了泡沫塑料的汽化条件和有利于金属液迅速地充满铸型，促使残留物和气体逸出。

4）提高铸型的透气性。铸型具备良好的透气性是确保获得优质真空消失模铸件的重要条件。提高铸型透气性的途径主要方法有选用粗砂，提高浇注时的抽气量和真空度，以及选用合理的涂料和涂层厚度。

5）选择适宜的浇注系统。根据泡沫塑料模样在型内汽化的特点，消失模铸件的浇注方式可选用底注、阶梯浇注、顶注和雨淋式。但必须注意，应确保金属液流平稳、迅速地充满铸型。另外，根据消失模铸造的特点，在确定浇注位置时必须充分考虑到铸件的形状。对于大面积或高大的铸件，应尽量采用分散多内浇道或分层阶梯式浇注，避免浇道过于集中，这样有利于金属液平稳、迅速地充满铸型，对改善铸件质量起到较好的作用。消失模铸造的浇注系统与普通铸造应当有所不同，在选择消失模铸造冒口时，应尽可能考虑采用暗冒口。

6）其他方法。在泡沫塑料或合金内加入适量的稀土元素对铁液合金进行处理，不仅有利于改善合金的性能，而且对消除皱皮缺陷也可起到一定的作用。

3. 气孔和夹渣

铸件上出现气孔和夹渣缺陷主要来源于浇注过程中泡沫塑料模样受热汽化生成的大量气体和某些残渣物，特别是在浇注铝合金铸件时较常出现此类缺陷。

(1) 气孔和夹渣缺陷产生的原因

1）泡沫塑料模样汽化后要生成大量气体和一定的残渣物，这是产生气孔和夹渣缺陷的主要来源。

2）浇注系统或者内浇道结构设计不合理，容易使气体和残渣裹在金属液中，从而形成气孔和夹渣缺陷。

3）浇注温度太低，不能使气体和残渣充分排除，上浮到铸件顶部，也易产生气孔和夹渣缺陷。

4）在铸件的一些死角，当涂料透气性很低时，由于气体反压力的作用，容易使汽化气体包裹在表皮下，形成“包气”。

(2) 解决气孔和夹渣缺陷的措施

1）采用底注浇注系统。这样金属液的充型方向与汽化气体和残渣的上升方向一致，减少了金属液裹挟气体和残渣的机会。

2）提高浇注温度。浇注即将结束时，适当放慢浇注速度，使模样汽化的气体和残渣有充分时间排除到砂箱外和上升到铸件的顶部。

3）在铸件的最高处或死角处设置集渣冒口。

4）合理填砂造型。控制模样浇注的发气量，提高涂料层的透气性，提高真空系统的抽气能力，使得汽化气体能够很快地排出型腔。

4. 黏砂

消失模铸件的黏砂缺陷一般是机械黏砂，造成铸件表面黏结型砂而不易清理，严重时会造成铸件报废，它是消失模铸造常见的表面缺陷之一。图 7-31 所示为消失模铸造的黏砂缺陷形貌。

黏砂是铸型与金属界面动压力、静压力、摩擦力及毛细作用力平衡被破坏的结果。

(1) 影响黏砂缺陷的因素

1）涂层开裂原因。由于在消失模铸造充型过程中气态裂解产物的存在，液态金属充型速度比普通砂型铸造要慢，金属液流动压力较小，且涂层外面是与涂层点接触的干砂，因此，涂层与型砂之间的热物性差异所造成的效应力较小，造成涂层裂纹产生的可能性很小。故造成涂层开裂主要有以下可能：①在烘干过程中，由于悬浮剂加入量过大或者涂层过厚，造成激热裂纹；②在造型过程中，型砂冲刷而造成的破坏开裂；③在充型过程中，金属液的冲刷而造成的破坏开裂；④在充型过程中，在金属液的激热作用下，由于涂料组分的热物性参数不同而造成的开裂；⑤金属液静压力、真空吸力而造成的破坏开裂。在实际操作过程中，对以上几个环节加以注意，可以避免或减少涂层的破坏，防止铸件黏砂缺陷的形成。

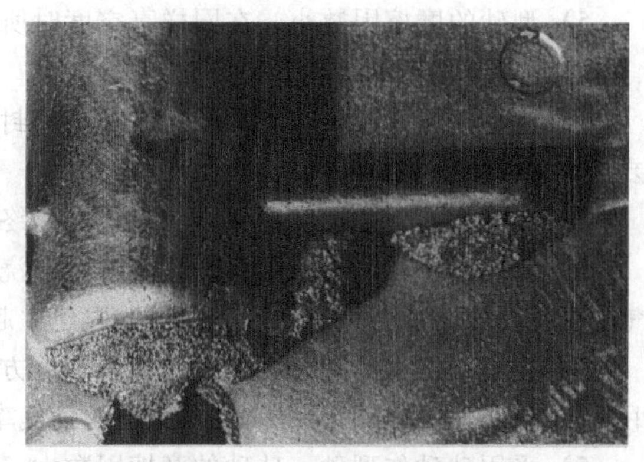

图 7-31　消失模铸造的黏砂缺陷形貌

2）型砂紧实程度的影响。在振动紧实不足时，涂层与干砂之间会出现较大的间隙。这种间隙的存在使得浇注金属液时涂层所受的应力增大，因此可能会因涂层的强度小于涂层所能承受的应力而使涂层开裂。可见，通过充分的振动，保证干砂与涂层良好接触，对防止黏砂缺陷尤为关键。

3）涂层厚度的影响。涂层厚度与金属渗透缺陷有着非常密切的关系。厚的涂层（相当于砂粒粒径几倍）会阻止金属渗入砂型。

（2）防止黏砂缺陷产生的措施

1）合理调整涂料组分。特别是其中的黏结剂和悬浮剂组分，提高涂料抗激热开裂的性能，同时提高涂料的强度，具体配方可通过测试涂料的激热试验和涂料的表面强度来确定。

2）增加涂层的厚度，在必要时（如浇注铸钢件、大型铸铁件、铸件的内孔处）可涂挂两层涂料，提高涂层的耐火度。

3）内孔或其他清理困难的地方，采用耐火度稍高的硅砂或用非石英系原砂（如镁砂、橄榄石砂、铬铁矿砂等）代替硅砂造型。

4）合理控制真空度和浇注温度，在保证浇注顺利进行的情况下，要尽可能压低真空度和浇注温度，以抑制高温金属液的穿透力。

5. 塌箱

塌箱是指浇注过程中铸型向下塌陷，金属液不能再从直浇道进入型腔，造成浇注失败。浇注大件，特别是大平面铸件、内腔封闭或半封闭的铸件时，容易出现塌箱现象。

当铸型的抗剪强度小于型砂自重产生的切应力时，浇注时就会产生塌箱现象。

（1）引起塌箱的原因

1）浇注时金属液喷溅厉害，致使箱口密封塑料薄膜烧失严重，真空度急剧下降。

2）砂箱内的原始真空度定得太低，特别是深腔内由于模型壁的阻隔作用，其真空度更低。

3）浇注速度太慢，特别是在断流浇注的情况下，金属液不能将直浇道密封，大量气体从直浇道吸入，砂箱内的真空度急剧下降。

4）浇注方案不合理。大件采用顶浇时，容易造成瞬时汽化的气体不能被排除到砂箱外的情况，使砂箱内真空度下降。抽真空系统的抽气能力低。

5）型砂的摩擦因数小，在同样真空度时所能达到的抗剪强度小。

（2）防止塌箱的措施

1）浇注时尽量避免金属喷溅，为防止密封塑料薄膜被喷溅金属烧失，可在上面覆盖一层干砂或造型砂。

2）合理掌握浇注速度，保证浇口杯内始终被金属液充满，浇注过程中尽量不要断流。

3）浇注大件时，应采用底注式浇注系统浇注，抑制泡沫塑料模汽化的发气量；同时使汽化逐层进行，从浇注一开始就在气隙内建立起一定的压力。

4）提高砂箱内的初始真空度，在个别地方可预埋抽气管。选用抽气量大的真空泵。采用两面抽气的砂箱结构，提高真空系统的抽气率。

5）采用硅砂作型砂。硅砂的摩擦因数大，密度小，因而有利于提高抗剪强度。

6. 冷隔、浇不足

铸件最后被填充的地方，金属不能完全填充铸型时便出现冷隔。铸件上有未完全融合的，其交接边缘咬合是圆滑的这种缝隙为冷隔（对火），表面有一道较明显的对火痕迹，严重时形成重皮。局部未充满，铸件缺“肉”，末端呈圆弧状称浇不足。

（1）冷隔和浇不足缺陷产生的原因

1）浇注系统、结构、浇注操作工艺不当，当金属液流股分两股充满铸型在顶部会合时，两股金属液温度已降得较低不能很好融合。铸件越薄，浇注温度越低，越容易出现这种缺陷。

2）模样被加热、分解，分解产物又大量吸收金属液热量，使金属液降温过甚（往往出现在铸件壁厚小、距离又长处）；分解气体增大阻止液体金属充型，从而降低了金属液的流动性，故引起冷隔、浇不足。

（2）防止冷隔和浇不足缺陷的措施

1）提高金属液的浇注温度，消失模铸造比砂型铸造要高30~50℃，甚至更高。

2）改进浇注系统，提高充型速度。如采用顶注式可用空心直浇道，尽量减短浇注系统总长度，让液流缩短，充型过程流畅，避免冷隔、浇不足。

7. 变形

铸件变形是在上涂料、填砂造型操作时由于模型变形所致。薄壁的大平面铸件、门字或厂字形铸件、框架结构铸件以及其他结构不紧凑的铸件，在用消失模铸造浇注时容易产生变形，后果是铸件的形状尺寸超差，引起报废。

产生变形的主要原因是泡沫塑料模样的强度低，在铸件结构不紧凑、刚性差时，具有变形的可能性。其次，挂涂料和填砂造型时方法不对，使模样变形。

防止铸件出现变形缺陷的措施有以下几个方面：

1）合理考虑产品的适用性。消失模铸造宜浇注一些结构紧凑、刚件较好的铸件，其成品率比较高。

2）结构不紧凑、刚性低的铸件，制作模样时可加工艺支撑、工艺拉筋等，以提高模样的刚性。

3）挂涂料和填砂造型时要注意操作方法，增大涂料的强度。

4）合理选择模样在砂箱中的造型位置，可使模样的大平面处于垂直或者倾斜浇注的位置，使铸件少变形或者不变形。

5）采用新的填料工艺或者新的涂挂方法，避免模样在涂挂涂料和造型时易于变形。

6）提高泡沫塑料模样的强度。

7.6　消失模铸造应用实例

以国内某拖拉机厂生产大马力轮式拖拉机系列产品变速器箱体为消失模铸造应用实例，它是传动系中的重要部件。变速器箱体包含和支承了大量变速齿轮，因此要求箱体结构尺寸精确，无缩孔缩松、卷气、夹杂等缺陷，各部位性能均匀。该拖拉机传动系统传递功率大，箱体齿轮轴承承受较大作用力，因此要求变速器箱体强度高。拖拉机行驶时，如果道路不平，变速器箱体就会承受高频率的冲击载荷，使驱动轴变形，箱体受力情况发生变化而导致开裂，因此要求箱体能够承受长期的冲击载荷而不会发生蠕变，保证各变速齿轮啮合准确，从而可以长期高效工作。变速器箱体零件三维图如图7-32所示，该零件平均壁厚8.73mm，最大尺寸587mm，铸件材质为HT200，质量为78.3kg。该箱体结构非常复杂，铸件毛坯尺寸精度及表面质量要求较高，因此采用消失模铸造工艺生产该零件。

7.6.1　工艺设计过程

首先根据变速器箱体二维工程图样进行三维造型，获得三维变速器箱体模型；分析零件结构，根据现有生产条件确定采用消失模铸造工艺；然后确定零件泡沫模的分片方式，根据各分片泡沫模设计发泡模具，得到发泡模具模型；最后在机床上铣出发泡模具的泡沫原型，利用该泡沫原型铸造出模具铸件，机加工后即获得发泡模具。具体铸造工艺流程见图7-33所示。

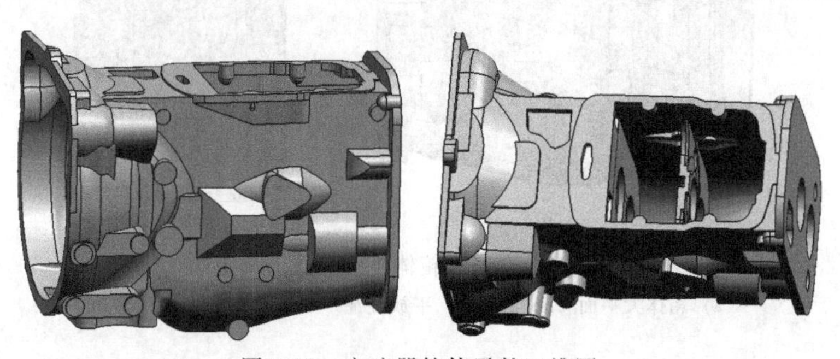

图7-32　变速器箱体零件三维图

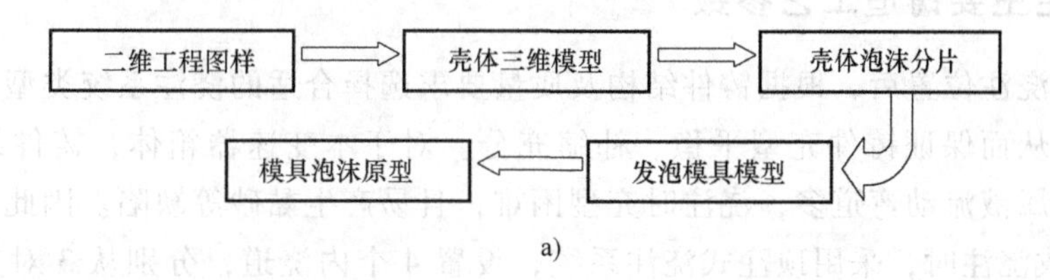

a）

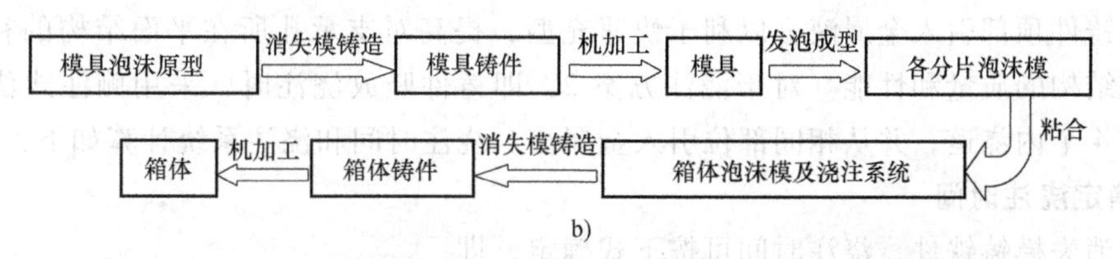

b）

图7-33　铸造工艺流程

a）铸造工艺设计流程　b）铸造生产流程

7.6.2 确定浇注位置

该变速器箱体包含若干个较大平面，其中 *A* 面、*B* 面为机械加工面，内部及表面质量要求高，*C* 面、*D* 面用于支承变速齿轮，要求结构致密、强度高。为了保证各大平面朝下或垂直放置，初步拟定采用平放浇注或竖放浇注，如图 7-34b、c 所示，分别设为方案 1 和方案 2。平放浇注时，*E* 面朝下，可以保证 *E* 面致密、光整；竖放浇注时，*A* 面朝上，由于 *A* 面处壁厚较大，因此便于补缩，同时也可以保证 *B* 面的质量。

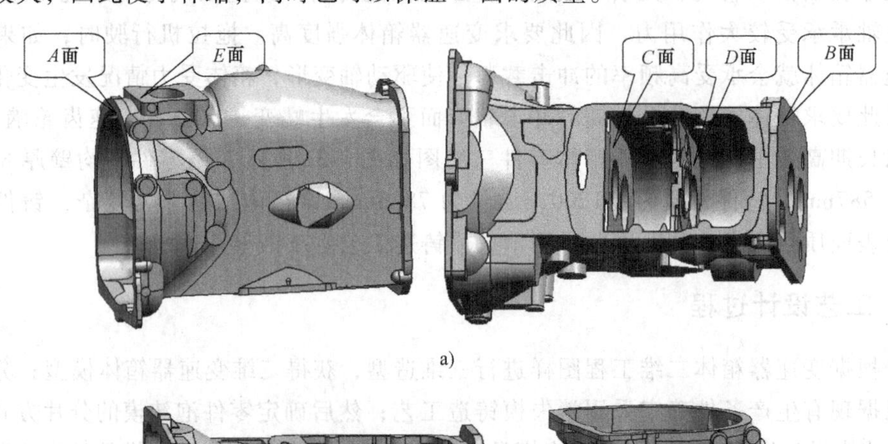

a)

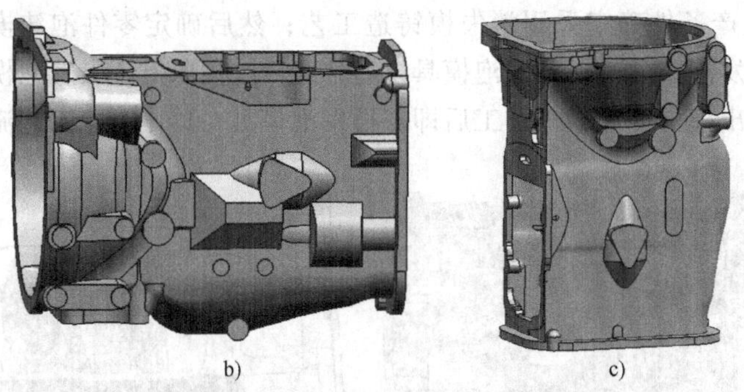

b) c)

图 7-34 变速器箱体浇注位置的确定

a）箱体大平面 b）方案 1：平放浇注 c）方案 2：竖放浇注

7.6.3 确定主要铸造工艺参数

确定铸件浇注位置后，根据铸件结构及质量要求选择合适的浇注系统类型，正确设置浇道安放位置，从而保证铸件充型平稳、补缩充分。对于本变速器箱体，铸件结构复杂、壁薄，充型时金属液流动弯道多，浇注时充型困难，且易产生黏砂等缺陷。因此对于浇注方案 1，即铸件平放浇注时，采用顶注式浇注系统，设置 4 个内浇道，分别从 3 对支承孔所在平面结构及铸件顶部引入金属液，以利于快速充型，提高对支承孔所在平面结构的补缩能力，保证支承结构的质量和性能。对于浇注方案 2，即铸件竖放浇注时，采用侧注式浇注系统，同样设置 4 个内浇道，并从相同部位引入金属液。浇注时间和浇注系统计算如下：

1. 确定浇注时间

对于消失模铸铁件，浇注时间可按下式确定，即

中小件 $$t=\sqrt{m}+\sqrt[3]{m}$$

大件　　　　　　　　$t=\sqrt{m}$

式中，t 为浇注时间（s）；m 为流经内浇道的金属液质量（kg），包括铸件质量、浇注系统质量和冒口质量等，对于本变速器箱体铸件，浇注系统质量为铸件质量的20%。故

$$m=\text{铸件质量}+\text{浇注系统质量}=78.3\text{kg}\times(1+20\%)=94.0\text{kg}$$

$$t=\sqrt{m}+\sqrt[3]{m}=14.2\text{s}$$

2. 确定浇注系统剩余压头

为了保证金属液能够充满距离直浇道最远的铸件最高部位，金属液的静压头 H_0 必须足够大，即要求直浇道顶部或浇口杯内的液面与铸件浇注位置时的最高点之间的高度差，必须大于或等于某一临界数值，即剩余压头 H_M。因此

$$H_0 \geqslant H_M+c$$

式中，c 为铸件高度。

采用两种浇注方案，浇注方案1剩余压头取600mm，浇注方案2剩余压头取700mm。

3. 确定浇注系统各组元尺寸

消失模铸造和传统砂型铸造工艺一样，首先要确定内浇道（最小截面尺寸），再按一定比例确定直浇道和横浇道。对于质量为60～100kg的灰铸铁小件，铸件壁厚为8～10mm时，内浇道总断面积为5.0～7.5cm^2，本设计取6.0cm^2。消失模铸造时增大40%，得 $S_{内}$ = 6.0cm^2×(1+40%) = 8.4cm^2。

采用适用于灰铸铁件的直浇道、横浇道和内浇道截面积依次减小的封闭式浇注系统，浇注系统充满快，金属液在横浇道及内浇道内流速较高。设定 $S_{内}:S_{横}:S_{直}=1.0:1.2:1.4$，可得 $S_{横}=10.08\text{cm}^2$，$S_{直}=11.76\text{cm}^2$。直浇道尺寸采用圆柱形，根据 $S_{直}=\pi r^2$，得 r = 19.3mm。横浇道由直浇道底部分向左右两边，并且两边流入金属液量相近，因此两边截面可分别设为 $S_{横}/2=5.04\text{cm}^2$。

本变速器箱体的浇注系统方案如图7-35所示。

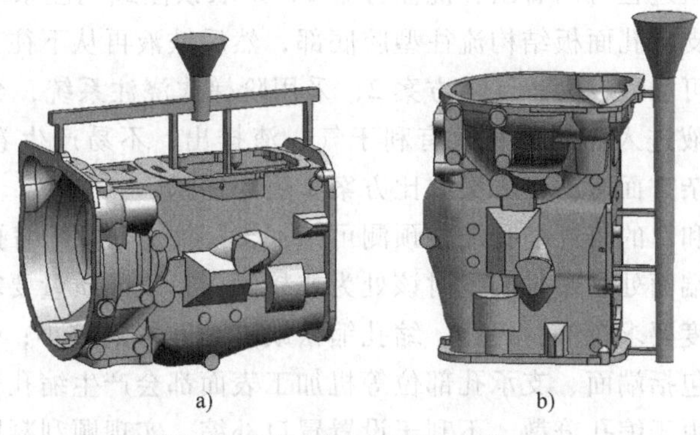

图7-35　变速器箱体浇注系统方案

a）方案1的浇注系统设置　b）方案2的浇注系统设置

7.6.4　变速器箱体铸造过程数值模拟及工艺优化

消失模铸造充型及凝固过程的影响因素较多，工艺设计依据的理论及经验公式与实际生产存在一定出入，消失模铸造从设计到生产往往需要进行大量的试验摸索工作，才能确定工

艺方案。铸造过程数值模拟可以重现铸件充型、凝固过程，预测铸件微观组织、热应力和铸造缺陷等，从而帮助工程设计人员在铸造工艺设计阶段预测铸件可能出现的各种缺陷及其大小、部位和发生的时间，从而优化工艺设计，缩短产品试制周期、降低生产成本。

浇注方案1的充型及凝固过程模拟如图7-36所示。

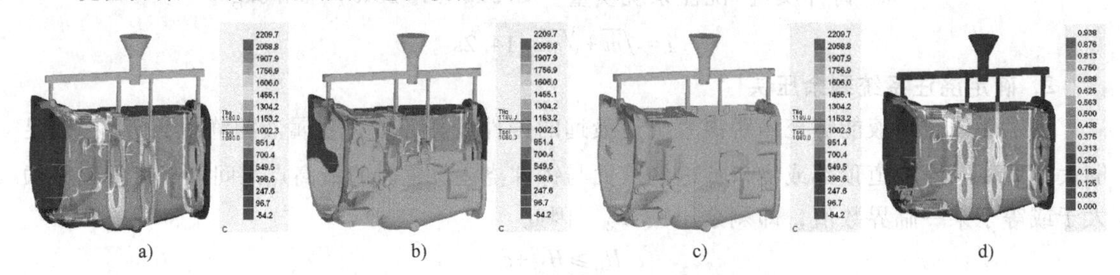

图7-36　浇注方案1的充型及凝固过程模拟

a）$t=1.8s$　b）$t=8.1s$　c）$t=14.2s$　d）缩孔分布

浇注方案2的充型及凝固过程模拟如图7-37所示。

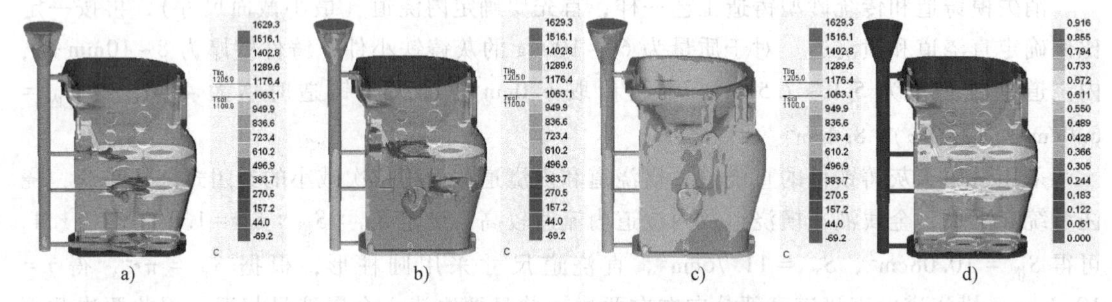

图7-37　浇注方案2的充型及凝固过程模拟

a）$t=2.1s$　b）$t=6.7s$　c）$t=14.2s$　d）缩孔分布

通过观察铸件充型过程可以看出：浇注方案1，采取顶注式浇注系统，金属液从内浇道进入型腔后，分别由支承孔面板结构流往型腔底部，然后铁液再从下往上充型，充型过程不太平稳，产生卷气的可能性较大；浇注方案2，采用阶梯式浇注系统，金属液分别从四个内浇道进入型腔，金属液进入相对平稳，有利于气、渣排出，不易产生卷气和氧化夹杂。因此，从避免卷气和夹杂方面考虑，方案2比方案1更为优越。

对比浇注方案1和2的铸件缩孔缩松预测可知：①浇注方案1，缩孔缩松主要集中在变速器箱体下部偏左侧端面处，零件装配时该处为非接触面，表面质量要求不高，而且该处无需承载变速齿轮，强度要求较低，因此，缩孔缩松缺陷对其影响较小；②浇注方案2，缩孔缩松缺陷多而分散，包括端面、支承孔部位等机加工表面都会产生缩孔，影响铸件毛坯的机加工及零件性能，且由于缩孔分散，不利于设置冒口补缩、实现顺利凝固。

综合考虑各方面因素（包括平稳流动、缩孔缩松缺陷、振动紧实等），浇注方案1、浇注方案2均可作为实施方案，但需根据各方案的不足采取措施以保障获得高质量铸件，并且要有正确的浇注温度、良好的涂料和泡沫模样来保障。

7.6.5　变速器箱体铸件浇注实践

图7-38所示为采用以上消失模铸造工艺获得的变速器箱体零件的泡沫模样和铸件的照

片。由图 7-38 可知，图 7-38a 所示为加上浇注系统的泡沫模样上完涂料的照片；图 7-38b 所示为采用消失模铸造工艺获得的铸件，铸件表面光滑，未出现铸造缺陷，质量较高，可见消失模铸造工艺生产此类复杂箱体零件具有很大的优势。

a)

b)

图 7-38　变速器箱体零件的泡沫模样和铸件照片

a）上涂料的泡沫模样　b）铸件

7.7　铝、镁合金特种消失模铸造新技术

7.7.1　铝、镁合金消失模铸造特点

由于汽车节能、轻量化的要求，铝、镁合金已广泛应用于汽车零件的生产，取代钢铁零件。用消失模铸造技术生产复杂的铝、镁合金汽车铸件具有独特的优势。但由于铝、镁合金的浇注温度、热容量等比钢、铁相差甚远，使得铝、镁合金消失模铸造的技术难度更大。

1. 铝合金消失模铸造技术

在美国，消失模铸造已广泛用于铝合金铸件的生产，尤其是汽车零件（缸体、缸盖等），通用汽车的消失模铸造铝合金的缸体、缸盖如图 7-39 所示。相对于钢、铁，铝合金消

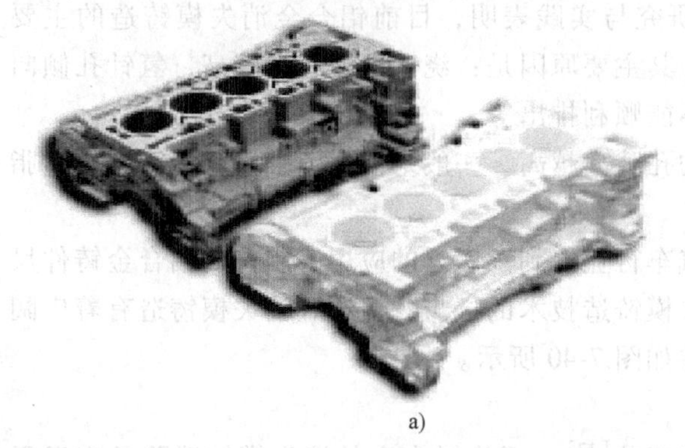
a)

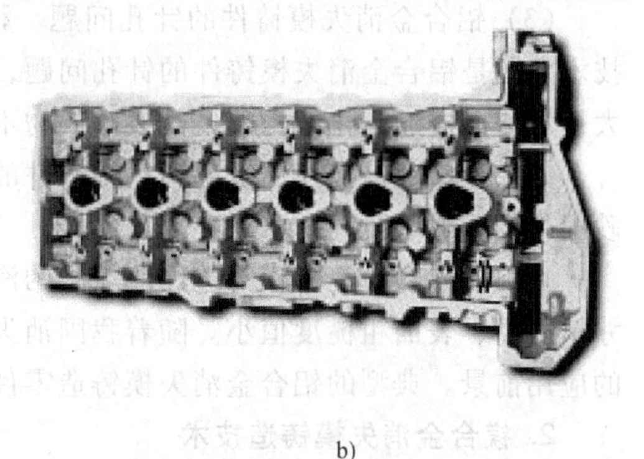
b)

图 7-39　通用汽车的消失模铸造铝合金的缸体、缸盖

a）GM Vortec 3.5L 轻型货车 5 缸缸体　b）GM Vortec 4.2L 货车 6 缸缸盖

失模铸造具有其自身的特点。

（1）铝合金消失模铸造的主要特征及难点　与钢、铁相比，铝合金消失模铸造存在以下主要特征及技术难点：

1）液态铝合金的熔化温度比钢、铁低许多，而金属液浇注时模样的热解汽化将吸收大量的热量，造成合金流动前沿温度下降，故过度冷却易形成冷隔、皮下气孔等铸件缺陷。因此，足够的浇注温度和浇注速度对获得优质铝合金铸件至关重要，尤其是薄壁铝铸件。

2）为了达到汽化泡沫模样顺利充填浇注的目的，铝合金消失模铸造的浇注温度往往需要800℃以上。而此时，高温铝液的吸（氢）气性强，易使铸件产生（氢）针孔（铸件的致密性差），因此，必须加强高温铝液的除气精炼处理。

3）铝合金铸件较好的浇注温度应在750℃左右，因为此时高温铝液的吸（氢）气性较小。为此需要采用适于铝合金的低温汽化的泡沫模样材料。

4）浇注铝件时，泡沫模样的汽化产物主要是CO、CO_2等还原性气氛，因此浇注铝件时产生的不是黑烟雾，而是白色雾状气体，也不会像钢、铁铸件那样形成特有的增碳或皱皮缺陷。

5）热解产物对铝合金的成分、组织、性能影响甚微，但由于分解产物的还原气氛与铝件的相互作用，会使铝件表面失去原有的银白色光泽。

（2）铝合金消失模铸造的关键技术　根据铝合金消失模铸造的特征，铝合金消失模铸造的关键技术包括以下几方面：

1）铝合金高温熔体处理技术。高温下，铝合金熔体易氧化、吸气，因此，浇注前对高温铝合金熔体进行充分的精炼、除气是获得高质量铝合金消失模铸件的条件之一。精炼、除气后的铝液应尽量减少与潮湿空气的接触，并及时浇注。

2）适于铝合金消失模铸造的泡沫模样材料技术。为了降低铝合金消失模铸造的浇注温度（由800℃以上降低至750℃左右），国外已开发了一种低温汽化的泡沫模样材料，它通过在普通的泡沫粒珠（EPS、PMMA等）中加入一种添加剂，可使泡沫模样的汽化温度降低，从而可降低铝合金消失模铸造的浇注温度，减少高温铝液的吸气性和氧化性。

3）适于铝合金消失模铸造的涂料技术。涂料在消失模铸造工艺中具有十分重要的控制作用。透气好、强度高、涂层薄而均匀的消失模铸造涂料是获得优质铝合金消失模铸件的关键之一。

（3）铝合金消失模铸件的针孔问题　研究与实践表明，目前铝合金消失模铸造的主要技术问题是铝合金消失模铸件的针孔问题，其主要原因是：浇注温度要求较高，氢针孔倾向大；泡沫模样的汽化能力差，其裂解产物不能顺利排出等。

如果金属液的浇注温度越高，则铸件的孔隙率越高。一般来说，消失模铸造工艺较树脂砂工艺的孔隙率要高一些。

目前，铝合金消失模铸造已在美国的汽车行业得到了广泛的应用，制得的铝合金铸件尺寸精度高、表面粗糙度值小。随着我国消失模铸造技术的进步，铝合金消失模铸造有着广阔的应用前景。典型的铝合金消失模铸造零件如图7-40所示。

2. 镁合金消失模铸造技术

试验表明，镁合金非常适合消失模铸造工艺[17]，因为镁合金的消失模铸造除具有近无余量、精确成形、清洁生产等特点外，它还具有如下独特的优点：①镁合金在浇注温度下，

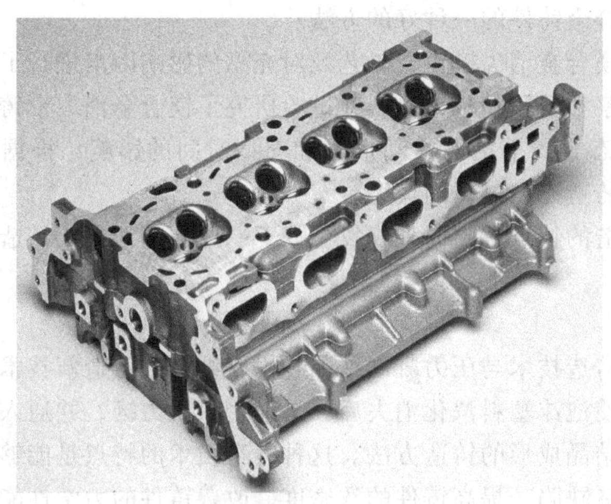

图 7-40　典型的铝合金消失模铸造零件

泡沫模样的分解产物主要是烃类、苯类和苯乙烯等气雾物质，它们对充型成形时极易氧化的液态镁合金具有自然的保护作用；②采用干砂负压造型避免了镁合金液与型砂中水分的接触和由此而引起的铸件缺陷；③与目前普遍采用的镁合金压铸工艺相比较，其投资成本大为降低，干砂良好的退让性大大减轻了镁合金铸件凝固收缩时的热裂倾向；金属液较慢和平稳的充型速度避免了气体的卷入，使铸件可经热处理进一步提高其力学性能。所以，镁合金的消失模铸造具有巨大的应用前景，已引起人们的广泛注意和热情研究。

(1) 美国铸造协会对镁合金消失模铸造的初步研究　美国铸造协会（AFS）在2000年5月成立了镁合金委员会，并一直在镁合金铸件一切生产问题上进行探索和研究，在2001年邀请镁合金工业界、大学、国家实验室的有关人士对在汽车和商业上优质的非压铸镁合金铸件领域的研究提出预建议。这个委员会主要目的在于镁合金的金属型重力铸造、金属型低压铸造和消失模铸造的潜在研究，研究内容包括氢的影响、晶粒细化、镁合金热物性的测量、铸型和温度的温度界面、模样和涂料的性能、热处理工艺、优化的力学性能等。2002年9月，美国铸造协会（AFS）公开了由AFS消失模委员会和AFS镁合金委员会联合于6月份在位于美国威斯康星州的Eck公司成功进行的重力下AZ91E镁合金消失模铸造试验。2003年4月《Modern casting》再次描述了这项研究工作，浇注的铸件如图7-41所示，没有了以前试验中出现的浇不足和其他的浇注失败现象。

(2) 国内镁合金消失模铸造研究进展　华中科技大学将反重力的低压铸造与真空消失模铸造有机地结合起来，应用于镁（铝）合金的液态精密成形，开发出了一种新的“镁（铝）合金真空低压消失模铸造方法及其设备”[18]。该新型铸造方法的显著特点是，金属液在真空和气压的双重作用下浇注充型，液态镁合金的充型能力较重力消失模铸造大为提高，可以容易地克服镁合金消失模铸造中常见的浇不足、冷隔等缺陷，且不需要太高的浇注温

图 7-41　AFS成功进行的重力浇注的镁合金消失模壳体、窗体件

度，它是铸造高精度、薄壁复杂镁合金铸件的一种好的方法。

上海交通大学对重力下浇注的镁合金消失模铸造工艺及对充型的影响因素进行了初步试验研究。刘子利等采用玻璃窗口观察和数码相机拍摄，并试验研究了镁合金消失模铸造充型过程中不同真空度和浇注方式对液态金属前沿的流动形态和充型时间的影响，根据试验结果，给出了镁合金重力负压消失模铸造充型过程的模型。

为了适合铝、镁合金消失模铸造的特点，国内外开发了如下一些新的消失模铸造技术。

7.7.2 压力消失模铸造技术

压力消失模铸造技术是消失模铸造技术与压力凝固结晶技术相结合的铸造新技术，它是在带砂箱的压力罐中，浇注金属液使泡沫塑料汽化消失后，迅速密封压力罐，并通入一定压力的气体，使金属液在压力下凝固结晶成形的铸造方法。这种铸造技术的特点是能够显著减少铸件中的缩孔、缩松、气孔等铸造缺陷，提高铸件的致密度，改善铸件的力学性能。这是因为在加压凝固时，外力对枝晶间液相金属的挤滤作用使初凝枝晶发生显微变形，并且大幅提高了冒口的补缩能力，使铸件内部缩松得到改善。另外，加压凝固使析出氢需更高的内压力才能形核形成气泡，从而抑制针孔的形成，同时压力增加了气体在固相合金中的溶解度，使可能析出的气泡减少，其装置示意图如图 7-42 所示。

早在 1935 年，波契瓦尔与斯帕斯基[19]就采用了各向气体压力下结晶的方法制造铝合金铸件，可以有效减少铸件中弥散气孔的出现。20 世纪 90 年代早期，消失模铸造就应用了压力凝固。

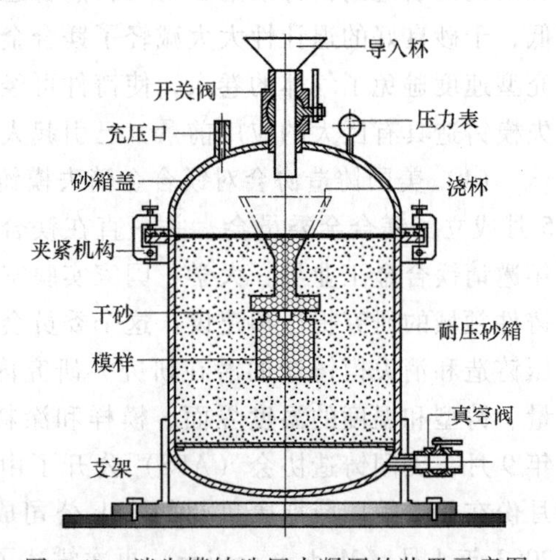

图 7-42 消失模铸造压力凝固的装置示意图

赵忠等[20]采用自制的消失模真空压力设备研究了压力对 ZL101 铝合金铸件组织和性能的影响。图 7-43 所示是不同压力下凝固铝合金消失模试样的横截面照片和对应两色图。由图 7-43 可以看出，随着施加压力的增加，ZL101 铝合金铸件断面孔隙率显著降低，铸件不断变得致密。图 7-44 所示为不同外加压力对 ZL101 铝合金抗拉强度与断后伸长率的影响。由图 7-44 可看出，随着外加压力的增大，试样的抗拉强度、断后伸长率逐渐提高。当外加压力达到 0.5MPa 以上时，抗拉强度提高幅度逐渐减缓。其中，0.5MPa 压力下凝固的 ZL101 铝合金试样与常压下消失模铸造试样比较，抗拉强度从 137MPa 提高到了 177MPa，提高了 33.9%。

2001 年 6 月 8 日，Mercury Castings 公司建立了第一条工业上自动化程度很高的压力凝固消失模铸造生产线（图 7-45），以降低铝合金铸件的气孔率。其特点是，重力浇注后，将砂箱放入压力容器内密封，充入 10 个标准大气压，让铝合金液体在压力下凝固，产生的缩孔和气孔程度是传统消失模铝合金铸件的 1/100，是金属型铝合金铸件的 1/10。

7.7.3 真空低压消失模铸造技术

消失模铸造与反重力相结合的铸造方法主要有消失模真空吸铸铸造技术和真空低压消失

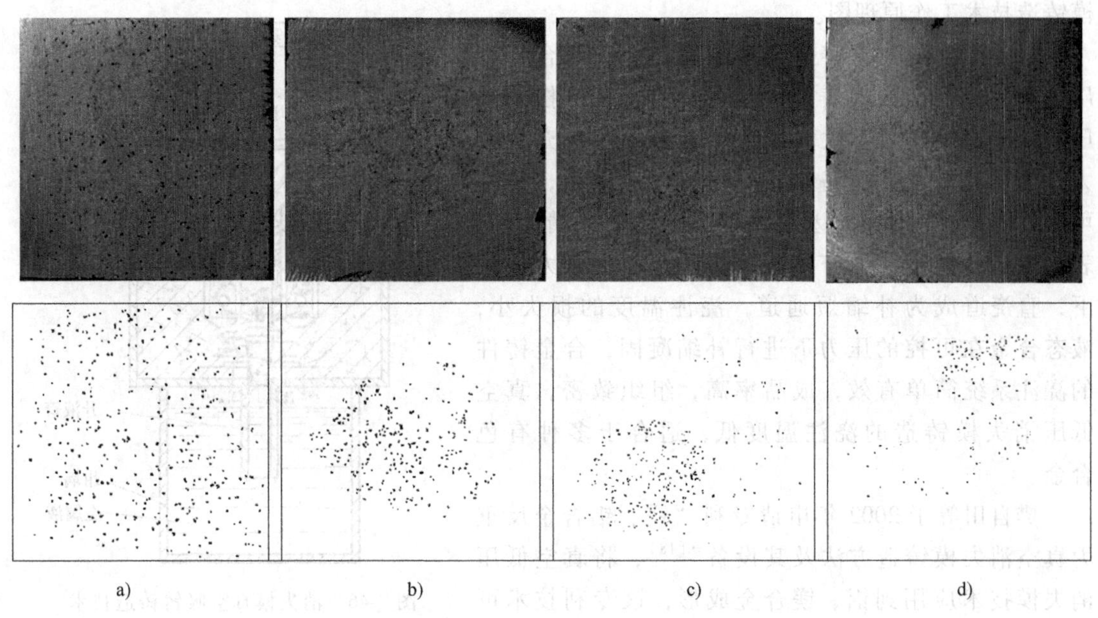

图 7-43 不同压力下凝固铝合金消失模试样横截面照片和对应两色图

a) 0.0MPa b) 0.2MPa c) 0.4MPa d) 0.6MPa

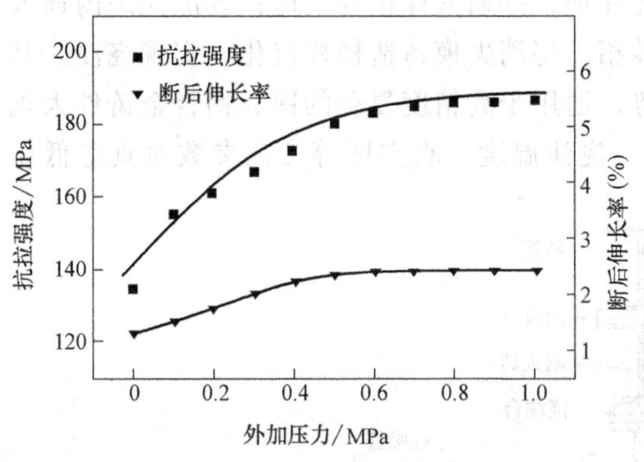

图 7-44 外加压力对 ZL101 试样抗拉强度与断后伸长率的影响

图 7-45 Mercury Castings 公司的全自动化压力凝固消失模铸造生产线

模铸造技术。消失模真空吸铸铸造技术是将涂有耐火材料的模样和浇道系统放入底部开孔的砂箱内，填入干砂，上部密封，将砂箱放在金属液上方，升液管置入金属液内，打开砂箱顶部的真空，使砂箱内产生负压，金属液在压差的作用下上升并代替模样组，如图 7-46 所示。而真空低压消失模铸造技术是将负压消失模铸造方法和低压反重力浇注方法复合而发展的一种新铸造技术[18]。该方法是将上涂料的泡沫塑料模样埋入干砂，振动紧实造型，然后将砂箱迅速和带升液管的低压浇注系统连接密封，并向坩埚炉中通入干燥的压缩空气，金属液在气体压力的作用下，沿升液管上升，进入砂箱底部浇道，此时打开消失模砂箱上的真空装置，金属液在低压作用下上升使泡沫模样汽化而填充型腔，模样分解气体被真空负压抽走，浇注完成后保持压力一定时间至铸件完全凝固，解除金属液面上的气体压力，使升液管中的未凝固金属液流回坩埚中，推出砂箱，关闭真空，取出铸件。图 7-47 所示是真空低压消失模铸造技术工作原理图。

真空低压消失模铸造技术的特点是：综合了低压铸造与真空消失模铸造的技术优势，在可控的气压下完成充型过程，大大提高了合金的铸造充型能力；与压铸相比，设备投资小，铸件成本低，铸件可热处理强化；而与砂型铸造相比，铸件的精度高，表面粗糙度值小，生产率高，性能好；反重力作用下，直浇道成为补缩短通道，浇注温度的损失小，液态合金在可控的压力下进行补缩凝固，合金铸件的浇注系统简单有效，成品率高，组织致密；真空低压消失模铸造的浇注温度低，适合于多种有色合金。

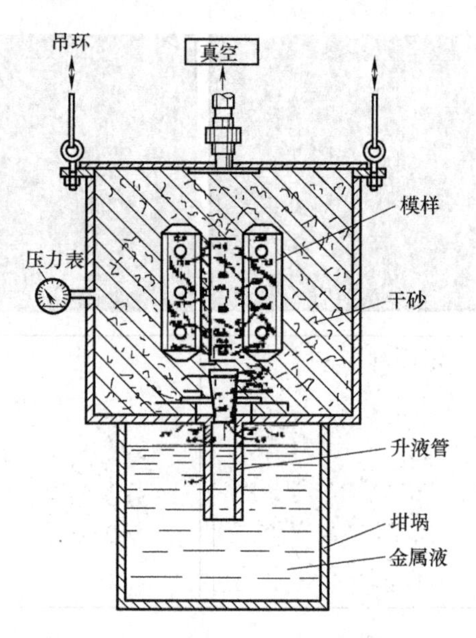

图 7-46　消失模真空吸铸铸造技术

樊自田等于 2002 年申请专利“镁、铝合金反重力真空消失模铸造方法及其设备”[18]，将真空低压消失模技术应用到铝、镁合金成形，该专利技术可以解决现有反重力铸造对铸型要求高、调压方法相对复杂、液态合金浇注时易氧化的问题。其工艺特点为：①将消失模铸造模样放入底注式砂箱，加入型砂振动紧实；②镁、铝合金液送入浇注炉，并通入保护性气体；③浇注炉内通入可控压力的惰性气体，在其作用下合金液进入砂箱，将消失模铸造模样汽化，实现浇注。其综合了真空消失模铸造和反重力铸造的技术优势，适用于高精度复杂的镁、铝合金铸件大规模生产。吴和保[21]研究了模样密度、涂层厚度、浇注温度、真空度等工艺参数对真空低压

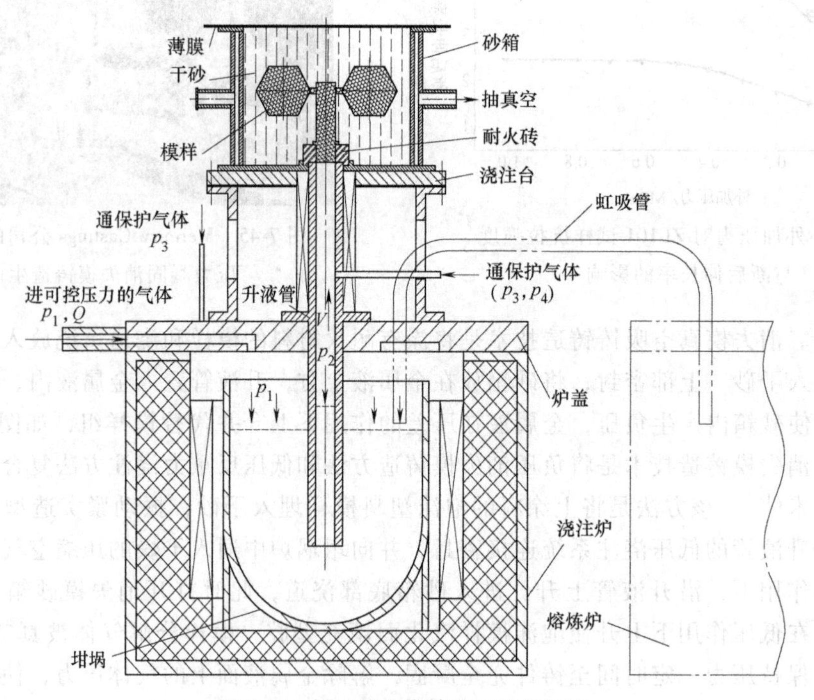

图 7-47　低压消失模铸造工艺原理图

镁合金消失模铸造时液态金属的充填形态和充型速度的影响，认为充型时，液态镁合金呈拱形平稳向前推进，并随着泡沫模样密度的降低、涂层厚度的减小、浇注温度和真空度的提高，充型速度提高。李继强[22]对 AZ91D 镁合金真空低压消失模铸造的工艺参数进行了优化，认为充型气体的气压与流量、泡沫模样的密度与裂解特性、涂层厚度及透气性、浇注温度、真空度等是镁合金真空低压消失模铸造过程中的主要影响因素。

真空低压消失模铸造的本质为真空消失模铸造与反重力低压铸造的有机结合，其充型原理及物理模型可简化为如图 7-48 所示，0-0 面为充型前的金属液表面，充型速度通过控制调节阀的流量与压力来确定。以 i-i（升液管底面）为基准面，由伯努利方程可写出如下平衡方程

$$h+\frac{p_1}{\gamma_1}+\frac{v_1^2}{2g}=H+\frac{p_2}{\gamma_2}+\frac{v_2^2}{2g}+h_g \tag{7-23}$$

式中，p_1、v_1分别为金属液面运动至 1-1 面时，作用于液面上的压力和金属液面下降的速度，γ_1为 1-1 面金属液的重度；p_2、v_2分别为金属液充型至 2-2 面时，作用于液面上的压力和金属液面上升的速度，γ_2为 2-2 面（充型前沿）处金属液的重度；H、h 为充型过程中的某时刻 t 时，以升液管底部为参照，铸型中金属液的充型高度和坩埚内金属液的高度；h_g为金属液流动过程中的沿程阻力。

由流体传动力学可知，流体流动的流速 v 与流量 Q 和流过的截面积 A 存在如下关系

$$v=\frac{Q}{A} \tag{7-24}$$

设金属液流动时为连续流动，故在 1-1 面和 2-2 面的流量 Q_1、Q_2相等，即

$$A_1v_1=A_2v_2 \tag{7-25}$$

式中，A_1、A_2分别为 1-1 面和 2-2 面的流动截面积。

合并式（7-23）和式（7-25），得

$$H-h=\left(\frac{p_1}{\gamma_1}-\frac{p_2}{\gamma_2}\right)+\left(1-\frac{A_1^2}{A_2^2}\right)\frac{v_1^2}{2g}+h_g \tag{7-26}$$

设升压曲线为直线，则升压时间为 t_1后，坩埚内表面的压力 p_1为

$$p_1=p_0+k_pt_1 \tag{7-27}$$

式中，p_0为升压前坩埚内表面的初始压力；k_p为升压常数，即$\frac{dp_1}{dt}=k_p$。

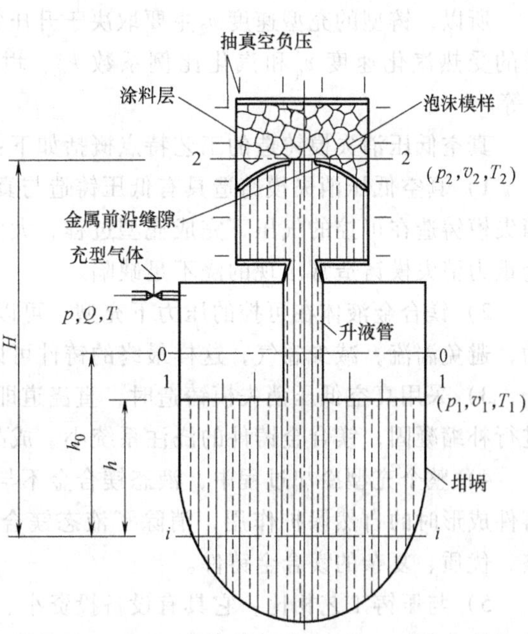

图 7-48　低压消失模铸造的充型模型

p_2为充型前沿金属液与泡沫模样之间的间隙气体的压力，其大小取决于泡沫模样的汽化速度（该汽化速度又决定于泡沫模样材料的性质、金属液的温度、金属液的充型速度等）、涂料层的透气性、真空度等因素。间隙气体的压力 p_2可近似为

$$p_2=k_q v_q-p_c+p_T \tag{7-28}$$

式中，v_q为泡沫模样的汽化速度；k_q为汽化比例系数；p_c为真空度；p_T为涂料层的透气阻力。设p_c、p_T为常数，则$\frac{dp_2}{dt}=k_q\frac{dv_q}{dt}$。

设式（7-26）中，h_g为常数，对式（7-26）两边求导得

$$\frac{dH}{dt}-\frac{dh}{dt}=\frac{1}{\gamma_1}\frac{dp_1}{dt}-\frac{1}{\gamma_2}\frac{dp_2}{dt}+\left(1-\frac{A_1^2}{A_2^2}\right)\frac{v_1}{g}\frac{dv_1}{dt} \tag{7-29}$$

由于，$dH/dt=v_2$，$dh/dt=v_1$，且$v_2=(A_1/A_2)v_1$，则

$$\left(\frac{A_1}{A_2}-1\right)v_1=\frac{k_p}{\gamma_1}-\frac{k_q}{\gamma_2}\frac{dv_q}{dt}+\left(1-\frac{A_1^2}{A_2^2}\right)\frac{v_1}{g}\frac{dv_1}{dt} \tag{7-30}$$

设金属液的充型速度v趋于匀速，即$dv_1/dt=0$，且$\gamma_1=\gamma_2=\gamma$，则

$$v_1=\left(k_p-k_q\frac{dv_q}{dt}\right)\frac{A_2}{(A_1-A_2)\gamma} \tag{7-31}$$

$$v_2=\left(k_p-k_q\frac{dv_q}{dt}\right)\frac{A_1}{(A_1-A_2)\gamma} \tag{7-32}$$

所以，铸型的充型速度v_2主要取决于升压常数k_p（即充型气体的压力及流量）、泡沫模样的受热汽化速度v_q和汽化比例系数k_q、坩埚及铸件的截面积A_1和A_2、金属液的重度γ等。

真空低压消失模铸造的工艺特点概括如下：

1）真空低压消失模铸造具有低压铸造与真空消失模铸造的综合技术优势，使得镁合金消失模铸造在可控的气压下完成充型过程，大大提高了镁合金溶液的充型能力，消除了镁合金重力消失模铸造常出现的浇不足缺陷。

2）镁合金液体在可控的压力下充型，可以控制液态金属的充型速度，让金属液平稳流动，避免湍流，减少卷气，这样最终的铸件可以进行热处理。

3）采用真空低压消失模铸造时，直浇道即为补缩短通道，液态镁合金在可控的压力下进行补缩凝固，镁合金铸件的浇注系统小、成品率高。

4）整个充型冷却过程中，液态镁合金不与空气接触，且泡沫模样的热解产物对镁合金铸件成形时的自然保护作用，消除了液态镁合金浇注充型时的氧化燃烧现象，可铸造出光整、优质、复杂的镁合金铸件。

5）与压铸工艺相比，它具有设备投资小、铸件成本低、铸件内在质量好等优点；而与砂型铸造相比，它又有铸件的精度高、表面粗糙度值小、生产率高的优势，同时可以较好地解决液态镁合金成形时易氧化燃烧的问题。

6）重力消失模铸造中，金属液的流动过程和充型速度与浇注温度及速度、浇注系统、模样密度及裂解特性、涂料透气性、真空度、砂型等因素有关，充型速度不易控制，而在真空低压消失模铸造中，金属液的流动过程和充型速度除了与重力消失模铸造中影响因素有关外，还与充型气体的流量和压力有关，充型速度可以被控制，但其流动过程更为复杂。

图7-49所示为采用重力下浇注与反重力下浇注的镁合金零件的对比，重力下浇注产生了严重的浇不足现象。浇注成形电动机壳体镁合金铸件如图7-49c所示，其最小壁厚约

2mm，该零件采用压力铸造、低压铸造等工艺都无法实现，用砂型铸造工艺其精度不高、表面粗糙度值大，用普通的消失模铸造也易产生铸件浇不足等缺陷。

a)　　b)　　c)

图 7-49　采用重力下浇注与反重力下浇注的镁合金零件的对比

a）重力下浇注　b）反重力下浇注　c）电动机壳体模样及其铸件

实践表明，如果工艺参数控制不当，反重力的真空低压消失模铸造较容易产生浸入性气孔和机械黏砂缺陷，优化铸造工艺参数和涂料性能可获得高内在质量的复杂、薄壁镁合金铸件。

总之，真空低压消失模铸造新工艺，利用低压铸造充型性能好，又能够使金属液在一定的压力下凝固，达到使铸件组织致密的目的，非常适合复杂薄壁镁（铝）合金铸件的工业化大量生产特点，因此它是一种极具有潜力和优势的液态镁合金精密成形技术，在汽车、航空航天、电子等领域具有较大的实用价值。

7.7.4　振动消失模铸造技术

振动消失模铸造技术是在消失模铸造过程中施加一定频率和振幅的振动，使铸件在振动场的作用下凝固，由于消失模铸造凝固过程中对金属溶液施加了一定时间振动，振动力使液相与固相间产生相对运动，而使枝晶破碎，增加液相内结晶核心，使铸件最终凝固组织细化，补缩提高，力学性能改善。消失模铸造振动凝固的结构示意图如图 7-50 所示。该技术利用消失模铸造中现成的紧实振动台，通过振动电动机产生的机械振动，使金属液在动力激励下生核，达到细化组织的目的，是一种操作简便、成本低廉、无环境污染的方法。相比之下，砂型铸造过程中，如对铸型施以机械振动，很容易把铸型振垮；而在金属型铸造过程中，由于其冷速过快，振动对结晶的影响作用不大。

金属凝固过程中施加振动可以有效细化晶粒，参考文献［23］显示，振动对组织的影响包括增加形核、减小晶粒尺寸、提供同质结构等，并能提高合金的性能。日本的山本康雄[24]等将机械振动应用到球墨铸铁的消失模铸造中，促使石墨球化和晶粒的细化，提高了铸件性能。

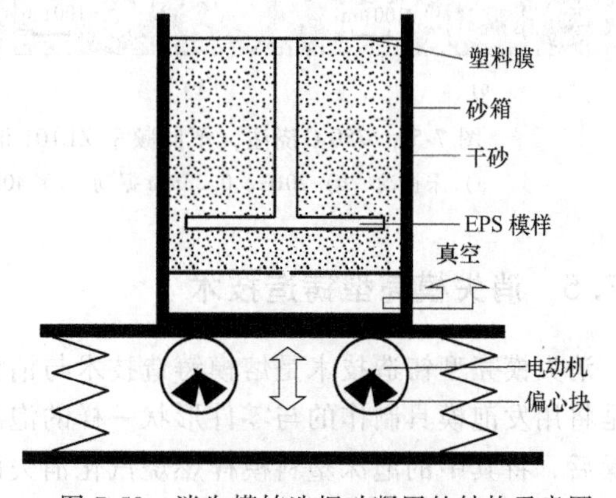

图 7-50　消失模铸造振动凝固的结构示意图

田学锋、李继强[25]等研究了机械振动对 AZ91D 镁合金消失模铸造组织和性能的影响。图 7-51 所示为不同振幅下 AZ91D 镁合金消失模铸造振动凝固试件的显微组织。从图 7-51 中可明显看出，随着振幅的增加，AZ91D 镁合金消失模铸造试件的晶粒逐渐变得细小。

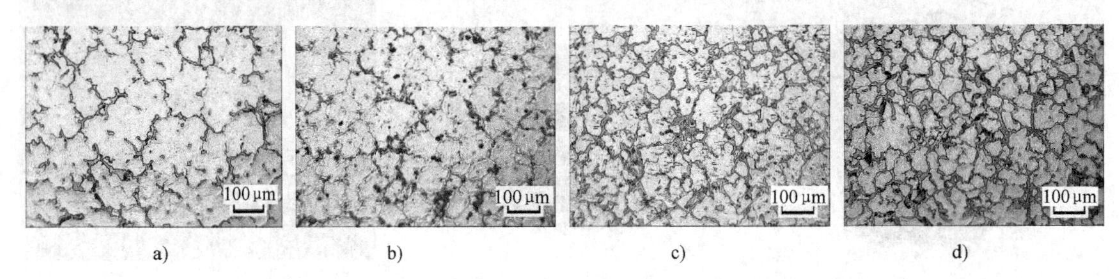

图 7-51 740℃下浇注、不同振幅 AZ91D 镁合金消失模铸造振动凝固与无振动时的金相比较

a）未振动 b）50Hz、0.11mm 振动 c）50Hz、0.23mm 振动 d）50Hz、0.34mm 振动

740℃下浇注、不同状态下 AZ91D 镁合金消失模铸造试件的力学性能。由表 7-14 可知，经过振动后，消失模铸件的综合力学性能较未振动前大大提高。

表 7-14 740℃下浇注、不同状态下 AZ91D 镁合金消失模铸造试件的力学性能

	屈服强度/MPa	抗拉强度/MPa	断后伸长率(%)
铸态	99.4	134.48	1.85
振动	110.34	165.72	2.24

赵忠、潘迪[26]等研究了不同振动频率对 ZL101 铝合金消失模铸件组织和性能的影响。在 ZL101 铝合金消失模凝固过程中进行不同频率的垂直振动，组织明显细化，如图 7-52 所示。在不同振动频率下试样的力学性能变化如图 7-53 所示。从图 7-53 中可以看出，随着振动频率的增加，试样的抗拉强度、断后伸长率和硬度逐渐增大，频率在 0~20Hz 之间，性能提高显著，但振动频率为 20~60Hz，试样的抗拉强度和断后伸长率增加趋缓。

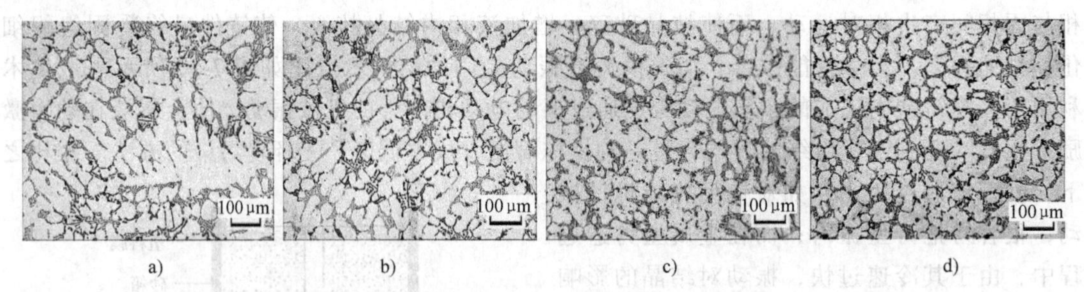

图 7-52 750℃浇注，不同频率 ZL101 消失模铸造振动凝固与无振动金相比较

a）未振动 b）20Hz、0.23mm 振动 c）40Hz、0.23mm 振动 d）60Hz、0.23mm 振动

7.7.5 消失模壳型铸造技术

消失模壳型铸造技术是熔模铸造技术与消失模铸造结合起来的新型铸造方法[27]。该方法是将用发泡模具制作的与零件形状一样的泡沫塑料模样表面涂上数层耐火材料，待其硬化干燥后，将其中的泡沫塑料模样燃烧汽化消失而制成型壳，经过焙烧，然后进行浇注，而获得较高尺寸精度铸件的一种新型精密铸造方法。它具有消失模铸造中的模样尺寸大、精密度

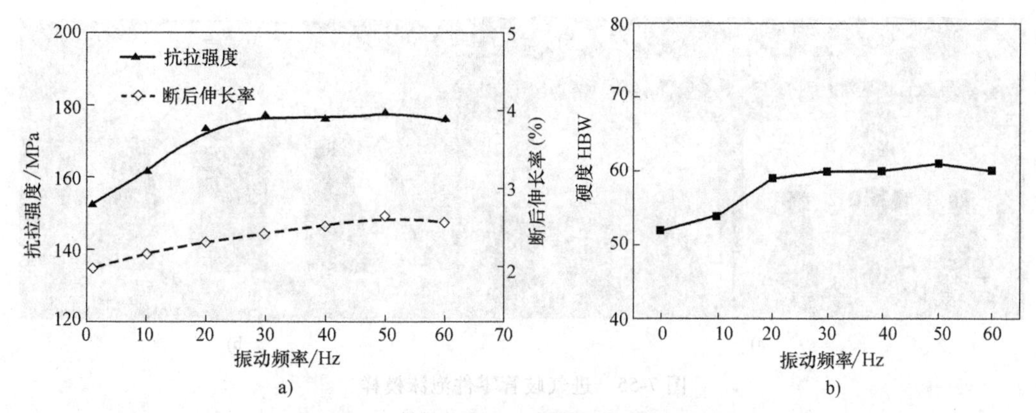

图 7-53 不同振动频率下试样的力学性能变化

a）抗拉强度和断后伸长率 b）硬度

高的特点，又有熔模精密铸造中的结壳精度、强度等优点。与普通熔模铸造相比，其特点是泡沫塑料模料成本低廉，模样粘接组合方便，汽化消失容易，克服了熔模铸造模料容易软化而引起的熔模变形的问题，可以生产较大尺寸的各种合金复杂铸件。

此外，还出现了一种适合生产大型复杂薄壁铝镁合金精密铸件的真空低压消失模壳型铸造新技术[27~29]。它是将“消失模铸造精密泡沫模样成形”“熔模精密铸造制壳技术”“反重力真空低压铸造成形”多项精密铸造技术结合起来，实现大型复杂薄壁铝镁合金铸件精密成形。图 7-54 为真空低压消失模壳型铸造工艺流程。

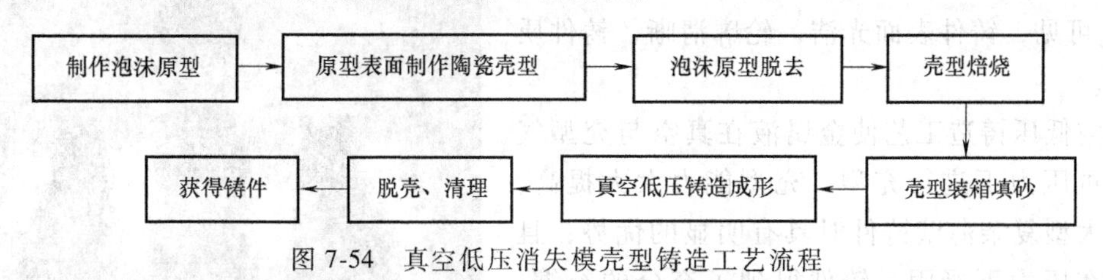

图 7-54 真空低压消失模壳型铸造工艺流程

1. 消失模壳型铸造技术的特点

1）与普通熔模精密铸造相比，其特点是泡沫塑料模料成本低廉，模样粘接组合方便，汽化消失容易，克服了熔模铸造模料容易软化而引起的熔模变形的问题。另外，泡沫模与蜡模相比，具有收缩小、耐热性好等优点，表面不易产生缩陷，也有利于提高大型铸件的尺寸精度。因此可以生产较大尺寸的各种合金的精密复杂铸件。

2）与消失模铸造相比，可采用较低的浇注温度，克服了普通消失模铸造浇注过程中，因泡沫模样受热分解带来的气孔、夹杂等铸造缺陷。

3）与压铸相比，具有投资小，成本低，铸件内在质量好，铸件可热处理等优点。

4）与砂型铸造相比，具有铸件的尺寸精度高，表面粗糙度值小，生产率高的优势。

2. 真空低压消失模壳型铸造浇注实践

下面以复杂薄壁发动机进气歧管零件为对象，进行其真空低压消失模壳型铸造浇注实践。

（1）泡沫模样的制备 图 7-55 所示为泡沫模样，由图 7-55a 可以看出，该进气歧管零件的泡沫模样分为四部分，经过粘接最终获得进气歧管零件完整的泡沫模样，如图 7-55b 所示。

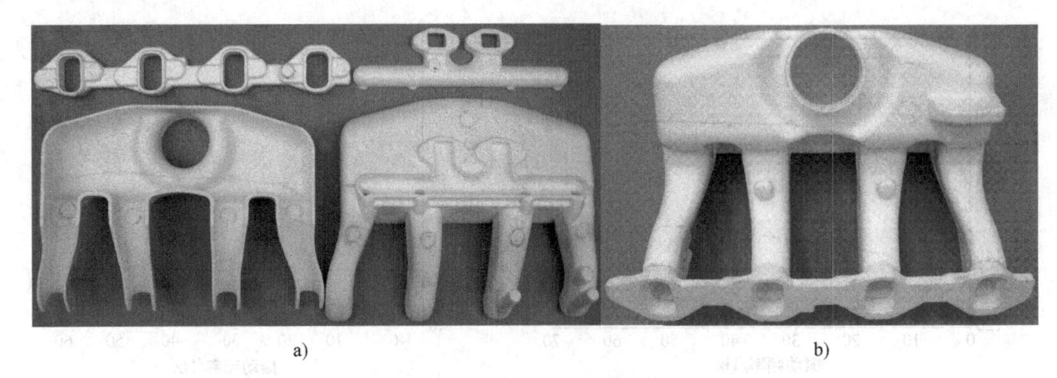

a)　　b)

图 7-55　进气歧管零件泡沫模样

a）分片模样　b）整体模样

（2）铸造用型壳的制备　选用熔模铸造精密制壳技术来制备铸型，采用较少层数的硅溶胶-水玻璃复合陶瓷型壳（2 层或 3 层），其中锆英粉硅溶胶制表面层，铝矾土作为背层耐火材料。

（3）铸件的真空低压铸造成形　首先将制备好的型壳放入砂箱中，填入干砂，砂箱经振动紧实后，被放入（或推入）可控气氛和压力下的“低压铸造”工位。砂箱在抽真空的同时，液态铝镁合金在可控气压下完成浇注充型、冷却凝固工作，即完成了真空低压铸造过程。

图 7-56 所示为发动机进气歧管铸件照片。由图 7-56 可见，铸件表面光洁，轮廓清晰，铸件质量较高。

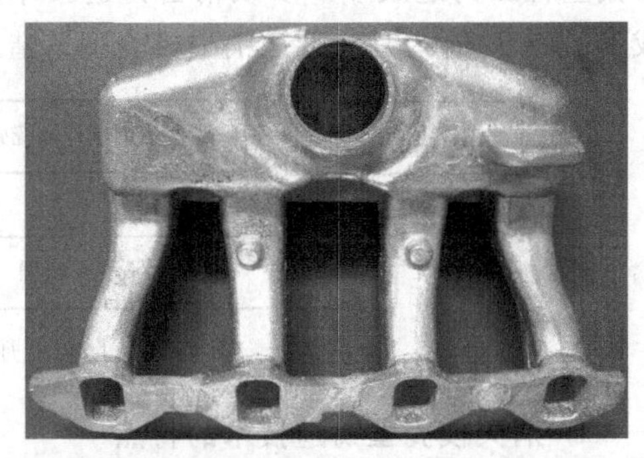

图 7-56　发动机进气歧管铸件照片

真空低压铸造工艺使金属液在真空与充型气体的双重压力下进行充型，充型能力大大提高，在生产大型复杂薄壁铸件时具有明显的优势，且金属液在压力下凝固，铸件得到了充分的补缩，减少了气孔、缩松、针孔等缺陷，提高了组织的致密性。

图 7-57 所示为不同工艺下 A356 合金的铸态微观组织。由图 7-57 可以看出，真空低压消失模壳型铸件组织相比前三种工艺的组织大大细化，其晶粒尺寸仅为 147.2μm，且组织致密，气孔、缩孔等缺陷较少。

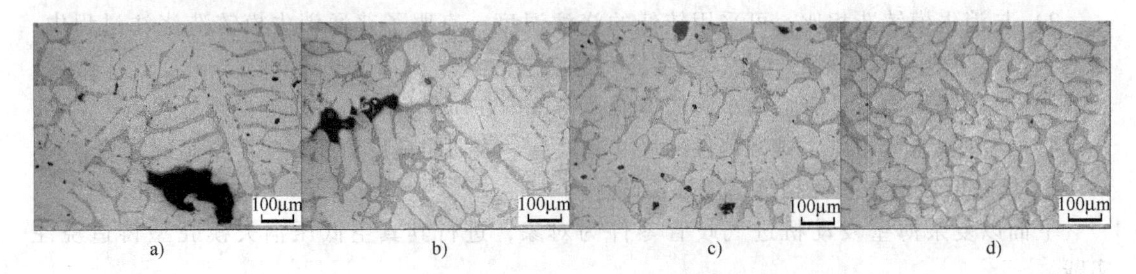

a)　　b)　　c)　　d)

图 7-57　不同工艺下 A356 合金的铸态显微组织

a）重力消失模铸造　b）重力壳型铸造　c）低压消失模铸造　d）真空低压消失模壳型铸造

表7-15为不同铸造工艺获得A356合金铸件的力学性能对比。从表7-16中可以看出，真空低压消失模壳型铸造的较重力消失模铸造、重力消失模壳型铸造和真空低压消失模铸造具有优越的力学性能，尤其较重力消失模铸造优势更加明显，其抗拉强度、断后伸长率和布氏硬度分别达到278.27MPa、8.10%和93.1HBW，相比重力消失模铸造分别高了20.2%、166.4%、17.6%，相比重力消失模壳型铸造分别提高了6.8%、31.7%、8.3%，相比真空低压消失模铸造分别提高了10.4%、145.4%、15.1%。另外，真空低压消失模壳型铸件表面质量要优于消失模铸件。

表7-15　不同铸造工艺获得A356合金铸件的力学性能对比

工艺	重力消失模铸造	重力消失模壳型铸造	真空低压消失模铸造	真空低压消失模壳型铸造
抗拉强度/MPa	231.57	260.53	251.98	278.27
断后伸长率(%)	3.04	6.15	3.30	8.10
硬度HBW	79.2	86.0	80.9	93.1
表面粗糙度 $Ra/\mu m$	6.3~12.5	3.2~6.3	6.3~12.5	3.2~6.3

综上所述，铝（镁）合金真空低压消失模壳型铸造技术综合了泡沫模料的低成本、收缩小、可满足大件及熔模陶瓷型壳的精度等特点，可解决普通消失模铸造气孔、夹杂等缺陷，同时可解决大型复杂薄壁铝（镁）合金铸件充型难，易出现的浇不足、冷隔、针孔等缺陷及铸件不致密等问题，铸件在真空和低压的双重压力下成形，可大大提高金属液的充型能力及铸件的表面和内部质量，用来实现大型复杂薄壁铝（镁）合金精密成形，通过浇注实践证明该项新技术完全可行，并具有较大优势。因此该技术将在航空、航天、军工、汽车、电子、机械等行业具有巨大的优势和潜力，有着广阔的应用前景。

思考题

1. 比较普通砂型铸造与消失模铸造工艺的区别。
2. 简述消失模铸造工艺的原理、特点、关键技术。
3. 理论分析消失模铸造中铸型塌陷缺陷的形成机理。
4. 分析消失模铸造的浇注充型与铸件缺陷特征。
5. 分析消失模铸造的凝固和组织特征。
6. 分析消失模铸造中干砂振动紧实的影响因素。
7. 论述消失模铸造中真空度的作用。
8. 概述铝合金消失模铸造工艺存在的问题及应对措施。
9. 分析镁合金消失模铸造的优势及劣势。
10. 论述铝（镁）合金消失模铸造有哪些新技术及其技术特点。

参考文献

[1]　黄乃瑜，叶升平，樊自田．消失模铸造原理及质量控制［M］．武汉：华中科技大学出版社，2004.
[2]　樊自田．材料成形装备及自动化［M］．北京：机械工业出版社，2006.
[3]　魏华胜．铸造工程基础［M］．北京：机械工业出版社，2002.
[4]　郑哲，等．消失模铸造法生产CA488发动机进气歧管［J］．铸造技术，1999（2）：3-6.
[5]　LIU J，RAMSAY C W，ASKELAND D R．Effects of Foam Density and Density Gradients on Metal Fill in the

LFC Process [J]. AFS Transactions, 1997 (105): 435-442.

[6] LESSITER J MICHAEL. Lots of Activity Taking Place Among Lost Foam Job Shops [J]. Modern Casting, 1997 (4): 28-31.

[7] 梁光泽，李增民. 中国实型（消失模）铸造的现状与展望 [J]. 实型铸造及消失模铸造，2008 (8): 1072-1075.

[8] 黄乃瑜. 对我国消失模铸造技术进一步发展的若干建议 [J]. 铸造技术，2002 (5): 265-266.

[9] 董秀琦，朱丽娟. 消失模铸造实用技术 [M]. 北京：机械工业出版社，2005.

[10] 戴镐生. 传热学 [M]. 北京：高等教育出版社，1999.

[11] 张也影. 液体力学 [M]. 北京：高等教育出版社，1999.

[12] 李锋军，柳百成，张殿德. 工艺因素对铸铁件消失模铸造充型速度的影响 [J]. 现代铸铁，2001 (1): 35-36.

[13] 吴志超，黄乃瑜，等. 干砂消失模铸造铁液流动前沿气隙的研究 [J]. 铸造技术，2001 (1): 49-51.

[14] 黄天佑，黄乃瑜，吕志刚. 消失模铸造技术 [M]. 北京：机械工业出版社，2004.

[15] 樊自田，吴和保，张大付，等. 镁合金真空低压消失模铸造新技术 [J]. 中国机械工程，2004，15 (16): 1493-1496.

[16] 樊自田，董选普，黄乃瑜，等. 镁（铝）合金反重力真空消失模铸造方法及其设备：中国，专利 02115638. 7 [P]. 2002-12-04.

[17] 阿依巴迪舍夫. 金属和合金在压力下结晶 [M]. 张锦升，罗守靖，译. 哈尔滨：哈尔滨工业大学出版，1987.

[18] 唐波，樊自田，赵忠，等. 压力场对ZL101铝合金消失模铸造性能的影响 [J]. 特种铸造及有色合金，2009，29 (7): 638-641.

[19] 吴和保，樊自田，黄乃瑜. 可控气压下镁合金消失模铸造工艺参数的研究 [J]. 铸造. 2004，53 (5): 33-36.

[20] 李继强，樊自田，等. 镁合金真空低压消失模铸造影响因素及充型能力的研究 [J]. 铸造技术，2007，28 (1): 74-78.

[21] CAMPBELL J. Effects of vibration duringsolidification [J]. Int Met Rev, 1981 (2): 71-108.

[22] 山本康雄，三宅秀和，等. 减压振动铸造法：日本，JP1-186240A [P]. 1989-7-25.

[23] LI J Q, FAN Z T, WANG Y Q, et al. Effects of vibration and alloying on microstructure and properties of AZ91D magnesium alloy via LFC [J]. Chinese Journal of Nonferrous Metals, 2007, 17 (7): 1047-1052.

[24] 潘迪，樊自田，赵忠，等. 机械振动对ZL101消失模铸造组织及性能的影响 [J]. 特种铸造及有色合金，2009 (3): 290-292.

[25] 蒋文明，樊自田，廖德锋，等. 铝（镁）合金消失模-型壳复合铸造型壳制备 [J]. 华中科技大学学报：自然科学版，2010，38 (3): 33-37.

[26] JIANG WENMING, FAN ZITIAN, LIAO DEFENG, et al. A new shell casting process based on expendable pattern with vacuum and low-pressure casting for aluminum and magnesium alloys [J]. International Journal of Advanced Manufacturing Technology, 2010, 51 (1-4): 25-34.

[27] 蒋文明，樊自田，廖德锋，等. 真空低压消失模壳型铸造失模工艺优化研究 [J]. 材料工程，2010，30 (8): 61-66.

第 8 章　离心铸造

8.1　概述

离心铸造是将液体金属浇入旋转的铸型中，使液体金属在离心力的作用下充填铸型并凝固成形的一种铸造方法。

离心铸造的第一个专利是1809年由英国人爱尔恰尔特（Erchardt）提出的，直到20世纪初期这一方法才在生产中逐步被采用。我国在20世纪30年代也开始利用该项技术，在管、筒类铸件如铁管、铜套、缸套、双金属钢背铜套等方面，离心铸造几乎是一种主要的方法；此外在耐热钢辊道、一些特殊钢无缝钢管的毛坯、造纸机干燥滚筒等生产方面，离心铸造的使用也很有成效。目前已制造出高度机械化、自动化的离心铸造机，并建起大批量生产的机械化离心铸管车间，并用以实现球墨铸铁管及其他一些铸件的生产。2000年左右世界铸管年产为700~800万t，为铸铁件总产量的10%~15%，其中球墨铸铁管产量约600万t，占铸管产量的80%以上。在日本、法国等工业发达国家，离心球墨铸铁管的比例达到95%~98%。

几乎一切铸造合金都可采用离心铸造法生产。离心铸件的最小内径可达8mm，最小壁厚可达2.5mm；最大直径3m，铸件的最大长度15m；离心铸件质量小至几克（金属义齿），大至十多吨。

由于离心铸造时，液体金属是在旋转的情况下充填铸型并凝固的，因而离心铸造具有下述特点：

1）液体金属能在铸型中形成中空的圆柱形自由表面，这样不用型芯就能铸出中空铸件，大大简化了套筒、管类铸件的生产过程。

2）由于旋转时液体金属能产生离心力作用，离心铸造工艺可提高金属充填铸型的能力，因此一些流动性较差的合金和薄壁铸件都可用离心铸造法生产。

3）由于离心力的作用，改善了补缩条件，气体和非金属夹杂也易于自液体金属中排出，因此离心铸件的组织较致密，缩孔（缩松）、气孔、夹杂等缺陷较少。

4）消除或大大节省浇注系统和冒口方面的金属消耗。

5）铸件易产生偏析，铸件内表面较粗糙，且内表面尺寸不易控制。

各种铸造方法的比较见表8-1。

根据离心力应用情况分类，可将离心铸造分为真正离心铸造、半真离心铸造和非真离心铸造三大类。其中，不用砂芯，纯粹用旋转产生的离心力使金属液紧贴型壁而形成空腔铸件的方法称为真正离心铸造，如图8-1所示。真正离心铸造的典型产品，如不同长度的铸管、不同直径的缸套等。图8-2所示为半真离心铸造，其铸型形状仍是轴对称的，但比上述管

表 8-1　各种铸造方法的比较

铸造方法	可铸金属	铸件质量范围/kg	直径上的公差/mm	表面粗糙度/μm	最小断面尺寸/mm	起模斜度(°)	生产率/(件·h^{-1})	用砂芯制出的最小的孔/mm	孔隙率(%)
砂型铸造	铝	0.03~100	0.09~0.03	4	4	4~7	10~15	6	5
	钢	0.10~200000		8	6				
	铸铁和其他	0.03~200000		8	3.5				
金属型铸造	铸铁	0.01~50	最小 0.01	2	5	—	—	4.5~6	4
	铝和镁	0.01~20		—	3	2	50		
压铸	铝	0.015~35	0.0015	1	0.8	2	75~150	2.5	2
	镁	0.015~35	0.0015	1	1.2	2	—	2.5	
	锌	0.05~80	—	1	0.5	2	300~350	0.8	
熔模铸造	钢	0.005~25	0.003~0.005	1	1	1~3	—	0.5~1.25	1
	铝	0.002~10		1	0.8				
壳型铸造	钢	0.05~120	0.01~0.003	6	3.5	2~3	30~80	3~6	1
	铸铁	0.03~50		6	3				
	铝	0.03~15		2.5	1.5				
离心铸造	铝	~10000	0.002	0.6~3.5	0.6~1.2	3	30~50	—	1~2
	钢		0.004						
	铸铁		0.004						

件与缸套等铸件要复杂得多，其中心孔可用砂芯做出。铸型旋转速度远比前者要低，离心力有助于充型与凝固，但不起成形的作用。非真离心铸造如图 8-3 所示，零件形状可随意，仅利用离心力增加金属液凝固时的压力，铸型旋转速度也更低，铸件中心线也不和旋转轴线重合。

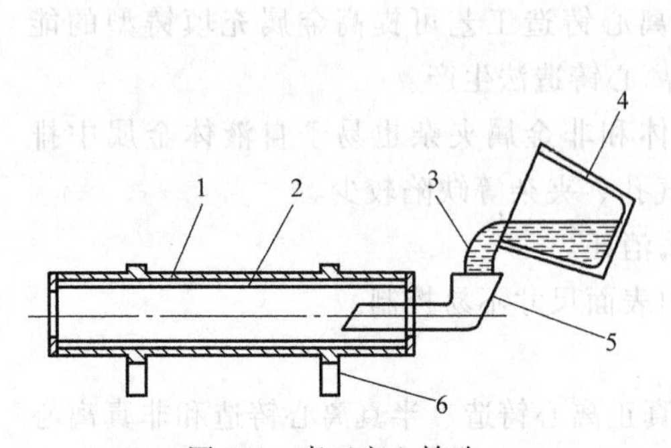

图 8-1　真正离心铸造

1—铸型　2—铸件　3—金属液　4—浇包
5—流槽　6—支撑及驱动辊

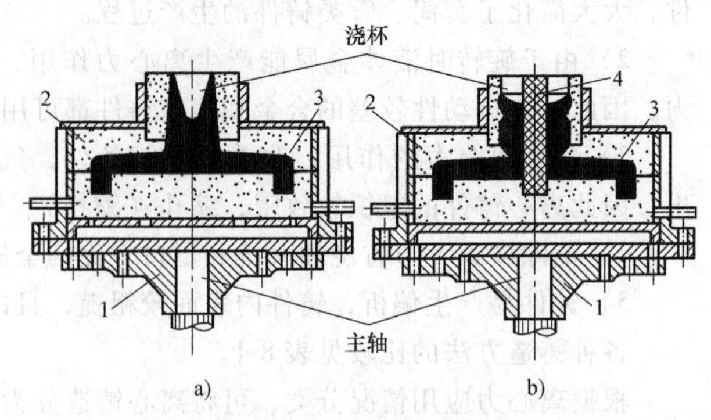

图 8-2　半真离心铸造

a) 无内孔的铸件　b) 内孔由型芯形成
1—机台　2—铸型　3—铸件　4—型芯

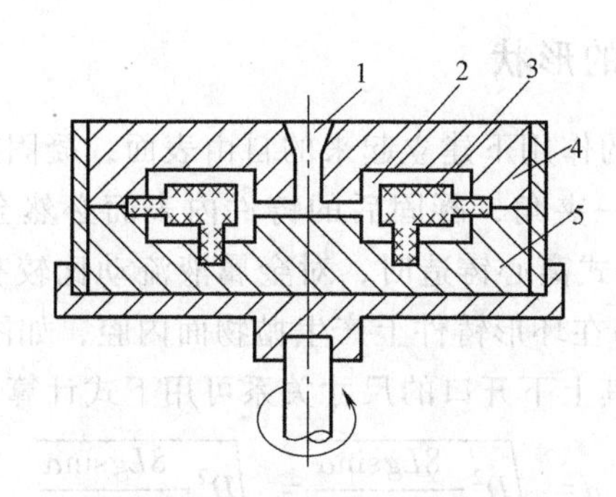

图 8-3　非真离心铸造

1—浇道　2—型腔　3—型芯　4—上型　5—下型

8.2　离心铸造原理

8.2.1　离心力场与离心压力

离心铸造时，金属液作绕中心 O 的圆周运动，如图 8-4 所示。如在旋转的金属液中取任意质点，其质量为 m，其旋转半径为 r，旋转角速度为 ω，则该质点会产生离心力 $m\omega^2r$，离心力的作用呈径向，通过旋转中心，指向离开中心的方向，它有使金属质点作离开旋转中心的径向运动的作用。如果把旋转着的金属液所占的体积看作一个空间，在这一空间中，每一质点都产生如 $m\omega^2r$ 那样的离心力，这样就可把此空间看成离心力场。在离心力场中，每一质点都能产生离心力，其大小为 $m\omega^2r$，其指向为远离旋转中心的方向。旋转的液体在离心力的作用下，在其内部各点上也会产生压力，此种压力被称为离心压力。

金属液在铸型内所受的离心力与旋转半径成正比，与旋转角速度的平方成正比。其离心力公式如下

$$F=m\omega^2r=\frac{\pi^2mn^2r}{900}\approx 0.011mn^2r \qquad (8\text{-}1)$$

式中，F 为离心力（N）；m 为金属液质量（kg）；ω 为铸型旋转角速度（rad/s）；r 为参考质点的半径（mm）；n 为旋转速度（r/min）。

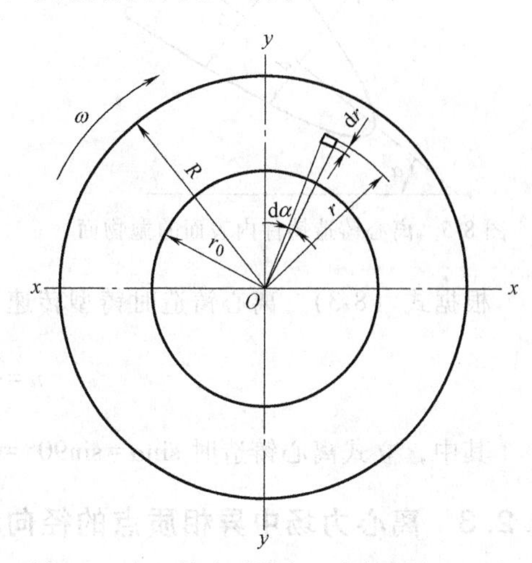

图 8-4　离心铸造时的离心力场与离心压力

旋转半径不同，离心力也不同。因为金属液有一定的厚度，各层所受离心力会不同，要完全带起金属，布满铸型，就必须使内层的离心力也大于内层液体的重力。按照重力的表示方法，离心力可用离心加速度来表示，即

$$F=ma_c \qquad (8\text{-}2)$$

式中，a_c为离心加速度，$a_c=0.011Rn^2$。

实际生产中离心加速度是重力加速度的几十倍。

8.2.2 离心铸件内表面的形状

离心铸造时，在离心力的作用下建立起来的自由表面，凝固后就形成了铸件中空的内表面。如果旋转轴与水平面有一夹角，凝固后的铸件内表面必然会形成一抛物面形状，如图8-5所示。而这种小倾角在卧式离心铸造时，对金属液流动比较有利。立式离心铸造时，倾角为90°，达到最大，更容易在环形铸件上产生抛物面内腔，如图8-6所示。

根据铸型转速与倾角，其上下开口的尺寸关系可用下式计算

$$d=\sqrt{D^2-\frac{8Lg\sin\alpha}{\omega^2}}=\sqrt{D^2-\frac{8Lg\sin\alpha}{\left(\frac{\pi n}{30}\right)^2}} \tag{8-3}$$

式中，d 为小径尺寸（m）；D 为大径尺寸（m）；L 为铸件长度（m）；g 为重力加速度，$g=9.81\mathrm{m/s^2}$；α 为旋转轴斜角（°）；ω 为旋转角速度（rad/s）；n 为旋转速度（r/min）。

当 $\alpha=0°$时，$d=D$。即水平离心铸造时，所得铸件（环、筒、管）具有相同的内径。当 $\alpha=90°$时，d 和 D 的差值达到最大。此时内腔形状完全取决于转速：转速越高，图8-6所示抛物线开口越小；反之就越大。这也是较长的管子都采用水平离心铸造的原因。一般来说，当环形铸件长度为其内径的两倍以上时，就应考虑使用水平离心铸造。

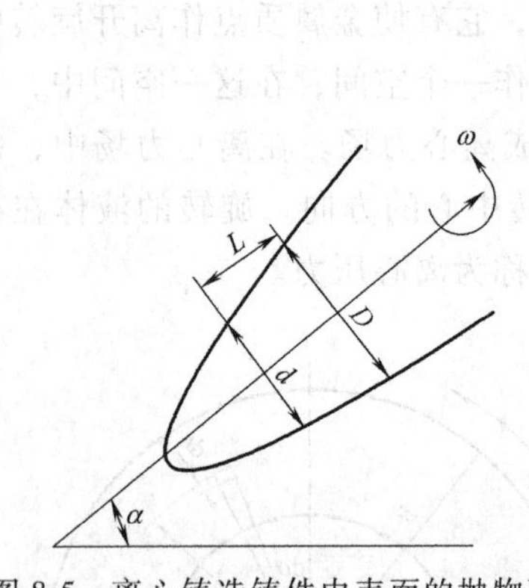

图8-5 离心铸造铸件内表面的抛物面

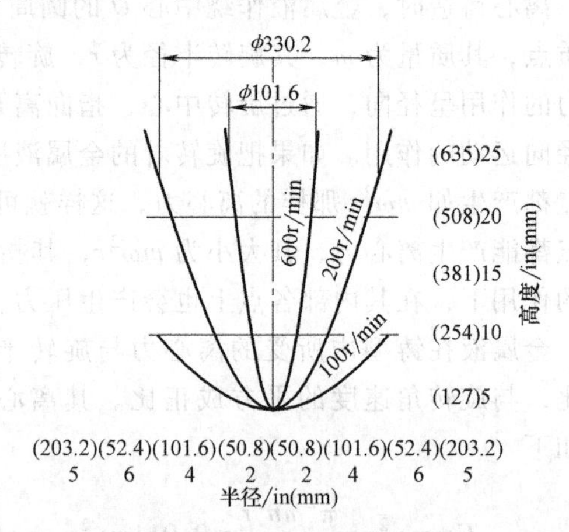

图8-6 不同转速时抛物面的情况

根据式（8-3），离心铸造时铸型转速 n 为

$$n=\frac{60}{\pi}\sqrt{\frac{2gL\sin\alpha}{D^2-d^2}} \tag{8-4}$$

其中，立式离心铸造时 $\sin\alpha=\sin90°=1$，卧式离心铸造时此公式不适用。

8.2.3 离心力场中异相质点的径向移动

进入铸型中的金属液常会夹有固态的夹杂物、不能与金属液共溶的渣滴和气态的气泡，此外，铸型中金属液在凝固过程中也会析出固态的晶粒和气态的气泡，这些夹杂、气泡、渣滴、晶粒是与金属液主体不能融合的另一种组成，它们都可被称为异相质点。这些密度不一的质点，在重力场中上浮或下沉。一般重力场情况下，当重力与黏滞力平衡，异相质点作匀

速运动时，其上浮或下沉的速度 v_z 可用斯托克斯公式表示，即

$$v_z = d^2(\rho_1 - \rho_2)g/18\eta \quad (8\text{-}5)$$

式中，d 为异相质点的直径；ρ_1、ρ_2 为异相质点和金属液主体的密度；η 为金属液的动力黏度系数；g 为重力加速度。

如果 $\rho_1 > \rho_2$，v_z 为正值，它是异相质点的下沉速度；如果 $\rho_1 < \rho_2$，v_z 为负值，它是异相质点的上浮速度。

在离心铸造所形成的离心力场中，与重力场中的情况相似，密度比金属液主体密度小的异相质点会向自由表面作径向移动；而密度比金属液密度大的异相质点则向远离自由表面的金属液外层移动，其速度 v_L 也可用斯托克斯公式计算，只需将离心力加速度 $\omega^2 r$ 替代重力加速度 g 即可，即

$$v_L = d^2(\rho_1 - \rho_2)\omega^2 r/18\eta \quad (8\text{-}6)$$

将式（8-6）除以式（8-5）得

$$v_L/v_Z = \omega^2 r/g = G \quad (8\text{-}7)$$

由式（8-7）可知，离心铸造时异相质点在金属液中的沉浮速度比在重力铸造时大 G 倍。因此，那些密度比金属液小的夹杂物、渣滴、气泡等，将易于由旋转的金属液中内浮至自由表面，所以离心铸件中的夹杂物、气孔缺陷比重力铸件要少得多。当然，在铸件内表面上则会有较多的异相夹杂物存在。

但离心铸造时异相质点的径向移动也会给铸件质量带来坏处，它能增强铸件的密度偏析，如铅青铜离心铸件上常出现的铅易在铸件外层中集聚产生偏析；而在铸钢、铸铁的离心铸件横断面上，易出现碳、硫等元素在铸件内层含量较高的偏析现象。

近年来，利用离心铸造这种内浮外沉现象的特点，兴起了用离心铸造研制梯度功能材料的实践。利用离心铸造金属液在凝固过程中析出的初生相与母液间的密度差，使初生相沿径向移动，在铸件的离心半径上形成组织或元素组成逐步变化的梯度层，而成为一定意义下的自生梯度功能材料，即各层性能逐次过渡的材料。

8.3 离心铸件的凝固及其组织

8.3.1 凝固特征

离心铸造中的金属液进入铸型后，在离心力场中，受型壁的冷却作用开始凝固。凝固过程中的固液两相受离心力作用，表现出了不同于重力铸造的运动趋势，其结果导致离心铸件中的顺序凝固和补缩得以增强。

1. 顺序凝固增强

合金凝固析出的固体晶粒密度大多大于合金液体的密度。在离心力场中这些高密度的固相粒子会以比重力浇注时更大的趋势沉向铸型一侧，而这种趋势使得结晶速度加快，缩小了结晶前沿的固液两相共存区，从而使离心铸件加强了顺序凝固，不易产生缩孔、缩松等缺陷，铸件组织致密。金属液的收缩最后表现为铸件内孔的均匀扩大。

少数合金凝固析出的晶粒密度小于合金液的密度，如过共晶铅硅合金，析出的晶粒会浮向铸件内表面，内层合金凝固快，而在中间层出现缩松。又如在衬砂热模法浇注大口径铸管

时，由于铸型冷却速度大为降低，合金液能够保持长时间不凝固，而此时内表面合金和冷空气接触，或人为地在内表面喷水加快冷却，就会在靠内壁处出现一缩松带。为消除中间层缩松，实际生产中常采用加强铸型冷却或在铸件内表面挂渣等方法以加强铸件顺序凝固。

2. 补缩增强

一般来说，铸件中的缩松主要是凝固时枝晶间形成的孔穴不能得到补缩而造成的。孔穴能否及时得到补缩，与金属液流经补缩通道时克服阻力的能力有关。在离心铸造中，金属液的每一个质点都在离心力场中，受到比重力大 G 倍的离心力作用，有可能克服补缩过程中的阻力，对晶粒间的缩松进行补缩，如图 8-7 所示。同时，金属液补缩通道沿径向向外进行补缩时，随着旋转半径增大，质点所受的离心力增大，克服阻力的能力也增大，在补缩间隙中移动速度越快，越有利于补缩的进行。在生产凝固温度区间较宽的合金铸件时，晶间补缩阻力较大，容易产生晶间缩松，需用较大的离心力以助于晶间补缩。如离心铸造锡青铜铸件时，常采用较高的铸型转速，以消除缩松。

8.3.2 凝固组织

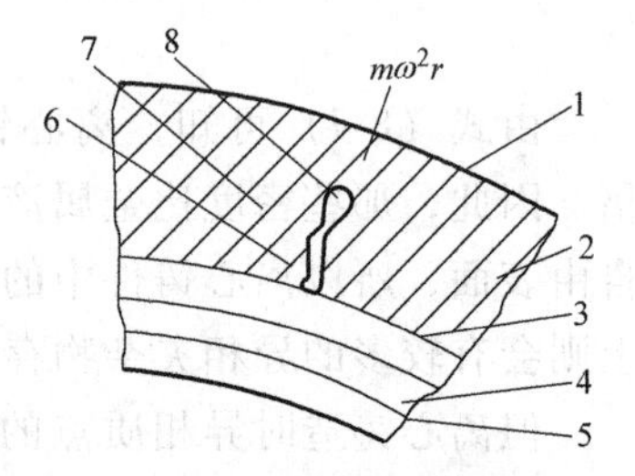

图 8-7 离心铸件枝晶间补缩过程示意图

1—铸件外表面 2—凝固层
3—结晶前沿 4—金属液
5—自由表面 6—补缩间隙
7—补缩金属液 8—孔穴

同其他铸造工艺一样，离心铸造的凝固过程决定了铸件冷却后所获得的组织及性能。离心力造成金属液的相对运动导致了离心铸件特有的组织特征。

1. 离心铸型横截面上金属液的相对运动及其对铸件结晶的影响

离心铸造通常是先起动铸型，然后进行浇注。最初进入铸型中的金属液由于惯性的作用，根据牛顿第一定律的力学描述，刚进入铸型后的金属液的旋转角速度一定比铸型本身的旋转角速度小，所以金属液与铸型壁之间便出现了相对运动。此外，靠近铸型的外层金属液直接受到铸型的带动，因此其旋转角速度更能够较快地增大至与铸型一致；而内部，即靠近自由表面的金属液加速较慢，从而在金属液体内部也出现了层与层之间的相对运动。这一相对运动可能会经历几秒至几十秒才能消失。对在直径为 200mm 的卧式离心铸型中的黏性液体模拟试验表明，在各种不同工艺参数下，在黏性液体浇入旋转铸型后，这种圆周方向的相对运动可持续 15~50s。

显然，在相对运动的变化过程中，金属液也同时由外向内开始了逐层凝固过程。如此，在不同时刻、不同运动状态下，内部的凝固组织相应地也将有所不同。铸件外层是细小的等轴晶，中间层是倾斜的柱状晶，内层是正常柱状晶。

2. 等轴晶的生成

由于铸型的激冷作用，使用金属型时，在浇注过程中即开始了凝固结晶。而此时结晶层面上的金属液的分层相对运动仍未消失，阻碍了枝晶生成，因此，离心铸件的外层常存在一薄壁细小等轴晶层。

3. 柱状晶的生成

根据柱状晶的生长方向应与散热方向相反的规律，离心铸件横断面上的柱状晶应按径向生长，如图 8-8a 所示。事实上，这种宏观组织确实可以在不少离心铸件上遇到，而且它具有较好的力学性能，因为它的形成条件与一般的定向结晶有很多相似之处，并且还附带有比

重力场好得多的补缩条件。但是在离心铸件中还经常可遇到如图 8-8b 所示的倾斜状柱状晶，一般它都出现在靠近铸件外表面处，开始时倾斜的程度较大，越向内侧，柱状晶的倾斜程度就越来越小，最后转变为径向。

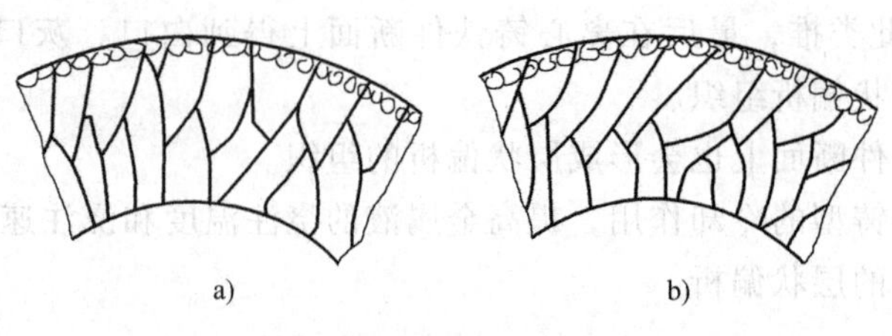

图 8-8　离心铸件横断面上柱状晶的生长特点
a）径向柱状晶　b）倾斜柱状晶

这种倾斜柱状晶的产生原因，一般认为是结晶前沿存在着一定的相对运动，靠近结晶前沿的金属液中包裹着刚析出的小晶粒，结晶层迎着液流方向的一面有较多的机会与金属液中的小晶粒接触，这些小晶粒就可能沉积到生长的晶体上，从而使晶体迎着液流的方向生长较快，形成倾斜柱状晶。而向内层一侧，由于金属液层间相对运动产生的滑动减少，又重新长成一层正常的柱状晶，如图 8-8b 所示。

4. 层状组织的形成

在离心铸件的横断面上有时还会遇到如图 8-9 所示的层状偏析组织，而且这种组织在同一铸件的不同断面上是互相不重合的。但偏析层的分布却呈同心圆的形式，测试表明，整个铸件厚度上化学元素的分布也是按分层情况交替变化的。这一现象同离心铸造过程中金属液流轴向流动有关。

在充型凝固过程中，进入铸型的金属液除沿圆周方向覆盖铸型外，还会沿内表面作轴向运动，其层状流动现象如图 8-10 所示。图 8-10 中数字①、②、③表示进入铸型的金属液流顺序。当第①股金属液进入铸型时，考虑铸型的冷却作用，金属液的温度下降很快，甚至开始凝固，金属液仅能流到一定距离。而后进入铸型的第②股金属液在温度较高的液流①之上流动，能够向前流动较长的距离。依此类推，金属液即以层状形式作轴向运动。这样便形成了离心铸造时（尤其是卧式离心铸造时）金属液层状流动的特点。

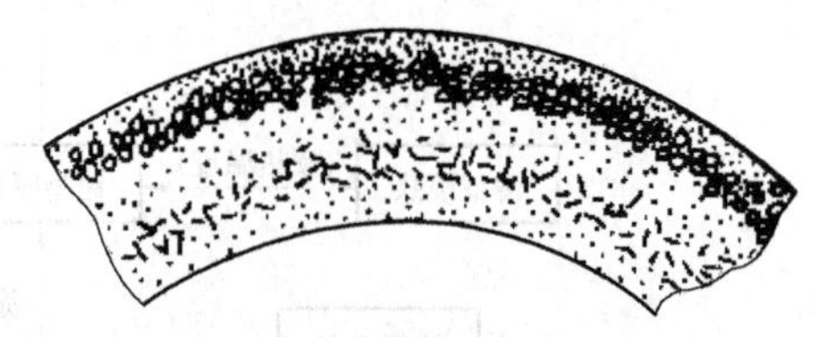

图 8-9　离心铸件横断面上的层状偏析组织示意图

如果每层合金都能够相互熔合，则铸件组织是正常的。但是当液流层温度偏低，各液流层间不能很好熔合，各自则按照自己的散热和其他条件进行凝固，因而铸件同一横断面上形成的晶粒形状不一样，每层都有其自己化学元素偏析规律的层状组织。

如金属型离心铸造灰铸铁管时，有时会得到白口层、灰口层组织交替出现层状偏析。离心铸造铸铁缸套时，有时会发现细石墨组织、粗大石墨组织交替出现层状偏析。对这样的层状偏析可如此解释，即

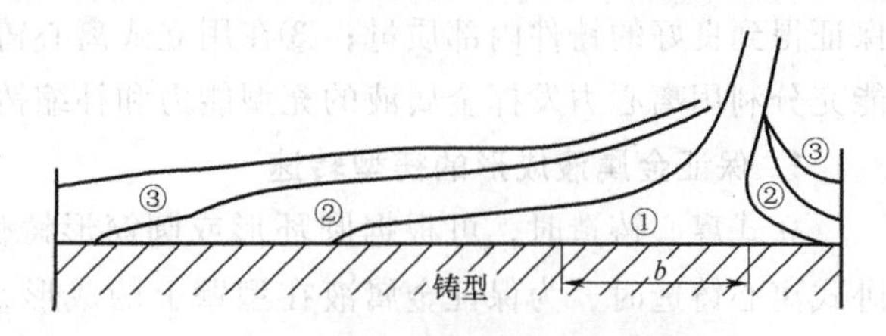

图 8-10　铸型纵断面上金属液层状流动示意图（数字表示金属液的层次）

第一股铸铁液沿铸型壁流动时，靠近型壁的金属由于冷却较快，易形成白口或细小石墨晶粒的组织，可是这股铁液的内层，由于冷却较慢，则形成了灰口或粗大石墨晶粒的组织。而第二股金属液流覆盖在第一层金属上后有可能重复第一层金属液的凝固结晶特点（在程度上可能有所差别）。以此类推，最后在离心铸铁件断面上得到白口、灰口组织交替或细石墨、粗石墨交替出现的层状偏析组织。

在其他合金的铸件断面上也会形成层状偏析的组织。

如果减弱浇注时铸型的冷却作用，提高金属液的浇注温度和浇注速度，就有可能消除或消弱离心铸件断面上的层状偏析。

8.4 离心铸造工艺

离心铸造工艺涵盖的内容较多，其中不少工艺特点与所用铸型性质有关，而有的工艺特点又与具体的铸件特点有关。离心铸造所用的铸型可用不同材料制成，按其分类有金属型、带耐火层（例如衬砂或喷涂料）的金属型、砂型以及像石膏、石墨等其他材料制作的铸型等。前两种铸型都用于真正离心铸造法，尤其是水平离心铸造中，因浇注铸件批量大、尺寸大，故要求使用寿命长的金属型。后两种铸型多用在立式离心铸造中，浇注一些小尺寸的铸件。

离心铸造基本工艺流程及关键工艺指标如图 8-11 所示。

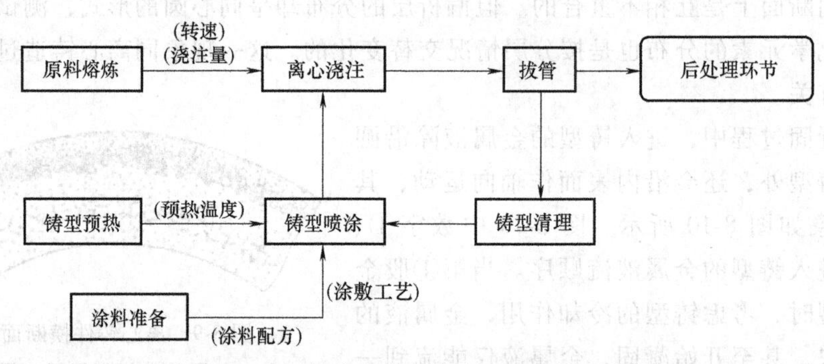

图 8-11 离心铸造基本工艺流程及关键工艺指标

8.4.1 铸型的转速

选择离心铸型转速时，主要应考虑的问题是：①铸型转速应保证金属液进入铸型后，能立即在离心力的作用下，在铸型壁上形成圆筒形，绕轴线旋转；②充分利用离心力的作用，保证得到良好的铸件内部质量；③在用立式离心铸造法浇注异形铸件（加压离心铸造）时，能充分利用离心力发挥金属液的充型能力和补缩铸件的能力。

1. 保证金属液成形的铸型转速

立式离心铸造时，可根据圆环形或圆筒形铸件的内表面尺寸要求，按式（8-3）计算。卧式离心铸造时，为保证金属液在型壁上的成形，应使金属液自由表面上最高点 a 处（图 8-12）的金属质点产生的离心力 $m\omega^2 r_0$ 大于它的重力 mg，即此点处能保证 $m\omega^2 r_0 \geqslant mg$，整个金属液层的成形条件都能够得到保证。

如果 $m\omega^2 r_0 \geqslant mg$ 的条件不能被满足，则在浇注时会出现金属液滞留在铸型底部滚动的现象，如图 8-13a 所示；或出现雨淋现象，如图 8-13b 所示，从而导致部分金属液飞出铸型外，不能成形。

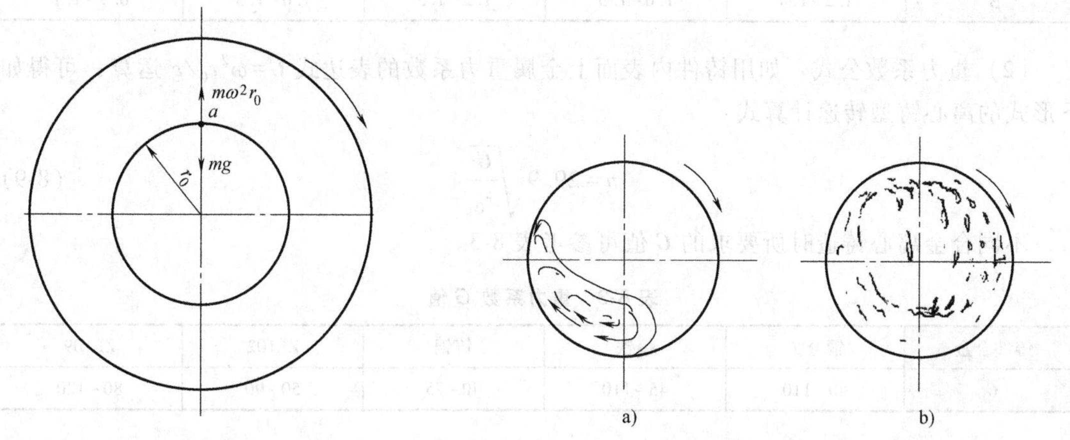

图 8-12　金属液成形条件　　图 8-13　铸型转速不够大时金属液不能成形

但要注意的是，卧式离心铸造时金属液的成形条件中的 ω 是指金属液本身的角速度，并非铸型的角速度。由于刚进入铸型的金属液有如上所述的惯性相对运动，它不能立即获得铸型的转速，所以浇注时，铸型本身的转速应大于金属液成形条件所需的 ω 值。铸型本身的角速度与金属液成形所需 ω 值的倍数由金属液的黏度、浇注时金属液进入铸型的相对方向、浇注时的流量速度等因素决定。一般情况下，为保证金属液成形的最小铸型转速（又称临界转速）需经试验确定。

2. 保证铸件致密度的铸型转速选择

离心铸造时，保证铸件成形是最起码的要求，更为重要的是要充分利用离心力场能够消除铸件中夹渣、气孔、缩孔、缩松的有利作用，尽可能提高铸件的致密度，所以在实际生产中常根据铸件内表面上合适的金属液有效重度 $\rho\omega^2 r_0$ 或重力系数 G 的数值来确定铸型的合适转速。因为在铸件内表面上金属的有效重度或重力系数的值比铸件其他各点处的对应值要小，如内表面上的金属有效重度和重力系数的值能保证获得高质量的铸件内表面，那么铸件其他各点处的质量也就可以得到保证。在此原则的基础上，出现了很多形式的离心铸型转速的计算公式。

（1）康氏公式　康氏公式是苏联学者康斯坦丁诺夫在 20 世纪 40 年代经试验研究后提出来的，他发现不管浇注金属液的组成成分如何，只要在铸件内表面上能使金属的有效重度 $\rho\omega^2 r_0 = 3.4\text{MN/m}^3$，就能保证得到组织致密的铸件。由此关系可推导得到如下形式的离心铸型转速计算式

$$n = \beta \frac{55200}{\sqrt{\rho r_0}} \tag{8-8}$$

式中，n 为铸型转速（r/min）；ρ 为浇注金属的密度（kg/m^3）；r_0 为铸件的内半径（m）；β 为修正系数，其具体数值可参考表 8-2。

表 8-2 康氏公式中的修正系数β值

离心铸造类型	铜合金 卧式离心铸造	铜合金 立式离心铸造	铸铁 离心铸造	铸钢 离心铸造	铝合金 离心铸造
β	1.2~1.4	1.0~1.5	1.2~1.5	1.0~1.3	0.9~1.1

(2) 重力系数公式 如用铸件内表面上金属重力系数的表达式 $G=\omega^2 r_0/g$ 运算，可得如下形式的离心铸型转速计算式

$$n=29.9\sqrt{\frac{G}{r_0}} \tag{8-9}$$

不同合金离心铸造时所要求的 G 值可参考表 8-3。

表 8-3 重力系数 G 值

铸件合金	铜合金	铸铁	铸钢	ZL102	ZL109
G	40~110	45~110	40~75	50~90	80~120

(3) 凯门公式 凯门公式为欧美较流行的离心铸型转速选择计算式，其形式为

$$n=\frac{C}{\sqrt{r_0}} \tag{8-10}$$

式中，C 为由铸件金属种类、铸型、铸件等特点决定的系数，具体数值参见表 8-4；r_0 为铸件内表面的半径（mm）。

表 8-4 系数 C 值的选取

铸件合金	铸铁	铸钢	黄铜	铅青铜	巴士合金	铝合金	青铜
铸件举例	铁管、胀圈、缸套	—	圆环	轴承	轴瓦	—	（立式离心铸造）
C	9000~13650	10000~11000	13500	8500~9500	7000~9000	13000~17500	17000

由于合金结晶特点多种多样，铸件的几何形状也不都相同，各种铸件的凝固（条件）差异也较大，所以不能单靠上述各种公式的计算值来完全确定具体铸件离心铸造时的铸型转速，而是将其作为参考值并通过经验或试验进行调整。

此外，还需注意以下几点：

1）康氏公式只适用于薄壁铸件。

2）浇注厚壁铸件时，在浇注时和浇注后铸件初始凝固时可采用稍小的铸型转速，以防铸件外壁产生裂缝，而后可提高转速以保证铸件的内部质量。

3）当从铸型一端浇注较长的薄壁管形铸件时，在浇注初期，可采用较小的铸型转速，使金属液能在型壁上流经较短路程（因金属液在铸型壁上是螺旋线地向前流动的）以较快到达铸型另一端，然后迅速提高铸型转速，使金属液在铸型长度上分布均匀，并在所需离心力作用下凝固。

4）浇注时，如铸型壁转动时的线速度相对掉落在型壁上的金属的线速度超过某一数值，则会引起严重的金属飞溅，故在浇注大直径铸件时，可适当降低铸型转速，待浇注完毕后，再提高铸型转速，以保证获得致密度好的铸件。

5）在浇注结晶范围宽的合金、铸件内部纯净度要求高、有较细薄的型腔缝隙需充填金属液时，可采用较高的铸型转速，以利补缩，驱除金属液的夹杂，并增强金属液的充型能力。较高的铸型转速还可加大铸型外表面上的散热速度，使铸件实现由外向里的定向凝固。但是也需要考虑到，铸型外表面上高的散热速度也会促使铸件中出现大的温度梯度，会使厚壁铸件内的热应力增大，使铸件上出现纵向裂纹的可能性变大。

6）采用砂型、型壳离心铸造时，为防止砂型、型壳被金属的离心压力涨箱或压裂，需对浇注金属产生的最大离心压力值 p_{max} 进行控制，由 p_{max} 决定铸型的最大转速 n_{max}。卧式离心铸造时的 n_{max}（r/min）计算式为

$$n_{max}=42.3\sqrt{\frac{p_{max}}{\rho g(R^2-r^2)}} \tag{8-11}$$

式中，p_{max} 为最大离心压力（MPa）；ρ 为金属液密度（kg/m^3）；g 为重力加速度，$g=9.81\text{m/s}^2$；R、r 分别为铸件外径（m）、内径（m）。

在利用式（8-11）计算立式离心铸造铸型的转速时，如铸件的外径尺寸大小都一样，应按铸件底部的内半径取 r 值，因铸件底部外壁上的离心压力值最大。p_{max} 的值可参考表 8-5 选取。

表 8-5　p_{max} 值的选取

铸型种类	砂型	砂芯组合型	熔模壳型	陶瓷型
p_{max}/MPa	0.03~0.04	0.04~0.06	0.07	0.06~0.08

8.4.2　涂料工艺

1. 涂料的作用及要求

离心铸造用铸型一般都需要使用涂料对其表面进行处理。砂型使用涂料是为了增加铸型表面强度，改善铸件表面质量，防止铸件黏砂等缺陷。

（1）金属型使用涂料的目的

1）使铸件脱模容易。

2）防止铸件金属的激冷。这对于铸铁件特别重要，涂料可防止铸件表面因激冷而产生白口，免去热处理工序和便于机械加工。

3）减少金属液对金属型的热冲击，降低金属型的峰值温度，从而能有效延长金属型的寿命。

4）在大部分情况下应用涂料可获得表面光洁的铸件。某些时候也可以应用增加铸件表面粗糙度值的涂料，使铸件变粗糙。这对镶进铝气缸体的气缸套特别有利，大的表面粗糙度值可有效地增加气缸套和铝合金的结合力。

5）增加铸型表面与液体金属摩擦力，缩短浇入金属达到铸型旋转速度所需的时间。

（2）对涂料的要求

1）所用原材料易得且便宜。

2）涂料的混制或制备容易。

3）有足够的绝热能力（涂料材料本身的绝热能力以及涂料的厚度），可防止金属液凝固激冷并降低金属型的峰值温度，延长金属型寿命。

4）涂料稳定，储存方便，不易沉淀。

5）加有悬浮剂，使涂料适合管中的输送，同时对喷涂设备没有强的腐蚀。

6）喷涂后容易干燥以缩短工序间时间和防止缺陷的产生。

7）涂料和金属型有合适的黏着力，在干燥后它不会被金属液冲走而失去涂料的作用，又能在铸件脱模时涂层能随铸件一起带出而不留在铸型内。

8）涂料要有好的透气性，如果涂料或某组分存在自由结晶水，在浇注过程中释放的气体应向铸型方向逸出，并通过型壁排气孔排放，避免在铸件内形成针孔、气孔和气坑。

离心铸造用涂料的部分要求与其他铸造方式一致，但部分要求是因离心铸造工艺而特别提出的。虽然涂料的成本相对于铸件成本仅占很小的比例，但不正确的涂料种类和应用对铸型寿命和铸件合格率有很大的影响，因此必须予以重视。

2. 涂料的组成及制备

涂料的基本组成和重力铸造相似，但金属型离心铸造时，涂料的加入方法主要是定量一次性倒入旋转铸型（对于车用气缸套等短铸型）和移动喷涂法，且涂料的组成与品种不如重力铸造时多。

离心铸造涂料的耐火材料主要是硅石粉与硅藻土。硅石粉可用于立式与水平离心铸造的中小件，在环保要求不允许使用硅石粉时，则使用刚玉粉。硅藻土主要用在离心铸造上下水管的涂料内。石墨由于其有高的热导率与低的透气性，故在离心铸造中不推荐使用。对硅石粉要求和熔模铸造等同，其 SiO_2 的质量分数应≥98%。膨润土在涂料中既作为悬浮剂，又作为黏结剂使用。此时最好使用钠基膨润土或用钠活化的钙基膨润土。如需要提高粘接强度，还可加入质量分数为 2%～3%的硅溶胶。

离心铸造涂料有时也使用洗衣粉作助剂，目的是提高润滑性和悬浮性，有利于气缸套等铸件的起模。但过多添加洗衣粉会促使涂料中的泡沫大量产生，从而增加铸件的气孔缺陷，也给喷涂带来困难，故尽量少用或不用。

涂料的载体一般都为水。

涂料的配置流程如图 8-14 所示。对于连续生产使用喷涂法的涂料，基料一定要经过研磨细化后使用，有利于其在载体中均匀分散、吸收悬浮剂和黏结剂，形成内部立体结构，获得更佳的使用性能。

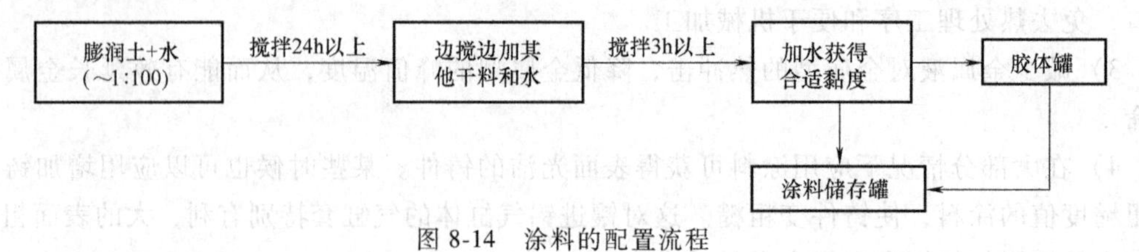

图 8-14　涂料的配置流程

3. 涂料的涂敷

立式离心铸造用的砂型与砂芯，可和其他铸造方法一样使用刷涂、浸涂和喷涂等各种方法制成。对于金属型离心铸造，一般重力金属型铸造时使用的涂料在离心铸造时也应该是适合的。但由于离心铸造的特殊条件，考虑其工艺特点，主要采用以下三种向金属型上涂挂涂料的方法。

（1）撒铺法　在使用干粉状涂料（敷料）时，如浇注铜合金套筒类铸件时使用的高温焙

烧过的石墨粉，常采用往旋转铸型中撒涂料的方法，使粉状涂料自动铺开在金属型的表面上。

（2）喷涂法　在压缩空气或其他动力作用下，将悬浮液类涂料驱赶至喷嘴处，以雾状形式喷涂在预热至150~250℃的旋转铸型的工作表面上，利用铸型热量干燥涂料层，可获得厚度均匀的涂料层。在生产细长的铸件（如铁管）时，细的涂料输送管较易发生悬臂弯曲，出现大挠度，此时可将喷嘴一端的背面直接搁置在旋转铸型的内壁底部，喷嘴向上，并且轴向等速移动，由铸型的一端向另一端进行涂料的喷涂。但由于紧贴铸型的喷嘴端在已有涂料层的表面移动时，会破坏已喷上的涂料层，这种喷涂法只能进行一次性地喷涂，不能在铸型中来回反复移动喷涂铸型以控制涂料层的厚度。有时也把喷好涂料的铸型放到加热炉中在200℃左右继续干燥、保温，待浇注前从炉中取出，置于铸造机的支承轮上准备浇注。

喷涂法在金属型离心铸造中使用非常广泛，涂料中的耐火粉料最好事先经高温焙烧，除去其中的结晶水（黏土、膨润土不能焙烧，它们在焙烧后便成死土，失去黏结性），以防在浇注金属后，涂料产生太多的气体，进入正在凝固的铸件中，使铸件产生针状气孔，如图8-15a所示；或使铸件外表面出现凹坑，如图8-15b所示。有时压力较高的气体还可能穿透内凹的凝固薄层，带出内部的金属液层，在铸件内表面上形成由液滴凝成的球状金属颗粒，如图8-15c所示。如果内凹被气体穿透凝固层的凹坑中又被内层金属液充满，如图8-15d所示，则在铸件外表面上常可见点点斑斑的金属痕迹或直径较大扁平形（似蘑菇状）的冷隔块，这些金属斑迹、冷隔块与铸件主体结合不牢，可用机械力量除去，在铸件外表面上形成凹坑。

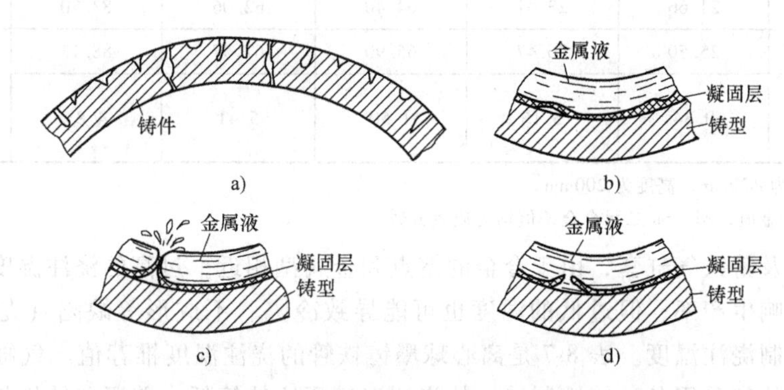

图 8-15　由涂料气体引起的铸件缺陷

a）针孔　b）铸件外表面凝固薄层被气体压出的凹坑

c）气体穿透凝固薄层窜出金属液自由表面　d）凹坑中又流进金属液

涂料在浇注后产生的气体还与喷涂后涂料层中易形成小圆球有关。裹在小圆球中间的涂料不易被铸型的热量干透，浇注后，小圆球中的水分受热变成气体，产生很大压力，侵入到铸件当中，便引起了形式不同的各种气体性缺陷。所以涂料中耐火粉料的粒度应尽可能细，喷出的雾粒也要尽可能细，每喷一次的涂料层厚度要尽可能薄（可通过重复喷涂的方法调节涂料层的总厚度），以免在涂料层中形成过多的大尺寸圆球。

实践表明，硅石粉涂料较少在铸件上引起上述气体性缺陷，这可能与硅石粉在喷涂后不易成球有关。而硅藻土涂料层中的小球粒却很多。

喷涂法是金属型离心铸造中使用最广泛的方法。

（3）U形槽倾倒法　把定量涂料装在水平U形槽中，把U形槽伸入铸型中，让预热至

200℃左右的金属型转动，倾翻U形槽，让涂料均匀地铺开在铸型工作面的长度上，开始时铸型低速旋转，涂料在铸型底部翻滚、变稠（水分蒸发），而后提高铸型转速，涂料均匀分布在铸型表面，并利用铸型热量干燥涂料层。浇注前，把铺涂好涂料的铸型放入加热炉中在约200℃的环境中保温干燥。

此方法适用于中、大直径铸件的小批量离心铸造。

8.4.3 浇注温度

离心铸造大多用于生产形状简单的管状、筒状或环状件，多用充型阻力较小的金属型，离心力又能加强金属的充型性，故离心铸造时的浇注温度可比重力浇注时低5~10℃。

对于用金属型离心铸造的有色合金件，例如轴瓦等，尽管有色金属熔点较低，金属型寿命长，但较高的浇注温度会使轴承合金冷却速度减慢而易产生偏析缺陷。表8-6是锡青铜的试验结果，此时必须严格控制浇注温度。

表8-6 铸件冷却速度对铝锡二元合金偏析的影响

试样取样位置		$w_{Sn}=25\%$ 浇注温度660℃		$w_{Sn}=65\%$ 浇注温度600℃		$w_{Sn}=65\%$ 浇注温度580℃	
		金属型温度100℃	金属型温度700℃	金属型温度100℃	金属型温度600℃	金属型温度100℃	金属型温度600℃
Al、Sn二元合金值(%)	上	24.66	23.31	64.40	62.06	83.80	82.12
	下	25.50	26.47	65.90	67.47	88.13	90.06
Al、Sn二元合金差值(%)①		0.84	3.16	1.50	5.41	4.83	7.94

注：试样的直径为ϕ20mm，高度为200mm。

① Al、Sn二元合金值，Al、Sn二元合金差值均为质量分数。

对于铸铁管及铸铁气缸套，由于合金的熔点和金属型相近，过高的浇注温度会缩短金属型寿命，也会影响生产率；但过低的温度也可能导致冷隔、不成形等缺陷（尤其是铸管），所以必须严格控制浇注温度。表8-7是离心球墨铸铁管的浇注温度推荐值。气缸套的长度较短，其金属型又往往采用各种铸铁制造，故浇注温度要比铸管低：普通灰铸铁气缸套，浇注温度为1280~1330℃；对合金灰铸铁则建议为1300~1350℃。

表8-7 离心球墨铸铁管的浇注温度推荐值

DN/mm	球化温度/℃	扇形包温度/℃	*DN*/mm	球化温度/℃	扇形包温度/℃
100	1520	1460~1380	900	1460	1340~1310
200	1500	1420~1360	1000	1460	1340~1310
300	1500	1400~1350	1200	1450~1480	1340~1310
400	1460	1380~1330	1400	1450~1480	1330~1300
500	1460	1350~1320	1600	1440~1460	1310~1290
600	1460	1340~1310	1800	1420~1450	1310~1290
700	1460	1340~1310	2000	1420~1450	1310~1290
800	1460	1340~1310	2200	1420~1450	1310~1290

8.4.4　金属液的定量

重力铸造时，不需要特意控制浇注进入铸型中的金属液数量，因为可由浇口直接判断铸型是否浇满。而在离心铸造时，铸件的内表面常为自由表面，浇入铸型中金属液数量的多少则直接决定铸件内表面直径的大小，所以离心铸造浇注时，对所浇注金属的定量要求较高。

离心铸造时浇注金属的定量原则有三种，即体积定量法、质量（重量）定量法和自由表面高度定量法。

1. 金属的体积定量法

常用的离心浇注时的体积定量法是用内腔形状一定的浇包，在浇包内壁高度上作出一记号，或认定一定的高度，以接收一定体积的金属液，一次性地浇入旋转的铸型中，达到定量浇注的目的。这种方法简易方便，但定量精度较差，在大量生产时需经常根据浇出铸件的质量对浇包接收的金属液体积进行调整。

也可用金属保温炉中电磁泵的开动时间控制浇入铸型（或浇包）中的金属液体积，但这时需要特殊装置，只能在大量生产中应用。

2. 金属的质量定量法

常用的最简单离心浇注金属液质量定量法是在离心铸造机旁放一秤，浇包放在秤上接收分配给一个铸件的金属液质量，而后一次性地浇入离心铸型中。此种方法定量准确，但操作复杂。

在浇注大型铸件时，带金属液的浇包需用起重机运输，此时可利用电子起重机秤。在起重机吊钩下先吊一电子起重机秤，在电子起重机秤的下面吊装有金属液的浇包，电子起重机秤指示浇包和金属液的质量。浇注过程中，电子起重机秤的指示值逐渐变小，便可根据电子起重机秤指示值的变小量控制浇入铸型中金属液的质量。也可用电子起重机秤给小浇包分配金属液，用小浇包进行浇注。

当用一个浇包浇注多台离心铸造机时，可把装有金属液的浇包放在有称重装置的小车上，根据小车上压力传感器输出的质量指示，控制浇入铸型中金属液的质量。每浇一次，小车就从一台离心铸造机移动至另一台离心铸造机处进行浇注。

3. 离心铸型中自由表面高度定量法

图 8-16 所示为卧式悬臂离心铸型用隔板的自由表面高度定量法的示意图。浇注时，当铸型内金属液的自由表面高过隔板的孔径，即可在 3 处发现发亮的多余金属液，立即停止浇注。但这种方法浪费金属液，而且每浇注一次就要使用一个隔板，铸型端盖内凝结多余金属的清理也很麻烦。

在滚筒式离心铸造机上从铸型一端浇注长的铸件时，可在铸型的另一端装一触头 3（图 8-17），当进入铸型的金属液液面升高至与触头接触时，电路接通，指示器（电铃或电灯）给出信号，可即刻停止浇注，以保证铸件壁厚尺寸的正确。但由于前述铸型中浇注金属液的螺旋线层状流动特点，铸型内金属液自由表面的升高速度在铸型整个长度上是不一致的，浇注时金属液自浇包外流的惯性难以正确控制，以及浇注工人的反应速度的波动，因此此方法定量虽然方便，但准确度不高，只在生产大型厚壁铸件时才酌情采用。

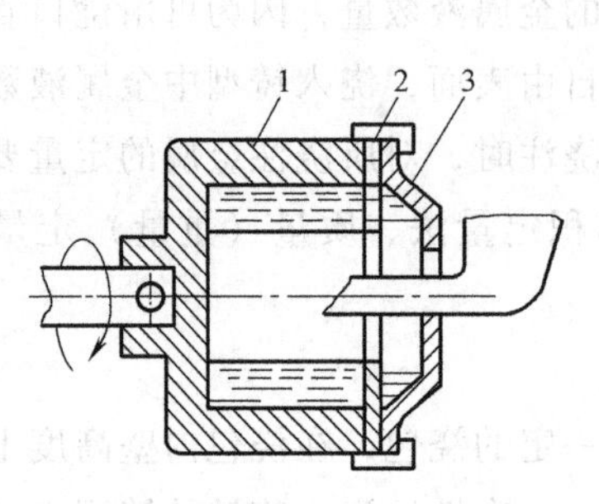

图 8-16　用隔板的自由表面高度定量法

1—铸型　2—隔板　3—多余金属液

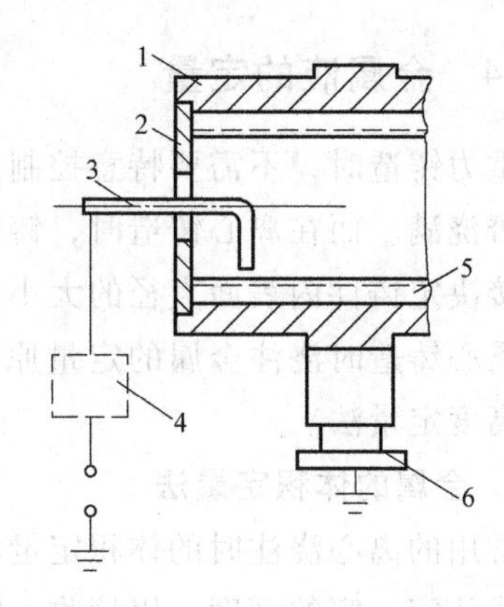

图 8-17　用电触头定自由表面高度的定量法

1—铸型　2—端盖　3—触头　4—指示器

5—金属液　6—机座

8.5　离心铸造机及生产自动化

按照铸型的旋转轴方向不同，离心铸造机分为卧式（图 8-18a）、立式（图 8-18b）和倾斜式三种。卧式离心铸造机主要用于浇注各种管状铸件，如灰铸铁、球墨铸铁的水管和煤气管，管径最小 75mm，最大可达 3000mm。此外还可用于浇注造纸机用大口径铜辊筒，各种碳钢、合金钢管以及要求内外层有不同成分的双层材质钢轧辊。立式离心铸造机则主要用来生产各种环形铸件和较小的非圆形铸件。有时为了获得更好的铸件，在水平离心铸造时，旋转轴并非完全水平，当倾斜角较大时即为倾斜式离心铸造，常用在轧辊铸造上。注意，有时在生产壁较薄、细长的管状铸件时，铸型的旋转轴与水平线呈 3°~5°的夹角，这是为了使金属液能很好地均匀分布于整个铸型长度上，也应属于卧式离心铸造范畴。

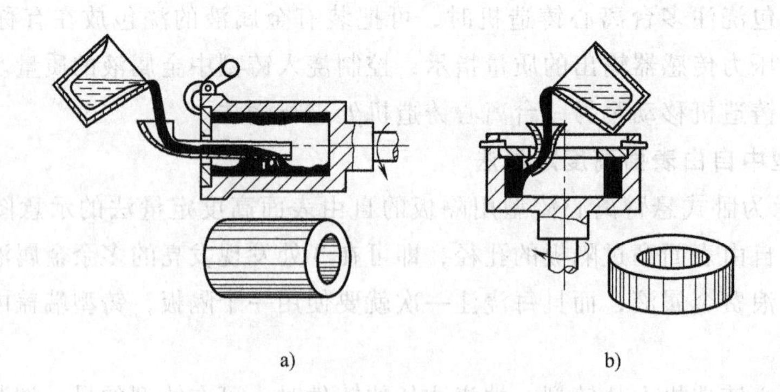

图 8-18　卧式与立式离心铸造

a）卧式离心铸造　b）立式离心铸造

为适应不同铸件的生产，人们建造了各种型式的离心铸造机。即使对于同一种铸件，也可找到多个不同结构型式的机器。本节主要介绍应用最为广泛的水冷金属型卧式离心铸造机，简称水冷金属型离心机，如图 8-19 所示。

8.5.1 水冷金属型离心机的特点

图8-19 水冷金属型离心机

1）金属型浸在一个封闭的冷却水套中，并由电动机驱动旋转。由于冷却强度较大，铁液在离心浇注的过程中凝固速度较快，因此具有较高的生产率。

2）采用扇形包和长流槽进行铁液等量浇注，铸管的壁厚均匀。

3）管模内表面没有使用涂层保护，铸管的外表面质量较高。

4）由于在管模内的凝固速度较快，金相组织中存在共晶渗碳体，断面多呈白口，因此球墨铸铁管需经过高温（>920℃）+低温两阶段退火处理，消除共晶渗碳体，获得以铁素体为主的金相组织，具有较高的断后伸长率。

5）机械化、自动化水平较高，对控制系统的精度要求很高。

6）管模的使用寿命不高，一般使用次数为3000~5000次。

8.5.2 水冷金属型离心机的结构

水冷金属型离心机的结构总图如图8-20所示。它由机座、浇注系统、离心机、拔管机、运管小车、桥架、液压站、控制系统八个部分组成。

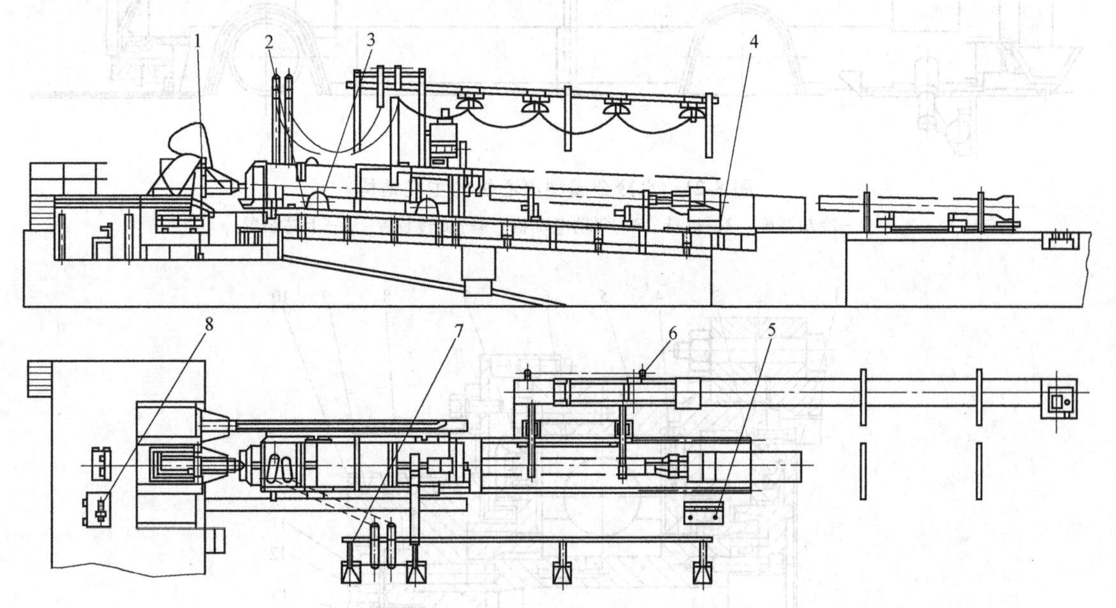

图8-20 水冷金属型离心机的结构总图

1—浇注系统 2—机座 3—离心机 4—拔管机 5—控制系统 6—运管小车 7—桥架 8—液压站

水冷金属型离心机的结构复杂，它和其他离心机的区别在于它使用了密封循环的冷却水。拔管、接管等其他辅助机械和其他离心机一样，主要用于提高机器的生产率。图8-21所示为水冷金属型离心机主机的结构，它由旋转装置、上芯装置、机身、冷却系统和驱动电动机组成。要产生离心力就要有驱动电动机及旋转装置（包括金属型），要用循环冷却水就要设计冷却水系统与密封机身。金属型的承插口部分处在机器的两端，如金属型无贯穿裂纹，冷却水就不会进到铸型中。因此设计中主要要确保冷却水与旋转轴承的密封。图 8-22 所示为水冷金属型离心机主机的旋转结构（俗称机头）。带轮通过固定螺栓、螺母和锁紧环，把电动机的旋转变为金属型的旋转，现在多用 V 带传动替代齿轮传动，因其有利于吸收机身的振动，噪声小，运行平稳。在图 8-22 中，除件 2、3、5 不转动外，其他都转动。为密封，在轴承左右两侧设置了两个迷宫式密封。里侧迷宫式密封由轴承支承环 5、旋转密封盘 4 组合而成。轴承支承环和封水环 3 之间有一卸压空腔与大气相通，当机壳内具有压力的冷却水穿过封水环外层 O 形密封圈进入卸压空腔内，水压降至大气压力，卸压空腔中失去压力的冷却水是不能穿过迷宫式密封进入轴承的。外侧迷宫式密封由轴承密封板 7 和固定

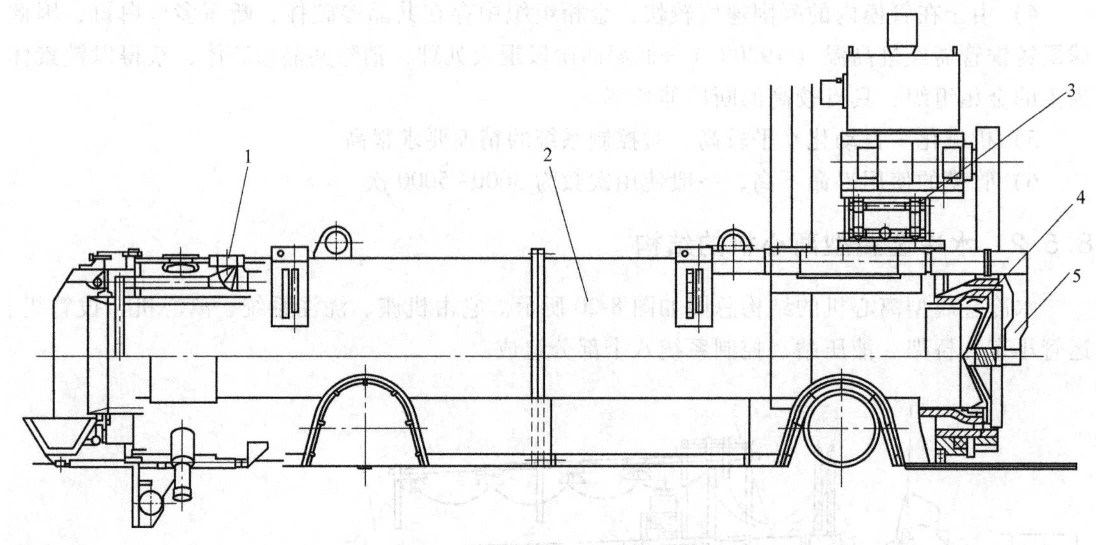

图 8-21　水冷金属型离心机的主机结构

1—冷却系统　2—机身　3—驱动电动机　4—旋转装置　5—上芯装置

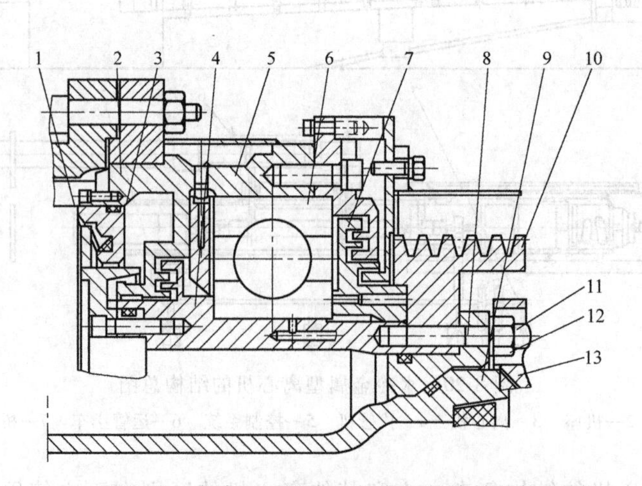

图 8-22　水冷金属型离心机主机的旋转机构

1—挡水环　2—V 形圈　3—封水环　4—旋转密封盘　5—轴承支承环　6—轴承　7—轴承密封板　8—管模对中环　9—金属型　10—带轮　11—固定螺栓　12—固定螺母　13—锁紧环

在轴承支承环 5 上的密封板组成。机壳的压力冷却水是无法通过管模对中环外侧 O 形密封圈和外侧迷宫式密封圈进入轴承内的。

金属型承口的外表面设置了 2 道或 3 道 O 形密封圈，带压力的冷却水受密封圈阻挡不会泄漏到机体外。由于金属型需经常更换，密封圈套磨损或金属型调整精度过低，密封就容易破坏并造成外泄，这种轻微的外泄漏一般不影响正常生产。

在设计时，可根据金属型的形状和尺寸确定管模对中环 8 的形状和尺寸，再根据对中环和轴承的尺寸，确定旋转密封盘 4 的尺寸，最后根据轴承外套圈及结构设计的紧凑性确定轴承支承环 5。选择轴承 6 先要校核负荷，通常以最大生产规模所承受的负荷校核轴承。

金属型的支承必须牢固且要确保对中，结构要允许有适量调整。金属型在承口部分的支承由固定在机身上的中心环 4 实现（图 8-23）。中心环内径形状与金属型承口一致，其密封方式为由一个 O 形密封圈 6 密封，通过锁紧环 1 压紧，金属型与中心环连为一体，可以共同旋转。金属型同心度一靠中心环本身的加工和安装精度加以保证，二靠锁紧环上压紧螺栓的松紧来进行调整。

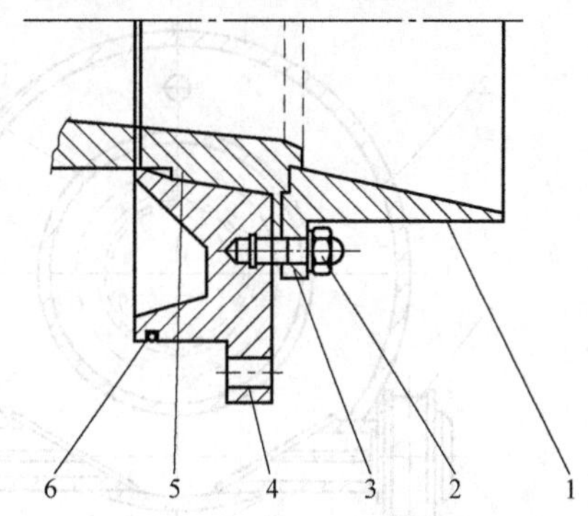

图 8-23　承口支承部分

1—锁紧环　2—螺母　3—压紧螺栓　4—中心环　5—金属型　6—O 形密封圈

插口端由一组托辊支撑（图 8-24），由于不同规格的金属型直径不一样，因此托辊整体是可调的。托辊 2 固定在托架 4 上，而托架可以绕底座 6 转动，底座固定在机壳上。当调整顶丝 1 时，托架就带着托辊转动，始终保持金属型在机器的中心。顶丝的调整距离应该大于最大规格与最小规格管模外径差的 1/2。顶丝头部必须用 O 形密封圈进行密封。托辊在水中工作，采用每边两个骨架油封，骨架油封与轴之间采用动密封就能有效地防止冷却水进入轴承。

金属型在插口端的密封多用图 8-25 所示的结构。金属型插口端的密封有两处：一处是金属型与挡环之间的密封，另一处是挡环与机体之间的密封。由于金属型在工作过程中是旋转的，因此它与挡环之间为动密封，选用骨架密封圈。密封圈固定在挡环 6 上，由压板 2 压

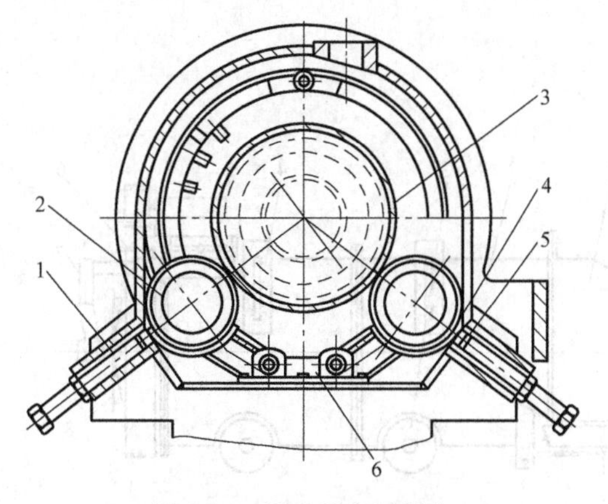

图 8-24　插口端支承部分

1—顶丝　2—托辊　3—金属型　4—托架　5—O 形密封圈　6—底座

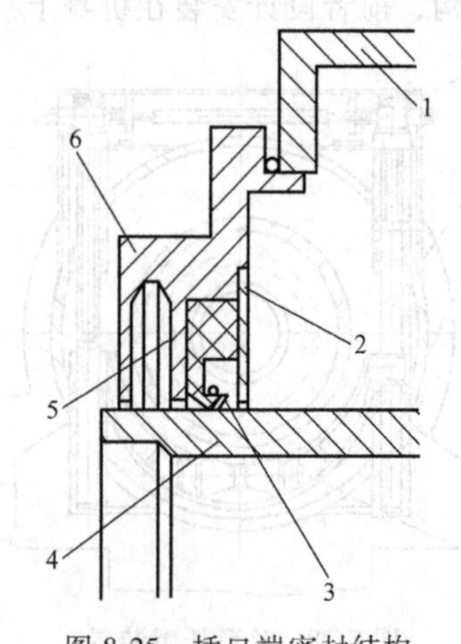

图 8-25　插口端密封结构

1—机体　2—压板　3—唇部　4—金属型　5—密封环　6—挡环

住，骨架密封圈内有一个弹簧，调整其长度可以调节密封圈与金属型的配合松紧度。金属型旋转时，受冷却水压力的影响，在密封圈唇部和金属型之间形成一层薄薄的水膜，从而达到动密封效果。挡环与机体之间的密封用O形密封圈进行端面密封。

为保证离心浇注过程的平稳，一方面全程采用液压缸，另一方面离心机移动的行车轮一边采用V形轮4，一边采用平轮1。车轮结构如图8-26所示。车轮轴6与机身2采用焊接连接。需要特别指出的是，由于生产过程中车轮及轨道在不断地磨损，主机中心随之不断下降，故在轴承与轴之间要加一个偏心轴套2（图8-27），通过调整偏心轴套的角度来调整主机的中心，确保中心高度不变。

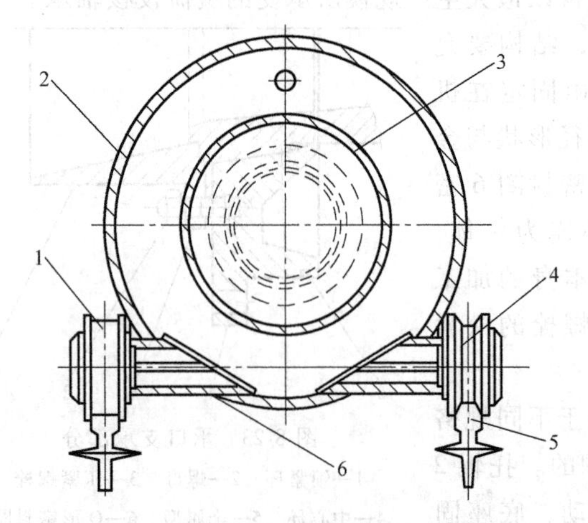

图8-26　车轮结构

1—平轮　2—机身　3—金属型　4—V形轮　5—轨道　6—车轮轴

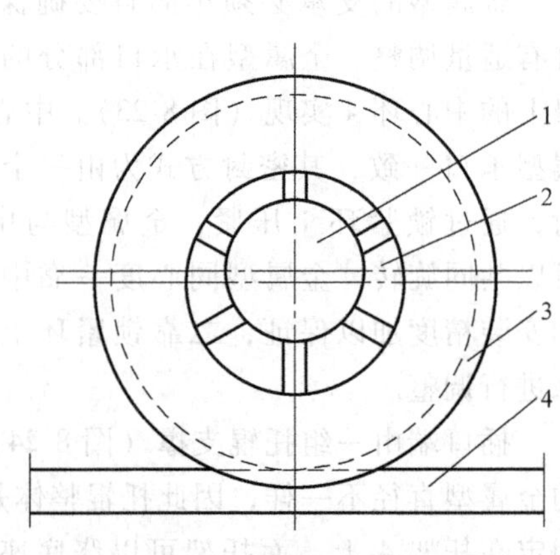

图8-27　偏心轮调整

1—轴　2—偏心轴套　3—车轮　4—轨道

在水冷金属型离心机内设计了两组V形托辊，用于离心机更换金属型时使用。每次更换金属型前应把V形轮升起，使其脱离V形托辊4，金属型沿主机轴向抽出时不致拉伤。V形托辊装置如图8-28所示。升降机构由两台蜗轮升降机组成，由于拉杆2长期在水中浸泡，需要在轴与轴套之间加密封，拉杆还需进行镀铬防锈处理。

为更充分地发挥水冷金属型离心机的效率，设计中采取自动上芯装置及双流槽轮换浇注的结构，前者设计安装在机身上。机身如图8-29所示。

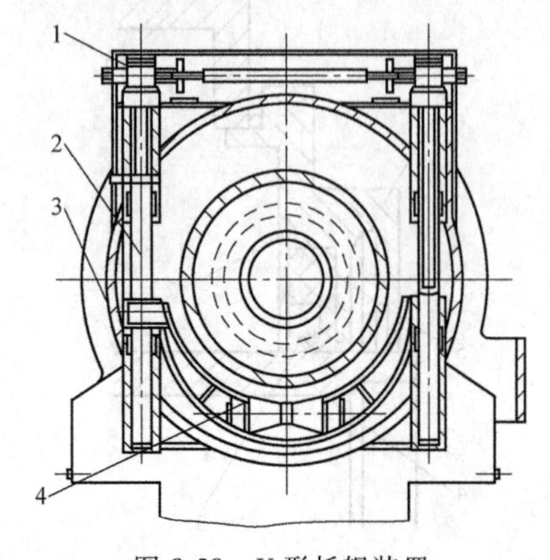

图8-28　V形托辊装置

1—蜗轮升降机　2—拉杆　3—轴承　4—V形托辊

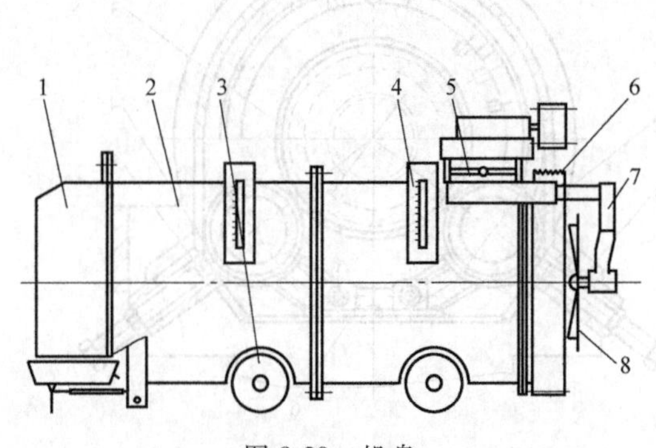

图8-29　机身

1—插口部分　2—机壳　3—车轮装置　4—V形托辊装置

5—电动机固定座　6—旋转部分（机头）　7—下芯装置　8—芯架

自动上芯装置能使离心机在浇注前自动地将承口砂芯装入金属型的承口处压紧，主要由转动、压紧和砂芯支承三部分机构组成。图 8-30 所示是转动与压紧机构。转动液压缸 1 伸缩时，可使芯架悬臂 4 绕轴心 a 作回转运动，使芯架 3 处在机身外人工上芯或使上芯后的芯架转至金属型中心位置。芯架与金属型的接触与压紧由伸缩压紧液压缸 9 的动作来实现。转动液压缸 1 固定在滚轮箱 7 上，即它可随滚轮箱的动作一起转动。滚轮箱 7 可防止转动与伸缩压紧两个方向动作的相互干扰。图 8-31 所示为砂芯支承机构，它可完成三个功能：①芯架 11 对砂芯的支承和固定作用；②对于不同规格的芯架（适合于相对应的管径），可通过顶丝 2 在支承环 3 上进行更换；③离心机浇注时，芯架 11 同速旋转，这可由两个轴承 6、7 实现，同时依靠弹簧 4 使芯架始终以均匀的力压在金属型上。

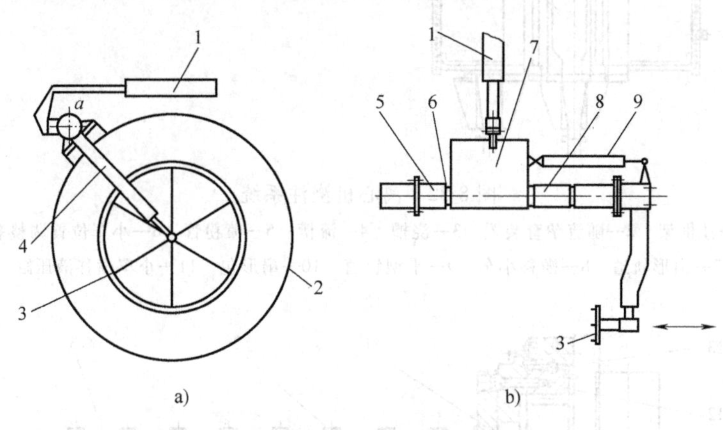

图 8-30 转动与压紧机构

a）转动机构 b）压紧机构

1—转动液压缸 2—离心机 3—芯架 4—芯架转臂 5、8—导向套 6—导向轴 7—滚轮箱 9—伸缩压紧液压缸

水冷金属型离心机使用双流槽。其金属型表面不涂料，在拔出管后立即可进入下一节拍工作，但浇注流槽在浇注后必须进行残铁清理，必要时表面还要修补涂料层，因此刚浇注完的流槽不能立即工作。使用双流槽便可提高生产节奏，使准备与浇注工位分开。如图 8-32 所示，双流槽的横向移位由小车横移液压缸 11 实现。液压缸两端都装有缓冲机构，使快速运动的横移机构移动平衡。移动距离可以通过连接活塞杆的螺栓来调整。横移机械由三组支承轮装配在框架的轨道上，其中的一组用于定位，其余两组支承轮用于平衡流槽的自重。

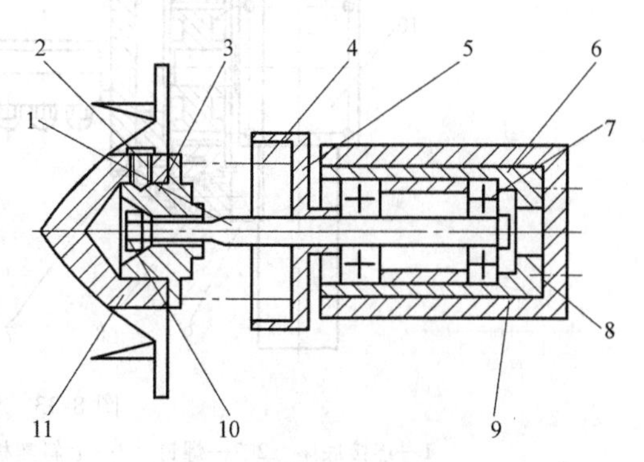

图 8-31 砂芯支承机构

1—芯架轴 2—顶丝 3—支承环 4—弹簧 5—支承盖 6、7—轴承 8—紧固螺钉 9—支承体 10—背母 11—芯架

流槽在清理时要进行翻转，其翻转机构如图 8-33 所示。流槽翻转机构由齿条液压缸 10、齿轮轴承、浇槽 3（图 8-32）和流槽 4（图 8-32）等组成。齿条液压缸的两端位置带有液压缓冲机构，减少流槽翻转终了时的冲击。齿轮轴承的外套圈 8 固定在浇注小车上，带有齿轮的内套圈 12 和齿条液压缸 10 的输出齿轮啮合。浇槽及流槽固定在轴承的内套圈上，随内套圈旋转而旋转。齿轮轴承由内套圈 12 和外套圈 8 组成，内、外套圈之间嵌有滚珠 13。由于

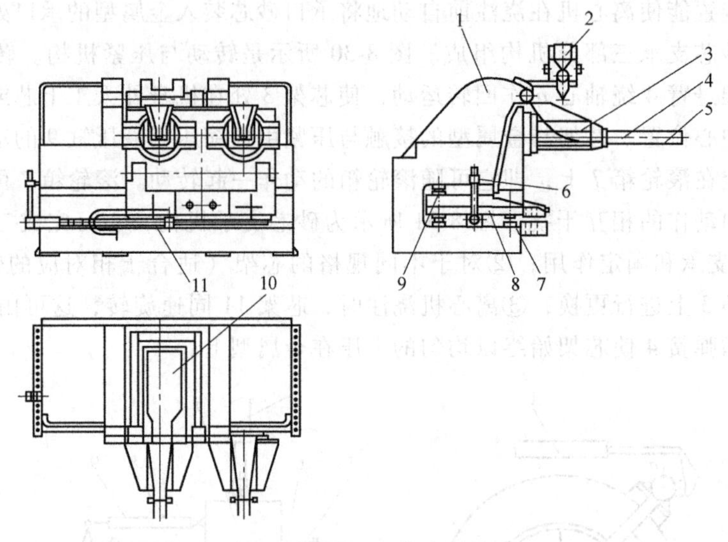

图 8-32　离心机浇注系统

1—浇注框架　2—随流孕育装置　3—浇槽　4—流槽　5—喷粉管　6—小车位置调整装置
7—山形轨道　8—横移小车　9—平型轨道　10—扇形包　11—小车横移液压缸

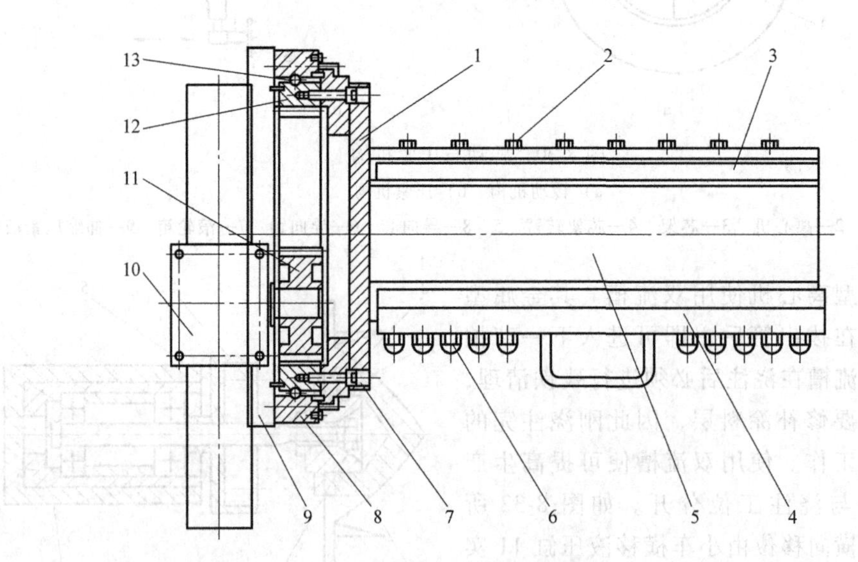

图 8-33　流槽翻转机构

1—连接底座　2、7—螺钉　3—上斜契板　4—下斜契板　5—连接板　6—连接螺钉
8—外套圈　9—连接板　10—齿条液压缸　11—小齿轮　12—内套圈　13—滚珠

流槽自重的作用，滚珠所受剪力很大，所以选用齿轮轴承时应充分考虑其受力的状态及载荷。

在流槽下方安装有一液压千斤顶或丝杠螺母机构，实现流槽与金属型的工艺距离调整。

图 8-34 所示是离心机浇注系统所用流槽，流槽出口 2 与流槽轴线呈 17°角，铁液在流入旋转的管模时与管模的线速度方向相反，利于铁液的加速。流槽用耐热钢分两段铸造，然后焊接而成。流槽的下面安装一只钢管，具有保护和孕育作用的模粉通过钢管 3 送入旋转的管模内。

铁液流过的长流槽横截面必须仔细设计，截面太大，会使流槽的散热速度加快，铁液在

输送过程中的热损失过大；截面太小，铁液在输送过程中容易溢出，影响正常浇注。流槽在悬臂状态下工作，由于自重和铁液的自重容易发生弯曲，因此要求流槽具有足够的刚度。如图8-35所示，双层流槽由于存在间隙层，因此可以减少流槽内管温度不均匀而引起的弯曲变形，防止流槽过热。

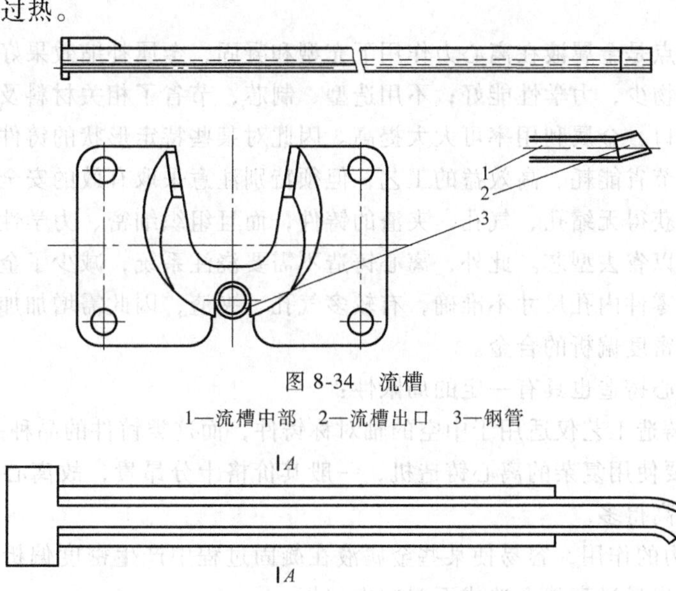

图8-34　流槽

1—流槽中部　2—流槽出口　3—钢管

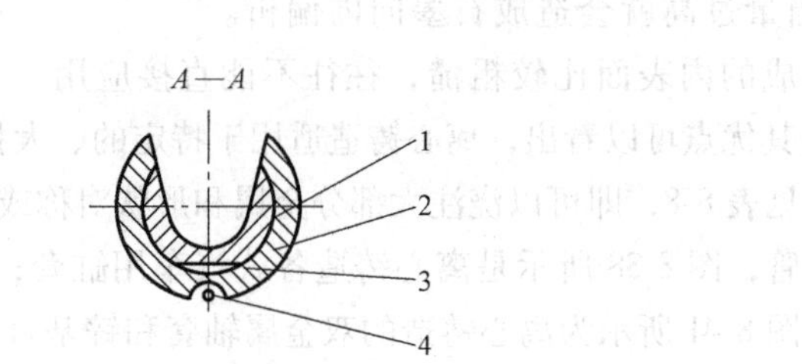

图8-35　双层流槽

1—内流槽管　2—外流槽管　3—间隙　4—喷粉管

水冷金属型管模不用涂料，但一定要用模粉，它有保护金属型管模与增强孕育的效果。在离心机开始浇注时，模粉通过输送装置，送到立即要被浇注的管模中。如图8-36所示，模粉输送装置主要由液压马达4、螺旋输送器5、储料箱1、输料管6和输料箱7组成。液压马达能够实现无级调速，满足不同输送速度的工艺要求。丝杠的作用是保证在一定的马达转速下实现模粉的定量、均匀送给。丝杠送出来的模粉通过压缩空气吹入管模之中。模粉输送装置设置在浇注框架的两侧，与同侧流槽下面的模粉管相连。

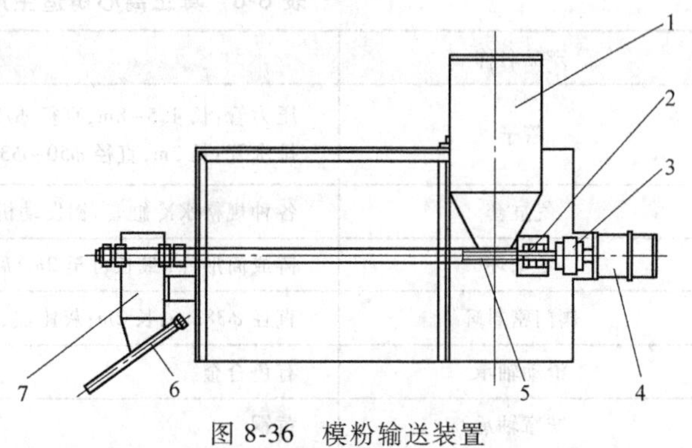

图8-36　模粉输送装置

1—储料箱　2—轴承　3—联轴器　4—液压马达　5—螺旋输送器　6—输料管　7—输料箱

水冷金属型离心机都配有振动给料器式的瞬时孕育装置，使由扇形包流入流槽的铁液立即得到孕育。

8.6 离心铸造的工艺适应性分析

离心铸造的特点是金属液在离心力作用下充型和凝固，金属补缩效果好，铸件外层组织致密，非金属夹杂物少，力学性能好；不用造型、制芯，节省了相关材料及设备投入。铸造空心铸件不需浇冒口，金属利用率可大大提高。因此对某些特定形状的铸件来说，离心铸造是一种节省材料、节省能耗、高效益的工艺，但须特别注意采取有效的安全措施。

离心铸造可以获得无缩孔、气孔、夹渣的铸件，而且组织细密、力学性能好。当铸造圆形中空零件时，可以省去型芯。此外，离心铸造不需要浇注系统，减少了金属的消耗。但离心铸造铸出的筒形零件内孔尺寸不准确，有较多气孔、夹渣，因此需增加加工余量，而且不适宜浇注容易产生密度偏析的合金。

除此以外，离心铸造也具有一定的局限性：

1）真正离心铸造工艺仅适用于中空的轴对称铸件，而这类铸件的品种并不是很多。

2）离心铸造要使用复杂的离心铸造机，一般其价格十分昂贵，故离心铸造车间的投资要比其他铸造方法高得多。

3）由于离心力的作用，容易使某些金属液在凝固过程中产生密度偏析。离心球墨铸铁管在浇注时，如碳当量过高就会造成石墨向内偏析。

4）靠离心力形成的内表面比较粗糙，往往不能直接应用。

从上述局限性及其优点可以看出，离心铸造适用于特定的、大批量生产的铸件。真正离心铸造生产的代表性产品见表 8-8，即可以浇注大部分金属和形状对称或近似对称的铸件。图8-37所示是离心铸造球墨铸铁管；图 8-38 所示是离心铸造各式汽车用缸套；图 8-39 所示是离心铸造生产的铜轴瓦。图 8-40、图 8-41 所示为离心铸造的双金属轴套和锌基合金轴承。表 8-9 为离心铸造铜合金滑动轴承材料与其他方法的比较。总的来说，用离心铸造法生产轴承材料的力学性能要优于其他方法。图 8-42、图 8-43 所示为离心铸造轧辊及其二次回火热处理后的显微组织。高速钢轧辊经二次回火后基体全部转变为回火马氏体，二次回火马氏体比一次回火马氏体具有更高的稳定性，且二次回火降低了轧辊的残余应力，提高了轧辊在使用时的抗事故能力。

表 8-8 真正离心铸造生产的代表性产品

产品名称	材料及规格
管子	压力管：长 4.5～8m，直径 ϕ75～ϕ2600mm，球墨铸铁 排水管：长 3m，直径 ϕ50～ϕ300mm，灰铸铁
气缸套	各种规格水冷缸套，铝发动机用缸套毛坯；灰铸铁、球墨铸铁
活塞环	铸成筒形件（最长可至 2m）后再加工；灰铸铁、球墨铸铁
阀门密封环	直径 ϕ38mm，长 2m；灰铸铁、球墨铸铁
滑动轴承	有色合金
减摩轴承	黄铜
轧辊及辊子	钢、灰铸铁、球墨铸铁、有色金属，各种规模的直径与长度
双金属铸件	轧辊等；各类白口铸铁或冷硬铸铁，球墨铸铁或灰铸铁

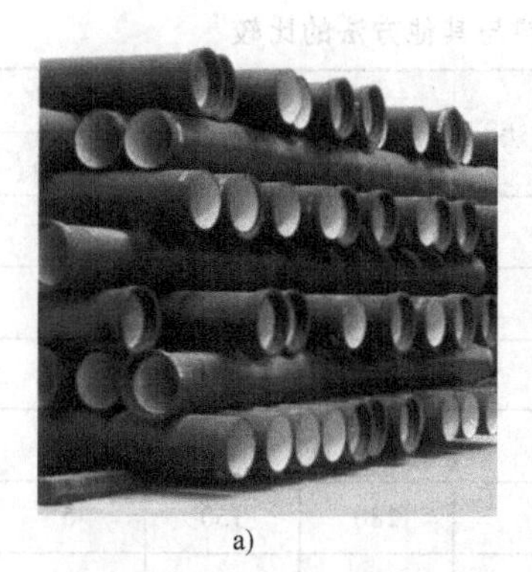

a)

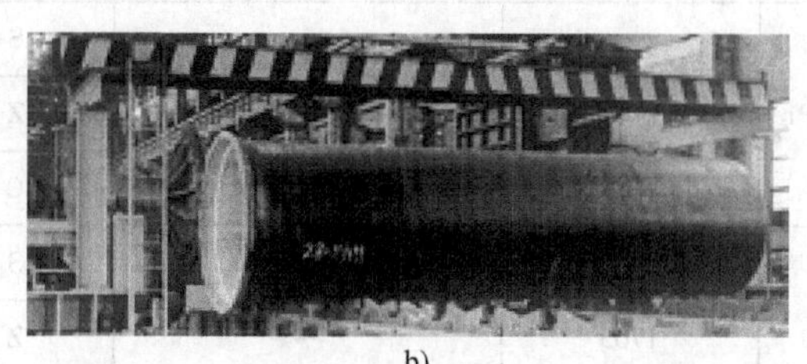

b)

图 8-37　离心铸造球墨铸铁管

a）球墨铸铁管产品　b）生产现场

图 8-38　离心铸造各式汽车用缸套

图 8-39　离心铸造生产的铜轴瓦

图 8-40　离心铸造的双金属轴套

图 8-41　离心铸造的锌基合金轴承

图 8-42　离心铸造轧辊

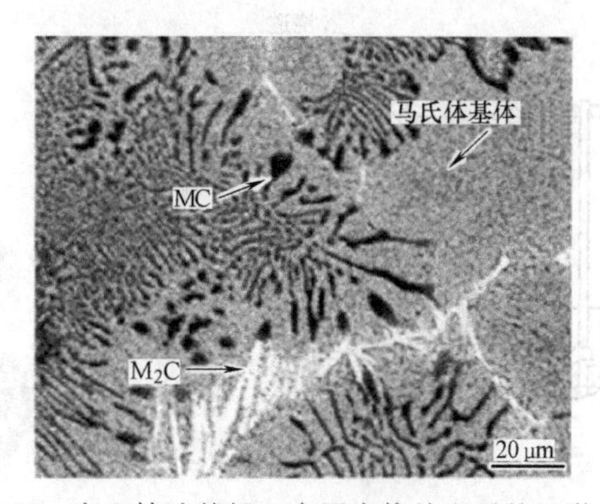

图 8-43　离心铸造轧辊二次回火热处理后的显微组织

表 8-9　离心铸造铜合金滑动轴承材料与其他方法的比较

铜合金牌号[2]	德国标准号[2] DIN	国内相应标准及牌号	浇注方法[1]	力学性能 ≥			
				R_m/MPa	$R_{p0.2}$/MPa	A(%)	HBW
G-CuSn7ZnPb	1705	—	S	240	120	15	65
			Z	270	130	13	75
			C	270	120	16	70
G-CuSn12	1705	—	S	260	140	15	80
			Z	280	150	5	95
			C	280	140	8	90
G-CuSn12Ni	1705	—	S	280	160	14	90
			Z	300	180	8	100
			C	300	170	10	90
G-CuSn12Pb	1705	—	S	260	140	10	80
			Z	280	150	5	90
			C	280	140	7	85
G-CuPb15Sn	1716	GB/T 1176—1987 ZCuPb15Sn8	S	180	109	8	60
			Z	220	110	7	65
			C	220	110	8	65
G-CuZn25Al5	1709	GB/T 1176—1987 ZCuZn25Al6Fe3Mn3	S	750	450	8	180
			Z	750	480	5	190
G-CuAl11Ni	1714	CB 833—1986 ZCuAl10Fe4Ni4	S	680	420	5	170
			Z	750	400	5	185

① S—砂型铸造；Z—离心铸造；C—连续铸造。

② 为德国标准铜合金牌号。

图 8-44 所示为叠箱离心铸造示意图；图 8-45 所示为用半真或非真离心铸造生产的各种产品。

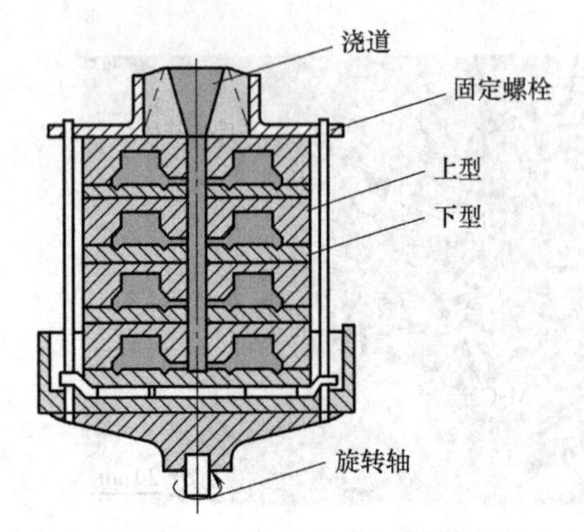

图 8-44　叠箱离心铸造示意图

图 8-45　半真或非真离心铸造生产的各种产品

8.7　离心铸造应用实例

以柴油机气缸套的金属型离心铸造工艺为例。

图 8-46 所示为典型的铸铁柴油机气缸套产品及毛坯。气缸套成品在服役中的主要要求是抗磨损和热变形量小。此类圆筒形部件即为典型离心铸件。通过离心铸造可以获得细化的石墨、珠光体等金相组织，力学性能优良。由于组织致密，无气孔、缩孔及夹杂，缸套内表面硬度较高，具有较高的耐磨性能，可大大延长缸套的使用寿命。与砂型铸造同类缸套相比，耐磨性提高一倍以上。

图 8-46　典型的铸铁柴油机气缸套产品及毛坯

a）产品　b）毛坯

目前国内一般都是采用金属型喷涂的离心铸造进行铸件毛坯的生产（制品由于有一大头承肩，所以一般设计一模一件）。但由于它的铸件比汽油机套管的壁厚要大（汽油机套管毛坯的壁厚一般是 7~10mm），这样，离心铸造的双向凝固特点就更加突出，过程参数出现偏差时将很容易造成最后凝固区或热节点缩孔或缩松缺陷，所以在生产中应选择适宜的工艺措施加以预防。

8.7.1　毛坯及模具结构的设计

离心铸造不需要考虑复杂的浇注系统，只需要考虑制品各部分的加工余量来保证成品率即可。加工余量的大小一般根据工厂的涂料技术水平和铁液的熔炼水平来选择。模具的设计应根据毛坯的形状进行随形设计，模具的壁厚控制在铸件壁厚的 3 倍左右，这样才能较好地防止毛坯热节点处产生缩孔、缩松或将缩孔、缩松留在成品中。图 8-47 所示为柴油机气缸

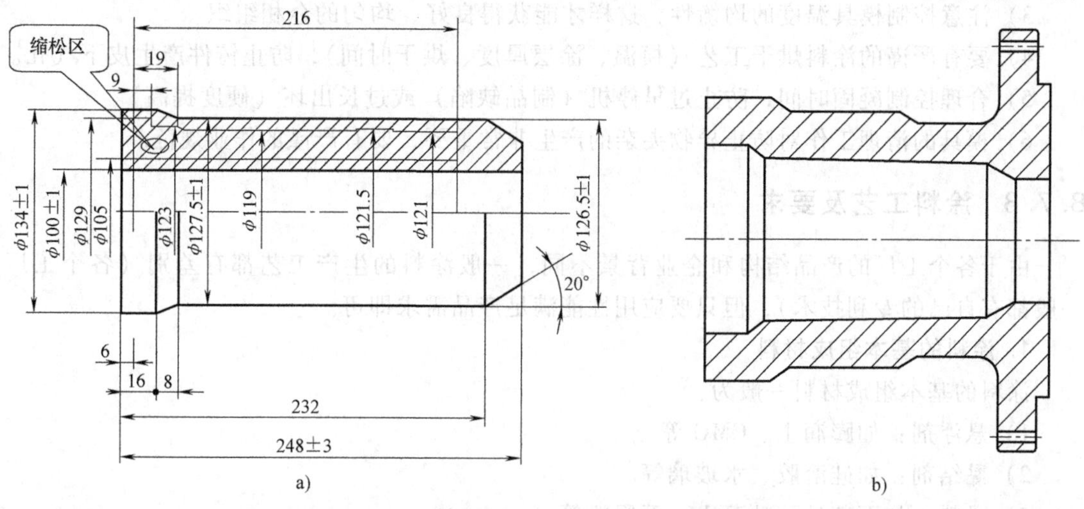

图 8-47　柴油机气缸套毛坯及模具结构的设计

a）毛坯设计图　b）随形模具图

套毛坯及模具结构的设计图。

8.7.2 离心铸造工艺及过程控制要点

离心铸造是在有一定温度的金属型型腔内覆上一层涂料隔热层，浇入铁液使其在离心力的作用下凝固成形的一种铸方法，这种设备称为离心机。选择合适的工艺方案意义重大，所有工艺参数都是围绕着如何提高铸件的成品率与保证铸件的力学性能为出发点来选择的，所以，选择一个好的工艺方案对保证产品质量和维护企业效益是相当重要的。例如，浇注温度太高，增加能耗成本，太低，又容易产生夹渣、浇不足等铸造缺陷；模具转速太高，产品容易产生成分偏析且增加能耗，太低，影响铸件的组织致密且容易产生夹渣缺陷。

1. 较合理的柴油机气缸套离心铸造工艺参数（铸件壁厚14mm左右）

目前较合理的柴油机气缸套离心铸造工艺参数（铸件壁厚14mm左右）见表8-10。

表8-10 柴油机气缸套离心铸造工艺参数

工艺控制项目	参数	差异影响
涂料厚度	(1±0.1)mm	过薄铸件易产生偏硬甚至麻口，过厚铸件易产生皮下气孔
模具转速	1400r/min	太高产品容易产生成分偏析，太低易产生夹渣缺陷
浇注温度	(1380±20)℃	太高易产生缩孔，太低易产生夹渣
模具温度	(400±30)℃	太高易产生缩孔，太低影响涂料的烘干
浇注速度	1.5kg/s	太慢易产生冷隔或夹渣缺陷
凝固时间	100~120s	过早停机产生内圆坍塌凹陷

2. 过程控制要点

1）要稳定控制生产节拍，防止铁液在运输或中转过程中时间长、降温过大，从而使浇注温度不足。

2）铁液注入型腔时要快而平稳，充型良好以利于铁液的渣、气充分析出上浮而被加工去除。

3）注意控制模具温度的均衡性，这样才能获得良好、均匀的金相组织。

4）要有严谨的涂料烘干工艺（模温、涂层厚度、烘干时间），防止铸件产生皮下气孔。

5）合理控制凝固时间，防止过早停机（制品缺陷）或过长出坯（硬度提高）。

6）模具的清理工作对防止异物夹杂的产生非常重要，要有严谨的作业规范。

8.7.3 涂料工艺及要求

由于各个工厂的产品结构和企业背景不同，一般涂料的生产工艺都有差别（各个工厂一般都有自己的专利技术），但只要应用性能满足产品需求即可。

1. 涂料的基本组成材料

涂料的基本组成材料一般为：

1）悬浮剂：如膨润土、CMC等。

2）黏结剂：如硅溶胶、水玻璃等。

3）骨料：如石英砂、硅藻土、石墨粉等。

4）附加材料：指使涂料获得特殊性能的材料。

5）溶剂：主要是水。

2. 涂料的性能要求

涂料在试验过程中需要有良好的悬浮性和触变性，这为涂料的存储、运输带来方便。在应用上需要满足以下的一些使用性能：高的耐火度、保温性能好、发气量低、易施涂、易脱模、易溃散。

8.7.4 铸造工艺流程及过程管理要点

铸造工艺流程图及过程管理要点如图 8-48 所示。

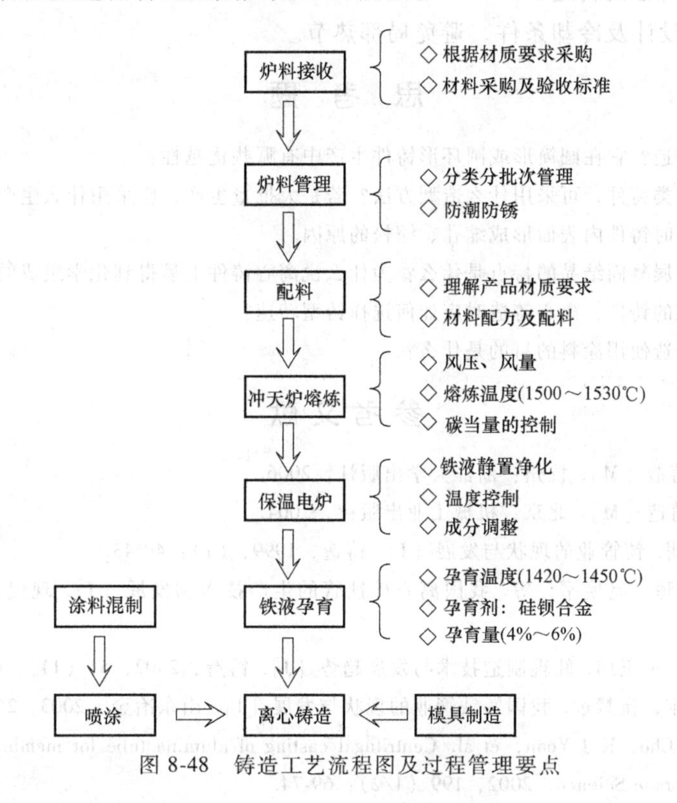

图 8-48　铸造工艺流程图及过程管理要点

8.7.5 缩松的产生与防止

1. 缩松的产生

由于离心铸造毛坯在结晶凝固过程中呈双向凝固的特点，缸套毛坯越厚，则由内孔往外圆的结晶凝固区就越大，最后凝固区形成的缩松会因机加工去除不了而留在产品中形成缩松缺陷，其双向凝固示意图如图 8-49 所示。

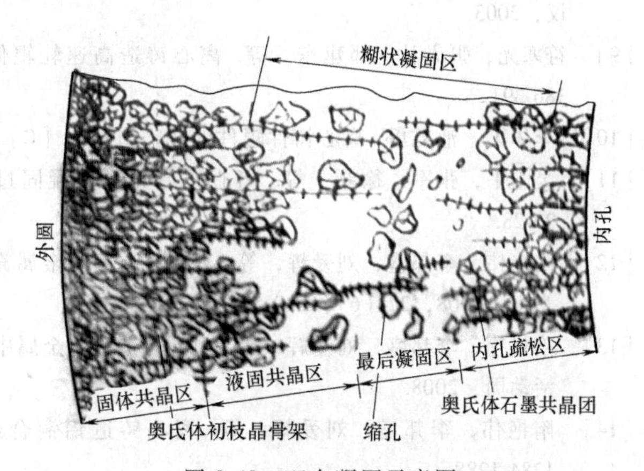

图 8-49　双向凝固示意图

2. 缩松的防止

为了获得组织致密、晶粒细化的铸件，就要克服离心铸造双向凝固的特点，力求形成由外圆向内孔的顺序凝固，尽量缩小由内孔往外圆的凝固区域，使缩松区域能被加工去除。具体措施如下：

1）提高浇注温度和浇注速度，使温度梯度增大以减少凝固区间。

2）采用厚壁模具以加快毛坯冷却速度。

3）适当加大孕育量以细化晶粒。

4）采用亚共晶成分，使控制使碳当量（CE）适宜偏低些。

5）控制好铁液孕育温度，防止过热温度过高及保温时间过长（晶核烧损）。

6）适当提高离心机转速。

7）改进模具设计及冷却条件，避免局部热节。

思 考 题

1. 什么是离心铸造？它在圆筒形或圆环形铸件生产中有哪些优越性？
2. 单件生产套筒类铸件，可采用什么造型方法？若是大批量生产，应采用什么生产工艺？
3. 简述离心铸造时铸件内表面形成缩孔、缩松的原因。
4. 离心铸件中金属凝固结晶的特点是什么？为什么说离心铸件上易得到化学组成的偏析？
5. 对于不同直径的铸件，离心铸造时应如何选择铸型转速？
6. 金属型离心铸造使用涂料的目的是什么？

参考文献

[1] 林伯年. 特种铸造［M］. 杭州：浙江大学出版社，2006.

[2] 张伯明. 离心铸造［M］. 北京：机械工业出版社，2004.

[3] 范英俊，张伯明. 铸管业的现状与发展［J］. 铸造，1999，(1)：40-43.

[4] 范英俊，王黎晖，赵焕平，等. 我国离心球铁管的生产技术和发展［J］. 现代铸铁，2000，(1)：11-18.

[5] 周利，何奖爱，王玉玮. 轧辊制造技术与发展趋势［J］. 铸造，2002，51 (11)：666-671.

[6] 刘韶山，韩晰宇，崔慧远. 我国铸铁管业的现状与发展［J］. 山东冶金，2003，25：81-84.

[7] K H Kim，S J Cho，K J Yoon，et al. Centrifugal casting of alumina tube for membrane application［J］. Journal of Membrane Science，2002，199 (1/2)：69-74.

[8] 许卫东，苏恒渤. 离心铸造涂料的特点与应用［C］. 上海：第三届有色合金及特种铸造国际会议，2003.

[9] 符寒光，弭尚林，邢建东，等. 离心铸造高速轧辊偏析控制技术研究［J］. 铸造，2005，54 (4)：386-391.

[10] 李体丰，池乾勇. 离心铸件辊件的缺陷与对策［C］. 重庆：2007重庆市铸造年会，2007.

[11] 吴士平，张军，徐琴，等. 离心铸造充型及凝固过程数值模拟［J］. 铸造设备研究，2008 (6)：25-28.

[12] 隋艳伟，李邦盛，刘爱辉，等. 离心铸造液态金属充型流动过程中气泡的形核规律［J］. 材料研究学报，2008，22 (6)：580-585.

[13] 隋艳伟，李邦盛，刘爱辉，等. 离心铸造液态金属中夹杂运动规律研究［C］. 无锡：2008中国铸造活动周，2008.

[14] 隋艳伟，李邦盛，刘爱辉，等. 离心铸造铝铜合金缩孔缺陷研究［J］. 铸造，2008，57 (12)：1284-1288.

[15] 张志敏. 离心力场对急冷TiAl基合金组织和性能的影响［D］. 淄博：山东理工大学，2008.

[16] CHIRITAG, SOARESD, SILVA F S. Advantages of the centrifugal casting technique for the production of structural components with Al-Si alloys［J］. Materials & Design, 2008, 29 (1): 20-27.

[17] FU H G, XIAO Q, XING J D. A study on the crack control of a high-speed steel roll fabricated by a centrifugal casting technique［J］. Materials Science and Engineering: A, 2008, 474 (1/2): 82-87.

[18] 张银川，刘宏亮. 柴油机缸套离心铸造工艺改进［C］. 宁波：2009大型铸铁件铸造生产技术研讨会，2009.

[19] 栾义坤，白云龙，宋男男，等. 离心铸造轧辊用高速钢的热处理［J］. 金属学报，2009，45（4）：470-476.

[20] 藤海涛，张小立，齐凯，等. 离心铸造AZ61A镁合金管的显微组织和力学性能［J］. 稀有金属材料与工程，2010，39（8）：1465-1470.

第9章 半固态铸造

9.1 半固态铸造的原理、分类、特点及其特性

1. 半固态铸造的原理和分类

将特殊制备的温度处在固相与液相线之间的金属浆料压力充填模具型腔，并在压力作用下凝固而获得铸件的方法，称之为半固态铸造。

半固态铸造分为两种工艺方法：流变铸造和触变铸造。前者是将半固态浆料直接压入模具型腔进而凝固成形。后者则是将半固态浆料冷却制成坯棒，依据铸件大小切制成合适大小，经过重熔（二次加热）至固相与液相温度区间处于半固态状态，再压入模具型腔进而凝固成形。半固态铸造工艺路线示意图如图9-1所示。

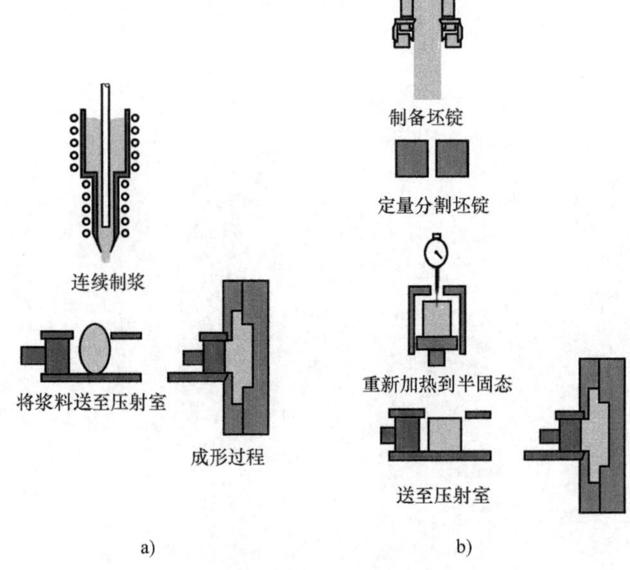

图9-1 半固态铸造工艺路线示意图

a）流变铸造工艺示图 b）触变铸造工艺示图

高压和浆料制备是半固态铸造的两大特点，其中制备浆料的质量是最本质的特征。通常半固态浆料应该是成分均匀、温度均匀、具有非枝晶（近球晶）的初生相，其典型微观组织结构如图9-2所示。

2. 半固态铸造的特点

（1）半固态铸造的优点 与普通的加工方法相比，半固态铸造具有许多优点，主要优点如下：

1）应用范围广泛，凡具有固液两相区的合金均可实现半固态铸造，可适用于多种加工工艺，如铸造、挤压、锻压和焊接等。

2）半固态金属充型平稳，无湍流和喷溅，加工温度低，凝固收缩小，因而铸件尺寸精度高。铸件尺寸与成品零件几乎相同，

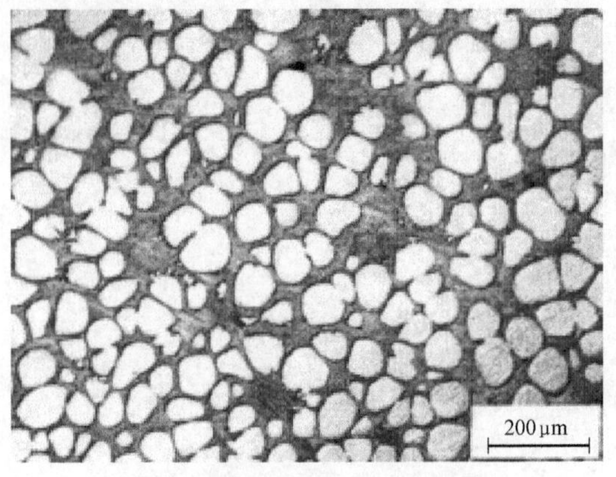

图9-2 浆料的典型微观组织结构图

极大地减少了机械加工量，可以做到少或无切削加工，从而节约了资源。同时半固态金属凝固时间短，有利于提高生产率。制动缸零件生产的损失率与生产率见表9-1。

表9-1　制动缸零件生产的损失率与生产率

成形方法	铝合金牌号+热处理状态	坯料质量/g	成品质量/g	加工损失率(%)	单位小时产量/个
半固态铸造	A357+T5	450	390	13	150
机械加工	A356+T6	760	450	40	24

3）半固态金属已释放了部分结晶潜热，因而减轻了对成形装置，尤其是对模具的热冲击，使其寿命大幅度提高。

4）半固态金属铸件表面平整光滑，内部组织致密，内部气孔、偏析等缺陷少，晶粒细小，力学性能高，可接近或达到变形材料的力学性能。半固态铸造件与金属型铸件的性能比较见表9-2。

表9-2　半固态铸造件与金属型铸件的性能比较

合金	成形方法	热处理状态	$R_{p0.2}$/MPa	R_m/MPa	A(%)	HBW
A356	半固态	铸态	110	220	14	60
	半固态	T6[①]	240	320	12	105
	金属模	T6	186	262	5	80
A357	半固态	铸态	115	220	7	75
	半固态	T6	260	330	9	115
	金属模	T6	296	359	5	100

① T6表示固溶热处理+人工时效。

5）应用半固态铸造可改善制备复合材料中非金属材料的飘浮、偏析以及与金属基体不润湿的技术难题，这为复合材料的制备和成形提供了有利条件。

6）与固态金属模锻相比，半固态铸造的流动应力显著降低，因此半固态铸造成形速度更高，而且可以成形十分复杂的零件。

7）节约能源。以生产单位质量零件为例，半固态铸造与普通铝合金铸造相比，节能35%左右。

（2）半固态铸造的缺点　当然，半固态铸造也存在它的缺点，主要缺点如下：

1）固液相线区间范围太小的金属不适用于进行半固态铸造。例如，纯金属、共晶合金都没有明显的固液相线温度，只有熔点和共晶温度，所以它们不易进行半固态成形。

2）高熔点半固态材料的半固态铸造工艺难以控制。高熔点半固态浆料的制备与输送比较困难，目前的研究还不十分成熟。

3. 半固态铸造的特性

（1）适应性　半固态铸造适用于有较宽固液相共存的合金体系，如铝合金、镁合金、镍合金、铜合金以及钢铁合金等，其中铝合金、镁合金、铜合金已应用于工业生产。铝合金半固态铸造主要应用于汽车零件制造方面，例如汽车用制动缸体和铝合金轮毂、空调设备部件、转向与传动系统零件、悬挂件、活塞等，如图9-3所示。

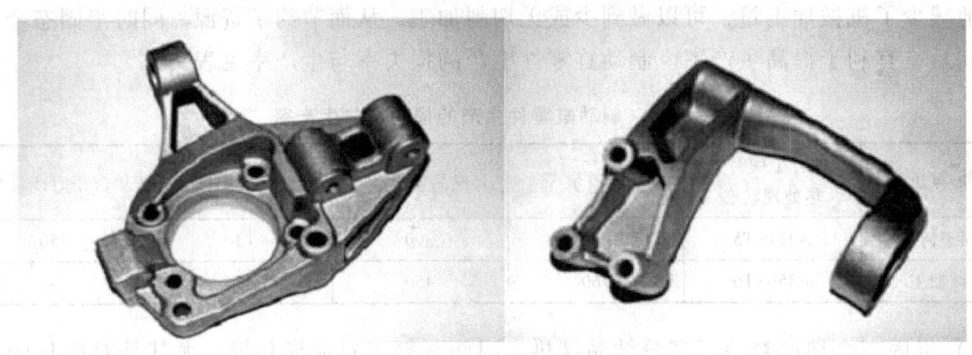

图 9-3　铝合金半固态铸件

（2）材料的选择　适合半固态铸造的金属需要具有足够大的半固态温度区间，并且固相体积分数的变化率随温度变化比较缓慢，从而实现对半固态金属制备与成形过程的控制。

目前通用铸造合金的凝固区间较大，便于半固态铸造。但半固态铸造后的力学性能较低，如 A356、A357 和 AZ91D 等；而通用锻造合金经过半固态铸造，其力学性能较高，但锻造合金的凝固区间很小，半固态铸造过程的控制较困难。因此，应该研究开发新型半固态铸造合金，以满足各种不同结构零件的需求，充分发挥半固态铸造的全部优势。

开发新型半固态铸造合金或改造原有牌号的半固态铸造合金的基本原则为：具有合适的固液相温度区间；随着温度的变化，固相体积分数的变化率适当；半固态坯料具有可重熔加热性；微观组织形貌适当；半固态流变性能适当。例如，Al-Si 系半固态合金的成分设计原则为：①含有质量分数为 50%液相时的合金温度不应大于 585℃，以免铝合金与钢质工具发生焊合；②在质量分数为 50%液相时，液相体积分数与温度的关系曲线的斜率应较小，以减少重熔加热时温度的敏感性；③初生铝相从开始熔化的温度与含有质量分数为 50%液态合金温度之间的差值应尽可能小，以免重熔加热时引起初生铝的粗化；④在凝固结束阶段，液相体积分数与温度的关系曲线的斜率应较小，以防止合金发生热裂。

（3）工艺性　从工序上看，半固态铸造增加了制浆或制坯，以及重熔工序。与液态铸造相比，大幅度增加了成本。对于那些对力学性能无要求的壳体零件，采用液态铸造能够满足生产的需要，显然没有必要采用半固态铸造。因此，半固态铸造应用的范围为：常规铸造不能满足铸件的性能要求，而半固态铸造容易实现的一类铸件。而对于力学性能要求高，尤其像锻造合金铸件，选用半固态铸造也许是最佳选择。

依据上面的介绍，半固态铸造的适用范围可以分为两种极限情况：低固相率的半固态压铸和高固相率的半固态模锻。前者以铸造类合金为原料，并以流变铸造工艺为主，后者以锻造合金为原材料，并以触变铸造工艺为主。

（4）力学性能　半固态铸造的特殊成形机理决定了成形产品良好的内部组织与整体性能。实践证明，半固态铸件内部组织致密，内部气孔、偏析等缺陷少，组织细小，力学性能较好，或者力学性能相当，但塑性大大提高。表 9-3 为铝合金在不同的加工方法与热处理状态下的力学性能比较。从表 9-3 中可以清晰地看出半固态铸造的优越性。例如，经过触变铸造的 A356 合金在 T6 热处理状态下，比经过普通砂型铸造所得的铝合金具有更优良的力学性能，并且与锻件的性能相近。图 9-4 所示为循环载荷作用下 AlSi7Mg0.3 合金的力学性能。

表 9-3　铝合金在不同的加工方法与热处理状态下的力学性能比较

合金	加工方法	热处理状态	屈服强度/MPa	抗拉强度/MPa	断后伸长率(%)	硬度 HBW
铸造合金 A356	半固态	铸态	110	220	14	60
	半固态	T4	130	250	20	70
	半固态	T5	180	255	5~10	80
	半固态	T6	240	320	12	105
	半固态	T7	250	310	9	100
	金属型	T6	186	262	5	80
	金属型	T-51	138	186	2	
	闭模锻	T5	280	340	9	
铸造合金 A357	半固态	铸态	115	220	7	75
	半固态	T4	150	275	15	85
	半固态	T5	2900	285	5~10	90
	半固态	T6	260	330	9	115
	半固态	T7	290	330	7	110
	金属型	T6	296	359	5	100
	金属型	T-51	145	200	4	
锻造合金 2017	半固态	T4	276	386	8.8	89
	锻造	T4	275	427	22	105
锻造合金 2024	半固态	T6	277	366	9.2	
	闭模锻	T6	236	426	8	
	锻造	T6	395	476	10	120
	锻造	T4	324	469	19	
锻造合金 7075	半固态	T5	361	405	5.6	
	闭模锻	T6	420	560	6	
	锻造	T6	505	570	11	150

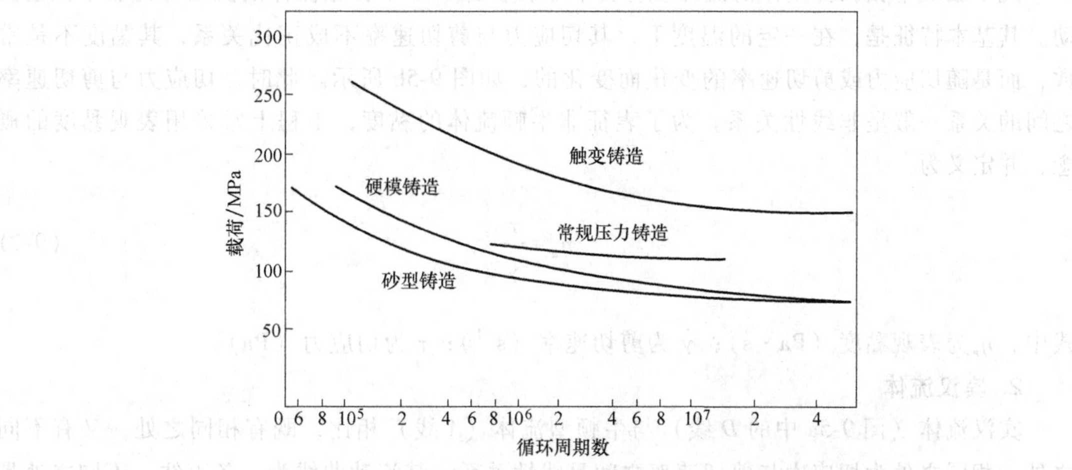

图 9-4　循环载荷作用下 AlSi7Mg0.3 合金的力学性能

9.2 半固态铸造充型基本理论

半固态铸造是一个高黏度熔体在压力下充填模具型腔，并在压力下凝固成形的过程。目前半固态压铸是半固态铸造的主要工艺之一。因此，非牛顿流体的流变理论是半固态铸造的基础。

金属由液态向固态转变的过程中，随着温度的下降，由全液态变为液固态（固相体积分数较小，晶粒尚未连成骨架，为液态合金所包围）、固液态（固相体积分数较大，固态晶粒连成骨架，在骨架之间有液态合金），最后成为全固态，其流变模型从牛顿流体变为伪塑性体、宾汉体，最后为弹塑性体。

9.2.1 非牛顿型流动基本理论

根据切应力 τ 与剪切速率 $\dot{\gamma}$ 的关系，将 τ 对 $\dot{\gamma}$ 作图所得到的关系曲线称为流动曲线。剪切流动可以分为牛顿型流动和非牛顿型流动两大类，如图 9-5 所示。

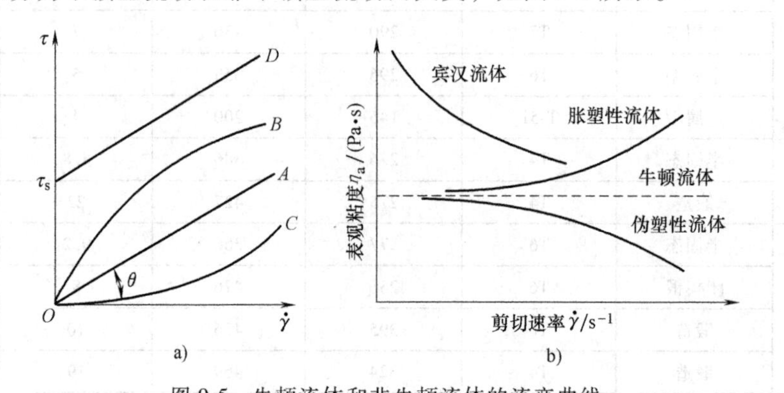

图 9-5 牛顿流体和非牛顿流体的流变曲线

a）各种流变模型流动曲线图 b）各种流变模型表观黏度与剪切速率关系曲线图

1. 表观黏度

凡不服从牛顿黏性定律的流体统称为非牛顿流体。非牛顿型流体的流动称为非牛顿型流动。其基本特征是，在一定的温度下，其切应力与剪切速率不成正比关系，其黏度不是常数，而是随切应力或剪切速率的变化而变化的，如图 9-5b 所示。此时，切应力与剪切速率之间的关系一般呈非线性关系。为了表征非牛顿流体的黏度，工程上常采用表观黏度的概念，并定义为

$$\eta_a = \frac{\tau}{\dot{\gamma}} \tag{9-1}$$

式中，η_a为表观黏度（Pa · s）；$\dot{\gamma}$ 为剪切速率（s^{-1}）；τ 为切应力（Pa）。

2. 宾汉流体

宾汉流体（图 9-5a 中的 D 线）与牛顿型流体（A 线）相比，既有相同之处，又有不同之处。相同之处为切应力与剪切速率之间呈线性关系，其流动曲线为一条直线。不同之处是

宾汉流体的流动不通过原点，且只有当切应力达到一定值 τ_s 之后才开始流动。使流体流动所需的最小切应力（τ_s）称为屈服应力，可表述为：当 $\tau<\tau_s$ 时，$\dot{\gamma}=0$；当 $\tau>\tau_s$ 时，$\tau=\tau_s+\eta_p\dot{\gamma}$。这里 τ_s 为屈服应力（Pa），为流动曲线（直线）在 τ 轴上的截距；η_p 为塑性黏度（Pa·s），为流动曲线的斜率。

3. 伪塑性流体

伪塑性流体（图 9-5a 中的 *B* 线）没有屈服应力，其特征是黏度随剪切速率（或切应力）的增大而降低，故称为“剪切变稀流体”。这类流体的流动曲线可以较好地由指数方程（或称幂定律方程）表示。

实践证明，绝大多数聚合物熔体都属于非牛顿型流动。

4. 胀塑性流体

胀塑性流体（图 9-5a 中的 *C* 线）没有屈服应力，其特征是黏度随剪切速率（或切应力）的增大而升高，流变特性与时间无关，它在一个无限小的切应力下就开始流动，但它属于剪切增稠型流体，故称为“剪切增稠流体”。常用幂定律来描述胀塑性流体，其定律指数 n 大于 1。

胀塑性流体与伪塑性流体相比很少见，只有在固相含量高的悬浮液中才能观察到。

5. 有限屈服应力

半固态浆料的固体性质表明有限屈服应力 τ_s 存在。τ_s 定义为浆料的表观强度，即材料初始流动的最小应力。一旦超过有限屈服应力，材料表现出类似液体，且具有非线性应力与应变关系。因此，有限屈服应力应是浆料的一种真实物理特性，它的存在可以解释为固体颗粒间的相互作用，比如，热扩散使颗粒在一定时间内结合在一起，在流动变形中，固体颗粒间的干摩擦显现出流动阻力的存在。

试验中，有限屈服应力在剪切速率很小（$\dot{\gamma}\to0$）时进行测定，但是，$\dot{\gamma}\to0$ 的条件在试验中很难获得。因此，τ_s 测定值一般为近似值。图 9-6 所示为采用电磁搅拌和晶粒细化制备 A356 和 A357 两种合金的有限屈服应力 τ_s 与温度关系曲线，制浆方法为电磁搅拌（MHD）和细化晶粒（GR）两种。图 9-6 所示显示了有限屈服应力与半固态区域温度的强烈依赖关系，在该区域中，温度出现小变化，有限屈服应力就随之出现大的变化。

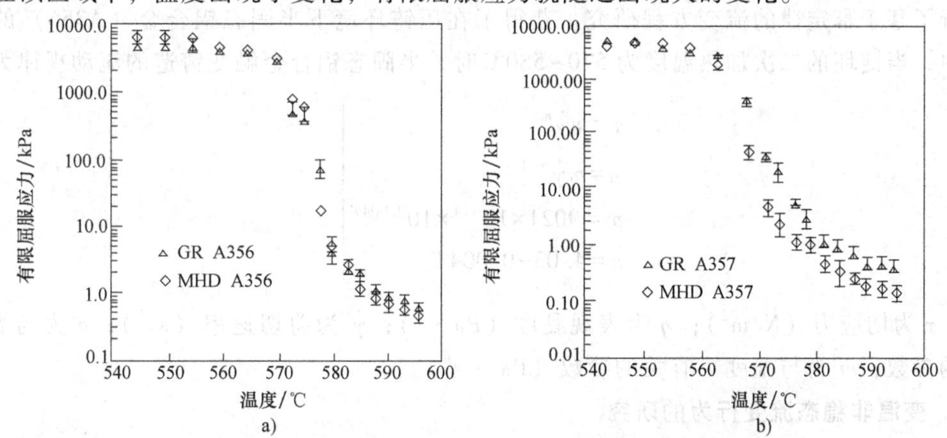

图 9-6　半固态组织的有限屈服应力与温度关系曲线

a）A356　b）A357

9.2.2 半固态金属浆料的流变行为

针对半固态金属的流变特性，引起了许多研究者的研究兴趣，也获得了不同情况下的不少理论和试验结果。

Haxmanan 和 Flemings 研究 Sn-15% Pb 合金在平行板黏度计中的流变行为时发现，Sn-15% Pb 合金的固相体积分数为 0.3～0.6 时（金属的固相体积分数采用 Scheil 方程计算），非枝晶组织的流变行为服从非牛顿流体的幂定律模型，即

$$\left.\begin{aligned}\eta_a&=m\dot{\gamma}^{n-1}\\m&=A\exp(Bf_s)\\n&=cf_s+d\end{aligned}\right\}\qquad(9\text{-}2)$$

式中，A、B、c、d 为常数；η_a 为表观黏度（Pa·s）；$\dot{\gamma}$ 为剪切速率（s^{-1}）；f_s 为固相体积分数；m、n 为幂定律因数（Pa·s^n）和幂定律指数。

这一结论已经被半固态金属领域的学者们所接受。即在低固相体积分数（$f_s<0.5$）和剪切速率（$\dot{\gamma}<1000s^{-1}$）的条件下，半固态合金表现为伪塑性流体特征，即表观黏度随剪切速率的增加而下降；在高固相体积分数（$f_s\approx0.6$）下，半固态铝合金触变铸造相当于高浓度悬浮液在高压下的流动。

幂定律指数的确定除了用式（9-2）计算之外，其他一些学者也指出过不同的取值方法，表 9-4 归纳了近几年的研究结果。

表 9-4 幂定律指数的取值范围归纳

研究者	Joly	Lax. Felm	Turn	Mclelland
固相体积分数 f_s	0.45～0.50	0.3～0.6	0.17～0.57	0.2～0.5
剪切速率 $\dot{\gamma}/s^{-1}$	10～400	10^{-5}～10^{-1}	200～800	1～200
幂定律因数 n	0.18～0.70	0.14～0.68	0.07	-0.4～-0.2

南昌大学学者首次在大剪切速率下对半固态铝合金（A356）触变铸造过程中的流变特性进行了基于幂定律的流变方程研究。获得了在压铸环境下半固态铝合金（A356）的触变铸造中，当锭坯的二次加热温度为 570～580℃时，半固态铝合金触变铸造的流动规律为

$$\left.\begin{aligned}\tau&=m\dot{\gamma}^{n}\\\eta&=m\dot{\gamma}^{n-1}\\m&=9021\times10^{-14}\times10^{0.004T}\\n&=4.03-0.004T\end{aligned}\right\}\qquad(9\text{-}3)$$

式中，τ 为切应力（N/m^2）；η 为表观黏度（Pa·s）；$\dot{\gamma}$ 为剪切速率（s^{-1}）；n 为与温度 T 有关的参数；m 为与温度 T 有关的参数（Pa·s^n）。

1. 变温非稳态流变行为的研究

影响半固态金属流变行为的最主要因素为固相体积分数、剪切速率和冷却速度，而固相体积分数又是由系统温度所决定的。

图 9-7 所示是半固态 Sn-15% Pb 合金连续冷却时的变温流变曲线。其中固相体积分数由 Scheil 方程计算，屈服应力和幂定律指数根据试验结果计算得出，结果见表 9-5。可见，在 $f_s<0.2$ 时，幂定律指数 n 接近于 1，流变曲线呈一系列过原点的直线，并且半固态金属的黏性主要由液相与少量细小固相间的相对运动产生，因而呈牛顿流体特征。当 $0.25<f_s<0.40$ 时，幂定律指数小于 1，流体呈现伪塑性特征。随 f_s 增加，固相聚集团中长成一体的固相也增加。当固相聚集团形成不连续网络结构时（$f_s>0.4$），半固态金属开始呈现明显的屈服现象，流变曲线又呈线性变化（n 值趋近于 1），流体呈宾汉流体。因此，当剪切速率恒定时，随着固相体积分数的增大，半固态浆料的流型从牛顿流体向伪塑性流体、宾汉流体转化。

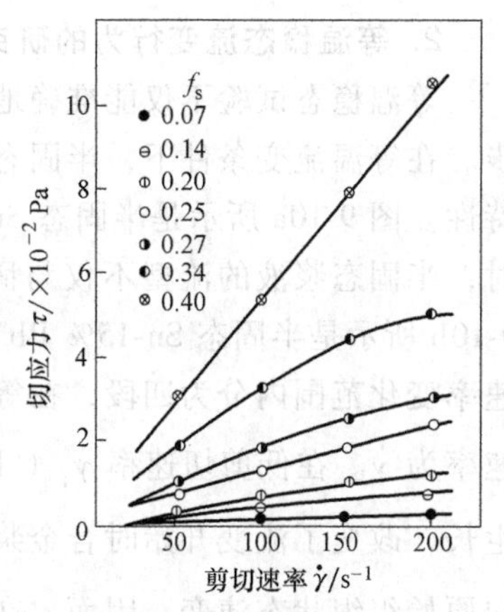

图 9-7　半固态 Sn-15% Pb 合金连续冷却时的变温流变曲线

表 9-5　半固态 Sn-15% Pb 合金流型参数表

固相体积分数 f_s	0.07	0.14	0.27	0.34	0.40
幂定律指数 n	0.92	0.97	0.86	0.75	0.98
屈服应力	0	0	0	40	80
合金流型	牛顿流体	牛顿流体	伪塑性流体	伪塑性流体	宾汉流体

图 9-8 所示为剪切速率对半固态 Sn-15% Pb 合金表观黏度的影响，表观黏度强烈依赖于剪切速率，随着剪切速率的上升而下降。当剪切速率恒定时，半固态金属的表观黏度随固相体积分数的增加而增加。

图 9-9 所示为冷却速度对半固态 Sn-15% Pb 合金表观黏度的影响曲线。由图 9-9 可见，半固态金属的表观黏度随冷却速度的上升而上升。由于增加剪切速率和降低冷却速度会引起球状颗粒密度增加，颗粒之间的摩擦加剧，颗粒更圆润，颗粒运行更易进行，因而表观黏度下降。

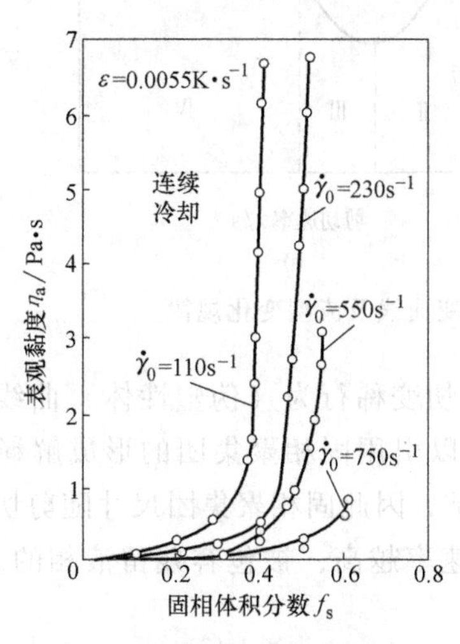

图 9-8　剪切速率对半固态 Sn-15% Pb 合金表观黏度的影响

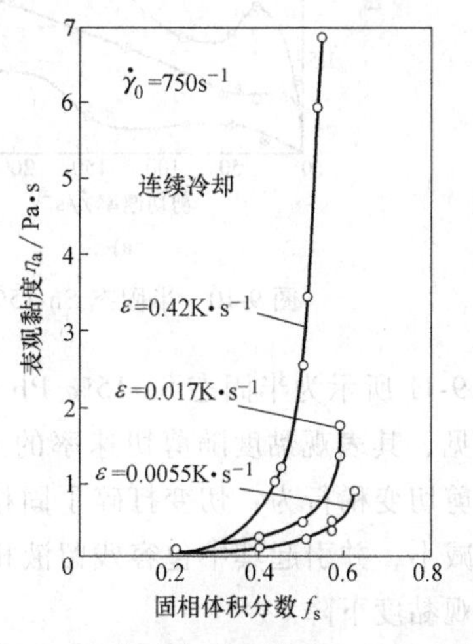

图 9-9　冷却速度对半固态 Sn-15%合金表观黏度的影响

2. 等温稳态流变行为的研究

等温稳态试验不仅能准确地表征半固态金属的流变行为，而且也是推导本构方程的第一步。在等温流变条件下，半固态金属具有伪塑性流体（剪切变稀行为）、宾汉流体等多流型特性。图 9-10a 所示是半固态 Sn-15% Pb 合金的等温流变曲线。由图 9-10a 可见，等温流变时，半固态浆液的流型不仅与固相体积分数有关，而且还与剪切速率的变化范围有关。图 9-10b 所示是半固态 Sn-15% Pb 合金等温流变时流型变化规律，把等温流变曲线在整个剪切速率变化范围内分为四段，在等温流变开始时，半固态金属浆液的显微组织对应于初始剪切速率为 $\dot{\gamma}$。在低剪切速率 $\dot{\gamma}_i$（Ⅰ段）切变流动时，原来分离的固相出现明显的聚集、合并生长，改变了流变开始时合金浆液的组织状态，这种新的组织状态在 $\dot{\gamma}$ 增大到 $\dot{\gamma}_i$ 时，开始向原始组织状态演变。因而，在 $\dot{\gamma}_i$ 处出现切应力峰值；随后，切应力随 $\dot{\gamma}$ 上升而下降的特性（Ⅱ段）正反映出新组织中聚集、合并固相的分离和碎断，其流体流动的阻力随 $\dot{\gamma}$ 上升而减小；组织变化完成后的流变曲线（Ⅲ段），流体流型随 f_s 的变化规律与变温流变时的情况相似，但呈现宾汉流体时的 f_s 明显大于变温流变时的情况，这是因为合金浆液在等温切变流动中，固相形成网络结构的倾向较弱；Ⅳ段曲线所呈流型见表 9-6。

表 9-6 Ⅳ段曲线所呈流型

固相体积分数 f_s	$0.14<f_s<0.51$	$f_s=0.51$
流体流型	伪塑性流体	宾汉流体

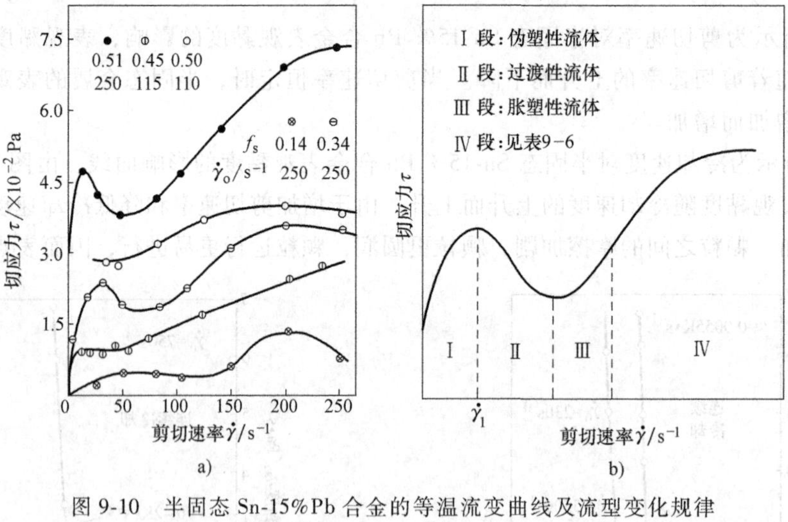

图 9-10 半固态 Sn-15%Pb 合金的等温流变曲线及流型变化规律

图 9-11 所示为半固态 Sn-15% Pb 合金等温稳态剪切变稀行为（伪塑性体）曲线。由图 9-11 可见，其表观黏度随剪切速率的上升而下降。可以引用固相聚集团的形成解释这种等温稳态剪切变稀行为：切变打碎了固相聚集团间的黏结，因此固相聚集团尺寸随剪切速率的增加而减小，并引起其中包容残留液相的析出，剪切速率越高，被包容残留液相的量越小，因而表观黏度下降。

图 9-12 所示为半固态 Al-6.5% Si 合金表观黏度与剪切速率的关系曲线以及初生相组织的演变。由图 9-12 可见，当剪切速率较低时，晶粒是密集的球状颗粒；随着剪切速率的提

高，半固态浆液表现出等温稳态剪切变稀行为，与快速冷却试验相比，表观黏度明显下降。

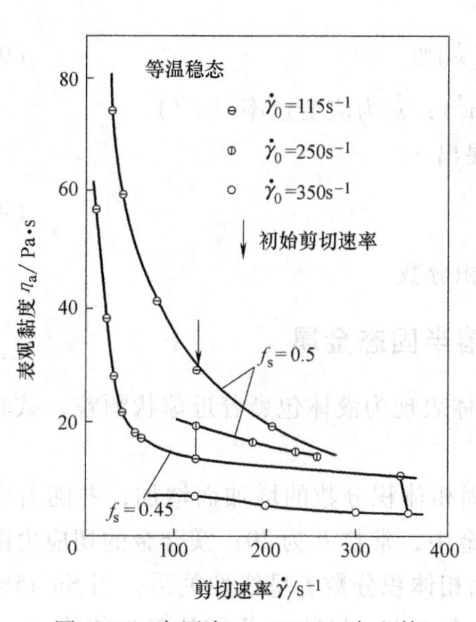

图 9-11 半固态 Sn-15%Pb 合金等温稳态剪切变稀行为

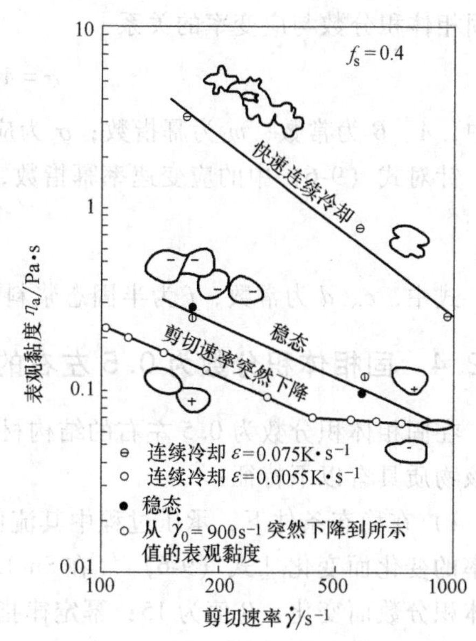

图 9-12 半固态 Al-6.5%Si 合金表观黏度与剪切速率的关系曲线及初生相组织的演变

有学者应用下列简单的幂定律解释了半固态金属在等温稳态试验条件下的剪切变稀行为，即

$$\eta_a = m\dot{\gamma}^{n-1} \tag{9-4}$$

式中，m 为常数；n 为幂定律指数。

由式（9-4）可知，幂定律指数 n 越小，伪塑性行为越明显。式（9-4）也是推导其他本构方程的基础。

也有学者用方程（9-5）的简化形式解释了搅动半固态 Sn-15%Pb 合金等温稳态条件下的表观黏度，即

$$\eta_a = \eta_\infty(f_s)\left\{1+\left[\frac{\dot{\gamma}^*(f_s)}{\dot{\gamma}}\right]^m\right\}^{\frac{n}{\alpha}} \tag{9-5}$$

式中，$\eta_\infty(f_s) = A_1\exp(B_1 f_s)$ 为渐进黏度；$\dot{\gamma}^*(f_s) = A_2\exp(B_2 f_s)$ 为临界剪切速率；A_1、A_2 为常数；m、n、α 为根据实验拟合确定的参数。

由式（9-5）可见，当剪切速率超过临界值后，表观黏度趋于某一渐近值。

9.2.3 具有连续固相半固态浆料的特性

具有连续固相半固态浆料结构的合金在凝固初期，枝状晶被破坏或固相聚集团被熔化，便产生了具有黏结型的固相结构。其变形特征如下：

1）在相同的温度下，其应力值与固体相当。

2）在承压时会发生固相和液相分离的偏析现象。

对于这类材料的数学模型，一般是基于多孔固体热变形，以张量形式描述的。考虑到应

力场中静压与偏压分量，这些模型的目的是预测固体构架的体积。Joly 等提出了半固态浆料的固相体积分数与应变率的关系

$$\sigma = A\exp(Bf_s)(\dot{\varepsilon})^m \tag{9-6}$$

式中，A、B 为常数；m 为幂指数；σ 为应力（N/m^2）；$\dot{\varepsilon}$ 为应变速率（s^{-1}）。

针对式（9-6）中的应变速率幂指数，有学者提出

$$m = cf_s + d \tag{9-7}$$

式中，c、d 为常数；f_s为半固态浆料的固相体积分数。

9.2.4 固相体积分数为 0.5 左右的部分重熔半固态金属

在固相体积分数为 0.5 左右的结构材料中，基体表现为液体包裹着近球状颗粒，试验显示该物质具有以下特征：

1）在稳态条件下，承压过程中其流体应力随固相体积分数的增加而增加，并随着应变速率的变化而变化［式（9-6）］。在 Sn-15% Pb 合金中，常数 B 为 20；镁合金的切应力随固相体积分数而变化，B 值为 15；幂定律指数 m 与固相体积分数 f_s呈线性关系，当 Sn-15%Pb 合金的固相体积分数为 0.5 时，m 为 0.5；在 Al-Si 合金中，指数 m 为零甚至为负数。

2）在承压状态下，当应变速率为 $5\times10^{-3}\sim0.5s^{-1}$时，Al-Si 合金呈触变特性，应力增加，应变也增加；应力剧烈增加，在 $0.2\sim0.4s^{-1}$区间产生一个不连续的应变速率增加。当应力突然降低到某一个稳定值时，应变曲线出现一个不连续的应变速率下降。

3）在 A1-Si 合金部分重熔的拉伸曲线试验中，观察到了液相偏析现象，且偏析度随着拉伸速度的降低而增大。

有学者首次对高固相体积分数（f_s= 0.5 左右）和大剪切速率（$\dot{\gamma}=10^5\sim10^6s^{-1}$）的半固态铝合金（A356）在触变压铸过程中的流变曲线、流动状态和黏度模型等流变特性进行研究。其结果将是对半固态金属流变体系的补充和完善，如图 9-13 所示。

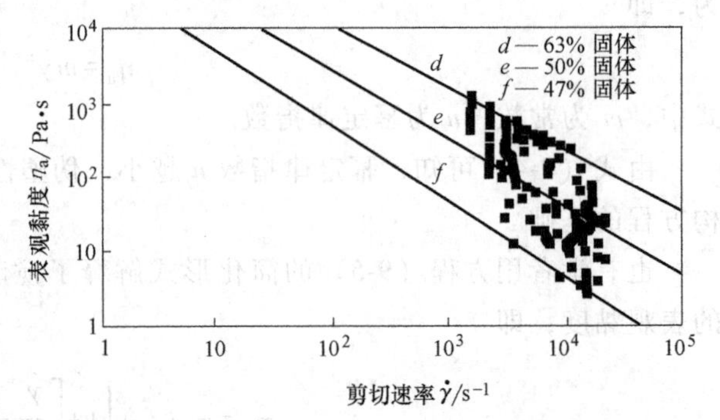

图 9-13 半固态铝合金（A356）的剪切速率与固相体积分数的关系（对数坐标）的试验值

9.2.5 半固态铸造下塑性变形理论

半固态铸造存在塑性变形，所以了解金属在固液相温度区间成形状态下的塑性变形理论极其重要。

1. 压缩变形

压缩变形选择 2A12 材料，其试验温度为 530℃、545℃、560℃、575℃，均在半固态温度区；应变速率分别为 $0.012s^{-1}$、$0.024s^{-1}$、$0.036s^{-1}$。试验在日本岛津材料试验机上进行。试样两端涂油质石墨。其试验结果如图 9-14 所示。变形初期，随着应变增加，真实应力迅速增加达到一峰值后略有下降，并随变形程度进一步增加而趋于稳定。随应变速率增加，流动应力也增加，并且流动应力达到峰值时的应变也略有增加。当变形温度为 560℃与 575℃

时，压缩真实应力-真实应变曲线形状基本类似，但是与530℃、545℃的形状略有不同，其区别在于：当流动应力达到峰值后，随着变形程度增加，流动应力有明显的降低，而后达到一稳定阶段。

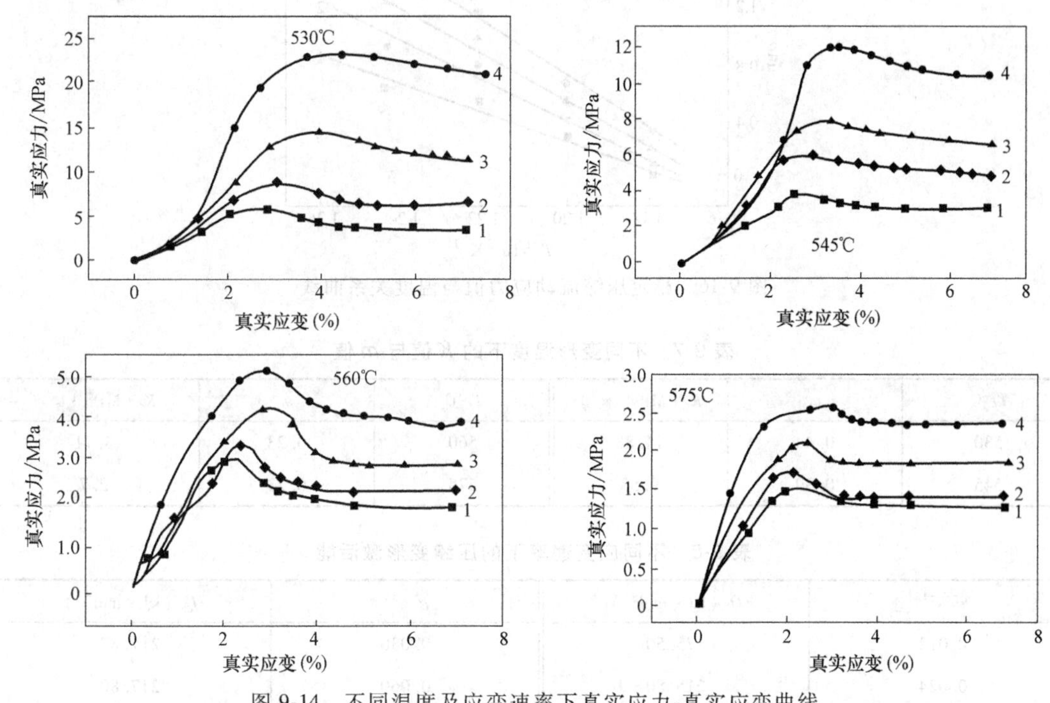

图9-14 不同温度及应变速率下真实应力-真实应变曲线

1—$1.2\times10^{-2}s^{-1}$ 2—$2.4\times10^{-2}s^{-1}$ 3—$3.6\times10^{-2}s^{-1}$ 4—$6.0\times10^{-2}s^{-1}$

图9-15所示为压缩真实应力-真实应变速率自然对数关系曲线，图中的真实应力-应变取变形稳定阶段的流动应力值。由图9-15可以看出，对于不同的变形温度，压缩真实应力与真实应变速率自然对数之间存在线性关系。2A12合金在半固态下的压缩变形行为可用下面的幂函数进行描述，即

$$\dot{\varepsilon}=A\sigma^{n}\exp(-Q/RT) \tag{9-8}$$

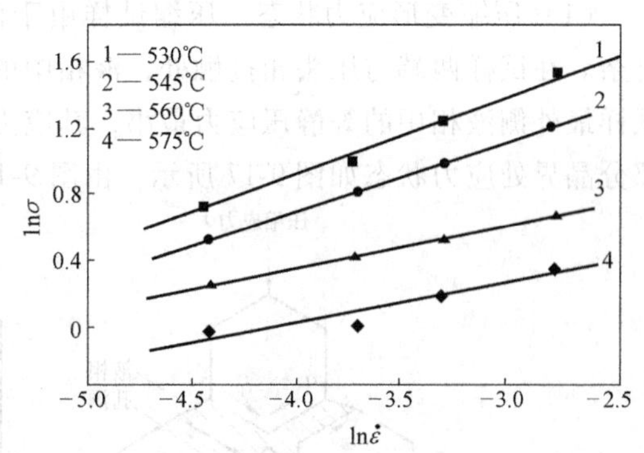

图9-15 压缩真实应力-真实应变自然对数关系曲线

式中，$\dot{\varepsilon}$ 为真空应变速率（s^{-1}）；σ 为流动应力（MPa）；Q 为变形激活能（$J\cdot mol^{-1}$）；T 为变形温度（℃）；R 为气体常数（$J\cdot mol^{-1}\cdot K^{-1}$）；$n$ 为应力指数；A 为常数。

对于绝大多数金属材料，在高温固态变形时，式（9-8）又可简化为

$$\sigma=K\dot{\varepsilon}^{m} \tag{9-9}$$

式中，K、m 为不同变形温度下的值，见表9-7。

压缩时的流动应力除受到应变速率影响外，同样受温度影响。图9-16所示为稳定压缩流动应力 σ 的自然对数与 $1000/T$ 的关系曲线，其中 T 为压缩变形绝对温度。结合式（9-8）与图9-16，可以得到不同应变速率下的压缩变形激活能，见表9-8。

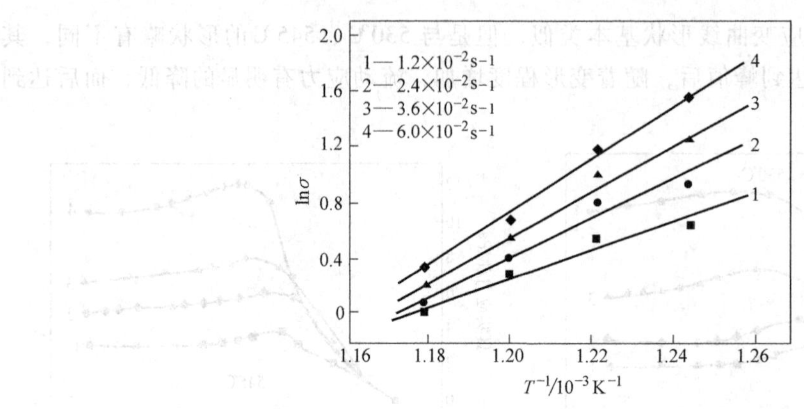

图 9-16　稳定压缩流动应力值与温度关系曲线

表 9-7　不同变形温度下的 K 值与 m 值

T/℃	m	K/(MPa·s^m)	T/℃	m	K/(MPa·s^m)
530	0.44	14.88	560	0.23	3.71
545	0.39	9.58	575	0.23	2.7

表 9-8　不同应变速率下的压缩变形激活能

ε/s^{-1}	Q/(kJ·mol^{-1})	ε/s^{-1}	Q/(kJ·mol^{-1})
0.012	175.50	0.036	217.87
0.024	215.80	0.060	217.80

2. 压缩变形应力状态和机制

（1）压缩变形应力状态　压缩试样由于两端的摩擦力作用，而使其宏观应力分布相当复杂。在试样两端与压头相接触处，液相中的等静压应力最大，且沿半径增加方向减小。在试样最外侧液相中的等静压应力最小，其应力状态有切向拉应力存在。压缩变形时试样中心部分晶界处应力状态如图 9-17 所示。由图 9-17a 可以看出，晶界处主要受压应力与切应力的

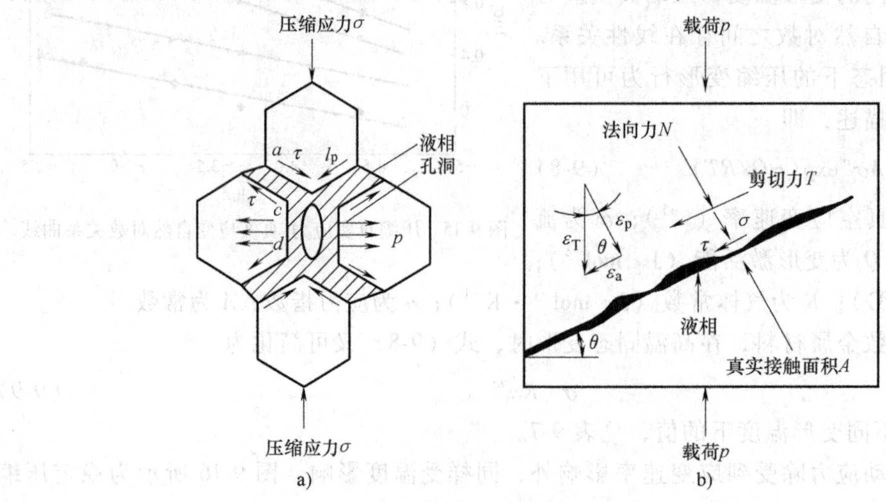

图 9-17　压缩变形时试样中心部分晶界处应力状态

a）晶界处应力分布　b）晶界 a-b 处放大图

作用（如晶界 a-b）。同时平行于压缩轴方向的晶界处的液相中有等静拉应力 p 的存在（如晶界 c-d），该等静拉应力的存在主要是由于压缩过程中晶粒向两侧运动造成的。图 9-17b 所示为晶界 a-b 处放大图。

由图 9-17b 可以看出 a-b 所受应力为沿晶界的切向切应力及法向压应力，并且 a-b 处放大图考虑了晶粒之间的实际接触情况，即液相并未将晶界完全隔离。

（2）压缩变形机制　将压缩试样沿压缩轴方向从中心面处切开后进行宏观组织观察，均可发现如图 9-18a 所示的特点，孔洞基本分布在 2 区内，而 1 区与 3 区几乎无孔洞分布。图 9-18d、e 所示为 c 处不同位置的放大图。在图 9-18b 中，压缩轴与纸面纵向平行。

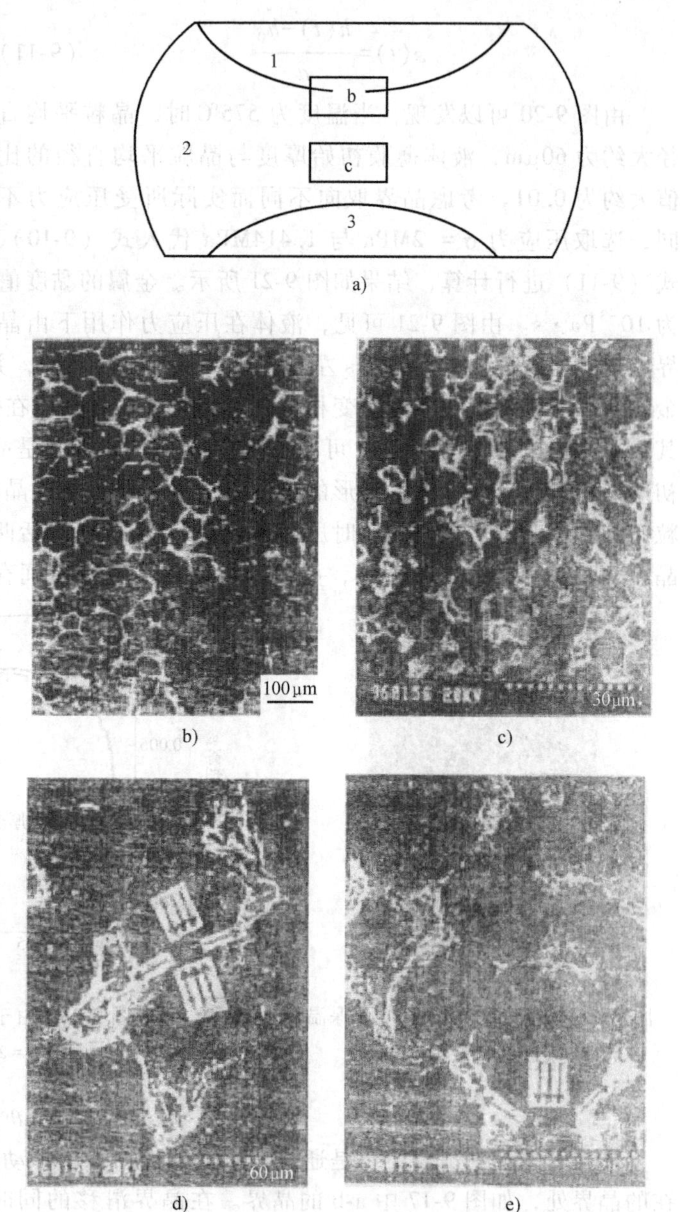

图 9-18　压缩变形试样的宏观组织示意图及试样中不同位置的显微组织照片

由图 9-18a、b 可以看出，变形初期 1 区与 3 区液相中的等静压应力较大，此时 1 区与 3 区内的液体在较大等静压应力的作用下，并通过存在的通道向较小等静压应力区流动。此时，由于中心处液相中的等静压应力较大，而外侧等静压应力较小，液相也可以通过存在的通道由中心向外侧转移，这些是液相在宏观范围内重新分布。此时，液相可能在作用于晶界 a-b 处的法向压应力作用下流向拉应力区（晶界 c-d）处，液相也可能由垂直于压缩轴的晶界流向两侧与压缩轴成一定角度的晶界，如图 9-19 所示。上述两种液相转移机制与图 9-18d、e 中箭头所示位置刚好对应。液体由受压应力晶界处向外流动的速度可以由下面的简单模型来描述：

假设一初始厚度为 h_0、黏度为 η 的液相薄膜夹在两半径为 a 的圆形平板间，当压力 F 作用于两平板后，在液体薄膜内将产生压应力，在此压应力作用下，液体开始向外流动，液体薄膜的厚度将随时间 t 减小，液体薄膜的瞬时厚度为 h，可由式（9-10）表示，即

$$h(t)=\left(\frac{1}{h_0}+\frac{4\sigma t}{3\eta a^2}\right)^{-\frac{1}{2}} \tag{9-10}$$

对于一直径为 d 的晶粒，由于液体流动而产生的应变可由式（9-11）计算

$$\varepsilon(t)=\frac{h(t)-h_0}{d} \tag{9-11}$$

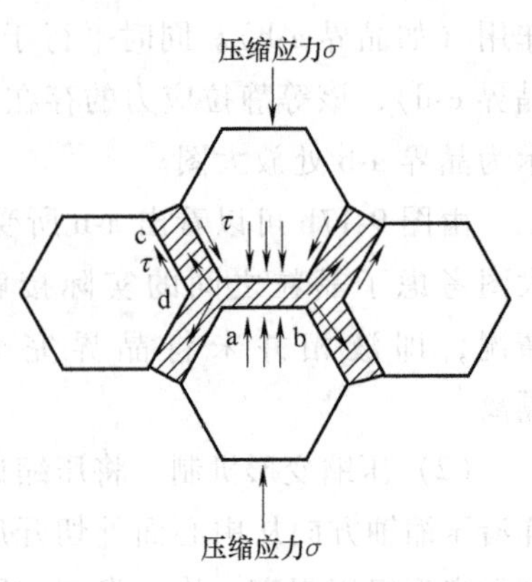

图 9-19　液相在相邻晶界处不同应力状态下的流动示意图

由图 9-20 可以发现，当温度为 575℃时，晶粒平均直径大约为 60μm，液体薄膜初始厚度与晶粒平均直径的比值大约为 0.01。考虑晶界取向不同而实际所受压应力不同，选取压应力 σ = 2MPa 与 1.414MPa 代入式（9-10）、式（9-11）进行计算，结果如图 9-21 所示。金属的黏度值为 10^{-3}Pa·s。由图 9-21 可见，液体在压应力作用下由晶界流出的速度极快，在 10^{-4}s 左右就可以完成流动过程，并且由于液体流动引起的应变与合金在半固态压缩过程中的应变相比几乎可以忽略，所以在随后的变形过程中，大部分应变是其他机制造成的。由图 9-18 可以发现，最可能的机制是晶界滑移与晶粒的塑性变形。变形初期液相重新分布以后，变形的进一步进行主要是通过晶粒之间的相互滑移与实际相接触晶粒间的塑性变形实现的。此时压缩试样总的应变 ε_T 包括两部分：①晶粒的塑性变形 ε_p；②晶粒间相互滑动的切应变 ε_s，如图 9-17 所示，这三者间存在如下关系

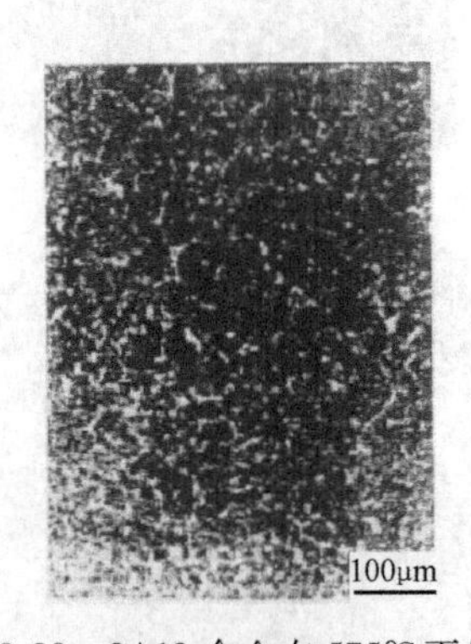

图 9-20　2A12 合金在 575℃下保温 10min 后的背散射电子像

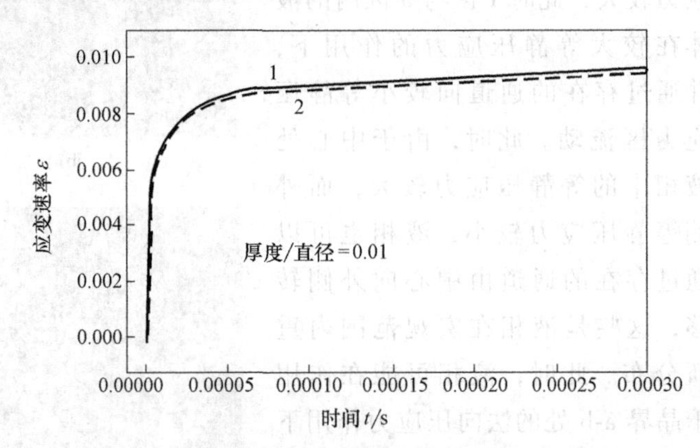

图 9-21　由于液体流动产生的应变预测值
1—σ = 2.0MPa　2—σ = 1.414MPa

$$\varepsilon_p+\varepsilon_s=\varepsilon_T\cos\theta+\varepsilon_T\sin\theta \tag{9-12}$$

晶粒间的相对滑移主要是通过切应力的作用得以开动的，滑移往往发生在最大切应力存在的晶界处，如图 9-17 中 a-b 的晶界。在晶界滑移的同时，将在某些晶界，主要是平行于压缩轴的晶界处的冶铁内产生一等静拉应力 p，从而产生孔洞来调节晶粒间滑移。另外，相互接触的晶粒也在压应力的作用下发生塑性变形来调节晶粒的滑移过程。这些现象均可以在图 9-18d、e 中发现。当压缩试样的液相晶界处等静拉应力达到孔洞形核临界值时，孔洞开始在 3 个晶粒的结合处液体内形核。这些孔洞形核率很高，一旦形成以后，沿平行于压缩轴的晶界或沿与压缩轴成约 45°的晶界处扩展，如图 9-17b 所示。此时应力得到松弛，随着变形量的增加，应力下降。当变形进一步发生时，晶界滑移阻力增加，此时晶粒的塑性变形增

加，应力趋于稳定。

9.3　半固态铸造用材料及其制备方法

任何一种工艺方法，都有相应的合金材料选择原则，才能制造出与使用功能相适应的理想力学性能的零件。目前使用的各种各样的铝合金，A356 和 A357 是半固态铸造的主要合金材料，通过单独改变热处理工艺（F、T4、T5 或 T6)，就有可能获得强度和塑性都很好的综合性能。随着研究工作的深入，人们正在努力研发一些更能适应半固态铸造的合金，如 Al-SiCu1Mg 合金经过一次 T5 热处理后就能获得比 A357 更高的强度；A1Si6Cu3Mg 合金经过 T6 处理后能获得更高的抗拉强度、屈服强度及硬度，但塑性略有下降，可用于铸造一些耐磨和高温性能要求高的零件，制动气缸和发动机组件等。

用于半固态铸造使用的材料必须满足一些基本的物理条件：具有非枝晶（近球晶）的初生固相形态（图 9-22b）和类似于牙膏的触变性能（图 9-23）。

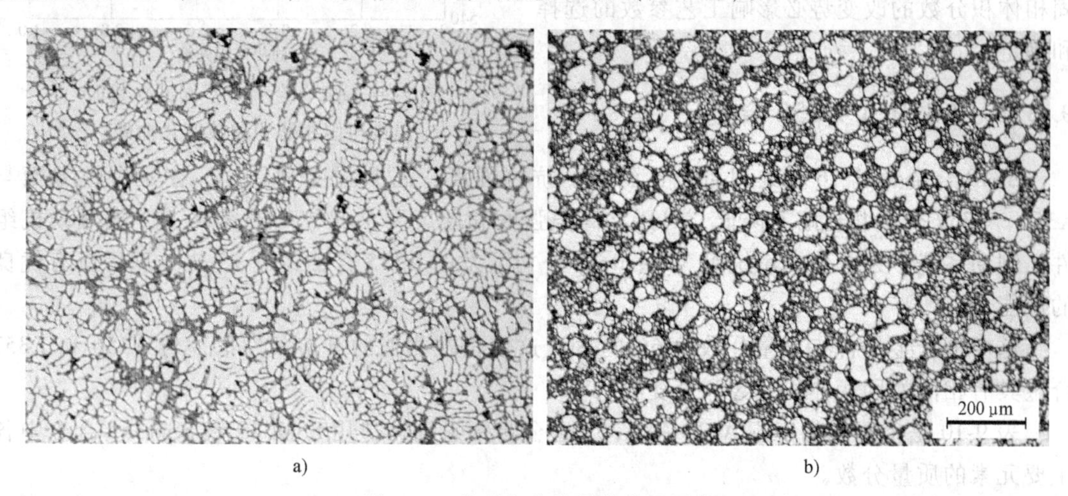

图 9-22　枝晶与非枝晶的微观图片
a）枝晶　b）非枝晶

9.3.1　A356 和 A357 合金

A356 和 A357 合金是半固态铸造生产中最常用的铝合金。它们的共晶体的固相体积分数都约为 0.45，这意味着合理控制加热温度到共晶温度以上，可以较容易得到固相体积分数为 0.50 的半固态浆料。同时，共晶相数量和硅元素的熔化热为半固态材料提供了良好的流动能力。A356 和 A357 合金化学成分方面最大的差别在于镁含量，A356 合金中镁含量（质量分数）为 0.25% ~ 0.45%，而 A357 合金中镁含量为 0.45% ~ 0.60%，见表 9-9。

图 9-23　良好触变性能的半固态坯料

表 9-9　A356 和 A357 合金主要元素含量（质量分数,%）

合金名称＼主要元素	Si	Fe	Cu	Mg	Zn	Ti
A356	6.50~7.50	<0.20	<0.20	0.25~0.45	<0.10	<0.20
A357	6.50~7.50	<0.15	<0.05	0.45~0.60	<0.05	<0.20

坯料化学成分对半固态铸造工艺参数选择有较大影响。图 9-24 所示为 A357 合金中不同硅含量时温度与固相体积分数变化曲线。该曲线是利用 Thermo-Calc 软件计算得到的，并且假设其满足 Scheil 行为。这里注意到，580℃时硅的质量分数从 6.5%增加到 7.5%的过程中，熔体固相体积分数降低约为 0.10。显然固相体积分数的改变势必影响工艺参数的选择和确定。

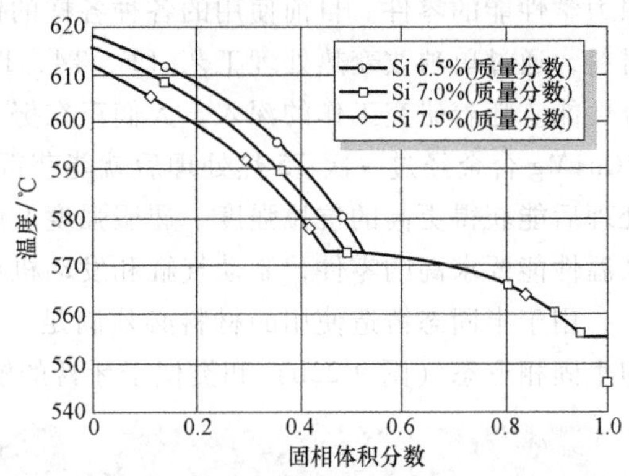

图 9-24　A357 合金中不同硅含量时温度与固相体积分数变化曲线

9.3.2　A319 和 A355 合金

A319 合金经过 T6 热处理后能达到高的抗拉强度、屈服强度和硬度，在延展性方面与 A356、A357 合金相比略有降低，可用在高温强度和硬度要求比较高的铸件上，如发动机组件、制动系统、泵、传动系统等。Pechiney 公司开发的 A355 合金经过 T5 热处理后具有优良的性能。

这两种合金均含有质量分数为 6%的 Si，这使得在相似的重熔条件下，与 A356 和 A357 合金具有相同的固相体积分数和流变行为。

表 9-10 是半固态加工用 A319 和 A355 合金与铝系列铸造用 SSM319 和 SSM355 合金中各主要元素的质量分数。

表 9-10　半固态加工用 A319 和 A355 合金与铝系列铸造用 SSM319 和 SSM355 合金中各主要元素的质量分数（%）

合金名称＼主要元素	Si	Fe	Cu	Mg	Zn	Ti
SSM319	5.5~6.5	<0.20	2.5~3.5	0.30~0.40	<0.05	<0.20
A319	5.5~6.5	<1.0	3.0~4.0	<0.10	<1.0	<0.25
SSM355	5.5~6.5	<0.20	0.8~1.2	0.30~0.40	<0.05	<0.20
A355	4.5~5.5	<0.20	1.0~1.5	0.40~0.60	<1.0	<0.20

9.3.3　液相铸造比较困难的合金

采用常规铸造工艺（压铸、液态模锻、金属型铸造等）在全液态加工一些在充型流动和凝固过程中极易产生相分离的材料（过共晶 Al-Si 合金、金属基复合材料）以及由于成形温度低流动性有限的材料，均属于液相铸造比较困难的合金。

1. 过共晶 Al-Si 型

过共晶 Al-Si 型（如 A390 合金），具有高弹性模量、高摩擦抗力、低热膨胀系数、高硬度、高抗拉强度，但初生相硅晶体的高熔化热延长铸造的循环时间、降低模具寿命，并且在循环中过早释放过热，使得定向凝固过程较难；另外，初生硅的尺寸和分布较难控制，使得模具寿命降低或铸件的表面处理工艺性差。

半固态压铸过程中，压铸模具的激冷效果使得铸件外壳迅速疑固结壳，内部熔体在冲击力作用下变成流动的柱体，凝固因此变得非常快，这样便形成了细小均匀的初生硅颗粒。压铸过程的初生硅颗粒很容易控制在 20~40μm 范围内，半固态压铸中的初生硅颗粒很容易控制在 30~50μm 范围内。强烈的模具冷却效果同样减少了压铸过程由于初生硅高的熔化热引起循环时间长的现象。同时快速的凝固冷却，形成了比较好的铸造致密性。压铸坯料的这些特性使得半固态铸造生产过共晶 Al-Si 合金（如 A390 合金）过程变得十分有吸引力。A390 合金的化学成分见表 9-11。

表 9-11　A390 合金的化学成分（质量分数，%）

主要元素 / 合金名称	Si	Fe	Cu	Mg	Zn	Ti
A390	16.0~18.0	<0.40	4.0~5.0	0.50~0.65	<0.05	<0.20

半固态 A390 合金与其他合金不同，它的初生相不是 α-Al 而是 Si。当坯料进行重熔时，低熔点共晶体 $CuAl_2$ 和 Al_2CuMg 首先熔化，而 AlSi 共晶体依然保持原状，共晶体中的 Al 和 Si 就会彼此分离，其中 Si 与初生相结合到一起，Al 就会形成球状。

半固态 A390 合金合适的坯料重熔温度区间非常窄，通常情况下是 565~570℃，而最理想的温度是 568℃。

2. 金属基复合材料

半固态铸造颗粒增强金属基复合材料的优势与铸造过共晶合金的优势是相似的，就是说无论颗粒尺寸多大或如何分布，都会通过半固态铸造带到铸件中。

通常通过优化条件下控制颗粒的尺寸和分布获得预-铸坯料，供制备金属基复合材料。制备时凝固非常快，并且具有方向性，凝固区间很窄，有时会导致不均匀的颗粒分布。

其他制备复合材料半固态坯料的方法还有喷射沉积和粉末冶金工艺。这两种方法制得的坯料尺寸都很小，一般通过机械混粉制成半固态坯料。

由于金属基复合材料的制坯方法不同于压铸工艺，因此形状简单的坯料的颗粒分布控制比形状复杂的要简单一些。

很明显，金属基复合材料的预热是由基础材料的构成决定的。含有 SiC 颗粒并且适用于压铸工艺的金属基复合材料的基体，一般是 A360 系（一般称为 F3N）或是 A380 系（一般称为 F3D）合金。不含铜的 F3N 系更适合应用于强腐蚀环境。F3D 系合金具有高强度，更适合于高温条件下使用。适用于砂型和金属型铸造的相似的 SiC 增强金属基复合材料也同样适用于半固态铸造工艺。那些通常以高硅 A357（F3S）系和 A339 系（F3K）合金为基体的金属基复合材料，更易于减小熔体和 SiC 颗粒之间的反应。

金属基复合材料的化学成分见表 9-12。相比于高硅含量合金，这些合金的重熔温度一般比 A356 和 A357 低，570~590℃的温度区间比较通用。但是对于某一具体合金来说，还是要通过试验来确定其重熔温度区间。

表 9-12　金属基复合材料的化学成分（质量分数,%）

合金名称 \ 主要元素	Si	Fe	Cu	Mn	Mg	Ni
F3N	9.5~10.5	0.80~1.20	<0.20	0.50~0.80	0.50~0.70	
F3D	9.5~10.5	0.80~1.20	3.00~3.50	0.50~0.80	0.30~0.50	1.00~1.50
F3S	8.5~9.5	<0.20	<0.20		0.45~0.65	
F3K	9.5~10.5	<0.30	2.80~3.20		0.80~1.20	1.00~1.50

3. 通用锻造铝合金

为获得与锻件性能相当的铸件，人们往往会考虑使用 A2×××、A5×××、A6×××、A7×××系列的合金，半固态铸造实现了这一可能性。其一，半固态铸造的高压条件改善了这些系列合金的充型流动性。其二，半固态低温成形大大降低了凝固过程中产生热裂的趋势。

图 9-25 所示是南昌大学学者试验 2024 铝合金的组织。2024 合金半固态浆料中初生 α-Al 相呈近球形，为典型的非枝晶组织，初生 α-Al 相被周围的液相所包围，因此在合理的挤压铸造工艺下很容易发生流动并实现完整充型。在流变挤压铸造下，成形件力学性能较普通挤压铸造有所提高。浆料成形温度和比压会影响成形零件的力学性能，如果工艺参数选择恰当，流变挤压铸造的力学性能比普通挤压铸造更好。

4. AZ91D、AZ80 合金

最通用并且已经商业化的镁合金半固态成形技术就是 Thixomat 的“射注成形技术”，该工艺已经应用于 AZ91D、AM50A、AM60B 和 AZ80 镁合金。图 9-26 所示为 AZ91D 的射注成形组织图片。

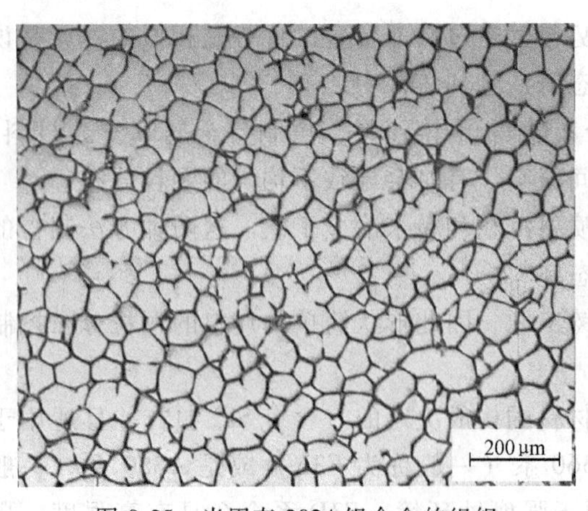

图 9-25　半固态 2024 铝合金的组织

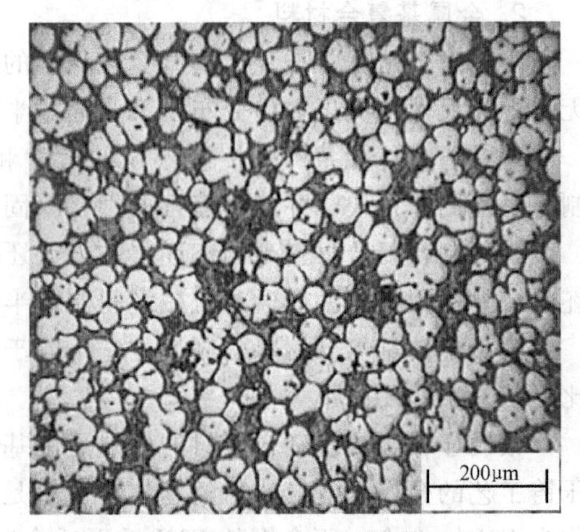

图 9-26　AZ91D 的射注成形组织图片

9.3.4　半固态铸造用材料的制备方法

半固态铸造的一个关键问题就是如何制备优质的半固态浆料。在半固态浆料制备过程中，被搅拌合金熔体的冷却速率和受到的作用力是合金熔体凝固过程中两个重要的参数。这

两个参数的变化将直接影响半固态浆料的质量。在金属冷却过程中强烈搅拌使已形成的枝晶破碎，同时也抑制树枝晶的形成，可获得非枝晶的蔷薇状或近球状结构。搅拌力的大小以及搅拌均匀程度将直接影响半固态锭坯组织结构的均匀性。

半固态浆料的制备方法可归纳为液相法、固相法和控制凝固法三种。

1. 液相法

所谓液相法，是指对正在凝固的液态金属进行机械的、电磁的和振动的处理过程，使其初生相被打碎，成为球状晶的半固态组织。

搅拌法是最早采用的方法，其设备构造简单，可以通过控制搅拌温度、搅拌速度和冷却速度等工艺参数，使初生树枝状晶破碎成为颗粒结构，从而研究金属凝固规律和半固态金属流变性能。其中有机械搅拌和电磁搅拌两大类，如图9-27所示。

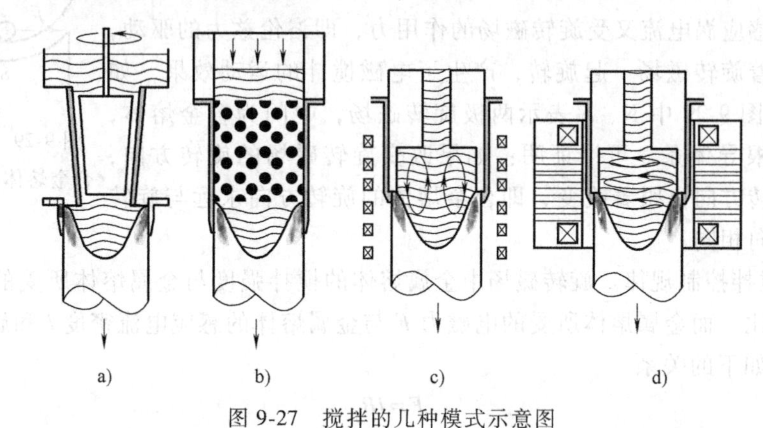

图9-27　搅拌的几种模式示意图

a）机械搅拌　b）被动搅拌　c）垂直电磁搅拌　d）水平电磁搅拌

试验研究结果表明，采用机械搅拌法可以获得很高的剪切速率，有利于形成细小的球形微观结构，但是在搅拌腔体内部往往存在搅拌不到的死区，影响了浆料的均匀性，而且搅拌叶片的腐蚀问题以及它对半固态金属浆料的污染问题都会对半固态铸坯带来不利的影响。

电磁搅拌技术由于没有金属污染，可控性好，便于组织生产等优势，已被商业化运用。

（1）双螺旋搅拌装置　双螺旋搅拌装置利用了聚合物注射成形理论。它包括一个液态金属供给装置，一个双螺旋挤压成形机，一个喷射装置及一个中央控制单元，如图9-28所示。这种装置可以得到高效率剪切和强烈湍流，围绕在双螺旋装置周围的一连串相互匹配的冷却和加热装置，将形成一系列的冷却和加热区域。熔融的金属置入双挤压成形机后，快速冷却到一个预定的加工温度来调整最后的小部分金属浆料，然后这些浆料被转移到压铸模

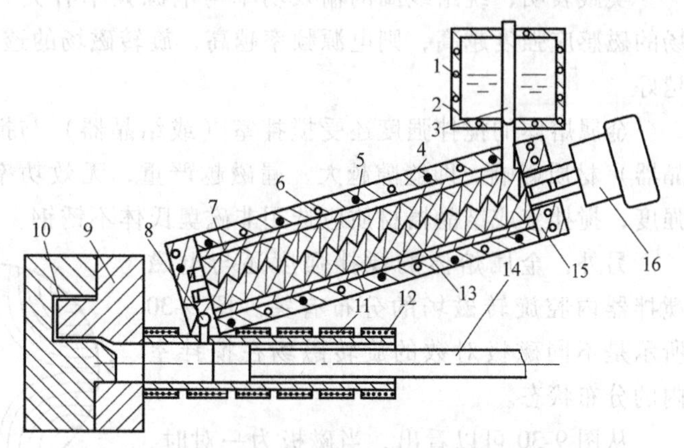

图9-28　双螺旋流变注射机原理图

1—加热元件　2—熔化炉　3—塞棒　4—缸体　5、11—加热元件　6—冷却元件　7—缸体内套　8—单向阀　9—模块　10—型腔　12—射压缸　13—双螺旋　14—射压活塞　15—尾盖　16—驱动系统

的压室中。

（2）电磁搅拌法（MHD） 电磁搅拌法目前已应用于工业化生产半固态原材料铸锭，并有一些公司能够进行商品化生产。

1）电磁搅拌的工作原理。电磁搅拌的工作原理和普通异步电动机类似。电磁感应器相当于电动机的通电线圈（或磁铁），金属熔液相当于电动机的转子。当金属熔体位于电磁搅拌器的旋转磁场中时，可以将呈电磁流体的合金熔体假想为无数个薄壁同心圆柱管，每个薄壁圆柱管又可分为数个导体条，这些导体条平行于搅拌器的轴线。导体条垂直于合成旋转磁场的磁感应强度，当合成旋转磁场扫过该金属熔体时，在该金属熔体中便会产生相应的感应电动势，又由于合金熔体本身就构成了电路，合金熔体中便产生了感应涡电流，该感应涡电流又受旋转磁场的作用力，即洛伦兹力的驱动，合金熔体就跟着旋转磁场一起旋转，产生了电磁搅拌的运动效果，如图 9-29 所示。图 9-29 中 N、S 表示两极旋转磁场，中间为合金熔体，只表示出了两根导体条。可以证明：如果改变旋转磁场的旋转方向，合金熔体的旋转方向也跟着改变，即合金熔体的旋转方向永远与旋转磁场的旋转方向相同。

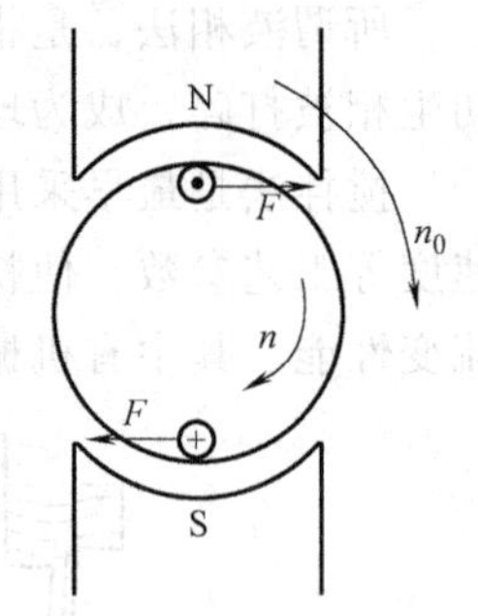

图 9-29 旋转磁场中合金熔体所受的驱动力

2）熔体搅拌控制规律。旋转磁场中金属熔体的搅拌强度与金属熔体所受的电磁力或洛伦磁力 F 成正比，而金属熔体所受的电磁力 F 与金属熔体的感应电流密度 I 和旋转磁场的磁感应强度 B 有如下的关系

$$F = IB \tag{9-13}$$

$$I = \lambda v B \tag{9-14}$$

式中，λ 为金属熔体电导率；v 为旋转磁场相对于熔体的运动速度。

从式（9-13）和式（9-14）中看出，影响搅拌强度的有 B、v 和 λ。当搅拌达到稳定时，v 不变，仅考虑 B 和 λ。而 λ 对于某些材料是确定的，最终影响搅拌强度的因素是 B，即提高磁感应强度是提高熔体搅拌强度的最有效措施。

实践表明，绕组线圈的输入功率与电源频率有关。输入功率（或电压）越大，旋转磁场的磁感应强度越高，则电源频率越高，旋转磁场的透入强度越好，金属熔体搅拌的效果就越好。

金属熔体的搅拌强度还受搅拌室（或结晶器）与搅拌器之间缝隙大小、搅拌室（或结晶器）材质影响，即缝隙越大，漏磁越严重，无效功率越大，搅拌强度越低。为提高搅拌强度，搅拌室或结晶器材质应选用非磁奥氏体不锈钢。

另外，金属熔体的搅拌强度还与电磁搅拌器内腔旋转磁场的分布有关。图 9-30 所示是不同磁极对数的旋转磁场在搅拌室内的分布状态。

从图 9-30 可以看出，当磁极为一对时，电磁搅拌器内腔旋转磁场的分布基本均匀，磁力线可以穿透搅拌金属熔体的中心，其搅拌强度将很高；但当磁极为两对时，电

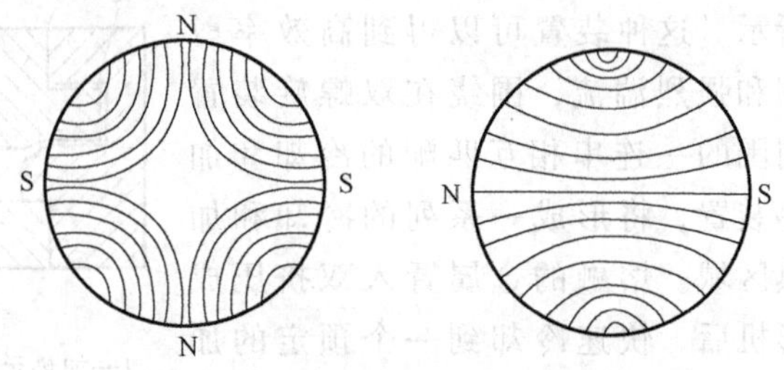

图 9-30 不同磁极对数的旋转磁场在搅拌室内的分布状态

磁搅拌器内腔旋转磁场的分布基本不均匀，磁力线不可能穿透搅拌金属熔体的中心，其中心区域的搅拌强度将很低。如果磁极为四对或更多，电磁搅拌器内腔旋转磁场的分布更加不均匀，磁力线只能穿透搅拌器边缘的金属熔体，其中心区域的搅拌强度将更低。所以，为了强化电磁搅拌效果，电磁搅拌器应选择较低的磁极对数，尽可能使磁力线穿透搅拌室或结晶器的中心区域。

在电磁搅拌制备半固态金属浆料或坯料时，金属熔体中心区域肯定会形成很深的液穴，搅拌功率越大，这个液穴就越深。有时，这样的液穴对电磁搅拌浆料或连铸坯料的生产很不利，容易卷入气体和夹杂物。为了避免电磁搅拌液穴的危害，搅拌室或连铸结晶器的上方必须维持较高的金属压头；也可以将一定尺寸的非磁性和非导体芯棒插入搅拌室或连铸结晶器的中央位置，则可大大降低金属熔体液穴的深度。

2. 固相法

固相法包括喷射沉积法、应变诱导熔化激活法等几种。下面简要介绍。

（1）喷射沉积法　喷射沉积是利用惰性气体将液态金属雾化，这些极细小的金属熔滴高速飞行，在尚未完全凝固之前被喷射到激冷基板上，快速凝固成一定的几何形状，如图 9-31 所示。

在飞行过程中，直径小的液滴（5~50μm）完全凝固，中等尺寸的液滴部分凝固，大液滴（>150μm）则全部处于液态，如图 9-32 所示。为了控制沉积层的显微结构和降低孔隙率，必须正确控制喷射沉积的工艺参数。喷射沉积的工艺参数主要包括喷射时金属液的过热度、熔体的流率、雾化气体的压力和飞行距离。

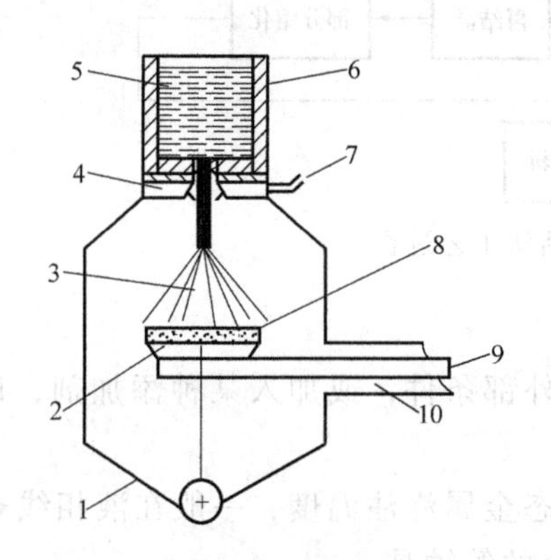

图 9-31　喷射沉积原理示意图

1—沉积室　2—基板　3—喷射粒子流　4—气体雾化器　5—合金　6—坩埚　7—雾化气体　8—沉积体　9—动机构　10—排气及取料室

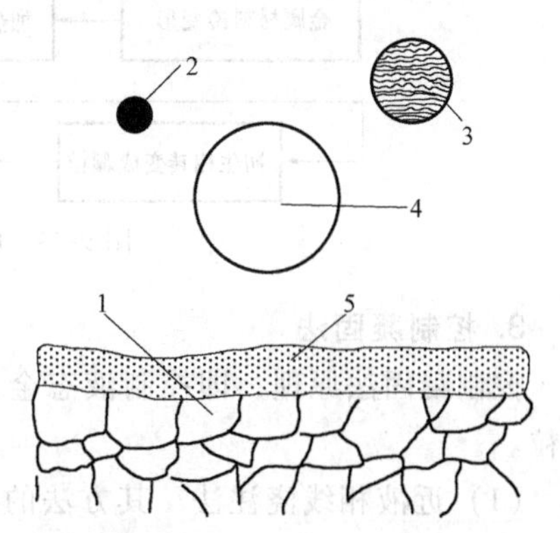

图 9-32　喷射沉积体的表面和液滴状态

1—凝固的沉积体　2—完全凝固的颗粒　3—部分凝固的颗粒　4—液体颗粒　5—含细小结晶核心的液膜

喷射沉积制备半固态金属或合金坯料的工艺过程是：首先利用喷射沉积工艺将金属熔体雾化、喷射沉积到基板上，制成组织非常细小的棒状固态坯料，然后将该棒料固态坯料重新加热至金属的固液两相区，这种半固态坯料就可以进行触变铸造。

具有一定凝固区间的亚共晶合金，经过喷射沉积，形成的组织特征完全不同于该合金的常规凝固组织。喷射沉积初生固相的形态一般为等轴晶或粒状晶，如图 9-32 所示，这种组织与金属或合金的流变组织非常相似，而且喷射沉积初生固相晶粒的尺寸更小，因此喷射时

图 9-33　Cu-4%Zr合金喷射沉积组织图

沉积的坯料完全可以用作半固态触变铸造。图 9-33 所示的合金为 Cu-4%Zr，它的液相线温度为 1050℃，固相线温度 966 ℃，Cu-4%Zr 合金的共晶点含锆量为 9%（质量分数），所以 Cu-4% Zr 为亚共晶合金。图 9-33 所示试样的制备条件是：合金过热 150～200℃，浇注流速为 5kg/min，沉积板与雾化器的距离为 450mm。

利用喷射沉积技术也可以制备高熔点合金的坏料，如 M2 高速钢、Stellite 高温合金，两种合金的晶粒尺寸分别为 19～36.1μm、40.5μm，并成功半固态触变成形了零件毛坯，如齿轮等。

从上述研究结果看，喷射沉积工艺制备的半固态坯料质量很好，也便于半固态重熔加热和触变铸造，但坯料的制备价格比较昂贵，只适合制备高级或难熔合金坯料和成形高级零件毛坯，尚不能大规模应用。

（2）应变诱导熔化激活法（Strain-induced Melt Activation，SIMA）　这是一种较成熟的制备半固态坯料的工艺方法，就是先将合金原材料进行足够冷变形，然后加热到半固态温度区间，在加热过程中，先发生再结晶，然后部分熔化，使初生相转变成颗粒状，形成半固态金属材料，如图 9-34 所示。该方法已成功地应用于不锈钢、铜合金等较高熔点合金，但由于增加了预变形工序，使生产成本提高，与电磁搅拌法相比，它仅仅用于生产小直径坯料。

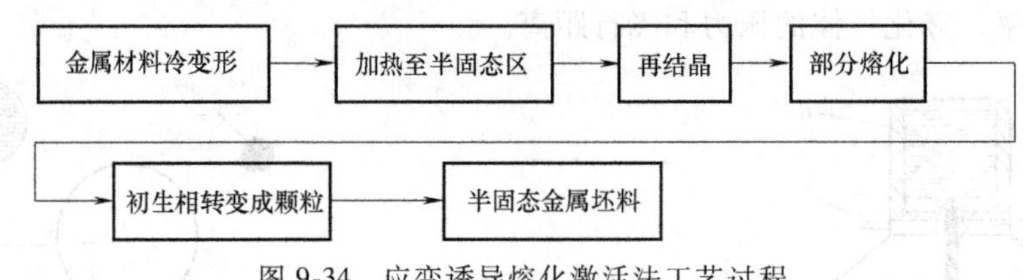

图 9-34　应变诱导熔化激活法工艺过程

3. 控制凝固法

控制凝固法原理，即控制液态金属生成枝晶的外部条件，或加入某种添加剂，以细化晶粒。

（1）近液相线浇注法　其方法的实质是控制液态金属浇注温度，一般在液相线+3℃范围内恒温浇注，精确控制冷却过程，以获得均匀细小的等轴晶。

有学者研究了低过热度浇注制备变形铝合金 A2618 的半固态坯料规律。变形铝合金 A2618 的成分（质量分数）：Cu 为 2.69%，Mg 为 1.42%，Fe 为 0.79%，Ni 为 0.86%，Si 为 0.25%，Ti 为 0.074，其余为 Al。该合金的液相线温度为 638℃，固相线温度为 549℃。将变形铝合金 A2618 的温度调整至 750℃、638℃、632℃，再分别浇入水冷铜模和室温、300℃、500℃的钢模中。水冷铜模的尺寸为长 200mm、宽 100mm、高 30mm；钢模的尺寸为外径 106mm、内径 70mm、高度 100mm。

铝合金 A2618 的显微组织在 750℃下浇注，初生相为粗大的枝晶；在 638℃下浇注，初生相为细小、等轴非枝晶；在 632℃下浇注，初生相也为细小、等轴非枝晶，但组织中存在个别粗大的枝晶。所以，当变形铝合金 A2618 在其液相线温度下浇注，可以获得球状的半固态组织。

凝固中的冷却速度对变形铝合金 A2618 液相线浇注的组织也有较大的影响。在水冷铜模中凝固，冷却速度较快，初生相为细枝晶。在不同温度的钢模中凝固，初生相皆为球状，只是模温高，晶粒更粗大。在室温钢模中凝固坯料的初生相为细小、等轴的“非枝晶”均匀分布在后凝固的液相中，初生相的平均等效圆直径约为 39.2μm，等效圆直径小于 50μm 的初生相占 87%，初生相的形状因子 $f=4\pi A/C^2$。其中 C 为初生相的平均周长；A 为初生相的平均面积，约为 0.54。所以，变形铝合金 A2618 液相线浇注还存在一个合适的冷却速度，冷却速度太快或太慢都不利于优良半固态组织的获得。

（2）晶粒细化法　其原理是首先利用化学晶粒细化剂，制备晶粒细小的合金锭料，再将锭料重新加热至固液两相区，进行适当时间的保温处理，便可获得球晶组织。

例如，将细化剂 Zr 加入（或未加入）到 ZA12 合金，两种试样同样加热到 390～435℃（固相体积分数为 0.4～0.6）之间进行重熔。试验结果如图 9-35 和表 9-13 所示。由图 9-35 可知，加 Zr 试样在 400℃ 下保温 5min，富铝的初生 γ 相先由枝晶转变为不规则碎块；在 10min 之内，富铝的初生 γ 相颗粒则不断长大和均匀化，如果保温时间延长至 120 min，已经均匀化的初生相相继会出现不规则的异常长大。表 9-13 还表明，提高加 Zr 试样半固态等温处理温度，可以缩短初生固相由枝晶演变成颗粒状晶的时间，而且等温处理温度越高，获得的初生固相颗粒尺寸也越大。

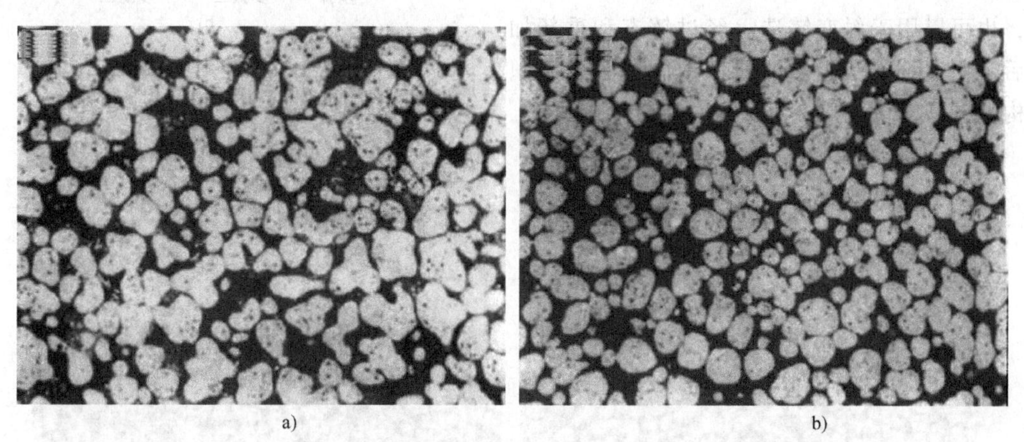

a)　　　　b)

图 9-35　加 Zr 细化 ZA12 合金在 400℃ 下等温后的显微组织

a）保温时间 5min　b）保温时间 10min

表 9-13　半固态等温温度和时间对加 Zr 细化 ZA12 合金组织的影响

等温温度/℃	初生相形态与尺寸	等温时间/min				
		5	10	20	30	120
390	形态	▲	★	●	●	●
	颗粒尺寸/μm	—	—	20～50	20～60	40～90
400	形态	★	●	●	●	●
	颗粒尺寸/μm	—	10～50	20～50	20～70	40～100
410	形态	★+●	●	●	●	●
	颗粒尺寸/μm	—	20～60	20～70	30～80	50～130

注：▲为短枝晶，★为枝晶碎块，●为颗粒状组织。

但未加 Zr 试样在 400℃下半固态等温处理 20min，富铝的初生 γ 相枝晶也无法完成向粒状晶粒的转化。只有在 400℃下反复进行多次半固态等温处理，才能使富铝的初生 γ 相枝晶转变为粒状的初生 γ 相。所以，在 ZA12 合金中加 Zr 细化具有重要的影响，该合金加 Zr 是晶粒细化及半固态重熔方法制备半固态金属坯料比较成功的实例之一。

（3）新 MIT 方法　新 MIT 方法是指麻省理工学院（Massachusetts Institute of Technology，MIT）的 SSR 制浆工艺。将旋转的棒体浸入低温熔体搅拌片刻即抽出熔体，完成一个半固态浆料制备过程，如图 9-36 所示。该过程中，在液相线温度搅拌和冷却，导致在金属液熔体内形成大量晶核。这种方法的效果与搅拌速度的大小关系不大。这种方法既可以用于流变铸造，也可以用于触变铸造。经过铸态和重新加热后，由这种方法生产的典型半固态金属组织结构如图 9-37 所示。

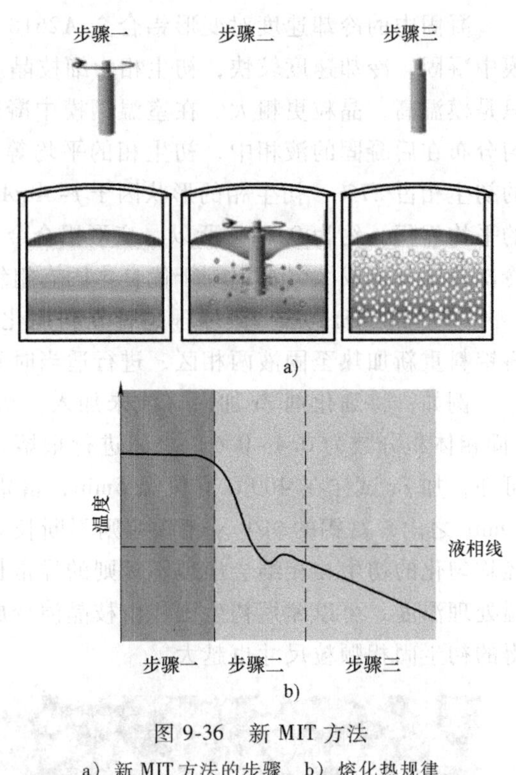

图 9-36　新 MIT 方法

a）新 MIT 方法的步骤　b）熔化热规律

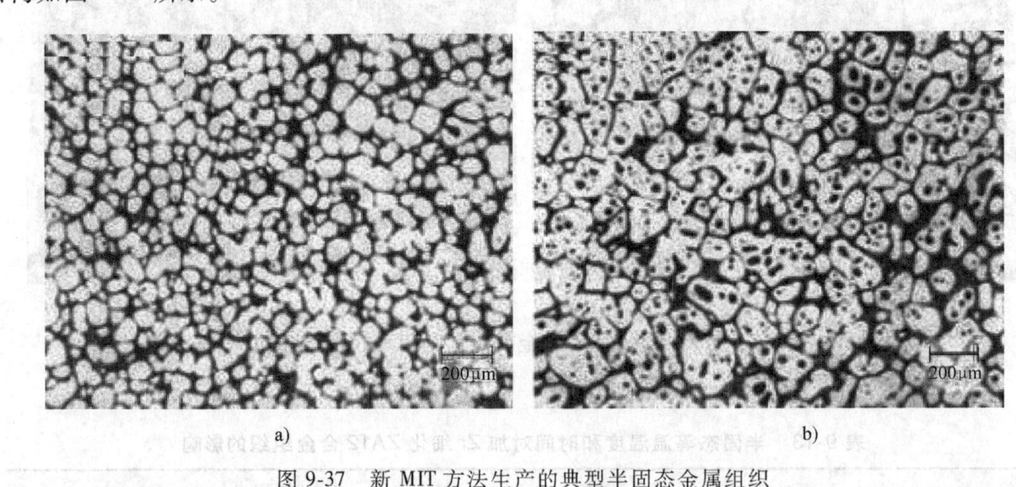

图 9-37　新 MIT 方法生产的典型半固态金属组织

a）通过新 MIT 方法加工生产的均匀结构

b）通过快速加热（a）中的材料到 590℃，保温 10min 并用水冷淬火得到的微观结构

（4）倾斜冷却法　用倾斜冷却法制备半固态坯料的工艺及设备如图 9-38 所示。金属液体倾倒在内部具有水冷装置的冷却板上，冷却后达到半固态，流入模具中制备成半固态坯料。倾斜冷却板装置设备简单、占地面积小，可方便安装在挤压、轧制等一些成形设备的上方。目前此种工艺已成功应用在半固态铝合金坯料的制备上。一般情况下，通过这种方法得到的半固态坯料的固相体积分数为 0.1~0.2。固相体积分数的大小由金属熔体与冷却板接触的时间决定。接触时间越长，固相体积分数越高。接触时间随着接触长度的增加和倾斜角的

减小而增加。

(5) 剪切低温浇注式　剪切低温浇注式(Low Superheat Pouring with a Shear Field, LSPSF)半固态浆料制备工艺为控制形核与抑制生长技术的一种。如图9-39所示，LSPSF工艺的基本原理为：通过低过热浇注、凝固初期激冷和混合搅拌的综合作用在合金熔体内获得最大数量的自由晶，并通过控制后续的静态缓慢冷却过程获得组织性能良好的半固态浆料。该工艺主要包括三个步骤：①浇注具有特定过热度的合金熔体；②合金熔体在自身重力和输送管转动的共同作用下流经输送管，并保证合金液流经输送管末端的温度控制在合金液相线以下1~50℃；③具有大量自由晶的合金熔体在浆料蓄积器中静态缓慢冷却。

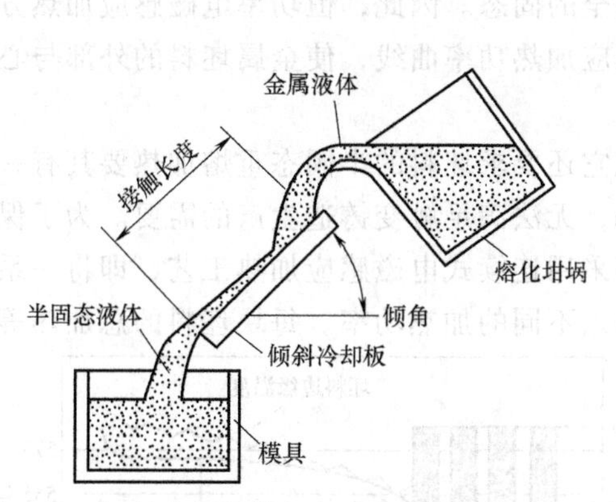

图9-38　倾斜冷却法制备半固态坯料的工艺及设备

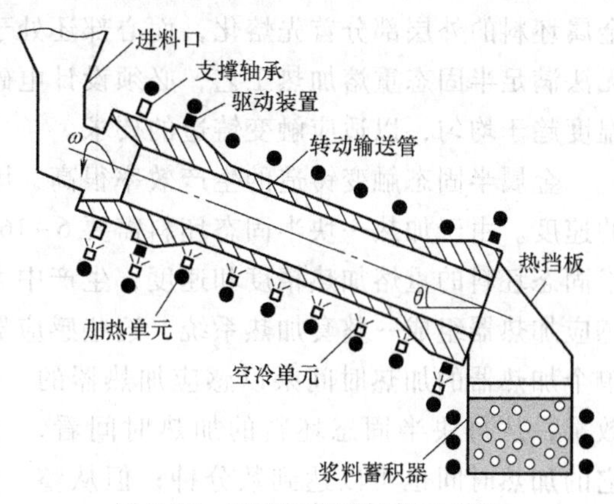

图9-39　LSPSF浆料制备工艺图

9.3.5　半固态金属坯料重熔(二次加热)

半固态棒坯触变铸造之前，先要根据零件质量大小，将棒坯分割成相应长短，即所谓下料。然后在感应炉中将棒坯加热至半固态，以供后续成形，这便是二次加热。经过二次加热，可获得不同固相体积分数的半固态浆料，也可使坯料的微观组织进一步球化、均匀化，有利于触变铸造。

金属坯料的半固态重熔加热应满足以下基本要求：①对于不同的合金，应确定不同的重熔加热温度，满足金属坯料搬运和成形，以获得轮廓清晰的铸件；②对金属坯料的重熔加热温度要求控温精确、坯料内部的温度梯度应尽可能地小，以获得固相体积分数准确和固相分布均匀的重熔半固态坯料；③半固态重熔加热应具有一定的速度，以防止在重熔加热过程中坯料表面的过分氧化和初生晶粒的过分长大；④金属坯料的重熔加热时间应与触变铸造流程相匹配，以便于组织生产。

坯料二次加热方法主要有电磁感应二次加热、电阻炉二次加热和盐浴炉二次加热三种。下面主要介绍前两种。

1. 电磁感应二次加热

(1) 电磁感应加热原理　金属坯料在电磁感应加热时，坯料处于感应加热线圈之中。当感应线圈通过交变电流时，坯料就处于交变磁场中，在坯料内部产生交变感应电动势。坯料可以看成是由一系列半径逐渐变化的圆柱状薄壳组成的，每层薄壳自成一个闭合回路。所以，在每层薄壳中会产生感应电流。从坯料的上端俯视，电流的流线呈闭合的涡旋状，因而这种感应电流称为涡电流，简称涡流，如图9-40所示。由于大块金属坯料的电阻很小，因此涡流的强度非常大，产生大量的热，金属坯料就是被这种热不断加热，甚至熔化。由于存在感应涡电流的趋肤效应，坯料中的温度场是不均匀的，即外部升温快，心部升温慢。加热电源频率越高，趋肤效应就越强。

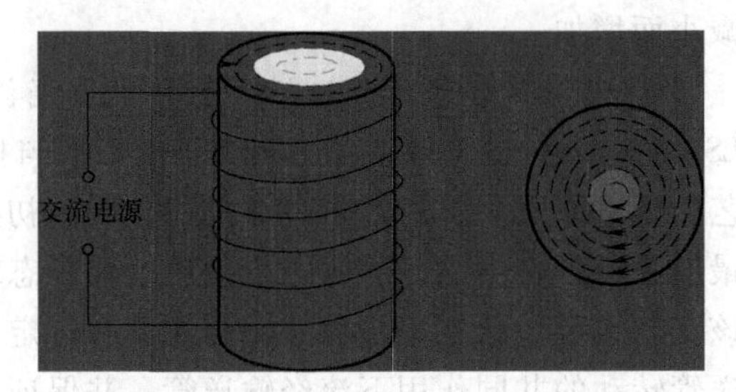

图 9-40　合金坯料涡电流产生示意图

(2) 坯料二次加热。由于感应涡电流的趋肤效应，加热时坯料外层部分的温度较高，心部的温度较低。如果在一个恒定的功率下加热，金属坯料的外层部分首先熔化，而心部还处于完全的固态。因此，恒功率电磁感应加热方式无法满足半固态重熔加热工艺，必须设计电磁感应加热功率曲线，使金属坯料的外部与心部温度趋于均匀，以适应触变铸造的要求。

金属半固态触变铸造的生产效率很高，因此它还要求坯料的半固态重熔加热要其有一定的速度。由于加热一块半固态坯料需要 6~16min，无法满足触变铸造生产的需要。为了保证半固态坯料的重熔加热精度和速度，生产中大都采用连续式电磁感应加热工艺，即将一系列感应加热器组成一整套加热系统，这些感应器输入不同的加热功率。每块坯料的总加热等于单个加热器的加热时间乘以感应加热器的数量，从每块半固态坯料的加热时间看，它的加热时间也可以达到数分钟；但从整个加热系统看，该加热系统可以在预定的时间内提供一块合适的半固态坯料。如图 9-41 所示，该加热系统设置了 12 个加热工位，即 4 个高功率工位和 4 个中功率工位和 4 个低功率工位；在该系统加热时，每通电加热 36s，然后间断 14s，进行坯料加热工位的轮换，再重复前面的动作，直至坯料从最后一个感应器中轮换出来；每块坯料的总加热时间为 7. 2min，该半固态重熔加热系统在 1h 内可以提供 72 件半固态 A356 合金坯料，从而满足半固态触变铸造的需要。

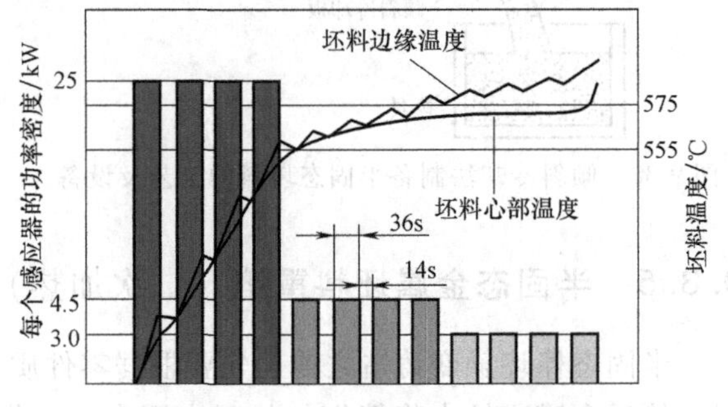

图 9-41　A356 合金配料二次加热工艺

半固态金属坯料的电磁感应重熔加热的能源效率很低，为了克服这一缺点，也可以先将合金坯料送入电阻加热炉内预热到一定温度，再将该坯料移入感应电热器中进行最后加热。

根据坯料的放置形式，电磁感应加热可分为水平式和垂直式。水平式电磁感应加热的坯料长度可以大一些，坯料不存在崩塌危险，又允许坯料有更高的液相体积分数，便于铸造更复杂的零件毛坯，也便于加热凝固间隔很小的半固态合金坯料，但水平式电磁感应加热的设备昂贵，而且占据空间大。德国的 HIS 和 EFU 公司、日本的 MES 公司可以提供这种水平式电磁感应半固态重熔加热系统，如图 9-42 所示。

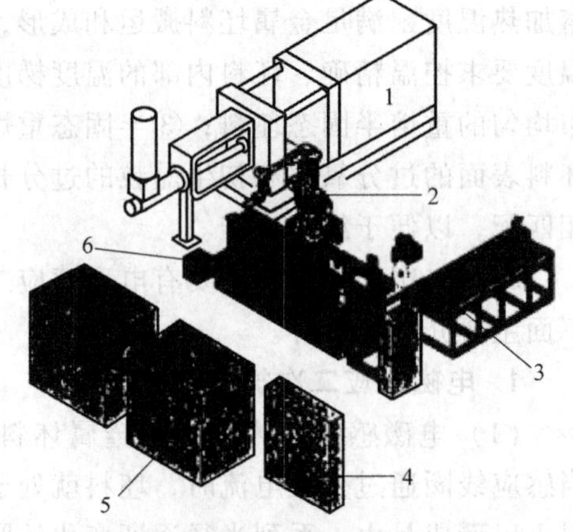

图 9-42　半固态重熔加热系统示意图
1—压铸机　2—坯料输送机械手　3—坯料切割机　4—控制柜　5—电源柜　6—加热器

垂直式电磁感应加热设备相对便宜一些，占地空间小，可以利用转动圆盘实现坯料的连续加热，但垂直式电磁感应加热的坯料容易崩塌，坯料的液相体积分数不能太高，被加热坯料的高度与直径的比要小于2.5。垂直式电磁感应半固态重熔加热系统也可以设置8个加热工位。

2. 坯料电阻炉二次加热

采用电阻炉重熔加热半固态坯料时，利用电阻炉的辐射、对流和传导传热来加热坯料。坯料加热过程中的温度变化由热电偶系统精确控制，以控制半固态坯料的固相体积分数。为了均匀地加热坯料，首先将石墨坩埚放入电阻炉内，石墨坩埚随电阻加热炉一起升温到预先设定的控制温度 T_c，并将炉温控制在±3℃以内；当炉温达到 T_c 温度一定的时间以后，再将合金坯料放入预热的石墨坩埚内，并在坯料上、下两端放置绝热石棉材料；当坯料的测温热电偶输出温度达到预定的加热温度，迅速将半固态坯料从电阻加热炉内取出，并送入触变铸造装置的压射室内，进行触变成形。

9.4　半固态铸造工艺

前面已经提到，半固态铸造工艺路线有流变铸造和触变铸造两种，其区别在于半固态浆（坯）料供给方式不同。前者把制浆与铸造相联成一体，即浆料制成后直接压入模具成形；后者则把制浆（坯）与成形相分离，即浆料凝固成坯，再经分割和重熔后压入（或置于）模具内成形。因此，从成形观点看，主要关注压入模具内浆（坯）料固相体积分数和压入（或置入）模具后的成形条件，其实质区别不大。

9.4.1　半固态压铸

半固态压铸的实质是在高压作用下，使半固态坯料以较高的速度充填压铸模型腔，并在压力作用下凝固和塑性变形而获得铸件。

高压和高速充填压铸模型腔是半固态压铸的两大特点。通常采用的压射比为20~200MPa，填充时的初始速度（内浇道处）为10~70m/s，填充过程在0.01~0.2s时间内完成。

半固态压铸通常分为两种：第一种将半固态坯料直接压射至型腔形成铸件，称为流变压铸；第二种将半固态浆料预先制成一定大小的锭块，需要时再重新加热到半固态温度，然后送入压室进行压铸，称为触变压铸。图9-43所示为半固态压铸工艺布置示意图。

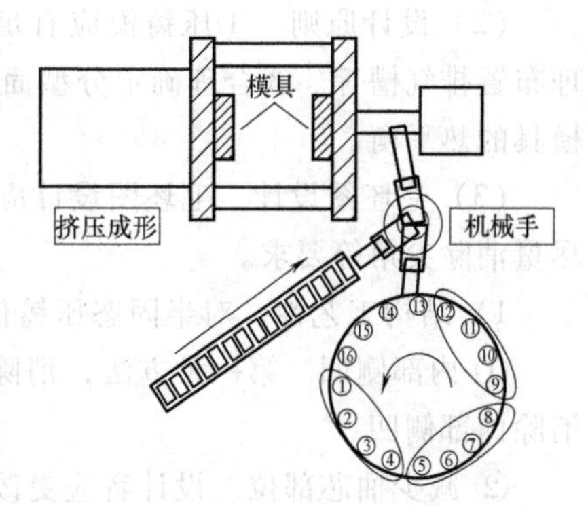

图9-43　半固态压铸工艺布置示意图

1. 半固态压铸过程

这些年来，半固态铸造技术发展了两种截然不同的商业应用：①压铸设备上的半固态卧式压铸；②压铸设备上自下而上的半固态立式压铸。

（1）半固态卧式压铸　Buhler公司的SC机器（图9-44，现在的机器型号）可适用于液态模锻、半固态加工以及传统的压铸。在半固态卧式压铸中，加热后的半固态坯料放在水平的短套筒里，这个短套筒是由原来接受液态金属的套筒改造而来的。坯料放置在套筒中后，压射冲头推动黏性半固态坯料，通过流道、浇道系统进入模具型腔。对于传统的压铸人员和液态模锻人员来说，只要具备了必要的设备和工具知识，转变到半固态压铸上来是非常容易的。对从事这个行业的人来说，半固态卧式压铸已经变成了他们的选择之一。其他的压铸设备生产商最近也对他们的产品做出了修改，特别是半固态铸造的专用设备。

（2）半固态立式压铸（又称挤压铸造） 图9-45所示是UBE公司新开发的流变加工设备。它把UBE公司“坯料需求”的概念和原先广泛在液态模锻中应用的立式压铸设备两者相结合。这种概念引起了很多人的关注，因为它可以降低成本，从而使半固态铸造技术更具有竞争力。

图9-44 Buhler水平式半固态压铸机器

图9-45 UBE公司新开发的流变加工设备

2. 半固态压铸模设计

半固态压铸模设计与全液态压铸模设计一样，必须全面分析铸件结构，熟悉压铸机操作过程，了解压铸机及其技术参数可以调节的规范，掌握在不同情况下半固态熔体的充填特性，以及考虑相应的经济效益。

（1）设计依据 ① 定型的产品图样，以及据此设计的毛坯图。② 给定的技术条件及压铸半固态合金成分。③ 压铸机的规格。④ 生产批量。

（2）设计原则 ①压铸模应有足够的强度和刚度。②正确设计压室、内浇道位置和合理布置排气槽等。③合理确定分型面。④正确选择顶出形式及顶杆数量、布置位置。⑤考虑模具的热平衡。

（3）毛坯图设计 毛坯图设计应满足铸件能顺利地从模具型腔中取出，壁厚尽量均匀，尽量消除尖角等要求。

1）结构工艺性。对半固态压铸件结构应考虑如下内容：

① 内部侧凹。第一种方法，消除内部侧凹直接脱模；第二种方法，模具上带抽芯机构消除内部侧凹。

② 减少抽芯部位。设计者应更改设计，尽量少采用抽芯机构，以降低模具的复杂性。

③ 壁厚和肋。在保证铸件足够强度和刚度的前提下尽量减小壁厚，并保证各截面厚度均匀一致；对铸件厚壁处，为减少缩松等缺陷，应减薄壁厚，采用加强肋解决。

④ 孔、螺纹及齿。采用半固态压铸，对于细小孔、螺纹、齿、槽、凸纹以及文字、花纹和图案，均能很好地成形。

⑤ 嵌铸。把各种金属或非金属的嵌铸零件（嵌件），嵌放在铸型内，再与压铸件成形在一起。

2）分型面的确定。选择分型面应符合下述原则：①铸件应留在动模内，便于取出。②铸件最大截面应放在分型面上。③能使压射系统、排气槽和溢流槽设置合理。④保证铸件尺寸精度。⑤应使铸型结构尽量简单。

（4）压铸模设计　压铸模在半固态压铸过程中的作用为：决定铸件的形状和尺寸精度；已定的挤压系统决定着浆料的填充状况；已定的排溢系统决定着浆料的填充条件；模具的强度限制着压射比压的最大限度；影响操作效率；控制和调节压铸过程的热平衡；影响铸件取出时的质量；模具表面质量既影响铸件质量，又影响涂料寿命，更影响取出铸件的难易程度。因此，压铸模的设计，实际上是对生产过程可能出现的各种因素的预测。在设计时，必须通过分析铸件结构，熟悉操作过程，了解工艺参数能够施行的可能程度，掌握在不同情况下的填充条件，以及考虑到经济效果影响等步骤，才能设计出合理、切合实际并满足生产要求的压铸模。

压铸模是由定模和动模两个主要部分组成。定模固定在机器的压射部分。压射系统与压室相通。动模则安装在机器的动模板上，并随动模板的移动而与定模合拢或分离。如图9-46所示，压铸模通常包括以下结构单元：

1）成形部分。定模和动模合拢后，形成一个构成铸件形状的空腔，而构成空腔的零件称为成形零件。成形零件包括固定和活动镶块与型芯。

2）模架。模架包括各种模板、座架等构架零件。其作用是将模具各部分按一定规则和位置加以组合和固定，并使模具能够安装在机器上。如图9-46中件9、13、17等均属于这类零件。

3）导向零件。图9-46中件14、15为导向零件。其作用是准确地引导动模和定模的合拢和分离。

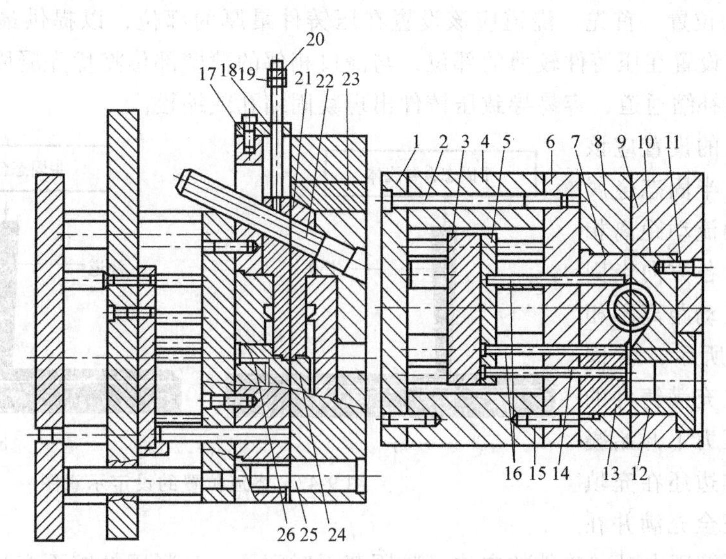

图9-46　压铸模典型结构

1—限位块　2—滑块　3—楔紧块　4—斜销　5—滑块型芯　6—集渣包　7—压铸件　8—动模型芯
9—定模套板　10、16—动模套板　11—挤压道　12—移入口套　13—定模底板；14、25—导套
15—导柱　17—支承板　18—模脚　19—顶杆固定板　20—顶杆推板　21—复位杆　22—顶料杆
23—顶杆　24—限位螺杆　26—顶杆推杆导柱

4）顶出机构。顶出机构是将铸件从模具中脱出的机构。它包括顶出和复位零件，以及该机构自身的导向和定位零件，如图9-46中件19、20、21、22、23、25、26。

5）压射系统。压射系统是沟通模具型腔与机器压室的部分，即浆料进入型腔的通道，如图9-46件11、12。

6）排溢系统。排溢系统是排除压室、挤压道和型腔中气体的通道。它一般包括排气槽和溢流槽，而溢流槽又是储存冷金属和涂料余烬的处所。

7）其他。除前述各结构单元外，模具内还有其他如紧固用的螺栓、销钉以及定位用的定位件等。

上述结构单元是每副模具都必须具有的。此外，由于铸件和结构的需要，在模具上还常设有抽芯机构、加热和冷却装置等。

3. 浇注系统的设置原则

半固态压铸工艺中，浇注系统是一个非常重要的控制参数，浇道的形状、数量、尺寸和位置对压铸件中的金属充填流动和压铸件的最终质量起着关键性的作用，但影响浇注系统设置的因素太多，而且十分复杂，以至于目前还十分缺乏有关半固态金属触变压铸浇注系统设计的参考数据，大多凭借传统液态金属压铸型浇注系统的设计经验来设计半固态金属触变压铸浇注系统。下面仅分析介绍一些有关半固态金属触变压铸浇注系统的设计原则。

（1）浇道的尺寸　从防止裹气、阻止湍流和避免氧化皮进入铸件考虑，浇道的最小厚度应等于浇道与铸件交接处的浇口的厚度。如果浇道厚度过薄，在触变时，浇道将比浇口先凝固，将阻止铸件的凝固补缩。

另外，从压铸余料到铸件，浇道的断面积应该逐渐缩小10%～20%，在触变压铸充型过程中以维持必要而稳定的背压，防止卷入气体和氧化皮。

（2）浇道的位置　首先，浇道应该设置在压铸件最厚的部位，以提供最佳的凝固补缩条件。如果浇道设置在压铸件较薄的部位，与浇口相邻的薄壁部位将优先凝固，这将阻断压铸件厚壁部位的补缩通道，容易导致压铸件出现凝固缩孔或缩松。

另外，浇道的设置应该尽可能地保证在半固态金属熔体各个方向的流动距离相等或平衡。如果各方向半固态金属熔体的流动距离不相等，如图9-47所示，半固态金属熔体将先充满铸件的左边，并在无压力下开始凝固，而铸件的右边还在充填当中；当铸件完全充满并在铸件中建立起补缩压力时，铸件的左边已凝固若干时间了，其凝固补缩不充足，容易在铸件的左边产生铸造缺陷。如果按图9-47所示设置浇道位置，各个方向半固态金属熔体的流动距离基本相同，铸件两端几乎同时被充满，凝固补缩将可以得到基本保证。

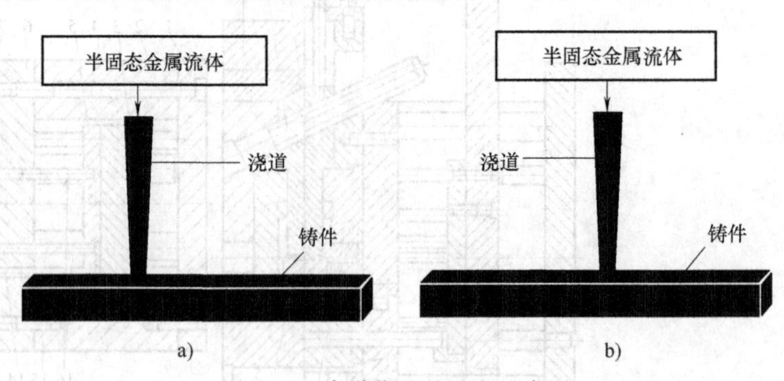

图9-47　浇道位置的设定示意图

（3）浇口的数量　传统液态金属压铸常采用多个浇口，但在金属半固态触变压铸中，若采用多个浇口将带来许多问题，这会引起半固态金属流头之间的相互焊合，造成裹气和显

微孔洞的增加，如图 9-48 所示，因此，对于金属半固态触变压铸来说，应采用单个浇口进行充填，并设置必要的溢流口以防止半固态金属流头的焊合与裹气。

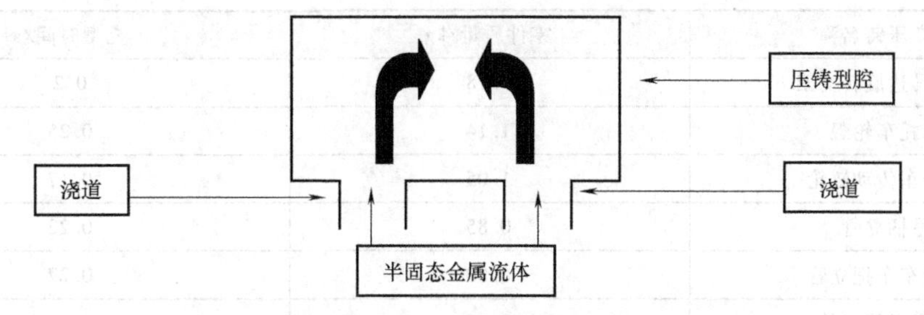

图 9-48　浇口数量对半固态金属流动的影响示意图

（4）浇口尺寸　浇口的尺寸设计首先应该保证半固态金属以层流充填型腔。如果浇口尺寸比浇口进入压铸模型腔处的型腔宽度和厚度小得多，半固态金属充填型腔时将会像一股射流优先充填压铸模型腔的中间部位，这肯定会造成激烈的湍流充填，包裹大量的气体，产生劣质铸件，如图 9-49a 所示；如果浇口尺寸与浇口进入压铸模型腔处的型腔宽度和厚度相等，就会产生层流充填，如图 9-49b 所示。

浇口截面积可以按以下经验公式求得

$$f_g = 24 - 32\sqrt{G} \tag{9-15}$$

式中，f_g为浇口截面积（mm^2）；G 为铸件质量（g）。

浇口的厚度为同一尺寸规格的常规压铸浇口厚度的 2~2.5 倍，但不得超过铸件的壁厚。这样有利于维持浇道余料与铸件之间的补缩通道，借助增压进行凝固补缩；如果浇口的厚度过薄，浇口将先于压铸件凝固，阻断了凝固补缩通道，可能造成压铸件的补缩不良。

横浇道截面形状取梯形，其宽（B）深（H）比（B/H）取为常规值的 50%为宜，即 $B/H = 1.3$。由横浇道到浇口之间的过渡区，采用收敛性过渡区尺寸。

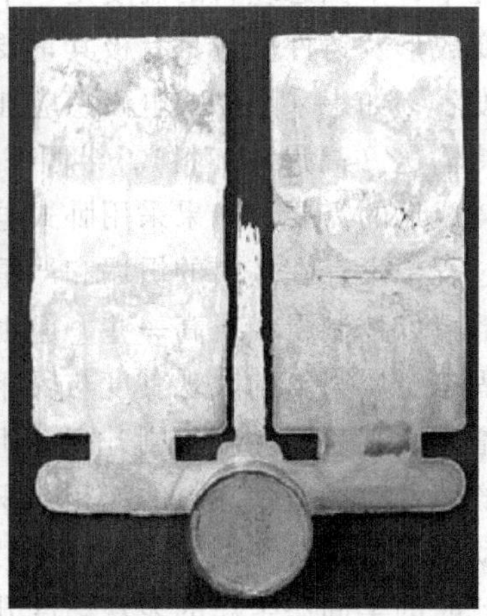

图 9-49　浇口尺寸对半固态金属充填的影响

a）浇口速度 18.82m/s　b）浇口速度 37.43m/s　c）浇口速度 48.82m/s

（5）充型时间　半固态金属触变压铸的充型时间为 0.1~0.3s，与传统液态金属压铸的充型时间（0.05~0.15s）相当。表 9-14 为 Formcast 公司的一些半固态金属触变压铸件的充型时间。

表 9-14　Formcast 公司的一些半固态金属触变压铸件的充型时间

触变压铸名称	零件质量/kg	充型时间/s
舷外马达旋转支架	3.18	0.2
摩托车轮毂	1.14	0.25
摩托车传动链轮	1.05	0.17
弓柄立管	0.85	0.22
摩托车车把立管	0.80	0.27
飞机天线组件	0.15	0.11

(6) 排气孔和溢出口　放置排气孔和溢出口的目的是：①让金属更容易流动到型腔中那些难以充填的部位；②消除由于型腔气体而产生的背压，该背压可能减缓甚至让流动金属溢出型腔；③更重要的是，可以为液态金属前沿被针状物或者其他的障碍物劈开后而留下的空隙提供额外的金属补缩。所以，排气孔或者溢出口应该放置在金属前沿相遇并重合的地方。

9.4.2　半固态压铸工艺参数

一般来说，影响触变压铸工艺的参数主要包括：半固态合金坯料的温度（固相体积分数）、冲头的压射速度或浇道中半固态金属浆料的流动速度、动态压射压力和静态增压压力、压射室和压铸模的预热温度、浇注系统的设置等。另外，原始半固态金属坯料的制备工艺和半固态坯料的重熔加热工艺也会影响金属半固态触变压铸的工艺过程。下面将分别论述这些工艺参数的控制规律。

1. 半固态合金坯料的温度（固相体积分数）

在金属半固态触变压铸过程中，半固态坯料的温度是一个关键控制参数，它对半固态坯料的重熔加热、搬运输送和触变成形及铸件质量具有极其重要的作用。

从半固态坯料重熔加热角度看，如果采用立式电磁感应加热，为了防止坯料在加热过程中的坍塌、严重变形，便于夹持输送（高尺寸坯料），半固态坯料的液相体积分数应尽可能控制得较低，但应满足触变压铸成形的需要；如果采用卧式电磁感应加热，金属坯料一般预先放置在一个托盘里，在加热过程中不存在坯料的坍塌和严重变形，坯料的输送也相对比较简单，这时坯料的液相体积分数可以控制得相对高一些，但也不宜过高。

从触变压铸的角度看，半固态金属浆料的表观黏度与固相体积分数呈指数关系，随着半固态金属浆料固相体积分数的增高，其表观黏度急剧升高。所以，为了压铸完整的铸件并降低成形抗力，或压铸形状复杂的铸件时，应使坯料的液相体积分数控制得高一些，此时，半固态金属的表观黏度较低，流动阻力下降，充型就比较容易；如果坯料的液相体积分数控制得低，即坯料的温度低一些，此时的半固态金属的表观黏度升高，流动阻力增大，充满型腔就困难一些。有研究表明，坯料的重熔加热温度对半固态金属充型长度的贡献率为 25.2%。

从合金的角度看，即使合金的牌号相同，如果元素的含量不完全一致，半固态坯料的加热温度也可能不一样，而对于不同的合金系列，半固态坯料的加热温度就更不相同。

对于不同触变压铸方式，坯料的重熔加热温度可能有较大的差别，如 A356 合金的半固

态触变压铸，其坯料的加热温度经常控制在584~600℃范围内，所对应的液相体积分数为35%~65%，这种触变压铸方法主要用来生产复杂薄壁或大型压铸件。

另外，通过对A380铝合金进行半固态触变压铸试验，检测半固态触变压铸件的显微组织，并对铸件的内部致密性进行X射线检查。试验结果表明：过热的液态金属铸件内部存在很多孔洞，铸件很不致密，但随着半固态触变压铸时固相体积分数的增加，压铸件的致密性逐渐增高，当固相体积分数为0.5时，压铸件探测不到显微孔洞的存在，铸件的致密性达到很高的程度。因此，决定坯料的固相体积分数时也应考虑压铸件致密性的要求，对于高致密性的压铸件，选择较高的固相体积分数，而对于较低致密性要求的压铸件，则可以选择较低的固相分数，以便于触变成形。

一些常见材料的重熔建议温度见表9-15。

表9-15　一些常见材料的重熔建议温度

压铸合金	坯料重熔温度
A356	580~587℃，至少应该≥575℃
A357	580℃
A319	574℃
A6082	635~640℃
A7075	620~625℃
AlSi4Cu2.5Mg	583℃
AZ91D	575~580℃

2. 压铸机冲头的压射速度和压射压力

在半固态金属触变压铸中，压铸机压射冲头的速度或内浇道中半固态金属的流速和压射压力对压铸件的成形、内部质量和外部质量具有极其重要的作用。

在触变压铸充填过程中，半固态金属包含一定数量的球状初生固相，它是一种两相流体，其表观黏度比同种液态金属的黏度高3个数量级。因此，半固态金属在充填时的流动状态与液态金属压铸时的流动状态完全不一样。有学者利用一半透明的压铸模和高速摄影技术，分别拍摄了过热25℃的液态Sn-15%Pb合金和固相体积分数为0.55的半固态Sn-15%Pb压铸充填时的流动状态，如图9-50所示。从图9-50中可以看出，在金属流速为3.66m/s条件下，当Sn-15%Pb合金为过热液态时（图9-50a、b），不是平稳地流入压铸模型模腔，而是在压铸模型腔的拐角处发生激烈的湍流现象，液态合金被喷入压铸型模腔，这样就会将型腔的部分气体裹入压铸件，导致压铸件的致密度下降；但当Sn-15% Pb合金为半固态浆料时（图9-50c、d），在触变压铸充型时，半固态Sn-15%Pb合金平稳地流入压铸模型腔，即使在型腔拐角处也未发生湍流现象，压铸模中半固态Sn-15 %Pb合金的流动前沿呈现固态金属的流动前沿状态，流动自由，表面光滑，因此合金熔体不会发生喷溅，大大减轻了压铸件中的裹气现象，压铸件的致密性可大大提高。

半固态金属在触变压铸时充型平稳，为获得致密压铸件提供了一种技术条件，但还必须具有合适的半固态金属充填速度，才可能最终获得合格的压铸件。在图9-51所示的试验中，采用了Buhler公司制造的H-400SC型冷室压铸机、1000Hz×15kW的电磁感应加热系统和电磁搅拌制备的铝合金坯料；当浇道内金属的流速为较低的0.2m/s时，半固态A356合金的

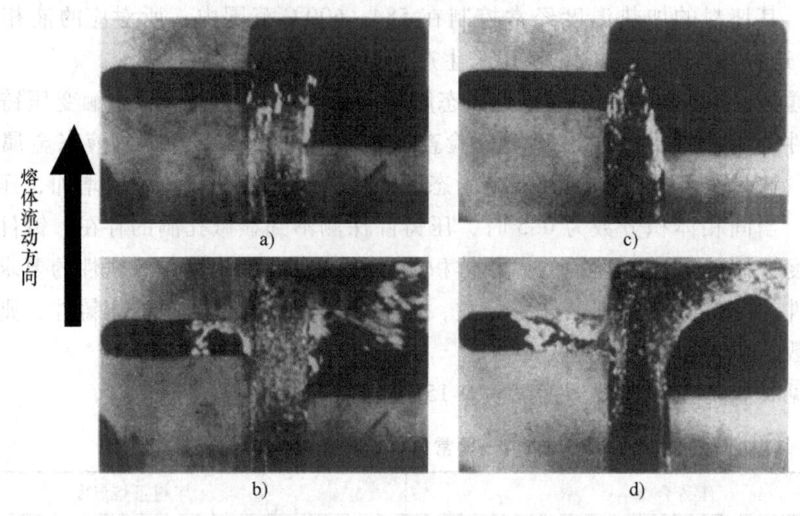

图 9-50 液态和半固态 Sn-15%Pb 合金压铸充型时的流动现象

充填长度有限，无法完全充满压铸模型腔，当浇道内金属的流速为 10m/s 时，半固态 A356 合金完全充满了压铸模型腔。另一方面，虽然半固态金属倾向以稳定的流动状态充填压铸模型腔，但如果半固态金属充型时的冲头压射速度或浇道内金属的流速过快，也有可能造成湍流充填，导致压铸件大量裹气。

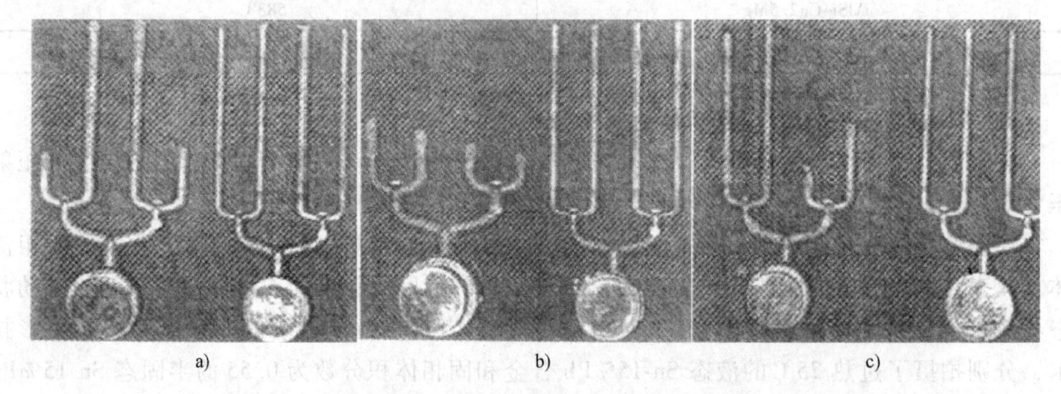

图 9-51 触变压铸时半固态金属的充填长度与压射速度的关系

a）A356 合金，左、右边金属流速分别为 0.2m/s、10m/s

b）A6082 合金，左、右边金属流速分别为 1m/s、10m/s

c）A7075 合金，左、右边金属流速分别为 1m/s、10m/s

经验给出：A356 半固态铝合金，浇口内铝合金的流动速度应小于 5m/s，冲头压射速度为 0.25~0.5m/s；A6082、A7075 半固态铝合金，浇口内铝合金的流动速度应大于等于 5m/s；AZ91D 半固态镁合金，浇口内镁合金的流动速度应为 10m/s；A1Si4Cu2.5Mg 半固态铝合金，冲头压射速度为 0.5~1.5m/s。

3. 压铸机压射室

在金属半固态触变压铸前，压铸机的压射室和压铸模要预热到一定的温度。预热的目的：一是减轻压射室和压铸模对半固态金属的“激冷”作用，避免半固态坯料提前凝固、充填不足及冷隔等缺陷的产生。试验表明，压铸模预热温度的高低对半固态金属充填型腔长

度的贡献率为20.5%，这直接说明了压铸模预热温度对半固态金属触变压铸的重要性。二是减轻高温半固态金属对压射室和模具的“热冲击”，延长压射室和压铸模的使用寿命。压射室和压铸模预热的方法很多，可以采用煤气喷烧、煤油喷烧、电热丝或热油加热，甚至采用液态合金的预压铸来预热压射室和压铸模。

在连续生产中，压射室和压铸模温度还会不断升高，尤其是触变压铸高熔点合金时，压射室和压铸模的温度升高更快。如果压射室和压铸模温度过高，将会引起半固态金属产生黏性、铸件冷却缓慢、铸件晶粒粗大和铸件力学性能下降。因此，在压射室和压铸模温度过高时，应该采取冷却措施。压射室和压铸模的冷却通常采用压缩空气、水或循环油进行冷却。

一些常见材料的建设压铸模温度见表9-16。

表9-16　一些常见材料的建议压铸模温度

压铸合金	压铸模温度
A356、A357	180~300℃
A380	204℃
A6082、A7075	180~190℃
铝合金 AlSi4Cu2.5Mg	210~270℃
镁合金 AZ91D	230~260℃
铜合金 905	350℃
AISI4030低合金钢 AISI304和4400不锈钢、M2高速钢	250℃

4. 模具润滑

半固态压铸在相应部位也需要润滑。模具润滑的目的是：①保护相对赤裸的模具表面；②阻止流动金属黏在模具上，又使黏上的金属容易脱离；③对模具表面进行适当的冷却。产品上都简单地阐明了半固态加工的润滑，以克服黏性流动的半固态金属与高温模具之间的摩擦。

9.5　半固态成形件热处理工艺与缺陷分析

9.5.1　热处理

半固态铸造成形的铸件具有独特的微观结构，降低了热处理温度和热处理时间。因为快速固化和彻底球化的共晶硅使得半固态铸件可以在很低的温度下热处理，如A356或者A357的热处理温度在525℃以下，而其他铸造工艺则需在540℃以上；热处理时间在2h以内，其他铸造工艺则要4~12h。这样就增加了已有加热炉的利用率，并且节省了能源和资金。

通常为了增加强度，都会以降低延展性为代价。也就是说，增加合金的抗拉强度或硬度的一些处理手段会引起延展性的大幅度下降，通常最大值达50%。唯一的例外是在T6或者T7温度下充分的热处理，其原因是弥散硬化提高强度的同时，硅也得到了球化。硅的球化有利于提高延展性，因此具有球状初生相微观组织的半固态铸件可以采用T5热处理，同时保持原来的延展性。跟T6热处理相比，T5热处理具有很多经济上的优势：①没有必要同时购置高温热处理炉和低温时效炉；②不需要热处理时间和能源；③不需要淬火装置和介质；

④没有淬火形变的危险，因此也没有随后的校直工序；⑤机加工时或者使用过程中没有残余应力可以引起尺寸问题；⑥资金和能源的节省都是很重要的。

表 9-17 列出了半固态铝合金通常应用的热处理规范。一些特定的半固态材料根据尺寸、零件结构的复杂性和成形过程中的固相体积分数，需要特别地关注，这样就需要根据表 9-17 中的内容做相应的调整。注意：从液态金属得到的铸件经过 T5 热处理，延展性大约降为原来铸态的一半，T5、T6 热处理应用的目的是增加零件的高温稳定性（选择表 9-17 中的上限值）。另外，半固态零件可以从模具中取出后即进行淬火，然后用 T5 热处理增加强度和硬度，但并不引起延展性的损失（选择表 9-17 中的中下限值）。同时也应该注意，半固态 A356 合金是 Pechiney 特意开发只在 T5 热处理后才能提高最优性能的合金。

表 9-17　半固态铝合金通常应用的热处理规范

合金和调质	处理方案		淬火	时效处理	
	温度/℃	时间/h		温度/℃	时间/h
A356+T5			热水	160~225	2~5
A356+T6	525~540	0.5~4	热水	155~170	2~5
A357+T5			热水	160~225	2~5
A357+T6	525~540	0.5~4	热水	155~170	2~5
A355+T5				170	10
A319+T6	500~510	0.5~4	热水	170	8~10
A390+T5				170~235	8~10
A390+T6	495~500	0.5~4	热水	175~180	4~8
A390+T7	495~500	0.5~4	热水	230~235	8~10

9.5.2　缺陷分析

1. 喷射

喷射通常是指材料像窄流一样进入型腔，快速流动进入空腔部位，直至碰到相对的表面。传统的压铸工艺主要的特点就是喷射，甚至雾化。但是这些方法在半固态铸造中还没有遇见过。半固态金属的等效表观黏度要比液态金属的表观黏度高几个数量级，因此，如果正确设计浇道，可以获得最大注射速度，并且半固态金属应该可以避免喷射。

2. 微观偏析或偏聚

半固态金属在型腔内流动或者在高压压缩时，坯料的相分离可能导致微观偏析或者偏聚发生。在凝固的最后阶段高压压制过程中会发生相集中现象，迫使共晶体进入前收缩区，恰好在浇道里面。高压也可以使半固态材料的前收缩区和亏料区之间的结构坍塌，导致一些分离后被压实的区域的形成。如果将加热坯料垂直放置进入型腔，且尾段面对浇道，坯料在加热过程中溢出部分流入型腔内，便会导致共晶体的集聚。

3. 润滑剂的表面反应

和模具润滑剂的反应，会使铸件表面产生很多的小斑点，这些斑点很少有光亮（可能都是黑点）。有时候，这种反应也能把铸件黏着在模具上。挥发的残存润滑剂能和流动金属发生反应，直接在铸件表面之下产生微小气孔、层状结构和针样的小孔。

4. 黏着

大多数情况下，对半固态铸造来说，黏着都不是一个严重的问题。一些特定的环境下，可以采用增加质量分数为 0.6%的镁到半固态合金中去的方法，以阻止黏着的发生。

5. 缩孔

无论是通过成分的设计还是控制模具和零件的温度状况，都可以促进铸件直接凝固，阻止缩孔的产生。可以通过型腔和浇口的定位来避免缩孔，也可以通过计算机充填和凝固模型来模拟直接凝固行为。

半固态铸造最后施加在部分凝固金属上的挤压压力可以减少甚至消除易产生缩孔区域尺寸，补缩缩孔。

9.6　半固态铸造工艺实例

9.6.1　镁合金触变注射成形

半固态触变注射成形技术是一种特殊的半固态铸造工艺，与流变铸造相比不需要事先将原材料搅拌成为半固态浆液，与触变铸造相比不需要先制取半固态铸锭。该方法集半固态金属浆料的制备、输送和成形过程为一体，解决了半固态浆料的保存输送和成形控制等问题，具有较高的生产效率。

半固态触变注射成形技术的整个工艺过程如下：被制成颗粒的镁合金原料在氩气保护下由给料器进入料筒，经料筒中螺杆的旋转摩擦及料筒外加热器的共同作用，温度逐渐升高至固相线温度以上，形成部分融熔状态。在螺杆的剪切作用下，呈部分熔化状态的树枝晶组织的合金料转变为具有触变结构，即含有颗粒状初生固相组织的半固态合金；与此同时，螺杆计量后将半固态浆料推挤至螺杆前端的蓄料区，当蓄料区的半固态浆料累积至所需量后，螺杆停止转动，在高速注射系统的作用下，以相当于塑料注射机的 10 倍速率压射到模具内成形，模具的预热温度通常设定在 200℃左右。待工件完全凝固后射出单元后退，螺杆进行下一循环的剪切输送计量，锁模单元则开模顶出，同时进入下一工件的生产周期。镁合金半固态射铸成形原理示意图如图 9-52 所示。各加热器温度见表 9-18。

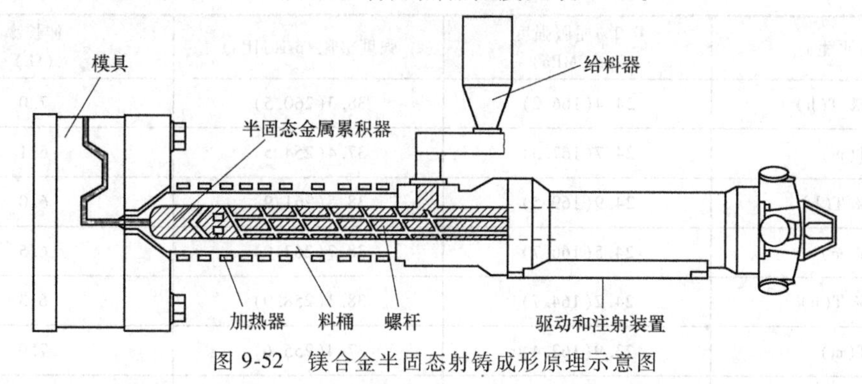

图 9-52　镁合金半固态射铸成形原理示意图

表 9-18　加热器温度（序号顺序为从右到左）

序号	10	9	8	7	6	5	4	3	2	1
温度/℃	614	618	618	618	627	626	608	600	598	538

1. 镁合金半固态触变射铸用原材料

半固态触变注射成形工艺使用的原材料是镁合金颗粒，如图 9-53 所示。一般认为，镁合金颗粒的大小没有严格的规定，只要能进入螺旋杆的螺棱之间即可，镁合金颗粒通常呈矩形，长度为 3~6mm，长宽比为 5 : 1。表 9-19 和表 9-20 为 AZ91D 和再生 AZ91D 的力学性能。

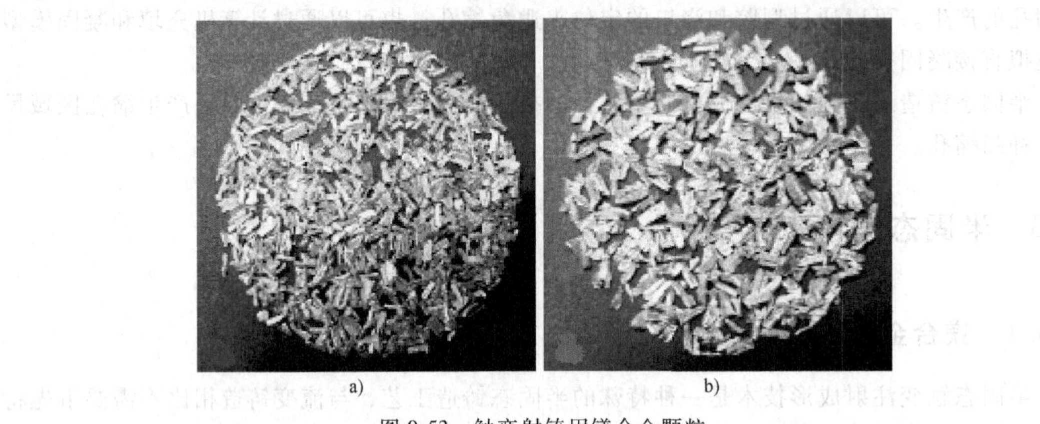

a) b)

图 9-53 触变射铸用镁合金颗粒

表 9-19 AZ91D 的力学性能

样品	0.2%屈服强度/psi(MPa)	强度极限/psi(MPa)	伸长率(%)
T(h)f <0.1	23.0(156.7)	38.2(259.8)	6.0
T(m)f 0.2	22.5(153.3)	36.1(245.5)	5.1
T4 Soln. T.	16.4(110.2)	39.0(265.6)	10.4
T6 Aged	23.3(158.8)	41.5(282.5)	—
ASTM DC	22.0(150)	34.0(230)	3.0
ZA91C-T6	21.0(145)	40.0(275)	6.0

表 9-20 再生 AZ91D 的力学性能

%再生	0.2%屈服强度/psi(MPa)	强度极限/psi(MPa)	伸长率(%)
100% T(h)	24.4(166.2)	38.3(260.5)	7.0
T(m)	24.7(167.3)	37.4(254.5)	6.1
50% T(h)	24.9(169.5)	38.5(261.9)	6.0
T(m)	24.5(166.7)	38.7(263.0)	6.5
10% T(h)	24.2(164.7)	38.1(258.9)	6.3
T(m)	23.9(162.4)	37.4(255.6)	7.0
100% Virgin	23.0(156.7)	38.2(259.8)	6.0
ASTM DC	22.0(150)	34.0(230)	3.0

2. 注射速度

半固态浆料被注射入模具时的流动速度即为注射速度。为了及时把半熔融镁合金浆料注入模具型腔，得到致密度高、精度高的产品，必须在短时间内充满模具型腔。对于半固态注射成形，快速充模除必须保证足够的注射压力外，还应该有一定的流动速度，即注射速度。注射速度依据下式计算

$$v=\frac{s}{t_s} \tag{9-16}$$

式中，s 为螺杆的行程；t_s 为射铸时间。

注射速度的选择主要取决于产品的形状及模具的冷却条件等因素。速度慢，产品成形所用时间增加，浆料受降温的影响，充满模具型腔的时间加长，流动阻力大，可能会造成产品表面出现熔接痕，甚至会产生模具型腔充不满、产品缺料等缺陷。而注射速度过快，将导致半固态材料的摩擦热提高，同时使得模具型腔内的空气被急剧加压而升温；此外，过快的注射速度还会使产品的气孔率升高。

3. 料筒温度

料筒温度是最为重要的操作工艺参数。料筒温度由几段独立控制温度的加热段组成，分别完成预热、熔化和保温功能。料筒温度的选择一方面应保证可将原材料加热至半固体状态，同时使半固态浆料保持均匀的温度分布；另一方面应确保半固态浆料充型良好且不卷入过多气体。

4. 喷嘴温度

喷嘴部分的温度对产品的表观质量有重要影响。喷嘴温度的波动会使产品的质量产生差异，如熔接痕变粗、出现飞边、产品黏模等。若喷嘴处温度过高，在螺杆后退时，喷嘴处熔化镁发生滴流。在下一个工作循环中，由于喷嘴接触不良，熔化镁就会喷出。反之，当喷嘴温度过低时，浆料的排出压力过高，熔体的逆流量增加，造成成形品的不稳定。另外，若逆流量过多，还会导致计量不稳定。

5. 模具温度

模具温度的设定影响浆料的充型性能、产品的表观质量以及力学性能。模具温度的高低由产品的尺寸和结构、性能要求以及其他工艺条件（如料筒温度、注射速度、注射压力、成形周期等）决定。一般来说，在保证充型顺利的前提下，采用较低模具温度有利于提高模具的使用寿命，同时提高生产效率。然而较高的模具温度可以调整产品的冷却速率，使冷却速率相对均匀，防止产品因温差过大产生翘曲、裂纹等缺陷。

6. 螺杆转速

螺杆转速的设定对半固态注射成形产品的组织形态有直接影响，主要表现在以下两个方面：一方面，通过螺杆旋转对半固态浆料产生剪切作用，并产生黏性热，该热量是镁合金熔化的主要热源之一；另一方面，旋转螺杆通过对半固态浆料施加剪切作用，可以打碎树枝晶，完成树枝晶向球状晶或类球状晶的转化。

图 9-54 所示为 AZ91D 镁合金半固态触变射铸的零件和微观组织。成形的工艺参数为：料筒温度为 200℃，螺杆转速为 2.8m/s，一个循环周期为 25s，合金在内浇道的运动速度为 48.65m/s，零件质量为 582g。

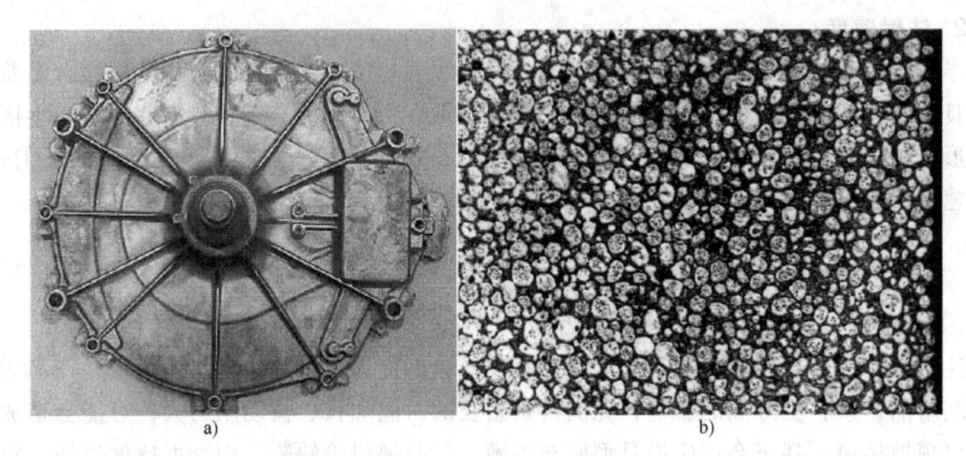

图 9-54　AZ91D 镁合金半固态触变射铸的零件和微观组织（离浇口 15mm 处）

9.6.2　半固态金属挤压铸造

半固态金属挤压铸造是在传统固态金属锻造的基础上发展起来的一种新型半固态铸造。在较低的压力下，半固态金属挤压铸造可以成形非常复杂的锻件。与半固态金属触变压铸相类似，半固态金属挤压铸造工艺也包含三个主要工艺流程：半固态金属原始坯料的制备、原始金属坯料的半固态重熔加热和半固态坯料的半固态金属挤压铸造，如图 9-55 所示。前两个工艺流程的技术控制规律与半固态触变压铸相同，只是当金属坯料各处的固相体积分数达到预定数值时，将半固态金属坯料送入锻造机的锻模型腔内，进行锻压成形，并进行适当的保压，然后卸压开模，取出锻件，清理锻模型腔和喷刷涂料，这就完成了一次半固态金属挤压铸造。

铝合金的半固态金属挤压铸造工艺比较成熟。采用 2024 铝合金，合金成分（质量分数）为：Cu 为 4.5%，Mg 为 1.5%，Mn 为 0.6%，Fe 为 0.25%，Si 为 0.1%；采用连续机械搅拌制备 2024 铝合金半固态浆料，并使浆料凝固成坯料，坯料尺寸规格约为 ϕ80mm×150mm，单块坯料质量约为 1000g；2024 铝合金坯料经电磁感应半固态重熔加热，坯料的固相体积分数约为 0.55，半固态坯料直接放入锻模型腔内，如图 9-56b 所示；锻造机的合型力为 2000kN，锻模预热温度为 350℃，压力为 210MPa，锻件为饼形件。在半固态金属挤压铸造中，将半固态铝合金坯料先放入一个压室，通过压力作用使半固态铝合金浆料经浇道进入锻模型腔，就可以去除坯料的氧化皮，这种方法也可称为闭模锻造，已经获得较大规模的实际应用，如图 9-56 所示。

半固态金属挤压铸造采用最多的铝合金为电磁搅拌连续铸造的 A356、A357 铝合金坯料，正在试验的触变锻造铝合金有 A2024、A2219、A2618、A6062、A6082、A7021、A7075 等铝合金。

半固态金属挤压铸造的主要设备与半固态金属触变压铸主要设备相类似，只需将压铸机改换为压力机。同样，为了提高半固态金属挤压铸造的生产效率和生产工艺的控制水平，稳定地进行半固态金属挤压铸造，除了锻造机和电磁感应加热设备外，还需要一些配套的辅助设备，如抓取坯料机器人、抓取锻件机器人、喷刷涂料机构等，这些辅助设备与主机之间要协调配合，共同完成半固态金属挤压铸造生产。

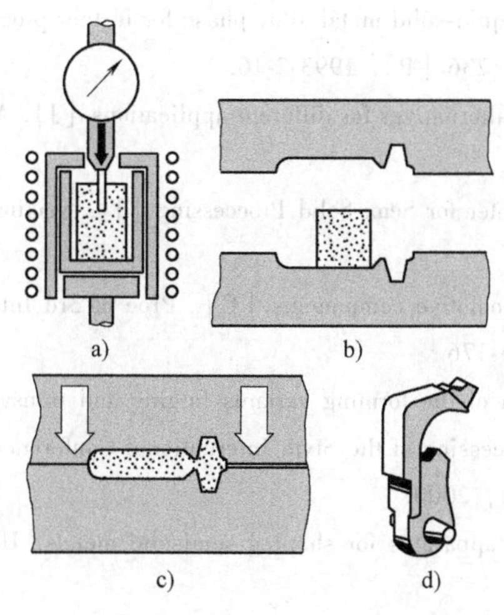

图9-55 半固态金属挤压铸造工艺流程示意图

a）半固态重熔加热 b）坯料加入锻模型腔 c）锻压成形 d）锻件

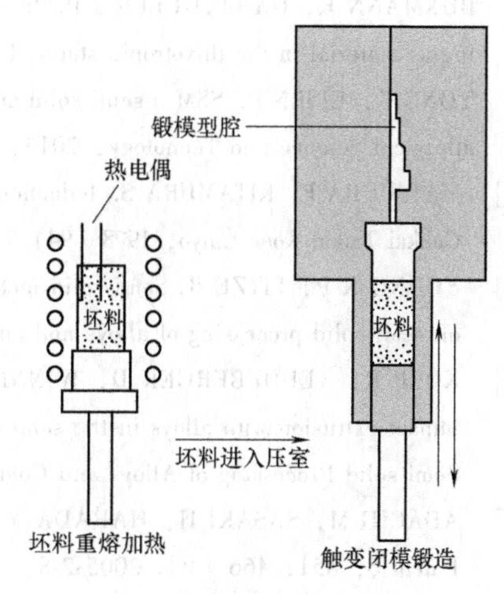

图9-56 闭模锻造示意图

思考题

1. 与传统铸造方法相比，半固态铸造具有哪些特点？
2. 说明适合半固态铸造的材料选择原则及其原因。
3. 对比搅拌法与控制凝固法制备半固态浆料的特点与不同。
4. 半固态压铸浇道系统的设计原则是什么？

参考文献

[1] FLEMINGS M C, SSM: some thoughts on past milestones and on the path ahead [C]. Proc, of the 6th Int, Conf. on Semi-solid Processing of Alloys and Composites. Turin, Italy, 2000, 11-13

[2] HALL K, KAUFMANN H, MUNDL A. Detailed Processing and Cost Considerations for New Rheocasting of Light Metal Alloys [C]. Proceedings. 6th International. Conference on Semi-Solid Processing of Alloys and Composites, 2000, 23-28.

[3] APELIAN D. Semi-solid processing routes and microstructure evolution [C]. TSUTSUI Y, KIUCHIM, ICHIKAWA K. Proc of the 7th Int Conf on the Processing of Semi-Soilid Alloys and Composite. Tsukuba, Japan, 2002: 25-30.

[4] KIUCHI M, OKANO S. Present status and future aspects of semi-solid processing [C]. TSUTSUIY, KIUCHI M, ICHIKAWA K. Proc of the 7th Int Conf on the Processing of Semi-Solid Alloys and Composite, Japan, 2002, 57-66.

[5] KOPP R, SHIMAHARA H. State of S&D and future trends in semi-solid manufacturing [C]. TSUTSUIY, KIUCHI M, ICHIKAWA K. Proc 7th Int Conf Semi-Solid Processing of Alloys and Composite. Tsukuba. 2002: 57-66.

[6] 谢水生，黄声宏. 半固态金属加工技术及其应用［M］. 北京：冶金工业出版社，1999.

[7] 毛卫民. 半固态金属成形技术［M］. 北京：机械工业出版社，2004.

[8] BUXMANN K, GABATHULER J P. Process for producing a liquid-solid metal alloy phase for further processing as material in the thixotropic state: U. S. Patent 5, 186, 236 [P]. 1993-2-16.

[9] YONG K, EISEN P. SSM (semi-solid metral) technological alternatives for different applications [J]. Metallurgical Science and Tecnology, 2013, 18 (2).

[10] MATSUURA F, KITAMURA S. Induction Aluminum Billet Heater for Semi-Solid Proccessing [J]. Keikinzoku Gakkai Taikai Koen Gaiyo, 1998 (94) 7-8.

[11] YOUNG K P, FITZE R. Semi-solid metal cast aluminum automotive components [C]. Proc of 3rd Intconf on semi-solid processing of alloys and composites. 1994: 155-176.

[12] KOPP R, NEUDEBERGER D, WINNING G . Optimisation of the forming variants forging and transverse impact extrusion with alloys in the semi-solid state [C]. Processing of the Sixth International Conference on Semi-solid Processing of Alloys and Composites, Turin, Italy, 2000.

[13] ADACHI M, SASAKI H, HARADA Y, et al. Method and apparatus for shaping semisolid metals. U. S. Patent 6, 851, 466 [P]. 2005-2-8.

[14] FAN Z, JI S, BEVIS M J. Twin-screw rheomoulding-a new semi-solid processing technology [C]. Proc. of 6th Int. Conf. on Semi-Solid Processing of Alloys and Composites. 2000: 61.

[15] HAGA T, Semi-solid roll casting of aluminum alloy strip by melt drag twin roll caster [J]. Journal of Materials Processing Technology, 2001, 111 (1): 64-68.

[16] HAGA T, KAPRANOS P, KIRKWOOD D H, et al. Rheocasting process using a cooling slope and low super heat casting [C]. Pro. 7th Int. Conf. Advanced Semi-Solid Processing of Alloys and Composites, 2002: 801-806.

[17] KANG Y L, SONG R B, SUN J L. Experimental Study on the Steels Direct Rolling Processing in the Semi-solid State [J]. Proceedings of the 7th S2P, 2002: 373-378.

[18] SONG R B, KANG Y L, SUN J L. Microstructure evaluation of semi-solid steelmaterials in rolling process and theresulting mechanical properties [J]. Acta Metallurgica Sinica (English letters), 2009, 14 (5): 347-351.

[19] KANG Y L, AN L, WANG K, et al. Experimental study on rheoforming of semi-solid magnesium alloys [J]. TSUTSUI Y, KIUCHI M, ICHIKAWA K. Proceeding of the 7th on Semi−solid Processing of Alloys and Composites, Japan, 2002: 287-292.

[20] JI S, FAN Z, BEVIS M J. Semi−solid processing of engineering alloys by a twin-screw rheomoulding process [J]. Materials Science and Engineering: A, 2001, 299 (1): 210-217.

[21] JI S, FAN Z. Solidification behavior of Sn-15 wt pct Pb alloy under a high shear rate and high intensity of turbulence during semisolid processing [J]. Metallurgical and materials transactions A, 2002, 33 (11): 3511-3520.

[22] 宫克强. 特种铸造 [M]. 北京: 机械工业出版社, 1982.

[23] 谢水生, 黄声宏. 半固态金属加工技术及其应用 [M]. 北京: 冶金工业出版社, 1999

[24] 毛卫民. 半固态金属成形技术 [M]. 北京: 机械工业出版社, 2004.

[25] 管仁国, 马伟民, 等. 金属半固态成形理论与技术 [M]. 北京: 冶金工业出版社, 2005.

[26] 康永林, 毛卫民, 胡壮麒. 金属材料半固态加工理论与技术 [M]. 北京: 科学出版社, 2004.

[27] KIRKWOOD D H, SUÉRY M, KAPRANOS P, et al. Semi-solid processing of alloys [M]. Berlin: Springer, 2009.

[28] 郭洪民. 半固态铝合金流变成形工艺与理论研究 [D]. 南昌: 南昌大学, 2007.

[29] 管仁国, 温景林, 刘相华. SCR 技术 YL11 半固态组织与触变性能研究 [J]. 航空材料学, 2002, 31-35.

[30] 杨湘杰，郭洪民. 低转速输送管制备近球晶铝合金半固态浆料的方法：中国，200710053643. 2 [P]. 2007-10-22.

[31] 郭洪民，杨湘杰，胡斌. 转动输送管制浆工艺参数对 A356 合金半固态组织的影响 [J]. 中国有色金属学报. 2005, 14 (12): 2049-2054.

[32] GUO H M, YANG X J. Efficient refinement of spherical grains by LSPSF rheocasting process [J]. Materials Science and Technology, 2008, 24 (1): 55-63.

[33] FAN Z, JI S, BEVIS M J. Twin-screw rheomoulding-a new semi-solid processing technology [C]. Proc, of the 6th Int. Conf. on Semi-Solid Processing uf Alloys and Composites, 2000: 61.

[34] FAN Z, BEVIS M J, Ji S. UK Patent, Application No 9922696. 3 [P]. 1999.

[35] JI S, FAN Z, LIU G, et al. Twin-screw rheomoulding of AZ91D Mg-alloy [C]. Proceedings of the 7th International Conference Semi-Solid Processing of Alloys and Composites, Tsukuba. 2002: 683-688.

[36] ROBERTS K A, FANG X, JI S, et al. Development of twin-screw rheo-extrusion process [C]. Proeedings of the 7th International Conference on Semi-solid Processing of Alloys and Composites, Tsukuba. 2002: 677-682.

[37] 宋仁伯. 半固态钢铁材料流变轧制及变形机理的研究 [D]. 北京：北京科技大学，2002.

[38] HAGA T, SUZUKI S. Roll casting of aluminum alloy strip by melt drag twin roll caster [J]. Journal of Materials Processing Technology, 2001, 118 (1): 165-168.

[39] 杨湘杰. 半固态合金 (A356) 触变成形流变特性及其浇道系统的研究 [D]. 上海：上海大学，1999.

第 10 章 其他特种铸造技术介绍

10.1 陶瓷型铸造

10.1.1 陶瓷型铸造的工艺特点及应用范围

1954 年，英国人诺尔·肖（Show）发明了一种以硅酸乙酯水解液为黏结剂的陶瓷型成形工艺，该工艺一经问世就受到工业发达国家的重视，又称肖氏法。它是在砂型铸造和熔模铸造的基础上发展起来的，即在硅酸乙酯水解液和耐火粉料的陶瓷浆料中加入破坏硅酸乙酯水解液稳定性的催化剂，用浇灌浆料代替捣实型砂的方法制造铸型，浇注金属液生产铸件。采用这种铸造方法制得的铸件具有较高的尺寸精度和较小的表面粗糙度值，所以人们把陶瓷型铸造方法归为精密铸造的一种。

20 世纪 60 年代，陶瓷型铸造开始大量用于金属型和冲模的制造。在 20 世纪 60 年代末期，美国仅在锻压模方面应用该工艺生产产量就达到 2000 多 t。此外，美国通用汽车公司 90%以上的锻压模都采用陶瓷型精密铸造；英国、德国、日本等也开始了陶瓷型工艺的研究与应用研究，并成功地应用于模具生产。20 世纪 70 年代，我国也引进了陶瓷型铸造工艺并应用于生产。

陶瓷型铸造的主要特点及应用范围如下：

1）陶瓷型铸造生产铸型的工作表面热稳定性高，在高温下变形小，故陶瓷型铸件尺寸精度高，公差等级可达 CT5～CT8。光洁的陶瓷型腔表面可使铸件表面粗糙度减小至 $Ra3.2$～12.5μm。陶瓷型可铸造质量最大达十几吨的精密度要求较高的铸件。

2）陶瓷型耐火度高，高温性能稳定，可用来浇注多种合金，如高温合金、合金钢、碳钢、铸铁、铜合金、铝合金等。

3）陶瓷型铸造模具的使用寿命常高于机械加工的模具。

4）用陶瓷型铸造时生产设备简单，不需复杂设备，故投资少，见效快。但所用原材料价格还是较高，不适于批量大、结构复杂、质量小铸件的生产。

目前陶瓷型铸造已成为大型厚壁精密铸件生产的重要方法，广泛用于塑料模、玻璃模、橡胶模、压铸模、锻压模、冲模、金属型、热芯盒、工艺品等表面形状不易加工铸件的生产。一些重要机件如叶轮等也有用陶瓷型铸造生产的。

10.1.2 陶瓷型的制造

1. 陶瓷型的基本制造过程

有两种陶瓷型，一种是全部用陶瓷浆料制造的铸型；另一种是铸型面层用陶瓷浆料形

成，而背层（相当于砂型的背砂层）则用型砂（主要是水玻璃砂）或金属框形成，以增强铸型。这种背层又称为底套，即陶瓷型的底套有砂套和金属套两种。全部用陶瓷浆料制型操作简便，但浆料价格高、消耗大，铸型易开裂，适用于生产小型铸件和陶瓷型用型芯。具有底套的陶瓷型用价格低廉的型砂替代陶瓷浆料，可降低成本，且所制陶瓷型不易开裂，透气性好，常在大中型铸件生产时使用。砂套适用于单件与小批量生产，金属套适用于大批量生产。

图 10-1 所示为全用陶瓷浆料造型的过程。现将模样（又称母模）固定在模板上，在模样表面涂抹分型剂（图 10-1a），而后在模板上放好型框（图 10-1b），向其中灌注陶瓷浆料（图 10-1c）；待浆料固化至有一定弹性，尚未完全坚硬的程度，从型中取出模样（图10-1e）；随后立即点火喷烧，烧去浆料中的酒精，吹压缩空气助燃，调整型面上各处的燃烧速度（图 10-1f）；最后把其送入高温炉中焙烧，准备合型浇注。

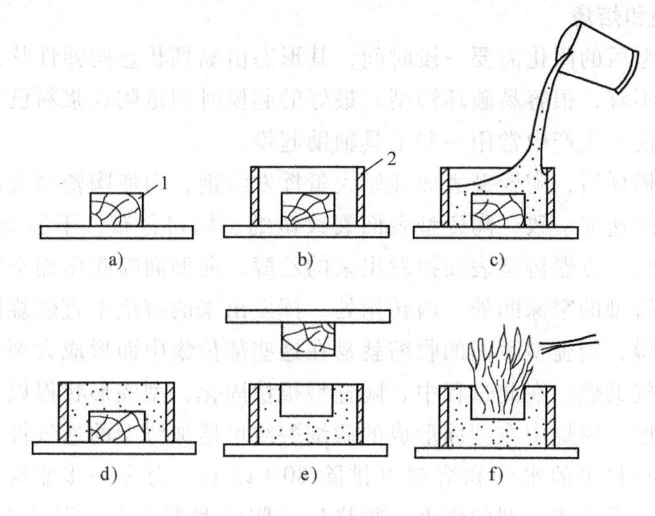

图 10-1　全用陶瓷浆料造型的过程

a）模样置于模板上　b）放置型框　c）向型框内灌浆　d）浆料固化　e）取出模样　f）喷烧

1—模样　2—型框

2. 制造陶瓷型用模样和分型剂

制造陶瓷型用模样可用木材、石膏、环氧树脂、泡沫聚苯乙烯、金属和硅橡胶等。

1）木材和石膏质模样成本低、制作简便，但工作寿命低，铸件尺寸精度和表面粗糙度都较差。

2）环氧树脂模样的制造方法与熔模铸造塑料压型的制作方法相似。其使用寿命长，但成本较高，适用于表面粗糙度和尺寸精度都要求很高的铸件生产。

3）泡沫聚苯乙烯模样表面可涂一层减小表面粗糙度值的发光剂，适用于要求表面较光洁、形状十分复杂、起模困难铸件的大量生产。

4）金属模样主要用于尺寸精度和表面粗糙度要求很好的铸件的大批量生产，成本较高，工作寿命长，模样表面可抛光、镀铬，以减小表面粗糙度值。

5）橡胶模样主要用于陶瓷型艺术铸造。

制造陶瓷型时涂抹在模样上的分型剂可为矿物油、清漆、磁漆、蜡料、硅油等。先在模样上均匀涂抹一薄层，然后用干燥软布擦匀。

3. 陶瓷浆料和灌浆

陶瓷浆料的主要组成为硅酸乙酯水解液、耐火材料（粉和砂粒）、催化剂和一些附加剂。常用的耐火材料有硅石、刚玉、锆英石、碳化硅等；催化剂的加入是为了改变硅酸乙酯水解液的pH值，以促使陶瓷浆料结胶。可用的催化剂有氢氧化钙、氧化镁、氢氧化钠、氧化钙等。

在保证浆料流动性的前提下，希望粉液比值大一些，可减少铸型开裂、分层缺陷。配置陶瓷浆料时的粉（单位为g）液（单位为mL）比：硅石浆料为5：(2~3)；铝矾土浆料为10：(3.5~4)；刚玉或锆英石浆料为2：1。混制浆料时，一般在硅酸乙酯水解液中缓慢倒入混有催化剂的耐火材料，并不停搅拌直至粉料与水解液混合均匀。当浆料出现结胶迹象时，应立即开始灌注。

4. 起模、喷烧和焙烧

陶瓷浆料在成型后的固化需要一段时间，其形态由黏稠状态向弹性状态发展，起模时间太早，陶瓷型强度不够，很容易破坏铸型。最好的起模时刻是陶瓷浆料已有很好弹性，但尚未开始脱液收缩之前。生产中常用一些工具辅助起模。

自铸型中取出模样后，陶瓷型表面开始大量挥发溶剂，为使陶瓷型表面的溶剂挥发速度分布均匀，表面收缩速度一致，陶瓷型表面裂纹微细、均匀分布，不影响铸型表面粗糙度，需要对铸型进行喷烧。点燃铸型表面挥发出来的乙醇，向型面喷吹压缩空气，调节铸型各部位的燃烧速度，如铸型的窄深凹处、内转角处，挥发出来的溶剂不宜燃烧散失，这些部位的陶瓷层固化速度就慢，陶瓷型表面的收缩就易在这些部位集中而形成大裂纹，喷烧时应向这些部位多吹压缩空气助燃。在此过程中，陶瓷型很快固化，型腔形状得以迅速固定下来，可提高铸件的尺寸精度。喷烧中在型面形成的微细裂纹可增加铸型的透气性。

喷烧后，陶瓷材料中的水分和溶剂可排除80%以上。为进一步驱除陶瓷型中的水分、溶剂和其他有机物，提高陶瓷型的强度，喷烧后的陶瓷型需送入高温炉中焙烧。用砂套时，陶瓷型的焙烧保温最高温度不超过600℃。但有时生产铸钢时，陶瓷型的焙烧温度也有升至800℃的。焙烧保温时间一般为2~5h。铸型可随炉冷至200℃以下后合型，在室温下浇注，也可热型合型浇注。

10.2 石膏型铸造

10.2.1 石膏型铸造的工艺特点及应用范围

石膏型铸造始于20世纪初，最初用于金属义齿的铸造。在20世纪20年代开始用于首饰类工艺品的制造，浇注金属主要为金、银、铂和铜合金。从1940年起，此方法才开始用于生产工业制品。目前用此方法较多地生产塑料制品模、橡胶制品模、首饰、美术工艺品、航空、汽车、电器、通信、制造业的零件，如叶轮、波导管、各种壳体仪表框架等。

石膏型精密铸造是20世纪70年代发展起来的一种精密铸造新技术。它是将熔模组装，并固定在专供灌浆用的砂箱平板上，再将石膏浆料灌入，待浆料凝结后干燥即可脱除熔模，再经烘干、焙烧成为石膏型，浇注获得铸件。

石膏型精密铸造的基本工艺流程如图 10-2 所示。

石膏型精密铸造适于生产尺寸精确、表面光洁的精密铸件，特别是大型复杂薄壁铝合金铸件，也可用于锌、铜、金、银等合金铸件，已广泛应用于航空、航天、兵器、电子、船舶、仪器、计算机等行业的零件制造上。

石膏型铸造的主要工艺特点如下：

1）石膏浆料的流动性很好、充型性优良、复模性优异、模型精度高。该工艺不像一般熔模铸造，受涂挂工艺的限制，可浇注大型复杂铸件。

2）石膏型的热导率很低，充型时合金流动保持时间长，适宜生产薄壁复杂件；但铸型激冷作用差，当铸件壁厚差异大时，壁厚大处易出现缩松、缩孔等缺陷。

3）石膏型透气性极差，铸件易形成气孔、浇不足等缺陷，应注意合理设置浇注及排气系统。

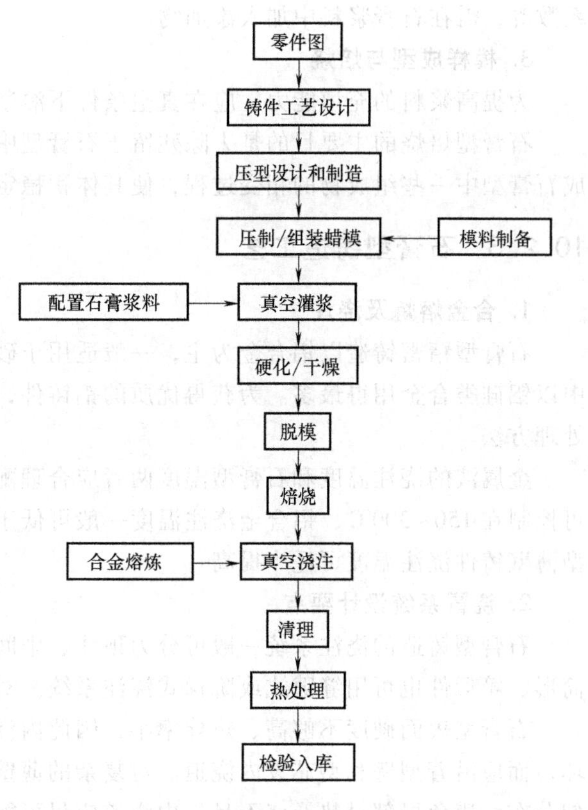

图 10-2　石膏型精密铸造的基本工艺流程

10.2.2　石膏型的制造

1. 模样的制造

石膏型精密铸造用的模样主要是熔模，也可使用汽化模、水溶性模（芯）。

对于一般中小型铸件，可使用熔模铸造通用模料，而大中型复杂铸件、尺寸精度和表面粗糙度要求高的则应使用石膏型精铸专用模料；制作复杂内腔，无法用金属芯形成时，就得使用水溶芯或水溶石膏芯来形成内腔。常用的水溶性模料有尿素模料、无机盐模料、羰芯等。

熔模压制工艺同熔模铸造。一般水溶尿素模料、无机盐模料及水溶石膏芯都是灌注成型的。水溶性陶瓷芯一般是将各组分先混制成可塑配料，再加压成型，经 700℃ 左右烧结后待用。

2. 石膏浆料的原材料

主要原材料包括石膏、填料和添加剂。其中天然石膏（$CaSO_4 \cdot 2H_2O$）又称二水石膏，有七种变体，α 型半水石膏做石膏型更为合适。除石膏种类外，影响石膏强度的因素还有石膏的细度、水固比、水温、搅拌时间等；填料的作用是使石膏型具有良好的强度，减小其收缩和裂纹的倾向，要求有合适的熔点、耐火度，良好的化学稳定性，合适的线膨胀系数，发气量少，吸湿性小等性能，常用作填料的材料有硅砂、石英玻璃、硅线石、莫来石、煤矸石、铝矾土等；为提高石膏型焙烧后的强度，改变石膏型凝结时间和清理性，改变其线膨胀系数等，需在石膏浆料中加入添加物。

3. 模样成型与焙烧

为提高浆料的充填能力，应在真空条件下灌浆。

石膏型焙烧的主要目的是去除残留于石膏型中的模料、结晶水以及其他发气物，同时完成石膏型中一些组成物的相变过程，使其体积稳定。

10.2.3 石膏型铸造工艺

1. 合金熔炼及浇注

石膏型精密铸造以铝合金为主，一般适用于砂型铸造的铝合金也能用于石膏型精铸，其中以铝硅类合金用得最多。为获得优质的铝铸件，一定要采用最有效的精炼除气工艺和变质处理方法。

金属液的浇注温度和石膏型温度两者应合理配合，以取得优良的铸件质量，石膏型温度可控制在150~300℃，铝合金浇注温度一般可低于其他铸造方法，控制在700℃左右，对大型薄壁铸件浇注温度可适当提高。

2. 浇冒系统设计要点

石膏型铸造的浇注系统一般可分为顶注、中间注、底注和阶梯注几种。对高度大的薄壁筒形、箱形件也可用缝隙式或阶梯式浇注系统。对某些铸件也可采用平注和斜注。

石膏型表面硬度不够高、热导率小，因此内浇道一般不应直对型壁和型芯，以防冲刷破坏，而应沿着型壁和型芯设内浇道。对复杂的薄壁件，为防止铸件变形及开裂，内浇道应均匀分布，避免局部过热及浇不足。内浇道应尽可能设在铸件热节处，以利于补缩。

10.3 连续铸造

10.3.1 连续铸造成形原理

连续铸造的原理是将熔融的金属不断浇入一种称为结晶器的特殊金属型中，凝固（结壳）了的铸件，连续不断地从结晶器的另一端拉出，它可获得任意长度或特定长度的铸件。结晶器一般用导热性较好、具有一定强度的材料，如铜、铸铁、石墨等制成，壁中空，空隙中间通冷却水以增强其冷却作用。铸出的成形材料有方形、长方形、圆形、平板型、管形或各种异形截面。

连续铸造方法的设想是英国人H. 贝塞麦于1857年提出的，在当时的技术条件下未能得到实际应用，直到20世纪30年代，这种方法才成功地用于铜、铝合金的铸造。到20世纪50年代，连续铸造在各国的钢厂正式用于铸钢。

根据铸造出的成形材料不同，连续铸造有铸锭、铸管、铸板等。结晶器在钢液包下部，钢液通过结晶器被连续地拉出成锭，表面固化的锭材在结晶器下面受到喷射水的二次冷却而完全凝固。当锭料被拉至一定长度时，由切割机切断成段料，供进一步加工使用。为了缩小锭材中的柱状晶区域，以便减少锭材轴心区的成分偏析和非金属夹杂，可在结晶器下部装一电磁装置。20世纪70年代出现一种电磁结晶器，即利用成形的电磁场代替结晶器围住液态金属，铸锭在结晶器下部被水强烈冷却。另外还有一种离心连续铸造方法，工作时结晶器与

被拉出的铸锭同步旋转。

连续铸造适用于铁、钢、铜、铅、镁等合金的断面形状不变和长度较大的铸件生产。连续铸造使用的设备和工艺过程都很简单，生产效率和金属利用率高，和轧机组成生产线时，还可节省大量能源。

以钢坯的连续铸造工艺为例说明连续铸造工艺原理，如图 10-3 所示。将装有精炼好钢液的钢包运至回转台，回转台转动到浇注位置后，将钢液注入中间包，中间包再由液口将钢液分配到各个结晶器中去。结晶器是连铸机的核心设备之一，它使铸件成形并迅速凝固结晶。拉矫机与结晶振动装置共同作用，将结晶器内的铸件拉出，经冷却、电磁作用后，切割成一定长度的板坯。

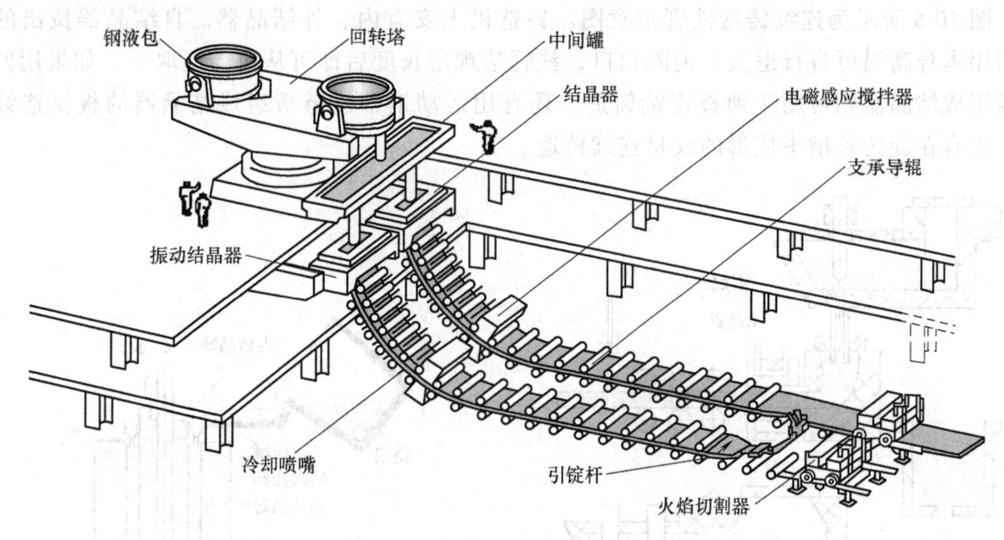

图 10-3　连续铸造工艺原理简图

连续铸造时，当自结晶器内拔出的在空气中已凝固的铸件达到一定长度后，在不终止铸造过程的情况下，完全凝固的铸件被按一定长度截断，移出连续铸造机外。也有在拔出的铸件达一定长度后，停止铸造，取走整个铸件后，再重新开始连续铸造过程的情况，这种连续铸造又称为半连续铸造。

连续铸造的特点如下：

1）铸件迅速冷却，其结晶细、组织较致密。连续浇注、结晶又会使铸件在整体长度上组织均匀。

2）因无浇冒口，可节省金属消耗。

3）生产工序简单，生产过程易于实现机械化、自动化，生产效率高。

4）如把连续铸造获得的高温铸锭立刻进行轧制加工，则可省去一般轧制前铸锭的加热工序，大大节省能源，提高生产效率。

5）应用范围仅限生产断面不变的长铸件。

目前在钢坯的生产方面，配合转炉吹氧炼钢，连续铸件的产量为最大。灰铸铁和球墨铸铁的连续铸造坯料在我国也已有专业工厂生产，大多采用水平连续铸造法。

在有色合金铸件的坯料生产方面，连续铸造法也得到了普遍应用，主要用于生产纯铜、铜合金、铝合金的坯料。但坯料的尺寸则比钢坯小得多，大多采用半连续铸造法或水平式连续铸造法。

10.3.2 连续铸造工艺及应用

根据铸造出的成形材料不同，连续铸造有铸锭、铸管、铸板等。

1. 连续铸造钢锭工艺

图 10-4 所示为连续铸造钢锭示意图，有水平式、垂直式和圆弧式三种。结晶器在钢液包下部，钢液通过结晶器被连续地拉出成锭，表面固化的锭材在结晶器下面受到喷射水的二次冷却而完全凝固。当锭料被拉至一定长度时，由切割机切断成段料，供进一步加工使用。

2. 连续铸造铁管工艺

图 10-5 所示为连续铸造铁管示意图。铸造机上安有内、外结晶器。自结晶器拉出的铁管利用本身高温可自行退火，消除白口，铁管达规定长度后即可从机器上取下。如果用两个圆辊组成结晶器则可用于薄板连续铸造。还有用运动钢带或链板组成结晶器的板材连续铸造，也有在旋转轮槽中成形的线材连续铸造。

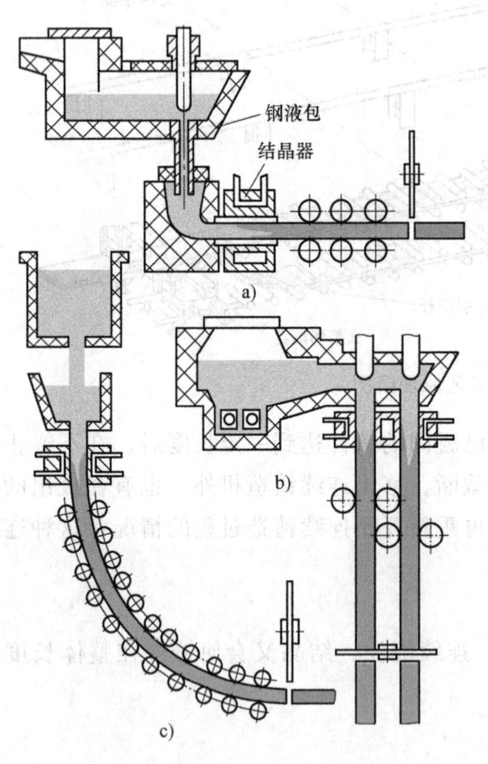

图 10-4 连续铸造钢锭示意图

a）水平式 b）垂直式 c）圆弧式

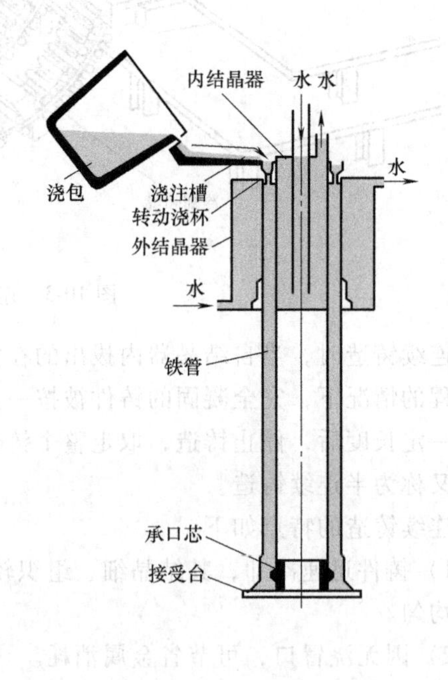

图 10-5 连续铸造铁管示意图

10.3.3 双流浇注连续铸造技术

双金属复合材料由两种物理、化学、力学性能不同的金属材料结合成一体，在保持母材金属特性的同时还具有“互补效应”，经过恰当的组合可以获得优异的综合性能。双金属复合材料连续铸造成形是双金属复合材料的一个重要成形技术，因此双金属复合材料无疑在汽

车车身板材中具有巨大的应用前景。

目前国内外研究开发的双金属复合材料连续铸造成形技术有多种，其中主要技术有轧辊复层连铸法、双辊复合铸轧法、液固铸轧法、复合线材的铸拉法、反向凝固包覆连铸法、双结晶器连铸法、电磁控制双金属连铸法、Novelis Fusion TM 技术、充芯连铸法、双流浇注连续铸造法等。

轧辊复合连续铸造法（Continuous Pouring Process for Cladding，CPC）是将轧辊辊芯垂直放于水冷结晶器中，将复合金属液浇注到配置在结晶器上的耐火材料框架和辊芯之间，使复合金属液和辊芯熔合，并顺序向上凝固，将凝固部分连续向下拉拔，从而实现连续铸造复合金属液，获得双金属复合材料，如图 10-6 所示。该方法工艺简单、生产成本低，生产的双金属复合材料的性能好，对于解决外层合金复合的完整性及控制复合效果有独到的优点，实际生产中产品的质量得到了保证。但它对设备能力和厂房条件的要求比较高，同时对操作人员要求有较高的能力和实际操作水平。

双结晶器连铸复合法，即多层复合材料一次铸造成形，是在连铸碳钢材料表面无氧化、无夹杂和无油污的条件下，热态直接连续铸造不锈钢包覆层的复合材料连铸新技术，如图 10-7 所示。该方法的原理是心部金属在高位置的第一个结晶器中凝固，在拉坯力作用下进入低位置的第二个结晶器中，此时浇入外层复合金属液，利用内层金属的高温和外层金属液的热量，实现内外金属的扩散和熔合，最终形成结合良好的双金属复合材料。该方法可省略反向凝固复合法中母材预热处理的工序，也可省略 CPC 工艺中需要对芯棒涂刷一层防氧化涂料的工序，工艺相对简单，节能降耗。双结晶器连铸法关键技术在于控制不同铸造工艺参数间的相互匹配和解决心部坯的氧化保护等。

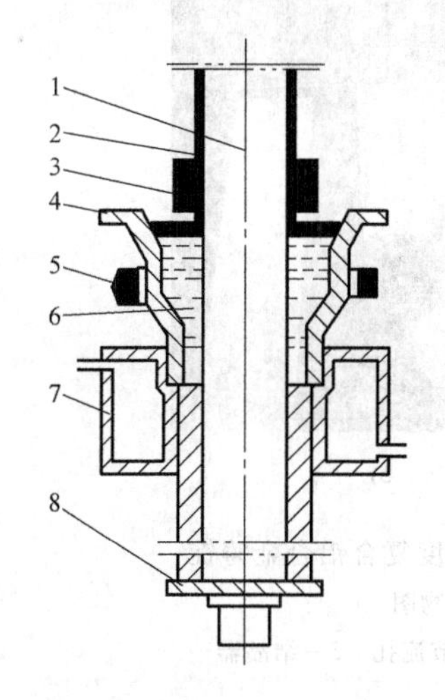

图 10-6　CPC 法的工艺原理

1—轧辊心　2—玻璃粉末涂层　3—预热线圈　4—耐火材料　5—加热线圈　6—复合层　7—铸型　8—底盘

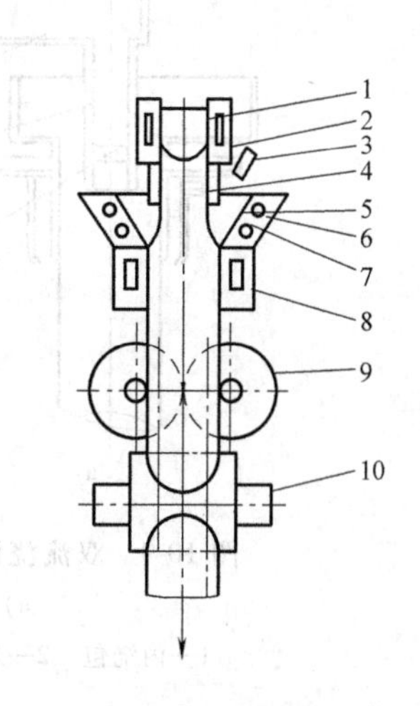

图 10-7　双结晶器连铸工艺原理

1—碳钢　2—碳钢结晶器　3—测温仪　4—大气隔离环　5—不锈钢　6—耐火材料　7—感应圈　8—不锈钢结晶器　9—纵向轧辊　10—横向轧辊

利用浇注双金属熔体的连续铸造法制备梯度复合材料在 20 世纪 80 年代初期提出后，已在铜合金、铝合金、镁合金等材料上开展了许多研究，并已实现了铝合金大型铸锭的工业生产。根据内熔体浇口所处位置和内熔体浇注时间的不同，衍生出一些各具特色的制备方法，

图 10-8 Novelis Fusion TM 层状复合铝合金铸锭

如 Novelis Fusion 方法，是先浇注内层金属熔体，当内层金属熔体形成的液穴稳定后，再浇注外熔体，而后形成了内层金属凝固液穴内嵌于外层金属凝固液穴、双液穴并存的现象。后由加拿大 Noviles 公司推出了层状铝合金复合材料板材的商业化产品，图 10-8b 所示是该公司生产的一些层状复合材料铸锭。CFC 法是先浇注外层金属熔体，始终控制凝固液穴底在内熔体浇口之上的某个位置，当铸锭心部形成与内熔体浇管外径大小一样的孔芯后，浇注内熔体。国内北京科技大学在充芯连铸方法（Continuous Core-Filling Casting，CCFC）上做了一些研究，目前研究的重点是研制铝包铜的层状复合材料。

双流浇注连续铸造（Double Stream Pouring Continuous Casting，DSPCC）是 20 世纪 90 年代初由郁鸽博士提出的一个制备梯度复合材料的设想。其基本原理如图 10-9a 所示。即在传统连续铸造设备的基础上，增加了一个内浇包及其导流系统，内、外浇包分别容纳不同成分的两种熔体。一方面通过控制内、外浇包两种熔体的凝固时间差，促使结晶器内熔体由外向内顺序凝固；另一方面抑制不同成分合金间的对流，阻止两种熔体的完全混合，最终得到梯度复合材料。在该工艺过程中，关键是要保证铸造过程中温度场的恒定和流体充型的平稳，抑制不同成分合金间的对流，防止两种熔体的完全混合。该制备方法的特点是工艺过程简单，成本低廉，可制备大尺寸产品，易于在常规连续铸锭生产线上实现。

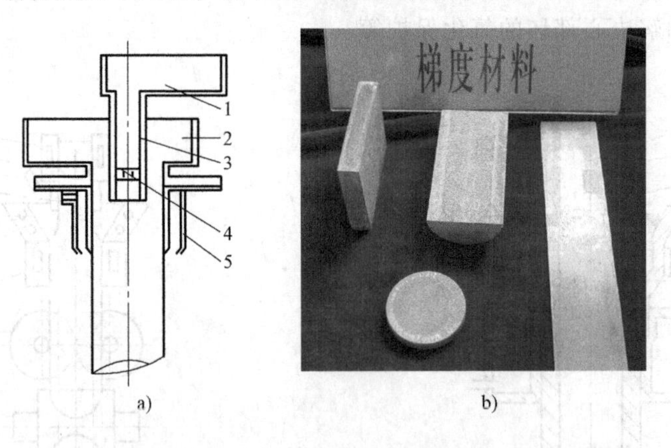

图 10-9 双流浇注半连续铸造原理和梯度复合铝合金铸锭

a）原理示意图 b）产品实物图

1—内浇包 2—外浇包 3—内导管 4—节流孔 5—结晶器

20 世纪 90 年代后，张卫文博士在郁鸽教授的指导下率先针对该设想从理论和实际上进行了初步探索。近年来华南理工大学针对该技术的研发，从合金体系选择、成形工艺优化、成形技术基础等方面开展了一系列的研究。研究发现在双流浇注连续铸造过程中内导管插入结晶器深度是一个重要的工艺参数，它显著影响铸件的微观组织和成分分布。在铸造过程顺利进行的前提下，随着内导管插入结晶器深度的增加，能够有效减少铸件内外层过渡区中的组织非不均匀性现象，且外层合金的凝壳厚度将增大。此外，该团队针对 2024/3003 梯度复合材料铸锭的塑性变形，采用几何方法分析理想状态下 2024/3003 双层梯度铝合金圆锭自由

压制变形过程，总结出材料废料率和理想板宽同压制比、内外合金分界圆半径的关系；同时提出了一个分析梯度材料变形的简化分层模型，模拟了 2024/3003 梯度铝合金在自由热压条件下的变形过程，分析了梯度层组织、应力和应变的变化。

虽然双流浇注连续铸造技术制备梯度复合材料的研究取得了一定的进展，但所涉及的合金体系还非常有限；在成形工艺方面仍有如何抑制液穴中的内、外浇包熔体对流，防止两种熔体的完全混合，以及如何实现稳态顺序凝固，使铸件组织和成分按设计要求梯度分布等关键问题未能解决。

最后，从研制材料的实际应用方面，双流浇注连续铸造制备的梯度复合材料只是一个初坯，还需要进行后续的塑性加工和热处理等工序。梯度复合材料铸锭组织在后续的塑性变形过程中如何变化，对最终材料性能产生很大的影响。因此，研究双流浇注连续铸造技术制备的梯度复合材料铸锭在后续的塑性变形和热处理过程中的组织和性能变化是非常必要的。如何将前期的铸锭制备与后续的塑性变形和热处理工艺进行有机结合，获得最优的材料性能也值得深入研究，而目前这方面的工作还刚刚起步。

10.4 铸渗技术

10.4.1　铸渗基本原理

金属材料表面合金化作为提高工件可靠性和耐用性的重要手段，它的研究和开发在世界范围内得到了很大的发展，迄今已有众多的金属材料表面合金化技术应用到实际工业生产中。这些已得到应用的表面强化技术一般是为了获得具有某些特殊性能（如耐磨、耐蚀等）的表面强化层，有着自己不同的强化机理和工艺规范。其中通过在铸件凝固过程同时实现工件表面合金化的金属铸渗技术，在表面强化机理和工艺规范上，与通过在工件表面镀覆新材料获得所需表面层性能的电镀、化学镀以及物理气相沉积等表面强化技术有着较大差异。它具有无需专用处理设备、表面处理层厚、生产工艺简单、成本低及工件不变形等优点。从 20 世纪 80 年代 Davls 和渡边贞四郎等人提出金属铸渗的基本思路后，国内外学者已对它进行了广泛深入的研究，并在强化机理、工艺控制等方面取得了不少成果，从而为这项技术的进一步应用和发展奠定了坚实的基础。

金属铸渗技术的基本原理是让金属液通过孔隙渗透到合金涂层内，包围合金颗粒，在熔剂和其他添加剂的共同作用下，通过一系列高温冶金物化反应在原涂层所在位置形成合金化层。因此，作为铸造技术和冶金强化技术的有机结合，金属铸渗技术充分利用了铸造凝固潜热，将待渗元素熔化、分解和扩散，从而在铸件表面形成具有特殊性能的合金化铸渗强化层。

与一般靠加热使待渗元素分解、吸附和扩散而形成的热扩散渗层不同，金属铸渗时，渗剂元素分解析出的活性原子，不经过如固体热扩散那样先被吸附在被渗金属基体表面并陆续被基体金属吸收，随后在渗镀的高温下向基体金属内部扩散的过程，而是直接渗入到母材中占据有利位置形成固溶体。由于液体中扩散阻力小，待渗原子扩散时消耗的能量小，扩散行程长，因此最终形成的扩散层就比一般热扩散方法得到的扩散层要厚，而这是其他热扩散方法无法达到的效果。

目前，国内外对于合金化铸渗层的形成机理尚无统一认识。有人认为，在金属铸渗过程中，铸渗层的形成是靠凝固余热提供的热量使待渗元素发生分解和扩散所致，它主要由两部分组成：一部分是包容层，主要是靠浇注的液态金属浸润到熔剂中使熔剂熔化烧结并发生特定的化学反应形成以渗剂合金成分为主的包容层；二是在包容的同时，使渗剂发生分解反应，产生大量活性原子，在母材内部扩散，形成扩散层。但也有文献指出，金属铸渗条件下合金化铸渗层形成的主导作用是渗层在高温作用下发生反应，解离出来的涂料中合金颗粒中的铸渗元素及气态元素，在铸件完全凝固前，迅速扩散并溶解在铁液中，从而形成硬质相而获得合金化铸渗层。

10.4.2 铸渗工艺

1. 铸渗基本工艺

目前，已得到应用的金属铸渗工艺方法主要有普通砂型铸渗法和干砂消失模铸渗法。普通砂型铸渗法的工艺过程为：将具有特殊性能的合金粉末与黏结剂、熔剂配制成膏状并涂覆在型腔表面的需要部位上，待铸型干燥后浇注。由于高温金属液与合金粉末之间存在扩散、浸渗、熔融和烧结等冶金反应，因此在铸件冷却凝固后，就会在其表面形成毫米级厚度的具有特殊性能的合金层。由于普通砂型铸渗法需要在型腔内壁上涂挂合金化涂料或黏附合金粉制成的膏块，而膏块存在制作工艺复杂、安放固定困难和位置局限性大等问题，因此操作极不方便。此外，涂料中的无机物和有机物在铸件形成过程中产生的夹渣和气体也极易残留在表面合金层中，形成夹渣、气孔和黏砂等铸造缺陷。除以上这些不足之处外，普通砂型铸渗法还存在合金化层厚度小、成本高等缺点。这些问题的存在使得这种工艺目前多被用于小批量的工艺试验，难以实现大规模的工业化应用。

与普通砂型铸渗法相比，干砂消失模铸渗法则是将合金化涂料和耐火涂料依次黏附在用可发性聚苯乙烯（EPS）制成的铸件模样上，然后用干砂振动造型，并在浇注前取样，浇注时抽负压。当金属液充型时，EPS 模样和合金化涂料层中的有机黏结剂等遇高温分解汽化，产生的大量气体在负压的抽力作用下逸出，导致合金化涂料中合金颗粒之间产生大量空隙。此后，高温金属液在毛细管力、负压吸力、铁液静压力等作用下，向合金粉末空隙渗入。当渗入的金属液最终与耐火涂层接触时，铸渗过程结束，待铸造合金凝固后，具有特殊性能的表面合金化层就形成了。由于消失模铸造工艺不需要分型、不需要下芯，故干砂消失模铸渗只需在合金化的铸件部位（EPS 模样相应部位）涂覆一层合金粉涂层，而不必考虑涂层膏块的安放和固定，因此除操作相对比较简单外，还有精度高、成本低等优点。此外，干砂消失模铸渗法还可根据所需合金层厚度，在合金涂料层内加入一定比例的 EPS 小珠粒，使其在浇注时汽化，产生有利于合金液渗透的孔洞，从而获得较厚的表面合金层。也正是由于干砂消失模铸渗法所具有的这些优势，使之与普通砂型铸渗法相比具有更好的发展前景。

2. 工艺因素对铸渗层的影响

无论是普通砂型铸渗法还是干砂消失模铸渗法，为了获得较好质量的铸件表面合金化铸渗层，都必须在铸渗过程中对工艺因素进行严格控制。从已进行的研究来看，在影响铸件铸渗层质量的众多工艺因素中，以基体金属、铸渗剂、浇注温度、涂层厚度和黏结剂等的影响最为显著。

（1）基体金属的影响　目前，研究中采用的基体金属多是铸铁或铸钢。一般而言，基

体金属除应具有足够的强韧性外，更重要的是必须对 WC、Cr-Fe、B-Fe 等铸渗剂合金有良好的润湿性和一定的溶解度，以保证在界面能形成以铁为基体的固溶体，即使界面呈冶金结合，以提高结合强度。而在铸铁和铸钢这两种基体材料中，铸铁的熔点低、流动性好，因而有利于浸渗。但因其含碳及杂质元素偏高，高温下反应激烈，从而影响了界面结合。而铸钢由于具有凝固温度高、凝固较快和流动性差等特点，因此形成合格铸渗合金层的难度较大。如果能采用金属涂覆铸造法或再配合负压铸型的真空吸力，还是可以形成 4~5mm 的合金元素扩散层或母液渗入铸钢件表面合金层。研究证明，铸铁基体金属多用来制造抵抗低应力磨粒磨损工况的耐磨件比较合适。对于一些要求整体具有较好的综合力学性能，而工作表面具有特殊性能（如耐蚀、耐热、耐磨等）的工件，基体金属则必须采用铸钢，才能满足零件外硬里韧的性能要求。

（2）铸渗剂的影响　为了获得特殊性能的合金化铸渗层，通常选用抗磨性好、硬度高的抗磨合金作为铸渗剂，如 WC（2400HV）、Cr-Fe、B-Fe 等。除此之外，还可同时加入 Ti、Nb、Co、Ni 等合金元素，以改善合金化层的其他性能，如抗氧化性和耐高温性等。但在具体选择铸渗剂时还需考虑以下两个问题。一是铸渗剂与液体金属间的浸润性。由于铸渗剂与液体金属间的浸润性直接影响到铸渗层的形成强度，因此，铸渗剂与液体金属间的浸润性被认为是铸渗层形成的首要因素。为了改善铸渗剂中合金颗粒的润湿性，同时防止合金颗粒表面氧化，一般都需要加入助熔剂，加入量一般占合金颗粒质量的 5%~12%。二是合金颗粒的粒度。合金颗粒的粒度太粗，不利于合金颗粒在短时间内达到熔融状态；太细，表面积大，黏结剂用量多，燃烧时产生的气体和残渣多，易造成铸造缺陷，因此合金颗粒的粒度应有取值范围，一般以 0.125~0.635mm 为宜。目前，人们使用得最多的一种铸渗剂是 WC，与钢铁材料相比，WC 具有高硬度及高热硬性，同时 WC 的抗压强度、导热性及弹性模量比钢铁材料高 2~4 倍，具有与高速钢相等的高强度及高韧性。

（3）浇注温度的影响　浇注温度控制是形成铸渗层的重要因素。浇注温度过高，渗剂元素烧损严重，基体晶粒粗大，同时合金涂料也易被金属液冲散；而浇注温度过低，合金涂层得不到足够的热量，融合强度低，渗层容易脱落，扩散层薄或形不成扩散层。同时浇注温度低也使得金属液流动性差，造成金属液渗透能力下降，导致金属液不易与合金颗粒熔合，常出现气孔、夹渣等缺陷。对于浇注温度的控制，虽然一般铸钢件的浇注温度控制在 1530~1580℃，铸铁件浇注温度控制在 1350℃以上，但还需和合金涂料中合金的配比相配合，如用 Cr-Fe 为铸渗剂进行锌渗表面合金化，且母材为铸铁时，浇注温度应以 1390℃为宜。而用高碳铬铁粉为铸渗剂进行铸渗表面合金化，母材为低锰钢时，浇注温度应以 1580℃为宜。

（4）涂层厚度的影响　涂层薄时，不足以形成一定厚度的合金化渗层，同时也易被金属液冲散；涂层过厚，不能完全被金属液浸透和熔化，且浇注时易形成裂纹。一般情况下，涂层厚度和铸渗层厚度存在一定的比例关系，在允许的厚度范围内，铸渗层厚度随涂层厚度的增加而增加，但最大允许厚度受浇注温度制约。

（5）黏结剂的影响　黏结剂是保证铸渗能否成功的一个不可忽视的因素，它的作用，一是渗剂的相互黏结，二是和型腔表面的黏结。需要注意的是，渗剂中所加的黏结剂要防止渣化，以杜绝铸渗层中渣孔的形成。一般而言，当黏结剂加入量过低时，涂层的黏结强度低，易被高温金属液冲掉，使铸渗时表面合金化难以进行；而黏结剂加入量过高时，则在合金涂料中的合金颗粒表面包裹一层较厚的黏结剂，影响金属液与合金颗粒的接触反应，同时黏结剂燃烧产生大量气体和残渣短时间内不易迅速排去，容易造成铸造缺陷。因此，在保证合金涂料强度的前提下，应尽可能减少黏结剂的加入量。

10.5 复合材料的金属浸渗技术

金属基复合材料以金属或合金为基体，以不同材料的纤维或颗粒为增强物，具有质量小、强度高、耐磨耐热性好等优点，是一种先进的工程材料，在航天、汽车、生物工程等高技术领域得到日益广泛的应用。

金属基复合材料生产工艺的难点在于许多金属及其合金与增强体之间几乎不润湿，为了改善两相之间的润湿性，需要专门的设备，而且工艺过程复杂。在众多制造复合材料的方法中有代表性的一种就是熔融金属浸渗法，这实质上是一种二次成形过程，首先制备增强体预制体，然后浸渗熔融金属（铸造过程）。该方法方便而经济，已成功地运用于多种制备金属基复合材料的工艺中，包括真空浸渗、变压浸渗、挤压铸造、液态浸渗后直接挤压等。

10.5.1 金属液在多孔介质中的浸渗

液态金属向增强材料预制体中的浸渗是一个相当复杂的物理过程，需要对液态浸渗流动过程的静力学和动力学方面进行研究。一般而言，构成预制体的增强相尺寸极小（纤维或颗粒），可以把预制体看作是多孔介质，如由直径细小的氧化铝短纤维、碳纤维制成的预制体都可以看成是多孔体，并将液态金属在纤维孔隙中的流动看作是在多孔介质中的流动，即渗流。

Lenel 于 1980 年叙述了在制备金属-陶瓷及金属-金属复合材料中的毛细管驱动过程。由于实际的纤维中孔隙都很窄而弯曲，具有较大的阻力，所以流速很小，因此把流体在多孔介质中的渗流流动视为层流。

浸渗过程与表面现象和压力 p_c 有关，p_c 为浸渗前沿的毛细管压力降。当液体不润湿时，$p_c>0$，这个压力降与浸渗前沿速度无关。另外，浸渗过程还存在其他阻力。当液态金属不能润湿增强体时，或浸渗中出现其他阻力时，液体浸渗增强体需要外界压力。复合材料的加压浸渗可分为四个步骤：①金属液所受压力逐渐升高并开始浸渗预制块；②金属液在预制块中流动；③金属液在外压下进一步填充预制块的微小孔隙；④渗入预制块中的金属液在压力下凝固形成复合材料。浸渗过程如图 10-10 所示。

与此同时，金属液在浸渗过程中的同步氧化对浸渗效果的影响很大。铝及镁同氧的亲和力大，大气压力为 10^2Pa 时仍有氧化膜形成。一般试验条件下在型腔中达不到超高真空。对铝来说，其氧化膜是致密的，这样金属液横向浸渗纤维束内时，致密的 Al_2O_3 膜阻碍了铝液与纤维直接接触，阻碍浸渗进行。

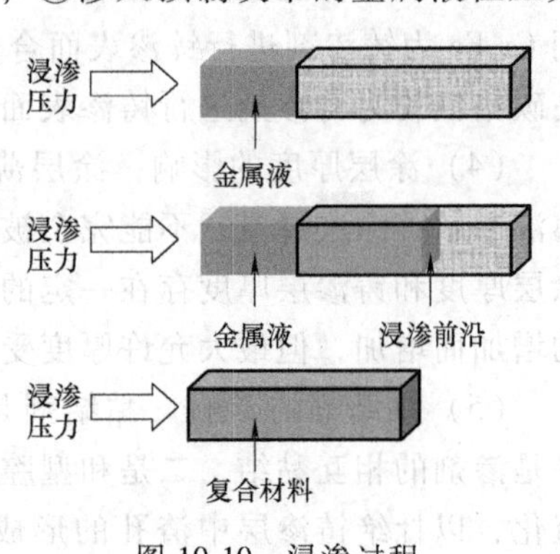

图 10-10 浸渗过程

10.5.2 压力浸渗技术

早于 1960 年，Charles Norman 等开始研究块状预制型的气压浸渗。1970 年他们的研究成果被授予美国专利。从 20 世纪 80 年代开始，美国麻

省理工学院开始对气压浸渗进行了系统研究，对 Charles Norman 的方法进行了改进。在改进后的方法中，铸造参数可以分别进行控制。可以对预制型和金属采用不同的温度参数和压力参数。1985 年 Rohatgi P. K. 等介绍了利用离心力浸渗制备复合材料的方法。1987 年 Eggert Tabk 为了改善浸渗效果提出了合金元素的作用。1991 年 Urquhart A. W. 介绍了 Lanxides 的复合材料制备方法，介绍了 Mg 元素对铝浸渗的作用。到了 20 世纪 90 年代，气体压力浸渗块状预制型制备金属基复合材料已经发展到一个相当的阶段。

1. 金属基复合材料的挤压铸造浸渗

挤压铸造法是通过压力机将液态金属强行压入增强材料的预制型中以制造复合材料的一种方法，即挤压铸造是通过一个液压活塞进行挤压。其过程是先将增强材料制成一定形状的预制件，经干燥预热后放入模具中，浇注入熔融金属，液态金属在压力下浸渗入预制件中，并在压力下凝固，制成接近最终形状和尺寸的零件，或作为塑性成形法二次加工的锭坯。挤压铸造可以用于预热的粉末混合体或预制型的浸渗。

这种方法的优点：①工艺简单可靠、生产效率高、制造成本低，适合于批量生产；②由于与铸型材料很好接触，导致散热良好、冷却快、组织致密，除此之外，活塞移动比较慢；③由于挤压时所用压力为 70~100MPa，比典型的压铸方法大，在这种高压的作用下，促进了金属熔体对增强材料的润湿，增强材料不需要进行表面预处理，熔体与增强材料在高温下接触的时间短，因此也不会出现严重的界面反应。

由于上述优点，特别是制造出的零件组织致密，挤压铸造法已经成为批量制造陶瓷短纤维、颗粒、晶须增强铝、镁基复合材料零部件的主要方法之一，已成功制造出内燃机活塞、连杆和各种机械零件，活塞生产已形成年产数百万件的规模。

挤压铸造的缺点是：①浸渗需要压室，由于压力大，压室的壁厚较大；②不适用于连续制造金属复合材料型材，也不能生产大尺寸的零件；③挤压铸造的压力比真空压力浸渗的压力高得多，因此要求预制件具有高的强度。

图 10-11 所示为 Boland F. 等使用复合材料挤压铸造的过程。图 10-11a 所示为浸渗准备，即将预制型放到一个模型中；图 10-11b 所示为浇入合金液体的过程；图 10-11c 所示为压头下压金属液体对预制型进行浸渗的过程；图10-11d 所示为预制型中的金属液体凝固以后，复合材料铸件从模型中推出的过程。

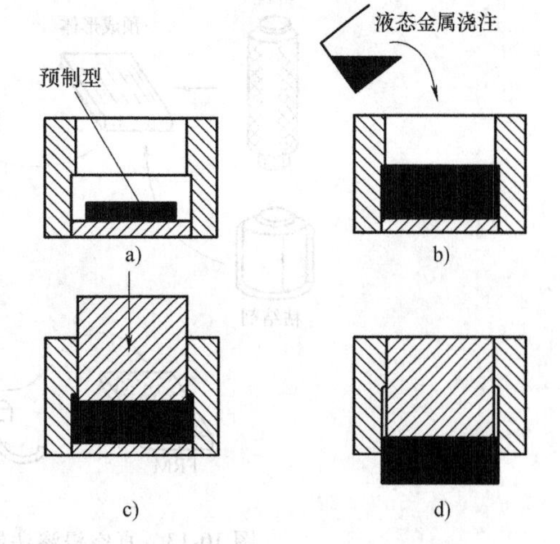

图 10-11　复合材料挤压铸造的过程
a）预制型置于型内　b）液态合金浇注
c）施加压力　d）推出复合材料制品

2. 金属基复合材料的气体压力浸渗

使用压力气体直接作用于液态金属上的方法称为气体压力浸渗。这种方法相对挤压浸渗而言，更为经济，加工也更为方便。气压浸渗的基本步骤是：①对纤维束或编织物进行处理，如渗入润滑油，或进行化学覆膜；②制备增强物预制体，可通过缠绕、编织、针织、层叠或黏结制成；③放置预制型到铸型中；④去除预制型中的非增强材料，如采用必要的加热使可挥发物质变成气体去除；⑤排除铸型中的气体；⑥熔化基体金属（预制型上）并达到浸渗温度；⑦通入压力气体作用在液态金属表面，使其渗入其下的预制型；⑧铸件冷却后取出进行加工并检验。

该工艺涉及液体金属浸渗充填纤维预制型及其后的凝固过程。其中液相浸渗充填过程是工艺的关键，该过程常导致增强纤维分布状态的变化，而浸渗的不完整性导致复合材料中孔洞等缺陷的产生，进而影响复合材料的组织与性能。

Charles Norman 等早于 1960 年就开始研究气压浸渗，并于 1970 年获得美国专利。从 20 世纪 80 年代开始，美国麻省理工学院开始对其压浸渗进行系统研究，其浸渗装置示意图如图 10-12 所示，先将氧化铝纤维预制型 1 放入一个多孔型 2 中，再置于坩埚 4 中。然后在预制型面上放置固态金属 3，并将装有料的坩埚放入压力釜 6 中，用压力釜盖 5 封闭，压力釜盖上设置通气孔 7，再将釜内的空气排除。当金属熔化后，在压力气体作用下液态金属可从预制型的四周渗入预制型。

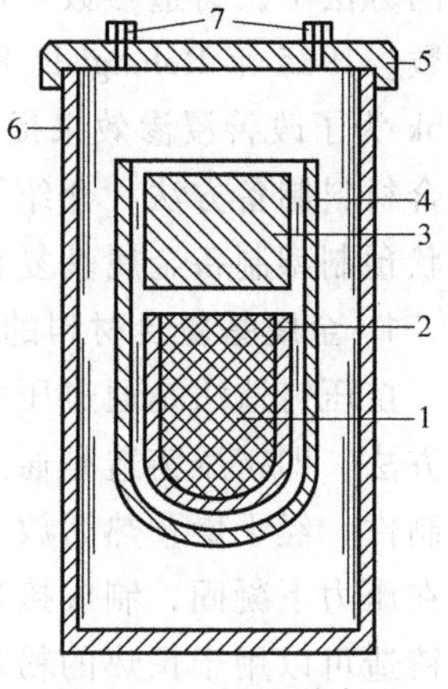

图 10-12　坩埚浸渗法

1—氧化铝纤维预制型　2—多孔型　3—固态金属　4—坩埚　5—压力釜盖　6—压力釜　7—通气孔

3. 真空（压力）浸渗技术

类似于真空吸铸，引入真空条件进行浸渗同样可以减少复合材料中铸造缺陷如（孔洞）等的形成。图 10-13 所示为真空浸渗法制备金属基复合材料的工艺过程。

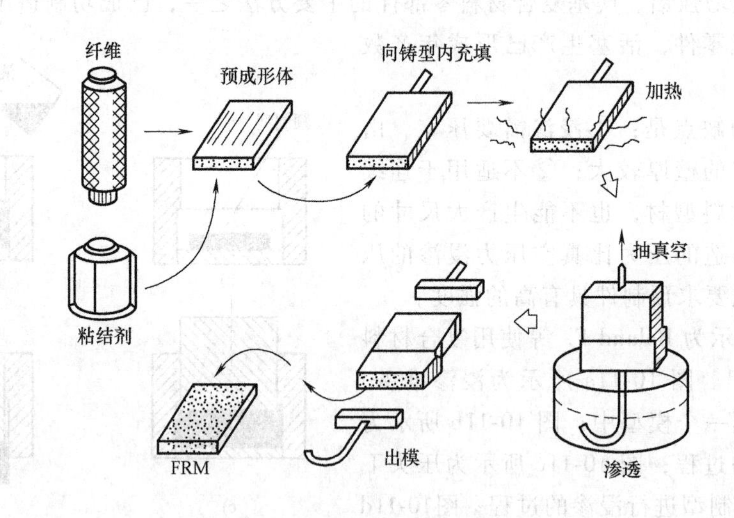

图 10-13　真空浸渗法制备金属基复合材料工艺过程

同时，在浸渗过程中还可使用压力来改善铸造组织。例如，在较小的过热条件下，由液态 Al-Cu 合金在低压下对 Saffil δ-Al_2O_3 预制型进行高速浸渗，其组织为细晶结构，仅在小区域范围内出现宏观偏析。

真空压力浸渗法的优点为：①适用面广，可用于多种金属基体和连续纤维、短纤维、晶须和颗粒等增强材料的复合，增强材料的形状、尺寸、含量基本上不受限制，也可用来制造混杂复合材料。②可直接制成复合材料零件，特别是形状复杂的零件，基本上无需进行后续加工。③浸渗在真空中进行、压力下凝固，无气孔、缩松、缩孔等铸造缺陷，组织致密，材

料性能好。④工艺简单，参数易于控制，可根据增强材料和基体金属的物理化学特性，严格控制温度、压力等参数，避免严重的界面反应。

但是真空压力浸渗法的设备比较复杂，工艺周期长，制造大尺寸的零件要求大型设备。

10.6　电磁铸造技术

10.6.1　电磁铸造技术原理

电磁铸造（Electromagnetic Casting，EMC）是利用电磁感应器来代替普通半连续铸造法的结晶器支撑和约束液体金属，然后直接水冷形成铸锭。它是无模半连续铸造技术，液态金属凝固过程中受到电磁场、温度场、流场等复杂三维场的综合作用，由苏联学者 Getselev 在 20 世纪 60 年代末开发成功。随后在美国、瑞士等国得到大力推广并实现产业化。电磁铸造作为电磁流体力学与铸造工程相结合的应用技术，目前已成为铝合金连续铸造的三大生产方法之一。

电磁铸造的突出特点是：①在外部直接水冷、内部电磁搅动熔体的条件下，冷却速度大，并且不用成形模，而以电磁场的推力来限制铸锭尺寸，使铸锭晶粒和晶内结构都变得更加微细，并提高了铸锭的致密度；②使铸锭的化学成分均匀，偏析度减少，力学性能提高，尤其是铸锭表皮层的力学性能提高更为显著；③熔体是在不与结晶器接触的情况下凝固，不存在黏结等缺陷，铸锭的表面粗糙度值很小，不车皮即可进行压力加工，硬合金扁锭的铣面量和热轧裂边量也大为减少，提高了成品率并减少了重熔烧损。此方法的主要缺点是：设备投资较大，电能消耗较多，变换规格时工具更换较复杂，操作较为困难。

电磁铸造法中，液体金属的形状由电磁力约束，其原理（图 10-14a）是：当电磁感应器中通入交变电流 I_0 时产生交变电磁场 H；同时，与电磁线圈反向的涡流 I 流过液体金属表层，I 与 H 相互作用产生向内的电磁力 F 压迫液体金属形成半悬浮柱体；冷却水在感应器下方喷向铸锭使液体金属凝固，铸机拖动底模向下运动形成连续铸造。为了保证液柱侧面呈直

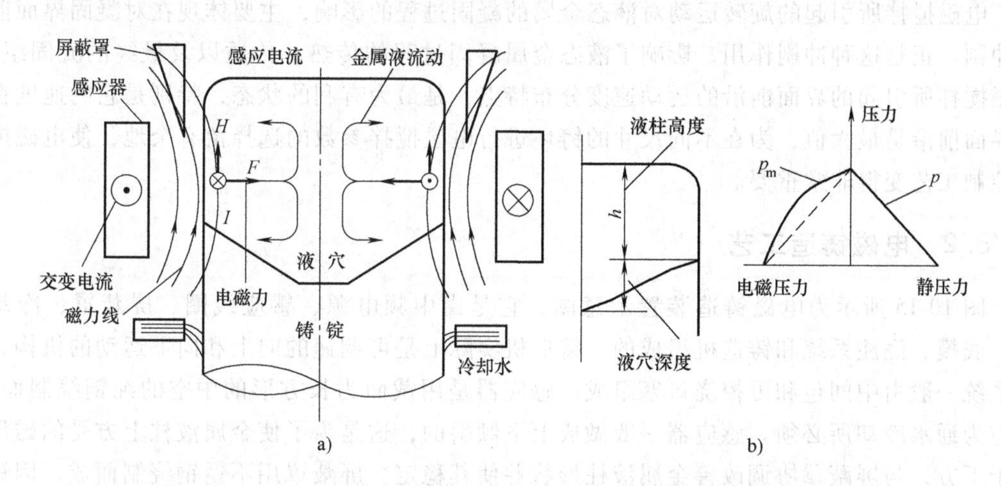

图 10-14　电磁铸造的原理和力的平衡关系

a）电磁铸造原理示意图　b）电磁压力分布

立状态，电磁压力在液柱高度方向的分布必须与液柱静压力的分布一致（图 10-14b），即满足 $p_m+p_\sigma=p_s$（p_m 为电磁压力，p_σ 为表面张力引起的指向熔体内部的压力，p_s 为熔体在自由表面上的静压力），在液柱上方设置一屏蔽罩来调整磁场的分布，它同时起到抑制熔体过度流动以及稳定液柱的作用。

根据 Maxwell 方程，作用在熔体自由表面上的电磁压力 p_m 为

$$p_m=\frac{B^2}{2\mu} \tag{10-1}$$

式中，B 为电磁场磁感应强度（T）；μ 为熔体的磁导率（H/m）。

熔体在自由表面上产生的静压力 p_s 为

$$p_s=\rho gh \tag{10-2}$$

式中，ρ 为熔体密度；g 为重力加速度；h 为液柱高度。

表面张力在熔体自由表面产生的指向熔体内部的压力 p_σ 为

$$p_\sigma=\frac{\sigma}{r} \tag{10-3}$$

式中，σ 为熔体的表面张力；r 为熔体表面在此处的曲率半径。

因为 $p_m+p_\sigma=p_s$，一般情况下忽略表面张力产生的压力，则有

$$p_s=p_m=\frac{B^2}{2\mu} \tag{10-4}$$

式（10-4）表明，电磁能够使熔体被约束成形主要是依靠磁场在熔体表面产生的电磁压力和熔体本身的静压力之间的平衡，通过调节两者的相对大小及分布即可达到改变被约束熔体形态的目的，这就是电磁约束成形的基本原理。

在旋转型电磁搅拌作用下，铸坯内液态金属旋转运动的轴向速度由铸坯的中心开始逐渐增大，在凝固界面前沿液态金属的轴向运动速度达到最大值。电磁搅拌作用下液态金属的旋转运动之所以有这样的特点，主要是由于在电磁场作用下，在铸坯内部从中心开始液态金属受到的电磁力逐渐增加，在凝固界面前沿电磁力达到最大值。

电磁搅拌所引起的旋转运动对液态金属的凝固过程的影响，主要体现在对凝固界面前沿的冲刷。正是这种冲刷作用，影响了液态金属凝固过程的传热、传质以及最终的凝固组织。电磁搅拌所引起的界面前沿的运动速度分布特点，是最为有利的状态，特别是它的速度在凝固界面前沿是最大值，为在不同尺寸的铸坯进行电磁搅拌参数的选择留有余地，使电磁搅拌的控制工艺变得非常重要。

10.6.2 电磁铸造工艺

图 10-15 所示为电磁铸造装置示意图，它是由中频电源、感应线圈、屏蔽罩、冷却水箱、底模、浇注系统和铸造机组成的。铸造机实际上是可调速的向上和向下运动的机构，浇注系统一般由中间包和可控浇口塞组成。感应器是用截面为长方形的中空的纯铜绕制而成，中空为通水冷却所必须。感应器一般做成上下倾斜的，这是为了使金属液柱上方受的磁压力小于下方，与屏蔽罩协调改善金属液柱形状并使其稳定。屏蔽罩用不锈钢绕制而成，因铸造过程中屏蔽罩也需要散热，故因设法在其表面流水冷却。

铸造过程如下：首先将底模边缘的上平面移动到感应器半高处，启动中频电源；然后浇

注；当液面高度达一定值时固定输出功率，喷水冷却，底模以一定速度向下移动。

电磁铸造成败的关键，是使金属液柱稳定并使其高度保持一定。为达此目的，合理选择工艺参数是十分重要的。最重要的参数有电流频率、电流强度、铸造速度、喷水冷却强度等。提高电流频率可降低金属液柱中电磁搅拌引起的流动，但随着电流频率的增大，感应加热作用迅速增大，不利于提高铸造速度，会无谓地浪费电能。在铝合金的电磁铸造中，电流频率一般取 2000~3000Hz。电流强度应根据所需要的金属液柱高度而定，金属液柱高度过低，金属液柱顶面的边缘向内收缩，铸造过程不易控制；金属液柱过高，也造成电能的浪费。金属液柱高度一般控制在 30~50mm，是适当的，这时所需要的电流强度为 3500~5000A。铸造速度随喷水冷却强度而变，目前一般采用循环水喷水冷却，冷却强度的提高受到制约，因此铝合金的电磁铸造速度一般只能达到 60~100mm/min。

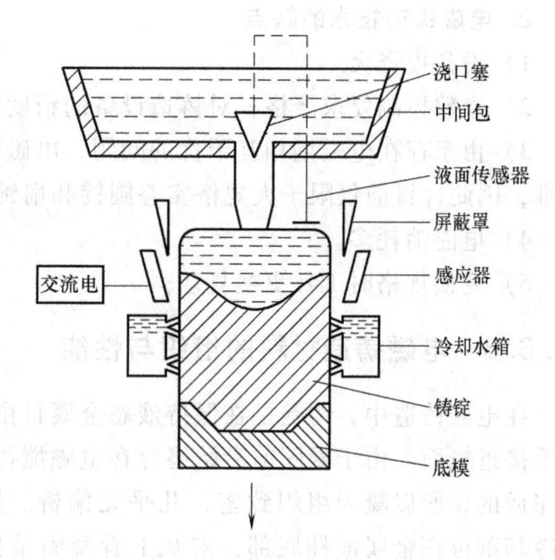

图 10-15　电磁铸造装置示意图

电磁铸造成败的另一个关键，是浇注速度和铸造速度（拉坯速度）相协调，使金属液柱高度保持不变。为达此目的一般采用以液面高度传感器反馈控制浇注速度。

浇注温度和冷却水温度的变化，电源的波动以及中间包中的金属液量的变化，也都会引起铸造过程的不稳定，因此大规模先进的电磁铸造生产，已实现了计算机控制的全自动化生产。

1. 电磁铸造技术的优点

1）铸锭表面质量优良。因电磁铸造时铸锭不与结晶器壁接触，因此铸锭凝壳成形之后无表面二次加热现象，表面质量优良，无拉裂、拉痕、冷隔、偏析瘤等表面缺陷，结晶面上方始终维持一个液柱，且铸锭表面保持着完整的氧化膜，因此铸锭表面致密度高；此外，电磁铸锭表面偏析层的深度与一个树枝晶晶粒的尺寸吻合，一般为 0.1~0.5mm，而普通铸锭表面偏析层的深度可达 1~3mm。

2）晶粒细小、均匀。由于电磁铸造冷却速度快、液穴内金属液的运动等原因，电磁铸造的晶粒度更为细小。

3）晶内结构细化均匀。电磁铸造条件下，因铸锭的冷却速度和铸造速度都提高，因此铸锭的结晶速度快，晶内结构细化、均匀。

4）逆偏析程度轻。因冷却速度高、过渡带尺寸小、结晶前沿更为平坦等原因，逆偏析的程度轻。

5）改善了力学性能。由于枝晶细化，铸锭组织致密，因此改善了力学性能，尤其是铸锭边缘的力学性能会有明显改善。此铸锭压力加工也会由于塑性的提高而有所改善，变形程度加大。

6）冷裂纹倾向小。由于电磁铸锭塑性高，内应力分布均匀，因此冷裂纹倾向小。

7）成品率提高。因皮下偏析层小，硬合金扁锭的铣面量减小；因电磁铸锭塑性提高，热轧裂边量减小，从而提高了成品率。

2. 电磁铸造技术的缺点

1）设备投资大。

2）参数控制要求严格，对铸造设备的精度和操作人员的熟练程度要求高。

3）由于存在电磁场相互干扰的问题，电磁铸造在多模铸造和空心锭的铸造过程中存在困难，因此，目前仅限于大规格实心圆锭和扁锭的铸造。

4）电能消耗多。

5）变换规格时工具更换复杂。

10.6.3 电磁铸造材料的组织与性能

在电磁铸造中，铸锭是在保持液态金属自由表面的情况下凝固的，因此铸锭表面光滑，几乎接近镜面。由于凝固前沿始终存在电磁搅拌作用，凝固又是在直接喷水冷却的条件下快速完成的，所以凝固组织致密，几乎无偏析。另外，喷水冷却部位在金属液柱底部，宏观上看凝固是自下而上进行的，因此凝固组织接近定向凝固的组织，横截面易形成等轴晶。电磁铸造材料的力学性能得到明显的改善，特别是材料的压力加工性能得到大幅度的提高。图 10-16 所示是电磁铸造和金属型中铸造的铝合金凝固组织的比较。

图 10-16 电磁铸造与金属型铸造的铝合金凝固组织比较

a）电磁铸造 b）金属型铸造

以 7075 铝合金为例，化学成分（质量分数）为：Cu 为 1.67%，Mg 为 2.22%，Zn 为 5.95%，余量为 Al。在铸造温度为 720℃，铸造速度为 40mm/min，保持稳恒磁场强度为 10000At 不变的同时，通过变换交变磁场感应线圈电流强度和频率的方法来调整电磁振荡力的大小，铸造直径为 200mm 的铝合金圆锭。电磁振荡法半连铸铝合金过程中，由于交变磁场与感生电流相互作用产生洛仑兹力，使得此方法具有对熔体约束和搅拌的作用，熔体内产生相当大的扰动，起着弥散合金元素、均匀温度场、加大熔体整体过冷度、增加并弥散形核核心、抑制枝晶生长的功能，从而形成均匀细小的等轴细晶组织。由图 10-17 可见，随着磁场强度的增加，铸坯中近球形组织增多，蔷薇型组织减少，晶粒整体尺寸变得更加细小和均匀。

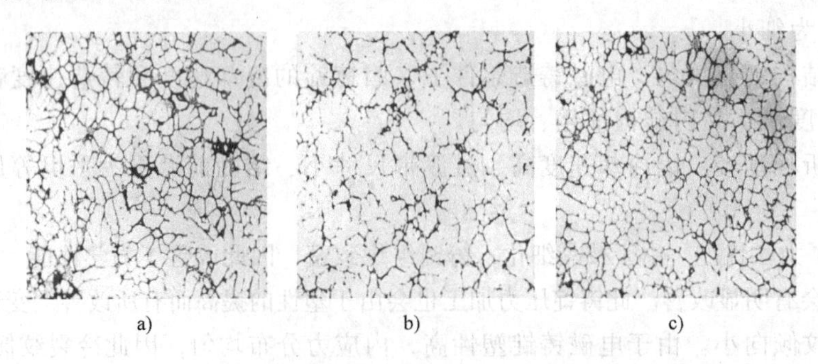

图 10-17 稳恒磁场强度 10000At 及电磁振荡频率 25Hz 条件下铸锭的微观组织随电磁振荡强度的变化

a）5000At b）7500A c）10000At

思　考　题

1. 简述陶瓷型铸造和石膏型铸造的工艺特点及适用范围。
2. 连续铸造的基本成形原理是什么?
3. 简述铸渗技术和液态金属浸渗技术及其各自适用对象的区别。
4. 电磁场在金属凝固过程中的作用是什么? 电磁铸造技术的关键工艺有哪些?

参考文献

[1] 林伯年. 特种铸造 [M]. 2 版. 杭州: 浙江大学出版社, 2004.
[2] 袁新强, 陈立贵, 付蕾, 等. 陶瓷型铸造的发展进程和方向 [J]. 铸造, 2008, 57 (6): 541-545.
[3] 张业明, 曾明. 陶瓷型铸造的现状和发展趋势 [J]. 铸造设备与工艺, 2009 (2): 57-61.
[4] 何汉军, 李怀君, 马双彦, 等. 半精密铸造方法的探索与实践 [J]. 铸造技术, 2005, 26 (8): 709-712.
[5] 张永红, 蒋玉明, 杨屹. 石膏型熔模特种铸造工艺 [J]. 铸造技术, 2002, 23 (6): 347-350.
[6] 费劲, 张卫文, 罗宗强, 等. 连续铸造技术的发展概况及展望 [J]. 铸造技术, 2002, 23 (2): 74-77.
[7] KULKARNI M S, BABU A S. Managing quality in continuous casting process using product quality model and simulated annealing [J]. Journal of Materials Processing Technology, 2005, 166 (2): 294-306.
[8] 王新, 徐成海, 张杨. 真空铸造技术的研究现状 [J]. 真空, 2005, 42 (1): 6-11.
[9] 熊艳才, 周永江, 洪润洲. 薄壁复杂铝合金精铸件真空吸铸工艺研究 [J]. 特种铸造及有色合金, 2000 (5): 18-19.
[10] 杨明波, 代兵, 李晖, 等. 金属铸渗技术的研究及进展 [J]. 铸造, 2003, 52 (9): 647-652.
[11] 伊新. 材料表面铸渗技术的应用与发展 [J]. 热处理技术与装备, 2008, 29 (6): 9-12.
[12] 李珍, 陈跃. 铸渗成型技术工艺及发展状况 [J]. 铸造技术, 2004, 25 (8): 651-654.
[13] 刘晓涛, 张廷安, 崔建忠. 层状金属复合材料生产工艺及其新进展 [J]. 材料导报, 2002, 16 (7): 41-43.
[14] 朱永伟, 谢刚朝. 层压金属复合材料的加工技术 [J]. 矿冶工程, 1998, 18 (2): 68-72.
[15] 胡文军. 用爆炸加工方法生产钢铝复合材料锅 [J]. 机械, 1996, 23 (4): 38-39.
[16] ILSCHNER B, DELFOSSE D. Synthesis of multiphase powder systems with a composition gradient [J]. Solid State Phenomena, 1989, 8 (9): 61-70.
[17] 曾昭昭. 特种铸造 [M]. 杭州: 浙江大学出版社, 1990.
[18] 李成功, 巫世杰. 先进铝合金在航空航天工业中的应用与发展 [J]. 中国有色金属学报, 2002, 12 (3): 16-21.
[19] TAKEUCHI E, ZEZE M. Novel continuous casting process for clad steel slabs with level DC magnetic field [J]. Ironmaking & Steelmaking, 1997, 24 (3): 257-263.
[20] GAM G. Process in joining of advanced materials [J]. International Materials Reviews, 1998, 43 (1): 1-44.
[21] 刘耀辉, 刘海峰, 于思荣. 液固结合双金属复合材料界面研究 [J]. 机械工程学报, 2000, 36 (7): 81-85.
[22] 于九明, 王群骄, 孝云祯, 等. 铜/钢反向凝固复合实验研究 [J]. 中国有色金属学报, 1999, 9 (3): 474-475.
[23] 郁鸽, 朱苍山, 张卫文, 等. 以连续及半连续铸造方式制备梯度材料的方法: 中国, 97 1 03553.9 [P]. 1998-02-25.

[24] 谢建新，吴春京，李静媛．多层复合材料一次铸造成形设备与工艺：中国，98101042.3 [P]. 1999-09-29.

[25] 秦延庆，薛志勇，吴春京．连铸铜包铝复合棒坯过渡层的研究 [J]. 特种铸造及有色合金，2005，25 (5)：304-307.

[26] 孙德勤，吴春京，谢建新．双金属复合材料铸造工艺研究进展 [J]. 铸造，1999 (12)：48-51.

[27] 杨国明，吴春京．电渣工艺复合轧辊计算机模拟 [J]. 铸造，1998 (2)：21-23.

[28] 吴人洁．金属基复合材料的现状与展望 [J]. 金属学报，1997，33 (1)：78-83.

[29] 刘晓涛，张廷安，崔建忠．层状金属复合材料生产工艺及其新进展 [J]. 材料导报，2002，16 (7)：41-43.

[30] YU GE. Method for manufacturing gradient material by continuous and semi-continuous casting: USA, 6089309, [P]. 2000-07-18.

[31] 张卫文．连续铸造生产梯度材料的理论和工艺研究 [D]. 广州：华南理工大学，1998.

[32] 张卫文，朱苍山，魏兴钊，等．生产梯度材料的双流浇注连续铸造方法 [J]. 科学通报，1998，34 (11)：1223-1226.

[33] 费劲．高强耐蚀 2024/3003 梯度铝合金的研究 [D]. 广州：华南理工大学，2003.

[34] ZHANG WEI WEN, CHEN WEI PING, FEI JIN. Microstructure and mechanical property of 2024/3003 gradient aluminum alloy [J]. Journal of Central South University of Technology, 2004, 11 (2): 128-133.

[35] LI YUAN YUNA, ZHANG WEI WEN, CHEN WEI PING. Preparation and tensile property of a high-strength, anticorrosion functionally graded 2024/3003 composite [J]. Journal of Materials Science, 2004, 39 (16-17): 5607-5609.

[36] 张卫文，许峰，费劲，等．梯度复合铝合金的缝隙腐蚀研究 [J]. 材料保护，2006，39 (5)：1-3.

[37] 向远鹏，张卫文，朱权利，等．2024/3003 铝合金板材的盐雾腐蚀性能研究 [C]. LW2004 铝型材技术（国际）论坛文集，广州，2004 (11)：703-706.

[38] 许峰．双流浇注连续铸造制备 Mg/Al 梯度合金的探索 [D]. 广州：华南理工大学，2007

[39] 许峰，张卫文，罗宗强，等．连续铸造制备 Mg-Al/Al 梯度复合材料的试验研究 [J]. 特种铸造及有色合金，2007，19 (8)：624-626.

[40] 费劲，张卫文，陈维平，等．半连续铸造制备 2024/3003 梯度材料的研究 [J]. 特种铸造及有色合金，2003，18 (1)：24-26.

[41] 王荣发，张卫文，朱权利，等．内导管插入结晶器深度对 2024/3003 梯度合金组织性能的影响 [C]. 特种铸造及有色合金 2004 年年会专刊，昆明，2004 (7)：205-207.

[42] 王荣发，丁红珍，高吉祥，等．双流浇注连续铸造过程浓度分布数值模拟 [J]. 中国铸造装备与技术，2004 (6)：22-25.

[43] 高吉祥，张卫文，费劲，等．连续铸造凝固过程数值模拟的研究进展 [J]. 铸造技术，2003，24 (5)：362-364.

[44] 费劲，陈维平，张卫文，等．双层梯度铝合金圆锭自由压制过程的几何解析 [J]. 现代制造工程，2003 (6)：7-10.

[45] 王玲，赵浩峰．金属基复合材料及其浸渗制备的理论与实践 [M]．北京：冶金工业出版社，2005.

[46] 沈颐身，李保卫，吴懋林．冶金传输原理基础 [M]．北京：冶金工业出版社，2000.

[47] 魏亚东，闻魏荪，李兆年，等．工程流体力学 [M]. 北京：中国建筑工业社，1989.

[48] 周尧和，胡状麒，介万奇．凝固技术 [M]. 北京：机械工业出版社，1998.

[49] 储双杰，吴人浩．挤压铸造颗粒增强金属基复合材料过程中液态金属浸渗和传热行为的分析 [J]．上海交通大学学报，1999，33 (2)：139-145.

[50] ZHANG Q, WU G H, CHEN G Q, et al. The thermal expansion and mechanical properties of high rein-

forcement content SiCp/Al composites fabricated by squeeze cating technology. Composites Part A：Applied Science and Manufacturing，2003，34（11）：1023-1027.

[51] MOHAMED A T，NAHED A E. Metal-matrix composites fabricated by pressure-assisted infiltration of loose ceramic powder [J]. Journal of Materials Processing Technology，1998，73（1/3）：139-146.

[52] 徐志峰，余欢，汪志太，等．高体分 SiCp/Mg 复合材料真空气压浸渗工艺及其热膨胀性能 [J]. 功能材料，2007，10（38）：1610-1615.

[53] 郝兴明，刘红梅，张风林，等．金属基复合材料浸渗铸造的理论及实践问题 [J]．铸造设备研究，2002（2）：50-54.

[54] SEYED S M R. Processing of squeeze cast Al6061-30vol% SiC composites and their characterization [J]. Materials & Design，2006，27（3）：216-222.

[55] 于家康，秦振凯，周尧和．熔体在连续纤维预制型中的浸渗动力学 [J]. 西北工业大学学报，2004，22（3）：283-287.

[56] 刘文娜，余欢，徐志峰，等．SiCp/AZ91D 复合材料真空压力浸渗制备工艺及微观组织的研究 [J]. 铸造，2008，57（5）：461-466.

[57] 高中涛，龙思远，游国强，等．铝合金熔体在 SiC 陶瓷颗粒间的流动浸渗行为 [J]．特种铸造及有色合金，2007，27（8）：627-631.

[58] YOU H，BADER M G，ZHANG Z，et al. Heat flow analysis of the squeeze infiltration casting of metal-matrix composites [J]. Composites Manufacturing，1994，5（2）：105-112.

[59] ZHANG X N，GENG L，WANG G S. Fabrication of Al-based hybrid composites reinforced with SiC whiskers and SiC namoparticles by squeeze casting [J]. Journal of Materials Processing Technology，1006，176（1/3）：146-151.

[60] 胡锐，李华伦，魏明，等．挤压铸造硼酸铝纤维晶须增强 Al 基复合材料浸渗过程理论分析 [J]. 复合材料学报，2002，19（5）：62-66.

[61] 姜春晓，杨方，齐乐华．复合材料液态浸渗挤压过程浸渗和传热行为的耦合分析 [J]. 机械工程学报，2004，40（10）：10-15.

[62] 张广安，罗守靖，田文彤．短碳纤维增强铝基复合材料的挤压浸渗工艺 [J]. 中国有色金属学报，2002，12（3）：525-531.

[63] ZHANG Z，LONG S，FLOWER H M. Light alloy composite production by liquid metal infiltration [J]. Compoistes，1994，25（5）：380-392.

[64] 蒋微明，党惊知，杨晶．电磁场在材料凝固过程中的应用及发展 [J]. 机械管理开发．2005（5）：60-61.

[65] 齐雅丽，贾光霖，张国志．电磁搅拌对液态金属运动及凝固组织的影响 [J]. 铸造技术，2005，26（2）：118-121.

[66] 张勤，崔建忠．电磁振荡对铝合金连铸过程中热裂纹生成的影响 [J]. 铸造，2005，54（1）：36-39.

[67] 张兴国．电磁铸造技术的研究 [D]. 大连：大连理工大学，2001.

第11章 艺术铸造

11.1 艺术铸造欣赏

金属冶炼以铜的冶炼和铸造为最早，《汉书·郊祀志》记载：黄帝铸宝鼎三，象征天、地、人。

艺术铸造在人类铸造史中占据着非常重要的地位。在人类的文明史长河中，从远古的石器时代到石器时代后期出现陶器，到公元前5000年~公元前4000年，人类开始逐渐进入青铜时代，当时的土耳其东南部和美索不达米亚一带就已产生了最早的青铜艺术铸件。我国到目前考古发现最早的青铜艺术铸件，产生在公元前18世纪的夏代后期，在已出土的青铜文物中，夏代文化重点遗址的河南偃师二里头发现最早的青铜器——爵，如图11-1所示。

在灿烂的青铜时代，我国的艺术铸造尤为突出，自成一格，以其制作规模大、工艺技术精湛，成为中华民族的瑰宝，也成为世界文明发明史的标志之一。

1. 商·后母戊鼎

外形尺寸：1.16m×1.33m×0.79m，质量为875kg，如图11-2所示。这是商代最大最重的青铜鼎。现成为我国国家博物馆的镇馆之宝。这个鼎是为祭祀母戊而作。鼎最早是先民使用的一种炊具，后发展为一种重要礼器，再延伸到权力和地位的象征。

图11-1 爵

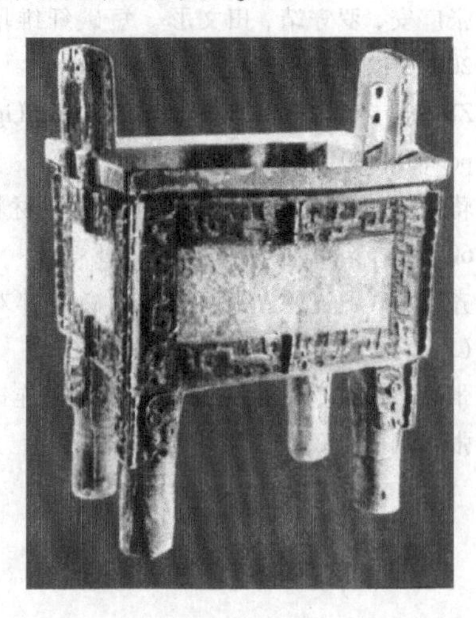

图11-2 后母戊鼎

按当时的技术水平，需七八十个坩埚同时熔炼合金，连续不间断浇注，才能整体铸出来。

2. 战国·尊盘

尊高39.1cm，盘高24cm，青铜铸造，如图11-3所示。

整个尊盘由34个部件通过56处铸焊连成一件镂空、透雕艺术品。以其华丽繁复、玲珑剔透、精工细作而闻名于世，从中也显示出铸造工匠的智慧、创造力和铸造技术水平。

3. 东汉·马踏飞燕

马踏飞燕长45cm，高34.5cm，青铜铸造，如图11-4所示。

图11-3 尊盘

图11-4 马踏飞燕

该作品雄健有力、昂首嘶鸣、三足腾空、一足踏在回首的飞燕上。物理学、力学中的重心平衡、动感都体现在这作品上。因其浪漫色彩，成为我国国家旅游的标志，向世界展示。

4. 战国·曾侯乙编钟

曾侯乙编钟长7.48m、宽3.35m、高2.73m，质量为4.4t，青铜铸造，如图11-5所示。全套65个钟，形成5个半八音阶，音律准确，可演奏音乐。通过配制响铜合金，控制每一个钟的尺寸及壁厚来达到良好的音响效果。代表了我国古代声学、乐律学、金属工艺学的最高成就，也成为世界音乐史上的稀世珍宝。

5. 明·浑仪

浑仪为铜铸天文观测仪器，如图11-6所示。它用于制定天体的赤道坐标，也能测黄道经度和地平坐标，被誉为世界近代天文仪器中赤道装置的先导，显示出我国古代科技成就。浑仪也是一件精美绝伦的铸造珍品，龙是中华民族的图腾，巨龙腾飞，灿烂星空。

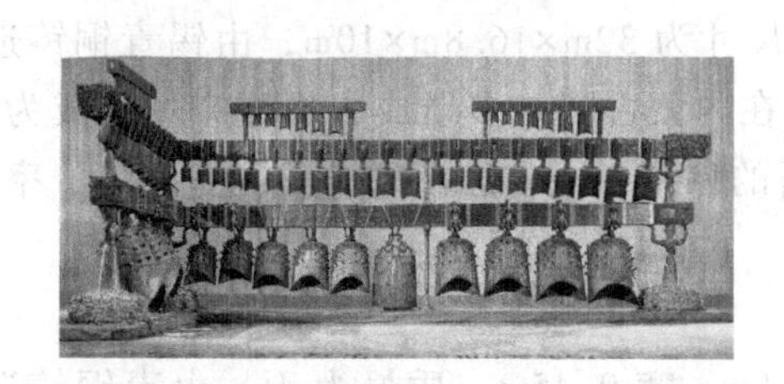

图11-5 曾侯乙编钟

图11-6 浑仪

6. 青铜时代

“青铜时代”高 180cm，由青铜铸造。

罗丹是 19 世纪法国最伟大的雕塑家，“青铜时代”象征人类的觉醒，如图 11-7 所示。“青铜时代”用写实的造型艺术，强劲的体态，起伏变化的肌肉，表达出一往无前的气概和巨大的力量，塑造出一个完美、逼真的青年形象。

7. 艰苦岁月

“艰苦岁月”如图 11-8 所示。

“艰苦岁月”为著名雕塑家潘鹤的作品，该作品深刻地刻画出人物的气质、神韵、形态，赋予其丰富的思想内涵，使人们从红军战士坚定、乐观的革命信念中，获取精神的力量，激起心灵久久的共鸣。大地自有浩气长存！

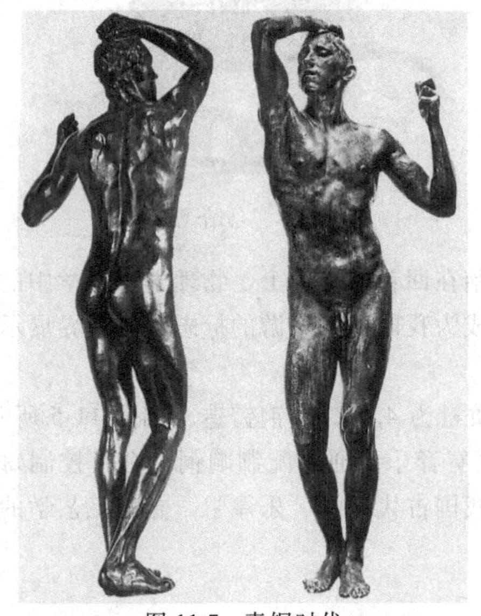

图 11-7 青铜时代

图 11-8 艰苦岁月

8. 弦音

“弦音”为著名旅美雕塑家吴信坤的作品，突破了传统的青铜器单一色彩，采用了对铸件进行添加颜色的化学反应处理，使青铜器由单一色彩发展到丰富多彩，赋予了作品更强烈的感染力，并身价倍增。该作品如图 11-9 所示。

9. 成吉思汗

“成吉思汗”为著名雕塑家何鄂的作品，外形尺寸为 32m×16.8m×10m，由锡青铜铸造，如图 11-10 所示。该雕塑如一座巍峨的山峰，坐落在内蒙古鄂尔多斯成吉思汗广场，成为城市的标记，并体现出一种历史的厚重感，一代天骄的伟岸，成吉思汗以排山倒海之势、率领千军万马英勇奋战。

10. 卧像

“卧像”是亨利·摩尔的作品，该雕塑高 4.24m、宽 9.45m，质量为 4t，由青铜铸造，如图 11-11 所示。亨利·摩尔是当代最负盛名的雕塑大师，两个虚透空间的造型，表达出的是母与子的情怀，可以从 360°的角度任意欣赏。其深刻的艺术内涵，其作品的最大特点是将人体造型精炼到最简，并从中显示生命的本质。

11. 独角兽

“独角兽”为著名雕塑家达利的作品，如图 11-12 所示。他在高超的铸造艺术的基础上，发展了丰富多彩的表面着色技术，赋予了作品更深刻的内涵和艺术感染力。

12. 音乐家

“音乐家”为著名西班牙雕塑家齐利达的作品，如图 11-13 所示。该作品位于美国达拉斯麦耶生交响乐中心，为铸铁雕塑，质量达 68t，高 15ft（1ft = 0.3048m），柱顶突出三个小节，象征音乐、建筑、雕塑。如果说建筑是凝固的音乐，那么雕塑就是跳动的音符，它使空间充满气、韵律和动感。

图 11-9 弦音

图 11-10 成吉思汗

图 11-11 卧像

图 11-12 独角兽

图 11-13 音乐家

11.2 艺术铸件铸造方法及应用

11.2.1 制造过程及要求

1. 制造过程

艺术铸造一般包括：艺术创作、出样件、选择铸造方法、选择合金材料、翻制模具、制作铸型、合金熔炼及浇注、铸后清理加工、表面着色处理、安装等，视不同的铸造方法，其生产工序达几十道。它综合应用了美学、雕塑、铸造、机械、材料、力学、计算机、化学等多学科的知识。因此艺术铸造是艺术创作与铸造技术相结合的工程，具有精神生产和物质生产的双重属性。

2. 艺术铸件要求

（1）欣赏价值要求

1）造型要准确、美观，要有艺术的感染力。

2）精致程度、清晰度要高。

3）色泽和质感要好。

（2）性能要求

1）耐腐蚀，能存放。很多出土文物历经千年不朽，取决于其材料成分及配比，并有稳定性。

2）声学要求，对钟、鼓、铃这类产品，需有好的音响效果。

3）人性要求，对人体佩戴首饰、装饰品、生活用品等要求使用安全。

3. 铸造方法

艺术铸件种类繁多，各有其用途及风格，小的几克，大的几百吨，材料有金、银、铜合金、锌合金、铝合金、不锈钢、铸铁等，因而铸造方法也不同。然而，对每一种铸件，都有其最佳的铸造方法。

根据铸件的用途、大小、壁厚、表面粗糙度、精致程度、合金种类、产量、成本等因素综合考虑、选择适合的铸造方法。

铸造方法有砂型铸造、熔模铸造（失蜡铸造）、泥型铸造、石膏型铸造、陶瓷型铸造、实型铸造、负压铸造、真空吸铸、压力铸造、离心铸造、低压铸造、电铸等。

11.2.2 常用的铸造方法

1. 熔模铸造（失蜡铸造）

（1）特点 采用可熔化的一次性模。用蜡做模样，在蜡模表面涂覆多层耐火材料作型壳，待硬化干燥后，加热将蜡熔去，得到与蜡模形状相同空腔的型壳，再经焙烧后浇注金属而获得铸件。

（2）应用 熔模铸造生产出来的艺术铸件，表面粗糙度值小、精度高、形象生动、层次丰富，特别是精致纹饰、图案均可铸出。这种工艺适合制造任何复杂形状的铸件，铸件质量一般由几十克甚至几百千克也可以。它可铸造各种合金，可单件生产或批量生产，工艺灵活，适应性强，大批生产可用先进设备，单件也可用手工作坊去完成，是古今中外制造艺术

铸件的主要方法，目前多用于制作铜像、雕塑、工艺品、高尔夫球头等。

（3）工艺流程　熔模铸造的工艺流程如图 11-14 所示。

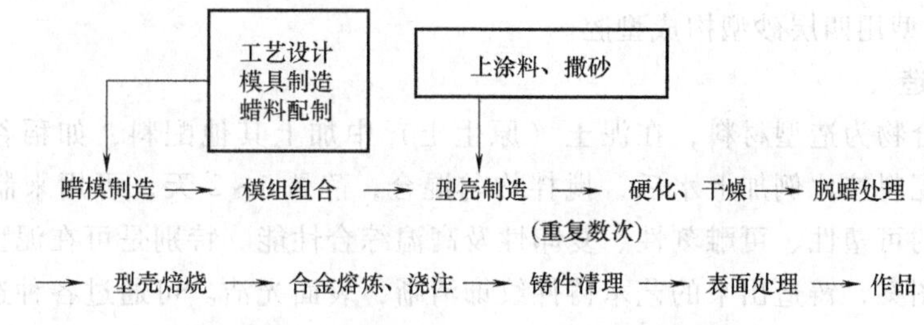

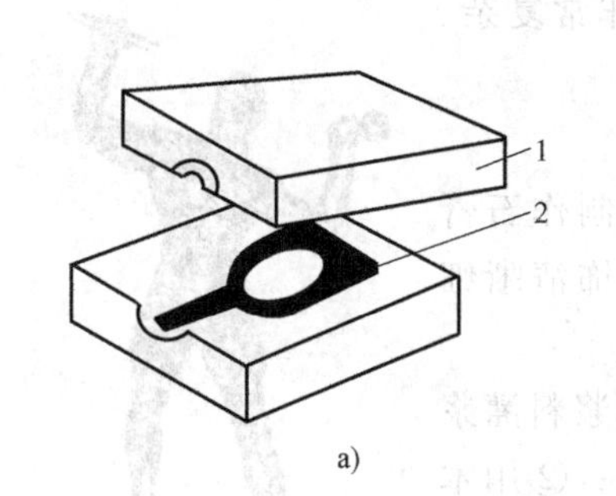

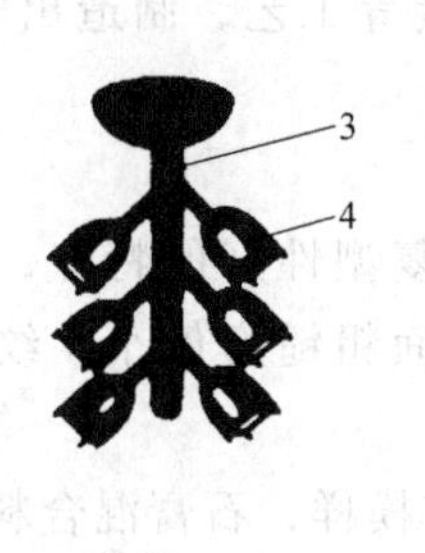

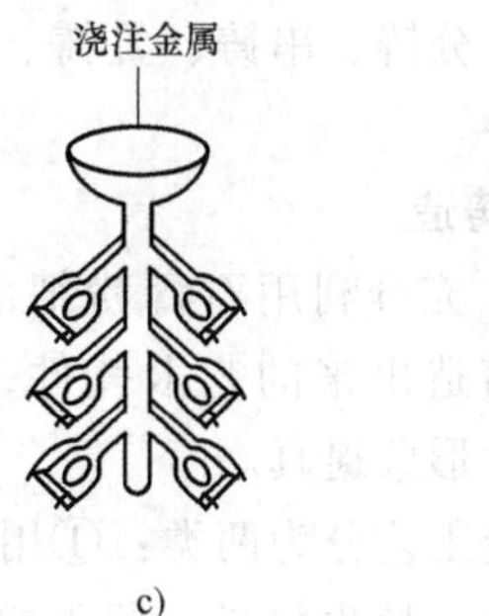

图 11-14　熔模铸造的工艺流程

a）制造蜡模　b）模组组合　c）脱蜡后型壳　d）铸件

1—压型　2、4—蜡模　3—浇注系统蜡模

2. 砂型铸造

（1）特点　砂型铸造以砂加上黏土或树脂、水玻璃作黏结剂，加上水配制成型砂，进行造型、造芯，合型后浇注金属而获得铸件。砂型铸造是应用最广，生产大、中型艺术铸件的主要方法。通过巧妙选择分型面，采用假箱（过渡用的砂型）、活砂块、砂块组合等工艺，可将十分复杂的模样，翻砂复制构成铸型型腔。而造型的方法有砂箱造型、劈箱造型、叠箱造型、脱箱造型、地坑造型、刮板造型、组芯造型等各种方法，来满足各种艺术铸件的要求，是一种适应性非常广的工艺。

（2）应用　用于铸造大、中型，形状复杂的铸件，可单件或批量生产，铸件质量可达到几吨、几十吨，可铸造各种合金。

（3）应用示例　铜牛砂型铸造工艺如图 11-15 所示。其工艺过程如下：

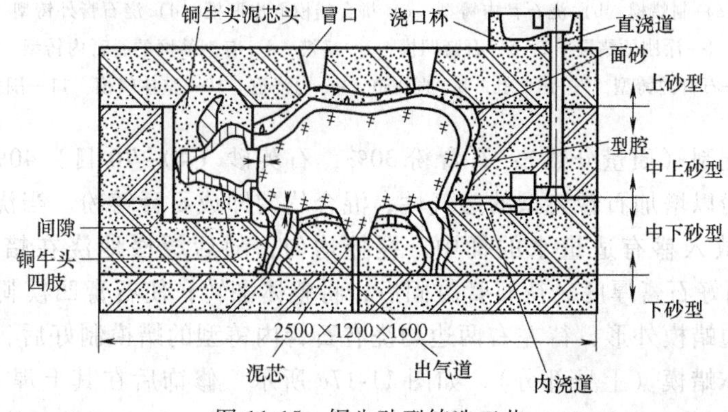

图 11-15　铜牛砂型铸造工艺

1）先用熔模铸造分别铸出牛头、牛尾和四肢。

2）将以上部位装入砂型中，与牛身型腔相配合，再铸为一体。

3）整个砂型用四层砂型构成型腔。

3. 泥型铸造

以泥料混合物为造型材料，在泥土（原生土）中加上其他配料，如稻谷灰、烟灰、焦炭屑等，泥与配料按比例加上水后，搅拌均匀混合，静置1~2天，可用来制型。这种造型材料具有良好的可塑性、可雕刻性、复印性及高温综合性能。特别是可在泥型上直接雕刻上文字、花纹、图案，铸造出来的艺术铸件纹饰清晰，表面光洁。可通过各种造型技巧、铸造技术，如混铸、分铸、串铸、叠铸、铸接等工艺，制造出非常复杂、精巧的艺术铸件。

4. 石膏型铸造

（1）特点　充分利用石膏粉细滑、复型性好的特点，制作石膏铸型。石膏型铸造出来的艺术铸件，表面粗糙度值小，纹饰清晰细腻，立体感强，形象逼真。

石膏型铸造工艺分为两类：①用蜡作模样，石膏混合料浆料灌浆后经干燥、脱蜡（熔失蜡模，留下空腔）、焙烧后浇注金属；②用木材、金属、塑料作模样，石膏浆料灌浆固化后，从石膏中拔出模样，留下空腔，经干燥、焙烧后烧注金属。

（2）应用　石膏型铸造适合形状复杂的中小型铜、铝、锌等艺术铸件及金银首饰件。

图 11-16 “开路先锋”铜像

（3）应用示例　人像石膏型铸造，分为头部、上身、两只手、臂部、两只脚、底座分别铸造，再焊接成整体。图 11-16 所示为“开路先锋”铜像。

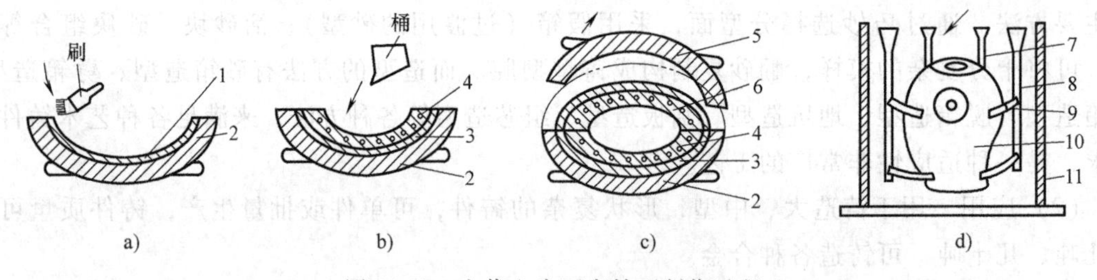

图 11-17　人像上身石膏铸型制作过程

a）制蜡模　b）浇石膏内铸型　c）拼合蜡模取出凹模　d）浇石膏外铸型

1—涂刷的蜡层　2、5—石膏凹模　3—蜡模　4—有钢筋网的石膏内铸型

6—石膏内铸型　7—出气孔　8—直浇道　9—内浇道　10—整体蜡模　11—围板

石膏铸粉的配制（质量分数）：石膏粉 30%，石英砂（40~70 目）40%，耐火泥 30%，再加入适量发泡粉以增加石膏铸型的透气性，混合均匀即成石膏铸粉。当浇灌石膏型时按需用量分批把铸粉放入盛有适量水的桶中，搅拌均匀，随后缓慢地浇在蜡模内壁上，如图 11-17b所示，控制好石膏厚度，待石膏凝固后，将整体翻转，使石膏凹模朝上，小心取出石膏凹模，显出半边蜡模外形，待左右两边均浇有石膏内铸型的蜡模制好后，拼合成一个具有石膏内铸型的整体蜡模（上身部分），如图 11-17c 所示，修饰后在其上焊上烧注系统蜡模，如图 11-17d 所示，灌石膏后成为石膏铸型，再把蜡熔掉后，留出型腔，浇注合金液，获得

铸件。

5. 陶瓷型铸造

（1）特点　用陶瓷材料作铸型，其工艺过程是：由耐火材料（刚玉粉、铝矾土、石英粉）、黏结剂（硅酸乙酯水解液）、催化剂［$Ca(OH)_2$］等配成陶瓷浆料，灌注到模样四周，浆料经胶凝硬化后，取出模样，再经喷浇、焙烧后形成陶瓷铸型，浇注金属而获得铸件。陶瓷型有极佳的复印性，铸型表面光滑，铸型的某些性能和外观与陶瓷相似。

（2）应用　陶瓷型铸造适用于要求表面粗糙度值小，纹饰清晰、细致，尺寸精确的大中型艺术铸件，特别是浮雕类艺术铸件。用陶瓷型生产的铸件最大可达十几吨，可铸造各种金属。

（3）工艺流程　现以铸造编钟为例介绍其工艺流程，如图 11-18 所示。合型浇注装配图如图 11-19 所示。

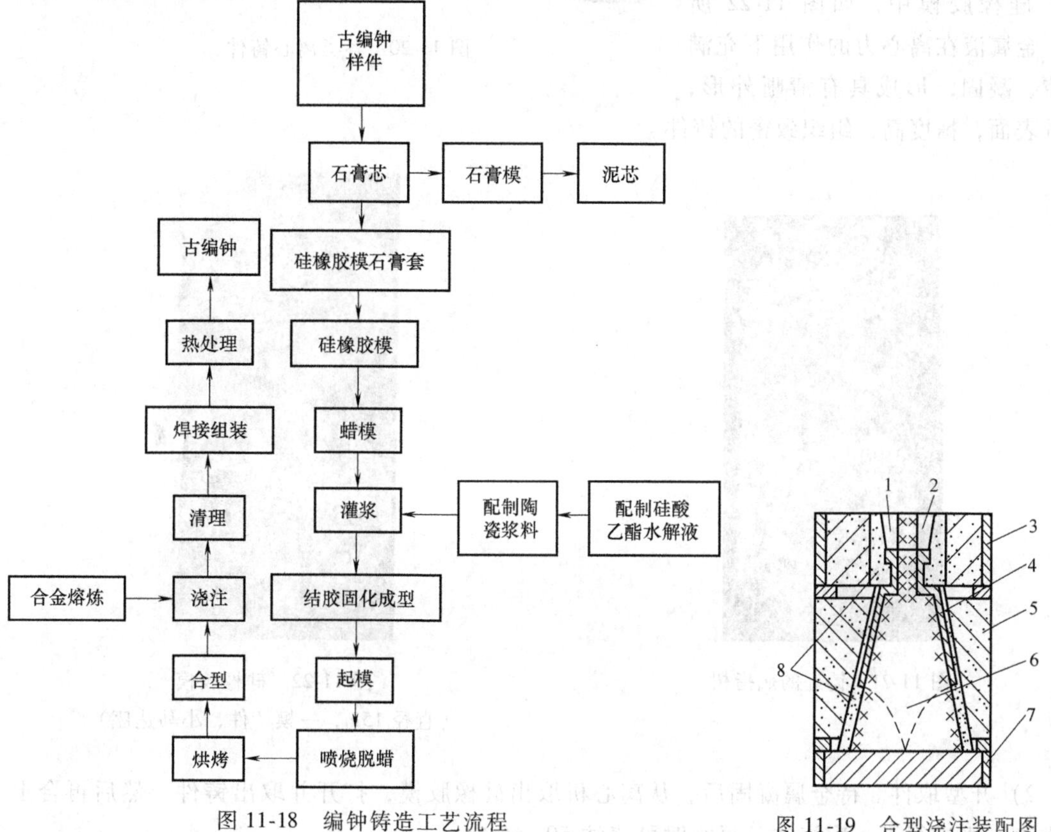

图 11-18　编钟铸造工艺流程

图 11-19　合型浇注装配图

1—浇口　2—冒口　3—上砂箱　4—编钟　5—中砂箱　6—泥芯　7—下砂箱　8—陶瓷型

6. 离心铸造

（1）特点　金属液浇注入旋转的铸型中，在离心力场的作用下充填、凝固而获得铸件，铸件表面纹饰清晰、精致。

（2）应用　可单件，也可批量生产。不用型芯，可铸出中空铸件。

1）各类匙扣、奖章、徽章、小艺术品等，如图 11-20 所示。

2）金、银首饰，图 11-21 所示为铸好的戒指树。

3）工艺灯柱、圆柱形件等。

(3) 工装设备

1）设备。离心铸造机。

2）模具。金属模、硅橡胶模等。

(4) 应用示例　硅橡胶模离心铸造采用硅橡胶模具。

1）把硅橡胶模放入离心铸造机并开机旋转，将熔炼好的合金液浇入硅橡胶模中，如图 11-22 所示，金属液在离心力的作用下充满型腔、凝固，形成具有清晰外形，光滑表面，精度高，组织致密的铸件。

图 11-20　各类离心铸件

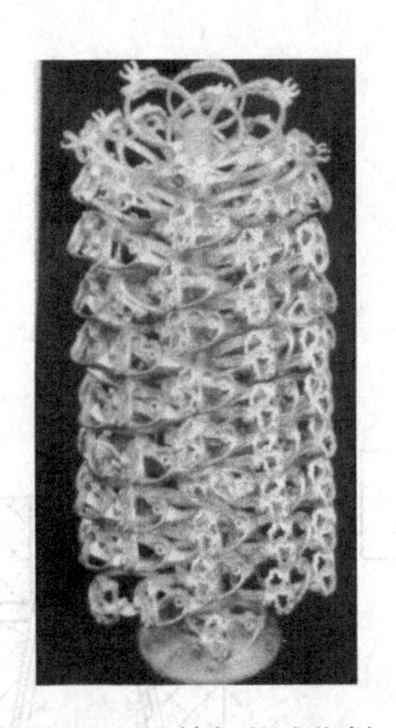

图 11-21　铸好的戒指树

图 11-22　硅橡胶模
（直径 15in，一模 7 件，小马达座）

2）开型取件。待金属凝固后，从离心机取出硅橡胶模，打开并取出铸件，然后再合上放进离心机进行下一次浇注，每小时可浇注 50~60 次。

3）硅橡胶模离心铸造的适用范围：

① 硅橡胶模离心铸造适用于熔点低于 500℃的锌合金等，也可以小批量生产熔点低于 650℃的铝合金小零件。

② 根据零件尺寸大小，可选购不同规格的硅橡模块（直径为 23~61cm），可铸造零件尺寸为 1.25~30cm，小零件可以一模多件，如图 11-22 所示，铸件壁厚 1.5~12mm。

③ 铸造出来的铸件可电镀、着色。

④ 硅橡胶模的寿命：铸锌合金件，壁厚小于 2mm，可达 300 模次以上；壁厚小于 6mm，

可达150模次左右。

7. 压力铸造

(1) 特点 金属液在高压、高速下充填到压铸机的压铸模里，并在压力下凝固获得铸件。铸件尺寸精度高，表面粗糙度值小，生产率高，生产过程自动化程度高。

(2) 应用 主要是铝合金、锌合金、需大批量生产的产品。

1) 合金模型。如汽车模型、飞机模型等。

2) 工艺品、皮带扣、手表壳、装饰件、领带夹等。

3) 灯饰、建筑、五金装饰件等。

(3) 装备 压铸机（图11-23）和压铸模。

(4) 应用示例

1) 锌合金仿真汽车模型和飞机模型，如图11-24所示。

2) 华南理工大学锌合金风景盘，如图11-25所示。

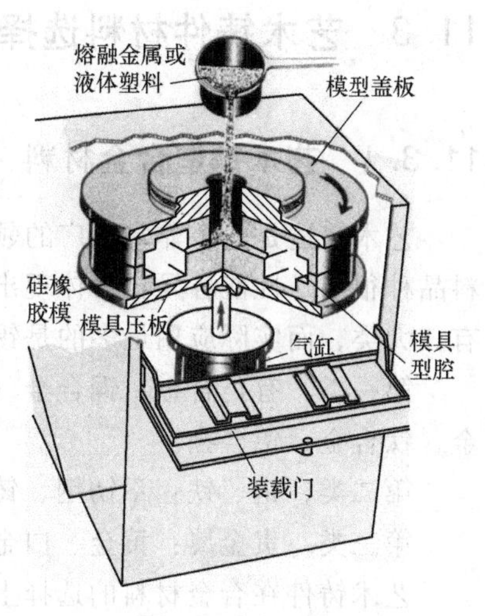

图11-23 铸造机

a) b)

图11-24 仿真模型

a) 汽车模型 b) 飞机模型

图11-25 华南理工大学锌合金风景盘

11.3 艺术铸件材料选择及应用

11.3.1 艺术铸造合金材料

艺术铸造是一个非常宽广的领域，其形式极为丰富多彩，因此可用作艺术铸造的合金材料品种很多，性能各异，可体现出不同的风格和不同的质感。用于艺术铸造的主要合金材料有三大类，而实际应用最多的是锡青铜、黄铜。

第一类，有色合金：铜合金（锡青铜、铝青铜、黄铜、白铜、仿金铜）、锌合金、锡合金、钛合金、铝合金。

第二类，钢、铁：不锈钢、铸铁、球墨铸铁。

第三类，贵金属：黄金、白金、白银。

艺术铸件在合金材料的选择上，主要是从所需要表达的艺术效果、风格、观赏性、保存性及所体现的价值来考虑。例如，铸造一尊少女铜像，若需表达一种古朴典雅风格，可选择青铜，但若要表达一种青春活力，可选择不锈钢。在造型上也有所不同，铸造工艺也不同。

11.3.2 艺术铸造对合金材料性能的要求及选材原则

作为金属艺术品，首要的标准是观赏性，给人以美感。我国的青铜器在世界上享有极高的声誉，被誉为东方之美，就因为其造型精美，轮廓线条清晰，富有东方色彩，而且这些青铜器能保存几千年后仍不变形、不腐蚀、不损坏。特别是那些编钟能发出极美的音响效果，从中可见这些金属材料性能之良好。

艺术铸造选用的合金材料应具备以下良好的性能，以便根据艺术品用途和要求作出选择：

1. 力学性能

大型雕塑往往置于大自然中，如在高山上日晒雨淋，甚至经受狂风暴雨，因此必须具有相当高的强度、硬度、刚性，以及抗疲劳和耐蚀、抗蠕变的能力。

对于同一种合金，其牌号不同，铸件壁厚不同，其力学性能也不相同。

2. 工艺性能

（1）铸造性能　把金属熔化充填到铸型获得所需要的形状，金属液流动性越好，充填能力越强，铸件形状轮廓清晰，连细微精美的纹饰也能铸出来。而金属液在铸型凝固过程中产生收缩越小，所获得铸件就越精确、完善。而艺术品造型精致度、清晰度有赖于所选择的材料，铸造工艺性、合金流动性、收缩性等都会影响到艺术品的外形精美程度。

（2）焊接性能　对于一些大型艺术铸件，由于条件限制不能整体铸造时，往往分块铸出来，再焊接成一个整体，这就要求材料具备良好的焊接性能，以避免产生各种缺陷。

（3）加工性能　刚铸造出来的铸件，还要经过磨光、抛光，才能使表面光洁、平滑、富有光泽，有的还需要进行机械加工，这就要求材料具备较好的加工性能。

（4）表面处理性能　艺术铸件一般都经过着色处理和防腐处理，艺术铸件色彩与本身金属材料成分有关，也与后期着色处理有关。良好的表面处理性能，可以使艺术铸件表面形成一层均匀致密的保护膜及有色覆盖层。

3. 物理化学性能

(1) 耐蚀性　由于很多大型艺术铸件置于自然空间，如在大海边被海水腐蚀，在周围环境介质作用下，如湿热空气，会发生化学或电化学反应，产生腐蚀现象，因此选择合金材料时，要根据环境条件，选择合适的耐蚀合金材料。

对佩戴在身上的装饰品，要求材料对人体安全，不能析出有害物质。

(2) 色泽　色泽是艺术品最基本的要求，所有的金属表面都具有光泽，光泽随其成分而变化，各种合金对光的波长吸收程度不同，会呈现出不同的颜色，不同成分的合金材料，可以获得不同的色泽，还可以通过表面化学处理，获得丰富多彩的表面效果。

(3) 声学性能　所有的金属在振动时，都会发出声音，声音频谱、声音衰减、声音强度与合金材料的成分、所获得的基体组织、铸件的形状及壁厚都有密切的关系。乐器类艺术品需根据声学要求使用相应的材料。

11.3.3　几种应用最广的艺术铸造合金

1. 青铜

以铜和锡为主要成分的合金称为锡青铜，熔点在960℃左右，近代新发展起来的以铝、锰、硅等元素代替锡，称为无锡青铜。青铜艺术铸件在我国已有几千年的历史。青铜有高的强度、硬度，很好的耐磨性、耐蚀性，铸造性能较好，能显出金黄色，是一种优良的艺术铸造合金。

1) 应用：

① 仿制出土历史文物，如曾侯乙编钟。

② 室外大型雕塑，如天坛大佛。

③ 各类艺术品。

2) 锡青铜的化学成分及力学性能见表11-1。

表11-1　锡青铜的化学成分及力学性能

国别	牌号	主要化学成分(质量分数,%)				力学性能(不小于)		
		铜	锡	锌	铅	抗拉强度/MPa	屈服强度/MPa	断后伸长率(%)
美国	C90300	86.0~89.0	7.5~9.0	3.0~5.0	—	276	124	20
日本	BC2	86.0~90.0	7.0~9.0	3.0~5.0	—	250		15
英国	LGZ	余量	4.0~6.0	4.0~6.0	4.0~6.0	200	100	13
苏联	ЪpOu8-4	余量	8.0	4.0	2.0~4.0	200	120	6
中国	ZQSn6-6-3	余量	5.0~7.0	5.0~7.0	1.5~2.5	180		8
中国	ZQSn10-2-1	余量	9.0~11.0			250		5

2. 黄铜

以铜和锌为主要成分的合金称为黄铜，熔点在900℃左右，若加入少量的铝、铅、锰等元素称为特殊黄铜。黄铜由于色泽金黄，在艺术铸件中应用较多。

1) 应用：

① 室外铜殿、鼎、环境艺术品等。

② 香炉、宣德炉等。

③ 各类艺术品等。

2）黄铜的化学成分及力学性能见表 11-2。

表 11-2 黄铜的化学成分及力学性能

国别	牌号	化学成分(质量分数,%)						力学性能			
		铜	锌	铝	铅	锰	硅	抗拉强度/MPa	断后伸长率(%)	硬度HBW	应用
中国	ZCuZn38	60.0~63.0	余量					315	8	100	适合室内雕塑
中国	ZCuZn16Si4	79~81	12~16	0.5	1.0		2.5~4.5	440	20	110	适合海洋性气候
中国	ZCuZn27Mn3	余量	25~30		2~3	2.5~4.5		450	15	100	适合室外雕塑
日本	ZS331A	63~67	余量	<0.15	<0.25	<0.15	0.75~1.25	490	25	68~92	适合室外雕塑
美国	C87400	79	12-16	0.5	1.0		2.5~4				适合海洋性气候

3. 仿金铜合金

黄金高贵、美丽，自古以来就是人们渴望拥有的财富。但毕竟黄金昂贵，所以人们一直在研制仿金材料，制出价廉物美的仿金艺术品、饰品。这些仿金材料以铜为主，加入铝、锡、锌、锰、硅、锆、镍、稀土等元素，可以配制出仿金、仿银的铜合金装饰品。

1）颜色与黄金最接近的铜合金：含 Zn 的质量分数为 3%~5%，Al 的质量分数为 2%。

2）色泽与 15K 金最相似的铜合金：在黄铜中加入质量分数为 0.1%的 Re，质量分数为 25%~32%的 Zn，质量分数为 0.8%~1.5%的 Mn，质量分数为 2%~3%的 Ni。

3）显示出名贵风格，呈紫黑色，装饰性极强的紫金：含质量分数为 95.77%的 Cu，质量分数为 4.15%的 Au，质量分数为 0.08%的 Ag。

4）色泽为银白色仿银铜合金：含质量分数为 10%~18%的 Ni，质量分数为 17%~27%的 Zn。

4. 铝合金

铝合金的熔点在 600℃左右。铝合金由于质轻，有明快光泽的质感，在建筑雕塑、建筑装潢上的应用日益增多，特别适合制作形体简洁、表达轻快华丽的作品，富于时代气息。其中铝硅合金铸造性能优良、强度较高、耐蚀，故可用于艺术铸造。

5. 锌合金

锌合金熔点低（430℃），应用最多的是含铝 3.9%~4.3%（质量分数）的合金，加上少量镁、铜的锌合金，采用压力铸造或离心铸造工艺，可获得极佳的尺寸精度和极小的表面粗糙度值。铸件可电镀（金、银、铜、镍、铬）而获得各种颜色的表面效果。

锌合金的主要应用如下：

1）小型艺术品、装饰件、服装饰件、工艺相架、首饰金等。

2）各类奖章、徽章、胸针等。

3）仿真汽车模型等。

4）建筑装饰、卫浴方面装饰等。

6. 铸铁

铸铁是一种铁碳合金，一般碳的质量分数为3%~4%，硅的质量分数为2%左右，锰的质量分数为0.6%~1.0%；磷的质量分数为0.2%，硫的质量分数小于0.06%。采用高碳、高磷、低硅锰硫的纯净铁液，快速冷却，使铸件表面生成白口或麻口组织，可获得致密、耐蚀、耐磨的优质艺术铸件，可在大中型艺术品中应用。铸铁生产工艺简单，价格便宜。

铸铁的应用：铸造通花栏杆、通花桌椅、灯柱、神像、铁塔等，时间一长，铸件表面氧化后的斑驳色彩，恰好给作品增添了历史感。

7. 不锈钢

不锈钢是近代随着工业、科技发展而兴起的新型艺术铸造材料，不锈钢具有银白色，在阳光的折射下，光芒万丈。特别是不锈钢在大气中不会因腐蚀而失去光泽，可长期保存而发亮。不锈钢多用于制作大型抽象艺术品，衬托建筑物、城市标志、街头景物等，作品以强烈的动态和夸张的力度，从而富有时代特征。

不锈钢的应用如下：

1）大型室外雕塑、城市雕塑、街头景雕塑等。

2）小型摆设艺术品、抽象艺术品、家居装饰艺术品等。

11.3.4　铜合金熔炼技术

1. 铜合金熔炼设备

目前铜合金熔炼的主要设备有：①石墨坩埚炉，包括焦炭坩埚炉、烧油坩埚炉和燃气坩埚炉。坩埚炉设备价格低廉，操作方便，应用很广。②感应电炉，包括高频电炉、中频电炉和工频电炉。感应加热是利用交变磁场，在被加热物体内引起感应电动势而产生感应电流，将其本身加热到很高温度。感应电炉热效率高，金属熔化速度快，合金元素烧损很少，温度控制容易，但设备费用高。

2. 铜合金熔炼工艺

（1）炉料的选择和配料计算　炉料组成：新料、中间合金、回炉料。根据所确定的化学成分，熔炼过程中各成分的烧损量，先计算出各种炉料的加入量，所有的炉料必须经过表面处理（清除表面油污、砂土、水分、氧化物等）并预热方可投料。

（2）锡青铜 ZQSn6-6-3 熔炼工艺

1）将铜料投入已预热至暗红色的坩埚中，在微氧化性气氛下加速熔化。

2）铜全部熔化后，温度达1150℃时，加入磷铜脱氧，均匀搅拌以脱氧。

3）铜液脱氧后加入回炉料，熔化后搅拌均匀。

4）在1200℃以下，加入锌，锌熔化后加入锡和铅，最后再加入磷铜脱氧，均匀搅拌，静置5~10min后浇注，浇注温度为1050~1200℃。

注意：磷铜加入量不超过铜液质量的0.04%~0.06%，每次加入一半。熔炼中可用木炭作覆盖剂。

（3）黄铜 CuZn17Si4 熔炼工艺

1）将铜料加入已预热至暗红色的坩埚中，在微氧化气氛下快速熔化。

2）铜全部熔化后，温度达1150~1200℃时，加入磷铜脱氧。

3）加入回炉料，熔化后再加入铜硅中间合金。

4）加热至1100~1150℃，逐块加入已预热的锌，边加边搅拌。

5）加入全部锌后将合金迅速加热至锌沸腾，锌在铜液中有脱氧作用。

注意：采用快速熔化，低温浇注，浇注温度为980~1050℃。熔炼中可用木炭或硼砂+玻璃粉作覆盖剂。

11.4 艺术铸造案例

11.4.1 案例一：石膏型铸造《日晷》

日晷是古代的计时器。

今天人们对时间的了解是从手表、时钟上来的。而古人却会充分利用大自然去了解时间，发明创造了一种古天文仪——日晷（图11-26）。日晷由晷面和晷针构成。晷面是刻有12个时辰的刻度，晷针与晷面的夹角为北极星的地平高度，即当地的地理纬度。晷针呈倾斜指向北极。每当太阳出来后，晷针的影子随着太阳的运动而移动，影子落在哪个时辰的刻度线上，即说明此时是什么时辰。

这座日晷呈八角形，对边宽度为2m，铸件壁厚为11mm，质量为650kg。采用熔模精密铸造技术整体铸造，把传统的铸造技术与现代的铸造技术合起来。铸造技术的关键是防止大平面件变形，保证良好的充型以获得完整、清晰的表面质量及艺术效果。

1. 木模制造

1）根据20世纪30年代原中山大学设计的日晷图（图11-27），其尺寸加上6%~7%的铸造收缩率，用木板加工出八角形的晷面和晷针木模。

图11-26 古代日晷

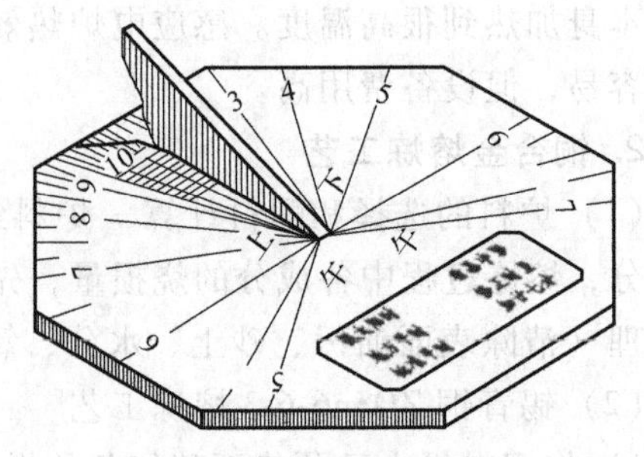

图11-27 日晷设计图

2）晷面上的时间刻度线条、时间数字、说明文字用硅橡胶做出来，再根据其在晷面上的排列位置，准确地钉在晷面木模上。

3）数字、文字制造。①用雕塑泥塑出文字，用木片割出数字；②利用文字、数字翻出石膏模；③用石膏模翻出硅橡胶文字、数字。

4）线条制造。①用机械加工刨出线条金属模；②用金属模翻出硅橡胶线条。

5）把所有用硅橡胶翻制出的文字、数字、线条、木制晷针，按照图样尺寸、位置，准确排放并固定在木模晷面上，如图11-28所示。

2. 制造石膏凹模

利用木模来翻制石膏凹模，如图 11-29 所示。

1）为了保证铸件上文字的清晰度，先对木模上文字部分翻出硅橡胶模。

2）采用 300 目的石膏粉，利用石膏浆料良好的流动性和胶凝性能，从木模复制出石膏凹模。考虑起模方便，整个石膏凹模由十几块石膏活块组成。石膏凹模中嵌有硅橡胶模。

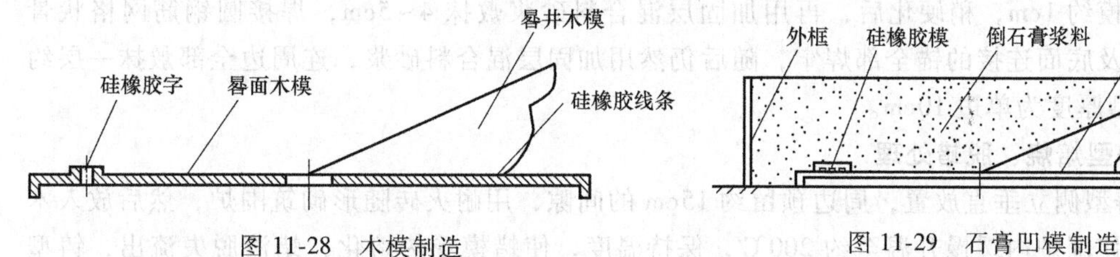

图 11-28　木模制造

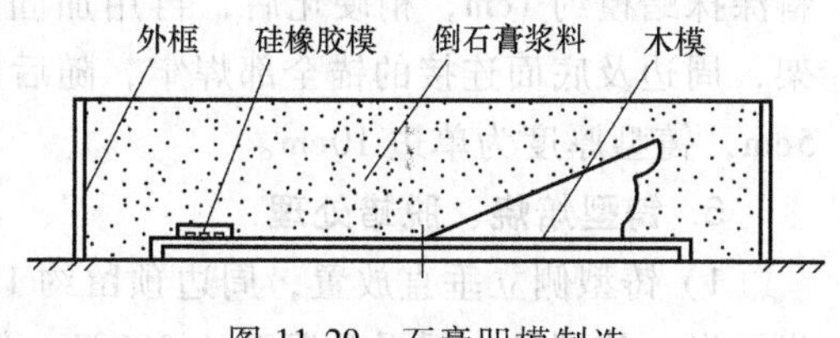

图 11-29　石膏凹模制造

3）石膏活块凹模外加上造出整体石膏托模，托模外层还应用麻丝固定一些木枋，以保证取模及搬运。石膏模具通常需在加强层中混入麻丝作为增强纤维。

4）待石膏凹模彻底固化后，开模取出木模，石膏凹模模具制作完成。

3. 制作蜡模和浇注系统

利用石膏凹模来制造型腔蜡模，如图 11-30 所示。

1）石膏凹模充分湿润并涂刷肥皂液作为分型剂。

2）以中温蜡料，蜡模成分（质量分数）为石蜡 70%+硬脂酸 15%+松香 5%+黄油 10%，充分熔解混合，将温度控制在 70℃ 左右的蜡液，仔细涂刷在凹模内，特别注意线条和字体的充型，为了容易加厚蜡层和减少收缩，蜡液降到 60℃ 以下时浇灌到凹模中，蜡模厚度为 10mm 左右，制作出铸件蜡模。

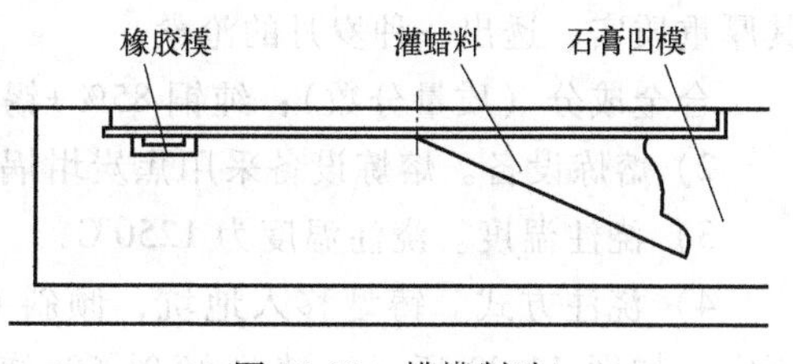

图 11-30　蜡模制造

3）再用 10mm 厚度的蜡片，在铸件蜡模背面焊接，作为加强肋肋板。

4）蜡模组合。把铸件蜡模、铸件背面加强肋蜡片、浇注系统蜡模焊接成一体。浇注系统将用阶梯式底注，直浇道 ϕ40mm；横浇道 ϕ25mm；内浇道 40mm×8mm。

5）对蜡模组进行最后的细致修整。

4. 铸型制作

（1）材料

1）表面层。铸型表面质量将决定铸件尺寸精度及表面粗糙度，故采用细铸粉。细铸粉的组成为石膏+石英粉（53μm）+硅溶胶溶液。

2）加固层。考虑铸型强度采用粗铸粉。粗铸粉的组成（质量分数）为石膏 30%+石英砂（830μm）45%+高铝粉 25%，先配成混合料备用。

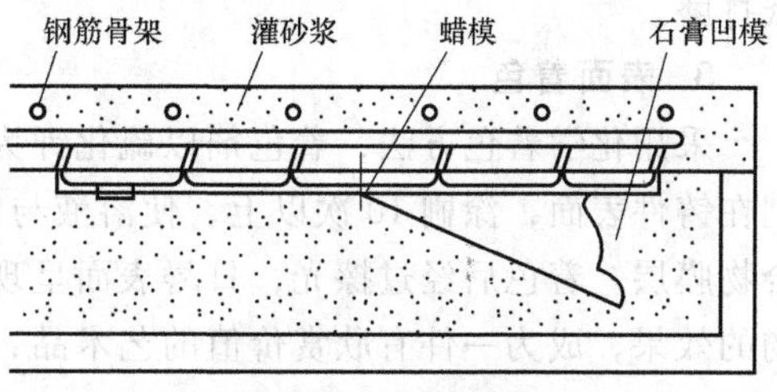

图 11-31　制作铸型

（2）制作铸型　如图 11-31 所示。

1）先做铸件底部砂型，用加固层混合料加水调成砂浆，随凹模形状敷抹4~5cm，等固化后，用ϕ20mm圆钢筋按15cm×15cm焊成网络状的骨架，在中间80cm直径圆周内均匀焊接4根纵向圆钢，穿过蜡模，以备与下面的骨架焊牢作锚件，防止合金液浇注时胀箱。然后再用砂浆浇灌敷抹至平均厚度10cm，完成底部铸型。

2）底部铸型完全固化后，再翻转过来，取出石膏凹模，修整好蜡模后，先用表面层浆料涂抹蜡模约1cm，稍硬化后，再用加固层混合料砂浆敷抹4~5cm，焊接圆钢筋网格状骨架，周边及底面连接的锚全部焊牢，随后仍然用加固层混合料砂浆，连周边全部敷抹一层约5cm，铸型厚度为单边10cm。

5. 铸型焙烧、脱蜡处理

1）铸型侧立垂直放置，周边预留约15cm的间隙，用耐火砖随形砌筑围炉，然后放入木炭点燃，使围炉内缓慢升温至约200℃，保持温度，使蜡模受热熔化，蜡液脱失流出，铸型中留出了型腔及浇注系统通道，前后约三天时间。

2）脱蜡后，重新在铸型周围堆满木炭，缓慢升温至700℃，保温10h，彻底去除铸型的水分及残留在铸型内的蜡及杂质等可燃物质，使铸型有足够的强度和透气性，随炉自然降温至约200℃。前后共三天。

6. 合金熔炼及浇注

1）日晷材料选择ZQSn5-5-5锡青铜。最大优点是耐磨、耐蚀，因而能长久保存，能以其厚重质实，透出一种岁月的沧桑。

合金成分（质量分数）：纯铜85%+锡5%+锌5%+铅5%。

2）熔炼设备。熔炼设备采用焦炭坩埚炉。

3）浇注温度。浇注温度为1250℃。

4）浇注方式。铸型移入地坑，倾斜60°填砂固定，如图11-32所示。铸型倾斜60°浇注合金液，目的是使排气顺畅，减少浇注时压力。

5）浇注时，合金液从铸件底面肋条入型，采用阶梯浇注系统，可达到平稳充填，铸件顶部设冒口补缩。

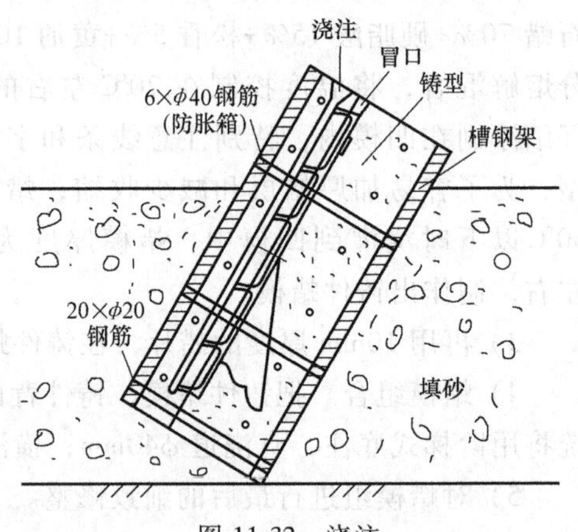

图11-32 浇注

7. 清砂、打磨、修整

1）石膏砂型浇注后的残余强度较低，清理容易，铸件冷却后便可清除铸型，拆除铁网，清理浇注系统。

2）去除飞边、铜豆等，并对铸件表面精细打磨，然后喷砂，再对凸出高光部分用细砂纸打磨。

8. 表面着色

采用化学着色方法，着色剂以硫化钾为主，加上氯化铵、氢氧化钠等组成溶液，均匀涂刷在铸件表面，涂刷10次以上，使溶液与铸件表面产生化学反应，生成古铜透绿的金属化合物膜层。着色后经过擦光，日晷表面呈现有光泽的古铜色，达到一种古朴、淳厚的历史文物的效果，成为一件有欣赏价值的艺术品，当这座日晷在华南理工大学山顶广场落成后，为校园文化增添了一道亮丽的风景，也显示出校园的文化底蕴，如图11-33所示。

11.4.2　案例二：石膏砂型铸造《海景翔龙》

作品《海景翔龙》，其形状如图 11-34 所示。

图 11-33　华南理工大学山顶广场日晷

图 11-34　海景翔龙

铜柱高 6.8m，直径 1m，龙总长 15m，总质量 4t，材质为黄铜，龙头整体铸造，龙身及铜柱分段铸造。

1. 制作铸型

龙头铸型工艺过程如图 11-35 所示。

1）在雕塑泥稿上直接翻制石膏铸型，先以开型后能取出泥巴为准简单分块插片，因泥巴是软的，局部的凹凸扣模可忽略，龙头分后脑一块、左右两块，共三块。

2）像做石膏模具那样，用细砂浆薄敷一层，再用粗砂浆加厚至 4~5cm。

3）再以 10mm×10mm×1mm 钢丝网随形铺满，并在其上再随形弯曲焊接 12cm×12cm×ϕ8mm 圆钢网格，主筋为 ϕ15mm 圆钢，圆钢网格骨架与钢丝网用钢丝相连。分型边缘预留焊接段，中间加芯撑锚件插入泥塑。

4）用加固层粗砂浆敷抹加厚至 8cm。

2. 蜡模及浇注系统制作

1）铸型固化并有足够强度后，沿分型线分开型块，清理泥巴，修理型腔。

2）在型腔内涂刷蜡液至平均厚度 8mm，蜡模即完成，此蜡模仅起控制铸件厚度作用，不用考虑外观，也无需修整蜡模。

3）在蜡模内壁分别焊接阶梯底注式的浇注

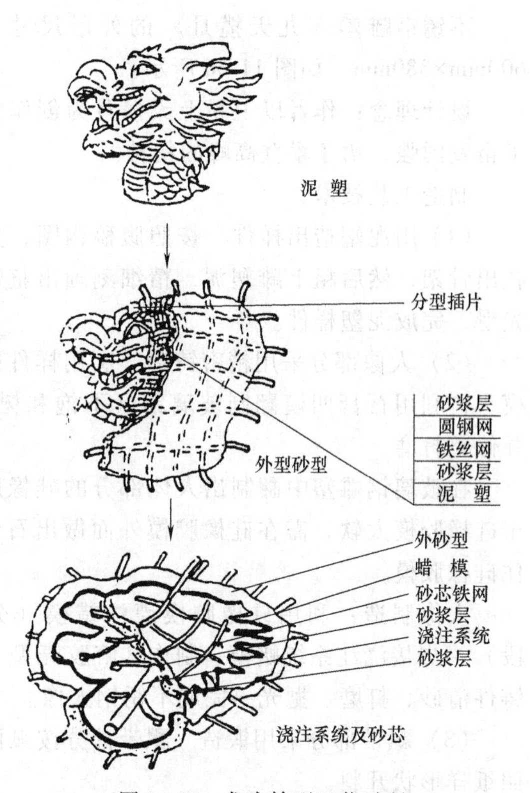

图 11-35　龙头铸型工艺过程

系统，再薄敷一层粗砂浆作固定。

3. 砂芯制造及合型

1）按 15cm×15cm 方格用 ϕ8mm 圆钢弯制焊接砂芯骨架，其中一些穿过分型面与外铸型骨架相连。

2）把三块带蜡模的外铸型合拢，用软蜡修补蜡模合缝，把左右两块的直浇道汇合于浇口杯，并加上若干排气口。

3）全部内外骨架焊接连成一体并加吊耳以备搬运。

4）整体敷抹或灌注加固层石膏砂浆、铸型壁厚约 80mm。

4. 焙烧、熔炼、浇注及清理

1）全部完成后按常规脱蜡、焙烧。

2）合金熔炼及浇注，材质为 65 黄铜，浇注温度为 1050℃。

3）对铸件进行清砂、焊接、打磨、精修表面、着色处理。

5. 其他部分

浮雕铜柱、龙身、龙尾等均分成 1m 左右一段成圆筒状铸造。全部完成后，铜铸件内腔再加上钢骨架，焊接成两大段后精修、打磨、着色。运输到现场后安装，最后效果如图 11-34所示。

11.4.3 案例三：铸、锻、焊不锈钢雕塑《九天揽月》

不锈钢雕塑《九天揽月》的外形尺寸为 725mm×600mm×380mm，如图 11-36 所示。

设计理念：作者以卫星上天揽月为创作主题，表达了奋发图强、勇于攀登高峰的精神。

制造工艺技术：

（1）用泥塑造出样件　按照腹稿构图，先用粗钢丝扎出骨架，然后粗上雕塑泥，精细刻画出整体造型，修光滑，完成泥塑样件。

（2）人像部分采用精密铸造　利用样件翻制石膏凹模，再利用石膏凹模翻制玻璃钢（不饱和树脂）雕塑，并修整打磨。

在玻璃钢雕塑中翻制出人体部分的硅橡胶凹模，由于硅橡胶模太软，需在硅橡胶模外面做出石膏托模，托住硅橡胶模。

图 11-36　九天揽月

人像制造：利用硅橡胶模灌注蜡模（分为上下两段）→焊接浇注系统蜡模→制作硅溶胶壳型→脱蜡处理→焙烧壳型→不锈钢熔炼及浇注→铸件清砂、打磨、抛光→完成不锈钢人像。

（3）飘带部分采用锻造　飘带部分按弧面形状分别截切厚纸样，用 2mm 厚不锈钢板按照纸样形状开料。

锻造：把每一块不锈钢板对照玻璃钢雕塑，按相应面用手工锻打出弯曲面。

（4）飘带焊接　把各块飘带弯曲面用氩弧焊逐一点焊成粗坯，再对照样件各个方向作

必要调整，全部飘带块焊接后，进行打磨、抛光。预先焊好飘带底部与石材底座连接的螺钉。

（5）组合焊接 把精密铸造好的人像部分与不锈钢板材锻造出的飘带部分，进行组合焊接。

（6）精细抛光 按不同要求进行精细抛光：飘带部分抛光出镜面效果，人像部分抛光出沙光面效果，赋予了作品层次感。

作品制造过程中综合应用了铸造、锻造、焊接、打磨、抛光等多项工艺技术，使其奔放、明快、飘逸，既传统又时尚。作品因美丽而动人，更因其所蕴含的崇高精神而感人。

11.4.4 案例四：熔模铸造《论语笔筒》

《论语笔筒》的高为110mm，外径为ϕ112mm，壁厚为3mm。

其形状如图11-37所示，笔筒外表面铸有孔子头像，以及孔子《论语》名篇精选，共有800多字，字体如绿豆般大小，字字清晰，玲珑浮凸，为一件富有我国传统文化特色，又具有实用价值的文房用品。

图11-37 论语笔筒

采用石膏型熔模铸造，其工艺流程为：硅橡胶模制作→蜡模制作→浇冒口系统制作→蜡型组合→设置不锈钢盅罩→真空浇灌石膏型→脱蜡→焙烧→铜合金熔炼→真空浇注→铸件清理→打磨→抛光着色→笔筒。

1. 制硅橡胶模

利用笔筒样件来复制硅橡胶模，采用制模硅橡胶加固化剂，加入固化剂的质量分数为1.8%，混合成形，待硅橡胶凝固后，取出样件，得到硅橡胶模，如图11-38所示，硅橡胶模一次成形最为重点的是模内文字要复制得清晰，内表面有凹的文字、图像。

由于硅橡胶模很柔软，还需给硅橡胶模做出一个石膏托模，托住硅橡胶模，如图11-39所示，石膏托模由两半构成，用橡皮筋箍住，以方便操作，打开石膏托便可取出硅橡胶模。

2. 制蜡模

用搪蜡法制蜡模。

采用工艺美术专用石蜡，将石蜡料熔化成液态后，把一定量的蜡液倒入硅橡胶模中，需不停地转动硅橡胶模，作用是使蜡液逐步布满在硅橡胶模内腔壁上，并形成蜡的薄壳层，不断加蜡液，直到达到有3.5mm厚的蜡壳层后，打开硅橡胶模外面的石膏托模，再从硅橡胶模中取出蜡模，如图11-40所示，可见到蜡模表面有凸出的清晰的文字、图像。这一工序是手工操作，特别依赖于操作者的经验。

3. 制造石膏型

材料：高强度石膏（α型半水石膏），填料为粒度75μm的石英砂。

配比（质量分数）：石膏：填料＝40：60。

兑水量（质量分数）：水：石膏料＝40：60。

用搅拌器把以上材料搅拌成石膏浆料，将石膏浆料充填到放置了蜡模的盅罩中，充填浆料时要先从蜡模最为重要部位，即字体、图像处逐层充填。浇灌石膏浆料时必须抽真空，使

图 11-38　硅橡胶模

图 11-39　石膏托模

图 11-40　蜡模

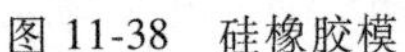

石膏内气体全部排出去，石膏才能完满地黏结在蜡模上，作品出来才会光滑细致。

待石膏型凝固后，采用蒸汽进行脱蜡处理，使石膏型内蜡模全部熔解流出干净，不要有残留，否则影响铸件质量。

4. 脱蜡后石膏型放入电炉焙烧，保证石膏型干燥，不留水分。

熔烧工艺：0~200℃，4h；200~400℃，2h；400~600℃，2h；600~800℃，4h。

5. 铜合金熔炼及浇注

材质：锡青铜，采用电炉熔炼，熔炼温度 1100℃。

浇注温度：1050℃，采用真空浇注。

浇注形式：顶注式，笔筒型腔是口径朝下，从笔筒底面上开设 3 个内浇道浇注金属液，设有几个排气通道排气。

6. 打磨与着色

铸件出来后，还需经过打磨、抛光、着色，才能从毛坯转变为艺术品。

粗磨：清理铸件身上的飞边、毛刺和杂质等。

精磨：对铸件进行修饰，还原作品的原貌。

抛光：把铸件光、暗面处理出来。

着色：采用化学着色处理，给笔筒着上古铜色。

11.4.5　案例五：快速成形技术的应用

1. 原理

快速成形（Rapid Prototyping and Manufacturing，RP 或 RP&M）是 20 世纪 80 年代中期发展起来的一种造型新技术，它将传统的“去除”加工法改变为“增加”加工法。RP 技术综合了计算机辅助设计、激光、光化学和高分子聚合物等多种技术，并且随着 RP 技术与其他材料加工技术的结合，其应用领域不断扩大。RP 技术的基本原理是，首先根据产品设计图样或“反求法”得到一系列横截面，数控激光束按每一层的轮廓线或内部网格线对材料逐层加工并叠加，直至完成整个制件。RP 技术无需机械加工或任何模具，直接从 CAD 模型生成复杂形状的制件，因而产品研制周期缩短，生产率提高，生产成本降低。

立体光刻（Stereo-Lithography Apparatus，SLA）装置是最早的 RP 技术实用化产品。其工艺过程是，首先通过 CAD 设计出三维实体模型，将模型转换为标准格式的 STL 文件，利

用离散程序将模型进行切片处理，设计扫描路径，产生的数据将精确控制扫描器和升降台的运动；激光器产生的激光束经聚焦照射到容器的液态光敏树脂表面，使表面特定区域内的一层树脂固化后，升降台下降一定距离，这样 SLA 装置逐层地生产出制件。

2. 装备

图 11-41 所示为 SLA 250/50 快速成形机，使用 He-Cd 激光为固化光源，采取精确定位和扫描速度规划技术、优化的支撑结构设计以及新近发展的 ZEPHYR 刮板敷料技术等，使得在充分保证制件精度和表面质量的同时，提高了制件速度。新型树脂材料的应用，使得在制件的质感、材料稳定性方面都有了很大的提高。SLA 工艺是目前公认的尺寸精度和表面质量最好的 RP 工艺。

SLA 型快速成形机采用的液态光敏聚合物，如丙烯酸树脂和环氧树脂，都属于反应型聚合物。它是一种热固性材料，在输入能量（如紫外激光）的作用下，能迅速固化，主要用于制造多种模具、模型等，还可以通过加入其他成分用 SLA 原型模代替熔模精密铸造中的蜡模。

3. 快速成形技术应用实例

将快速成形技术与精密铸造相结合，不仅能将 CAD 模型快速有效地转变为金属零件，使过去小批量、多品种、难加工、周期长、费用高的铸件生产得以实施，而且将传统分散化、多工序的铸造工艺过程集成化、自动化，使工艺过程简单，尺寸任意缩放，数据随时修改，返回修改也很容易，能够达到设计、修改、验证、制造同步。这项技术的推广应用必将对日益增多的新产品的试制开发和单件小批量铸件的生产产生积极的影响。

图 11-41　SLA 250/50 快速成形机

图 11-42　华南理工大学校门牌坊（青铜铸造）

图 11-42 所示是学生创新作品“华南理工大学校门青铜铸造牌坊”。该作品用液态光敏聚合物选择性固化成形（立体光刻）原型件进行熔模精铸，是快速成形技术在铸造中的典型应用。

4. 牌坊 SLA 成形过程

牌坊 SLA 成形过程如图 11-43 所示。

5. 硅橡胶模具制作

硅橡胶模具的制作过程如图 11-44 所示。

其特点是工艺简单、周期短，型腔及表面精细，花纹一次同时形成，省去了传统模具加工中的制图、数控加工和热处理等昂贵、费时的步骤，无需机加工，铸件尺寸精度高，成本低。

6. 铸造

利用硅橡胶模具制造出牌坊蜡模后，采用熔模铸造技术，经过制造模壳、脱蜡处理、模壳焙烧、铜合金熔炼及浇注、铸件清理，得到牌坊铸件，如图 11-42 所示。

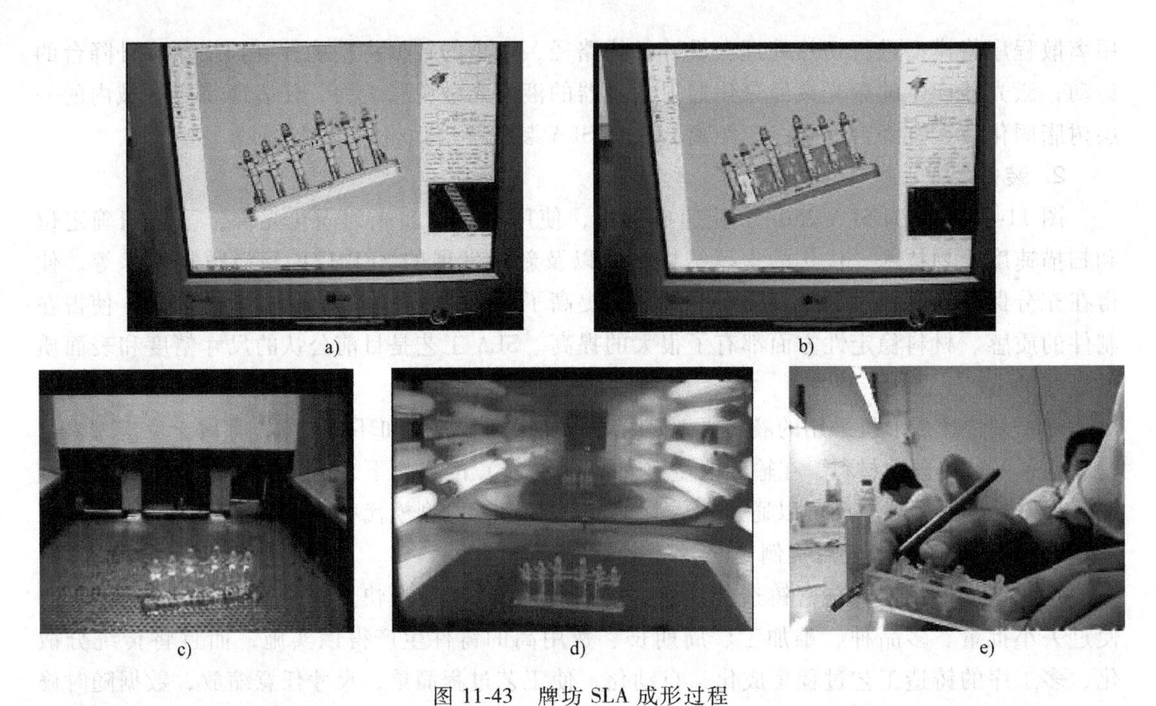

图 11-43　牌坊 SLA 成形过程

a）牌坊 CAD 建模　b）模型的编辑与修改　c）牌坊 SLA 成形　d）牌坊固化后处理　e）牌坊后处理

图 11-44　硅橡胶模具的制作过程

a）制作围框，将原型件悬空在围框内固定好，将硅橡胶沿边框倒下　b）将硅橡胶模放到真空机内抽真空，并在烤箱内将温度设定在 40~60℃，将硅橡胶模具在其内固化　c）使用专用工具切割模具，取出原型件，分型面割成锯齿状或波纹状，便于合型定位　d）调制浆料制成硬壳，将复制出的硅橡胶凹模置于其中，构成蜡模的成形模，并设定浇口位置和排气棒位置　e）由硅橡胶凹模注蜡后得到蜡模　f）对蜡模进行修整

思　考　题

1. 常用的艺术铸造方法有哪几种？阐述每一种方法的适应性、材料、工艺装备、工艺流程、铸造技术。

2. 应用本章知识进行金属艺术品的创意设计。要求：设计出 3D 设计图，并制订其铸造工艺方案。

参 考 文 献

[1]　凌业勤. 中国古代传统铸造技术［M］. 北京：科学技术文献出版社，1987.
[2]　谭德睿，陈美怡，等. 艺术铸造［M］. 上海：上海交通大学出版社，1996.
[3]　中国铸造协会. 熔模铸造手册［M］. 北京：机械工业出版社，2006.
[4]　中央工艺美术学院. 中国工艺美术简史［M］. 北京：人民美术出版社，1986.
[5]　方正春，等. 艺术铸件的制作技术［M］. 北京：国防工业出版社，1995.
[6]　赖锡鸿. 石膏型“直接法”失蜡铸造大型铜雕塑［J］. 特种铸造及有色合金，1999（6）：43-45.
[7]　叶学贤，赖锡鸿. 实用艺术铸造技术［M］. 北京：化学工业出版社，2010 .
[8]　吴春苗. 艺术铸造［M］. 广州：华南理工大学出版社，2011.
[9]　谭德睿. 中国传统铸造图典［M］. 沈阳：中国机械工程学会铸造分会，2010.